Kochlehrbuch
und praktisches Kochbuch

für Ärzte, Hygieniker, Hausfrauen, Kochschulen.

Von

Professor Dr. Chr. Jürgensen

in Kopenhagen.

Mit 31 Figuren auf Tafeln.

Berlin.
Verlag von Julius Springer.
1910.

ISBN-13:978-3-642-89918-8   e-ISBN-13:978-3-642-91775-2

DOI:10.1007/978-3-642-91775-2

Vorwort.

Beim Erscheinen der dänischen Originalausgabe dieses Buches
vor einigen Monaten habe ich dem „Allgemeinen dänischen Ärzte-
verein" und dem „Carlsbergfonds" meinen Dank für ihre Unterstützung
meiner Arbeit aussprechen können, und zwar nicht nur für die öko-
nomische Hilfe, die mir während vieljähriger Arbeit entstandene, bedeutende Auslagen zu ersetzen bestimmt war, sondern auch für die
damit erwiesene Anerkennung dieser Arbeit.

Mein lebhafter Wunsch und meine ernste Hoffnung geht nun dahin, daß mein Buch auch in deutschen Kreisen, bei Ärzten und Laien,
günstige Aufnahme finde, einmal des weiteren Kulturkreises wegen,
an den es sich wenden möchte. Außerdem aber auch einerseits
wegen des hervorragenden Standes der deutschen ärztlichen Wissen-
schaft und Praxis, und andererseits, weil in den letzten Jahren eben
in Deutschland so viel Bedeutungsvolles getan ist — in verschiedener
anderer Richtung — für Entwicklung und Vertiefung des hauswirt-
schaftlichen Wissens und Könnens.

Kjöbenhavn, Januar 1910.

Der Verfasser.

Abkürzungen.

Bl.   = Blatt (Gelatine).
Cal.   = Calorien.
Dotter = Eierdotter, Eigelb.
Eßl.   = Eßlöffel.
Fl.   = Flasche (ca. $^3/_4$ Lit.).
g   = Gramm.
kg   = Kilogramm.
Lit.   = Liter = 1000 ccm.
Msp.   = Messerspitze.
Port. = Portion.
St.   = Stück.
T.   = Teil.
Tr.   = Tropfen.
Tl.   = Teelöffel.

Gewicht-Maß

wird berechnet:

1 kg	= 1000 g	= 2 Pfund	= 1000 ccm	= 1 Lit.
$^1/_2$ „	= 500 „	= 1 „	= 500 „	= $^1/_2$ „
$^1/_4$ „	= 250 „	= $^1/_2$ „	= 250 „	= $^1/_4$ „
$^1/_8$ „	= 125 „	= $^1/_4$ „	= 125 „	= $^1/_8$ „
$^1/_{16}$ „	= 62 „	= $^1/_8$ „	= 62 „	= $^1/_{16}$ „

Ganz richtig ist dies nicht überall, denn nur 1 kg, 1000 g, 1000 ccm, 1 Lit. Wasser sind einander ganz gleich. — Unterschiede werden durch abweichende spezifische Gewichte verursacht — Unterschiede, die wir aber für Küchenzwecke unberücksichtigt lassen.

1 Eßlöffel   flüssig wird berechnet mit 15 g
1 Kinderlöffel „   „   „   „ 10 „
1 Teelöffel   „   „   „   „   5 „

Inhaltsverzeichnis.

                                                       Seite

Einleitung 1

Kap. 1. **Plan und Absicht des Buches** 1

Kap. 2. **Verdaulichkeit, Nährwert** 5

Kap. 3. **Aufgaben und Mittel der Speisebereitung** 8

Nahrungsmittel aus dem Tierreich.

Erste Nahrungsmittelgruppe.

Milch.

                          Seite

Kap. 4. **Allgemeines.** 12

1. Kennzeichen guter Milch . . 19
2. Aufbewahrung 20
3. Aufkochen, Abkochen 20
4. Pasteurisierte, sterilisierte Milch 21

Klasse I. Milchzubereitungen.

Kap. 5. **Milchspeisen und Getränke** 21

a) Mit Geschmackzusätzen . 21

5. Milch mit Gewürz abgekocht 21
6. Milchkaltschale 22
7. Halbgefrorener Milchtrank (Sherbet) 22
8. Milchbier 22
9. Rahmbier 22
10. Milchweinlimonade 22

b) Mit leicht nährenden Zutaten 23

11. Milchpunsch 23
12. Eiweißmilch 23
13. Milchsuppe mit Eierschneeklößchen 23
14. Milchsuppe mit Cognac . . . 23
15. Milch mit Salep (Arrow root) 23
16a. Milch mit Maizena 24
16b. Milch mit Weizenmehl . . . 24
17. Sauermilchsuppe mit Weizenmehl 24
    Buttermilchsuppe mit Weizenmehl 24

18. Milch mit gebräuntem Mehl . 24
19. Milchreissuppe 24
20. Milchreiskaltschale 25
21. Milchsuppe mit Dotter und Mehl abgerührt 25
22. Milch mit Biskuit abgerührt 25
23. Milchbrotsuppe (Milchpanade) 25
24. Milch-Brotsauce 26

Kap. 6. **Gestockte Milchspeisen** 26

25. Milchgelee 26
26. Milchgelee mit Fruchtgelee . 26

Kap. 7. **Dicke Milch, saure Milch, Käsemilch (Quark)** . . . 26

27. Süße dicke Milch (schnelle) . 26
28. Saure dicke Milch 27
    Dicke Milch aus gekochter Milch 27
29. Saure Milch nach Lahmann . 27
30. Gerührte dicke Milch mit Brot 27
31. Käsemilch (Quark) 28
32. Käsemilch-Kaltschale 28
33. Speise von weißem Käse (Quark) 28
34. Frischer weicher Käse . . . 29
35. Frischer weicher, süßer Käse 29
36. Käsemilchauflauf 29
37. Buttermilchkäse 29

Klasse II. Rahm und Rahmspeisen.

38. Rahm, Allgemeines 29

Kap. 8. **Rahmsuppen und Rahmsaucen** 30

39. Rahmsuppe von süßem Rahm 30
    Rahmsuppe aus saurem Rahm 30

Seite

Gerührte kalte Rahmsaucen. 30
40. Rahmsauce mit Vanille . . . 30
    Saure Rahmsauce 30
41. Rahmsauce mit Karamel . . 30
42. Rahmsauce mit Fruchtmus . 31
43. Rahmsauce mit Meerrettich . 31

Rahmsaucen, gekochte . . . 31
44. Rahmsauce mit Zitronensaft . 31
45. Rahmsauce mit Petersilie . . 31
46. Rahm-Tomatensauce 31
47. Rahm-Brotsauce 32
48. Rahmsaucen mit Ei 32

Kap. 9. **Rahmschnee und Rahm-schneespeisen** 32
49. Rahmschnee 32
50. Rahmschnee mit Schokolade
    und Kaffee 32
51. Rahmschnee mit Fruchtpüree . 33
52. Rahm mit Cognac 33

Kap. 10. **Gefrorene Rahmspeisen** 33
53. Vanille-Rahmeis 33
54. Rahm-Karameleis 33
55. Rahmschnee-Eis („Parfait") . 33

Kap. 11. **Gestockte Rahmspeisen** 34
a) Rahmgelee; „Kalter Rahm-
    pudding". 34
56. Rahmgelee mit Kakao . . . 34
    „   „ Kaffee . . . 34
    „   „ Kaffee u. Kakao 34
    „   „ Tee 34
57.   „   „ Weißwein . . 34
    „   „ Sherry 34
58.   „   „ Apfelsinensaft . 34
    Rahmfruchtsaftgelee 35
    Rahmgelee mit eingelegten
    Früchten 35

b) Rahmschneegelee „Bava-
    rois" 35
59. Rahmschneegelee mit Tee . . 35
    „   „ Kaffee . 35
    „   „ Kakao . 35
60.   „   „ Wein . 35
61. Sauerrahmgelee mit Wein . . 35
62. Rahmschneegelee mit Frucht-
    saft 36
63. Rahmschneegelee mit Frucht-
    püree 36
64. Rahmschneegelee mit einge-
    legten Früchten 36
65. Rahmschneegelee mit Ananas 36
    Rahmschneegelee mit Apfelsine 36
66. Rahmschneegelee mit Reis . 37

Seite

Kap. 12. **Rahmkäse** 37
67. Rahmkäse, frisch 37
68. Rahmkäse, französisch . . . 37
69. Süßer Rahmkäse 37

Klasse III. Butterzubereitungen.

Kap. 13. **Abgerührte Butter und
Buttercreme** 38
70. Abgerührte Butter, einfache . 38
    Butter mit Rahmschnee abge-
    rührt 38
    Grüne abgerührte Butter . . 38
    Rote Butter (Tomatenbutter) . 38
    Kräuterbutter I, II 38
    Käsebutter 38
    Sardellenbutter 38
    Champignonbutter 39
    Kräuterbutter III. 39
    Meerrettichbutter 39
71. Buttercreme, einfach 39
72.   „   zusammengesetzt 39
    „   mit Kaffee . . 39
    „   „ Kakao . . 39
    „   „ Schokolade 39
    „   „ Kaffee und
    Schokolade 39
    Buttercreme mit Wein . . . 40
    „   „ Likör . . . 40
    „   „ Eigelb . . . 40
73. Konditorbuttercreme 40
74. Verwendung der Buttercreme . 40

Kap. 14. **Buttersaucen** 40
75. Zerlassene Butter 40
76. Zerlassene Butter mit Wasser
    oder Bouillon abgerührt . . 40
77. Butterrahmsauce 40
78. Zerlassene Butter mit verschie-
    denen Zusätzen 41
79. Gebräunte Butter 41

Butter-Eiersaucen 41
80. Holländische Sauce 41
81. Sauce mousseline 41
82. Goldene Sauce 41
83. Helle Butter-Eigelbsauce . . 42

Buttermehlsaucen 42
84. Buttermehlsauce 42
85. Petersilienbuttersauce 42
86. Kapernbuttersauce 42
87. Buttermehlsauce, einfach . . 42

Klasse IV. Butterersatzmittel.

88. Margarine, Palmin u. dgl. . . 43
89. Öl — Olivenöl 43

	Seite
Kap. 15. Mayonnaise; Ölsauce .	43
90. Mayonnaise, einfache, echte.	43
91. ,, gefärbte	44
,, grüne, rote . .	44
92. ,, stärker gewürzt.	44
93. Spanische Mayonnaise . . .	44
94. Mayonnaise remoulade . . .	44
95. ,, mit Rahmschnee	
(Mousseline)	44

Klasse V.
Diätetische Milchzubereitungen.

	Seite
Kap. 16. Stopfende, abführende Milch usw.	44
96. Leicht stopfende Milch . . .	44
97. Leicht abführende Milch . .	45
98. Williamsons Diabetesmilch .	45
99. Milch, peptonisierte I. II. . .	45
100. Kumiß	45
101. Kefir	45
102. Molke	46

Zweite Nahrungsmittelgruppe.
Ei und Eierspeisen.

	Seite
Kap. 17. Allgemeines über das Ei	47

Klasse I.
Einfache Eizubereitungen.

	Seite
Kap. 18. Das Ei, gerührt, gekocht, gebacken, gebraten .	51
Allgemeine Bemerkungen . .	51
201. Ganzei, geschlagen	51
202. Dotter, gerührt	51
203. Eiweiß, Eiweißschnee . . .	51
Eiweißschnee m. Geschmackzusätzen	52
204. Eiweiß-Rahmschnee	52
205. Weichgekochtes Ei	52
206. Halbhartes Ei	52
207. Hartgekochtes Ei	52
208. Fallei — ,,pochiertes Ei''. .	53
209. Spiegelei, diätetisch, gedämpft	53
210. Spiegelei, gebraten	53
211. Ei im Becher	53
212. Ei im Becher souffliert . .	53
213. Ei im Nest	54
214. Ei, gratiniert	54
Kap. 19. Eierstich — (,,Custard'')	54
215. Hauptvorschrift	54
216. Eierstich für Suppen I—III.	55

	Seite
Eierstich mit verschiedenen Geschmackszusätzen . .	55
217. Eierstich mit Vanille . . .	55
218. ,, ,, ,, ...	55
219. ,, ,, Tee	56
220. ,, ,, Kaffee	56
221. ,, ,, ,, ...	56
222. ,, ,, Kakao	56
223. Karameleierstich I—V . . .	56
Eierstich mit verschiedenen Einlagen	58
224. Eierstich mit Käse	58
225. ,, ,, Makkaroni . .	58
226. ,, ,, Spinat	58
,, ,, Gemüsen . .	58
227. ,, ,, Früchten . .	58
Kap. 20. Rührei	59
228. Rührei, gewöhnliches	59
Rührei mit Jus	59
Rührei mit Einlagen	59
229. Rührei mit Käse (Fondue à la Brillat-Savarin.)	59
230. Rührei mit Käse (Fondue suisse.)	60
231. Rührei m. Fisch od. Fleisch .	60
232. ,, mit Kräutern . . .	60
233. ,, ,, Gemüsen . . .	60
234. ,, ,, Tomaten	60
235. ,, ,, Champignons .	60
236. Eierpüree	60
237. Gedämpftes Rührei	61
Kap. 21. Eierklöße und ähnliches	61
238. Eierschneeklöße	61
239. Eierschneeklöße	61
240. Eierklöße I.	61
241. Eierklöße II.	62
242. Meringue	62
243. Dotterplätschen	62

Klasse II.
Das Ei in Getränken u. dgl.

	Seite
Kap. 22. Das Ganzei in Getränken	62
244. Eiertee — Eierkaffee	62
245. Eierbier	63
246. Eierlimonade ·	63
247. Eierlimonade m. Milchzucker	63
248. Eierweinlimonade in Milch .	63
249. Schäumender Eiweintrank I.	63
250. Schäumender Eiweintrank II.	64
251. Eierschnaps	64
252. Ei-Ananas-Getränk	64

Seite

Kap. 23. **Das Eiweiß in Getränken** 64
253. Eiweißwasser 64
254. Eiweißwasser mit Gummi . . 64
255. Eiweißwasser mit Fleisch-
    extrakt 65
256. Eiweiß als Gegengift . . . 65
257. Eiweißmilch 65
258. Eiweißlimonade 65

Kap. 24. **Dottergetränke** 65
259. Dottergetränk m. Selters und
    Milch 65
260. Dotterwasser I 65
261. Dotterwasser II, „Lait de
    poule" 66
262. Dottergetränk mit Zitrone . 66
263. Dottertee 66
264. Dotterbier 66
265. Dotterweingetränk 66
266. Weinkandel 67
267. Dotterpunsch 67

Klasse III. Eiersuppen, Eiersaucen.

Kap. 25. **Eiersuppen** 67
268. Karlsbadersuppe 67
269. Eiersuppe (in Bier) 68
270. Eiersuppe (hamburgische) . 68

Kap. 26. **Eiersaucen, süße (zu
Backware, Puddings, Gelees
u. dgl.)** 68

a) Süße Eiersaucen ohne Mehl
    (echte) 68
271. Eierschneevanillesauce . . . 68
272. Eiervanillesauce 68
273. Eiweißschneesauce, „Crême
    blanche" 68
274. Dottervanillesauce 69
275. Dottersauce mit Karamel . . 69
276.   „   „ Kaffee . . . 69
277.   „   „ Schokolade . 69
278.   „   in Wein (Chau-
    deau) 70
279. Dotterzitronensauce in Wein
    (Chaudeau) 70

b) Eiersaucen — süße — un-
    echte (mit Mehl oder
    Gelatine) 70
280. Eiervanillesauce (m. Mehl) . 70
281. Schäumende Dottervanille-
    sauce 70
282. Schäumende Eier-Himbeer-
    sauce 71
283. Eiersauce in Wein (Chaudeau) 71

Seite

Kap. 27. **Eiersaucen zu Fisch,
Fleisch, Salaten usw.** . . . 71

a) Ohne Mehl 71
284. Salatsauce 71
285. Dotterrahmbuttersauce . . . 71
286. Dotterweinsauce — „Sauce
    au vin blanc" 71
287. Dotterkräutersauce 72
288. Dottersauce mit Tomate . . 72
289. Dottersardellensauce 72

b) Mit geringem Mehlzusatz 72
290. Dotterbuttermehlsauce I . . 72
291. Dotterbuttermehlsauce II . 72
292. Dotterbuttermehlsauce für
    Salat 73
293. Dottermehlsauce mit Öl (zu
    Salat) 73

Klasse IV. Eiercreme.

Kap. 28. **Eiercreme in Tassen** . 73

a) Echte 73
294. Eierzitronencreme 73
295. Eierapfelsinencreme 73
296. Eierweincreme 74

b) Unechte (s. mit Mehl) . . . 74
297. Eiercreme mit Schokolade . 74
298. Ei-tapiocacreme 74
299. Dottercreme mit Vanille . . 74

Konditoreiercreme (zur Ein-
    lage für Kuchen usw.) . 75
300. Konditorcreme (mit Dotter) 75
301. Konditorcreme (mit Ganzei) 75

Kap. 29. **Eiercremegelee** 75

1. Mit ganzem Ei (Eiweiß als
    Schnee) 75
302. Eierschneegelee mit Vanille . 75
303.   „   „ Kakao . 75
304.   „   „ Kaffee . 76
305.   „   „ Saccharin
    und Apfelwein 76

2. Mit Dotter allein 76
306. Dottergelee mit Vanille . . 76
307.   „   „ Wein . . . 76
308.   „   „   „ . . . 77

3. Mit Eiweiß allein, als Schnee 77
309. Eiweißschneegelee mit Wein
    und Zitrone 77

Seite

Kap. 30. **Eirahmschneegelee** . 77

1. Mit Eiweiß und Dotter . . 77
310. Eirahmschneegelee m. Vanille 77
311.   „ m. Kakao 78

2. Mit Dotter 78
312. Dotterrahmschneegelee mit
  Vanille 78
313. Dotterrahmschneegelee mit
  Schokolade 78
314. Dotterrahmschneegelee mit
  Früchten 78

3. Dottereiweißschnee-Rahm-
 schneegelee 79
315. Eirahmgelee mit Pfirsich . . 79

Kap. 31. **Eiercremeeis** 79
316. Über Bereitung gefrorener
  Speisen 79

a) Mit Dotter und Eiweiß . . 80
317. Eiercremeeis mit Vanille . . 80
318.   „ „ „ . . 80
319.   „ „ „ . . 80

b) Mit Dotter allein 80
320. Dottercremeeis in Wasser . . 80
321.   „ „ Vanille . . 81
  Karamel-Eis, Kaffee-Eis,
  Schokoladen-Eis, Malaga-
  Eis, Maraschino-Eis . . . 81
322. Dottercremeeis mit Früchten 81
323. Dotterrahmschnee-Eis . . . 81

Klasse V. **Eiermischungen —
gebraten — gebacken.**

Eierpfannkuchen — aufge-
laufener Eierpfann-
kuchen — Auflauf . . . 82
Kap. 32. **Eierpfannkuchen. Omelette von Ei** 82
324. Eierpfannkuchen, einfach . 82
  Mischungen I, II, III dazu . 82
  Geschmackszusätze 82
  Das Braten I, II, III . . . 82

Eierpfannkuchen, zusam-
mengesetzte, mit echten
Mischungen 83
325. Französ. Omelette mit Rum 83
326. Französ. Omelette m. Schinken 83
327. Französ. Omelette „Tante
  Manon". 83

Seite

328. Französ. Omelette mit Brot 83
329. Französ. Omelette mit Kräutern, „aux fines herbes" . 83
330. Französ. Omelette mit Äpfeln 83

Eierpfannkuchen, zusam-
mengesetzte, mit un-
echten Eiermischungen 83

331. Eierpfannkuchen 83
332.   „   mit Speck . 84
333.   „   „ Brot . 84
334.   „   „ Aleu-
  ronat 84
335. Eierpfannkuchen, zusammengelegter, mit Einlagen . . 84

Kap. 33. **Aufgelaufener Eierpfannkuchen. — Omelette
soufflée** 84

336. Aufgelaufener Eierpfannkuchen, einfach, naturell . . 84
  Mischung dazu — Braten . . 84

Aufgelaufene Eierpfann-
kuchen mit Einmischun-
gen und Einlagen 85

337. Aufgelauf. Eierpfannkuchen
  mit Fruchtsaft 85
338. Aufgelauf. Eierpfannkuchen
  mit Schokolade 85
339. Aufgelauf. Eierpfannkuchen
  mit Käse 85
340. Aufgelauf. Eierpfannkuchen
  mit Schinken 85
341. Aufgelauf. Eierpfannkuchen
  mit Brot 85
342. Aufgelauf. Eierpfannkuchen
  mit Kräutern, „aux fines
  herbes". 85
343. Aufgelauf. Eierpfannkuchen
  mit Fisch 85
344. Aufgelauf. Eierpfannkuchen
  mit verschiedenen Einlagen 86

Kap. 34. **Eier-Auflauf — Soufflé** 86

345. Eierauflauf — Eiersoufflé —
  einfach, naturell 86
346. Eierauflauf mit Zusätzen . 86
    „ „ Einlagen . 86
347.   „ „ Kaffee . . 86
348.   „ „ Kakao . . 87
349.   „ „ Vanille . . . 87
350.   „ „ saur. Rahm 87
351.   „ „ Käsemilch . 87
352.   „ „ Käse . . . 88

Dritte Nahrungsmittelgruppe.

Fleisch und Fleischware von Vierfüßern, Vogel und Fisch.

Seite

Kap. 35. **Einleitung** 89
401. Fleischbeurteilung, Fleisch-
     aufbewahrung 91
     Kennzeichen für frische Fische 91

Kap. 36. **Allgemeines über die Behandlung des Fleisches in der Küche** 91
402. Mechanische Bearbeitung . . 92
403. Rohes Fleisch 92
404. Zubereitung des Fleisches
     mittels der Wärme 92
405. Nachteile der Wärmebeein-
     flussung 93
406. Vorteile derselben 93
407. Rösten 93
408. Gewöhnliches Fleischsuppe-
     kochen 94
409. Schnellkochen 95
410. Schnellkochen in Verbindung
     mit Fleischsuppekochen . 95
411. Kochen in Fett — „Friture" 95
412. Kochen in Dampf 96
413. Dämpfen und Schmoren . . 96
414. Braten in der Röhre . . . 96
     „ im Topf, auf offener
     Pfanne 97
415. Die Bratensauce 98
416. Aufwärmen des Fleisches,
     schlechte Weise 98
417. Aufwärmen des Fleisches, in
     guter Weise 98

Die Fleischspeisen.

Klasse I.
Rohe, halbrohe Zubereitungen.

Kap. 37. **Fleischsaft** 99
418a. Frisch, kalt ausgepreßter
     Fleischsaft 99
418b. Fleischsaft auf andere Art . 100

Kap. 38. **Fleischbrei** 100
419. Fleischbrei à la Fonssagrives
     (do. in Kakaobouletten) . 100
420. Fleischbreicreme 100
421. Fleischbreikuchen i. d. Suppe 100
422. Fleischbreisuppe 100
     Fleischbreigerstensuppe . . . 100
423. Fleischbreiklöße in Suppe an-
     gewärmt 101

Seite

424. Fleischbreisteak, gedämpft . 101
     Fleischbreisteak, angebraten 101
425. Fleischbreisteak von rosage-
     bratenem Fleisch 101
426. Rohes Beefsteak „à la Tartare" 101

Klasse II. Fleischauszüge für diätetische Verwendung.

Kap. 39. **Flaschenbouillon, Beef-
     tea** 102
427. Flaschenbouillon 102
428. Beeftea 102
429. „ 102
430. Nutritious Chicken-Tea . . . 102
431. Fleischpeptonsuppe 103
432. Schnelle Fleischpeptonbrühe 103
433. Peptonbouillon 103

Klasse III. Fleischauszüge, Fleischabkochungen, Fleischbrühen, Grundsuppen, Grundsaucen.

I. Brühe (Suppe). II. Con-
     sommé. III. Jus. IV. Gelee 104

Kap. 40. **I. Fleischbrühe (-suppe)** 104
434. Fleischbrühe (u. gew. Suppen-
     fleisch) 104
435. Klären der Fleischbrühe . . 104
436. Gute Fleischbrühe und gutes
     gekochtes Fleisch auf ein-
     mal 104
437. Französisches Fleischbrühe-
     kochen „Pot au feu" . . . 105
438. Schnelle Fleischbrühe . . . 105
439. Knochenbrühe 105
440. Sparsuppe, weiße 105
441. „ braune 105
442. Kalbsbrühe 106
443. Hühnersuppe, franz., „Poulet
     au pot" 106
444. Taubenbrühe 106
445. Wildflügelbrühe 106
446. Wildbrühe 107
447. Fischbrühe 107
448. Austernsuppe 107

Kap. 41. **II. Kraftbrühe (Con-
     sommé** 107
449. Weiße Kraftbrühe 107
450. Starke Rindfleischbouillon . 108
451. Kraftbrühe v. Kalbfleisch . 108
452. „ v. Huhn . . . 108
453. Braune Kraftbrühe oder Con-
     sommé 108
454. Kraftbrühe von Fisch . . . 109

Seite

Kap. 42. III. Jus 109
455. Jus, Allgemeines 109
456. Helle Jus von Kalbsfüßen u.
  Fleisch 109
457. Braune Jus 109
458. Schnelle Jus 109

Kap. 43. IV. Gelee, Gelatine,
  Gallert, Aspik 110
459. Gelatine 110
460. Fleischgallert f. Kranke . . 111

Kap. 44. Fleischextrakte des
  Handels 111
461. Liebigs Originalvorschrift zur
  Suppe 111
462. Maggis Fleischpräparate . . 111

Klasse IV.
Zusammengesetzte Fleischsuppen.

Kap. 45. Klare Fleischsuppen
  m. Geschmackszusätzen und
  Einlagen 112
463. Klare, helle Fleischsuppe mit
  Wein 112
464. Helle Fleischsuppe mit Einlagen 112
465. Suppen m. gemischter Einlage 113
  Potage financière 113
  Potage Lamartine 113
  Spanische Suppe 113
466. Soupe julienne 113
467. Frühlingssuppe 113
468. Sommersuppe 114

Kap. 46. Über das Abrühren,
  Sämigmachen oder Legieren
  von Suppen und Saucen. . 114
469. Verschiedene Mittel dazu —
  Milch, Rahm, Butter, Ei.
  Mehl, Zwieback — Mehl u.
  Butter, verrührt 115
  Mehlschwitze oder Einbrenne
  — helle, braune 115

Kap. 47. Suppen m. Milch, Rahm,
  Butter, Ei abgerührt . . . 116
470. Suppe (hell oder braun), abgerührt mit Milch, Rahm . 116
471. Suppe (hell oder braun) mit
  Ei legiert 116
472. Suppe (hell oder braun) mit
  Milch (Rahm) und Ei . . 116
473. Abgerührte Suppen mit Geschmackszusätzen und Einlagen 116

Seite

474. Suppe mit Ei abgerührt, mit
  Kalbskopf und Reis . . . 116
475. Italienische Makkaronisuppe 117
476. Fleischbrühe, legiert, mit
  Spargel 117
477. Heilbuttensuppe, legiert . . 117

Kap. 48. Fleischsuppen mit mehligen Stoffen abgerührt . . 117
a) einfach abgerührt (oder abgekocht) 117
478. Fleischsuppe m. Mehl abgerührt 117
479. Fleischsuppe mit Sago . . . 118
480. Soupe Sarah Bernhardt . . 118
b) Mit Einbrenne (Mehl und
  Butter) 118
481. Fleischsuppe mit heller Einbrenne . . . ? 118
  Fischsuppe mit heller Einbrenne 118
482. Fleischbrühe mit brauner Einbrenne 118
483. Weiße oder braune Fleischsuppe mit Einbrenne und
  verschied. Zusätzen . . . 118
484. Fischsuppe mit Champignons 118
485. Champignonsuppe 119
486. Suppe mit Gemüsen 119
487. Rinderschwanzsuppe 120
488. Unechte Schildkrötensuppe . 120
c) Mit ausgekochter durch-
  strichener Grütze (Mehlpüree) 121
489. Fleischsuppe mit Grütze abgekocht 121
d) Mit präparierten Mehl-
  stoffen 121
490. Fleischbrühe mit Reisflocken
  abgekocht 121
491. Fleischbrühe m. gebräuntem
  Mehl 121
492. Panadensuppe, franz., „Croûte
  au pôt" 121

Kap. 49. Püree-Fleischsuppen . 122
1. Mit Fisch oder Fleisch . . 122
493. Fleischpüreesuppe 122
494. Potage à la reine 122
495. Brieschenpüreesuppe 122
496. Fischpüreesuppe, franz. . . 123
2. Mit Kräutern, Gemüsen
  (Wurzeln, Kohl usw.) . . 123
497. Gemischte Kräutersuppe . . 123
  Kerbelsuppe 123

Seite

498. Gemüsepüreesuppe 123
499. Mohrrübenpüreesuppe, „Potage Crecy" 124
     Schwarzwurzel-, Kohlrabi-, Erdartischocken-, Selleriepüreesuppe 124
500. Französische Kartoffelsuppe, „Potage Parmentier". . . 124
501. Grünkohlsuppe 124
     Grünkohlsuppe mit Gerste . . 124
     Rosenkohlpüreesuppe . . . 124

3. Mit Hülsenfrüchten 125

502. Linsenpüreesuppe 125
     Püreesuppe v. weißen Bohnen 125
503. Durchgestrich. Gelberbsensuppe 125

4. Mit Früchten 125

504. Tomatenpüreesuppe 125
     Tomatenpüree-Fischsuppe . 125
505. Kastanienpüreesuppe . . . 126

Klasse V.
Zusammengesetzte Saucen.

Kap. 50. Etwas Allgemeines über aller Art Saucen 126

Fleisch- und Fisch-Auszugssaucen.

Kap. 51. Etwas Allgemeines über diese Saucen 127

Kap. 52. Über einige besondere Suppen- und Saucengewürze und Speisefarben 127

506. Mirepoix 127
507. Duxelle „Fines herbes". . . 127
508. Bouquet garni 128
509. Unschuldige Speisefarben . . 128

Kap. 53. Klare Saucen mit Geschmackszusätzen und Einlagen 128

510. Klare Sauce, gewürzt 128
511. Klare Sauce mit Madeira, Madeirajus 128
     Sauce financière 129
     Sauce á la provençale . . . 129
512. Klare Sauce durch Abkochen gewürzt 129
513. Italienische Sauce 129
514. Klare Currysauce 129
515. Klare Sauce mit Einlagen . . 129

Seite

Kap. 54. Abgerührte Saucen mit Rahm, Butter, Ei 130

a) Mit Rahm, Butter 130

516. Sauce, abgerührt mit Butter oder Rahm 130
517. Sauce mit Rahm und Butter abgerührt 130
518. Sauce à la Maitre d'Hôtel . 130
     Sauce Colbert 130
519. Verschied. mit Butter abgerührte Saucen 130

b) Abgerührt mit Ei, Rahm, Butter 130

520. Liaison 130
521. Sauce poulette 131
522. Helle Sauce, abgerührt mit Dotter, Rahm, Butter . . 131
523. Fischsauce 131
524. Sauce bearnaise 131

Kap. 55. Saucen, abgerührt mit Mehl (mit Rahm, Butter, Ei) 132

1. Mit wenig Mehl 132

525. Klare Jussaucen 132
526. Weiße Sauce 132
527. Burgundersauce 132
528. Sauce piquante 132

2. Mit reichlichen Mehl . . . 133

529. Sauerrahmsauce 133
     Sauerrahmsauce mit Tomate 133
530. Braune Sauce (m. gebräuntem Mehl und Milch) 133
531. Braune Sauce m. gebranntem Zucker, Mehl, Rutter . . 133
532. Braune Sauce m. gebranntem Zucker, Mehl, Butter . . 133
533. Fischsauce 134

Kap. 56. Saucen mit abgebranntem Mehl (mit Einbrenne) 134

534. Grundsaucen, „Sauces meres" oder „capitales" 134
535. Sauce velouté — helle . . . 134
536. Sauce Bechamel I, II, III . 134
537. Sauce espagnole, brune . . 135

Zusammengesetzte Saucen:

I. Saucen mit Sauce velouté.

538. Sauce velouté mit Einlagen; Austern-, Krebs-, Kapern-, Champignon-, Kräuter-, Selleriesauce 135
539. Sauce allemande 135

Seite
540. Petersiliensauce (Frikassee-
        sauce) 136
541. Meerrettichsauce 136
542. Currysauce 136
      Senfsauce 136
543. Sauce suprême 136
544. „ matelote Normande . 136
      „ Joinville 136
545. „ soubise blonde . . . 136
546. „ Tomate 136

II. Saucen mit Sauce Becha-
        mel.

547. Sauce Bechamel m. Einlagen;
      Austernsauce, Sauce duchesse,
        Champignonsauce 136
548. Krebssauce 137
549. Sauce Maintenon 137
550. Sauce à l'aurore 137

III. Saucen mit Sauce espag-
        nole.

551. Sauce Espagnole m. Einlagen;
      Oliven-,Champignon-,Trüffel-,
        Senfgurken-, Kürbissauce . 137
552. Sauce piquante brune . . . 137
553. „ bordelaise 137
554. Anschovissauce 137
555. Madeirasauce mit Trüffeln
      (Sauce perigeux) 137
556. Sauce financière 138
557. „ Genevoise 138
558. „ matelote brune . . . 138
559. „ Chambord 138
560. „ Orly, braune Tomaten-
      sauce 138
561. Sauce Robert 138
562. „ chasseur 138

Kap. 57. Püreesaucen. (Allge-
      meine Regeln) 139

563. Sauce à la reine (Hühner-
        püreesauce) 139
564. Heringspüreesauce 139
      Sardellenpüreesauce 139
565. Brotpüreesauce 139
566. Kräuterpüreesauce — Sauce
        bachique 139
567. Artischockenpüreesauce . . 140
      Erdartischockenpüreesauce . 140
      Schotenkernpüreesauce . . . 140
568. Mohrrübenpüreesauce und an-
        dere Wurzelpüreesaucen . 140
569. Gemischte Püreesaucen . . . 140
570. Gourmetsauce 140
571. Tomatenpüreesauce 140
572. Kastanienpüreesauce 141

Klasse VI.

Fleisch- und Fischspeisen (frische).

Seite
Kap. 58. Gekochtes Fleisch (Sup-
      penfleisch usw.) 141

573. Gekochtes Fleisch 141
      Schnellgekochtes Fleisch . . 141
      Dampfgekochtes Fleisch . . 141
574. Gedämpftes Fleisch mit Ge-
        müsen 141

Kap. 59. Gekochte Fische . . . 141

575. Schnellkochen von Fischen
        (gewöhnliches Kochen) . . 141
      Rund-, Flachfische 141
576. Dampfkochen von Fischen . 142
577. Blaukochen von Fischen . . 142
578. Fische in Bier oder Wein ge-
        kocht 142
      Dorsch à la polonaise 142
      Karpfen in Rotwein 142

Kap. 60. Das Schmorkochen . 142

579. Rindfleisch schmorgekocht . 143
      Kalbfleisch, Hammelfleisch,
      Truthahn, Huhn, Wildge-
        flügel 143
580. Kalbs-, Lamm-, Hammel-
        rücken gekocht 143
581. Fleisch schmorgekocht in Ge-
        müsen 143
582. Schweinskotelett gedünstet . 144
583. Irish Stew 144
584. „Kallops nach alter Art“ . 144
585. Fleisch in Reis, „Pillaw“. . 144
586. Barsch auf schwedische Art 145

Kap. 61. Schmorbraten 145

a) Größere Fleischstücke . . 145
587. Schmorbraten „Boeuf braisé“ 145
588. Schmorbraten auf andere Art
      (à l'étuvée) 146
589. Boeuf à la mode 146
500. Sauerbraten 146

b) Kleinere Fleischstücke . . 147
591. Beefsteak à la Nelson . . . 147
592. Fricandeau v. Kalb 147
593. Gulyas (Gulasch, echt, ungari-
        scher, Pesther-, Jäger-) . 147
594. Rindescalopes 148
595. Rouladen, „Paupiettes“ . 148
596. Fisch, geschmort (Zander,
        Hecht, Barsch, Schellfisch,
        Seehecht, Nordseebarsch,
        Dorsch u. a.) 149
      Karpfen in Burgunder . . . 149

Seite

Kap. 62. **Braten auf der Pfanne im Ofen (in der Röhre)** . . 149
597. Große Braten — von Rind, Kalb, Hammel, Lamm, Schwein 149
598. Zahmes Geflügel 150
599. Wild und wilde Vögel . . . 150
Reh, Renntier, Hase, Rebhuhn usw. 150

Kap. 63. **Braten im Topf** . . . 151
600. Allgemeines 151
, Rinder-, Kalbs-, Hammel-, Lamm-, Schweinebraten . 151
Zahmes, wildes Geflügel . . 151

Kap. 64. **Rösten größerer Stücke (Rotissage — Roasting)** . . 151
601. Rösten mit Aufhängen vor offenem Feuer (englisch) . 151
602a. Rösten am Spieß I 152
602b. Rösten am Spieß in der Muschel II 152
602c. Rösten auf Rost in der Pfanne III 153
602d. Rösten im Röstofen IV (Lucullus) 153

Kap. 65. **Braten und Rösten kleinerer Stücke: Steak — Kotelett (Karbonade) — Escalope u. dgl.** 153
603. Verschiedene Formen der Stücke 153
Steak, Chateaubriand, Tournedos, Escalope (Schnitzel), Entrecôte, Kotelett, Karbonade 154
604. Das Panieren 154
605. Braten auf offener Pfanne — „sauté" 154
von Steak, Kotelett, Chateaubriand, Tournedos Escalope — naturell, paniert — von Rind, Kalb, Hammel, Schwein 154
606. Rösten auf dem Rost — „Grillage", „Broiling" — naturell — paniert 155
607. Rösten auf trockener Pfanne 155

Kap. 66. **Saucen zu gebratenem und geröstetem Fleisch** . . 156
608. Saucenbereitung bei größerem Braten 156
609. Saucenbereitung bei kleineren gebratenen Stücken . . . 156
610. Saucenbereitung zu gerösteten kleineren Stücken 156

Seite

Kap. 67. **Anrichtungsweise von gebratenem und geröstetem Fleisch** 157
611. Einfachste Anrichtung . . . 157
612. Zusammengesetzte Anrichtungen 157

Kap. 68. **Gebratener und gerösteter Fisch** 158
613. Gebratener Fisch 158
614. Gerösteter Fisch 159

Kap. 69. **Kochen in Fett. Friture** 159
615. Das Kochfett 159
616. Vorbereitung der Stücke . . 160
617. Das Kochen 161

Friture von Fleisch 161
618. Größere Braten in Fett gekocht (schottisch) 161
619. „Wiener Backhändl", Huhn, Kalb, Lamm in Friture . . 161

Friture von Fisch 161
620. Butte, Flunder — in Filets . 161
621. Hering 162
622. Barsch 162
623. Makrele à l'Orlys 162
624. Austern 162

Klasse VII. **Fleisch und Fisch — gesalzen, geräuchert.**

Kap. 70. **Fleisch, Fisch gesalzen** 162
625. Das Salzen 162
626. Fleisch leicht, schnell gesalzen. Ente, Gans schnell gesalzen, gekocht 163
Gekochtes Fleisch, leicht gesalzen 163
627. Stärkeres Salzen — trockenes 163
628. Stärkeres Salzen, naß und in fertiger Lake 164
629. Salzheringe, einfache, gewürzte 165
630. Verwendungen v. Salzheringen 165
631. Grablachs (schwedisch) . . . 165
632. Gesalzene u. getrocknete Fische (Klippfisch, Stockfisch) . . 166

Kap. 71. **Das Räuchern** 166
633. Räuchern, echtes 166
Räuchern, falsches 166
634. Das Kochen des geräucherten Schinkens 167
— engl., deutsch, französ., dänisch — Dauerkochen . 167

Seite

635. Geräuch. Schinken in Bur-
    gunder 168
636. Das Kochen v. geräuchertem
    (und gesalzenem) Fleisch . 168
637. Das Kochen von geräucherter
    Rinderzunge 169
638. Schinken in der Teighülle . 169

Kap. 72. **Einlegen in Sauer, in
Gelee u. dgl. von Fleisch
und Fisch** 169
639. Bereitung von Gelee 169
640. Einlegen von Fleisch in Gelee 170
641. Einlegen von Fischen in Gelee 170

Klasse VIII.
Eingeweide, Schlachtabfälle.

Kap. 73. **Zunge von Rind, Kalb,
Hammel, Lamm usw.** . 170
642. Gesalz. und geräuch. Zunge 170
643. Gedünstete Zunge 170
    In Dampf gekochte Zunge . 170
644. Zunge am Spieß geröstet . 170
    „ in Teighülle gebacken 170
    „ in Fett gekocht . . . 171
645. „ in Aspik 171

Kap. 74. **Bröschen (Kalbsmilch)** 171
646. Allgemeines 171
647. Vorbereitung 171
648. Zubereitung 171
    Kalbsmilch in Fleischsuppe 171
    „ gestobt 171
    Kalbsmilchragout 172
    Kalbsmilch, in Gratin . . . 172
    „ mit Sauerampfer 172
649. Kalbsmilch, mit Gemüsen ge-
    dünstet 172
650. Gebratene Kalbsmilch . . . 172
651. Geröstete Kalbsmilch . . . 172

Kap. 75. **Gehirn, Rückenmark** . 173
652. Allgemeines. Vorbereitung . 173
653. Verschiedene Zubereitungen
    und Anrichtungen 173
    Gehirnpüreesuppe, gekochtes,
    gedämpftes, gebratenes Ge-
    hirn — mit Fett gekocht;
    — in Soufflee 174

Kap. 76. **Leber** 174
654. Allgemeines. Vorbereitung . 174
655. Leberpüreesuppe 174
656. Gedünstete Leber — ganz . 174
657. Gedünstete Leber, in Scheiben,
    (à la lyonnaise) 175

Seite

658. Gebratene Kalbsleber — ganz 175
659. Gebratene Leber in Scheiben
    (v. Kalb, Hammel, Schwein,
    Lamm, Hase, Reh) . . . 175
660. Leber, am Spieße gebraten . 175
661. Leber, auf dem Rost geröstet 176
662. Leber, in Fett gekocht . . . 176
    Leber à l'italienne 176
663. Geflügelleber 176
    Gänseleber, gedünstet, in
    Scheiben gebraten, in Fett
    gekocht, in Gelee 176

Leberteige oder Farcen . . . 177
664. Leberpastete 177
665. Leberpastete, fette 177
666. Leberklöße 177
667. Kalbslebersoufflee 178

Kap. 77. **Nieren, Herz, Lunge,
Blut** 178
668. Niere von Kalb, Hammel,
    Schwein 178
    Gekocht, gebraten, auf Spieß
    geröstet 178
669. Herz, Lunge 178
    Herz-Lungenpüree 178
670. Rinder- und Kalbsherz ge-
    braten 179
671. Blut 179
    Blutwurst mit Zunge und
    Schinken 179
672. Blutwurst oder Blutpudding 179

Kap. 78. **Leimstoffspeisen (Kaldaunen, Kopf, Beine)** . . . 180
673. Kaldaunen 180
    Kaldaunensuppe; gestobt; in
    Fett gekocht 180
674. Kopf — besonders Kalbskopf 180
675. Kalbskopf, naturell — à la
    vinaigrette; gestobt . . . 181
    Mockturtleragout; in Friture 181
676. Lammkopf 181
677. Schweinekopf; Preßkopf . . 181
678. Füße — besonders Kalbsfüße,
    Schweinebeine 182

Klasse IX.
Fleisch-, Fisch-Teige oder Farcen zu Klößen, Frikandellen, Rand-formen, Puddings, Sufflees.

Kap. 79. **Allgemeines üb. Farcen** 182
679. Bereitung von Farcen . . . 182
680. Das Fleisch 183
681. Flüssigkeitszusatz 183

Seite
682. Eier dazu 183
683. Mehlige Stoffe dazu 183
    A. Brotpanade in Bouillon, mager 183
    B. Brotpanade in Milch, mager 183
    C. Mehlpanade mit fett. Einbrenne 184
    D. Mehldotterpanade m. sehr fetter Einbrenne 184
684. Fettzusatz 184
685. Gewürz 184

Kap. 80. **Farcen** 185

a) Rahmfarcen 185
686. Feine Hühnerfarce 185
687. Feine Fischfarce 185
688. Kalte Fleisch-Rahmfarce . . 185

b) Rahm - Eiweißfarcen . . . 186
689. Farce fine à la crême, „ou Mousseline" 186

c) Ei - Butterfarce 186
690. Fischfarce 186
    Fleischfarce 186

d) Farcen mit Brot 186
691. Französ. Fleischfarce (ohne Ei) 186
692. Fleisch-Brot-Farce m. Eiweiß 186
693. Schleswigsche Farce 187
694. Schwedische Farce 187
695. Hasensteaks 187
696. Magere Fleischfarce 187
697. Fettere Fleischfarce 188
698. Fleischfarce m. abgebranntem Brot 188
699. Fleischfarce, recht fette, mit Ei und Talg 188
700. Fleischfarce, fett, mit Speck 188
701. Wildfarce mit Speck 189

e) Farcen mit Mehl u. Butter 189
702. Einfache Fleischfarce m. Mehl 189
703. Fleischfarce mit Mehl — fett 189
704. Fischfarce 189
705. Fleischfarce — m. abgebranntem Mehl 189
706. Fleischfarce m. abgebranntem Mehl; fetter 190
    Fischfarce, ebenso 190
707. Aubain 190
    Fischgratinfarce 190

f) Farcen mit Mehl und Talg 190
708. Gew. dänische Fleischfarce . 190
    Fischfarce 190

g) Kartoffelfarcen 191
709. Farce zu Frikandellen . . . 191
710. Geflügelbällchen 191

h) Überfettete Farcen — „Godiveau" 191
711. Godiveau I 191
712. Godiveau II 191

Kap. 81. **Verwendung und Zurichtungsweisen der Fleischund Fischfarcen** 192

713. Klöße 192
714. Farcen in Puddings- u. Randformen 192
715. Falscher Hase 192
716. Frikandellen (oder Klops) . 193
717. Aubain 193
718. Soufflee 193
719. Farcen,ᵃ kalt anzurichten („Mousses", „Mousselines") 193
720. Farcen als Füllsel in Braten 193

Kap. 82. **Würste** 194

721. Allgemeines 194
722. Magere Fleischwurst 194
    Augsburger Wurst 194
723. Bratwurst, magere 194
724. Zervelatwurst 195
    Braunschweiger Wurst . . . 195
    Frankfurter Wurst 195
725. Mettwurst 195
726. Schweinefleischwurst zum Braten 195
727. Bratwurst, fette, I—II . . 195
728. Mortadella 195
729. Salami 195
730. Geräucherte Wurst I—II . . 196

Klasse X.

Fisch- und Fleischspeisen in Sauce, Salate (Mayonnaise — Frikassee — Ragout).

Kap. 83. **Mayonnaisen — Kalte Ragouts — Fleisch-Fischsalate** 196
731. Allgemeines 196
732. Fleischsalate — Mayonnaisen 196
    Salat von Huhn, Truthahn, Kalbfleisch 196
    Salat v. Wild, Kalbsmilch . 197
733. Fischsalate 197
    Mayonnaise v. Lachs, Hecht, Hummer 197

Seite
Kap. 84. **Warme Ragouts** . . . 197

734. Allgemeines über 1. weiße
Ragouts oder Frikassees u.
2. braune Ragouts 197
Über Hachee, Salpicon, größeres, großes Ragout . . . 198

Frikassee — helles Ragout . 199

735. Frikassee von Lamm, Kalb,
Huhn — großes helles Ra-
gout — Blanquette. 1. „à
l'ancienne"; 2. „à la sauce
poulette"; 3. „à la crême,
dite Normande" 199
736. Altdeutsches Hühnerfrikassee 199
Kalbsfrikassee 199
737. Salpicon, hell, Ragout royal 200
738. Salpicon, hell, einfach . . . 200
739. Fischragout, hell 200
740. Salpicon v. Fisch, einfach . 200

Braune Ragouts 200

741. Rinderragout in Tomaten
(großes) 200
742. Hammelragout 201
Rinderzungenragout . . . 201
743. Ragout à la Monglas . . . 201
744. Poulard à la financière . . 201
745. Truthahn à la bourgeoise . . 201
746. Wildragout 201
747. Ragout von Fleisch od. Fisch
à la Godard 201
Kalbsmilchragout 201
748. Kalbsragout à la Chipolata . 202
Ente à la Chipolata 202
749. Kalb à la Marengo 202
Junges Huhn, Kücken, Ham-
mel à la Marengo 202

Seite
750. Salpicon, braun, einfach . . 202
Wildsalpicon 202
751. Kalbsmilchsalpicon 202

Hachee 203

752. Hachee, einfaches 203
„ mit Brot 203
„ „ „ 203
„ „ Reis 203
„ „ Kräutern . . 203

Einige besondere Arten von
Ragout 203

753. Vinaigrette von gekochtem
Rindfleisch 203
754. Curryragout 204
755. Ragout Valenciennes . . . 204
756. Navarin 204
757. Fleisch in Äpfeln 204
758. Fleisch en matelote 204
Fischragout en matelote . . 204

Kap. 85. **Verwendung und Anrichten von Ragouts** . . . 204

759. Mayonnaise in Aspik . . . 204
760. Anrichten auf der Schüssel . 205
Kleine Kasserollen aus Steingut oder Porzellan . . . 205
Gratinmuscheln 205
761. Ringformen 205
762. Krustaden 205
Tarteletten 205
763. Pirogi, Risolles 205
764. Croquetten, Rouletten . . . 206
765. Pasteten, kleine 206
Pasteten, größere, „Vol au
vent". 206
766. Timbale I, II 206
767. Pie, englisch, oder Pastete in
Form gebacken 207

Pflanzliche Nahrungsmittel und Speisen.

Seite
Kap. 86. **Allgemeines**. 208

Die Nahrungsstoffe der
pflanzlichen Nahrungs-
mittel 209

Kap. 87. **Die Veränderungen u.
Umbildungen d. pflanzlichen
Nahrungsstoffe bei der Zu-
bereitung und Verdauung** . 211

Fett zum Essen, besser als im

Seite
Essen; die Verfettung der
Speisen 215

Vierte Nahrungsmittelgruppe.

Das Getreide (die Cerealien).

Kap. 88. **Allgemeines** 217

Kap. 89. **Die Stärkemehl-, Mehl-,
Grützespeisen. Allgemeine
Übersicht** 221

I. Hauptabteilung.

Stärkemehl, Mehl, Gries, Grütze in Flüssigkeit verkocht.

Seite

Kap. 90. Suppen; dünne, dicke Breie 222

801. Das Einweichen 222
802. Das Kochen — Dauerkochen 222
Vorkochen, Nachkochen . . 223
803. Das Kochen an der Herdseite 223
804. Das Kochen auf dem Wasserbad 224
805. Das Kochen im Dampfraum 224
806. Das Kochen auf ausgeglühten Kohlen 224
807. Das Kochen bei Verpackung 224
Das Selbstkochen 224
808. Die Kochkiste 224
809. Dauerkochen in Papierhülle 225

Klasse I.

Kap. 91. Wassersuppen aus Stärke, Mehl, Gries, Grütze 226

Stärkemehl - Wassersuppen . 226
810. Arrowroot („Salep") 226
811. Arrowroot-Kaltschale 226

Stärkegrütze - Wassersuppen 227
812. Sagosuppe, Sagobiersuppe . 227

Mehl - Wassersuppen 227
813. Reismehl-, Buchweizenmehl-
Maismehl-, Hafermehlsuppe 227
814. Hafer-, Gersten-, Roggenmehlwassersuppe 228

Gries- (Grütze-) Wassersuppen 228
815. Gersten-, Weizen-, Reis-, Mais-, Hafergries-(grützen-)suppe 228

Wassersuppen mit ganzen Körnern 228
816. Gerstengraupensuppe, rote . 228
817. Reissuppe, weiße 229
818. Gerstensuppe mit Äpfeln . . 229

Durchgestrichene Wassersuppen 229
819. Ptisane (hippokratische Gerstenabkochung) 229
820. Durchgestrichene Hafer-, Weizen-, Mais-, Gersten-, Reissuppe 229

Seite

Kap. 92. Wassersuppen mit präparierten Mehlstoffen . . . 230

821. Hafer-, Reis-, Maisflockensuppe 230
822. Wassersuppe aus präparierten Gerste-, Hafer-, Reis-, Maismehlen 230
823. Roggenmehlsuppe nach Hufeland 230

Brotsuppen in Wasser oder Bier gekocht 231
824. Weißbrotwassersuppe . . . 231
825. Röstbrot- oder Zwiebackwassersuppe 231
826. Roggenbrotwassersuppe . . 231
827. Roggenbrotbiersuppe I . . . 231
828. Brotbiersuppe II 231
829. Brotgallerte 232
830. Norwegische Biersuppe, Hamburger Biersuppe 232

Kap. 93. Wassergrütze — dicker Brei in Wasser gekocht . . 232

831. Maizena-, Sago-, Tabiokawassergrütze 232
Weizenstärkemehlgrütze . . 233
Kartoffelmehlgrütze 233
Sagomehlgrütze 233
832. Reiswassergrütze 233
Weizenmehlwassergrütze . . 233
833. Grahamsgrütze, grobe . . . 233
834. Gersten-, Weizen-, Hafer-, Reiswassergrütze 233
835. Hafer-, Mais-, Reisflockenwassergrütze 233

Kap. 94. Wassergrütze mit besonderen Geschmackszusätzen und in besonderen Anrichtungen 233

Warm angerichtet:

836. Reiswassergrütze (für Fleischsuppe) 233
837. Maisgriesgrütze (Polenta) . . 234
838. Reiswassergrütze mit Äpfeln 234
839. Grahamgrütze mit Früchten 234
840. Gerstenmehlgrütze mit Blaubeeren 234
841. Mehlgrütze in Rotwein . . 235

Kalt angerichtet:

842. Mehlflammeri mit Zitrone od. Apfelsine 235
843. Sagoflammeri mit Wein . . 235

Seite

Bouillongrütze 236

844. Bouillonreis 236
Reis à la Milanaise 236
845. Bouillonreis mit Wein . . . 236

Wassergrütze m. besonderen
nährenden Zusätzen von
Rahm, Butter, Ei 236
846. Mehlwassergrütze m. Eiweiß 236
847. Wassergrütze mit Ei . . . 237
848. Wassergrütze mit Butter . . 237

Breie und Grützen in Wasser
gekocht; mit Rahm ver-
rührt 237
849. Allgemeines 237
850. Sagorahmwassergrütze u. -brei 237
Tapioka-, Maisgrütze u. -brei 237
851. Reismehlwasserrahmgrütze u.
-brei 237
852. Weizengrieswasserrahmgrütze
und -brei 238
853. Reiswasserrahmgrütze u. -brei 238

Klasse II.

Breie und Grützen in Milch gekocht.

Kap. 95. **Breie und Grützen in
Buttermilch und Dickemilch
gekocht.** 238
854. Buttermilchsuppe 238
Dickemilchsuppe 238
855. Buttermilch-, Dickemilchbrei 239
856. Buttermilchgrütze 239

Kap. 96. **Milchbrei, Milchgrütze** . 239

Mit Stärkemehlen 239
857. Sagomilchbrei und -grütze . 239
Tapiokamilchbrei und -grütze 239
Sagomehlmilchbrei u. -grütze 239
Maizenamilchbrei u. -grütze . 239
Kartoffelmehlmilchbrei und
-grütze 239

Mit Mehlen 240
858. Reismehlmilchbrei u. -grütze 240
Hafermehlmilchbrei u. -grütze 240
Roggenmehlmilchbrei und
-grütze 240
Gerstenmehlmilchbrei und
-grütze 240
Weizenmehlmilchbrei und
-grütze 240

Seite

Mit Griesen und Grützen . . 240

859. Weizengriesmilchbrei und
-grütze 240
Gerstengriesmilchbrei und
-grütze 240
Hafergriesmilchbrei u. -grütze 240
Buchweizengriesmilchbrei u.
-grütze 240
Reisgriesmilchbrei u. -grütze 240

Mit ganzen Körnern. 240

860. Reismilchbrei und -grütze . 240
Graupenmilchbrei u. -grütze 240

Mit Flocken 241

861. Maisflockenmilchbrei und
-grütze 241
Reisflockenmilchbrei u.-grütze 241
Haferflockenmilchbrei und
-grütze 241

Kap. 97. **Milchbreie und Grützen
mit verschiedenen Zusätzen
— von Ei, Butter** 241

862. Schneegrütze — oder Brei . 241
863. Milcheiergrütze 241
864. Milchbuttergrütze 241
865. Durchgeseihter Milchbrei u.
grütze 241

Kalte Milchgrützen — „Flammeri" u. dgl. 242

866. Kalte Sagomilchgrütze . . . 242
„ Maizonamilchgrütze . . 242
„ Weizengriesmilchgrütze 242
„ Reismehlmilchgrütze . 242
„ Reismilchgrütze . . . 242

Kap. 98. **Verschiedene andere
Reisspeisen** 242

867. Reis naturell — „Curryreis" 242
868. Reis auf japanische Art . . 243
869. Braungerösteter Reis . . . 243
870. Reis mit Tomaten 243
871. Malteserreis 243
872. Pompadourreis 243
873. Reis in Form oder Rand . . 244
874. Reisspeisen mit Früchten . 244
875. Reiseiweißgelee 244
876. Reisäpfelrahmschneegelee . 244
Reisweinrahmschneegelee . . 245
877. Reispudding mit Äpfeln . . . 245
878. Gefrorener Reis mit Vanille 245
879. Reisrahmschnee-Eis mit
Früchten 245

XX

II. Hauptabteilung.

Stärkemehl-, Mehl-, Grütze-speisen mit Teigbereitung.

Klasse III. Teigware.

Seite
Kap. 99. **Allgemeines** 246
880. Alte italienische Makkaronivorschrift 246
881. Nudelteig — hausgemacht . 246
882. Bandmakkaroni — hausgem. 246

Verschiedene Verwendungen
von Nudeln und Makka-
roni 247
883. Makkaroni naturell 247
884. „ mit Butter . . . 247
885. „ in brauner Sauce 247
886. „ -(Nudel-)Auflauf I 247
887. „ -(Nudel-)Auflauf II 248
888. „ (Nudeln) in Band-
form 248
889. Makkaroni-(Nudel-)Pudding . 248
890. Makkaronisalat I. II. III . . 249

Klasse IV.

Brot aus gekneteten Teigen.

I. Einfache Teige.

Kap. 100. **Teigbereitung mit Lok-
kerung durch besondere
Lockerungsmittel — Hefe-
teig usw.** 249
891. Allgemeine Regeln für Teigbereitung mit Hebemitteln
(Brotteige) 249
892. Teigbereitung I, warme . . . 250
893. „ II, kalte . . . 250
894. „ III, m. Vorteig 250
895. „ IV, mit Back-
pulver 251
Hausgemachte Backpulver I,
II, III 251
896. Teigbereitung V, auf Maschine 251
897. Regeln für das Backen . . . 251

Kap. 101. **Brot aus Wasserteig** . 252
898. Grahambrot, reines, echtes . 252
899. Grahambrot, gemischtes —
mit Hefe 252
900. Gemischtes Roggen-Weizenbrot 252
900. Weizenbrot, einfaches . . . 252
912. Weizenbrot, etwas feineres . 252

Seite
Kap. 102. **Brot aus Milchteig** . 253
903. Gemischtes Roggen-Weizenbrot — grobes 253
904. Roggenbrot aus feinem Mehl 253
Gemischtes feines Roggen-
Weizenbrot 253
905. Weizenbrot 253
906. Brot aus Teigen mit Buttermilch oder dicker Milch . 254

Brot mit Fruchtzusätzen . . 254
907. Grahambrot mit Aprikosen . 254
908. Fruchtbrot 254

II. Verfeinerte Teige.

Kap. 103. **Allgemeines über Teigbereitung bei zusammen-
gesetzten Teigen — für verfeinertes Brot und Backwerk** 255
909. Die Ingredienzien 255
910. Teigbereitung I, warm . . . 255
911. „ II, kalt . . . 255
912. „ III, m. Vorteig 256
913. „ IV, m. Back-
pulver 256
914. Teigbereitung V, m. Maschine 256
915. Teigbereitung VI, für weiche
Teige 256

Kap. 104. **Verfeinertes Brot** . . 256
916a. Weißbrot, mit Ei 256
916b. „ , mit Ei 256
917a. „ , mit Ei u. Butter 256
917b. „ , mit Ei u. Butter 256
918a. „ , mit Butter . . . 257
918b. „ , mit Butter . . . 257
919. Zu den Teigen 916—918a u. b:
Verwendung derselben . . 257

Klasse V. Backwerk.

Kap. 105. **Teige mit Ei u. Butter** 258
920. Kringel 258
921. Fastnachtkringel 258
922. Napfkuchen 259
923. Brioche I, II, III 259
924. Gugelhupf I 260
925. „ II 260
926. Feines Brot zum Kaffee . . 260
927. Savarin I, II, III, IV . . . 261
928. Baba 262

Kap. 106. **Backwerk aus Hefe-
teigen mit Butter** 262
929. Kleine Kümmelbretzel . . . 262
930. Kringel 262

Seite
931. Stolle 263
932. Butterhörnchen 263

Klasse VI.
Kuchen — gerührte Teige.

Kap. 107. Allgemeine Regeln für Bereitung gerührter Teige . 263
933. Allgemeines 263
934. Teigrühren I (gew.). . . . 264
935.   „   II (souffliert) . . 264
936.   „   III (abgebacken) 264
937. Das Backen 264

Kap. 108. Biskuit — Zuckerbrot 264

I. Mit Eiweiß allein 264
938. Geduldzeltchen 264
939. Silberkuchen 265

II. Mit ganzem Ei 265
940. Zitronenbrot 265
941. Doktor-(kuchen-)torte . . . 265
942. Schwamm-(kuchen-)torte . . 265
943. Biskuittorte 265
944.   „   265
945. Biskuit-(Zucker-)zeltchen . . 266
946. Sachertorte 266
947. Rahmkuchen 266
948. Tütchen oder Hohlhippen . 266
949. Süßes Teebrot 266

Kap. 109. Honig- u. Sirupskuchen 267
a) Ohne luftabgebende Lockerungsmittel 267
950. Grahammehl-Honigkuchen . 267
951. Italienischer Lebkuchen . . 267
b) Mit luftabgebenden Lockerungsmitteln 268
952. Roggenmehl-Honigkuchen . 268
953. Christiansfelder Sirupskuchen 268
954. Sirupskuchen, gewürzter . . 268
955. Engl. Pfefferkuchen 269
956. Honigkuchen, einfache . . . 269
957. Echte Christiansfelder Honigkuchen 269
958. Honigkuchen, gewürzte . . 269

Kap. 110. Kuchen aus fetten u. fettesten Teigen; mit Ei und Butter; mit Butter allein . 270
959. Allgemeines 270
960. Natron(Soda)kuchen 270
961. Brauner Kuchen 270
962. Kleine Zuckerbretzeln . . . 270
963. Napfkuchen (ohne Hefe) . . 270

Seite
964. Sandtorte I 271
965.   „   II 271
966.   „   III 271
967. Kleine Kuchen: Vanillekränzchen, Vierspecies 271
968. Tante Harriets Dienstagskuchen 272
969. Mürbeteig I 272
970.   „   II 272
971. Blätterteig I (Butterteig) . . 272
972.   „   II (weniger fett) . 273
973. Abgebrannter Kuchenteig I 273
974.   „   „   II 273

Kap. 111. Mandelteig u. Kuchen damit bereitet 274
975. Mandelmasse, Marzipan I, II 274
976. Makronen I bittere, II süße 274
977. Mandelteig I, II 274
Französische Mandelmasse . 275
978. Judenkuchen 275
979. Linzermasse I, II 275

Klasse VII. Brot und Kuchen, zweimal gebacken u. dgl.

Kap. 112. Zwieback — Schnitte — Teebrot — Kakes . . . 275
980. Allgemeines 275
981. Weizenschrotmehlschnitte . 276
982. Zwiebacke od. Schnitte aus Weizenmehl, magere . . . 276
983. Zwiebacke I, fette 276
984.   „   II, fetteste . . . 276
985. Braune Teebrötchen 277
986. Biskuitzwieback 277
987. Schweizer Zwieback 277

Kakes u. dgl. 277
988. Roggenkakes (schwed. „Knäkebröd") 277
989. Grahamkakes od. Rollen . . 278
990. Weizenkakes magere 278
991.   „   recht fette . . 278
992.   „   sehr fette . . 278
993. Gerstenmehlkakes 278
994. Hafermehlkakes 279

Kap. 113. Verschiedene Verwendungen von Brot u. Kuchen 279
995. Brotwasser 279
996. Brotverwendungen (Hinweis) 279
997. Röstbrot, allgem. Regeln . . 280
998. Trockengeröst. Brot „Toast" 280
999. Fettgeröstetes Brot 280

Seite
1000. Brotwürfelchen 280
1001.   „   (glasierte) . 280
1002.   „   (gebackene) 281
1003. Brot in Rahm gebacken . . 281
1004. Kalte Zwiebackspeise . . . 281
1005. Brotfarce — „Panade" . . 281
1006. Auflauf mit Brotschnitten . 282
1007. Weißbrot- od. Zwieback-
        pudding 282

**Klasse VIII. Mehlspeisen in Fett
gekocht oder gebraten.**

**Kap. 114. Backwerk in Fett ge-
kocht — Friture** 282

1008. Allgemeines 282
1009. 10. Räderkuchen I, II . . . 283
1011. Pasteten, kleine — Krustaden 283
1012. Fritureteig I, II 283
1013. Schneebälle 284

**Kap. 115. Mehlspeisen auf der
Pfanne gebraten** 284

1014. Plinsen „Pannequets" . . . 284
1015.   „   einfache 284
1016.   „   feinere 284
1017. Russische Mehleierpfann-
        kuchen. 285
1018. Setzeierpfannkuchen . . . 285
1019. Griesplätzchen 285

**Klasse IX. Mehl-, Gries-, Brot-
Auflauf oder Soufflee — in Form
gebacken.**

**Kap. 116. Auflauf — von ge-
rührten und abgebrannten
Teigen** 286

1020. Allgemeines über Bereitung 286
1021. Mehlvanilleauflauf 286
1022. Maismehlauflauf 286
1023. Mehlauflauf mit Kakao . . 286
1024. Tapioka-, Reis-, Weizengries-,
        Maisauflauf 287
1025. Reisauflauf mit Rahm . . 287
1026. Kalter Reisauflauf mit
        Kaffee 287
1027. Brotauflauf 287

Auflauf mit abgebranntem
        Teig 288
1028. Bereitung, Allgemeines . . 288
1029. Mehlauflauf 288
1030. Brotauflauf 288

**Klasse X. Omeletten in der Form
oder Pudding.**

Seite
**Kap. 117. Mehl-, Gries-Omelette
und Pudding von gerührtem
Teig** 289

1031. Weizengriesomelette (Gateau
        de Semoule) 289
1032. Reisomelette, Gateau de Ris 289
1033. Mehlpudding 289
1034. Yorkshirepudding 289

**Kap. 118. Mehl-, Gries-Pudding
mit souffliertem Teig — gerührt oder abgebrannt** . . 290

1035. Weizen-, Gries-, Sago- (Ta-
        pioka-), Mais- (Maisflocken-),
        Reispudding 290
1036. Weizengriespudding . . . 290
1037. Griespudding 290
1038. Weizengriespudding . . . 290
1039. Reispudding 291
1040. Mehlpudding 291

Mit abgebackenem Teig. . . 291

1041. Abgebrannter Mehlpudding 291
1042. Prinzeßpudding 292
1043. Schwäbischer Neunlothpud-
        ding 292
1044. Mehlpudding mit Kakao . 292

Kap. 119. Brotpudding 292

a) Mit gerührtem Teig. . . . 292
1045. Weißbrotpudding mit saurer
        Sahne 292
1046. Brotpudding 293
1047. Schwarzbrotpudding . . . 293

b) Mit Auflaufteig. 293
1048. Grahambrotpudding . . . 293
1049. Weißbrotpudding 293
1050.   „   293

**Kap. 120. Einige besondere Arten
von Pudding** 294

a) Mit Hefeteig 294
1051. Hefenpudding 294
1052.   „   294

b) Engl. Pudding (Talg-, Plum-
        pudding) 295
1053. Einfacher Christpudding für
        Kinder 295
1054. Christplumpudding 295
1055. Plumpudding 295

Seite

1354. Gemüsepüree von Schoten, Spargel, Artischockenböden, grünen Bohnen, Blumenkohl, Strandkohl, Kardone usw. 363
1355. Schotenpüree à la St. Germain 364
1356. Spargel-, Artischockenbödenpüree 364
1357. Selleriepüree 364
1358. Möhrenpüree 364
1359. Rübenpüree 364
1360. Erdartischockenpüree . . . 364
1361. Kartoffelpüree 364
1362. Kartoffelschnee 365
1363. Zwiebelpüree „dite Soubise" 365
1364. Blattkohlpüree 365

Klasse V.
Kräutergemüse-Teige oder Farcen.

Kap. 150. **Gerührte Teige** . . . 365
1365. Allgemeine Zubereitungsregeln für Klops, Frikandellen, Scheiben, Pudding, Pie 365
1366. Spinatscheiben mit Reis . 365
1367. Spinatpudding 366
1368. Schotenfrikandellen . . . 366
1369. Blumenkohlfrikandellen . . 366
1370. Gemüsepudding von Schoten, Spargel, Möhren, Sellerie 366
1371. Möhren-, Erdartischockenpudding 366
1372. Gemischte Wurzelfarce für Omeletten und Klops . . 367
1373. Kartoffelklöße 367
Kartoffelfrikandellen . . . 367
Kartoffelkrustaden 367
Kartoffelomelette in der Schüssel 367
1374. Weißkohlklops 367

Kap. 151. **Soufflierte Teige, für Pudding, Omeletten in der Schüssel, Aufläufe** . . . 367
1375. Allgemeines 367
1376. Salat-, Spinatauflauf mit Käse 368
1377. Spinatsoufflee 368
1378. Spinatscheiben 368
1379. Blumenkohl-, Spinat-, Spargel-, Schoten-, Möhren-, Selleriepudding 368
1380. Erdartischockenomelette in der Schüssel 369
Möhren-, Sellerieomelette do. 369

1381. Selleriescheiben 369
1382. Kartoffelauflauf 369
Erdartischockenauflauf . . 369
1383. Kartoffelpain, do. mit Käse 369
1384. Englischer Kartoffelpudding 370
1385. Süßer Kartoffelkuchen . . 370
1386. Kartoffelkuchen (kalter) . . 370
1387. Grünkohlomelette in der Schüssel 370

Kap. 152. **Verwendungen und Anrichtungen v. gestobten Kräutern u. Gemüsen, von Pürees und Farcen** 371
1388. Croquetten, Rouletten, Bouletten 371
1389. Füllsel für Pasteten, Krustaden, Tarteletten . . . 371
1390. Kräutergemüse in Gratin (in Muscheln oder Formen) . 371
1391. Gemischtes Gratin 371
1392. Kräutergemüse mit Ei . . 371
1393. Gemüsepudding, mit eingelegten Gemüsen 372
1394. Gemüsepudding mit Fleischfarce 372
1395. Kartoffeln m. Tomatenpüree 372
1396. Gebratene Wurzelscheiben . 372

Kap. 153. **Farcierte Gemüse** . . 372
1397. Gefüllter Weißkohl 372
1398. Farcierter Weißkohl . . . 372
Farcierter Kopfsalat . . . 373
1399. Kohlrollen 373
1400. Savoyer-(Wirsing-)kohl-, Weißkohlpudding 373
1401. Gefüllter Sellerie 374
1402. Sellerie mit Fleischklößen . 374
1403. Gefüllte Zwiebeln 374

Siebente Nahrungsmittelgruppe.
Früchte.

Kap. 154. **Allgemeines uber die Früchte** 375
1501. Übersicht über die Früchte 375

Kap. 155. **Zubereitung v. Früchten** 380
1502. Die Verdaulichkeit im Verhältnis zur Zubereitung . 381
1503. Sorgfältiges Reinmachen . 381
1504. Wärmeeinwirkung 381
1505. Säuresättigung 381
1506. Getrocknete Früchte . . . 381
1507. Früchte in Mus oder Püree 381
1508. Das Würzen der Früchte . .381

Seite

VI. Mit Ei und Mehlstoffen
(Mais, Reis) oder Brot
(Zwieback) 313
1137. Linsenklops, Bohnenklops . 313
1138. Erbsen in Randform . . . 314
1139. Linsenbraten 314

VII. Mit Ei und Kräutern oder
Gemüsen 314
1140. Bohnenpastete 314
1141. Linsenfarce (für gefüllten
Weißkohl usw.) 314
1142. Hülsenfruchtbraten mit
Möhren 315
1143. Linsenkroketten 315
1144. Linsenbraten 315

VIII. Mit Ei und Früchten
(Nüssen, Tomaten) . . . 315
1145. Bohnenklops 315
1146. Erbsenklops 316

Kap. 129. Hülsenfruchtfarcen m.
Eiersoufflee-Teig 316
1147. Erbsengratin 316
1148. Linsen-, Bohnenauflauf . . 316
1149. Bohnenklops aus Auflauf-
teich 316
1150. Erbsenpudding 317

Kap. 130. Einige besondere Hülsenfruchtspeisen 317
1151. Linsenfarce in Custard . . . 317
1152. Bohnenwurst, Linsenwurst . 317
1153. Rollwurst 318
1154. Hülsenfruchtpastete . . . 318
1155. Hülsenfruchtfarce als Gänsebraten 318
1156. Gefüllte Linsenpastete . . 319
1157. Linsenragout 319
1158. Hülsenfruchtspeisen in Sauce 319
Vegetarisches Frikassee usw. 320

Sechste Nahrungsmittelgruppe.
Gemüse.

Kap. 131. Allgemeines 321
1201. Zubereitung 323
1202. Reinmachen 323
1203. Feinzerteilung 324
1204. Wärmeeinwirkung 324
1205. Das Kochen der Gemüse in
Wasser 324
1206. Kochen in Dampf 325
1207. Backen von Gemüsen im
Ofen 325
1208. Kochen in Fett 325

Seite

1209. Das Braten oder Schwitzen
der Gemüse in Fett . . 325
1210. Das Ansämen mit Mehl
(Mehlschwitze) 325
1211. Verwendbarkeit der Gemüse
im allgemeinen 326
1212. Gemüse in Püree 326
1213. Das Würzen 326
1214. Aufbewahrung der Gemüse 327
1215. Das Einkochen der Gemüse 327
1216. Salzen der Gemüse 327
1217. Das Einlegen der Gemüse m.
wenig Salz (Sauerkraut) . 327
1218. Das Trocknen der Gemüse . 328
1219. Diätetische Stufenleiter . . 328

Klasse I.
Kräuter-Gemüsesuppen.

Kap. 132. Klare Kräuter-Gemüsesuppen — Grundsuppen . 329
1220. Allgemeine Regeln für das
Kochen der Brühe . . . 329

a) Klare Suppe von Kräutern,
Gemüsen, naturell . . . 329
1221. Klare süße Sauerampfersuppe 329
1222. Klare Kräutersuppe . . . 330
1223. Klare Suppe mit Sommer-
gemüsen 330
1224. Klare Wurzelsuppe 330
1225. Gemischte klare Suppen . 330

b) Klare Suppen mit gebratenen — geschwitzten
— Gemüsen 330
1226. Helle klare Suppe 330
1227. Braune klare Suppe . . . 331
1228. Klare Suppe m. Maggigewürz 321
1229. Kräutergemüse, Konsommee 331
1230. Kräutergemüsejus (Gelee,
Aspik) 331

Kap. 133. Kräuter-Gemüsesuppen.
Klare, mit verschiedenen
Einlagen und angesämt . 331

a) Klare Suppen, mit Gemüse
naturell 331
1231. Kräutersuppe mit Reis . . 331
1232. Spinatsuppe m. Haferbrei . 331
1233. Franz. Kerbelsuppe m. Brot 332

b) Klare Suppen, mit ge-
schwitzten Gemüsen . 332
1234. Gemischte Gemüsesuppe . . 332
1235. Juliennesuppe „Julienne
maigre" 332

Seite

1236. Porreesuppe „Soupe à la
bonne femme" 332
1237. Franz. Kohlsuppe 333
1238. Über das Sämigmachen od.
Legieren von Kräuter-Ge-
müsesuppen 333

c) Mit Rahm, Butter, Ei legiert, oder angesämt . 333

1239. Kräutersuppe 333
1240. Wurzelsuppe, „Soupe à la
fermiére" 333
1241. Porreesuppe 334

d) Legiert mit Brot, Mehl . . 334

1242. Salat-, Sauerampfer-, Spinatsuppe mit Brot legiert . 334
1243. Kräutersuppe m. Mehl legiert 334
1244. Zwiebelsuppe 335
1245. Kerbelsuppe 335

Kap. 134. Kräuter-Gemüse-Pü-
reesuppen 335

a) Mit geschwitzten Gemüsen,
ohne Legierung 335

1246. Kressepüreesuppe 335
1247. Kartoffelpüreesuppe . . . 336
Potage Parmentier . . . 336
Kartoffel-Porree-püreesuppe 336
1248. Wurzelpüreesuppe 336
Potage Crecy 336

b) Mit Gemüsen naturell und
verschiedentlich le-
giert 336

1. Mit Rahm, Butter legiert 336

1249. Schotenpüreesuppe, Potage
St. Germain 336
1250. Kartoffel-Schotenpüreesuppe 337
Kartoffel-Porreepüreesuppe . 337
1251. Kartoffelpüreesuppe m. Rotkohl 337

2. Mit Ei legiert 337

1252. Schotenpüreesuppe . . . 337
1253. Selleriepüreesuppe . . . 337

3. Mit Grütze legiert . . . 338

1254. Kerbelpüreesuppe . . . 338
1255. Selleriepüreesuppe . . . 338
1256. Grünkohlsuppe 338

4. Mit Mehl legiert — einfach
abgerührt 338

1257. Kräuterpüreesuppe . . . 338
1258. Erdartischockenpüreesuppe. 339

Seite

5. Legiert mit Mehlschwitze
oder Einbrenne . . . 339
1259. Sauerampferpüreesuppe . . 339
1260. Schotenpüreesuppe 339
1261. Blumenkohlpüreesuppe . . 339

Kap. 135. Kräuter-Gemüsesuppen
mit Milch gekocht — fran-
zösische Fastensuppen . . 340

a) Mit zerschnittenen Ge-
müsen, in Butter ge-
schwitzt 340

1262. Endiviensuppe, „à l'Ardennoise" 340
1263. Gemüsesuppe, à la Grandmère 340
1264. Wurzelsuppe, à la Brabançonne 340
1265. Wurzelsuppe, à la Dauphinoise 341
1266. Kartoffelsuppe, à la Franc-
Comptoise 341

b) Mit Gemüsen in Püree . . 341

1267. Kräuterpüreesuppe . . . 341
1268. Kartoffelpüreesuppe, Potage
Argenteuil 342
Kartoffelpüreesuppe mit
Kresse 342
1269. Schwarzwurzelpüreesuppe . 342

Klasse II. Kräuter-Gemüsesaucen.

Kap. 136. Klare Kräuter-Gemüsesaucen 342
1270. Klare Kräuter-Gemüsesaucen,
gewürzt 342
Braune, italienische . . . 342
1271. Sauce Bordelaise 343
1272. Klare Kräuter-Gemüsesaucen
mit Einlage 343
Sauce ravigote 343

Kap. 137. Legierte Kräuter-Gemüsesaucen 343
1273. Saucen mit Rahm, Butter
legiert 343
Sauce maitre d'Hotel . . . 343
1274. Saucen mit Ei legiert . . . 343
Sauce poulette, helle Sauce. 343
Sauce bearnaise 343
1275. Holländische Sauce 343
1276. Saucen m. Mehl einfach abgerührt 343
Weiße Sauce 343
Braune Sauce 344
Saure Rahmsauce . . . 344
Petersiliensauce 344

Seite

1277. Saucen, mit Mehl abgebacken	344
1278. Zusammengesetzte Saucen, mit Sauce Velouté . . .	344
1279. Zusammengesetzte Saucen, mit Sauce Bechamel . .	344
1280. Zusammengesetzte Saucen, mit Sauce espagnole . .	344

Kap. 138. Kräuter-Gemüse-Püreesaucen 345

1281. Brotpüree-, Kräuterpüreesauce usw.	345
1282. Kartoffelpüreesauce	345
1283. Kräuter-Gemüsesaucen in Milch	345

Klasse III.
Kräuter-Gemüse gekocht.

Kap. 139. Gekochte Kräuter-Gemüse, naturell 345

1284. Allgemeines über Zubereitung von Kräutern u. Gemüsen	345
1285. Das Kochen	346
1286. Abtropfen	347
1287. Abdampfen	347
1288. Zubereitung	347

Kap. 140. Kräuter-Gemüse, naturell gekocht und angerichtet 347

I. Gemüse, gekocht, gebacken — mit gerührter Butter 347

1289. Gebackene Kartoffeln I .	347
1290. ,, ,, II .	347
1291. ,, ,, III ,,en robe de chambre" .	348
Kartoffeln in Asche gebacken	348
1292. Spargel, naturell	348
Porree, Schwarzwurzel naturell	348

II. Gemüse in englischer Art 348

1293. Spinat in englischer Art — ,,en branches"	348
Schoten, Gr. Bohnen, Wachs-Perlbohnen, Strand-, Rosenkohl usw.	348

III. Gemüse in Süß od. Sauer 349

1294. Rotkohl in Fruchtsaft . .	349
1295. Rotkohl ,,à la Flamande" .	349

IV. Gemüse in Jus 349

1296. Spinat in Jus	249
1297. Grüne Bohnen u. Erbsen in Jus	349
1298. Cardons in Jus	349

Seite

1299. Kartoffeln in Jus, à la maitre d'Hôtel	350
1300. Gemüse in Aspik	350

Kap. 141. Gemüse in Wasser gekocht — in verschiedenen Saucen angerichtet . . . 350

I. In einfachen, warmen Saucen	350
1301. Spargel ganz (,,en branches")	350
Blumenkohl, Artischockenböden, Schwarzwurzel, grüne Bohnen, Cardons do.	350
II. In warmen, mit Mehl legierten Saucen	350
1302. Blumenkohl, Spargel, Kartoffeln	350
1303. Möhren, Kohlrabi, Artischockenböden	350

Kap. 142. Gemüse in kalten Saucen — Gemüsesalate . 351

1304. Gemüse in Ölsauce	351
1305. Gemüse in Rahmsauce . .	351
1306. Gemüse in gerührter Eiersauce	351
1307. Gemüse in Mayonnaise . .	351
1308. Salat von roten Rüben . .	351
1309. Gemischte Salate	351
à l'americaine; italienne . .	351
de legumes frais	351
Parmentier	352

Kap. 143. Gemüse in Wasser gekocht — mit verschiedenen warmen, legierten Saucen bereitet 352

I. Gemüse à la française . . 352

1310. Schotenkerne à la française	352
1311. Grüne Bohnen à la française	352
1312. Asperges ,,en petits pois" .	352
1313. Möhren à la maitre d'Hôtel	353
Kartoffeln à la maitre d'Hôtel	353

II. Gemüse mit abgerührter Mehl, Rahm-(Milch-)Legierung 353

1314. Blumenkohl, Spinat, Spargel, Perl-, Wachs-, Schneidebohnen, Möhren, Pastinak, Mairüben usw.	353

III. Gemüse mit heller, abgebackener Sauce (Mehlschwitze) legiert — à la Velouté 353

1315. Spinat, Salat, Sauerampfer .	353

Seite
1316. Schotenkerne, Gr. Bohnen, Blumenkohl, Macedoine . 354
1317. Sellerie, Pastinak, Möhre, Kartoffel, Weiß-, Savoy-, Grünkohl, Erdartischocke 354
1318. Rote Rüben nach russischer Art 354

IV. Gemüse in weißer Sauce — à la Bechamel. . . . 354
1319. Schneide-, Grüne Bohnen, Kartoffeln, Erdartischokken, Sellerie, Savoy-, Grün-, Weißkohl 354

V. Gemüse in brauner abgebackener Sauce — à l'Espagnole. 354
1320. Schwarzwurzel, Sellerie, Kartoffeln, Rosenkohl, Macedoine 354

VI. Gemüse, gestobt à la poulette — mit weißer abgebackener Sauce mit Dotter u. Rahm — verrührt 355
1321. Grüne Bohnen à la poulette 355
1322. Gemischte Gemüse à la poulette 355
Schoten, Spargel, Möhren do. 355

VII. Gemüse mit Brot oder Gemüsen gestobt. . . . 355
1323. Schoten m. Brot gestobt . . 355
Andere Gemüse gestobt . . 355
1324. Gemüse mit Gemüse gestobt 356

Kap. 144. Gemüse gekocht in Wasser mit Fettstoff . . 356

I. Gemüse mit Milch od. Rahm gekocht 356
1325. Kartoffeln in Milch 356
do. à la maitre d'Hotel . . 356
1326. Kartoffeln in Rahm . . . 356
1327. Schwarzwurzel in Rahm . 356
Kartoffeln, Möhren in Rahm 356

II. Gemüse in abgebackener Sauce gekocht 357
1328. Spinat, Salat in weißer Sauce 357
1329. Schwarzwurzeln, Kartoffeln in Bechamel 357
1330. Schoten, Kartoffeln in brauner Sauce 357

III. Gemüse gekocht in Wasser mit Butter 357
1331. Grüne Bohnen, Schoten . . 357
Spargel („en petits pois") . 357

Seite
1332. Schoten mit Reis (Risi-Bisi) 358
1333. Rotkohl à la Limousine . . 358
1334. Grünkohl 358
1335. Sauerkohl 358

IV. Gemüse in Wasser gekocht, danach in Butter; „halbsautiert" 359
1336. Spinat, Salat, Sauerampfer . 359
1337. Grüne Bohnen, Schoten, . . 359
Haricots verts, Asperges „en petits pois", Möhren . . 359
1338. Kartoffeln (Bratkartoffeln) 360
— à la maitre d'Hôtel . . 360
— à la matelote 360
— à la provençale 360
1339. Rosenkohl 360

Kap. 145. Gemüse in Butter gekocht — „sautiert" . . . 360
1340. Spinat 360
1341. Schoten „à la française". . 360
1342. Schoten, Haricots verts à la bourgeoise 361
1343. Spargel 361
1344. Möhren 361
1345. Weißkohl 361

Kap. 146. Gemüse in Fett gekocht s.: „frites" 361
1346. Blumenkohl 361
1347. Schwarzwurzel 361
1348. Kartoffeln „Frites" 361
1349. Pommes de terre paille . . 361
1350. Pommes de terre soufflées . 362

Kap. 147. Gemüse (Wurzeln) mit Zucker (und Butter) gekocht — gebräunt, glaciert 362
1351. Möhren, weiße Rüben, Botfeldt.-Teltowrüben, Zwiebeln 362

Klasse IV. Pürees.

Kap. 148. Kräuter-Gemüsepürees. — Allgemeines 362
1352. Bereitungsregeln 362

Kap. 149. Kräuter-Gemüsepürees. — Spezielles 363
1353. Kräuterpüree, aus Spinat, Salat, Sauerampfer, Löwenzahn, Kerbel usw. . . . 363

Seite

1354. Gemüsepüree von Schoten, Spargel, Artischockenböden, grünen Bohnen, Blumenkohl, Strandkohl, Kardone usw. 363
1355. Schotenpüree à la St. Germain 364
1356. Spargel-, Artischockenbödenpüree 364
1357. Selleriepüree 364
1358. Möhrenpüree 364
1359. Rübenpüree 364
1360. Erdartischockenpüree . . . 364
1361. Kartoffelpüree 364
1362. Kartoffelschnee 365
1363. Zwiebelpüree „dite Soubise" 365
1364. Blattkohlpüree 365

Klasse V.
Kräutergemüse-Teige oder Farcen.

Kap. 150. **Gerührte Teige** . . . 365
1365. Allgemeine Zubereitungsregeln für Klops, Frikandellen, Scheiben, Pudding, Pie 365
1366. Spinatscheiben mit Reis . 365
1367. Spinatpudding 366
1368. Schotenfrikandellen . . . 366
1369. Blumenkohlfrikandellen . . 366
1370. Gemüsepudding von Schoten, Spargel, Möhren, Sellerie 366
1371. Möhren-, Erdartischockenpudding 366
1372. Gemischte Wurzelfarce für Omeletten und Klops . . 367
1373. Kartoffelklöße 367
Kartoffelfrikandellen . . . 367
Kartoffelkrustaden 367
Kartoffelomelette in der Schüssel 367
1374. Weißkohlklops 367

Kap. 151. **Soufflierte Teige für Pudding, Omeletten in der Schüssel, Aufläufe** . . . 367
1375. Allgemeines 367
1376. Salat-, Spinatauflauf mit Käse 368
1377. Spinatsoufflee 368
1378. Spinatscheiben 368
1379. Blumenkohl-, Spinat-, Spargel-, Schoten-, Möhren-, Selleriepudding 368
1380. Erdartischockenomelette in der Schüssel 369
Möhren-, Sellerieomelette do. 369

Seite

1381. Selleriescheiben 369
1382. Kartoffelauflauf 369
Erdartischockenauflauf . . 369
1383. Kartoffelpain, do. mit Käse 369
1384. Englischer Kartoffelpudding 370
1385. Süßer Kartoffelkuchen . . 370
1386. Kartoffelkuchen (kalter) . . 370
1387. Grünkohlomelette in der Schüssel 370

Kap. 152. **Verwendungen und Anrichtungen v. gestobten Kräutern u. Gemüsen, von Pürees und Farcen** 371
1388. Croquetten, Rouletten, Bouletten 371
1389. Füllsel für Pasteten, Krustaden, Tarteletten . . . 371
1390. Kräutergemüse in Gratin (in Muscheln oder Formen) . 371
1391. Gemischtes Gratin 371
1392. Kräutergemüse mit Ei . . 371
1393. Gemüsepudding, mit eingelegten Gemüsen 372
1394. Gemüsepudding mit Fleischfarce 372
1395. Kartoffeln m. Tomatenpüree 372
1396. Gebratene Wurzelscheiben . 372

Kap. 153. **Farcierte Gemüse** . . 372
1397. Gefüllter Weißkohl 372
1398. Farcierter Weißkohl . . . 372
Farcierter Kopfsalat . . . 373
1399. Kohlrollen 373
1400. Savoyer-(Wirsing-)kohl-, Weißkohlpudding 373
1401. Gefüllter Sellerie 374
1402. Sellerie mit Fleischklößen . 374
1403. Gefüllte Zwiebeln 374

Siebente Nahrungsmittelgruppe.
Früchte.

Kap. 154. **Allgemeines über die Früchte** 375
1501. Übersicht über die Früchte 375

Kap. 155. **Zubereitung v. Früchten** 380
1502. Die Verdaulichkeit im Verhältnis zur Zubereitung . 381
1503. Sorgfältiges Reinmachen . 381
1504. Wärmeeinwirkung 381
1505. Säuresättigung 381
1506. Getrocknete Früchte . . . 381
1507. Früchte in Mus oder Püree 381
1508. Das Würzen der Früchte . . 381

Klasse I.

Fruchtauszüge — Saftmischungen, Limonaden u. dgl.

Seite

Kap. 156. Fruchtauszüge mit Wasser, mit kalter Zubereitung 382

1509. Äpfelwasser 382
1510. Apfelsinenlimonade 382
1511. Orangeade I 382
1512.   „   II 383
1513. Zitronenlimonade 383
1514. Kirschenwasser „Eau de cerises" 383
     Stachelbeerenwasser mit Himbeergeschmack . . . 383
     Beerenlimonade 383
1515. Mandelmilch, Nußmilch . . 383

Kap. 157. Fruchtauszüge mit Spiritus und Essig — kalt bereitet 384

1516. Nektar, Äpfelgetränk mit Wein 384
1517. Zitronen-, Apfelsinenschalenextraktlimonade 384
1518. Himbeerenspiritus 384
1519. Fruchtlikör 384
1520. Zitronenschalenessig . . . 385
1521. Himbeeren-, Kirschenessig . 385
1522. Erdbeeressig 385

Kap. 158. Fruchtauszüge, bereitet m. Aufguß kochenden Wassers, oder durch Aufkochen 385

1523. Melonen-, Ananasgetränk . 385
1524. Äpfelwasser 385
1525. Äpfeltee 386
1526. Kirschen- oder Erdbeergetränk 386
1527. Fruchtgetränk von getrockneten Früchten 386
1528. Blaubeerengetränk von getrockneten Beeren . . . 386

Klasse II.

Fruchtsäfte und Fruchtsirupe.

Kap. 159. Abseihen, Auspressen, Abkochen 386

1529. Apfelsinen-, Zitronen-, Kirschen-, Johannis-, Blau-, Holunderbeerensaft, kalt abgeseiht 386

Seite

1530. Apfelsinen-, Zitronen-, Kirschen-, Erdbeeren-, Brombeeren-, Maulbeeren-, Johannisbeeren-, Stachelbeeren-, Blaubeeren-, Schwarze Johannisbeeren-, Holunderbeerensaft, kalt ausgepreßt 387
1531. Fruchtsaft von frischen Früchten, abgekocht und ausgepreßt — Apfel-, Birnen-, Quitten-, Kirschen-, Zwetschen-, Aprikosen-, Pfirsich-, Erdbeeren-, Himbeeren-, Brombeeren-, Johannisbeeren-, Blaubeeren-, Holunderbeerensaft . . . 387
1532. Fruchtsaft von getrockneten Früchten, abgekocht, ausgepreßt — Kirschen-, Zwetschen-, Blaubeeren-, Holunderbeerensaft . . . 387

Fruchtsirupe 388
1533. Birnen-, Apfelsirup 388
1534. Äpfel-, Birnenbutter . . . 388
1535. Stachelbeerensirup und andere Fruchtsirupe . . . 388

Klasse III.

Fruchtsaftsuppen, -Saucen, -Grützen (oder Breie oder Flammeri).

Kap. 160. Fruchtsuppen 388

I. kalte 388
1536. Apfelsinenkaltschale . . . 388

II. warme 389
1537. Klare Fruchtsuppe von Kirschen, Quitten, Apfel, Birnen, Zwetschen, Rhabarber 389
1538. Klare Fruchtsuppe mit Dotter abgerührt von Stachelbeeren, Melonen, Tomaten, Rhabarber, Apfel-, Birnen, Pflaumen, Aprikosen, Johannisbeeren 389
1539. Fruchtsuppe mit Brot abgerührt 389
1540. Fruchtsuppe mit Mehl abgerührt von Kirschen, Erdbeeren, Hagebutten, Johannisbeeren, Blaubeeren, Preißelbeeren, Holunderbeeren 389

Seite

1541. Fruchtsuppe mit Mehlschwitze abgerührt . . . 390
1542. Fruchtsuppe von getrockneten Früchten — Kirschen,
Blaubeeren, Apfel, Hage-
butten, Holunderbeeren . 390

Kap. 161. **Fruchtsaucen** 390

I. klare (ohne Legierung) . . 390
1543. Apfelsinensauce, kalt oder
warm 390
1544. Kirschen-, Himbeeren-, Erd-
beeren-, Johannisbeeren-,
Stachelbeerensaftsauce . 390
1545. Kalte schäumende Fruchtsauce von Kirschen, Erd-
beeren, Himbeeren, Jo-
hannisbeeren, Preißel-
beeren, Holunderbeeren . 391
1546. Gemischte Fruchtgeleesauce,
kalt 391
1547. Sauce Cumberland 391

II. Abgerührte Fruchtsaftsaucen 391
1548. Fruchtsaftsauce mit Gelatine
angesämt 391
1549. Fruchtsaftsauce mit Dotter
legiert 392
Fruchtsaftsaucen mit Mehl,
mit Brot abgerührt . . . 392

Kap. 162. **Fruchtsaftgrütze oder
Flammeri** 392

1550. Rhabarbersaftgrütze — mit
Mehl 392
1551. Rote Grütze, „Rödgröd" —
mit Mehl 392
1552. Rote Grütze mit Gelatine,
mit Agar-Agar 393
1553. Himbeerenflammeri m. Wein 393

**Klasse IV. Fruchtpüree-Suppen,
-Saucen, -Grützen (Flammeri).**

Kap. 163. **Fruchtpüree — Frucht-
püreesuppen** 393
1554. Fruchtpüreebereitung . . . 393

I. kalte Suppen 394
1555. Pfirsich-, Aprikosen-, Pflaumenpüreekaltschale . . . 394
1556. Erdbeerenpüreekaltschale,
Himbeeren, Brombeeren,
Maulbeeren, Blaubeeren,
Schwarze Johannisbeeren
ebenso 394

Seite

II. warme Suppen 394
1557. Kürbispüreesuppe 394
1558. Erdbeerenpüreesuppe I, II . 394
1559. Hagebuttenpüreesuppe . . 395
1560. Tomatenpüreesuppe mit Brot
abgerührt 395
1561. Apfelpüreesuppe mit Dotter
legiert 395
1562. Stachelbeerenpüreesuppe mit
Dotter legiert 395
1563. Rhabarberpüreesuppe mit
Mehl legiert 395
1564. Birnenpüreesuppe mit Mehl
legiert 396
1565. Pflaumen-, Kirschen-, Reine-
clauden-, Zwetschen-, Apri-
kosen-, Pfirsichpüreesuppe
mit Mehl legiert 396
1566. Erdbeerpüreesuppe mit Mehl
legiert 396

Kap. 164. **Fruchtpüreesaucen** . 396
1567. Kalte Erdbeer-, Himbeer-,
Aprikosen-, Pfirsich-, Jo-
hannisbeer-, Stachelbeer-
püreesauce, naturell . . 396
1568. Warme Fruchtpüreesaucen,
naturell 397
1569. Sauce à l'Orange, kalt . . 397
1570. Hagebuttenpüreesauce, warm 397
1571. Tomatenpüreesauce, stark
gewürzt 397
1572. Apfelpüreesauce mit Butter 397
1573. Pfirsichpüreesauce m. Dotter 398
1574. Melonenpüreesauce mit Mehl 398
1575. Pflaumen-, Kirschenpüreesauce 398
1576. Stachelbeerenpüreesauce . . 398
1577. Püreesauce von getrockneten
Kirschen 399
1578. Hagebuttenpüreesauce . . 399
1579. Kastanienpüreesauce . . . 399

Kap. 165. **Fruchtpüree-(grütze)
— Fruchtmus** 399

I. von kürbisartigen Früchten 399
1580. Kürbispüreegrütze 399
1581. Bananen-, Bananenapfelgrütze 400
1582. Rhabarberpüreegrütze, Rhabarberdattelgrütze . . . 400
1583. Tomatenpüree 400

II. von Kernfrüchten 400
1584. Apfel-, Birnen-, Quittengrütze 400
1585. Apfelgrütze von getrockneten
Früchten 401

Seite

III. von Steinfrüchten . . . 401
1586. Pflaumen-, Zwetschen-, Aprikosen-, Pfirsichpüree oder -grütze 401
1587. Grütze von getrockneten Zwetschen, Aprikosen, Pfirsichen usw. 401

IV. von Beerenfrüchten . . . 401
1588. Stachelbeerengrütze 401
1589. Feigengrütze 401
1590. Vogelbeeren-, Berberissenpüree 402
1591. Hagebuttenpüree 402

V. von nußartigen Früchten 402
1592. Kastanienpüree 402

Klasse V. Gekochte Fruchtspeisen.

Kap. 166. Frucht-Rahmschnee-Creme od. -Gelees (Frucht-Bavaroisen od. bayer. Käse) u. dgl. 402
1593. Bananen-Rahmschneegelee . 402
1594. Erdbeerenrahmschneegelee mit Maizena 403
Himbeerenrahmschneegelee do. 403
1595. Himbeerschaum 403
1596. Äpfel-, Aprikosen-, Pfirsich-, Erdbeerschnee 403
1597. Erdbeercreme 403
1598. Apfelcreme 404
1599. Äpfel, Pfirsich, Birne in Tapioka 404
1600. Früchte in Blanc-manger . 404

Kap. 167. Fruchteis 405
1601. Halbgefrorenes Eis, Sherbet von Zitronen, Apfelsinen, Aprikosen, Pfirsich . . . 405
Ebenso mit Rahmschnee . 405
Ananas frappé 405
1602. Fruchtsafteis 405
1603. Fruchtpüree-Eis I, II, von Aprikosen, Kirschen, Pfirsich, Erdbeeren, Himbeeren, Melonen 405
Fruchtpüree-Eis mit Rahm 406

Klasse VI. Früchte.

Kap. 168. Früchte, ganz, naturell — gebraten — gebacken . 406
1604. Tomaten, geröstet, gebacken, Aprikose, Banane, do. . 406

Seite

1605. Äpfel, gebacken 406
1606. Kastanien, geröstet 406

Kap. 169. Fruchtsalate (kalte) . 406

I. süße 406
1607. Johannis-, Stachelbeeren in Zucker 406
1608. Apfelsinensalat I, II . . . 407
1609. Gemischter Fruchtsalat I . 407
1610. „ „ II . 407
1611. „ „ III . 407
1612. „ „ IV . 407
1613. „ Wintersalat . . 407
1614. „ Sommersalat . 408

II. in Mayonnaise 408
1615. Tomate in Mayonnaise . . 408
Gemischte Früchte do. . . 408

III. Saurer Fruchtsalat . . . 408
1616. Gurken-, Tomaten-, Gurken-Tomatensalat, Gemischter Fruchtsalat, säuerlich . . 408

Kap. 170. Früchte in Gelee . . 408
1617. Früchte, ganze, in Gelee . 408
Tomate, gefüllt, in Aspik . 408
1618. Birnen in Gelee 409
1619. Gemischte Früchte in Fruchtgelee 409
Gemischte Früchte in Weingelee 409
1620. Fruchtsaftgelee 409
1621. Fruchtpüreegelee, „Apfelspeise", Stachelbeer-, Aprikosengelee 410
1622. Apfelgelee 410

Kap. 171. Früchte in Fett gekocht — Friture 410
1623. Tomate in Fett gekocht . 410
1624. Äpfelbeignets 410
Fruchtkroketten 411
1625. Kastanienkroketten 411

Klasse VII. Fruchtkompott — und Verwendung desselben.

Kap. 172. Fruchtkompott . . . 411
1626. Fruchtkompott — Zubereitung I, II, III — Allgemeines 411
1627. Fruchtkompott — m. Säuresättigung bereitet 411

Seite

1628. Verschiedene Fruchtkompotte von Melonen, Kürbis, Rhabarber, Äpfel, Birnen, Quitten, Apfelsinen, Kirschen, Aprikosen, Pfirsich, Pflaumen, Zwetschen, Erdbeeren, Himbeeren, Johannisbeeren, Stachelbeeren, Blaubeeren, Schwarze Johannisbeeren, Preißelbeeren 413
1629. Äpfelaspik 413
1630. Fruchtkompott von getrockneten Äpfeln, Birnen, Aprikosen, Hagebutten, Zwetschen 413
1631. Fruchtspeise 414
1632. Kastanienkompott . . . 414

Kap. 173. **Fruchtkompott in verschiedenen Verwendungen** 414
1633. Pfirsich, Birne à la Melba . 414
1634. Zwetschen in Creme . . . 414
1635. Früchte in Reisrand . . . 414
1636. Früchte unter Meringuemasse 415
1637. Äpfel in Eiercreme I, II . . 415
1638. Früchte mit Eierauflauf, unter Prinzeßpuddingmasse, unter Reisauflauf — mit Apfel, Birnen, Rhabarber, Kirschen, Zwetschen in Kompott oder Mus . . . 415
1639. Äpfel-, Birnen-, Pfirsich-, Aprikosencharlotte . . . 415
1640. Fruchttimbale 416

Kap. 174. **Kuchen mit Früchten in Schichten** 416
1641. Fruchtschnitte 416
1642. Dsiad 416
1643. Äpfelkuchen I, II, III . . 417
    Birnen-, Erdbeerkuchen . . 417
1644. Feigenkuchen 417
1645. Äpfel-, Rhabarber-, Blaubeeren-, Stachelbeerenpie 417

Klasse VIII. **Fruchtteige.**

Kap. 175. **Fruchtteige, gerührte, geknetete** 418
1646. Fruchtbrot 418
1647. Paradiespudding 418

Seite

1648. Feigenpudding 419
1649. Kastanienomelette in der Schüssel I, II 419
1650. Tomatenschnitte 419

Kap. 176. **Frucht-Auflaufteige** . 420
1651. Fruchteiweißauflauf von Bananen, Äpfeln, Pfirsich, Aprikosen, Pflaumen, Erdbeeren, Stachelbeeren . . 420
1652. Zwetscheneiweißauflauf mit Schokolade 420
1653. Kürbisauflauf 420
1654. Tomatenauflauf I, II . . . 420
1655. Äpfel-, Aprikosen-, Erdbeerenauflauf 421
1656. Kirschenauflauf 421
1657. Erdbeerenauflauf 421
1658. Kastanienauflauf 421
1659. Kastanientorte 422
1660. Kastanienauflaufpudding . 422
1661. Nußtorte 422

Kap. 177. **Früchte, farciert** . . 422
1662. Tomate, farciert 422
1663. Tomate, farciert, kalt . . . 423
1664. Gurke, farciert 423

Anhang zur siebenten Nahrungsmittelgruppe.

Klasse IX. **Zucker — Süßstoffe — Zuckerersatzmittel.**

Kap. 178. **Zucker — Zuckerkochen** 423
1665. Rohrzucker 423

Zuckerkochen 424
1666. Zuckersirup, kochen desselben 424
1667. Weitere Zuckerkochgrade . 424

Kap. 179. **Honig — Saccharin** . 425
1668. Honig 425
1669. Met 425
1670. Saccharin 425
1671. Saccharinlösung, Tabletten . 425

Unorganische Stoffe.

Seite

Kap. 180. **Wasser** 426

1701. Trinkwasser 426
1702. Hartes Wasser 426
1703. Destilliertes Wasser 427
1704. Filtrieren 427
1705. Eis . . . . ; 427
1706. Mineralwässer 427

Kap. 181. **Mineralische Stoffe —
Salze** 428

Genußmittel.

Kap. 182. **Allgemeines über Genußmittel** 431

Klasse I. Gewürze.

Kap. 183. **Natürliche Gewürzstoffe und Zusatzgewürze** 431

1801. Natürliche Gewürzstoffe . . 431
1802. Zusatzgewürze 432

I. Schwache Gewürze 432

1803. Farbengewürz 432
1804. Anis, Fenchel, Koriander,
Basilikum, Estragon, Thy-
mian, Majoran, Salbei,
Dill, Kümmel, Kaneel,
Petersilie, Lorbeerblätter 433

II. Mittelstarke Gewürze . . 433

1805. Vanille, Muskatnuß, Muskatblüte, Kardamome, Aller-
lei, Gewürznelke, Ingwer,
Gelbwurz, Saffran . . . 433
1806. Wein 433

III. Starke Gewürze 434

1807. Essig 434
1808. Estragonessig 434
1809. Kräuteressig 435
1810. Mintsauce 435

Essig-Ersatzmittel 435
1811. Tomatenpüree, -essenz . . 435
1812. Zitronensaft 435

1813. Pfeffer 435
1814. Senf 436
Gemischter Tafelsenf . . . 436

Seite

IV. Gewürzmischungen . . . 446

1815. Gewürzmischung I, II, III 436
Gewürzsalz 437
Straßburger Pastetenpulver 437
Currypulver 1, 2 437
1816. Kräutergewürze, Vert de ravigote, Fines herbes I, II,
Bouquet 437
1817. Maggigewürz, Lahmanns
Nährsalz, Selleriesalz . . 437
1818. Gewürzextrakte oder Essenzen, Apfelsinen-, Zitro-
nen-, Frucht-, Vanille-,
Bearnaiseessenz; Soya . . 438

Klasse II.

Alkaloidhaltige Genußmittel.

Tee — Kaffee — Kakao (Schokolade).

Kap. 184. **Allgemeines über Tee —
Kaffee — Kakao** 438

Kap. 185. **Tee** 439
1819. Allgemeines über Tee . . . 439
1820. Das Teegetränk 439
1821. Schneller Tee 440
1822. Dunkler (stopfender) Tee . 440
1823. Teegetränk mit Zusätzen:
mit Gewurz, Rahm, Ei-
gelb, Alkohol 440
1824. Tee granité 440

Kap. 186. **Kaffee** 441
1825. Allgemeines über Kaffee . . 441
1826. Das Kaffeegetränk 441
1827. Starkes Kaffeegetränk — belebender Kaffee 441
1828. Kaffee mit Zusätzen (von
Zucker, Rahm, Ei, Milch) 441
1829. Kaffeessenz 442
1830. Wiener Eiskaffee 442
1831. Kaffeegranité 442
1832. Kaffeesorbet 442
1833. Kaffeesauce 442

Kap. 187. **Kaffee-Ersatzmittel** . 442
1834. Karamelcereal 442
1835. Bananenkaffeesurrogat . . 443
1836. Kathreiners Malzkaffee —
Kneipps Malzkaffee . . . 443

Seite

1837. Zichorie — gewöhnlicher Malzkaffee, Feigenkaffee, Eichelkaffee 443

Kap. 188. **Kakao — Schokolade** 444

1838. Allgemeines über Kakao, Schokolade 444
1839. Wasserschokolade 445
1840. Milchschokolade 445
1841. Weinschokolade 445
1842. Kakaogetränk 445
1843. Schäumende Eierschokolade 446
1844. Schokoladensuppe 446
1845. Schokoladensauce 446
1846. Schokoladensherbet . . . 446
1847. Stopfendes Kakaogetränk . 446

Klasse III. **Alkohol-Getränke.**

1848. Allgemeines 447

Kap. 189. **Bier und Malzextrakt** 448

1849. Allgemeines 448
1850. Obergärige Biere 448
1851. Untergärige Biere . . . 448

Kap. 190. **Biergetränke — Bier-suppen** 449

1852. Bierkaltschale I, II 449
1853. Klare Biersuppe 449
1854. Bierweinsuppe mit Sago . 449
1855. Schäumende Biersuppe . . 449
1856. Biersuppe (norwegische) . . 450
1857. Polnische Biersauce . . . 450

Kap. 191. **Weine — Spirituosen** 450

1858. Allgemeines 450
1859. Leichte Weine, Tischweine . 451
1860. Mittelschwere Weine . . . 451
1861. Starke Weine 451

Seite

1862. Fruchtweine 452
1863. „Alkoholfreier Wein" . . . 452
1864. Spirituosen — Branntweine 452

Kap. 192. **Getränke** 453

1865. Bowle — Allgemeines . . . 453
1866. „ I (Maitrank) . . . 454
1867. „ II 454
1868. „ III 454
1869. „ mit Früchten . . . 454
1870. Kardinal 455
1871. Bischoff 455
1872. Champagnercup 455
1873. Sillabub 455
1874. Eispunsch 455
1875. Abgekochtes Rotweingetränk 455
1876. Punsch 456

Kap. 193. **Weinsuppen — Wein-saucen** 456

I. Suppen 456

1877. Weinkaltschale 456
1878. Klare Weinsuppe 457
1879. Weinsuppe mit Ei abgerührt 457
1880. Weinsuppe mit Mehl ab-gerührt 457
1881. Weinpanadensuppe 457

II. Saucen 457

1882. Klare Rotweinsauce . . . 457
1883. Süße Portweinsauce . . . 457
1884. Brandysauce (à l'anglaise) . 458
1885. Madeirasauce, geeiste . . . 458
1886. Champagnersauce 458
1887. Rotweinsauce 459
Weißweinsauce 459
1888. Rumsauce mit Einbrenne . 459

Kap. 194. **Gestockte Weinspeisen** 459

1889. Weißwein-, Rotweingelee . 459
1890. Portwein-, Tokayergelee . . 460
1891. Arrakgelee mit Wein und Tee 460

Literaturverzeichnis.

Es sind hier die Bücher aufgeführt, auf welche in dieser Sache Rücksicht zu nehmen ist — und die meistens auch von mir bei der Ausarbeitung dieses Buches berücksichtigt worden sind.

Die mit * bezeichneten Bücher sind solche, die von mir ganz besonders verwertet worden sind.

Adamsen, Nelly: Läkarnas Kokbok. Stockholm 1866.

Antonius Anthus: Vorlesungen über Eßkunst. II. Aufl. Leipzig 1881.

Baltzer: Vegetarianisches Kochbuch. Leipzig 1898.

*Beeton, Isabella: The book of household Management also Sanatary, Medical and legal Memorand. Sixhundreth thousand. London 1895.

Biedert, Prof. u. Langermann, Dr.: Diätetik u. Kochbuch für Magen- und Darmkranke. Stuttgart 1895.

Bircher, Alice: Diätet. Speisezettel und fleischlose Kochrezepte. Berlin 1896.

*Blauenfeldt. Johanne: Let fordöielig Mad. Köbenhavn 1908.

Brandenburg, Margarete: Die harnsäurefreie Kost, ihr Wert und ihre Zubereitung. Berlin 1906.

Brillat - Savarin: Physiologie du Goût. Paris 1883.

Catherine Melle: La cuisinière bourgeoise. 120 Edit.

Davies, Mary: Invalid Cookery. London 1888.

Dornblüth, Otto, Dr.: Kochbuch für Kranke. 2. Aufl. Leipzig 1905.

*Dumas, Alexander: Grand Dictionnaire de Cuisine. Paris 1873.

*Escoffier, A.: Le guide culinaire. 2. Ed. Paris 1907.

— A guide to modern cookery. London 1907.

Farmer, Fannie M.: The Boston Cooking-School Cook-book. Boston 1905.

— Food and Cookery for the Sick and Convalescent. Boston 1904.

Forward, Charles W.: Practical vegetarian Recipes. London 1891.

v. Gilgen, Hermine: Kochbuch für Zuckerkranke. Wien 1887.

Gouffé, Jules: Le livre de cuisine. Nouv Ed. Paris 1901.

*Hagdahl, Chr. E. M., Dr.: Illustreret Kogebog (fra Svensk). Kjöbenhavn 1883.

*Hampel, F.: Rezept-Taschenbuch für Teegebäck, Mehlspeisen und Getränke. 2. Aufl. Wien-Leipzig.

*— Der Saucier. Wien-Leipzig 1897.

*Hannemann, Elise und Dr. Kasack: Krankendiät. Berlin 1904.

*— Kochbuch. 8.—11. Aufl. Berlin 1906.

— Die Kochkiste; mit einem Vorwort von Prof. Dr. Jürgensen. Berlin 1907.

— Winke für die diätet. Küche (Anhang zu Prof. H. Strauß: Vorlesungen über Diätbehandlung innerer Krankheiten.) Berlin 1908.

*Hansen, Elisabeth: Vegetarisk Kogebog. II. Udg. Köbenhavn 1907.

Hemmets Kokbok. Udgifven af Fackskolan för huslig ökonomi i Upsala. Stockholm 1903.

Heyl, Hedwig: Die Krankenkost. Berlin 1889.

— Erprobte Kochrezepte. Berlin 1897.

*— Das ABC der Kochkunst. 6. Aufl. Berlin 1902.

Hidde, Justina: Die Krankenkost. Wiesbaden 1898.

Hindhede, M., Dr.: Oekonomisk Kogebog. Köbenhavn 1907.

Holmquist, Johanne: Kartoffelbogen. Köbenhavn 1903.

*Höegh - Guldberg, Caroline: Almindelig Kogebog for alle Ständer. Kjöbenhavn 1866.

Humphrey, Mrs.: The century invalid cookery book. London 1894.

Jensen, Frk.: Kogebog. 4. Oplag. Köbenhavn 1901.
— Grönt- og Frugtretter. Köbenhavn 1906.
Jürgensen, Chr.: Grafisk Fremstilling af de menneskelige Födemidlers kemiske Sammensätning. 4. Oplag. Köbenhavn.
— Prozentische, chemische Zusammensetzung der Nahrungsmittel der Menschen, graphisch dargestellt. 2. Aufl. Berlin 1903.
— Mad og Drikke. 3. Oplag. Köbenhavn.
— Kogelärebog og praktisk Kogebog for Läger, Hygieinikere, Husmödre, Koge-skoler. Köbenhavn 1909.
Kings College Hospital Book of Cooking, Recipes. London 1907.
*König, Joseph: Geist der Kochkunst. Überarbeitet und herausgegeben von C. J. v. Rumohr. Stuttgart 1822.
Lagerstedt, Lotten: Sjukmat. 2. upplagan (m. Forord af E. G. Johnsson, Med Doktor.) Stockholm 1906.
— Kokbok för Skolkök och enkla Hem. 2. upplagan. Stockholm.
*Mangor, A. M.: Kogebog for smaa Husholdninger. 21de Oplag. Kjöbenhavn 1877.
*— Fortsättelse af Kogebog for osv 15de Udg. Kjöbenhavn 1878.
*Mattes-Jaworska: Diätetische Küche für Gesunde und Kranke, nebst einem Anhang über die Wirkung und Verwendung der Speisen am Krankenbette, von Prof. Dr. W. Jaworski. Leipzig-Wien 1899.
*Naumann, L., Dr.: Systematik d. Kochkunst. Internationales Kochlehrbuch. Dresden 1886.
*Nimb, Fru.: Kogebog. Kjöbenhavn 1888.
Olsen, J.: Sundhedskogebog. Köbenhavn 1905.
Ottosen, Johanne: Rationel Ernäring og Madlavning. Köbenhavn 1908.
*Poulsen, Anna: Vegetarianske Kogeregler. Köbenhavn 1901.
Reichborn-Kjennerud og Caroline Steen: Kostläre. Kristiania 1908.
Saint-Briac, Yvonne: La cuisine végétarienne. Paris.
Schönberg, Henriette og Steen, Caroline: Kogebog for Skole og Hjem. Kristiania 1895.
*Seignobos, Madame: Comment on forme une cuisinière. I—IV. Paris.
Souček, Marie, Professorsgattin: Neuestes Handbuch der böhmischen Koch-kunst. Wien-Leipzig.
Stamer, Therese: Lärebog for Skolekjökkener. Odense 1900.
Starker, Elise: Hygienisches Kochbuch für Kurgäste von Dr. Lahmanns Sana-torium. 5. Aufl. Dresden 1888.
Sternberg, W., Dr. med.: Diätetische Kochkunst. I. Gelatinespeisen. Stuttgart 1908.
Streißler, Ida: Israelitische Küche. Leipzig.
Stöckel, Elisabeth: Österreichisches Universal-Kochbuch. Ältestes Wiener Kochbuch. 26. Aufl. Wien 1906.
*Thörrestrup, Benedicte: Hjemmet, dets Ledelse og Retternes Tillavning. Köbenhavn 1905.
*Thudichum, J. L. W.: The spirit of Cookery. London, New York 1895.
Urbain-Dubois: Cuisine de tous les pays. 8. Ed. Paris 1901.
— Ecole des cuisiniers. 12. Ed. Paris 1903.
Villiers, Mad. A. de: Mal was andres. Sammlung erprobter fremdländischer Kochrezepte für Feinschmecker. Leipzig 1904.
Wegele, Carl: Die diätetische Küche für Magen- und Darmkranke. 2. Aufl. Jena 1902.
*Williams, Mattieu: Chemistry of Cookery. London 1885.

Einleitung
— die zu lesen ist —

Kap. 1. Anlage und Absicht des Buches.

Ein gutes Kochbuch soll auch ein gutes Kochlehrbuch sein. Nicht nur sollen nach demselben die verschiedenen Speisen sicher und gut bereitet werden können, man soll nach demselben außerdem auch das Kochen wirklich verstehen lernen; dabei ein tieferes Verständnis davon bekommen, worauf es im kleinen und großen beim Kochen eigentlich ankommt; man soll dabei das küchenmäßig vernünftige und richtige Denken erlernen.

So wird es zu erreichen sein, daß die einzelnen Kochvorschriften des Kochbuchs nicht als strenge starre Formeln dastehen, denen in gedankenloser, sklavischer Genauigkeit zu folgen ist, sondern als Anweisungen, die frei zu verwerten sind, je nach verschiedenem Geschmack, Vermögen, nach dem Vorhandenen und anderen vorliegenden Umständen.

Dieser zwiefachen Aufgabe haben unsere älteren Kochbücher aus verschiedenen Ursachen nicht gerecht werden können.

Eine gute eßbare Speise hat man wohl nach einem Teil derselben bereiten können; eine sogar ausgezeichnete Speise nach vielleicht nicht so wenigen derselben, besonders französischen — eine, für das wirkliche Verständnis in der Sache, nötige gute Aufmachung im einzelnen und Ordnung im großen, haben solchen Büchern bisher aber gefehlt.

Daß ich in letzteren Beziehungen etwas wesentlich Besseres darbieten zu können meine, gibt mir den Mut, noch ein Kochbuch den vielen anderen in den letzten Jahren erschienenen nachzuschicken.

Die Eigenart dieses Buches habe ich nun schon dadurch bezeichnen wollen, daß ich es erst Kochlehrbuch nenne, mit dem Untertitel: praktisches Kochbuch — indem es ein für Ärzte, wie für Laien geschriebenes Buch sein sollte — ein Buch, welches nicht nur theoretisches Verständnis geben sollte, sondern auch zu dienen hätte als täglich verwendbares praktisches Kochbuch, nach dem sich in jedem gewöhnlichen Haushalt kochen ließe.

Dem Arzt (dem Hygieniker) sollte das Buch verwendbar sein als Lehrbuch zum Selbststudium und zur Orientierung in der Tätigkeit der Küche und den theoretischen und systematischen

Grundlagen derselben; aber auch der Klientel gegenüber zum Nachweis der in gewissen Fällen zu erlaubenden resp. zu verbietenden Speisen.

Besonders gern sollte das Buch sich auch verwendbar zeigen als bisher vermißtes Unterrichtsbuch, als logisch durchdachte Grundlage für den Unterricht in der Küche, auf Unterrichtsanstalten, allgemeinen wie höheren Kochschulen, Haushaltungsschulen — und nicht zum wenigsten bei den Kochkursen für Ärzte (Hygieniker), die in nächster Zeit notwendigerweise einen obligatorischen Teil der Erziehung des Arztes zu werden bestimmt sind.

Auf die ganze Schwierigkeit, mit welcher die Ausarbeitung dieses Buches verbunden war, ist dieser mehrfache Zweck nicht ohne Einfluß geblieben. Es ist bekanntermaßen nicht leicht, zwei Herren in gleich guter Weise dienstbar zu sein.

Ich habe aber doch dem Buche eine im wesentlichen gemeinverständliche Fassung geben dürfen, nämlich unter Berücksichtigung des ganz primitiven, unentwickelten Standpunktes, den die Ärzte bisher der Kochkunst gegenüber eingenommen haben.

Eine große Schwierigkeit hat es gegeben, daß ich, unter der Unzahl der von mir benutzten Kochbücher aus den verschiedensten Ländern, nur ein einziges aufgefunden habe, in dem ein wirklicher Gedanke in Richtung auf systematische Ordnung des Stoffes niedergelegt ist; nämlich Naumann: „Systematik der Kochkunst" vom Jahre 1886. Äußerst bezeichnend für den auf diesem Gebiete herrschenden Stillstand ist es, daß Naumann, dessen Buch ein wesentlicher Fortschritt in genannter Richtung bedeutet — ohne jede Spur von Einfluß geblieben ist auf die Darstellung irgendeines inzwischen erschienenen Kochbuches.

Die große Masse der Kochbücher hat dermaßen eine solche Ungeordnetheit, Formlosigkeit oder geradezu Konfusion dargeboten, daß die Verwertung derselben bei der Arbeit auf Systematisierung des in der Richtung freilich sehr spröden Stoffes eine sehr schwierige gewesen ist.

Wenn ich mir nun aber erlaube, mein Buch als etwas wesentlich Neues zu bezeichnen, als etwas, wofür mir Vorbilder wesentlich gefehlt haben, meine ich damit aber auch, mit genügender Schärfe ausgedrückt zu haben, daß ich von der Angreifbarkeit der Arbeit in verschiedener Richtung überzeugt bin. Es wäre wirklich zu erstaunlich, wenn durch dies Buch mit einem Male das ganze Kochbuchelend überwunden wäre. Ein solch erster, ernster Versuch auf eine nach allen Seiten durchgeführte Küchen- resp. Kochbuchsystematik muß selbstverständlich hier und da fehlschlagen. Um so mehr, weil in der Hauptsache die meisten Bedingungen dafür in chemischer, physiologischer, wie biologischer Richtung bisher gefehlt haben.

Etwas Neues und Eigenes an dem Buche sollte sein: teils die Form und Schreibweise der einzelnen Kochvorschriften, teils die Auswahl, endlich auch die Ordnung und Einteilung derselben.

Die Schreibweise der Vorschriften, die Form und Aufstellung derselben soll übersichtlich sein, durchsichtig, genügend

leicht faßbar, um aus ihnen das rechte Verständnis für die Speisebereitung zu erlangen, um mit raschem Blick klar zu ersehen, aus
welchen verschiedenen Dingen die betreffende Speise bereitet
ist — resp. zu bereiten ist — und nach welchen Mengenverhältnissen, um danach ferner ganz leicht und schnell einen klaren Vergleich machen zu können zwischen den verschiedenen Vorschriften,
mit Rücksicht auf Gleichheit oder Unterschied in der Art und Menge
der verschiedenen Bestandteile.

Eine völlig übersichtliche Schreibweise der Kochvorschriften meine ich nun dadurch erreicht zu haben, daß dieselben
in lotrechten Teilungen oder Kolonnen aufgestellt sind.

In einer eigenen Kolonne sind die Bestandteile aufgestellt,
und zwar in planmäßiger Reihenfolge; nämlich so, daß die wichtigsten, für die Art und den Charakter der betreffenden Speise am
meisten bestimmenden Teile zuerst angeführt sind — und nach und
nach die weniger bedeutenden.

Eine zweite eigene Kolonne gibt für jeden Bestandteil an:
Maß oder Gewicht oder Stückzahl.

Eine vierte Kolonne nennt den Kalorienwert eines jeden
Bestandteiles.

In eigenem Abschnitt rechts wird endlich angegeben, wie
die verschiedenen Bestandteile allmählich bei der Bereitung zur Verwendung kommen — wobei die größte Kürze des Ausdruckes an-
gestrebt ist; zum Unterschied von der gewöhnlichen Weitschweifigkeit
und Gesprächigkeit, und damit manchmal recht unklaren Ausdrucks-
weise der Kochbücher.

Die oberhalb der meisten Kochvorschriften angeführten Ganz-
kalorienwerte und nebenbei in Klammer angegebenen Eiweißkalorien-
werte sind anderswo des näheren besprochen.

Diese Gestalt meiner Vorschriften war nicht ganz ohne Vorbild. —
Daß hier aber eine weit höhere Übersichtlichkeit erreicht ist, dürfte
zu ersehen sein bei Vergleich mit den in solcher Beziehung vorge-
schrittensten Kochbüchern, wie z. B. Hagdahls Kochbuch, Heyls ABC
der Küche, Hannemanns Kochbuch, Jaworskas diätetische Küche.

Nun kommt aber bei den meisten Vorschriften meines Buches
ganz links noch eine eigene Kolonne hinzu, die etwas ganz Neues darstellt, nämlich eine Verhältniszahlenkolonne.

Diese sollte, meine ich, einer vollkommenen Übersichtlichkeit
dienen, zum Zweck eines möglichst leichten Vergleiches zwischen den
verschiedenen Speisen, in bezug auf Übereinstimmung resp. Abweichungen
in der Zusammensetzung.

Für diesen Zweck ist innerhalb jeden Abschnittes der, für die Art
und den Charakter der darin vorkommenden Speisen, am meisten bezeichnende Bestandteil auf 1000 gesetzt, und dann die anderen Bestandteile im Verhältnis dazu ausgerechnet.

Die Auswahl unter den Vorschriften hat eine begrenzte
und besondere sein müssen.

Eine begrenzte, weil es innerhalb der Kochkunst und dementsprechend innerhalb der Kochbücher einen so unerschöpflichen Reichtum gibt an Grundformen, Hauptnummern, Haupttypen, neben Variationen, Varianten, Spezialitäten usw. — bereits innerhalb der Kochkunst des einzelnen Landes, unendlich mehr, wenn auch die verschiedenen Länder zu berücksichtigen sind.

In eigener Weise, planmäßig bestimmt, hat die Auswahl werden müssen im Gegensatz zu der zufälligen der gewöhnlichen Kochbücher.

Meine Auswahl hat sich nämlich ganz genau richten müssen nach der hier durchgeführten, systematischen Einteilung und Ordnung, durch welche das Buch (neben der besprochenen Fassung der einzelnen Vorschriften) eben seinen Charakter als Lehrbuch erhalten sollte.

Das Buch hat innerhalb seiner zwei Hauptabteilungen (in Nahrungsmittel aus dem Tierreich und dem Pflanzenreich) eine Einteilung nach Nahrungsmittelgruppen (I. Milch, II. Ei, III. Fisch und Fleisch, IV. Korn, Mehl, V. Leguminosen, VI. Gemüse, VII. Früchte — und ferner unorganische Nahrungsmittel und Genußmittel).

Ich bin der bestimmten Meinung, daß ein striktes Festhalten eben an dieser Haupteinteilung nach Nahrungsmittelgruppen für jede rationelle Darstellung und dem entsprechenden Unterricht in der Kochkunst eine Hauptbedingung darstellt.

Eines jeden logischen Sinnes bar sind dagegen die in den meisten unserer Kochbücher mit möglichstem Mangel an Prinzip geübten Haupteinteilungen. Bald nach dem, bald nach jenem — bald nach Zubereitungsform, bald nach dem Platz der betreffenden Speise in der Speisefolge, bald nach Rohnahrungsmittelgruppe usw. — alles im schönsten Durcheinander.

Innerhalb jeder der Nahrungsmittelgruppen setzt sich die Einteilung nach Klassen und Kapiteln fort; und in noch kleineren Abschnitten — von welcher Systematik oder Ordnung das Inhaltsverzeichnis des Buches ein deutliches Bild abgibt.

Danach hat sich nun die Anzahl der aufzunehmenden Einzelvorschriften richten müssen. In jeden Abschnitt, bis auf den kleinsten, haben so viele einzelne Vorschriften eingestellt werden müssen, daß damit der Typus, die Eigenart der zu selbigem Abschnitt gehörigen Speisen mit genügender Deutlichkeit erkenntlich wäre.

Auf diese Weise hat das Buch umfangreich werden müssen — wäre es aber noch mehr geworden, wenn nicht der Stoff in verschiedener Weise, an recht vielen Stellen, geflissentlich gekürzt worden wäre. Erstmal durch Zusammenziehen gleichartiger Speisevorschriften unter einer Nummer, teils auch dadurch, daß vielfach gemeinsame Grundvorschriften für Zubereitungen gegeben sind für eine ganze Reihe von Speisenummern — wie z. B. das Kap. 79 allgemeine Regeln gibt für Farcebereitung, die somit für alle folgende Farcen Geltung bekommen usw. usw.

In der Weise entgeht man allen diesen planlosen, abwechselnden Wiederholungen, die in den gewöhnlichen Kochbüchern so ermüdend, und für Überblick und Verständnis so störend sind.

In noch einer anderen Weise habe ich abkürzen wollen, indem ich nämlich die haushälterische Seite der Sache habe mehr zurücktreten lassen.

So habe ich meistens die Angabe über die Zusammenstellung e i n - z e l n e r Z u b e r e i t u n g e n zu verschiedenen A n r i c h t u n g e n weggelassen: welche Sauce zu welcherlei Fisch, Fleisch, Pudding usw. gehört — welche Gemüse zu welcher Fleischbereitung usw. — was, meiner Auffassung nach, Haushaltungsfragen sind; wie auch die Angabe der Anzahl Personen, für welche die angegebene ganze Kochportion bestimmt wäre, eine Haushaltungs-, aber keine Zubereitungsfrage sein dürfte.

Eine gut und richtig durchgeführte, durchdachte N o m e n k l a t u r ist auch von hoher Bedeutung für das rechte Verständnis und für gute Auffassung auf diesem Gebiete. Klare und gute Einteilung eines Stoffes — und insbesondere eines so komplizierten Stoffes wie der unserige — benötigt zutreffende Bezeichnungen für die verschiedenen aufzustellenden Abteilungen — und wo zutreffende Benennungen fehlen, werden alte Namen zu modifizieren oder neue Namen zu bilden sein. — Eine planmäßige Bestrebung, die Speisen nach dem zu benennen, was sie wirklich sind, hat sich bisher sehr wenig geltend gemacht. In diesem Buche ist in der Richtung verschiedenes versucht, jedoch mit einiger Zurückhaltung — eben weil es immerhin eine etwas bedenkliche und recht undankbare Sache ist, an geläufigen Ausdrücken rütteln zu wollen, wenn sie auch noch so schlechte sind.

Die Vorschriften dieses Buches sind verschiedenen Ursprunges.

Eine Anzahl derselben sind anderen Büchern entnommen, und dann mit dem Namen des Verfassers oder der Verfasserin bezeichnet. Es waren Vorschriften, die, freilich in veränderter Fassung, sich für den betreffenden Platz in meinem System eigneten.

Andere Vorschriften haben die Bezeichnung: „nach N. N." bekommen; Vorschriften, die Gegenstand einer eingreifenderen Umbildung und Nachprüfung gewesen sind.

Eine dritte Art von Vorschriften ist ohne Namenbezeichnung geblieben, nämlich solche, die in hauptsächlich übereinstimmender Form in den Kochbüchern wiederkehren.

Eine Anzahl von Vorschriften endlich sind Originale.

Kap. 2. Verdaulichkeit, Nährwert.

V e r d a u l i c h k e i t ist ein sehr schwer faßbarer Begriff; denn er ist ein sehr komplizierter und vielseitiger, teilweise sehr wenig erforschter und mit unseren jetzigen Mitteln unerforschbarer. Einige der vielen verschiedenen Bedingungen, von denen die Verdaulichkeit abhängig ist, sollen hier für sich besprochen werden.

Zerteiltheit, Zerteilbarkeit sind zwei solche, miteinander genau verbundene Bedingungen. Zerteilung der Nahrungsmittel bedeutet dasselbe wie Vergrößerung der Oberfläche, welche die Nahrungsmittel dem Angriff der Verdauungsflüssigkeiten darbieten; das bedeutet wiederum erleichterte Beeinflussung, erleichterte Auflösung, erleichterte Überführung in den Zustand, in welchem die Nahrungsmittelbestandteile durch Aufsaugung in die Körperflüssigkeiten für die Ernährung verwertbar werden. Es sind also im ganzen sehr wichtige Mitbedingungen für die Verdaulichkeit, für höhere Leichtverdaulichkeit.

Die Zerteilung fängt in der Küche an. Wir erinnern uns in der Beziehung eines alten Spruches: „Die Verdauung beginnt in der Küche." In gewissen Fällen hat sie schon früher angefangen: in der Mühle, in der Schlächterei usw.

Die Verdauungstätigkeit unseres Körpers, wie sie im Munde anfängt, besteht erstmal in einer Zerteilung durch das Kauen; eine Tätigkeit, die, wenn sie gut durchgeführt wird, für gute Verdauung im ganzen, von grundlegender Bedeutung wird. Außerdem bewirkt das Kauen die wichtige Durchfeuchtung und Aufweichung trocknerer Nahrungsbestandteile, womit auch schon chemische Umbildung Hand in Hand geht, nämlich Bildung von Zucker aus der Stärke mittels des Speichelfermentes, des Ptyalins. „Gut gekaut ist halb verdaut."

Zerteilbarkeit ist ein Schwesterbegriff der Zerteiltheit; erstere ist Vorbedingung für letztere. Tätige Vorbedingung wird die Zerteilbarkeit aber erst dann, wenn sie wirklich verwertet wird, mittels des Kauens, des gut durchgeführten Kauens.

Bekömmlichkeit gehört auch mit zur Leichtverdaulichkeit. Um ganz im allgemeinen leichtverdaulich genannt zu werden, soll eine Speise gut bekommen. Man darf aber umgekehrt nicht sagen, daß eine Speise leicht verdaulich sei, nur weil sie gut ertragen wird.

Die verschiedene Aufenthaltsdauer im Magen und Darm ist auch von Bedeutung für die Leichtverdaulichkeit, und zwar so, daß die Magenleichtverdaulichkeit und die Darmleichtverdaulichkeit bis zu einem gewissen Grad entgegengesetzte Bedingungen haben. Für den Magen wird hauptsächlich der kürzere Aufenthalt Leichtverdaulichkeit bedeuten, während für den Darm ein gewisser längerer Aufenthalt mit ruhiger Fortbewegung das günstigere wäre.

Gewisse äußere Eigenschaften der Nahrung geben gleichfalls Bedingungen ab für gute Verdaulichkeit — was an dieser Stelle ganz besonders hervorzuheben wäre, weil die Kochkunst in der Richtung so vieles zu leisten vermag. Solche äußere Eigenschaften gibt es mehrere.

Die Menge der Nahrung, die in rechter Weise den Umständen nach abgepaßte Größe der Portionen, hat einen entschiedenen Einfluß auf die Eßlust — und ganz besonders einer krankhaft geschwächten

Eßlust gegenüber soll mit entsprechend kleinen Portionen aufgewartet werden. Wohlgeschmack, Wohlgeruch, Frische (Unverdorbensein) sind gleichfalls wichtige äußere Eigenschaften. Abwechslung in bezug auf die verschiedenen Eigenschaften wäre auch als günstige Bedingung zu nennen; aber auch das Entgegengesetzte, nämlich die Gleichartigkeit; denn ohne diese würde es ja keine Lieblingsgerichte, keine Nationalspeisen geben. Passender Wärmegrad wird auch von Bedeutung werden können für den Gefallen an Speise und Trank; das eine ist kühl oder sogar kalt zu reichen, das andere soll eine gewisse Wärme haben. Warmes Essen, das kalt geworden ist, kann etwas ganz Schreckliches sein. Ein fleißigerer Gebrauch der in englischen Häusern so allgemein verwendeten „dishcovers" dürfte bei dieser Gelegenheit anzuraten sein. Auch die Farbe der Speisen kann für die Appetitlichkeit derselben ganz entscheidend werden.

Auf die Echtheit der Nahrungsmittel ist genügende Rücksicht zu nehmen, ganz besonders für Rekonvaleszenten und Kranke. In der Weise wird z. B. die echte Butter den Butterersatzmitteln vorzuziehen sein; ganz wie alle Surrogate unter solchen Umständen zweifelhafte Sachen werden. Besonderen Ernährungsansprüchen gegenüber bleibt überhaupt das Allerbeste, das Allerfeinste nicht mehr wie gerade gut genug.

Endlich auch die Anrichtung der Speisen: der hübsche Tisch mit reinem Tischtuch, blanken Tellern, feingeputzten Messern und Gabeln, geschmackvolle Anordnung mit Blumenschmuck, das helle reinliche Speisezimmer, gut gelüftet — oder zur Abwechslung das grüne Lusthaus des Gartens oder die farbigen Balkonspaliere; die freundliche Hausmutter, die angenehmen Tischgenossen, das anziehende Tischgespräch; aber beileibe nicht so lebhaft, daß die Hauptpflicht: das Kauen der Speisen, versäumt wird!

Alles derartige kann auf die gute, leichte Verdauung der Mahlzeit von entscheidendem Einfluß werden.

Die Ausnutzung, die Vollkommenheit, mit welcher die Nahrungsbestandteile während der Verdauung aufgelöst und verwertbar gemacht werden, ist natürlicherweise auch ein für die Leichtverdaulichkeit vielbedeutender Umstand. Der Ausnutzungsgrad ist erstmal von der Art des Rohnahrungsmittels abhängig, von dem verschiedenen Gehalt desselben an unverdaulichen Bestandteilen — demnächst in hohem Grade aber auch von der verschiedenen Beeinflussung der Nahrungsmittel durch die Zubereitung.

Der **Nährwert** wird ursprünglich bestimmt durch den chemischen Inhalt der Nahrungsmittel an Eiweiß, Fett, Kohlenhydrat, Salzen und Wasser. Der definitive, reelle Nährwert tritt erst zutage, nachdem von dem ursprünglichen chemischen Nährwert der Verlust in Abzug gebracht ist, der durch die unvollkommene Ausnutzung zustande kommt.

Den Kalorien- oder Verbrennungswert hat man in letzterer Zeit mehr und mehr als besonderen Maßstab für den Nährwert der

Speisen herangezogen. Mittels eigener Apparate hat man festgestellt, wieviel Wärme bei Verbrennung unserer verschiedenen organischen Nahrungsstoffe entwickelt wird, und man hat gemeint, hier einen Maßstab gefunden zu haben für den ganzen Nährwert dieser Stoffe, und dementsprechend der aus diesen Stoffen zusammengesetzten Nahrungsmittel und Speisen. Es ist demgemäß den meisten Vorschriften dieses Buches eine Kalorienwertbestimmung beigegeben, entweder berechnet für die ganze Portion oder für Einzelportion oder für den Speiselöffel voll, und zwar so, daß die oberhalb der Vorschriften angegebenen höheren Zahlen dem Ganzkalorienwert entsprechen, die in Klammern beigefügten niedrigeren Zahlen aber dem Eiweißkalorienwert. Der Ganzkalorienwert ist nämlich eine einseitige Wertbestimmung; ist aber doch von nicht geringem Wert für einen schnellen, abschätzenden Blick auf die verschiedentliche Bedeutung unserer Nahrungsmittel und gemischten Speisen für die Ernährung.

Kap. 3. Aufgaben und Mittel der Speisebereitung.

Die Aufgaben und Mittel sind mannigfache. Es ist erstens in rechter Weise zu sorgen für Mischung und Zusammenstellung zu Speisen, Anrichtungen, Mahlzeiten, ganzer Tageskost; richtig in bezug auf guten Geschmack, volle Appetitlichkeit, genügenden Nährwert. Die rechte Abwechslung ist zuwege zu bringen durch wechselnde Auswahl einerseits unter den verschiedenen Rohnahrungsmitteln, andererseits unter den verschiedenartigen Zubereitungen derselben. Vor allem wird bei der Krankenernährung die nötige Abwechslung ein dringendes Erfordernis. Unter schwierigeren Umständen, bei mehr weniger berechtigter Leckerhaftigkeit, wunderlichen Geschmacksrichtungen, Appetitlosigkeit oder ausgesprochener Idiosynkrasie, gilt es, für Laien wie für Ärzte in dem diätetischen Material (der „Materia diätetica") zu Hause zu sein, Kenntnis zu haben von allen Regalen der Speisekammer und allen Fächern des Gewürzschrankes (besonders den milderen Zutaten).

Auf alles, was wir oben kennen gelernt haben in Richtung auf Wohlgeschmack, Wohlgeruch, schöne Färbung, passende Konsistenz und Wärme als Bedingungen für Leichtverdaulichkeit der Nahrung, ist die Küche von wesentlichem Einfluß, so daß nicht allein die ganz notwendige (verschiedenen Rohnahrungsmitteln ganz oder teilweise fehlende) einfache Eßbarkeit zustande kommt, sondern vielmehr eine gute, leichte, gefällige Eßbarkeit oder Appetitlichkeit und Schmackhaftigkeit.

Vieles von dem zuwege zu bringen, was in bezug auf obengenannte Zerteilbarkeit und Zerteiltheit am Essen verlangt wird, ist die Aufgabe der Küche. Es dürfte aber ausdrücklich hervorzuheben sein, daß im allgemeinen die Zerteilbarkeit größeren diätetischen Vorteil darbietet als die Zerteiltheit. Es gibt in der Regel eine bessere Einleitung für die Verdauung, wenn die Speisen ganz in den Mund kommen und somit das Kauen benötigt (und wirklich gekaut) wird. Durch das Kauen wird der Speichelwirkung erst völlig zu ihrem Recht verholfen, besonders bei stärkehaltiger Nahrung — dann erst kommt es zu der ergiebigen Bearbeitung der Speisen im Munde, die eine so tätige Anregung wird für Absonderung der Verdauungsflüssigkeiten im weiteren Verlauf des Verdauungskanals.

Solchen Aufgaben gegenüber tritt nun die Küche auf mit ihren Mitteln, erstens den mechanischen; mit der mechanischen Bearbeitung durch einfaches Reinmachen, Abtrocknen, Abwaschen, um unreine, gröbere, verdorbene, giftige, schwer verdauliche oder ganz unverdauliche Teile zu entfernen, und ferner durch Klopfen, Schrappen, Hacken, Stoßen, Zermalmen, Mahlen. Was nach Umständen teilweise schon außerhalb des Hauses geschieht.

In anderer Richtung ist die Küche tätig durch chemische Einflüsse, welche bei Aufweichen oder unter Auskochen in Flüssigkeit oder Dampf, besonders durch Wärmeeinwirkung gefördert werden, durch Kochen, Backen, Braten, Rösten, in verschiedener Ausführung.

Eine eigene Rolle spielt die Küche gewissen Giften gegenüber, welche die Nahrungsmittel mit sich führen können, entweder in Gestalt von ansteckenden Stoffen (Tuberkulose, Typhus, Scharlachfieber usw.) oder von Schmarotzern (Trichine, Finne usw.).

In mannigfaltiger und bedeutungsvollster Weise vermag somit die Küche für die gute Verwertung der Speisen für unsere Ernährung tätig zu sein. Näheres wird in der Beziehung in den verschiedenen Einleitungsabschnitten dieses Buches gesagt werden — so in bezug auf

Milch . . . . Kap. 4.
Ei . . . . „ 17.
Fleisch und Fisch . . . . „ 35—36.
Pflanzennahrungsmittel im ganzen . „ 87.
Korn — Mehl . . . . „ 90.
Hülsenfrüchte . . . . „ 123—124.
Gemüse . . . . „ 131.
Früchte . . . . „ 155.
Genußmittel . . . . „ 182.

In genauem Zusammenhang mit der aufmerksamen Durchsicht dieser drei ersten Kapitel des Buches dürfte eine geschlossene, ebenso aufmerksame Durchsicht aller der letztgenannten speziellen Einleitungskapitel sehr anzuempfehlen sein.

Auf einige Hauptgesichtspunkte, die sich in diesem Buche überall geltend machen und zu der Eigenart desselben beitragen sollten, wäre jetzt noch hinzuweisen, und zwar auf zwei Haupterfordernisse der guten und gesunden Speisebereitung, nämlich größte Einfachheit und günstigste Art der Wärmeeinwirkung.

˹ **I. Größte Einfachheit** ist ein nach zwei Richtungen hin gehendes Erfordernis:

1. Die vollkommensten Eigenschaften unserer Speisen in bezug auf Wohlgeschmack, Wohlgeruch u. dgl. sollen möglichst erreicht werden durch Entwicklung der den Rohnahrungsmitteln dafür innewohnenden, natürlichen Bedingungen — möglichst wenig durch künstliches Zusatzgewürz (vgl. Kap. 183).

Eine jede Speise soll möglichst danach schmecken, was sie ist, bei Anwendung der möglichst einfachen Zubereitungen (vgl. in der Beziehung über Fleisch Kap. 36, über Genußmittel Kap. 183).

Wie jedoch in dieser Beziehung das Salz und der Zucker, unsere Hauptgewürze, in eigenartiger Weise unter den Gewürzen eine Sonderstellung einnehmen, ist auch anderswo des näheren besprochen (Kap. 178, 181, 183).

Die andere Richtung, in welcher die höchste Einfachheit sich geltend machen soll, ist:

2. möglichst geringe Verfettung der Speisen. Ich sehe dies an für eine der wichtigsten Hauptbedingungen für jede gesundheitsmäßige Speisenbereitung; bedeutungsvoll für Gesunde, für Erhaltung der Gesundheit, noch bedeutungsvoller für Kranke, für Wiedererwerbung verlorener Gesundheit.

Letzteres Erfordernis macht sich in allen Abschnitten der Speisebereitung geltend — bei den Eiern, dem Fleisch und Fisch — vorzüglich aber bei den Pflanzenspeisen. Um Wiederholungen zu vermeiden, wäre in dieser Beziehung auf andere Stellen des Buches zu verweisen, auf die verschiedenen speziellen Einleitungsabschnitte der Nahrungsmittelgruppen, ganz besonders auf das Kap. 87.

II. Einer jeden Speise genau die nach Art und Grad für sie geeignete Bearbeitung, besonders Wärmeeinwirkung zukommen zu lassen, wird ein zweites Haupterfordernis, welches gleichfalls in zwei Richtungen geht; indem es einerseits eine Forderung wird auf: nicht zu viel, andererseits auf: nicht zu wenig.

Auch in der Beziehung habe ich, um nicht zu wiederholen, darauf aufmerksam zu machen, daß diesen Forderungen anderswo das Wort geredet wird, nämlich in Richtung auf „nicht zu viel" bei Ei (Kap. 17) und Fleisch, Fisch (Kap. 36), in Richtung auf „nicht zu wenig" bei den Pflanzennahrungsmitteln (Kap. 87).

Dort ist auch eine sehr allgemein wichtige Frage eingehender besprochen, nämlich die Durchführung des Dauerkochens mittels der Kochkiste usw. (Kap. 90, Nr. 801—809).

$+ \quad - \quad \div$

Diese Zeichen, welche ich einem Teil der Speisenummerüberschriften vorangestellt habe, sind einer Erklärung bedürftig.

Es hat eigentlich außerhalb des Plans dieses Buches gelegen, innerhalb der verschiedenen Zubereitungen Unterschiede zu machen zwischen Gut und Böse.

Um systematisch, möglichst erschöpfend nachzuweisen, was sich bei der Speisebereitung im ganzen, in verschiedenster Weise und Richtung, mit den Rohnahrungsmitteln aufstellen läßt, habe ich alles mitnehmen müssen, das entschieden Gesündeste, Allgemeinverwendbarste, bis auf das in hygienisch-diätetischer Beziehung Unerlaubteste.

Ganz ohne Fingerzeig in der Richtung habe ich indessen den Leser nicht lassen wollen, und ich habe daher die Äußerlichkeiten ausscheiden wollen — indem ich:

+ gesetzt habe, um damit das vorzüglich diätetisch Verwendbare zu kennzeichnen;

÷ aber, um damit das im allgemeinen hygienisch Zweifelhafte auszuscheiden.

Alles, was ohne solche Bezeichnung geblieben, wird dann immer nach Umständen zu beurteilen sein.

Zum Schluß nur noch die Bemerkung, daß ich mein Buch als Kochlehrbuch bezeichnet habe, um damit die Sonderstellung desselben anzudeuten; auch um damit gesagt zu haben, daß es keineswegs als völliger Ersatz gedacht ist für das ältere gute Kochbuch — sondern neben einem solchen zu verwenden wäre. Wobei es freilich auch selber als praktisches Kochbuch zu dienen hätte für den täglichen häuslichen Gebrauch; ganz besonders aber für die Förderung eines höheren Verständnisses innerhalb der Kochkunst.

Nahrungsmittel aus dem Tierreich.

Erste Nahrungsmittelgruppe.

Milch.

Kap. 4. Allgemeines.

Es gibt der Milch eine ganz eigene Stellung innerhalb der Reihe unserer Nahrungsmittel, daß der Säugling aus der Milch allein seine ganze Ernährung zu ziehen vermag; und zwar nicht nur zur Erhaltung, sondern auch für sein Wachstum, das stärker ist als zu irgendeiner anderen Zeit des Lebens.

Die Milch vermag diesen Platz auszufüllen wegen ihrer erstaunlich allseitigen Zusammensetzung, indem sie nämlich aus allen Nahrungsstoffen besteht, durch welche der Mensch auf dem Wege der Verdauung ernährt wird: Eiweiß, Fette, Kohlehydrate, Salze, Wasser; und, was die festen Stoffe betrifft, in einem so günstigen Mischungsverhältnisse und in einer für die Verdauung so günstigen Form, daß man die Milch als im allgemeinen leicht verdaulich bezeichnen darf, die in der Regel auch gut vertragen wird und zu Störungen im Verdauungskanal verhältnismäßig wenig Anlaß gibt.

Außerdem hat die Milch den Vorteil der Leichtverzehrbarkeit, ihrer flüssigen Form wegen, der großen Allgemeinverwendbarkeit, ihres wenig ausgesprochenen Geschmackes wegen, so daß sie nur ausnahmsweise nicht gefällt; endlich auch der Reizlosigkeit, weil sie keinerlei reizende Extraktivstoffe (Stoffwechseldekompositionsprodukte) enthält.

Als ein Nachteil wäre daneben die verhältnismäßige Dünnheit der Milch zu nennen, also ihr hoher Wassergehalt, bei entsprechend niedrigem Gehalt an festen Bestandteilen.

Es ist daher verständlich, daß die Milch sich nicht nur in der täglichen Ernährung des Menschen, sondern auch in der Krankenernährung einen so großen Platz hat erwerben können.

Für die Kuhmilch, die Milchsorte, von der hier nun besonders die Rede sein soll, läßt sich folgende durchschnittliche Zusammensetzung anführen:

Eiweißstoffe 3,7%

Fettstoffe 3,5%

Kohlehydrate 4,4%

Salze 0,8%

Wasser . . . . ca. 87,0%

Die Eiweißstoffe verteilen sich mit

3,0% auf Casein („Käsestoff" der Milch) und
0,5% auf Albumin („Milchalbumin")

(abgesehen davon, daß in der Milch noch einige andere Eiweißarten in ganz unbedeutenden Mengen vorhanden sind).

Das Milchfett ist für die Diätetik von ganz besonderem Interesse, weil es ganz bedeutende Vorzüge darbietet 1. wegen seines chemischen Charakters, da es zu einem großen Teil aus Olein besteht, der leicht flüssigsten, bei niedrigstem Wärmegrad schmelzenden Fettart; und auch 2. wegen seines physikalischen Charakters, indem es in der Milch in feinster Emulsionsform vorhanden ist, d. h. in äußerst feiner Zerteilung in Gestalt kleinster Fettkügelchen, welche der Verdauung die möglichst große Oberfläche darbieten (man hat berechnet, daß der Fettstoff von einem Liter Milch auf 2000 bis 5000 Millionen solch kleiner „Milchkügelchen" verteilt ist).

Das Kohlenhydrat ist hauptsächlich Milchzucker, ein für die Milch (für den Menschenkörper) ganz besonderes Kohlenhydrat. Es kann — als „Polysaccharid" — nicht in ursprünglicher Gestalt im Verdauungswege aufgesaugt werden, sondern ist erst zu verdauen. Mit Hilfe gewisser „Fermente" der Verdauungsflüssigkeiten (dem Ptyalin im Speichel, dem Trypsin aus dem Bauchspeicheldrüsensafte) ist es erst in — die „Monosacchariden" — Dextrose (= Traubenzucker) und Galaktose zu spalten.

Der Milchzucker hat eine in gewissen Fällen verwertbare besondere Eigenschaft, nämlich leicht abführend zu sein.

Für die Salze — die mineralischen Bestandteile — der Milch ist anzuführen: besonderer Reichtum an Kali und Kalk, in Verbindung mit Phosphorsäure und Chlor. Besondere Aufmerksamkeit verdient die relative Armut der Milch an Eisen.

Von hervorragender Bedeutung für die Diätetik ist die lange Reihe der Milchderivate — oder Milchabkömmlinge — von so verschiedenartigem Nährwert in verschiedener Richtung, daß an der Hand derselben die allerverschiedensten Ernährungsansprüche nicht nur in bezug auf Art, sondern auch in bezug auf gegenseitiges Mengenverhältnis der Nährstoffe zu befriedigen sind.

Einen guten Überblick über diese Verhältnisse bekommt man durch folgende Fettkonzentrations- und Eiweißkonzentrationsreihen, wie ich sie nenne (in welchen die Werte teilweise in abgerundeten Zahlen aufgeführt sind):

Fettkonzentrationsreihe der Milch und Milchderivate.

	Fett %	Eiweiß %	Kohlehydrat %	Calorienzahl
Zentrifugierte Milch .	0,2			
Magermilch	0,6	3,8	4,4	39
Buttermilch	0,6	3,8	4,4	39
Vollmilch				
Dicke Milch	3,5	3,7	4,4	65
Käsemilch (Quark) . .	10,0	11,0	3,0	155
Rahm, gewöhnlicher .	15,0	3,0	4,0	168
„ fetter	20,0	3,0	4,0	214
„ sehr fett . . .	30,0	3,0	4,0	317
(„Schlagrahm")				
Butter	85,0	0,5	—	767

Eiweißkonzentrationsreihe der Milch und Milchderivate.

	Eiweiß %	Fett %	Kohlehydrat %	Calorienzahl
Molke	0,8	0,1	5,0	24
Vollmilch				
Dicke Milch	3,7	3,5	4,4	65
Käsemilch (Quark) . .	10,0	11,0	3,0	155
Käse, fetter	27,0	30,0	—	390
„ halbfetter . . .	35,0	10,0	—	236
„ magerer	35,0	4,0	—	180

Daraus wird es ersichtlich, zu wie vielen, verschiedenartigst zusammengesetzten, höchst verschiedenartige Nährwerte darbietenden Nahrungsmitteln die Milch werden kann, und zwar mittels einfacher Teilung und einfacher Bearbeitung der Teilprodukte.

Die Vollmilch teilt sich bei ruhigem Stehen in eine oberste Fettlage, den Rahm (Sahne, Obers, Schmetten) und die Magermilch, eine Teilung, die dann durch das sogenannte „Abrahmen" der Milch ganz vollzogen wird; oder die Teilung wird ohne vorhergehendes Stehen durch die Zentrifugierung zuwege gebracht, in welch letzterer Weise das Fett sich vollständiger ausscheiden läßt, so daß die Zentrifugenmilch zu einem äußerst fettarmen Nahrungsmittel wird, welches aber in hygienischer Beziehung eine ausgezeichnete Eigenschaft erhält, nämlich Reinheit (Befreiung von aller Art Unreinlichkeit: Milchschlamm).

Die Magermilch und besonders die Zentrifugenmilch behalten für die Diätetik immerhin nur einen gewissen Wert ihres niedrigen Nährwertes wegen, von den besonderen Fällen abgesehen, in denen eben die besondere Aufgabe der Unterernährung vorliegt.

Der Rahm wird dagegen einen um so höheren Wert erhalten müssen, und zwar dem steigenden Fettgehalt entsprechend (wie aus obiger Tabelle ersichtlich), von ungefähr 1700—3000 Calorien pro Liter. Da der Rahm des Handels mit so ungemein wechselndem Fettgehalt vorkommt, möchte die durchschnittliche Angabe für Fettgehalt etwas bedenklich sein. Den gewöhnlichen Handelsrahm („Kaffeerahm") wird man, um sicher zu gehen, kaum mit mehr als 15% Fett anrechnen dürfen, während sich für den fettesten Rahm („Schlagrahm") bis auf 30% berechnen läßt — vielleicht in Fällen noch etwas mehr.

Die Butter kommt nun wiederum durch eine neue Teilung zustande. Durch das Buttern wird der Rahm wieder geteilt in einerseits Buttermilch, andererseits Butter, welche somit das aus der Milch in möglichst reiner Gestalt ausgeschiedene Milchfett darstellt, aber in der Regel kleine Reste von Eiweiß und auch etwas Wasser (bis ca. 15%) in sich behält — und gewöhnlich auch mit einer gewissen Menge von Kochsalz versetzt wird.

Rahm und Butter werden die für die Krankenernährung unbedingt wichtigsten Fettquellen. Die Butter als ein in höchstem Maße konzentriertes Nahrungsmittel, welches — mit seinen bis auf 770 steigenden Calorien — das tätigste Diätmittel werden muß für Befriedigung höchster Calorienansprüche (Überernährung). (Ich habe deswegen auch die betreffenden Abschnitte dieses Kochbuches möglichst reichhaltig gestalten wollen — Kap. 8-14 — um recht zu zeigen, wie die Küche in bezug auf reine Rahm- und Butterzubereitungen eine so reiche Abwechslung zu schaffen vermag.)

Die Buttermilch, das zweite Produkt der Butterbereitung, wird, weil das meiste des Fettes entfernt ist, in bezug auf Nährwert zu etwas im wesentlichen der Magermilch Entsprechendem werden müssen.

Die verschiedenen, die Eiweißkonzentrationsreihe bildenden Derivate oder Produkte der Milch kommen zustande bei Gerinnung der Milch, wenn die Milch „dick wird" (koaguliert); und dies geschieht auf zweierlei Art, entweder indem die Milch beim längeren Stehen sauer wird oder durch Einfluß hinzugesetzten Labfermentes (Labextrakt, Labessenz).

Dicke Milch ist die Milch in ganz weich geronnenem Zustande, wo alle die ursprünglichen Bestandteile noch gleichmäßig untereinander verteilt sind. Sie bleibt daher in bezug auf Nährwert, Eiweiß-, Fettgehalt usw. etwas der Milchsorte (Vollmilch, Magermilch usw.) ganz Entsprechendes, aus welcher sie hervorgegangen.

In der durch Labwirkung entstandenen dicken Milch haben keine wesentliche chemische Veränderungen stattgefunden; sie enthält an Säure eben nur die ganz kleinen Säuremengen (Milchsäure, Citronensäure) der frischen Milch. Es ist also eine süße dicke Milch („schnelle dicke Milch"). Dagegen ist, wenn die Milch beim Stehen sauer — und dick — geworden, in derselben eine Milchsäuregärung aufgetreten, unter welcher etwas des Milchzuckers, bei Einfluß von Milchsäurebakterien, in Milchsäure umgebildet worden ist. Hier haben wir also eine saure dicke Milch bekommen, oder Sauermilch; desto saurer, je längere Zeit die Milch gestanden, und bei je höherem Wärmegrad.

Die süße dicke Milch ist daher die diätetisch indifferentere Sorte.

Wenn die Milch sich völlig scheidet, was schnell und ausgesprochen vor sich geht unter Einfluß eines höheren Wärmegrades und bei reichlicher Lab, erhalten wir einerseits Molke, andererseits Käsemilch.

Käsemilch (frischer Quark). In dieser haben wir annähernd alles Eiweiß der Milch und beinahe allen Fettstoff, den das Eiweiß ganz gleichmäßig verteilt mit sich gerissen. Wir haben somit hier ein stark eiweiß- und zugleich fettkonzentriertes Teilprodukt der Milch mit stark herabgesetztem Wassergehalt. Sie ist auch bis zu einem gewissen Grade von Säure befreit, um so mehr, je besser die Molke entfernt worden ist.

Durch weitere Verarbeitung der Käsemilch — durch Eindichten, Pressen, Trocknen, mit Salzen und anderweitigen Würzen, später Nachgärung, Reifung — bekommen wir dann

Käse in vielen verschiedenen Sorten, deren sehr abweichende Nährwerte jedoch in weit geringerem Maße von Unterschieden im Eiweißgehalt abhängig sind, viel mehr vom verschiedenen Fettgehalt.

Diese Unterschiede hängen ganz einfach zusammen mit dem verschieden hohen Fettgehalt des zur Verkäsung verwendeten Materials, und zwar so, daß:

Rahm - Rahmmilchmischung Rahmkäse, überfettete Käse gibt, wie Gervais, Neuchâtel, Brie, Stilton u. dgl.;

Vollmilch die fetten Käse gibt, wie Schweizer-, holländischen, Chester- usw.;

Magermilch die mageren, zentrifugierte Milch die ganz mageren.

Die Molke hat nun, in Verbindung mit der Hauptmenge des Milchwassers (Milchserum), auch das meiste des Milchzuckers, eventuell der Milchsäure in sich aufgenommen — bei ganz wenig Eiweiß (Albumin) und Fettstoff — und wird für diätetischen Zweck hauptsächlich aufzufassen sein als eine ca. 5proz. Milchzuckerlösung.

Mys-ost*) ist eine durch Eindampfen der Molke bereitete, ganz eigene, zur Hälfte aus Milchzucker bestehende Käsesorte.

Neben der höchst abweichenden Bedeutung der somit besprochenen Milchprodukte für die Krankenernährung, auf Grund ihrer so sehr verschiedenen Zusammensetzung und des daraus hervorgehenden verschiedenen Nährwertes, haben wir ein anderes für die Diätetik sehr bedeutungsvolles Moment zu berücksichtigen; nämlich die

Bekömmlichkeit der verschiedenen Milchsorten und Milchprodukte und Zubereitungen derselben in der Küche.

Bei Ansteckungsgefahr durch die Milch (bei Tuberkulose, Scharlach, Typhus usw.) verfügt die Küche über gewisse Schutzmittel, in betreff welcher auf folgende Nr. 2—4 zu verweisen ist.

---

*) Ost im Dänischen und Norwegischen = Käse.

Es gibt aber eine einzelne Seite der Frage von der Bekömmlichkeit der Milch, bei der wir uns etwas mehr aufhalten müssen, nämlich bei dem, was wir die **Idiosynkrasien gegen Milch** nennen; zur Bezeichnung der unberechenbaren, unerwarteten, launenhaften, in ihrer Ursache zweifelhaften Unterschiede in der Art und Weise, in welcher die Milch in gewissen Fällen vertragen wird oder nicht vertragen wird.

Während die meisten Menschen die Milch mit Behagen genießen und mit Leichtigkeit auch größere Mengen bewältigen, gibt es andere, denen sie mehr oder weniger widersteht oder zuwider ist; einige sagen: sie „schleime“, um derartiges auszudrücken.

Der eine muß die Milch gekocht haben, um sie gut zu vertragen, um nicht Drücken, Aufstoßen, Übelkeit zu bekommen; der andere verträgt sie nur roh; der eine verträgt überhaupt nur die Milch kalt, der andere nur erwärmt; dem einen gibt die kalte Milch Verstopfung, dem anderen Diarrhöe. Es gibt auch Leute, bei welchen die Milch in keiner Form vertragen wird.

Es können somit Fälle vorkommen, in denen man genötigt wäre, die Milch bei der Ernährung des Kranken ganz auszuschalten, was oftmals eine sehr schwierige Sache wäre, wenn es nicht gewisse verschiedene Mittel und Wege gäbe, um derartige Schwierigkeiten zu überwinden, Mittel und Wege, mit welchen man daher vertraut sein soll.

Es wäre erstmal nach der Ursache solch unterschiedlicher Bekömmlichkeit der Milch zu fragen. Es läßt sich nun mit einer gewissen Sicherheit annehmen, daß von besonders ausschlaggebender Bedeutung dabei die verschiedene Art und Weise ist, in welcher die Milch im Magen, unter dem Einfluß der verschiedenen Säurehältigkeit resp. des verschiedenen Fermentgehaltes des Magensaftes, gerinnt (koaguliert).

Um im Magen überhaupt verdaut zu werden, soll die Milch nämlich zuerst in den geronnenen Zustand übergeführt werden — durch das Labferment, teilweise durch Säurewirkung.

In gewissen Fällen tritt uns dies Verhältnis deutlich vor Augen, nämlich bei Kleinkindern, die künstlich mit Kuhmilch ernährt werden, und wo man dieselben die genossene Milch in Gestalt länglicher dicker, fester, wurstförmiger Milchkoagel mit einer gewissen Leichtigkeit wieder von sich geben sieht. Indem diese großen Ballen dem Angriffe des Magensaftes eine zu geringe Oberfläche dargeboten haben und in dem Magen als große reizende Körper liegen geblieben sind, tut der Kindermagen so vernünftig, sich derselben durch Erbrechen zu entledigen, um sich von weiterer Unannehmlichkeit zu befreien. Der Magen des erwachsenen Menschen vermag sich nicht mit der Leichtigkeit eines solchen unangenehmen Inhaltes zu befreien. Er behält ihn eben; die Verdauung derselben fällt ihm schwer, wohl oder übel soll er aber damit fertig werden. Die Milch wird schlecht vertragen, sie bekommt nicht.

Sich der feinen Gerinnung der Milch im Magen zu versichern, soweit möglich der Bildung solcher großer Koagel

im Magen vorzubeugen, das wird gewiß nicht selten bei
Verwendung der Milch nicht nur für Krankenernährung
eine wichtige Aufgabe werden.

Welche Mittel gibt es denn im ganzen für genannten Zweck? —
Es gibt eine ganze Reihe, nämlich:

1. Verdünnung, einfach mit Wasser. Dies hat aber eine Schatten-
seite, indem nämlich dabei, je nach dem Maß der Verdünnung, eine —
jedenfalls für gewisse Fälle — ungünstige Herabsetzung des Nährwertes
eintritt; im allgemeinen besser daher:

2. Zusatz alkalischer Flüssigkeit, die in geringerer Menge
wirksam, besonders Kalkwasser (1—2 Eßl. für 1 Tasse);

3. Zusatz von Rahm ist oftmals von gutem Erfolg; einfach
weil die Milch, je fetter sie ist, um so weicher gerinnt, d. h. leichter
zerteilbar wird.

Dieser Zusatz hat aber auch den Vorteil einer Erhöhung des
Nährwertes.

4. Kochen der Milch (kürzere Zeit) verringert auch die Neigung
der Milch zur gröberen und festeren Gerinnung.

5. Zusammenkochen der Milch mit mehligen Stoffen
(Stärke, Mehl, Gries usw.) hat dieselbe Wirkung, jedoch in ausgespro-
chenerem Maße; für gewöhnlich jedenfalls.

Es kommen aber auch Fälle vor, in denen die „Idiosynkrasie"
gegen Milch eine so weitgehende ist, daß auch solche gewöhnliche
Milchmehlspeisen schlecht vertragen werden.

Dann kann man noch einen Ausweg versuchen: nämlich den
Milchbrei so kochen, daß man erst den mehligen Stoff in Wasser (dick)
garkocht, um danach etwas fetten Rahm einzurühren (vgl. Nr. 849—853).

6. Künstliche Gerinnung der Milch vor Verzehrung derselben
wird aber das zuverlässigste Mittel abgeben, dem Magen die Milch in
unveränderlich feinster Gerinnungsform darzubieten, denn die schon
geronnene Milch wird ja jedenfalls nie im Magen wieder zu größeren
Ballen koagulieren können.

Daraus sollte es nun zu erklären sein, daß die Buttermilch
in gewissen Fällen viel besser vertragen wird als gewöhnliche süße Milch.
Für die Buttermilch wäre außerdem als vorteilhafte Umstände anzuführen: ihr frischer säuerlicher Geschmack, und für besondere Fälle
ihre wesentlich durch den Säuregehalt bedingte, leicht abführende Wirkung. (Auf den geringeren Nährwert der Buttermilch im Vergleich mit
ganzer Milch ist schon hingewiesen.)

Unter Rücksichtnahme auf Punkt 6 oben wird es auch verständlich,
daß die Sauermilch und Käsemilch (Quark) als vorzügliche Speisen
hervorzuheben sind, was von früher her kaum genügend anerkannt
worden ist*).

---

*) Ich habe es während einer nun mehr wie 25 jährigen Tätigkeit auf
diätetischem Gebiete mehr und mehr erfahren, daß diese Speisen in vielen Fällen
die ausgedehnteste Verwendung verdienen. Es ist nur zu bedauern, daß sie Saison-
speisen sind (obgleich auch bei kalter Jahreszeit darstellbar (vgl. Nr. 27, 28).

Die saure dicke Milch (Nr. 28) hat, wie die Buttermilch, die nach Umständen vorteilhafte Eigenschaft des erfrischenden, säuerlichen Geschmackes und der leicht abführenden Wirkung, und wird sich in bezug auf Nährwert natürlicherweise der Milchsorte (ganze, abgerahmte) gleichstellen, aus der sie hergestellt ist. Die süße dicke Milch (Nr. 27) wird ganz ohne Säurewirkung sein.

Die Käsemilch (der Quark), bei der nach Gerinnung das meiste der Molke (und damit der Milchsäure) entfernt ist, wird auch dementsprechend geringere Säurewirkung zeigen, und doch eine erfrischende Speise bleiben.

Besonders aber als ein stark eiweißkonzentriertes Milchnahrungsmittel wird die Käsemilch zu loben und hervorzuheben sein.

Vergleichen wir die Käsemilch mit der Vollmilch, zeigt es sich, daß wir beispielsweise einen Bedarf von rund 2000 Calorien mit ca. 1200 g Käsemilch decken können, wohingegen für denselben Bedarf an Milch ca. 3000 g nötig wären.

Wenn wir nach der Art und Weise rechnen, in welcher die Käsemilch in Dänemark allgemein verspeist wird, nämlich mit Zucker darauf und Sahne daran, läßt sich folgendes Beispiel aufstellen:

		Eiweiß	Fett	Kohlehydr.	Calorien
Käsemilch	250 g	25,0	27,5	7,5	390
Sahne	100 g	3,0	15,0	3,5	170
Zucker	20 g	—	—	23,7	97
im ganzen	370 g	28,0	42,5	34,7	657
während Vollmilch .	1000 g erst geben würden:				660
	370 g aber nur:				244

---

1. Kennzeichen guter Milch.

a) Vollmilch. Die Küche hat für die Güte der Milch folgende Zeichen: 1. reine, weiße Farbe — mit einem Stich ins Gelbliche — nicht bläulich; 2. ein Tropfen sinkt in Wasser unter; 3. ein Tropfen auf dem Nagel hält sich rund, nicht auslaufend; 4. gibt fettes Gefühl zwischen den Fingern; 5. schmeckt ausgesprochen süß — nicht säuerlich (darf blaues Lackmuspapier nicht deutlich rot färben); 6. ganz reiner Geruch.

b) Magermilch; mehr oder weniger bläuliche Farbe, sonst wie Vollmilch (Punkt 5 u. 6).

c) Zentrifugierte Milch wird bei nahezu völligem Mangel an Fettstoff entschieden bläuliche Färbung haben; sonst wie Vollmilch Punkt 5 u. 6 zu beurteilen.

d) Buttermilch — gute Buttermilch darf nur schwach sauer sein, soll frischen Geruch haben — soll etwas dickflüssig (sämig) sein, bei leicht gelblicher Farbe; beim Stehen darf sich die Molke nur ganz langsam absetzen.

2. Aufbewahrung der Milch und des Rahms.

Die Milch ist sehr geneigt, aus der Luft oder sonst woher, fremden Geruch und Geschmack oder Unreinheiten aufzunehmen. Daher ist sie von dem Augenblick an, wo sie das Euter verläßt, sehr behutsam zu behandeln, auch nachdem wir sie ins Haus bekommen haben.

Die Milch soll immer in gut verschlossenen Behältern (Flaschen usw.) verkauft werden und darin bis zur Verwendung verbleiben. Umgießen auf offener Straße oder auf Treppen wäre zu verbieten.

Alle Behälter für Milch sollen gründlichst gereinigt sein, am liebsten mit Sodalösung in ganz reinem Wasser — und gut abgespült werden. Die Milch darf nie unbedeckt in der Speisekammer oder Küche hingestellt werden, sondern immer gut verdeckt und möglichst kühl, während des Sommers am besten im Eisschrank (der sehr reinlich zu halten ist); in Ermangelung eines solchen in kaltes Wasser gestellt.

Ist genügende Kühlung überhaupt nicht zu haben, so ist die Milch nach Einkauf sofort aufzukochen (nur bis auf .Kochpunkt), um dann so schnell als möglich wieder abgekühlt und zugedeckt, an möglichst kühlen Ort gestellt zu werden — am besten in völlig reiner Flasche mit Wattepfropf.

Sobald sich in der Milch Säure gebildet hat, wird sie beim Kochen zusammenlaufen. Diese Säuerung wird sich nicht immer vorher durch eigenen Geruch oder Geschmack verraten. Verdorbene Milch, die entschieden schädlich und unverwendbar ist, hat gewöhnlich einen eigentümlich stechenden, nicht immer aber einen deutlich sauren Geruch oder Geschmack. Nicht nur die rohe, sondern auch die gekochte Milch kann für Verwesungsbakterien ein sehr günstiger Nährboden sein. Pasteurisierte Milch scheint unter Umständen für bakterielle Verderbnis einen besonders günstigen Nährboden abgeben zu können.

(Im Krankenzimmer, am Krankenbette darf die Milch nie und nimmer von einer Mahlzeit zur anderen aufbewahrt werden.)

3. Aufkochen, Abkochen der Milch.

Die Milch soll gern in einem eigens nur dazu bestimmten Kochgeschirr gekocht werden; sie wird dann nicht so leicht anbrennen. Das dafür besonders verwendbare eiserne emaillierte Geschirr oder der Kochtopf aus feuerfestem Ton soll inwendig ganz ohne Sprünge oder Risse sein, und soll jedesmal vor Gebrauch in gründlichster Weise gereinigt werden (Sodalösung, Abspülen).

Um dem Ansetzen (Anbrennen) möglichst vorzubeugen, wird empfohlen, entweder das Geschirr inwendig mit Butter leicht auszustreichen oder es mit ganz kaltem Wasser abzuspülen.

Die Milch hat Neigung zum Überkochen, sobald sich auf derselben feine, oberflächliche, aus geronnenem Eiweiß bestehende sogenannte „Haut" bildet. Die entstehenden Dämpfe werden einige Zeit von dieser Haut zurückgehalten, um sich dann plötzlich mit Ungestüm Weg zu bahnen, die Milch über den Rand des Kochgeschirres mit sich reißend.

Zur Verhütung des Überkochens wird ein sogenanntes „Milch-
hütchen" empfohlen (Frau Heyl). Es läßt sich verhüten durch
fortwährendes Umrühren der Milch, sobald sie anfängt Blasen zu
werfen, und schnelles Abnehmen des Kochgeschirres vom Feuer im
rechten Augenblick. Für Erwärmung der Milch (nicht kochen) ist ein
Doppelkocher (Bain-Marie: Wasserbad) geeignet.

4. Pasteurisierte Milch.

Als pasteurisiert ist eine Milch zu bezeichnen, die bis auf wenigstens 85° C erwärmt worden und dann gleich darauf schnell mittels
Kühlapparates auf 8° C oder niedriger abgekühlt worden ist.

Sterilisierte Milch

ist eine solche, in welcher nicht nur die Säuerungsbakterien,
sondern auch die „peptonisierenden Bakterien" abgetötet sind (auch
die Sporen derselben); was erst bei 110—120° C geschieht. Die
Veränderungen, welche die Milch dabei, wenn auch nur in bezug auf den Geschmack, erfährt, geben derselben eine sehr geringe
allgemeine Verwendbarkeit.

Klasse I.

Milchzubereitungen.

Kap. 5. Milchspeisen und Getränke.

Rücksichtlich der auf folgenden Seiten (Nr. 5 bis 22) auf-
geführten Milchzubereitungen wäre zu bemerken, daß die daselbst
als „Suppe", „Kalte Schale" u. dgl. bezeichneten Nummern meistens
sehr gut auch als Getränk verwendbar sind. (Diese Art der Darreichung wird sogar in gewissen Fällen die vorteilhaftere sein, besonders bei Kranken.)

a) Mit Geschmackzusätzen.

5. +Milch mit Gewürz abgekocht   [Portion ca. 200 (38) Cal.

			Gr.	Cal.
1000	Vollmilch	¹/₄ Lit.	250	162
40	Zucker	2 Tl.	10	39
	Salz	1 Msp.		
			260	201

Die Milch wird mit dem Gewürz erwärmt oder aufge-
kocht — mit Zucker und Salz
abgeschmeckt — im Glase gereicht.

— Vanille nach Geschmack, oder Zimt — auch mit Mandeln oder
Anis (welch letztere in ein Stückchen Gaze einzubinden und
vor Anrichten zu entfernen sind). Nach Umständen Sherry oder
desgleichen 1 Eßl. oder Rum oder desgleichen 1 Tl., in welchen
Fällen die Zubereitung eine kalte sein kann.

6. +Milchkaltschale

[Portion ca. 340 (38) Cal.

			Gr.	Cal.
1000	{Vollmilch	$^3/_{16}$ Lit.	180	120
	\Sahne	$^1/_{16}$ Lit.	70	187
40	Zucker	2 Tl.	10	39
	Vanille	$^1/_4$ Tl.		
	Salz	1 Msp.		
			260	346

Milch, Zucker, Gewürz werden miteinander gut verrührt — im Glase kalt angerichtet — die Sahne, zu steifem Schnee geschlagen, darauf gelegt. — Kann auch in entsprechender Weise bereitet werden als: Magermilch - Kaltschale, Buttermilch - Kaltschale, Sauermilch-, Rahm - Kaltschale mit Zwieback oder gerösteten Brotwürfeln, Brotkroutons usw. anzurichten.

7. Halbgefrorener Milchtrank (,,Milchsherbet")

[Portion ca. 200 (38) Cal.

1000	Vollmilch	$^1/_4$ Lit.	250	162
60	Zucker	1 Eßl.	15	60
	Zitronensaft	2 Eßl.	24	—
			289	222

Der Zucker wird in Zitronensaft aufgelöst, mit der Milch nach und nach verquirlt, — körnig leicht gefroren in breitem Weinglase gereicht. — Auch ganz oder teilweise mit Sahne zu bereiten.

8. Milchbier

[Portion ca. 200 (18) Cal.

1000	{ Vollmilch	$^1/_8$ Lit.	125	81
	\ Malzbier	$^1/_8$ Lit.	125	ca. 62
60	Zucker	1 Eßl.	15	58
			265	200

Milch und Bier werden, jedes für sich, aufgekocht — die Milch allmählich mit dem Bier verquirlt, bis schäumend, — im Glase zu reichen.

9. Rahmbier in derselben Weise.

10. Milchweinlimonade

[2 Portionen à ca. 150 (18) Cal.

1000	{ Vollmilch	$^1/_8$ Lit.	250	81
	\ Wasser	$^1/_8$ Lit.		
180	Weißwein	3 Eßl.	45	
250	Zucker	4 Eßl.	60	234
125	Zitronensaft	2 Eßl.	30	
			385	315

Zucker wird mit Wasser aufgekocht, mit Milch, Wein, Zitronensaft verrührt — aufgekocht — geseiht — kaltgestellt — im Glase gereicht. Milchrumlimonade ebenso, mit Rum (oder Kognak) 1 Eßl.

b) Mit leicht nährenden Zutaten.

11. Milchpunsch

[2 Portionen à ca. 165 (46) Cal.

			Gr.	Cal.
1000	Vollmilch	$^1/_4$ Lit.	250	162
60	Dotter	1 St.	15	54
125	Zucker	2 Eßl.	30	117
	Vanillezucker $^1/_4$ Tl.			
60	Rum oder			
	Cognac	1 Eßl.	15	
			310	333

Der Dotter wird mit Zucker weiß gerührt — mit Vanillezucker und Rum versetzt — mit der Milch nach und nach verquirlt — abgekühlt — im Glase gereicht.
— Kann auch gefroren werden.

12. + Eiweißmilch

[Portion ca. 200 (65) Cal.

1000	Vollmilch	$^1/_4$ Lit.	250	162
250	Eiweiß	2 St.	60	32
	Salz	Msp.		

Eiweiß wird glatt gerührt — mit Milch und Salz allmählich genau verrührt — in ein Glas geseiht, worin anzurichten.

13. + Milchsuppe mit Eierschneeklößchen

[Portion ca. 290 (60) Cal.

1000	Vollmilch	$^1/_4$ Lit.	250	162
180	Ei	1 St.	45	70
60	Zucker	1 Eßl.	15	58
	Vanillezucker $^1/_4$ Tl.			
	Salz	Msp.		
	Schale	v. $^1/_4$ Zitr.		
			310	290

Die Milch wird mit $^1/_2$ Eßl. Zucker und der Zitronenschale aufgekocht und mit dem geschlagenen Dotter verrührt; — das Eiweiß zu steifem Schnee mit $^1/_2$ Eßl. Zucker geschlagen, wird in kleinen Klößen auf die Milch gesetzt und ca. 4 Min. gekocht.

14. Milchsuppe mit Cognac

[Portion ca. 275 (46) Cal.

1000	Vollmilch	$^1/_4$ Lit.	250	162
60	Dotter	1 St.	15	54
60	Zucker	1 Eßl.	15	58
60	Cognac	1 Eßl.	15	
	Schale	v. $^1/_8$ Zitr.		
			295	274

Die Milch wird mit Zitronenschale und Cognac aufgekocht — vom Feuer abgenommen — mit dem mit Zucker abgerührten Dotter glatt verrührt.

15. Milch mit Salep (Arrow-root)

[Portion ca. 190 (38) Cal.

1000	Vollmilch	$^1/_4$ Lit.	250	162
12	Salep	1 Tl.	3	10
20	Zucker	1 Tl.	5	19
	Salz	Msp.		
			258	191

Salep mit etwas von der Milch glatt gerührt in die übrige kochende Milch unter Umrühren gegossen, wird 10 Min. gekocht, auf gewöhnlichem Feuer (oder $^1/_2$ St. auf Wasserbad, oder in der Kochkiste) — Salz und Zucker vor Anrichten beigegeben.

16 a. + Milch mit Maizena   [Portion ca. 190 (38) Cal.

			Gr.	Cal.
1000	Vollmilch	¼ Lit.	250	162
20	Maizena	1 Tl.	5	10
20	Zucker	1 Tl.	5	19
	Salz, Zimt			
	Zitronenschale nach Geschmack.			

Wie Nr. 15 — nur so, daß die Gewürze mit der Milch aufgekocht werden.

16 b. + Milch mit Weizenmehl   [Portion ca. 210 (38) Cal.

1000	Vollmilch	¼ Lit	250	162
40	Weizenmehl	1 Eßl.	10	35
20	Zucker	1 Tl.	5	19
	Salz, Vanille,		265	216
	Anis nach Geschmack.			

Wie Nr. 15 — soll 20 Min. kochen ($^3/_4$ St. auf Wasserbad oder längere Zeit in der Kochkiste).

17. + Sauermilchsuppe mit Weizenmehl   [Portion ca. 300 (38) Cal.

1000	Saure Milch*)	¼ Lit.	250	162
20	Weizenmehl	½ Eßl.	5	17
125	Zucker	2 Eßl.	30	116
			285	295

Saure Milch wird mit dem Mehl glatt gequirlt — bei fortwährendem Schlagen ½ St. gekocht — nach Umständen mit verschiedenem Gewürz.

Buttermilchsuppe mit Weizenmehl.

Zusammensetzung und Bereitung ebenso.

18. + Milch mit gebräuntem Mehl   [Portion ca. 200 (38) Cal.

1000	Vollmilch	¼ Lit.	250	162
40	Weizenmehl	1 Eßl.	10	35
20	Zucker	1 Tl.	5	19
	Salz nach Geschmack		265	216

Das leicht gebräunte Mehl wird wie in Nr. 17 verwendet — kann mit Zitronenschale und Vanille gewürzt werden. — Kann auch mit 1 Dotter abgerührt werden.

19. + Milchreissuppe.

1000	Vollmilch	¼ Lit.	250	162
60	Reis (Karolinen)	1 Eßl.	15	52
60	Zucker	1 Eßl.	15	58
	Salz nach Geschmack			

Die Milch wird aufgekocht — der Reis daringegeben — 1 St. auf Wasserbad gekocht — geseiht — mit Zucker und Salz versetzt — kalt oder warm angerichtet.

---

*) aus Vollmilch.

20. Milchreiskaltschale.

			Gr.	Cal.
1000	Vollmilch	¼ Lit.	250	162
100	Reis	1 Eßl.	25	52
60	Zucker	1 Eßl.	15	58
60	Dotter	1 St.	15	54
	Salz	Msp.		
	Mandeln, gehackt		10	57
	Rosenwasser ½ Eßl.		7	

Die Milch wird mit den in ein Gazesäckchen eingeschlossenen Mandeln aufgekocht — mit dem Reis verrührt — 1 St. gekocht; nachdem der ganz gebliebene Reis abgeseiht ist, wird sie mit dem Rosenwasser und dem glatt geschlagenen Dotter verrührt — mit Zucker und Salz abgeschmeckt — abgekühlt gereicht.

21. Milchsuppe mit Dotter und Mehl abgerührt   [Portion ca. 290 (48) Cal.

			Gr.	Cal.
1000	Vollmilch	¼ Lit.	250	162
60	Dotter	1 St.	15	54
60	Zucker	1 Eßl.	15	58
20	Kartoffelmehl	1 Tl.	5	17
	Vanillezucker ¼ Tl.		—	—
			285	291

Mehl mit etwas kalter Milch gerührt, wird mit der übrigen kochenden Milch unter starkem Schlagen vermischt — mit Vanillezucker versetzt — unter fortwährendem Schlagen mit dem mit Zucker abgerührten Dotter verrührt — warm oder kalt gereicht.
— Erdbeeren oder andere süße Früchte (frisch oder in Kompott) können dazu gegeben werden.

22. + Milch mit Biskuit abgerührt   [Portion ca. 260 (38) Cal.

			Gr.	Cal.
1000	Vollmilch	¼ Lit.	250	162
40	Salepbiskuit	1 St.	10	40
40	Zucker	2 Tl.	10	39
60	Sahne	1 Eßl.	15	25
	Salz		285	266

Biskuit, sehr fein gestoßen, wird mit der Milch glatt gerührt — aufgekocht — abgekühlt — Rahm hinzugegeben — mit Zucker und Salz abgeschmeckt.
— Kann mit 1 Dotter verrührt werden.

23. + Milchbrotsuppe (Milchpanade)   [Portion ca. 280 (46) Cal.

			Gr.	Cal.
1000	Vollmilch	¼ Lit.	250	162
40	Semmel, gerieben		10	25
40	Zucker	2 Tl.	10	39
60	Dotter	1 St.	15	54
	Salz	Msp.		
125	Rotwein	2 Eßl.	30	
			315	280

Brot (oder gestoßener Zwieback) wird mit der Milch glatt verrührt — aufgekocht unter Umrühren und vorsichtig auf den geschlagenen Dotter gegossen — mit Zucker, Salz, Wein (auch anderen Weinsorten) abgeschmeckt.

24. **+ Milch-Brotsauce** (nach Gouffé)   [1 Eßl. 20 g, ca. 20 Cal.

			Gr.	Cal.
1000	Milch	¹/₄ Lit.	250	162
250	Brotkrume		60	150
	Zwiebel			
	Salz			

Das Brot wird mit der Milch und Zwiebel einige Zeit gekocht bei öfterem Umrühren — die Zwiebel wird herausgenommen. — Verschiedentlich gewürzt angerichtet.

Kap. 6. Gestockte Milchspeisen.

25. **+ Milchgelee**   [ca. 2 Portionen à ca. 200 (58) Cal.

1000	⌠Vollmilch	¹/₈ Lit.	125	80
	⌡Rahm, gew.	¹/₈ Lit.	125	210
80	Zucker	4 Tl.	20	78
25	Gelatine	3 Bl.	6	25
	(1 rot — 2 weiße)			
	Sherry	2—4 Eßl.	30—60	—
	Zitronensaft	2 Eßl.	30	—
	oder Vanille-			
	zucker	¹/₄ Tl.	—	—
			356	393

Milch, Rahm, Zucker, Vanillezucker werden gut verrührt — mit der (vorher aufgeweichten) Gelatine erwärmt (ohne zu kochen) — gut gekühlt — das übrige Gewürz hinzugesetzt — in eine vorher befeuchtete Form gebracht — stark gekühlt — gestürzt angerichtet. — Auch ganz mit Vollmilch oder Rahm herzustellen.

26. **Milchgelee mit Fruchtgelee** (Hannemann)   [Portion ca. 300 (43) Cal.

1000	⌠Magermilch	¹/₈ Lit.	125	49
	⟨Johannisbeer-			
	⌡ saft	¹/₈ Lit.	125 ca.234	
25	Gelatine	3 Bl.	6	25
			256	308

Die Hälfte der Gelatine (aufgeweicht) wird in kochender Milch, die andere Hälfte im heißen Saft aufgelöst — jedes für sich kalt gestellt, bis halb erstarrt — gemischt in Glasschale gegossen — kalt gestellt, bis zu völligem Steifwerden.

Kap. 7. Dicke Milch, saure Milch, Käsemilch (Quark).

27. **+ Süße dicke Milch** (schnelle dicke Milch; „Junket“).

Vollmilch	¹/₄ Lit.	250	162
Labessenz	¹/₄ Tl.	—	—
Vanillezucker	¹/₄ Tl.	—	—

Labessenz wird mit der lauwarmen Milch gemischt — (30° C) bei gleicher Wärme hingestellt, bis dick geworden (ca. 25 Min.) — schnell gekühlt — mit Milch oder Rahm angerichtet — in verschiedener Weise gewürzt.

28. + Saure dicke Milch — a) während warmer Jahreszeit bereitet.

		Gr.	Cal.	
Vollmilch	$^1/_4$ Lit.	250	162	Beides wird (kalt) gut miteinander verrührt — in Glasschale gegossen — an warmen Ort hingestellt, bis dick (soll von einem Tag zum anderen geschehen).
Saure Milch od. Buttermilch 1 Tl.				

+ Saure dicke Milch — b) während der kälteren Zeit bereitet.

Vollmilch $^1/_4$ Lit. 250 (162) — Die saure Milch wird mit der süßen, auf 25° C erwärmten Milch verrührt — in Glasschale gegossen — in Kochkiste gestellt (oder an anderer 25—30° warmer Stelle) — 24 Std. lang — mit Zucker und geriebenem Roggenbrot bestreut oder mit gestoßenem Zwieback angerichtet.

Saure Milch od. Buttermilch 1 Tl.

+ Dicke Milch aus gekochter Milch.

— ebenso, mit etwas reichlicher saurer Milch.

29. Saure Milch nach Lahmann.

Die Milch wird in einem Ton- oder Porzellangefäß leicht bedeckt hingestellt (bei ca. 20° C), auf 2 Tage, bis sie geleeartig geworden, mit glatter, etwas gelblicher (nicht mit grauer, geschrumpfter) Oberfläche; vor Gebrauch tüchtig gequirlt, so daß sie dickflüssig und schaumig wird — im Glase gereicht.

30. + Gerührte dicke Milch mit Brot   [Portion (große) ca. 430 (45) Cal.

			Gr.	Cal.	
1000	Dicke Milch (süß od. sauer)	$^3/_{16}$ Lit.	250	120	Dicke Milch und Rahm miteinander verquirlt — mit Zucker abgerührt — geriebenes Schwarzbrot hineingerührt — kalt angerichtet.
	Rahm, fett, süß	$^1/_{16}$ Lit.		110	
120	Zucker	2 Eßl.	30	116	
120	Schwarzbrot, gerieben	2 Eßl.	30	95	
	Vanillezucker	$^1/_4$ Tl.			
			310	**441**	

31. + Käsemilch (frischer Quark).

Vollmilch oder
  Rahmmischung 1 Lit.
Saure Milch   2 Eßl.

Dicke Milch (nach 27—28) wird, nachdem die Rahmschicht abgeschöpft, löffelweise auf ein umgekehrtes Haarsieb gelegt, über welches ein Stück Käsetuch (grobes Zeug) ausgebreitet ist (so groß, daß es sich über die Milch zusammenschlagen läßt), — ein flaches Gewicht wird darauf gelegt — hingestellt, bis die Molke gut abgelaufen (ca. 1—2 Stunden; ohne Gewicht längere Zeit) — die Milch auf einen Teller gestürzt, der saure Rahm glatt gequirlt darauf gegeben — mit süßem Rahm (oder Milch) und Zucker angerichtet.

+ Käsemilch (schnell bereitet).

Vollmilch oder
  Rahmmischung 1 Lit.
Saure Milch
  (oder Rahm) $^1/_4$ Lit.

Die Milch wird aufgekocht — bis auf 40° C abgekühlt — mit dem glatt geschlagenen sauren Rahm vermischt — in dem zugedeckten Gefäß an warmer Stelle (über dem Herd, in der Kochkiste) hingestellt — nach 4—5 Stunden dick geworden, wird sie (nach 31) fertiggestellt.

32. + Käsemilch-Kaltschale (Quark-Kaltschale) nach Starker

[ca. 2 Portionen à ca. 360 (40) Cal.

		Gr.	Cal.
Käsemilch	$^1/_8$ kg	125	190
Rahm, süß	$^1/_4$ Lit.	250	420
Zucker	2 Eßl.	30	117
		405	727

Die Käsemilch wird durch ein Haarsieb geschlagen, mit Zucker verrührt — und allmählich mit dem Rahm; bis recht schäumig, kalt gestellt — mit geriebenem Brot angerichtet.

33. + Speise von weißem Käse (Quark) nach Hannemann

[Portion ca. 300 (50) Cal.

		Gr.	Cal.
Käsemilch	$^1/_8$ kg	125	190
Rahm, süß	2 Eßl.	30	50
Zucker	1 Eßl.	15	58
		170	298

Der frische Käse (Käsemilch) wird mit der Sahne lange, ganz glatt gerührt — mit Zucker abgeschmeckt — kann mit Fruchtsaft oder Fruchtgelee gereicht werden — ein frischer Dotter kann untergerührt werden — Geschmack durch einen Eßlöffel Arrak, Cognac oder Kaffee nach Belieben verändert.

34. **+ Frischer weicher Käse** (aus süßer Käsemilch) [Portion ca. 780 Cal.

Süße dicke Milch (nach 27, aus 1 Lit. Vollmilch bereitet) wird auf das Sieb gelegt (nach 31), aber mit schwererem Gewicht darauf, so daß die Käsemilch sehr trocken wird — diese wird mit fetter Sahne ($^1/_{16}$ Lit., 60 g) geknetet und mit etwas Salz — auch nach Umständen mit wenig feingestoßenem Kümmel — ist frisch bereitet zu verzehren.

Frischer weicher Käse (aus saurer Käsemilch).

In derselben Weise aus saurer dicker Milch (nach 28).

35. **+ Frischer weicher, süßer Käse** („Fromage à l'allemande", nach Seignobos).

Frischer weicher Käse (nach 34) wird mit Eigelb verrührt, (1 St. auf $^1/_4$ kg), mit recht reichlich Zucker und etwas feingestoßenem Kaneel — wird durch ein Sieb gestrichen, leicht geschlagen — als Nachspeise zu verwenden.

36. **Käsemilchauflauf** (Starker) [ca. 4 Portionen à ca. 300 (50) Cal.

		Gr.	Cal.
Käsemilch	$^1/_4$ kg	250	380
Brot		75	187
Butter		50	375
Ei	4 St.	180	280
		555	1222

Die Butter wird schäumig gerührt und nach und nach mit dem Eigelb und der Weißbrotkrume verrührt — dann mit der durch ein feines Sieb gestrichenen Käsemilch — zuletzt das zu steifem Schaum geschlagene Eiweiß leichter Hand eingerührt — die Masse wird gleich in eine mit Butter ausgestrichene, mit Zwieback ausgestreute Form gebracht — und gleich in die Röhre gestellt und gebacken — kann auch auf Wasserbad gekocht werden (ca. $^3/_4$ St.).

37. **Buttermilchkäse.**

Süße (feine) Buttermilch wird aufs Feuer gesetzt (ohne Umrühren, nicht höher wie 65° C), bis sich die Molke abgeschieden hat — die käsige Masse wird auf ein Sieb gebracht zum völligen Abtropfen — dann mit Salz geknetet und etwas Kümmel (am liebsten gestoßenen) — frisch im Verlauf von 3—4 Tagen zu verwenden.

Klasse II.

Rahm und Rahmspeisen.

38. **Rahm.**

In diesem Buche bedeutet:

Cal. pro Lit.

Rahm, gew.,	eine Sahne mit Fettgehalt	15% = 1680
Rahm, fetter,	„ „ „ „	20% = 2140
Rahm (Schlag-) „	„ „ „	30% = 3117

Die Zeichen für Güte des Rahms sind hauptsächlich dieselben wie
für Milch (1) (außer in bezug auf die Fettprozente) — nämlich: reiner
Geruch und Geschmack; letzterer um so weicher und fetter, und
Konsistenz um so mehr „sahneartig“, die Farbe um so gelber, je fetter
die Sorte.
Rahmmischungen sind von großer Bedeutung in ihrer Verwendbarkeit anstatt gewöhnlicher Milch, überall wo in den vorher auf-
geführten Milchzubereitungen ein höherer Nährwert erreicht werden soll.

Entgegengesetzt wird in allen Fällen, in denen geringerer Nährwert erwünscht, die Vollmilch mit abgerahmter Milch ganz oder teilweise zu ersetzen sein.

Kap. 8. Rahmsuppen und Rahmsaucen.

39. + Rahmsuppe von süßem Rahm   [Portion ca. 445 (43) Cal.

			Gr.	Cal.
1000	{Rahm, gew.	1/8 Lit.	125	266
	{Vollmilch	1/8 Lit.	125	81
60	Eigelb	1 St.	15	54
40	Zucker	2 Tl.	10	38
12	Kart.-Mehl	1/2 Tl.	3	9
	Vanille, Salz		278	448

Rahm, Milch, Mehl, Gewürz
werden miteinander glatt geschlagen — unter fortge-
setztem Umrühren aufge-
kocht — mit dem mit Zucker
abgerührten Eigelb verrührt.

Rahmsuppe aus saurem Rahm ebenso (mit etwas mehr Zucker).

Gerührte kalte Rahmsaucen:

40. + Rahmsauce mit Vanille   [1 Eßl. 15 g, ca. 32 Cal.

Rahm, fett	1/8 Lit.	125	266
Zucker	1 Tl.	5	20
Vanillezucker	1/4 Tl.		

Der Rahm wird sämig ge-
schlagen mit Zucker und
Vanille — verwendbar als
Zugabe zu Fruchtkompott,
Fruchtgrütze (Flammeri), Frucht-Weingelees, süßen Puddings u. dgl.

Saure Rahmsuppe

in derselben Weise; verwendbar als Salatsauce, zu Fisch mit
Petersilie gerührt (1 Tl. feingestoßen), auch mit etwas Zitronensaft (und Zucker, nach Geschmack).

41. + Rahmsauce mit Karamel   [1 Eßl. 15 g, ca. 36 Cal.

Rahm, gew.	1/8 Lit.	125	266
Karamelsauce	2 Eßl.	30	110

Der Rahm wird mit der
Karamelsauce sämig geschla-
gen (recht dickflüssig) — zu
Omeletten, Aufläufen, Puddings u. dgl. — kann auch mit
Zitronensaft (anstatt Karanel) verrührt werden; dann zu ge-
kochten Fischen verwendbar.

42. Rahmsauce mit Fruchtmus [1 Eßl. 15 g, ca. 24 Cal.

		Gr.	Cal.
Rahm, gew. $^1/_8$ Lit.	125	266
Aprikosenpüree	50	20

Der Rahm wird mit der Frucht (auch Pfirsiche, Erdbeeren, ganz oder Gelee) durch ein feines Sieb getrieben, und ganz glatt gerührt. — Verwendbar zu Omeletten, Puddings u. dgl. — kann auch mit Schlagsahne bereitet werden.

43. ÷ Rahmsauce mit Meerrettich [1 Eßl. 20 g, ca. 48 Cal.

			Gr.	Cal.
1000	Rahm (Schlag-) $^1/_8$ Lit.		125	375
120	Zitronensaft (oder Essig)	1 Eßl.	15	
160	Meerrettich, gerieben	1 Eßl.	20	
80	Zucker	2 Tl.	10	38
	Salz	$^1/_4$ Tl.		

Schlagrahm wird steif geschlagen — mit Zitronensaft, Salz und Zucker verrührt. — Verwendbar zu gekochten Makkaroni, gekochtem Hecht oder Karpfen, gekochtem Huhn oder Kalbfleisch.

Rahmsaucen, gekochte:

44. Rahmsauce mit Zitronensaft [1 Eßl. 15 g, ca. 30 Cal.

			Gr.	Cal.
1000	Rahm, fett $^1/_4$ Lit.		250	420
20	Butter		5	37
20	Mehl		5	17
60	Eigelb	1 St.	15	54
	Zitronensaft			

Die Butter wird mit Mehl und Eigelb, dann mit dem Rahm verrührt — vorsichtig auf Wasserbad erwärmt, bis sämig geworden — mit Zitronensaft angesäuert; verwendbar zu Fischen, hellen Fleischsorten, zu Spargel usw. — auch ebenso mit saurem, stark geschlagenem Rahm zu bereiten.

45. Rahmsauce mit Petersilie [1 Eßl. 15 g, ca. 34 Cal.

			Gr.	Cal.
1000	Rahm, gew. $^1/_8$ Lit.		125	210
65	Maizena	2 Tl.	8	27
	Petersilie, gehackt	1 Tl.		
	Salz			

Der Rahm wird mit Maizena glatt gerührt — auf Wasserbad gekocht, ca. $^1/_2$ Stunde — mit Salz und Petersilie abgerührt — auch mit Weizenmehl. — Verwendbar zu gekochtem Fisch, Fleisch, Gemüsen (Salat) usw.

46. Rahm-Tomatensauce [1 Eßl. 15 g, ca. 30 Cal.

			Gr.	Cal.
1000	Rahm, gew. $^1/_4$ Lit.		250	420
60	Mehl		15	50
300	Tomatenpüree		75	16
40	Zitronensaft	1 Eßl.	10	
40	Zucker		10	39
	Salz	1 Tl.	360	525

Der Rahm, mit dem Mehl verquirlt, wird mit dem Tomatenpüree verrührt — gesalzen, gesüßt stark geschlagen — in 15 Min. auf Wasserbad gekocht — durch feines Sieb gestrichen — kann auch mit saurem Rahm bereitet werden (dann ohne Zitronensaft).

47. + Rahm-Brotsauce

[1 Eßl. 15 g, ca. 36 Cal.

			Gr.	Cal.
1000	Rahm, gew.	¼ Lit.	250	420
40	Semmel, gerieb.	2 Eßl.	30	100
60	Zitronensaft	1 Eßl.	15	
40	Zucker		10	39
	Salz		305	559

Das Brot wird im Rahm aufgeweicht, auf Wasserbad gekocht und fleißig gerührt, wenigstens 15 Min. — durchgeschlagen — mit Zitronensaft usw. gewürzt — zu gekochtem Fisch, Huhn usw.

48. Rahmsaucen mit Ei.

Rahmsaucen wie 45 und 47 (und ähnliche), sind auch mit 1 bis 2 Eigelb auf ¼ Lit. zu bereiten.

Rahmbechamel siehe Kap. 56.

Kap. 9. Rahmschnee und Rahmschneespeisen.

49. Rahmschnee

[ganze Portion ca. 800 (30) Cal.

1000	Rahm(Schlag-)	¼ Lit.	250	750
60	{Zucker	1 Eßl.	15	58
	{Vanillezucker	¼ Tl.		

Sehr stark abgekühlter Rahm wird an kaltem Ort, bei reiner Luft — mit Schneeschläger (aus Draht oder Weiden) oder mit eigenem Dover-Schneeschläger — in einem in sehr kaltem Wasser (Eiswasser) gehaltenen Gefäß — so lange geschlagen, bis der Rahm zu Schnee (steifem Schaum) geworden (will der Rahm nicht ganz zu Schnee werden, wird der fertige Schaum nach und nach abgenommen und zum Ablaufen auf ein Haarsieb gelegt — der übrige Rahm weiter geschlagen) — nach Umständen mit Zusatz von Zucker und Vanillezucker zu bereiten.

50. Rahmschnee mit Schokolade und Kaffee

[ganze Portion ca. 950 (35) Cal.

1000	Rahm(Schlag-)	¼ Lit.	250	750
60	Zucker	1 Eßl.	15	58
125	Schokolade		30	140
300	Kaffeeextrakt (stark)	5 Eßl.	75	
125	Wasser, warm	2 Eßl.	30	
			400	998

Zucker wird im Kaffeeextrakt aufgelöst, mit der in dem Wasser aufgeweichten Schokolade vermischt; allmählich mit dem zu Schnee geschlagenen Rahm zusammengeschlagen — gut abgekühlt gereicht — auch verwendbar zum Frieren — kann auch mit etwas starkem Tee bereitet werden.

51. Rahmschnee mit Fruchtpüree [ganze Portion ca. 1000 (30) Cal.

			Gr.	Cal.	
1000	Rahm (Schlag-)	$^1/_4$ Lit.	250	750	Fruchtpüree (von Erdbeeren,
250	Zucker	4 Eßl.	60	230	Äpfeln, Birnen, Aprikosen,
500	Fruchtpüree	$^1/_8$ kg	125	50	Pfirsichen, Bananen, Him-
	(sauer)				beeren, Ananas einzeln oder

gemischt) wird kurz vor An-
richten in den eiskalten Rahmschnee eingerührt — mit kleinem
Gebäck, oder als Fülle zu verwenden; als Geschmackzusatz dazu
verwendbar Wein 2 Eßl., Kognak, Rum 1 Eßl., Likör 1—2 Tl. —
kann auch gefroren werden.

52. Rahm mit Cognac [ganze Portion ca. 650 (30) Cal.

1000	Rahm (fett)	$^1/_4$ Lit.	250	535	Der Rahm wird mit Zitronen-
125	Zucker	2 Eßl.	30	116	saft, Zucker, Kognak ver-
	Cognac	1 Eßl.	15		mischt — wird stark schäu-
	Zitronensaft	1 Eßl.	15		mig geschlagen — im Glase
					gereicht.

Kap. 10. Gefrorene Rahmspeisen.

53. Vanille-Rahmeis [Portion ca. 360 (24) Cal.

1000	{Rahm, fett	$^1/_8$ Lit.	125	265	Alle Zutaten werden genau
	{Vollmilch	$^1/_{16}$ Lit.	60	40	miteinander vermischt —
80	Zucker	1 Eßl.	15	58	zum Frieren gegeben — in
	Vanillezucker	$^1/_4$ Tl.			breitem Glase angerichtet —
					auch mit Rahm, gew. zu
					bereiten.

54. Rahm-Karameleis [Portion ca. 660 (30) Cal.

1000	Rahm, gew.	$^1/_4$ Lit.	250	420	Der Zucker wird karameli-
260	Zucker		65	240	siert — mit Rahm gut ver-
	Vanillezucker	$^1/_4$ Tl.			rührt — mit Vanillezucker
	Salz	Msp.			und Salz abgeschmeckt —
					zum Frieren gegeben.

55. Rahmschnee-Eis ("Parfait")

wird hergestellt durch Frieren der Rahmschneezubereitungen
49, 50, 51.

Kap. 11. Gestockte Rahmspeisen.

a) Rahmgelee („Kalter Rahmpudding").

56. + Rahmgelee mit Kakao

[Portion ca. 700 (54) Cal.

			Gr.	Cal.
1000	Rahm, fett	$^1/_4$ Lit.	250	535
32	Kakao	1 Eßl.	8	37
125	Zucker	2 Eßl.	30	116
24	Gelatine	3 Bl.	6	24
			294	712

Rahm mit Kakao glatt verrührt, wird aufgekocht — Zucker darin aufgelöst — die vorher aufgeweichte Gelatine eingerührt — in angefeuchtete Form (oder Glasschale) gegossen — zum Steifwerden kalt gestellt; kann vor Anrichten gestürzt werden.

Rahmgelee mit Kaffee

ebenso bereitet, indem — anstatt Kakao — Kaffeeextrakt eingerührt wird (von 60 g Bohnen mit kochendem Wasser $^1/_8$ Lit.).

Rahmgelee mit Kaffee und Kakao

ebenso mit Kakao $^1/_2$ Eßl. und starkem Kaffeeextrakt $^1/_2$ Eßl.

Rahmgelee mit Tee

ebenso — mit starkem Teeaufguß 1—2 Eßl.

57. Rahmgelee mit Weißwein

[Portion ca. 670 (54) Cal.

			Gr.	Cal.
1000	Rahm (fett)	$^1/_4$ Lit.	250	535
100	Weißwein	2 Eßl.	25	
	Zitronenschale	kl. Stück		
120	Zucker	2 Eßl.	30	115
24	Gelatine	3 Bl.	6	24
			311	674

Rahm wird mit Zitronenschale aufgekocht (die Schale entfernt) — die aufgeweichte Gelatine darin aufgelöst — mit Zucker versetzt — Wein hinzugegeben, erst wenn Mischung steif zu werden beginnt — in angefeuchtete Form gegeben usw. wie in 56.

Rahmgelee mit Sherry

ebenso, mit Sherry (oder Madeira u. ähnl.) 1—2 Eßl.

Bem.: Zu schwach gefärbten Gelees kann Fruchtfarbe hinzugesetzt werden (verschieden gefärbte Gelees kann man schichtweise steif werden lassen).

58. Rahmgelee mit Apfelsinensaft

[Portion ca. 700 (50) Cal.

			Gr.	Cal.
1000	Rahm (fett)	$^1/_4$ Lit.	250	535
200	Apfelsinensaft	4 Eßl.	50	
180	Zucker	3 Eßl.	45	165
24	Gelatine	3 Bl.	6	24
			351	724

Wie 57 zu bereiten — Stücke von Apfelsinenfleisch können eingelegt werden (in dem Augenblick, wenn das Gelee steif zu werden beginnt).

Rahm-Fruchtsaftgelee

[Portion ca. 580 (20) Cal.

Nach 57 zu bereiten.

			Gr.	Cal.
1000	Rahm (fett)	$^1/_8$ Lit.	125	265
1000	Fruchtgelee (süß)	$^1/_8$ Lit.	125	ca. 294
50	Gelatine	3 Bl.	6	24

Rahmgelee mit eingelegten Früchten

ebenso mit einem Rahmgelee wie 57 (oder ähnlich), der mit Vanillegeschmack, anstatt mit Wein zubereitet werden kann. Die Hälfte des Gelees wird in einer Glasschale steif gemacht; darauf wird eine Lage von Früchten (gekocht, ca. 125 g) gelegt, die andere Hälfte des Gelees daraufgegossen — und gestockt.

b) Rahmschneegelee „Bavarois".

59. + Rahmschneegelee mit Tee

[Portion ca. 880 (54) Cal.

Rahm zu steifem Schnee geschlagen, wird mit Zucker und Tee weiter geschlagen — und danach mit der im Wasser aufgelösten, etwas abgekühlten Gelatine fortgesetzt geschlagen, bis die

1000	Rahm (Schlag-)	$^1/_4$ Lit.	250	750
125	Tee, sehr stark	2 Eßl.	30	
125	Zucker	2 Eßl.	30	115
25	Gelatine	3 Bl.	6	24
	Wasser, koch.	2 Eßl.	25	
			341	889

Masse steif zu werden anfängt — in eine Form gegeben — sehr kalt gestellt (Eis).

Rahmschneegelee mit Kaffee

ebenso, mit starkem Kaffeeextrakt 2 Eßl.

Rahmschneegelee mit Kakao

ebenso, mit Kakao 2 Eßl. (mit der Gelatine in dem kochenden Wasser aufgelöst).

60. Rahmschneegelee mit Wein

ebenso, mit Weißwein 2—4 Eßl., der Gelatineauflösung beigegeben, oder mit Sherry oder Madeira (1—2 Eßl.).

61. Sauerrahmgelee mit Wein

[Portion ca. 720 (54) Cal.

Rahm glatt gequirlt — wird mit Wein (auch andere ähnliche Sorte), Zucker, Vanillezucker verrührt — die im Wasser aufgelöste Gelatine unter fortgesetztem starken Schlagen beigegeben, bis Mischung stark schäumend, dick geworden — usw. wie 59.

1000	Rahm (fett, sauer, dick)	$^1/_4$ Lit.	250	535
180	Marsala	3 Eßl.	45	
180	Zucker	3 Eßl.	45	170
	Vanillezucker	$^1/_4$ Tl.		
25	Gelatine	3 Bl.	6	24
	Wasser, koch.	2 Eßl.	25	
			376	729

62. Rahmschneegelee mit Fruchtsaft

wie 59, mit süßem Fruchtsirup 2 Eßl. — anstatt Tee — bei Verwendung sauren Fruchtsaftes Zucker nach Geschmack hinzuzufügen (ca. 2 Eßl., 30 g).

63. Rahmschneegelee mit Fruchtpüree

[Portion ca. 1000 (54) Cal.

			Gr.	Cal.
1000	Rahm (Schlag-)	$^1/_4$ Lit.	250	750
250	Früchtepüree (ungesüßt)		60	24
250	Zucker	4 Eßl.	60	220
25	Gelatine	3—4 Bl.	6	24
	Wasser, koch.	2 Eßl.	25	
			201	1018

Wie 59 — das Püree ganz allmählich mit dem Rahmschnee zusammengeschlagen. Bei Verwendung von vorher nach Geschmack gesüßtem Früchtepüree, kein Zucker besonders zu verwenden.

64. Rahmschneegelee mit eingelegten Früchten.

Ein nach 59 — ohne Tee, mit Vanillezucker $^1/_4$ Tl. — zubereitetes Gelee wird in einer Glasschale schichtenweise steif gemacht, zwischen je zwei Schichten jedesmal eine Lage Früchte (gekochte, gesüßte, $^1/_8$ kg) eingelegt.

65. ÷ Rahmschneegelee mit Ananas

[Portion ca. 1000 (62) Cal.

1000	Rahm (Schlag-)	$^1/_4$ Lit.	250	750
240	Zucker	4 Eßl.	60	220
100	Zitronensaft	2 Eßl.	24	
500	Ananas	$^1/_8$ kg	125	50
200	Ananassaft	4 Eßl.	48	
25	Gelatine	4 Bl.	8	32
100	Wasser, koch.	2 Eßl.	25	
			540	1052

Rahm mit dem Zucker zu steifem Schnee geschlagen — wird mit der im Wasser aufgelösten und mit dem Fruchtsaft vermischten Gelatine zusammen geschlagen — die feingeschnittene oder lieber ganz fein geraspelte Frucht wird eingerührt, wenn die Masse anfängt steif zu werden — wird zum Steifwerden in einer Form kaltgestellt.

Rahmschneegelee mit Apfelsine

ebenso — für Ananas und Ananassaft mit Apfelsinenfleisch von 2 St., ca. 80 g, und Apfelsinensaft 4 Eßl., ca. 60 g, und etwas mehr Zucker.

66. + Rahmschneegelee mit Reis [Portion ca. 700 (67) Cal.

			Gr.	Cal.
1000	{Rahm (Schlag-)	$^1/_8$ Lit.	125	375
	{Vollmilch	$^1/_4$ Lit.	250	162
66	Reis		25	88
	Vanillezucker	$^1/_4$ Tl.		
66	Zucker	2 Eßl.	25	97
10	Gelatine	2 Bl.	4	16
	Wasser, kocb.	2 Eßl.	25	
	Salz		454	738

Gelatine. im Wasser aufgelöst, wird mit Zucker, Vanillezucker und dem mit der Milch zu Brei weichgekochten Reis verrührt — mit dem zu Schnee geschlagenen Rahm leichter Hand vermischt — in Form gegeben — zum Steifwerden kalt gestellt

— angerichtet mit Fruchtkompott oder mit Karamelsauce.

Kap. 12. Rahmkäse.

67. + Rahmkäse, frisch [Portion ca. 2400 (195) Cal.

Rahm, fett	1 Lit.	1000	2140
Vollmilch	$^1/_2$ Lit.	500	324
Labessenz	1 Tl.		
Salz			

Die Rahmmilchmischung wird nach 27 zum Gerinnen gebracht, die Molke nach 34 abgeschieden (mit starkem Gewicht darauf); mit Salz

(und möglicherweise mit etwas Käse aus früherer Zubereitung) gemischt — zum Reifen 12—24 Stunden hingestellt, in Gestalt kleiner Laibe, an trockenem luftigen Ort.

68. + Rahmkäse, französisches Rezept.

Eine Portion fetten Rahms wird aufgekocht, unter Umrühren abgekühlt (um die Bildung von Haut zu verhüten); am nächsten Tage wird die Masse in derselben Weise, bei Zusatz einer gleichen Menge kochenden Rahms, behandelt — und so noch einmal am dritten Tage. Die Masse wird, in eine Hülle von Leinwand eingeschlossen, aufgehängt, 24 Stunden lang — danach wird die Masse gerührt und gesalzen — kann frisch verwendet werden, oder nach Reifung in kleinen Kruken.

Aus $^3/_4$ Lit. Rahm (fett) bekommt man im ganzen: Käse ca. 1500 Cal. wert.

69. Süßer Rahmkäse, „Fromage normand", nach Seignobos.

1000	Rahm, fett	$^1/_4$ Lit.	250	535
250	Zucker		60	220
60	Orangen-			
	blütenwasser	1 Eßl.	15	

Der Rahm wird mit dem Zucker und dem Orangenblütenwasser 10 Min. gekocht — abgekühlt — stark geschlagen (bis rahmschaumähnlich) — wird zum Abtropfen auf ein grobes Sieb gelegt (oder nach Originalangabe: auf einen herzförmigen Weidenkorb) — wird gestürzt, mit Zucker bestreut, angerichtet.

Klasse III.

Butterzubereitungen.

Kap. 13. Abgerührte Butter und Buttercreme.

70. + Abgerührte Butter, einfach und gemischt.

Butter (50 g) wird in einem Gefäß mit Holzlöffel gerührt, bis weich und weiß; bei sehr kalter und harter Butter ist das Gefäß leicht vorzuwärmen; ganz wenig Wasser ist beizugeben, wenn die Butter sich nur schwer rühren läßt. — Anzurichten auf Röstbrot, zu Fleisch, Fischspeisen, Gemüsen — mit verschiedenen Zutaten wie folgt:

+ Butter mit Rahmschnee abgerührt, „Beurre mousseuse", Escoffier.

Butter (250 g) wird weich gerührt, gesalzen, mit einigen Tropfen Zitronensaft, darauf nach und nach mit 180 g kalten Wassers geschlagen, zuletzt mit 3 Eßl. (45 g) sehr steif geschlagenem Rahmschnee — zu gekochtem Fisch (anstatt geschmolzener Butter).

+ Grüne abgerührte Butter.

Butter (50 g) mit $^{1}/_{2}$ Tl. grüner Farbe verrührt.

+ Rote Butter (Tomatenbutter).

Butter (50 g) wird mit 1 Eßl. feinen Tomatenpürees und mit etwas Zitronensaft (ca. 20 Tr.) verrührt.

Kräuterbutter I.

Petersilie (oder von Petersilie und Kerbel gleich viel), 1 Tl., fein gewiegt — oder auch noch durch ein Sieb getrieben — wird mit der Butter (50 g) gut verrührt.

Kräuterbutter II, à la Maitre d'Hotel.

Petersilie — feingewiegt, durch Sieb gestrichen — 1 Tl., Zitronensaft 1 Tl. — nach Umständen auch Muskatnuß (pulverisiert) $^{1}/_{4}$ Tl. — wird mit der Butter (50 g) verrührt.

Käsebutter.

Käse (fetter, geriebener, Schweizer- usw.), 50 g, wird mit der Butter (50 g) genau verrührt — nach Umständen Rochefort, Gorgonzola verwendbar.

÷ Sardellenbutter.

Sardellen (20 g), gut gewaschen, von den Gräten befreit, werden mit der Butter (50 g) genau verrührt — Anchovis in ähnlicher Weise verwendbar.

÷ Champignonbutter.

Champignons (50 g), feingewiegt, im Mörser zerstoßen, werden mit der Butter (50 g) zerstoßen und durchgestrichen — Trüffeln ebenso verwendbar.

÷ Kräuterbutter III.

Sardelle	1 St.	
Kerbel	1 Eßl.	
Estragonbl. (gewiegt)	1 Tl.	wird alles im Mörser mit
Kapern (gewiegt)	1 Tl.	der Butter (50 g) zer-
Muskatnuß (pulverisiert)	Msp.	stampft und durch Sieb
Pfeffer, weißer (pulverisiert)	Msp.	gestrichen.
Zitronensaft	1 Tl.	
Dotter, hart	1 St.	

÷ Merrettichbutter.

Merrettig, gerieben (10 g), wird mit der Butter (50 g) verrührt.

71. Buttercreme, einfach   [ganze Portion 100 g — 590 Cal].

	Gr.	Cal.	
Butter	50	390	Die Butter wird nach 70 weich gerührt und
Zucker	50	195	dann mit den übrigen Zutaten genau ver-

rührt, erst mit dem Zucker (feinster Staubzucker), der allmählich hinzuzugeben ist, dann mit den übrigen — die Butter soll frisch, ungesalzen sein — oder gewöhnliche gesalzene Butter, nachdem durch mehrmaliges Auswaschen mit Wasser das Salz entfernt ist — diese Buttercreme kann einfach durch Zusatz verschiedener (roter, grüner) Farbe variiert werden.

72. Buttercreme, zusammengesetzt.

Mit der Buttercreme 71 werden die verschiedenen Zutaten ganz allmählich genau verrührt.

Buttercreme mit Kaffee.

Kaffeeextrakt (stark), 2 Eßl., mit Buttercremeportion 71 verrührt.

Buttercreme mit Kakao.

Kakao (15 g) in warmem Wasser (1 Eßl.) und dann mit Buttercremeportion 71 verrührt.

Buttercreme mit Schokolade.

Schokolade (50 g) mit Wasser (2 Eßl.) glatt gerührt, wird mit Buttercremeportion 71 verrührt.

Buttercreme mit Kaffee und Schokolade.

Kaffeeextrakt (stark), 1 Eßl., Schokolade (25 g) werden in Wasser (1 Eßl.) aufgelöst und dann mit Buttercremeportion 71 verrührt.

Buttercreme mit Wein.

Sherry (oder ähnlicher Wein) 1—2 Eßl. zu Portion 71.

Buttercreme mit Likör.

Maraschino, Kakao oder ähnl. 2 Tl. zu Portion 71.

Buttercreme mit Eigelb.

Dotter (hart), 1 St., wird im Mörser zerstampft — mit Zitronen-saft gerührt — mit Portion 71 verrührt.

73. Konditorbuttercreme

wird nach 71 bereitet, mit gewöhnlicher Konditoreiercreme (Kuchencreme N. 300—301) anstatt Zucker.

74. Verwendung der Buttercreme 71—72:

a) auf Röstbrot gestrichen oder auf
b) Zwieback, Kakes,
c) auf Zuckerbrot (Biskuit),
d) in einer Schicht zwischen Lagen von flachen Kuchen (von Zuckerbrotteig usw.),
f) in Tarteletten u. dgl.

Kap. 14. Buttersaucen.

75. Zerlassene (geschmolzene) Butter.

Die Butter wird bei geringer Wärme (Wasserbad) geschmolzen, so daß sie die helle Farbe bewahrt (nicht braun wird).

76. Zerlassene Butter mit Wasser oder Bouillon abgerührt — einfache

Buttersauce   [1 Eßl. 15 g, ca. 60 Cal.

	Gr.	Cal.	
Butter	50	375	Zerlassene Butter wird mit
Wasser oder			Wasser oder Bouillon auf
Bouillon 2—3 Eßl.	45		schwachem Feuer verrührt,
			bis sämig geworden — gleich

anzurichten (um sich nicht zu trennen) — für allerhand Fleisch- und Fischspeisen und zu Gemüsen verwendbar.

77. Butterrahmsauce   [1 Eßl. 15 g, ca. 80 Cal.

Butter	50	375	Wie 76 zu bereiten.
Rahm, fett	3 Eßl.	96	

78. Zerlassene Butter mit verschiedenen Zusätzen.

Zerlassene Butter (75) kann abgeschmeckt werden mit:
Tomatenpüree,
Petersilie, fein gewiegt (zerstampft — durchgetrieben),
Zitronensaft, Zitronensaft mit Petersilie (à la Maitre d'Hôtel);
auch mit:
Muskatnuß (pulverisiert)
Kerbel (zerstampft) } sparsam,
Dill (zerstampft)
Bearnaiseessenz (1818)
Estragonessig } sehr sparsam.
Engl. Sauce

79. ⁒ Gebräunte Butter.

Die Butter wird auf heißer Pfanne braun gebraten — ist
gleich anzurichten, nachdem der Schaum sich gelegt — kann
ganz wie geschmolzene Butter nach 77—78 verdünnt und verrührt werden (besonders mit Tomatenpüree, Zitronensaft, Estragonessig, engl. Sauce usw.).

Butter-Eiersaucen:

80. Holländische Sauce, Butter-Gelbeisauce   [Eßl. 15 g, ca. 70 Cal.

			Gr.	Cal.	
1000	Butter		100	750	Die Gelbeier werden glatt
450	Gelbei	3 St.	45	162	gerührt und auf Wasserbad
300	Zitronensaft	2 Eßl.	30		erwärmt, bis dick geworden,
450	Bouillon	3 Eßl.	45		während die Butter (kalt)

ganz allmählich in kleinen
Portionen eingerührt wird — zuletzt mit Zitronensaft gerührt,
und kann nach Umständen mit warmer Bouillon verdünnt
werden — sofort anzurichten — man kann auch mehrere Eigelb nehmen.

81. Sauce mousseline.

Sauce hollandaise (80) wird zu allerletzt noch mit steifgeschlagenem
Rahmschnee (bis zur Hälfte) verrührt.

82. Goldene Sauce (amerikanisch)   [Eßl. 15 g, ca. 80 Cal.

1000	Butter		125	937	Die Butter wird mit dem
720	Eier	2 St.	90	140	Zucker weiß gerührt und
800	Zucker		100	390	danach mit den vorher glatt
	Vanillezucker 1 Tl.				gerührten Gelbeiern — zu-

letzt mit den Eiweißen, zu
steifem Schnee geschlagen — auf Wasserbad leicht erwärmt,
bis dick werdend — zu süßen Mehlspeisen.

83. Helle Butter-Eigelbsauce

[Eßl. 15 g, ca. 46 Cal.

			Gr.	Cal.
1000	Butter	¹/₄ kg	250	1875
180	Bouillon	3 Eßl.	45	
180	Eigelb	3 St.	45	162
200	Sherry	1 Gl.	50	
	Zwiebel			
	Champignon	2 St.		
	Zitrone	1 St.		
	Petersilie			

Butter, Zwiebel, Champignon, feingeschnittene Schale und Saft der Zitrone und Wein wird auf Wasserbad ¹/₂ Stunde schwach gekocht — wird mit den Eigelb abgerührt und 10 Min. geschlagen und dann durch ein Sieb gestrichen.

Buttermehlsaucen:

84. ÷ Buttermehlsauce

[Eßl. 15 g, ca. 25 Cal.

				Cal.
1000	Butter		200	1500
250	Mehl		50	175
450	Gelbei	6 St.	90	324
750	Rahm, gew.		150	252
5000	Wasser	1 Lit.	1000	
	Zitronensaft (1 Zitr.)			

Ein Viertel der Butter wird geschmolzen — mit dem Mehl verrührt — mit dem kochenden Wasser verquirlt (ohne Kochen) — dann mit den mit dem Rahm und dem Zitronensaft geschlagenen Gelbeiern verrührt — zuletzt mit der übrigen Butter.

85. Petersilienbuttersauce

ebenso, mit feingehackter (oder gestoßener) Petersilie, 1 Eßl. zu ¹/₄ Lit.

86. Kapernbuttersauce

ebenso, mit Kapern (ganz oder gehackt), 1 Eßl. zu ¹/₄ Lit. Sauce.

87. ÷ Buttermehlsauce, einfach

[Eßl. 15 g, ca. 30 Cal.

				Cal.
1000	Butter		125	937
320	Mehl		40	140
4000	Wasser	¹/₂ Lit.	500	
	Salz usw.			

Die Hälfte der Butter wird geschmolzen und mit dem Mehl verrührt — und mit dem Wasser unter stetigem Schlagen vermischt — ¹/₂ Stunde schwach gekocht — gesalzen, gewürzt — zuletzt mit der übrigen Butter verrührt.

Bechamelsauce, Sauce Velouté, Sauce Espagnole und andere Saucen mit Mehleinbrenne s. Kap. 56.

Klasse IV.
Butterersatzmittel.

88. Margarine, Palmin u. dgl.

Margarine, die Kunstbutter aus dem Tierreiche, und Palmin, Kunstbutter aus dem Pflanzenreiche, sind in bezug auf Nährwert, Verdaulichkeit, Ausnutzungsgrad der echten Butter wohl einigermaßen gleichzustellen.

Aber es soll doch darauf Rücksicht genommen werden, daß für diätetische Verwendung, besonders bei Kranken, immer die strengsten Ansprüche zu stellen sind in bezug auf Feinheit und Echtheit. Für solchen besonderen Fall, wo das Allerbeste eben nur gut genug ist, wird also immer die echte und feinste Butter vorzuziehen sein. In bezug auf höchste Wirkung in Richtung auf Wohlgeschmack, Wohlgeruch (feines Aroma) und schönste Farbenwirkung, beim Bräunen, also auf ganze Appetitlichkeit, wird die Kunstbutter es nie mit der echten Butter aufnehmen können.

89. Öl — Olivenöl.

Als hauptsächlich reiner Fettstoff erreicht das Speiseöl mit ca. 930 Cal. eine der höchsten Nährwertstufen, wobei aber immer zu berücksichtigen sein wird, daß der Nährwert ein so ganz einseitiger ist (kein Eiweiß).

Weil ca. 75% des Fettstoffes des Speiseöls Olein ist (der leichtflüssigste, bei niedrigster Temperatur flüssige Fettstoff), darf diesem Öl eine verhältnismäßig hohe Leichtverdaulichkeit zugesprochen werden.

Das meiste, was gegenwärtig als Speiseöl gekauft wird, dürfte nicht Olivenöl sein, sondern Erdnußöl (gewonnen von der Arachis hypogaea).

Kap. 15. Mayonnaise; Ölsauce.

90. Mayonnaise, einfache, echte   [Eßl. 15 g, ca. 120 Cal.

			Gr.	Cal.	
1000	Öl	½ Lit.	500	4500	Die Eigelb werden mit dem
(90–)120	Gelbei	(3—)4 St.	(45—)60	216	Salz glatt gerührt und ganz
100	Essig		50		allmählich mit dem Essig,
	Zitronensaft				unter starkem Schlagen —
	von 1 Zitr.				dann wird das Öl tropfen-
	Wasser	1—2 Eßl.			weise hinzugesetzt und ein-
	Salz				gerührt, bis die Masse etwas
					dicker wird, wonach das Öl

etwas schneller zugesetzt werden darf — zuletzt kommt der Zitronensaft hinzu — und einige Eßlöffel heißen Wassers (eine etwas dünn geratene Mayonnaise wird beim Stehen nach und nach dicker).

Das Öl soll immer sehr fein sein, ganz ohne Ranzigkeit; es soll (wie der Ort der Zubereitung) 15—17° R = 19—21° C Wärme haben.

91. Mayonnaise, gefärbte.

Grüne Mayonnaise.

Petersilie (ca. 30 g) und Kerbel (ca. 20 g) werden in einem steinernen Mörser zerstampft und der daraus ausgepreßte Saft (oder die grüne Masse selber) mit der Portion Mayonnaise nach 90 verrührt.

Rote Mayonnaise.

Dickes Tomatenpüree (4 Eßl.) wird mit der Portion Mayonnaise nach 90 verrührt.

92. Mayonnaise, stärker gewürzt.

Mayonnaise nach 90 kann auch gewürzt werden mit Bearnaise-essenz, Maggigewürz, Lahmann-Nährsalz, Senf, Pfeffer (Kayenne), sehr wenig, mit englischer Sauce, mit Sardellen-Anchovispüree.

93. Spanische Mayonnaise, Seignobos   [Eßl. 15 g, 90 Cal.

			Gr.	Cal.	
1000	Öl	¼ Lit.	250	2250	Die Kräuter werden mit den
125	Dotter, roh	2 St.	30	108	Anchovis im Mörser zer-
125	Dotter, hart	2 St.	30	108	stampft — gesalzen — mit
	Zitronensaft	4 Eßl.			den miteinander glatt ge-
	Anchovis	2 St.			rührten Dottern verrührt —
	Kräuter	4 Tl.	20		dann mit dem Öl (wie in 90)

— zuletzt dem Zitronensaft — als Kräuter verwendbar: Spinat, Kerbel, Petersilie, Sauerampfer, zu ungefähr gleichen Teilen.

94. Mayonnaise remoulade.

Mayonnaise nach 90 wird abgerührt mit Senf (1 Eßl.), oder gehackten Kapern (1 Eßl.), gehackter saurer Gurke (1 Eßl.), gemischten Kräutern (nach 93, 1 Eßl.), Anchovisessenz (1 Tl.).

95. Mayonnaise mit Rahmschnee („Mousseline").

Mayonnaise nach 90 wird zuletzt mit ¼ Lit. zu sehr steifem Schnee geschlagenem Rahm verrührt.

Klasse V.

Diätetische Milchzubereitungen.

Kap. 16. Stopfende, abführende Milch usw.

96. Leicht stopfende Milch   [ganze Portion ca. 200 Cal.

Vollmilch	¼ Lit.	250	162	Milch und Gummi werden
G. arab.		10	40	unter Umrühren miteinander
				aufgekocht.

97. Leicht abführende Milch [ganze Portion ca. 280 Cal.

		Gr.	Cal.	
Vollmilch	$^1/_4$ Lit.	250	162	Milch oder Milchrahm-
Milchzucker	2 Eßl.	30	120	mischung (kalt oder warm)

wird mit dem in etwas kochendem Wasser aufgelösten Zucker verrührt.

98. Williamsons Diabetesmilch (nach Dr. Lauritzen).

Fetter Rahm wird mit der vierfachen Menge Wasser gut gemischt — an kalter Stelle 12 Stunden hingestellt — der Rahm wird abgenommen — und darauf die zuckerfreie Milch bereitet durch Auflösen von 3—4 Eßl. des ausgewaschenen Rahms zu $^1/_4$ Lit. kalten Wassers, mit etwas Salzzusatz — ein wenig Eiereiweiß kann auch darin glatt eingerührt werden.

99. Milch, peptonisierte.

I. Peptonisierendes Pulver (Fairchild, 1 Tube) wird mit $^1/_4$ Lit. kalter Milch in einer Flasche stark geschüttelt — in warmes Wasser (40° C) 10 Minuten gestellt — sofort zu verwenden.

II. Milch ($^1/_4$ Lit.) wird aufgekocht — auf 40° C abgekühlt — mit einigen Teelöffeln Liquor pankreaticus verrührt und etwas Sodapulver — wird eine Stunde bei schwacher Wärme hingestellt — dann aufgekocht und gleich angerichtet.

100. Kumiß (Fleischmann).

Zentrifugierte Milch 1000 (1 Lit.) wird einige Stunden hingestellt mit Wasser 700, Rohrzucker 17, Milchzucker 8, Preßhefe 2, bei 37° C — unter mehrmaligem Umrühren — wird auf starke Flaschen gefüllt und in 6 Tagen auf 12° C gehalten.

101. Kefir.

Kefirkörner werden aufgefrischt: $^1/_2$ Stunde in reichlichem Wasser bei 30—35° C hingestellt, dann in eine neue Portion Wasser gegeben, von 20° C, in 24 Stunden — in Wasser abgespült — in frische (am liebsten sterilisierte) Milch von 20° C gebracht, die mehrmals mit 24 Stunden Zwischenzeit gewechselt wird, während die Körner bei jedem Wechsel ausgewaschen und von anhaftenden Caseinklümpchen befreit werden. Die Körner werden dabei (als Zeichen der Gärkraft) mehr und mehr gelb und verlieren den käseartigen Geruch. Beim Umschütteln soll ein eigenes knisterndes Geräusch entstehen. Nach 10—12 Tagen, wenn die Körner an die Oberfläche steigen, ist die Vorbereitung beendet.

Nun wird die Gärungsmilch (sogenannte „Sakwaska") so bereitet: eine Portion der vorbereiteten Körner wird mit abgekochter und abgekühlter Milch bei 16—18° C in 12—24 Stunden hingestellt und in der Zeit mehrmals geschüttelt, wonach die Körner abgeseiht werden (und für fernere Verwendung abgespült werden).

Das Kefirgetränk wird nun bereitet, indem Flaschen (starke Champagnerflaschen) bis zu ein Achtel mit der Gärungsmilch gefüllt werden, und übrigens mit gekochter und gekühlter Milch (nicht ganz gefüllt); wonach die Flaschen verkorkt und zugebunden, bei 14—15° C hingelegt und jede 2 Stunden geschüttelt werden. In 24 Stunden erhält man schwachen, in 48 Stunden starken Kefir — kann 8—10 Tage liegen.

Die einmal verwendeten Körner können ein Jahr lang verwahrt werden.

102. Molke.

a) Mit Lab bereitet:

Milch ($\frac{1}{8}$ Lit.) wird auf 30° C erwärmt, Labextrakt (1 Tl.) wird hinzugesetzt — an lauwarmer Stelle hingestellt, bis Gerinnung — nach Umrühren geseiht.

b) **Mit Zitrone** bereitet:

in derselben Weise mit 4 Tl. Zitronensaft — 5 Min. hingestellt.

c) **Mit Wein** bereitet:

$\frac{1}{8}$ Lit. Milch, 70° warm, wird mit 2—3 Eßl. Sherry- oder Weißwein hingestellt, 5 Min. — wonach die Molke abgeseiht wird.

Zweite Nahrungsmittelgruppe.

Ei und Eierspeisen.

Kap. 17. Allgemeines über das Ei.

Für unsere Küche ist unter den Eiern vor allem das Hühnerei
zu berücksichtigen. Die verschiedenen anderen Vogeleier haben übrigens
eine ganz ähnlich chemische Zusammensetzung, nur sind sie ja von
sehr abweichender Größe und verschiedenem Geschmack und verschiedener Farbe, besonders der Dotter.

Inhalt des Hühnereies:

	vom Ganzen %	Albumin %	Fett %	Kohle	Wasser %	Salze %	Calorien
Dotter .	30	16,0	32,0	—	51,0	1,0	363
Eiweiß .	58	12,0	0,5	—	86,0	1,0	54
(Schale) .	(12)	—	—	—	—	—	—
Ganzei .	100	13,0	11,0	—	75,0	1,0	70

Somit ist das Ganzei ein nicht eben reiches, das Weiße ein recht
armes Nahrungsmittel, während der Dotter sich als ein sehr reiches
Nahrungsmittel darstellt.

Die Größe des Hühnereies ist eine sehr wechselnde — zwischen
40 und 70 g.

Für die Berechnung des Wertes der als Bestandteil so ungemein
vieler Speisen verwendeten Eier werden wir jedoch allgemein verwendbare Mittelwerte anzusetzen haben.

Nach folgenden (einem ziemlich kleinen Ei entsprechenden) Mittel-
werten ist nun überall in diesem Buche berechnet worden:

$$
\begin{aligned}
&\text{1 ganzes Ei mit Schale} && 50\ \text{g} \\
&\text{Schale} && 5\ \text{g} \\
&\text{ganzer Inhalt} && 45\ \text{g} \dots \dots \text{Calorien } 70 \\
&\text{1 Dotter} && 15\ \text{g} \dots \dots \quad,, \quad 54 \\
&\text{1 Eiweiß} && 30\ \text{g} \dots \dots \quad,, \quad 16
\end{aligned}
$$

Wegen seines natürlichen Wohlgeschmackes, seiner übrigens auch
den meisten angenehmen äußeren Eigenschaften, Farbe usw., und

wegen seiner verhältnismäßigen Leichtverdaulichkeit wird das Ei für die Küche hohe Bedeutung haben müssen — nicht weniger aber wegen seiner ganz ungemein großen Verwendbarkeit für Herstellung, Aufbesserung und Verschönerung verschiedenster Speisen.

Der Dotter ist zweifellos der wertvollste Teil des Eies, erstmal wegen seines hohen Nährwertes (363 Cal.), der wiederum auf den großen Reichtum an Fett zurückzuführen ist; und zwar ein Fett ganz besonders leichtverdaulicher Art, weil flüssig bei mittlerer Wärme, indem es hauptsächlich Oleinfett ist, mit sehr wenig Stearinfett. Als ein für die leichtere Verdaulichkeit des Dotters ausschlaggebender Umstand wäre gleichfalls anzuführen, daß das Dotterfett in sehr feinverteiltem Zustand da ist, nämlich emulsioniert, in kleinsten Teilen suspendiert in Wasser, bei Gegenwart von Dottereiweiß, welches namentlich Vitellin ist, teilweise auch Lecithinalbumin, mit etwas Hämoglobin (Bunge), in welchem besonders das Eisen enthalten ist.

Dies Eiweiß ist auch stark phosphorhaltig, und in den Salzen kommt die Phosphorsäure hauptsächlich in Verbindung mit Kali und Kalk vor.

Durch seinen Inhalt an Phosphor und Eisen wird der Dotter somit von besonderem Wert, wie auch durch die Gegenwart eines gleichfalls eisenhaltigen, stark gelben Farbstoffes; von Wert für die hübsche Färbung verschiedenster Eierspeisen.

Das Eiweiß enthält die Eiweißstoffe — hauptsächlich Eieralbumin — in wässeriger Lösung, in einer für die Verdauung günstigen Form. Es wird denn auch beinahe vollständig ausgenützt. Die Salze sind hauptsächlich Chlornatrium (Kochsalz) und Chlorkalium.

Daß das Ei von sogenannten Extraktivstoffen (Purinstoffen) annähernd frei ist, wird unter gewissen Umständen (harnsaure Diathese usw.) zu einem sehr günstigen Umstand; und aus den sogenannten Nucleinstoffen, die es im Ei gibt, sollen während des Stoffwechsels weder Xanthinstoffe noch Harnsäure gebildet werden.

Das rohe Ei hat für leichtverdaulich zu gelten, besonders wenn es feinzerteilt gereicht wird, mit Flüssigkeit gleichmäßig verkleppert.

Das mittels Wärme beeinflußte Ei wird — und dies ist eben ein Hauptpunkt bei der diätetischen Beurteilung — um so besser sein, je weicher es bei der Zubereitung geblieben ist, um so schlechter aber in diätetischer Beziehung, in je fester gestockten Zustand es gebracht ist; praktisch also: je leichter, langsamer und kürzer die Wärme eingewirkt hat.

In der Weise erhalten wir folgende Stufen:

I rohes Ei \
weiches Ei } das beste;

II halbweiches \
oder halb hartes } von mittlerer Güte;

III hartes Ei: das schlechteste.

Jedoch ausdrücklich zu bemerken, daß alle einfache naturelle Zubereitungen des Eies:

das Kochen in der Schale usw.,

das Backen in der Form usw.,

das Braten auf der Pfanne usw.,

sich sehr wohl so durchführen lassen und durchzuführen sein werden, wo besondere diätetische Rücksichten zu nehmen sind, daß die Leichtverdaulichkeitsbedingung: die Weichheit des Eies, bewahrt bleibe.

Eine eigene Kochweise: das Pochieren des Eies, wird sich jedoch wohl kaum anders machen lassen, als daß das Eiweiß in feste Gerinnung gerät.

Es ist immer darauf Rücksicht zu nehmen, daß das Eiweiß des Eies schon bei 70° C zu gerinnen anfängt.

Hauptsächlich sind es die Eiweißstoffe des Eiweißes, die an Verdaulichkeit durch das Hartwerden einbüßen. Das Eigelb, in dem das Eiweiß zwischen Fettbestandteile verteilt ist, hat den Vorteil, ganz spröde, ganz mürbe also: leichter verdaulich zu bleiben, auch in ganz hartgekochtem Zustande.

Das Braten des Eies kann auf die Verdaulichkeit ungünstigen Einfluß haben, teils indem es zu hart gebraten, teils aber indem es zu fett gebraten wird, und besonders dann, wenn es dabei zur Bildung einer unteren hornartigen, braungebratenen Kruste kommt, wie es am häufigsten der Fall ist bei dem in gewohnter Weise gebratenen Spiegelei.

In Vergleich damit wird das weich und mager gebratene (gedämpfte) Spiegelei (209) vorzuziehen sein.

Bei gewissen Eierspeisen kommt das Ei ganz naturell zur Verwendung, oder jedenfalls nur mit Flüssigkeit verkleppert und mit dem allernotwendigsten Gewürz (Salz, Zucker) versetzt.

Zu einer Menge anderer Eierspeisen werden aber mehr oder weniger zusammengesetzte Eiermischungen von verschiedenster Zusammensetzung verwendet. In der Regel sollen solche Mischungen möglichst einfach hergestellt werden, und ganz besonders dürfte der Grad der Fetteinmischung als Maßstab für die Gesundheitsmäßigkeit Geltung haben: je weniger Fett, um so besser.

Manchmal wird auch Mehl in Eiermischungen getan; ich nenne solche Mischungen: unechte. Nicht selten wird nun das Mehl erst mit Butter abgebrannt, was aber ungesund und auch in den meisten Fällen ganz unnötig ist.

Verschiedene Eiermischungen sind — um zu fertiger Speise zu werden (Puddings, Aufläufe usw.) — einer recht hohen Wärme auszusetzen, und zwar recht lange Zeit. Daß derartige Eierspeisen dennoch die Nachteile des hart geronnenen Eiweißes weniger darbieten, hat verschiedene Ursachen.

Teils der Umstand, daß das Eiweiß mit dem Eigelb genau vermischt worden ist, und daneben mit irgendeiner Flüssigkeit (Wasser,

Milch usw.), teils auch, daß bei den „soufflierten" Mischungen das
Eiweiß in Gestalt von Schnee beigegeben wird.

Diese Verwendung des Eierschnees in der Küche ist eine sehr
ausgebreitete und hat einige küchenhygienische Bedeutung.

Durch das Schlagen wird das Eiweiß in eine Menge kleinster
Bläschen zerteilt, wovon jedes einen kleinen Teil atmosphärischer
Luft eingeschlossen bekommt; und wenn nun der Eierschnee (oder
Eierschaum) eingerührt wird, und zwar leichter Hand, damit die Bläs-
chen nicht zerplatzen und die Luft nicht frei wird, gibt dies den Teigen
eine diätetisch vorteilhafte Porosität und Leichtigkeit.
Teils wegen der ganz dünnschichtigen Form des auf die vielen kleinen
Bläschen verteilten Eiweißes, teils wegen der von der einverleibten
Luft veranlaßten Aufblähung.

Beim Kochen, Backen, Braten solcher Eiermischungen kommt es
darauf an, den Einfluß der Wärme so langsam, so schwach und so kurz
wie möglich zu gestalten; auch hier gilt es, einer Verfettung der Speise
zu entgehen, wie sie besonders bei dem Braten auf fetter Pfanne oder
Platte zustande kommt.

Zeichen des frischen Eies.

Das Ei vor ein brennendes Licht in einem übrigens dunklen Raum
gehalten, soll gleichmäßig klar sein, ohne dunkle Flecken.

Das Ei ans Ohr gehalten und geschüttelt, darf kein plätscherndes
Geräusch laut werden lassen.

Das Ei in ein Gefäß mit kaltem Wasser gelegt, soll darin zu
Boden sinken.

Aufbewahrung des Eies.

1. Die Eier sind auf einem (eigens dafür eingerichteten) Regale
anzubringen, so trocken und kalt wie möglich (nicht frieren), und einmal
in der Woche zu wenden.

2. Die (ganz reinen) Eier, jedes für sich, sind in reines Papier
einzuwickeln, schichtenweise, mit dem spitzeren Ende nach unten,
in eine Kiste zu stellen, diese ist zweimal wöchentlich umzukehren;
an kühlem Ort zu halten.

Es gibt eigene Konservierungsmittel, unter welchen das
recht allgemein verwendete Kalkwasser ein weniger glückliches ist.
Für kürzere Aufbewahrung wird das Einbetten in verschiedene pulver-
förmige Substanzen verwendet (trockene Sägespäne oder Häckerling,
trockener reiner Sand, Holzkohlenpulver u. dgl.). Besser eignet sich
eine Auflösung von gewöhnlichem Glyzerin in gleicher Menge Wasser,
noch besser eine Lösung von Wasserglas (10 T. auf 100 T. Wasser).
Einfache Bepinselung mit unverdünntem Wasserglas oder Glyzerin
auch verwendbar.

Übrigens sind in verschiedenartiger, eigener Weise präservierte
Eier für den Winter in den Geschäften zu haben — und sind auch für

allgemeinen Gebrauch in der täglichen Haushaltung bei genügender Kritik einigermaßen verwendbar. Es muß jedes Ei aber für sich ausgeschlagen und geprüft werden, bevor es mit anderen für Bereitung einer Speise verwendet wird. Das Auslaufen des Dotters in das Eiweiß bei Zerschlagen des Eies braucht kein Zeichen der Verderbnis zu sein.

Klasse I.

Einfache Eizubereitungen.

Kap. 18. Das Ei gerührt, gekocht, gebacken, gebraten.

Allgemeine Bemerkungen.

Die für diese einfachsten, am wenigsten zusammengesetzten Eierbereitungen zu verwendenden Eier sollen besonders frische sein — jedenfalls nicht gern mehr wie 14 Tage alt (wenn nicht die Aufbewahrungsweise eine so glückliche gewesen, daß sie frischgelegten einigermaßen gleich zu rechnen sind). Gewöhnliche präservierte Eier des Handels, in Sägespänen aufgehobene u. dgl., wenig verwendbar. Das in der Schale zu kochende Ei ist vorher rein zu waschen; das Kochwasser und das Kochgeschirr sollen völlig rein sein.

In bezug auf die Dauer der Wärmeeinwirkung ist zu berücksichtigen, daß ein ganz frischgelegtes Ei etwas längere Zeit gebraucht, um gekocht zu sein, als ein älteres, und daß immerhin die Größe der Eier in der Beziehung nicht ohne Einfluß bleiben kann; genau läßt sich die Kochzeit nicht angeben.

201. + Ganzei, geschlagen [ganze Portion ca. 90 (24) Cal.

		Gr.	Cal.	
Ei	1 St.	45	20	Das Ei wird geschlagen unter
Zucker	1 Tl.	5	70	Zusatz von Zucker und Salz,
Salz	1 Msp.			bis es schäumig geworden —
				wird so im Glase angerichtet

— nach Geschmack mit Zitronensaft, 1 Eßl., angerührt.

202. + Dotter, gerührt („Eierschnaps") [Portion ca. 283 (20) Cal.

		Gr.	Cal.	
Dotter	2 St.	30	108	Die Dotter werden mit dem
Zucker	3 Eßl.	45	175	Zucker weiß gerührt — nach-
				dem kann Zitronensaft, Wein
				(Cognac, Rum) bis 1 Eßl.
				eingerührt werden.

203. + Eiweiß, Eiweißschnee.

Das Eiweiß, sehr genau vom Dotter befreit, wird in einem trockenen und kalten Gefäß mit einer silbernen Gabel oder eigenem Eierschläger (an kühler Stelle und bei frischer reiner Luft) geschlagen, bis so trocken und leicht, daß es in Flocken wegfliegen kann — sofort zu verwenden.

4*

Eiweißschnee mit Geschmackzusätzen.

Der Schnee von einem Eiweiß wird mit Zucker (1 Eßl., 15 g), etwas Vanillezucker, mit verschiedenen anderen Dingen, wie Tee, kaltem Kaffee, geriebener Schokolade, Wein, Cognac, Zitronensaft, anderen Fruchtsäften, Fruchtpüree usw., nach Geschmack, verrührt.

204. + Eiweiß - Rahmschnee   [Portion ca. 135 (30) Cal.

		Gr.	Cal.
Eiweiß	2 St.	60	32
Rahm, fett	2 Eßl.	30	64
Zucker	2 Tl.	10	39
Cognac	2 Eßl.	30	

Das Eiweiß wird mit dem Rahm zu Schnee geschlagen und mit den übrigen Zutaten gemischt — sofort anzurichten.

205. + Weichgekochtes Ei.

1. Das Ei wird vorsichtig in ein Kochgeschirr gegeben, mit so viel kochenden Wassers gefüllt, daß das Ei ganz davon bedeckt ist, und ist dann bei einer Wärme von 75° C zu halten; indem das Geschirr in eine Kochkiste oder zur Seite auf dem Kochherd gestellt wird, wo es nicht wieder zum Kochen kommt; wird nach 6—8 Min. herausgenommen.
2. Das Ei wird in ein Geschirr mit kaltem Wasser gelegt, so viel, daß es bedeckt ist; das Wasser wird langsam ins Kochen gebracht; wenn Kochpunkt eben erreicht, soll das Ei weichgekocht sein. Der Zeitaufwand ungefähr wie bei 1.
3. Das Ei in eine Tasse gegeben, 3—4mal neues kochendes Wasser darauf geschüttet, jedesmal 1 Min. darin gelassen.
4. Das Ei wird vorsichtig in kochendes Wasser gegeben, 3—4 Min. darin gekocht.
5. (Soll ganz besonders „diätetisch" sein.) Das Ei wird aus der Schale in eine porzellanene Tasse (mit abgerundetem Boden) geschlagen und in ein Kochgeschirr mit Wasser von 75° C gestellt; kann auch über Dampf gestellt werden. Wenn das Eiweiß zu stocken beginnt, wird es allmählich mit einem silbernen Löffel von den Seiten der Tasse abgehoben; sobald es (gleichmäßig) geleeartig geworden, wird der Dotter ausgerührt; ist in derselben Tasse zu reichen (eine Messerspitze Salz kann hinzugesetzt werden, eventuell 1 kl. Löffel Wein).

206. Halbhartes (-weiches) Ei.

1. Wie 205. 1; aber das Ei erst nach 20 Min. herauszunehmen.
2. Wie 205. 2; aber 6—7 Min. zu kochen.

207. ÷ Hartgekochtes Ei.

1. Wie 205. 1. erst nach 45 Min. herauszunehmen.
2. Wie 205. 2. aber 10 Min. zu kochen.

208. ÷ **Fallei** — „pochiertes Ei".

Ein zu zwei Drittel mit kochendem Wasser angefülltes Kochgeschirr ist zu verwenden (im Wasser pro Liter aufgelöst: $1/2$ Eßl. Salz, 1 Eßl. Zitronensaft oder Essig). Jedes Ei wird für sich in eine Tasse ausgeschlagen (Dotter soll ganz bleiben) und vorsichtig ins schwach kochende Wasser eingelegt, wo es verbleibt, bis das Weiße um den Dotter herum geronnen ist (ca. 3 Min.); das Ei wird mit einem Löffel herausgehoben und zum Abtropfen auf einen Seiher gelegt, die Unebenheiten werden abgeschnitten. Warm oder kalt anzurichten.

Verwendung als Einlage in verschiedene Suppen, auf Röstbrot, mit verschiedener Sauce (Tomatensauce oder ähnl.).

209. + **Spiegelei** — diätetisch, gedämpft.

Ein kleiner, mit Butter leicht bestrichener, emaillierter Teller wird über kochendes Wasser gestellt. Wenn der Teller durchgewärmt ist, wird das Ei vorsichtig auf demselben ausgeschlagen und zugedeckt stehen gelassen, bis das Weiße weich gestockt ist. Auf demselben Teller anzurichten.

210. **Spiegelei,** gebraten.

Auf einer kleinen emaillierten oder tönernen Pfanne wird Butter (5—10 g) geschmolzen (nicht gebräunt) — das Ei vorsichtig daraufgeschlagen — auf schwaches Feuer gestellt, bis das Weiße weich gestockt (um den Dotter herum noch klar) ist. (An der unteren Fläche darf nichts Gebräuntes, hornartig Festes sein.)

211. + **Ei im Becher**   [Portion ca. 90 (24) Cal.

		Gr.	Cal.
Ei	1 St.	45	70
Butter	$1/2$ Tl.	3	22
Salz	Msp.		
(Pfeffer do.)			

Ein kasserollenförmiger Porzellannapf wird innen mit Butter ausgestrichen, das Ei darin geschlagen, mit Salz bestreut (eventuell mit etwas geriebenem Käse [und Pfeffer]) — in kochendes Wasser gestellt, bis das Ei zu stocken beginnt. Vor dem Anrichten wird der Inhalt zusammengerührt.

212. + **Ei im Becher souffliert.**

Das Eiweiß wird mit Salz (1 Msp.) zu steifem Schnee geschlagen, in eine hübsche kleine, mit Butter leicht ausgestrichene Form gebracht; in ein mit wenig kaltem Wasser versehenes Kochgeschirr wird ein Rost gestellt, die Form auf denselben, das Wasser langsam ins Kochen gebracht. Der Dotter wird in die Mitte des Eiweißes, sobald es sich gehoben hat, gelegt — geriebene Zitronenschale oder etwas säuerliches Fruchtgelee kann daraufgelegt werden.

213. + Ei im Nest   [ganze Portion ca. 130 (31) Cal.

		Gr.	Cal.
Ei	1 St.	45	70
Röstbrot	1 St.	25	62
Salz	1 Msp.		
Wasser	2 Eßl.		

Das mit Salz zu steifem Schnee geschlagene Eiweiß wird auf dem in gesalzenem Wasser aufgeweichten, hübsch rund abgeschnittenen Röstbrotstück bergartig aufgelegt, oben in der Mitte desselben eine Vertiefung gemacht, um den Dotter aufzunehmen; in einem leicht erwärmten Ofen bis hellgelb gebacken — läßt sich mit Tomaten- oder ähnlicher Sauce anrichten.

214. a) Ei, gratiniert   [ganze Portion ca. 140 (26) Cal.

		Gr.	Cal.
Ei	1 St.	45	70
Brotrinde,			
gerieben	1 Eßl.	8	20
Salz	1 Msp.	—	—
Butter	1 Tl.	7	50

Eine kleine Form wird innen mit Butter ausgestrichen und mit etwas Brotrindenpulver ausgestreut, das Ei vorsichtig darin geschlagen, Salz und Brotrindenpulver darauf gestreut (nach Umständen auch anderes Gewürz). Wird in einem leicht erhitzten Ofen gebacken, bis das Eiweiß weich gestockt.

b) Läßt sich in entsprechender Weise auch in einer ausgehöhlten Tomate zubereiten.

c) Das Ei kann auch vor dem Backen mit 1 Eßl. Rahm übergossen werden.

Kap. 19. Eierstich — („Custard").

215. —Hauptvorschrift für die Zubereitung.

1. Die Eibestandteile werden leicht miteinander verrührt (ohne Luft hinein zu schlagen) und mit der leicht erwärmten Flüssigkeit (Milch, Rahm, Bouillon usw.); 1—5 mal durchgeseiht (Haarsieb). — Gewürze, Zucker usw. eingemischt (oder Vanille mit der Flüssigkeit aufgekocht).

2. Mischung in eine niedrige (ziemlich flache), mit Butter oder Salatöl ausgestrichene Form gegossen (bei Karamelpudding mit Karamelschicht überzogen, vgl. Nr. 223).

3. Die Form im Wasserbad auf den Herd oder in den Ofen gestellt, bis der Inhalt steif geworden — immer nur bei sehr schwacher Wärme, um die Bildung von Luftbläschen in der Masse zu verhindern — und um die ganz weiche Konsistenz zu bewahren — und wird herausgenommen, sobald ein spitzes Messer sich durch die Masse stecken läßt, ohne daß etwas daran hängen bleibt. — Läßt sich erst stürzen, nachdem es abgekühlt ist.

216. Eierstich für Suppen [Portion ca. 110 (30) Cal.

a) Eierstich — Mischung I.

		Gr.	Cal.
Eiweiß	1 St.	} 45	70
Dotter	1 St.		
Milch	$^1/_{16}$ Lit.	60	40
Salz	Msp.		
		105	110

b) Eierstich — Mischung II
[Portion ca. 160 (42) Cal.

		Gr.	Cal.
Eiweiß	1 St.	30	16
Dotter	2 St.	30	108
Milch	$^1/_{16}$ Lit.	60	40
Salz			
		120	164

c) Eierstich — Mischung III
[Portion ca. 125 (20) Cal.

		Gr.	Cal.
Dotter	2 St.	30	108
Milch	2 Eßl.	30	19
Salz			
		60	127

Nach Hauptvorschrift 215 bereitet — gestürzt, in Würfel oder Streifen geschnitten (am liebsten mit dem Chartreusemesser) — in die Suppe gelegt, angerichtet. — Alle Mischungen sind auch mit Bouillon, ganz oder teilweise, anstatt der Milch herzustellen.

Eierstich mit verschiedenen Geschmackszusätzen:

217. Eierstich mit Vanille [Portion ca. 238 (45) Cal.

				Cal.
280	Ei	1 St.	45	70
1000	Milch	$^1/_6$ Lit.	160	108
90	Zucker	1 Eßl.	15	60
	Salz	Msp.		
	Vanillezucker		220	238

Nach Hauptvorschrift 215 zu bereiten — auch mit verhältnismäßig mehr Ei (bis 8—10 St. auf 1 Lit.).

218. Eierstich mit Vanille [Portion ca. 200 (50) Cal.

			Gr.	Cal.
375	Eiweiß	2 St.	60	32
1000	Milch	$^1/_6$ Lit.	160	108
90	Zucker	1 Eßl.	15	60
	Salz	Msp.		
	Vanillezucker		235	200

Nach Hauptvorschrift 215 zu bereiten (braucht verhältnismäßig längere Zeit, um steif zu werden).

219. Eierstich mit Tee   [Portion ca. 340 (40) Cal.

			Gr.	Cal.
250	Ei	1 St.	45	70
1000	{Rahm, fett	¹/₈ Lit.	125	210
	{Tee	¹/₁₆ Lit.	60	
80	Zucker	1 Eßl.	15	60
	Salz		245	340

Nach Hauptvorschrift 215 — Rahm und Tee (starker) werden anfangs miteinander vermischt.

220. Eierstich mit Kaffee [Portion ca. 280 (50) Cal. — mit Rahm.

225	Ei	1 St.	45	70
1000	Milch	¹/₅ Lit.	200	130
110	Zucker	1¹/₂ Eßl.	22	85
	Kaffee	1 Eßl.	15	—
	Salz		282	285
	Vanillezucker			
	oder Cognac			
	Rahm, gew.			

Die Milch wird mit dem Kaffee aufgekocht, bevor sie mit dem Ei verrührt wird — übrigens nach 215. — Nach Abkühlung gestürzt — nach Umständen mit Rahmschnee daraufgelegt anzurichten.

221. Eierstich (aus Dotter) mit Kaffee [Portion ca. 350 (50) Cal.

150	Dotter	2 St.	30	108
1000	Milch	¹/₅ Lit.	200	130
150	Zucker	2 Eßl.	30	120
	Salz	Msp.	—	—
	Kaffee	1 Eßl.	15	—
			275	358

Nach Hauptvorschrift 215 — (nachdem die Milch mit dem Kaffee gekocht worden ist, wie 220).

222. Eierstich mit Kakao.

Eiermischung wie in 215, nachdem die Milch mit Kakao (15 g) aufgekocht ist.

223. Karameleierstich — „Karamelpudding".

Für die hierzu verwendeten Eiermischungen gibt es eine Reihe sehr verschiedener Vorschriften — von denen folgende Typen anzuführen sind:

I. Karamelpudding mit Eiermischung:

[Portion ca. 700 (60) Cal.

			Gr.	Cal.
180	Dotter	3 St.	45	162
1000	Rahm, gew.	$^1/_4$ Lit.	250	420
125	Zucker	2 Eßl.	30	120
	Salz	Msp.		
	Vanillezucker		325	702

II. Karamelpudding mit Eiermischung:

[Portion ca. 460 (80) Cal.

			Gr.	Cal.
300	Dotter	3 St.	45	162
	Eiweiß	1 St.	30	16
1000	Milch	$^1/_4$ Lit.	250	162
125	Zucker	2 Eßl.	30	120
	Salz		355	460
	Vanille			

III. Karamelpudding mit Eiermischung:

[Portion ca. 400 (70) Cal.

			Gr.	Cal.
250	Dotter	2 St.	30	108
	Eiweiß	1 St.	30	16
1000	Milch	$^1/_4$ Lit.	250	162
125	Zucker	2 Eßl.	30	120
	Salz			
	Vanille	$^1/_8$ Stange		
			340	406

IV. Karamelpudding mit Eiermischung:

[Portion ca. 730 (88) Cal.

			Gr.	Cal.
420	Dotter	3 St.	45	162
	Eiweiß	2 St.	60	32
1000	Rahm, fett	$^1/_4$ Lit.	250	420
125	Zucker	2 Eßl.	30	120
	Salz	Msp.		
	Vanille	$^1/_4$ Tl.	385	734

V. Karamelpudding mit Eiermischung:

[Portion ca. 420 (85) Cal.

			Gr.	Cal.
360	Dotter	2 St.	90	140
	Eiweiß	2 St.		
1000	Milch	$^1/_4$ Lit.	250	162
125	Zucker	2 Eßl.	30	120
	Vanille	$^1/_4$ Stange		
			370	422

Für die Eiermischung gilt die Hauptvorschrift 215 — anstatt Vanillezucker wird oftmals Vanille verwendet, die, der Länge nach aufgeschnitten, mit der Milch (Rahm) aufgekocht wird.

Zucker, 4 Eßl. (60 g), wird zu recht dickem Karamelsirup verkocht; mit drei Viertel davon wird die zu verwendende Form an ihrer ganzen inneren Seite mit einer Karamelschicht überzogen (bei schnellem Umdrehen, damit der Karamelsirup nicht steif wird, bevor die Form ganz bekleidet ist) — ein Viertel des Karamels wird mit $^1/_8$ Lit. Wasser zu Karamelsauce bereitet. — Für jede der Eiermischungen läßt sich anstatt Milch Rahm (fett) verwenden oder jede beliebige Mischung von Milch und Rahm (gew.); für jede Portion gibt der für Karamel verwendete Zucker einen Zuschlag von 240 Cal.

Eierstich mit verschiedenen Einlagen:

224. Eierstich mit Käse

[Portion ca. 360 (92) Cal.

			Gr.	Cal.	
125	Dotter	2 St.	30	108	
125	Eiweiß	1 St.	30	16	
1000	Milch	$^1/_4$ Lit.	250	162	
80	Käse, .gerieb.	2 Eßl.	20	74	
	Pfeffer	Msp.			
	Senf		330	360	
	Salz	Msp.			

Nach Hauptvorschrift 215 — der Käse wird zuletzt (nachdem die Eiermischung geseiht) eingerührt. — Mit oder auf Röstbrot (und Butter) anzurichten.

225. Eierstich mit Makkaroni

[Portion ca. 665 (72) Cal.

				Cal.	
180	Ei	1 St.	45	70	
1000	Rahm, gew.	$^1/_4$ Lit.	250	420	
200	Makkaroni		50	175	
	Salz	1 Msp.			
			345	665	

Nach Hauptvorschrift 215 — Makkaroni (gargekocht) in die Eiermischung zuletzt eingerührt. — Mit geschmolzener Butter und geriebenem Käse anzurichten.

226. Eierstich mit Spinat.

Eiermischung wie 224 und nach Hauptvorschrift 215 behandelt. — Spinat feingewiegt, roh (oder lieber etwas gekocht), 125 g, in die Mischung eingerührt.

Eierstich mit Gemüsen.

Eiermischung nach 224; nach Hauptvorschrift 215 behandelt — mit derselben verrührt: 125 g Blumenkohl, Spargel, Sellerie, Pastinak, Erdartischokke oder Kastanie, Tomate (alles gargekocht und kleingeschnitten oder durchgestrichen). — Anstatt Rahm (gew.) teilweise Gemüsekochwasser verwendbar.

227. Eierstich mit Früchten.

Eiermischung nach 217 oder 218 — nach Hauptvorschrift 215 behandelt — süßgekochte Früchte (Äpfel, Birnen, Pflaumen, Kirschen, Aprikosen, Pfirsiche, Erdbeeren, Himbeeren usw.) auf den Boden der Form gelegt — Eiermischung daraufgegossen.

Kap. 20. Rührei.

228. Rührei, gewöhnliches

		Gr.	Cal.
Ei	2 St.	90	140
Milch	2 Eßl.	30	20
Salz	1 Msp.	—	—
Butter		5	38
		125	198

[Portion ca. 200 (50) Cal.

Die Eier werden mit Milch und Salz verquirlt; die Butter in einem emaillierten oder porzellanen Kochgeschirr (mit abgerundetem Boden) geschmolzen; die Eimischung daraufgegossen, auf schwaches Feuer gestellt, die Eiermasse allmählich, wie sie an der Geschirrwand steif wird, vorsichtig, ohne zu zerkleinern, mit einem Löffel abgehoben und so fort, bis die ganze Masse weichgestockt ist — sofort anzurichten. — Wird auch so gemacht, daß die Masse zu einem gleichmäßigen Brei verrührt wird.

Anstatt Milch kann Wasser oder Rahm verwendet werden — auch mit weniger Butter zu bereiten.

b. + Rührei mit Jus

Ei	2 St.	90	140
Rahm	3 Eßl.	45	75
Butter	1 Tl.	5	38
Jus	2 Eßl.	—	—
Salz	1 Msp.		
		140	253

[Portion 250 (52) Cal.

— nach 228a zuzubereiten; doch so, daß der dritte Eßlöffel Rahm und Jus erst zugegeben wird, nachdem die Masse gestockt und vom Feuer abgenommen ist.

Rührei mit Einlagen.

229. Rührei mit Käse
("Fondue à la Brillat-Savarin").

Ei	2 St.	90	140
Milch	2 Eßl.	30	20
Schweiz.-Käse, $\frac{1}{3}$ des Gewichts der Eier (gerieben)		30	117
Butter, $\frac{1}{6}$ des Gewichts der Eier		15	112
Salz	Msp.		
		165	389

[Portion ca. 380 (85) Cal.

Die Zutaten werden miteinander gleichmäßig gut vermischt, auf schwaches Feuer gestellt und umgerührt, bis die Masse einen gleichmäßig weichen Brei bildet — sofort mit oder auf Röstbrot anzurichten.

230. Rührei mit Käse („Fondue suisse")　　[Portion ca. 600 (115) Cal.

		Gr.	Cal.
Dotter	3 St.	45	162
Rahm, gew.	$^1/_{16}$ Lit.	60	105
Käse, gerieben		75	292
Butter		5	37
Pfeffer		185	596
Zucker			
Salz			

Dotter, Gewürz, Käse und Butter werden leicht zusammengeschlagen, auf schwaches Feuer gestellt; fortwährend geschlagen, bis es anfängt fest zu werden. — Rahm wird erst allmählich hinzugesetzt — sofort mit Brotwürfeln anzurichten, sobald die Masse zu einem weichen Brei geworden.

231. Rührei mit Fisch oder Fleisch

mit Fisch: Portion nach 228a oder b wird, wenn beinahe fertig
　　gekocht, mit 1—2 Eßl. gekochtem Fisch vermengt;
mit Fleisch: ebenso mit geräuchertem Fleisch oder Schinken,
　　feingeschnitten, 1—2 Eßl.

232. Rührei mit Kräutern

wie 231; mit gehackten (und auch durchgestrichenen) gekochten
Kräutern: Petersilie, Spinat, Kerbel, Kresse, einzeln oder gemischt.

233. Rührei mit Gemüsen

wie 231; mit feingeschnittenen, weichgekochten Gemüsen (Spargel,
Blumenkohl, Artischockenböden, Erdartischocken), bis 125 g.

234. Rührei mit Tomate

wie 231; mit rohen reifen Tomaten, kleingeschnitten, bis 2 Eßl.

235. Rührei mit Champignons

wie 231; mit gekochten, feingeschnittenen Champignons (oder
anderen eßbaren Schwämmen), 1—2 Eßl.

236. Eierpüree　　　　　　　　　[ganze Portion 214 (60) Cal.

Ei, hart	2 St.	90	140
Dotter, roh	1 St.	15	54
Milch	ca. 2 Eßl.	30	20
Salz	Msp.		
		135	214

Das in einem Mörser mit etwas Milch zerstampfte Eiweiß wird mit Salz und der übrigen Milch zu glattem Brei verrührt und durchgestrichen; dann die Dotter eingerührt. — Auf Wasserbad vor dem Anrichten leicht zu erwärmen — für sich oder mit gekochten Gemüsen angerichtet.

237.　+ **Gedämpftes Rührei,** „coddled eggs" [ganze Portion ca. 160 (36) Cal.

		Gr.	Cal.
Ei	1 St.	45	70
Milch	$^1/_{12}$ Lit.	80	54
Butter		5	38
Salz	Msp.		
Pfeffer	Msp.		
		130	162

Die Milch wird erwärmt, mit dem Ei zusammengeschlagen — in einem Geschirr auf Dampf gesetzt — fortwährend umgerührt, bis zu dickflüssiger Konsistenz — nach Zusatz des Gewürzes mit Brotwürfeln angerichtet.

Kap. 21.　Eierklöße und ähnliches.

238.　+ **Eierschaumklöße**　　　　[ganze Portion ca. 100 (24) Cal.

		Gr.	Cal.
Ei	1 St.	45	70
Zucker	1 Tl.	5	20
Kartoffelmehl			
oder Maizena	$^1/_2$ Tl.	3	10
Vanillezucker	$^1/_4$ Tl.	53	100
Salz	Msp.		

Der Dotter wird mit Salz steifgerührt, mit Mehl und dem Gewürz und zuletzt mit dem Eiweiß in Schnee verrührt; die Masse in kleinen Klößen auf kochendes Wasser (Suppe, Milch) gegeben; 4 Min. gekocht (bis auf doppelte Größe); mit Hohllöffel herausgenommen; zum Abtropfen auf ein Sieb gelegt — in Milch oder Fruchtsuppe angerichtet — auch zu Fleischsuppe, und dann ohne Vanille.

239.　+ **Eierschaumklöße**　　　　[ganze Portion ca. 150 (28) Cal.

		Gr.	Cal.
Eiweiß	2 St.	60	32
Zucker	2 Eßl.	30	120
Vanillezucker			

Das Eiweiß wird zu steifem Schnee geschlagen, unter allmählichem Zusatze des Zukkers — übrigens wie 238. —

Kartoffelmehl ($^1/_2$ Tl.) kann dazu verwendet werden.

240.　**Eierklöße I**　　　　[ganze Portion ca. 135 (34) Cal.

		Gr.	Cal.
Ei, hart	1 St.	45	70
Dotter, roh	1 St.	15	54
Rahm, gew.	1 Tl.	6	10
Petersilie	$^1/_4$ Tl.	66	134
gehackt			
Salz	Msp.		
(Kayenne oder			
weißer Pfeffer)			

Das Ei wird in einem Mörser mit dem Rahm fein zerrieben und durchgestrichen; mit dem Gewürz versetzt — Dotter eingerührt, auf Teigkonsistenz; der Teig zu Kügelchen (zwischen den Handflächen) gerollt; mit Mehl bestäubt; in gesalzenem Wasser aufgekocht oder in Suppe.

241. Eierklöße II   [ganze Portion ca. 180 (30) Cal.

		Gr.	Cal.	
Dotter, hart	2 St.	30	108	Wie Nr. 240, mit Butter an-
Dotter, roh	1 St.	15	54	statt Rahm — für Fleisch-
Butter, geschm.	$^1/_2$ Tl.	3	22	suppen, Ragouts — mit
		48	184	Spinat u. dgl.
Salz	Msp.			
(Kayenne oder weißer Pfeffer)	Msp.			

242. Meringue   [ganze Portion ca. 510 (28) Cal.

			Gr.	Cal.	
1000	Eiweiß	2 St.	60	32	Eiweiß wird zu sehr steifem,
2000	Staubzucker		125	485	trockenem Schnee geschla-
	Vanillezucker $^1/_4$ Tl		185	517	gen; 2 Eßl. Zucker einge-
	od. Zitronensaft 1 Tl.				mischt, noch 5 Min. ge-

schlagen, übriger Zucker mit
den Gewürzen (mit leichter Hand) eingerührt, die sehr steife Masse
mit einem Löffel in Kuchen auf ein mit Postpapier belegtes Backblech gelegt; im Ofen bei sehr schwacher Wärme gebacken — die
Gewürze können gespart werden — etwas feingeriebene Schokolade
kann hinzugesetzt werden — auch Fruchtfarben (rot, grün usw.).

243. Dotterplätschen   [ganze Portion ca. 460 (20) Cal.

			Gr.	Cal.	
1000	Dotter	2 St.	30	108	Dotter wird 5 Min. stark ge-
3000	Zucker	6 Eßl.	90	350	schlagen, mit Zucker all-
	Vanillezucker $^1/_4$ Tl.		120	458	mählich versetzt, weiter ge-
	od. Zitronenschale gehackt				schlagen, bis Zucker ge-

schmolzen, Vanille einge-
rührt, die Masse mit Tee-
löffel in kleine Kuchen auf ein mit Butter leicht bestrichenes
kaltes Backblech gesetzt — in recht heißem Ofen hart, nicht
braun, gebacken.

Klasse II.

Das Ei in Getränken u. dgl.

Kap. 22. Das Ganzei in Getränken.

244. + Eiertee — Eierkaffee   [Portion ca. 90 (24) Cal.

			Gr.	Cal.	
280	Ei	1 St.	45	70	Das mit Zucker leicht ver-
30	Zucker	1 Tl.	5	20	klepperte Ei wird mit dem
1000	Tee	$^1/_6$ Lit.	160	—	warmen Tee allmählich ver-
	Salz	1 Msp.			rührt (nicht wärmen, so daß
			210	90	das Eiweiß flüssig bleibt) —

das Eiweiß kann auch, für
sich zu Schaum geschlagen, oben aufgelegt werden. — Wird
ebenso mit Kaffeeaufguß bereitet.

245. + Eierbier

[Portion ca. 175 (24) Cal.

			Gr.	Cal.
280	Ei	1 St.	45	70
90	Zucker	1 Eßl.	15	60
	Zimt		1	—
1000	Bier, leichtes	1/6 Lit.	160	48
			221	178

Das Ei wird mit Zucker glatt verquirlt, das Bier mit Zimt aufgekocht, unter starkem Quirlen mit der Eiermasse vermischt — auch mit Porter, mit Malzbier u. dgl. zu bereiten.

246. Eierlimonade

[Portion ca. 130 (24) Cal.

			Gr.	Cal.
750	Ei	1 St.	45	70
250	Zucker	1 Eßl.	15	60
1000	Wasser, kalt	1/16 Lit.	60	—
400	Zitronensaft	2 Eßl.	25	—
160	Sherry	2 Tl.	10	
	Eisstückchen	2 Eßl.		
			155	130

Das mit den Zutaten leicht verklepperte Ei wird über die in ein Glas gegebenen Eisstückchen geseiht und so gereicht.

247. Eislimonade mit Milchzucker

[Portion ca. 250 (24) Cal.

			Gr.	Cal.
750	Ei	1 St.	45	70
750	Milchzucker	3 Eßl.	45	180
1000	Wasser, koch.	1/16 Lit.	60	—
400	Zitronensaft	2 Eßl.	25	—
160	Sherry oder			
	Portwein	2 Tl.	10	—
	Eisstückchen	2 Eßl.		
			185	250

Zucker wird in kochendem Wasser aufgelöst, abgekühlt, mit dem vorher glatt gerührten Ei, dem Zitronensaft und dem Wein verrührt; über die Eisstückchen in ein Glas geseiht — so gereicht.

248. Eierweinlimonade in Milch

[ganze Portion ca. 235 (24) Cal.

			Gr.	Cal.
280	Ei	1 St.	45	70
90	Zucker	1 Eßl.	15	60
122	Sherry	1—2 Eßl.	20	—
1000	Milch	1/6 Lit.	160	108
	Salz	1 Msp.		
			240	238

Das Ei wird glatt gerührt, mit Zucker und Salz — allmählich mit dem Wein und danach mit der Milch genau verrührt, geseiht, im Glas gereicht. — Das Eiweiß kann auch für sich, zu Schaum geschlagen, oben aufgelegt werden — Umständen anstatt Wein.

249. ÷ Schäumender Eiweintrank I

[ganze Portion ca. 320 (24) Cal.

			Gr.	Cal.
600	Ei	2 St.	90	140
300	Zucker	3 Eßl.	45	180
1000	{Rotwein	1/8 Lit.	125	—
	{Himbeersaft	2 Eßl.	25	—
	(od. Zitr.-Saft)		285	320

Eier werden mit Zucker glatt gerührt, Wein, Fruchtsaft dazu — auf schwaches Feuer gestellt und stark geschlagen, bis schäumend — warm (in kaltem Glase) zu reichen.

— Cognac, Rum (1 Tl.) nach

250. ÷ Schäumender Eiweintrank II   [ganze Portion ca. 300 (34) Cal.

		Gr.	Cal.	
400	{Dotter	2 St.	30	108
	Eiweiß	1 St.	30	16
300	Zucker	3 Eßl.	45	180
1000	{Zitronensaft	2 Eßl.	25	—
	Weißwein*)	¹/₈ Lit.	125	—
			255	304

Zubereitung wie 249.

251. ÷ Eierschnaps   [Portion ca. 130 (24) Cal.

Ei	1 St.	45	70
Zucker, fein	1 Eßl.	15	60
Cognac	1 Eßl.	12	—
Vanillezucker	¹/₄ Tl.	72	130
Zitronenschale			
(gerieben)			

Dotter wird mit Zucker weiß gerührt, Cognac, Gewürz hinzugefügt — das zu Schnee geschlagene Eiweiß damit verrührt — in einem Glase angerichtet.

252. Ei-Ananasgetränk — auf Eis   [Portion ca. 130 (24) Cal.

Ei	1 St.	45	70
Zucker	1 Eßl.	15	60
Ananassaft	2 Eßl.	24	—
Wasser, kalt	2 Eßl.	24	—
Eisstückchen	2 Eßl.		
		108	130

Das Ei wird mit Wasser und dem Saft glatt gerührt, mit Zucker abgeschmeckt; auf die Eisstückchen in ein Glas geseiht — und so gereicht.

Kap. 23. Das Eiweiß in Getränken.

253. + Eiweißwasser   [Portion ca. 30 (28) Cal.

500	Eiweiß	2 St.	60	32
1000	Wasser, kalt	¹/₈ Lit.	125	—
	Salz	2 Msp.		

Das Eiweiß wird glatt gerührt, allmählich mit dem Wasser verrührt, gesalzen, geseiht — sofort anzurichten.

254. Eiweißwasser mit Gummi — leicht stopfend

[ganze Portion ca. 165 (28) Cal.

250	Eiweiß	2 St.	60	32
40	Zucker	2 Tl.	10	40
80	Gummi		20	95
1000	Wasser	¹/₄ Lit	250	—
	(warm)		340	167

Eiweiß wird mit Zucker, Gummi und dem Wasser verquirlt, in einem Glas gereicht — wo Zucker zu vermeiden ist, kann Saccharinlösung verwendet werden.

---

*) oder etwas weniger Burgunder, Champagner oder Malaga auf ¹/₈ Liter mit Wasser aufgefüllt.

255. Eiweißwasser mit Fleischextrakt [Portion ca. 30 (28) Cal.

			Gr.	Cal.
500	Eiweiß	2 St.	60	32
	Fleischextrakt			
	(Liebig usw.) ¹/₂ Tl.		—	—
1000	Wasser			
	(kochend) ¹/₈ Lit.		125	—
	Salz	2 Msp.		
			185	32

Eiweiß wird mit dem Wasser, in welchem das Fleischextrakt aufgelöst ist, allmählich genau verrührt — mit Salz abgeschmeckt.

256. Eiweiß als Gegengift (gegen metallische Gifte).

Eiweiß	12 St.	— miteinander verquirlt,
Wasser, lau	1 Lit.	— 1 Tasse davon jede 5 Min. zu nehmen.

257. + Eiweißmilch [ganze Portion ca. 190 (65) Cal.

240	Eiweiß	2 St.	60	32
1000	Milch	¹/₄ Lit.	250	162
	Salz	1 Msp.		
			310	194

Eiweiß wird glatt gerührt, mit der Milch allmählich genau verrührt, geseiht, mit Salz abgeschmeckt.

258. Eiweißlimonade [ganze Portion ca. 55 (14) Cal.

250	Eiweiß	1 St.	30	16
80	Zucker	2 Tl.	10	40
40	Zitronensaft	1 Tl.	5	—
80	Wein	2 Tl.	10	—
1000	Wasser	¹/₈ Lit.	125	—
	Eisstückchen	2 Eßl.		
			180	56

Eiweiß wird leicht gerührt, mit Zucker, Wasser, Zitronensaft, Wein verrührt; auf die Eisstückchen in ein Glas geseiht.

Kap. 24. Dottergetränke.

259. Dottergetränk mit Selters und Milch (od. dgl.)
 [ganze Portion ca. 190 (29) Cal.

125	Dotter	2 St.	30	108
250	Milch, warm	4 Eßl.	60	40
40	Zucker	2 Tl.	10	40
1000	Selters u. dgl.	¹/₄ Lit.	250	—
			350	188

Dotter wird mit Zucker weiß gerührt — die Milch eingerührt; danach das Mineralwasser.

260. + Dotterwasser I [ganze Portion ca. 225 (20) Cal.

125	Dotter	2 St.	30	108
125	Zucker	2 Eßl.	30	120
1000	Wasser, kalt ¹/₄ Lit.		250	—
	(od. Mineralwasser)		310	228

Der mit dem Zucker verrührte Dotter wird mit dem Wasser in eine Flasche gegeben, geschüttelt, bis Inhalt ganz schäumend — sofort anzurichten.

261. + Dotterwasser II, „Lait de poule"

[ganze Portion ca. 165 (20) Cal.

			Gr.	Cal.
250	Dotter	2 St.	30	108
125	Zucker	1 Eßl.	15	60
50	Orangenblüten-			
	wasser	1 Tl.	6	—
1000	Wasser, koch. $^1/_8$ Lit.		125	—
	(od. Tee, leicht)		176	168
	Salz	1 Msp.		

Dotter wird mit Zucker und Salz verrührt, Orangenblütenwasser hinzugesetzt, mit dem Wasser (oder Tee) unter starkem Quirlen vereint (das Gefäß am besten währenddem in warmes Wasser zu stellen).

262. Dottergetränk mit Zitrone

[ganze Portion ca. 225 (20) Cal.

			Gr.	Cal.
125	Dotter	2 St.	30	108
125	Zucker	2 Eßl.	30	120
100	Zitronensaft	2 Eßl.	24	—
1000	Wasser, koch. $^1/_4$ Lit.		250	—
			334	228

Wie 261 zu bereiten.

263. + Dottertee

[ganze Portion ca. 165 (20) Cal.

			Gr.	Cal.
150	Dotter	2 St.	30	108
75	Zucker	1 Eßl.	15	60
25	Zitronensaft	1 Tl.	5	—
1000	Tee, leicht	$^1/_5$ Lit.	200	—
			250	168

Dotter wird mit Zucker und Zitronensaft gerührt, mit dem heißen Tee unter starkem Umrühren verbunden. — Dotterkaffee ebenso, mit Zucker $1^1/_2$ Eßl. — kann auch mit Milchzucker bereitet werden — 3—4 Eßl. (Cal.: 290—350).

264. + Dotterbier

[ganze Portion ca. 250 (20) Cal.

			Gr.	Cal.
125	Dotter	2 St.	30	108
1000	Bier, leicht	$^1/_4$ Lit.	250	80
	Zitronenschale($^1/_4$ Zitr.)		—	—
	Zimt		—	—
60	Zucker	1 Eßl.	15	60
			295	248

Bier wird mit Zitronenschale aufgekocht, mit den mit Zucker verrührten Dottern unter starkem Rühren verbunden, auf schwaches Feuer gestellt, stark gerührt, bis glatt, schäumig — ist auch mit Malzextrakt (1—2 Tl. oder mehr) und Wasser ($^1/_4$ Lit.) zu bereiten.

265. + Dotterweingetränk

[ganze Portion ca. 225 (20) Cal.

			Gr.	Cal.
250	Dotter	2 St.	30	108
250	Zucker bis	2 Eßl.	30	120
80	Wein, stark	2 Eßl.	10	—
1000	Wasser, koch. $^1/_8$ Lit.		125	—
			195	228

Dotter wird mit dem Zucker weiß gerührt, Wein hinzugefügt und mit dem Wasser unter starkem Rühren verbunden — für Wein kann Zitronensaft oder Most (1 Eßl.) genommen werden — oder auch Cognac, Rum (1 Tl.).

266. Weinkandel   [ganze Portion ca. 235 (27) Cal.

			Gr.	Cal.
150	Dotter	2 St.	30	108
	Eiweiß	1/2 St.	7	8
120	Zucker	2 Eßl.	30	120
1000	Wasser	1/4 Lit.	250	—
100	Weißwein	2 Eßl.	25	—
	Zitronenschale v. 1/8 Zitr.			
			342	236

Wasser mit Zitronenschale aufgekocht (Schale entfernt), wird über die mit Zucker verrührte und mit Wein versetzte Eiermischung gegossen — auf schwaches Feuer gesetzt; fortwährend stark umgerührt, bis glatt

— auch als Suppe verwendbar — mit Zwieback od. dgl.

267. ÷ Dotterpunsch   [ganze Portion ca. 225 (24) Cal.

150	Dotter	2 St.	30	108
150	Zucker	2 Eßl.	30	120
1000	Wasser	1/5 Lit.	200	—
125	Rum	2 Eßl.	25	—
25	Zitronensaft	1 Tl.	5	—
			290	228

Dotter wird mit Zucker weiß gerührt, mit Wasser und Zitronensaft versetzt — das Wasser (kochend) unter starkem Rühren allmählich daraufgegossen; auf schwachem Feuer mit Rum weiter gerührt, bis glatt, schäumend — sofort anzurichten.

Klasse III.

Eiersuppen, Eiersaucen.

Kap. 25. Eiersuppen.

Milchsuppen mit Ei Nr. 11—14, 21, 23.
Rahmsuppen ,, ,, ,, 39.
Fleischsuppen ,, ,, Kap. 47, 54, 55.
Gemüsesuppen ,, ,, ,, 133, 134.
Fruchtsuppen ,, ,, ,, 160, 163.
Biersuppen ,, ,, ,, 190.
Weinsuppen ,, ,, ,, 193.

268. + Karlsbadersuppe (Jaworska) [ganze Portion ca. 210 (72) Cal.

540	Ei	3 St.	135	210
1000	Wasser	1/4 Lit.	250	
	Salz			

Die Eier (oder Dotter alleine), sehr frische, werden schäumig geschlagen — das kochende Wasser wird nach und nach daraufgegossen — gesalzen — kann mit etwas Zitronensaft oder Fleischextrakt gewürzt werden

269.   + **Eiersuppe** (in Bier)   [ganze Portion ca. 190 (10) Cal.

			Gr.	Cal.	
60	Dotter	1 St.	15	54	Dotter werden mit Zucker
60	Zucker	1 Eßl.	15	60	weiß geschlagen — das mit
1000	Bier, leichtes ¹/₄ Lit.		250	80	etwas Roggenbrotkruste auf-
			280	194	gekochte Bier wird darauf-

gegossen, nach und nach, unter starkem Schlagen.

270.   **Eiersuppe** (hamburgische)   [ganze Portion ca. 450 (50) Cal.

			Gr.	Cal.	
30	Dotter	1 St.	15	54	Milch, Dotter, Zucker, mit
1000	⎰Milch ¹/₄ Lit.		250	162	dem darin glatt gerührten
	⎱Bier, leichtes ¹/₄ Lit.		250	80	Mehl, werden aufgekocht —
60	Zucker	2 Eßl.	30	120	und allmählich mit dem
20	Mehl	1 Eßl.	10	35	aufgekochten Bier zusam-
			555	451	mengegossen.

Kap. 26. Eiersaucen, süße (zu Backware, Puddings, Gelees u. dgl.).

a) Süße Eiersaucen ohne Mehl (echte).

271.   + **Eierschneevanillesauce**   [1 Eßl. 15 g ca. 20 Cal.

1500	Ei	2 St.	90	140	Dotter wird mit der halben
1000	Milch, warm ¹/₁₆ Lit.		62	40	Portion Zucker hellgelb ge-
250	Zucker	1 Eßl.	15	60	rührt, mit der warmen Milch
	Vanillezucker ¹/₂ Tl.				zusammengeschlagen; das

Eiweiß mit dem übrigen

Zucker, zu steifem Schnee geschlagen, darein gemischt; Vanillezucker zugesetzt.

272.   + **Eiervanillesauce**   [1 Eßl. 15 g ca. 20 Cal.

250	⎰Eiweiß	1 St.	30	16	Nach 274 zu bereiten.
	⎱Dotter	2 St.	30	108	
1000	Milch, warm ¹/₄ Lit.		250	160	
90	Zucker	1¹/₂ Eßl.	22	90	
	Salz	kl. Msp.			
	Vanillezucker ¹/₂ Tl.				

273.   + **Eiweißschneesauce,** „Crême blanche"   [1 Eßl. 15 g ca. 14 Cal.

250	Eiweiß	2 St.	60	32	Eiweiß zu steifem Schnee ge-
1000	Milch, warm ¹/₄ Lit.		250	160	schlagen, wird mit der war-
60	Zucker	1 Eßl.	15	60	men Milch verrührt, geseiht,
	Vanillezucker ¹/₄ Tl.				auf schwaches Feuer gestellt,

umgerührt, bis sämig —
Zucker, Vanille hinzugesetzt.

274. **+ Dottervanillesauce — „gewöhnliche Vanillecremesauce"**

[1 Eßl. 15 g ca. 20 Cal.

			Gr.	Cal.
125	Dotter	2 St.	30	108
1000	Milch, warm	$^1/_4$ Lit.	250	160
60	Zucker	1 Eßl.	15	60
	Salz	Prise		
	Vanillezucker $^1/_4$ Tl.			

Dotter wird leicht mit Zucker und Salz verrührt; die warme Milch unter fortwährendem Schlagen daraufgegeben; auf schwaches Feuer gestellt — (am liebsten auf Wasserbad: „bain de Marie"), gut umgerührt, bis sämig, glatt (nicht kochen), geseiht — wenn abgekühlt, Vanillezucker dazugegeben (oder nach Wunsch andere Geschmackstoffe, z. B.: Zitronensaft 1—2 Tl. usw. oder Milch anfangs mit Vanille gekocht) — auch mit mehr Dotter.

275. **+ Dottersauce mit Karamel**

[1 Eßl. 15 g ca. 16 Cal.

125	Dotter	2 St.	30	108
1000	Milch, warm	$^1/_4$ Lit.	250	160
180	Zucker	3 Eßl.	45	180
	Salz	Prise		
	Vanillezucker $^1/_4$ Tl.			

Der Zucker wird auf einer eisernen Pfanne zu lichtbraunem Karamel gekocht, mit der Milch verrührt, die Mischung mit dem leicht geschlagenen Dotter verrührt — Salz dazu usw., wie 274.

276. **Dottersauce mit Kaffee**

[1 Eßl. 15 g ca. 16 Cal.

125	Dotter	2 St.	30	108
1000	Milch	$^1/_4$ Lit.	250	160
90	Zucker	1$^1/_2$ Eßl.	22	90
	Salz	Prise		
	Kaffee, gebr., gemahl.	1 Eßl.		
	Vanillezucker $^1/_4$ Tl.			

Die Milch wird mit dem Kaffee aufgekocht, geseiht — übrigens nach 274.

277. **Dottersauce mit Schokolade**

[1 Eßl. 15 g ca. 19 Cal.

125	Dotter	2 St.	30	108
1000	Milch	$^1/_4$ Lit.	250	160
125	Schokolade		30	140
	Salz	Prise		

In der Milch wird die Schokolade aufgelöst und gut verrührt — übrigens nach 274.

278. Dottersauce in Wein, „Chaudeau"   [1 Eßl. 15 g ca. 15 Cal.

			Gr.	Cal.	
165	Dotter	2 St.	30	108	Nach 274, nur mit Wein und
165	Zucker	2 Eßl.	30	120	Wasser statt der Milch —
1000	{Weißwein	$^1/_8$ Lit.	125	—	anstatt Wein kann Most ge-
	{Wasser	$^1/_{16}$ Lit.	60	—	nommen werden — warm
					anzurichten.

279. Dotterzitronensauce in Wein, „Chaudeau"   [1 Eßl. 15 g ca. 12 Cal.

125	Dotter	2 St.	30	108	Dotter wird mit den übrigen
125	Zucker	2 Eßl.	30	120	Zutaten glatt geschlagen und
40	Zitronensaft	1 Eßl.	10	—	vermischt; auf Feuer ge-
1000	{Weißwein	$^1/_6$ Lit.	160	—	stellt, wo geschlagen, bis
	{Wasser	$^1/_{12}$ Lit.	80	—	schäumend (nicht kochen) —
	Zitronenschale				warm anzurichten.
	(gehackt	$^1/_2$ Tl.			

b) Eiersaucen — süße — unechte (mit Mehl oder Gelatine).

280. Eiervanillesauce (mit Mehl)   [1 Eßl. 15 g ca. 15 Cal.

90	Ei	1 St.	45	70	Nach 274 — doch so, daß das
1000	Milch	$^1/_2$ Lit.	500	325	Mehl anfangs mit Ei und
60	Zucker	2 Eßl.	30	120	Zucker glatt gerührt wird —
10	Kartoffelmehl				kann auch mit Dotter (2 St.)
	oder Maizena	1 Tl.	5	17	bereitet werden — verwend-
	Vanillezucker	$^1/_4$ Tl.			bar als Ersatz für Rahm zu
	Salz				Fruchtgrütze (Flammeri) u.
					dgl.

281. + Schäumende Dottervanillesauce   [1 Eßl. 15 g ca. 25 Cal.

125	Dotter	2 St.	30	108	Dotter wird mit Zucker und
1000	Milch	$^1/_4$ Lit.	250	160	Salz leicht verrührt — in
60	Zucker	1 Eßl.	15	60	die erwärmte Milch geschla-
60–120	Weißwein	1—2 Eßl.	15—30	—	gen — auf schwaches Feuer
20	Zitronensaft	1 Tl.	5		gebracht (Wasserbad) und
	Salz	1 Msp.	—	—	gut gerührt, bis dicklich wer-
250	Rahmschnee	$^1/_{16}$ Lit.	60	200	dend (nicht kochen) — die
12	Gelatine	1—$1^1/_2$ Bl.	3	12	aufgelöste Gelatine wird ein-
					gerührt — in eine Schale ge-

geben und allmählich Wein und Zitronensaft eingerührt — wenn
ganz abgekühlt, wird der Rahmschnee eingerührt und der Vanillezucker — zu kalten Puddings, kleinem Gebäck usw.

282. Schäumende Eier-Himbeersauce.

Himbeersaft (2 Eßl.) anstatt Wein — sonst wie 281.

283. Eiersauce in Wein (Chaudeau m. Gelatine)

[1 Eßl. 15 g ca. 26 Cal.

			Gr.	Cal.	
250	Eiweiß	1 St.	30	16	Wein, Zucker, Ei, Zitronen-
500	Dotter	4 St.	60	216	saft und Schale werden ver-
250	Zucker	2 Eßl.	30	120	quirlt, mit der aufgeweichten
1000	Weißwein	$^1/_8$ Lit.	125	—	Gelatine — auf schwachem
125	Zitronensaft	1 Eßl.	15	—	Feuer schäumig geschlagen
	Zitronenschale	$^1/_4$ Tl.	—	—	— wird abgekühlt, bis lau-
50	Gelatine	3 Bl.	6	24	warm — Rahmschnee (oder
250	Rahmschnee	3 Eßl.	30	100	Eierschnee) damit verrührt
	(oder Eierschnee, 2 St.)				— in Glasschale gegeben —

vor Anrichten gut abgekühlt
— mit Apfelsinensaft entsprechend zu bereiten — auch mit Most
für Wein.

Kap. 27. Eiersaucen zu Fisch, Fleisch, Salaten usw.

a) Ohne Mehl.

284. Salatsauce (E. Hansen)   [ganze Portion ca. 190 (26) Cal.

600	Dotter	2 St.	30	108	Die Dotter werden mit Zucker
1000	Rahm (gew.)	3 Eßl.	50	80	dick und weiß gerührt —
50	Zucker	$^1/_2$ Tl.	3	10	dann mit Rahm und Zitro-
600	Zitronensaft	2 Eßl.	30		nensaft — gut vermischt.
			133	198	

285. Dotterrahmbuttersauce   [1 Eßl. 15 g ca. 35 Cal.

180	Dotter	3 St.	45	162	Die Dotter werden mit Rahm
1000	Rahm (gew.)	$^1/_4$ Lit.	250	420	glatt gerührt — auf dem
80	Butter	1 Eßl.	20	150	Feuer mit Butter zusam-
	(Zitronensaft,				mengeschlagen — vom Feuer
	Muskatnuß,				abgenommen — nach Wunsch
	pulverisiert)				mit Zitronensaft und Mus-

katnuß gewürzt — für Fleisch
und Fisch.

286. Dotterweinsauce — „Sauce au vin blanc"   [1 Eßl. 15 g ca. 6 Cal.

250	Dotter	4 St.	60	216	Die Dotter werden weiß ge-
1000	⎰Weißwein	$^1/_8$ Lit.	125	—	schlagen — mit Wein und
	⎱Bouillon	$^1/_8$ Lit.	125	—	Salz abgerührt — auf dem
	Salz, Gewürz				Feuer bei mäßiger Wärme

gerührt, bis dick werdend —
für Fisch.

287. Dotterkräutersauce

[1 Eßl. 15 g ca. 20 Cal.

			Gr.	Cal.
333	Dotter	2 St.	30	108
1000	Rahm (gew.)	4 Eßl.	60	100
	Bouillon	2 Eßl.	30	—
	Kräuter*),			
	gemischte,			
	gewiegte,			
	im ganzen	1 Eßl.		
	Salz, Zitronensaft			

Die Kräuter werden in Bouillon sehr weich gekocht und durchgeschlagen — die Dotter mit Rahm geschlagen und eingerührt — auf schwacher Wärme unter Schlagen aufgekocht — gesalzen — Zitronensaft hinzugesetzt.

288. Dottersauce mit Tomate

[ganze Portion ca. 250 (35) Cal.

			Gr.	Cal.
1000	Dotter	3 St.	45	162
1000	Rahm (gew.)	3 Eßl.	45	75
100	Zucker	1 Tl.	5	18
650	Zitronensaft	2 Eßl.	30	
1000	Tomatenpüree	3 Eßl.	45	—
			170	255

Die Dotter werden mit Zucker weiß gerührt — mit dem übrigen genau verrührt — auf Feuer gestellt, bei stätigem Schlagen — abgenommen, sobald es dicklich zu werden anfängt — wird gerührt, bis abgekühlt.

289. Dottersardellensauce (v. Gilgen)

[1 Eßl. 15 g ca. 25 Cal.

			Gr.	Cal.
250	Dotter	2 St.	30	108
400	Rahm, sauer	3 Eßl.	50	80
160	Sardellenbutter	1 Eßl.	20	150
	Zitronensaft			
	ein wenig			
	Salz			
1000	Bouillon	1/8 Lit.	125	—

Dotter, Rahm, Sardellenbutter (70) mit Bouillon glatt gerührt — wird aufgekocht — gesalzen — mit Zitronensaft versetzt.

b) Eiersaucen zu Fleisch, Fisch, Salaten mit geringem Mehlzusatz.

290. Dotterbuttermehlsauce (Mangor) I

[1 Eßl. 15 g ca. 15 Cal.

			Gr.	Cal.
125	Dotter	2 St.	30	108
80	Butter	1 Eßl.	20	150
20	Mehl	1 Tl.	5	18
60	Zitronensaft	1 Eßl.	15	—
1000	Wasser	1/4 Lit.	250	—
20	Zucker	1 Tl.	5	18

Dotter werden steif gerührt — mit dem übrigen zusammengeschlagen — aufs Feuer gebracht und gerührt, bis dicklich — zu Fleisch- und Fischspeisen.

291. Dotterbuttermehlsauce II

[1 Eßl. 15 g ca. 15 Cal.

			Gr.	Cal.
125	Dotter	2 St.	30	108
80	Butter	1 Eßl.	20	150
40	Mehl	1 Eßl.	10	35
	Salz			
125	Zitronensaft	2 Eßl.	30	—
1000	Bouillon	1/4 Lit.	250	—
	Salz, Zucker			

Dotter werden mit Mehl, Gewürz, Zitronensaft glatt gerührt — mit Bouillon (von Fisch oder Fleisch) geschlagen und mit der Butter auf schwacher Wärme — bis dicklich geworden.

*) 1/2 Spinat, 1/4 Petersilie, 1/4 Kerbel.

292. Dotterbuttermehlsauce für Salat (nach Farmer)

[ganze Portion ca. 530 (52) Cal.

			Gr.	Cal.	
150	Dotter	2 St.	30	108	Dotter werden mit Zucker
150	Butter		30	225	abgerührt und mit Salz (und
25	Mehl	1 Tl.	5	18	Senf) — dann mit dem glatt-
1000	Milch	1/5 Lit.	200	120	gerührten Mehl verrührt —
75	Zucker	1 Eßl.	15	60	auf Wasserbad aufgekocht
	Zitronensaft, Salz		280	536	— mit Butter, Milch, Zi-
	[Essig]				tronensaft vermischt —
	[Senf]				schwach gekocht, bis dick-
					lich werdend — gekühlt.

293. Dottermehlsauce mit Öl zu Salat (nach E. Hansen)

Dotter	2 St.	30	108	Dotter (1 roh, 1 hart) werden
Öl	4 Eßl.	60	540	allmählich mit dem Öl ver-
Zitronensaft v. 1 Zitr.		60	—	rührt und mit dem Zitronen-
Zucker	1 Tl.	5	20	saft und Zucker — endlich
Weiße Sauce	1/4 Lit.	250	—	mit der weißen Sauce — ab-
				gekühlt verwendet.

Klasse IV.

Eiercreme.

Kap. 28. Eiercreme in Tassen.

a) Echte.

294. Eierzitronencreme in Tassen   [ganze Portion ca. 130 (24) Cal.

1000	Ei	1 St.	45	70	Der Dotter wird mit Zucker,
333	Zucker	1 Eßl.	15	60	Zitronensaft und Salz ge-
	Salz	Msp.	—	—	schlagen — auf schwaches
400	Zitronensaft	1 1/2 Eßl.	18	—	Feuer gebracht (Wasserbad)
			78	130	— umgerührt, bis dicklich
					werdend, unter starkem

Schlagen — steifer Schnee von Eiweiß eingerührt — in Glas-
tassen abgekühlt — mit Biskuit oder ähnlichem anzurichten.

295. Eierapfelsinecreme in Tassen   [ganze Portion ca. 100 (24) Cal.

1000	Ei	1 St.	45	70	Wie 294 bereitet — auch an-
155	Zucker	1/2 Eßl.	7	30	statt Apfelsinensaft mit Ma-
	Salz	Msp.			deira (1—2 Eßl.) oder alko-
775	Apfelsinensaft	3 Eßl.	35	—	holfreiem Wein (2 Eßl.).
			87	100	

296.　+ Eierweincreme in Tassen　　[ganze Portion ca. 190 (24) Cal.

			Gr.	Cal.	
1000	Ei	1 St.	45	70	Alles (außer dem Schnee) mit-
666	Most	2 Eßl.	30	—	einander vermengt — auf
220	Zitronensaft	2 Tl.	10	—	schwaches Feuer gebracht,
	Zitronenschale v. $^1/_4$ Zitr.		—	—	bis dick geworden — über
666	Zucker	2 Eßl.	30	120	das zu Schnee geschlagene
			115	190	Eiweiß gegossen — damit gut

vermischt usw., wie 294. —
Ähnliche Cremes sind auch mit verschiedensten anderen Geschmackszusätzen zu bereiten, wie: Likör, verschiedenen
Fruchtsäften, Fruchtpürees, Kaffeeextrakt, Tee, kara-
melisiertem Zucker usw.

b) Unechte (s. mit Mehl).

297.　Eiercreme mit Schokolade　　[ganze Portion ca. 450 (75) Cal.

180	Ei	1 St.	45	70	Zucker, Schokolade (in etwas
1000	Milch, warm	$^1/_4$ Lit.	250	162	warmes Wasser aufgelöst),
80	Schokolade		20	90	Maizena wird allmählich mit
	(oder Kakao)				der Milch verrührt — die
20	Maizena	1 Tl.	5	17	Mischung auf Dampf ca.
125	Zucker	2 Eßl.	30	120	8 Min. gekocht — Dotter ge-
	Vanillezucker	$^1/_4$ Tl.	—	—	schlagen und eingerührt —
	Salz		350	459	noch einige Minuten auf ganz

schwacher Wärme gehalten
— geseiht — abgekühlt — mit Vanillezucker verrührt — in
Glasschale angerichtet — Eierschnee obenauf gelegt.

298.　+ Ei-tabiokacreme in Tassen　[ganze Portion ca. 330 (50) Cal.

280	Ei	1 St.	45	70	Die Milch wird mit Tabioka
1000	Milch	$^1/_6$ Lit.	160	108	verkocht (Wasserbad), bis
180	Zucker	2 Eßl.	30	120	klar geworden — Zucker
60	Tabioka, fein	2 Eßl.	10	35	(1 Eßl.) darin ausgerührt.
	Salz		245	333	Dotter mit Zucker (1 Eßl.)
	Vanillezucker				und Salz geschlagen — beide

Mischungen zusammenge-
rührt — wieder aufs Feuer gestellt und gerührt, bis dicklich geworden — Eierschnee und Vanillezucker leicht eingerührt — in
Tassen gegeben — abgekühlt gereicht.

299.　+ Dottercreme mit Vanille in Tassen

　　　　　　　　　　　　[ganze Portion ca. 270 (35) Cal.

240	Dotter	2 St.	30	108	Mehl, Dotter, Zucker, Salz
1000	Milch	$^1/_8$ Lit.	125	80	werden miteinander glatt ge-
180	Zucker	$1^1/_2$ Eßl.	22	90	rührt — die Milch (warm) all-
	Kartoffelmehl	$^1/_4$ Tl.			mählich hineingerührt usw.,
	Vanillezucker		177	278	wie gewöhnliche Vanillesauce
	Salz				274 — in Tassen gekühlt.

Konditoreiercreme (zur Einlage für Kuchen usw.).

300. Kuchencreme (mit Dotter)   [ganze Portion ca. 680 (65) Cal.

			Gr.	Cal.
180	Dotter	3 St.	45	162
1000	Milch	¼ Lit.	250	162
250	Zucker		60	240
120	Mehl, feinstes		30	116
	Vanillezucker ¼ Tl.		385	680
	(oder anderes			
	Gewürz)			

Nach 274, indem das Mehl gleichzeitig mit dem Zucker eingerührt wird — auch mit feinster pulverisierter Weizenstärke statt Mehl.

301. Kuchencreme (mit Ganzei)   [ganze Portion ca. 540 (75) Cal.

			Gr.	Cal.
450	Ei	2 St.	90	140
1000	Milch	⅕ Lit.	200	130
250	Zucker		50	195
100	Mehl, feinstes		20	78
	Vanillezucker ¼ Tl.		360	543

Wie 300.

Kap. 29. Eiercremegelee.

I. Mit ganzem Ei (Eiweiß als Schnee).

302. + **Eierschneegelee mit Vanille**   [ganze Portion ca. 360 (55) Cal.

			Gr.	Cal.
360	Ei	1 St.	45	70
1000	Milch	⅛ Lit.	125	80
400	Zucker		50	195
32	Gelatine	2 Bl.	4	16
	Salz, Vanillezucker		224	361

Die Milch wird gekocht — darin die vorher aufgeweichte Gelatine aufgelöst — Zucker dazugegeben — auf den leicht geschlagenen Dotter gegossen und zusammengerührt —

aufs Feuer gestellt und umgerührt, bis dicklich — Eierschnee eingerührt mit Salz und Vanillezucker — in Form gegeben (1 große oder mehrere kleine, angefeuchtete) — kalt gestellt zum Steifwerden — vor Anrichten zu stürzen. — Mit kleinem Gebäck oder mit Fruchtkompott anzurichten.

303. Eierschneegelee mit Kakao   [ganze Portion ca. 330 (65) Cal.

			Gr.	Cal.
360	Ei	1 St.	45	70
1000	Milch	⅛ Lit.	125	80
80	Kakao		10	46
240	Zucker	2 Eßl.	30	120
32	Gelatine	2 Bl.	4	16
	Salz, Vanillezucker		214	332

Kakaopulver wird mit der Milch verrührt, bevor sie gekocht wird — übrigens wie 302.

304. Eierschneegelee mit Kaffee   [ganze Portion ca. 245 (45) Cal.

			Gr.	Cal.	
360	Ei	1 St.	45	70	Wie 302.
1000	{ Milch	$^1/_{16}$ Lit.	60	40	
	{ Kaffeeextrakt	$^1/_{16}$ Lit.	60	—	
250	Zucker	2 Eßl.	30	120	
32	Gelatine	2 Eßl.	4	16	
	Salz		199	246	

305. + Eierschneegelee mit Saccharin und Apfelwein

[ganze Portion ca. 75 (25) Cal.

Ei	1 St.	45	70
Zitronensaft	1 Tl.	5	—
Apfelwein	2 Tl.	10	—
Saccharin-			
lösung (5%)	2 Tr.	—	—
Gelatine	1 Bl.	2	8
		62	78

Dotter wird schäumig gerührt — mit Zitronensaft und dem Eierschnee verrührt — Gelatine (aufgeweicht) im erwärmten Wein aufgelöst und gerührt, bis abgekühlt (ohne steif zu werden) — wird in die Eiermischung gegeben —

in Schale gefüllt — kalt gestellt — steif geworden, angerichtet — für gewöhnliche Verwendung mit Zucker, 1 Eßl. (anstatt Saccharin).

2. Mit Dotter allein.

306. + Dottergelee mit Vanille   [ganze Portion ca. 490 (60) Cal.

150	Dotter	2 St.	30	108	Wie 302, ohne Eierschnee.
1000	Milch	$^1/_5$ Lit.	200	130	
300	Zucker	4 Eßl.	60	240	
20	Gelatine	2 Bl.	4	16	
	Salz, Vanillezucker		294	494	

307. Dottergelee mit Wein   [ganze Portion ca. 360 (35) Cal.

300	Dotter	2 St.	30	108	Dotter wird mit Zucker weiß
600	Zucker	4 Eßl.	60	240	gerührt — mit Wasser, Wein,
	{ Wasser	$^1/_{16}$ Lit.	60	—	Zitronenschale und der auf-
1000	{ Sherry	2 Eßl.	20	—	geweichten Gelatine glatt ge-
	{ Zitronensaft	2 Eßl.	20	—	rührt — schäumig geschla-
40	Gelatine	2 Bl.	4	16	gen, auf Wasserbad — etwas
	Zitronenschale (gehackt)				abgekühlt — Zitronensaft
			194	364	hinzugegeben unter stetigem

Rühren — in Form gegeben — kalt gestellt, zum Steifwerden.

308. Dottergelee mit Wein Gr. Cal. [ganze Portion ca. 500 (55) Cal.

			Gr.	Cal.	
150	Dotter	2 St.	30	108	Dotter wird mit Zucker weiß
200	Zucker		40	160	gerührt — Rahm darüber ge-
1000	{Rahm, gew.	¹/₈ Lit.	125	210	gossen bei starkem Umrühren
	{Weißwein	¹/₁₂ Lit.	60	—	— Mischung auf schwaches
	Vanillezucker	¹/₄ Tl.	—	—	Feuer gestellt — gerührt,
5	Gelatine	2¹/₂ Bl.	27	20	bis dicklich werdend (nicht
			255	498	kochen) — in Wasser auf-

gelöste Gelatine beigegeben
— abgekühlt — Wein eingerührt — in Form oder Glasschale
gegeben (mit Salatöl leicht gestrichen, wenn zu stürzen) — anstatt Weißwein kann verwendet werden:

Most	¹/₁₀ Lit.	100 g	
Madeira}	2 Eßl.	24 g}	
Sherry }			mit Wasser auf ¹/₁₂ Lit.
Rum	1 Eßl.	12 g}	aufgefüllt.
Likör, leichtere Sorte, wie			
Maraschino, Kakao usw.			

3. Mit Eiweiß allein, als Schnee.

309. Eiweißschneegelee mit Wein und Zitrone

[ganze Portion ca. 220 (35) Cal.

Eiweiß	2 St.	60	32	Eiweiß wird zu steifem Schnee
Zucker, fein	3 Eßl.	45	180	geschlagen, mit Zucker ver-
Zitronensaft	1 Eßl.	12	—	rührt und mit der aufge-
Weißwein	1 Eßl.	12	—	weichten, in leicht erwärm-
Gelatine, rot	1 Bl.	2	8	tem Wein und dem Zitronen-
		131	220	saft aufgelösten Gelatine —

in eine Schale gegeben — kalt
gestellt, zum Steifwerden.

Kap. 30. Eirahmschneegelee.

I. Mit Eiweiß und Dotter.

310. + Eirahmschneegelee mit Vanille [ganze Portion ca. 1300 (120) Cal.

300	{Dotter	3 St.	45	162	Dotter und Eiweiß werden
	{Eiweiß	1 St.	30	16	mit Zucker verrührt — der
1000	{Rahm, gew.	¹/₈ Lit.	125	210	mit der Vanille aufgekochte
	{Rahm(Schlag-)¹/₈ Lit.		125	375	und abgekühlte Rahm (gew.)
500	Zucker		125	487	dazugegossen und verrührt
32	Gelatine	6 Bl.	12	50	— auf mäßiger Wärme ge-
	Vanille	¹/₂ St.	462	1300	schlagen, bis die Masse dick

zu werden anfängt — die in
Wasser aufgeweichte Gelatine wird eingerührt — geseiht — unter
stetigem Schlagen etwas abgekühlt — mit dem zu steifem
Schnee geschlagenen Rahm (Schlag-) vereinigt — in eine mit
Wasser oder Öl angestrichene Form gegeben — abgekühlt, bis steif
geworden — vor Anrichten gestürzt.

311. Eirahmschneegelee mit Kakao [ganze Portion ca. 590 (85) Cal.

			Gr.	Cal.
320	{ Dotter	2 St.	30	108
	Eiweiß	1 St.	30	16
1000	{ Milch	$^1/_8$ Lit.	125	80
	Rahm(Schlag-)$^1/_{16}$ Lit.		60	187
160	Zucker	2 Eßl.	30	117
80	Kakao	2 Eßl.	15	70
15	Gelatine	2 Bl.	4	16
	Vanillezucker	$^1/_4$ Tl.	294	594

Wie 310 — mit Kakao in die aufgekochte Milch glatt eingerührt, bevor sie in die Eiermischung gegeben wird.

2. Mit Dotter.

312. + Dotterrahmschneegelee mit Vanille

[ganze Portion ca. 830 (75) Cal.

125	Dotter	2 St.	30	108
1000	{ Rahm (gew.)	$^1/_8$ Lit.	125	210
	Rahm(Schlag-)$^1/_8$ Lit.		125	375
125	Zucker	2 Eßl.	30	117
25	Gelatine	3 Bl.	6	24
	Vanillezucker	$^1/_4$ Tl.	316	834

Wie 310 (NB. mit Dotter allein).

313. Dotterrahmschneegelee mit Schokolade (nach Nimb)

[ganze Portion ca. 980 (110) Cal.

80	Dotter	2 St.	30	108
1000	{ Milch	$^1/_4$ Lit.	250	160
	Rahm(Schlag-)$^1/_8$ Lit.		125	375
80	Zucker	2 Eßl.	30	117
100	Schokolade		40	187
20	Gelatine	4 Bl.	8	32
	Vanille	$^1/_4$ St.	483	979

Wie 310 — die Schokolade mit warmer Milch verrührt, bevor sie in die Eiermischung gegeben.

314. Dotterrahmschneegelee mit Früchten

[ganze Portion ca. 840 (65) Cal.

125	Dotter	2 St.	30	108
1000	{ Rahm (gew.)	$^1/_6$ Lit.	160	280
	Rahm(Schlag-)$^1/_{12}$ Lit.		80	250
100	Zucker		25	97
125	Ananassaft	2 Eßl.	30	—
500	Ananas		125	98
16	Gelatine	2 Bl.	4	16
			454	849

Dotter mit Zucker werden verrührt — Rahm (gew.) damit vermischt und mit dem Ananassaft und der in etwas Wasser aufgelösten Gelatine — geseiht — mit dem in kleine Würfel geschnittenen (von den dunkeln, harten Teilen gut befreiten) oder fein geriebenen Ananas zusammengerührt — unter stetigem Rühren abgekühlt usw. nach 310 — auch mit verschiedenen anderen Früchten in entsprechender Weise zu bereiten.

f) Dottereiweißschnee-Rahmschneegelee.

315. Eirahmgelee mit Pfirsich (oder Aprikose)

[ganze Portion ca. 450 (45) Cal.

			Gr.	Cal.
400	Ei	1 St.	45	70
	Rahm(Schlag-)$^1/_{16}$ Lit.		60	187
1000	Zitronensaft	1 Eßl.	15	—
	Pfirsichsaft	2 Eßl.	30	—
400	Zucker	3 Eßl.	45	180
550	Pfirsich		60	—
30	Gelatine	2 Bl.	4	16
			259	453

Dotter mit Zucker werden gerührt — Eiweiß und Rahm (jedes für sich vorher zu steifem Schnee geschlagen) damit verrührt und mit dem Zitronen- und Pfirsichsaft, dem in Stücke geschnittenen Pfirsich und der vorher aufgelösten Gelatine — unter stetigem Umrühren gut abgekühlt — in eine.mit Wasser ausgestrichene und mit etwas feinem Zucker ausgestreute Form gegeben — stark abgekühlt, um ganz steif zu werden — vor Anrichten zu stürzen — entsprechend mit anderen Früchten (Apfelsine, Aprikose usw.) zu bereiten.

Kap. 31. Eiercremeeis.

316. Über Bereitung gefrorener Speisen.

Eis-Salzmischung aus 3 T. Eis, in kleinen Stücken, 1 T. grobem Küchensalz. Auf dem Boden des Gefrierbottichs wird eine reichliche Lage der Mischung gelegt — die Gefrierbüchse daraufgestellt, die dann nach und nach schichtweise von der Salz- und Eismischung umgeben wird, bis der Bottich zu zwei Drittel gefüllt ist. Nach Kaltwerden der Büchse wird die zum Frieren bestimmte, vorher gut abgekühlte Mischung in dieselbe eingefüllt und die Büchse genau geschlossen (kein Salz darf eindringen). — Während des Frierens wird die Büchse wiederholt umgedreht, der Deckel von Zeit zu Zeit abgenommen, um das Gefrorene, was sich an den Wänden festgesetzt hat, mit einem Spatel abzuschrappen. Das Frieren ist abgeschlossen, sobald die ganze Masse eine passende, gleichmäßige Festigkeit erlangt hat. Es gibt in den Haushaltungsgeschäften eigene Eismaschinen mit mit folgender Gebrauchsanweisung. Kleine Portionen Eis können in jeder beliebigen Blechbüchse unter fleißigem Umdrehen gefroren werden.

a) Mit Dotter und Eiweiß.

317. Eiercremeeis mit Vanille   [ganze Portion ca. 600 (54) Cal.

			Gr.	Cal.	
180	Ei	1 St.	45	70	Ei mit Zucker und Salz ge-
1000	Rahm (gew.)	$^1/_4$ Lit.	250	420	schlagen, wird allmählich mit
120	Zucker	2 Eßl.	30	117	dem mit der Vanille auf-
	Salz	Prise			gekochten Rahm abgerührt
	Vanille	$^1/_8$ St.	325	607	— auf mäßiger Wärme nur

kurz gekocht, bis dicksämig geworden — in ein Gefäß geseiht — gerührt bis kalt — in die Gefrierbüchse gegeben — kann auch mit reichlicher Zucker bereitet werden (bis 3—4 Eßl.) — auch mit Milch allein oder mit verschieden fetter Rahmmischung — auch mit Rahm (fett) allein.

318. Eiercremeeis mit Vanille   [ganze Portion ca. 280 (50) Cal.

480	{ Dotter	2 St.	30	108	Dotter und Eiweiß wird mit
	{ Eiweiß	1 St.	30	16	Zucker geschlagen und mit
1000	Milch	$^1/_8$ Lit.	125	80	Milch usw. wie in 317 —
160	Zucker		20	78	auch mit Milch allein.
	Vanillezucker	1 Eßl.			
			205	282	

319. Eiercremeeis mit Vanille   [ganze Portion ca. 740 (60) Cal.

375	{ Dotter	3 St.	45	162	Dotter und Eiweiß werden
	{ Eiweiß	1 St.	30	16	mit dem Rahm und dem
1000	Rahm (gew.)	$^1/_5$ Lit.	200	336	Zucker geschlagen usw. wie
333	Zucker	4 Eßl.	60	234	in 316 und 317 — kann auch
			335	748	mit Milch allein bereitet werden.

b) Mit Dotter allein.

320. Dottercremeeis in Wasser (Hannemann) mit Zitrone

[ganze Portion ca. 166 (20) Cal.

250	Dotter	2 St.	30	108	Wasser und Zucker werden
1000	Wasser	$^1/_8$ Lit.	125	—	aufgekocht—mit Dotter und
125	Zucker	1 Eßl.	15	58	Zitronensaft gut verrührt —
125	Zitronensaft	1 Eßl.	15	—	gekühlt unter stetigem Um-
			185	166	rühren — in den Gefrier-

apparat gegeben.

321. Dottercremeeis mit Vanille (gewöhnliches „Vanilleeis")

[ganze Portion ca. 380 (56) Cal.

			Gr.	Cal.	
125	Dotter	2 St.	30	108	Dotter wird weiß geschlagen
1000	Milch	$^1/_4$ Lit.	250	160	mit Zucker usw. wie 317
125	Zucker, fein	2 Eßl.	30	117	— auch mit 3 oder 4 Dotter
	Vanille	$^1/_2$ St.			bereitet — auch mit reich-
	(für Vanille auch				licher Zucker (bis 4 Eßl.,
	Vanillezucker ver-		310	385	60 g) — auch mit verschieden
	wendbar)				fetter Milchrahmmischung —

auch (mit oder ohne Vanille) bereitet als:

K a r a m e l e i s; ein aus Zucker, 4 Eßl. (im ganzen), Wasser, 4 Eßl., bereiteter Karamelsirup wird mit der Milch verrührt;

K a f f e e e i s, die Milch kochend auf 40 g gemahlenem Kaffee gegeben; $^1/_2$ Stunde extrahiert — geseiht — oder aus 40 g Kaffee mit etwas kochendem Wasser ein Extrakt bereitet — mit der Milch verrührt;

S c h o k o l a d e n e i s, die Milch wird kochend mit 30 g Schokolade (bitterer) verrührt — oder Kakao in gleicher Menge;

M a l a g a e i s, die Milch wird mit Malaga (oder ähnlichem Wein), 1 Eßl., vermischt;

M a r a s c h i n o e i s, die Milch wird mit Maraschinolikör ($^1/_2$ Eßl.) versetzt.

322. Dottercremeeis mit Früchten   [ganze Portion ca. 750 (60) Cal.

180	Dotter	3 St.	45	162	Bereitet nach 317 (und 316)
1000	Rahm (gew.)	$^1/_4$ Lit.	250	420	(Dotter allein) — während
125	Zucker	2 Eßl.	30	117	des Abkühlens wird die Mi-
500	Fruchtpüree		125	60	schung mit Früchtepüree
			450	759	verrührt (von frischen Erd-

beeren, Pfirsichen, Aprikosen usw. — oder aus Blechdosen — oder von eingemachten Früchten — wenn vorher gesüßt, nach Geschmack weniger Zucker).

323. Dotterrahmschnee-Eis   [ganze Portion ca. 1300 (95) Cal.

180	Dotter	3 St.	45	162	Bereitet nach 317 und 316
1000	Milch	$^1/_4$ Lit.	250	160	(mit Dotter allein) — nach
250	Zucker	4 Eßl.	60	234	Abkühlung wird der zu
1000	Rahm(Schlag-)	$^1/_4$ Lit.	250	750	steifem Schnee geschlagene
			605	1308	Rahm eingerührt — als

Rahm eingerührt — als Kaffee - Eis: mit Rahm (gew.), $^1/_8$ Lit. und Kaffee- extrakt ($^1/_8$ Lit.).

Klasse V.

Eiermischungen — gebraten — gebacken.

Eierpfannkuchen — aufgelaufener Eierpfannkuchen — Auflauf.

Kap. 32. Eierpfannkuchen. Omelette von Ei.

324. Eierpfannkuchen, einfach (naturell).

Hierzu gebraucht man, außer reinem Ei, verschiedene Eiermischungen:

I. teils echte (s. ohne Mehl): 1 Ei (45 g, 70 Cal.) mit 1 Eßl. Wasser, oder 1—2 Eßl. Milch, oder 1 Tl. bis 1 Eßl. Rahm zusammengeschlagen;

II. teils unechte (s. mit Mehl): 1 Ei mit $\frac{1}{2}$—3 Eßl. Wasser, oder Milch, oder Rahm, und Mehl $\frac{1}{2}$ Eßl., alles zusammengeschlagen.

III. teils abgebrannte: 1 Ei mit Milch bis $\frac{1}{8}$ Lit (125 g, 80 Cal.) und Mehl, 5—15 g (17—52 Cal.), Butter, 5—15 g (37—110 Cal.) — miteinander abgebacken und mit der Milch und dem Ei verrührt — gewürzt: gesalzen mit Salz, 1 Msp. — oder gesüßt mit Zucker, 1—2 Tl. (20—40 Cal.), und Salz, 1 kl. Msp.

An anderen Geschmackszusätzen auch:

Vanille,   Zitronensaft,
Zitronenschale, gehackt,   Apfelsinensaft,
Zitronenöl (1 Tr.),   Wein,
Zimt, pulverisiert,   Likör,
Muskatnuß (1 Msp.),   Orangenblütenwasser.
Maggigewürz,

Das Braten der Pfannkuchen (allgemeine Regeln) nach drei Weisen:

1. Die Eiermischung wird in dicker Schicht auf eine erwärmte, leicht mit Butter ausgestrichene (oder mit etwas geschmolzener Butter versehene) flache Pfanne gegeben — wird bei ganz leichter Wärme (auch auf Wasserbad) gebraten, bis die Masse weich gestockt ist — wird gekehrt — auf der anderen Seite (kürzere Zeit) fertig gebraten;

2. die Eiermischung (in etwas dünnerer Schicht) wird nur auf der einen Fläche gebraten und dann zusammengeklappt;

3. französisch: die Eiermischung wird während des Bratens in eigener Weise durch Bewegungen mit der Pfanne so zusammengeschüttelt, daß sich ein hoher, länglich-schmaler (fischförmiger) Kuchen bildet.

Eierpfannkuchen, zusammengesetzte, mit echten Eiermischungen.

325. Französische Omelette mit Rum — mit 1 Ei und 1 Eßl. Rahm und 2 Tl. Zucker — ca. 125 Cal.

Die Eiermischung, süß, nach 324, wird nach dritter Weise gebraten. Die fertige Omelette wird auf der Anrichteschüssel mit Staubzucker bestreut, mit einem kleinen Glas Rum übergossen (oder teilweise Cognac), der angezündet wird — brennend anzurichten.

326. Französische Omelette mit Schinken — mit 1 Ei und 1 Eßl. Rahm = 110 (33) Cal.

Zu Eiermischung, gesalzene, nach 324, wird $^1/_2$—1 Eßl. gehackter (oder in Würfeln geschnittener) Schinken eingerührt, oder verschiedenes Fleisch, oder geräucherte Zunge, oder Fisch — gebraten nach 324, zweite Art.

327. Französische Omelette „Tante Manon" (Seignobos) — mit 1 Ei und Milch = ca. 90 Cal.

Eiermischung nach 324, süß, wird gerührt mit weißem Käse (1 Tl., 5 g), Schinken (gehackt, 1 Tl., 5 g), Champignons (gehackt, 2 Tl., 10 g), Brot ($^1/_2$ Eßl., 10 g, in der Milch aufgeweicht) — gebraten nach 324, dritte Art.

328. Omelette mit Brot — mit 1 Ei, Milch und Brot = ca. 100 (30) Cal.

Eiermischung 324, süß, wird mit Brot (gerieben oder in kleinen Würfeln), 15 g, gerührt — gebraten nach 324 — auch mit Gemüsen oder Tomaten.

329. Französische Omelette mit Kräutern, „aux fines herbes" — mit 1 Ei, 1 Eßl. Milch = ca. 80 (25) Cal.

Eiermischung nach 324, gesalzen, wird mit Kräutern verrührt: Petersilie, Kerbel, Spinat, gemischt, feingehackt oder durchgestrichen — gebraten nach 324, dritte Art.

330. Omelette mit Äpfeln — mit 1 Ei und Milch = ca. 80 (25) Cal.

Eiermischung nach 324, süß, wird gerührt mit Äpfeln, einigen feinen Scheiben, vorher in Bouillon oder Wasser halbweich gekocht und feingeschnitten — auch mit verschiedenen Pilzen — gebraten nach 324, zweite oder dritte Art.

Eierpfannkuchen, zusammengesetzte, mit unechten Eiermischungen.

331. Eierpfannkuchen — mit 1 Ei und Milch und Mehl ca. 100 Cal.

Eiermischung 324 II, gesalzen oder süß — gebraten nach 324, erste Art — mit Fruchtkompott, Gelee und Zucker anzurichten.

332. ÷ **Eierpfannkuchen mit Speck.**

Eiermischung 324 II, gesalzen, mit Speck (fleischig), 125 g. Der Speck in Schnitten, wird auf der Pfanne braun angebraten — das abgeschmolzene Fett wird abgegossen — die Eiermischung auf die Schnitte geschlagen — auf beiden Seiten gebraten.

333. Eierpfannkuchen mit Brot.

Eiermischung 324 II, süß, Brot, 2 Schnitte, 15 g. Die Schnitte werden in etwas Milch aufgeweicht (können auch trocken, mit etwas Zucker bestreut und karamelisiert verwendet werden) — auf der mit Butter leicht ausgestrichenen Pfanne mit der Eiermischung begossen — auf beiden Seiten gebraten — auch so, daß das aufgeweichte Brot mit der Eiermischung verrührt wird.

334. Eierpfannkuchen mit Aleuronat (nach Hannemann).

Eiermischung 334, mit Aleuronat (3 g) anstatt Mehl, mit Zitronensaft und -schale — nach 324 gebraten.

335. Eierpfannkuchen, zusammengelegter, mit verschiedenen Einlagen.

Eiermischung 324 I oder II — gesalzen — gebraten nach 324, zweite Art — vor dem Zusammenklappen wird ein Streifen folgender Einlagen eingelegt:

gesalzen mit: Fleischragout (Salpicon),   süß mit: Fruchtkompott,
     Hachee,   Fruchtgelee,
     Schinken, gehackt,   Tomate,
     Nierenragout, Fischragout,   Pilze.
     Austern in Stücken,
     Gemüse, gehackt, in Stücken,

Kap. 33. Aufgelaufener Eierpfannkuchen. — Omelette soufflée.

336. Aufgelaufener Eierpfannkuchen, einfach, naturell.

Eiermischung dazu — ganz wie 324, echt oder unecht, abgebrannt, gesalzen, gesüßt — aber so, daß anfangs nur der Dotter eingerührt wird — und dann erst das Eiweiß zu steifem Schnee geschlagen — mit leichter Hand eingerührt — wonach sofort gebraten.

Das Braten. — Erste Weise, die gewöhnliche: Die Pfanne wird mit Speck oder möglichst wenig Butter ausgestrichen — oder etwas Butter auf derselben geschmolzen — die Eiermischung gleichmäßig über die Pfanne gegossen — auf schwächster Wärme gehalten, bis ganz weich gestockt — auf der einen Seite — und zusammengeklappt.

Zweite Weise: Die Eiermischung — sehr steif — wird hoch auf eine mit Butter leicht gestrichene Schüssel gelegt — in warmer Röhre 12—25 Min. gebacken.

Aufgelaufene Eierpfannkuchen mit Eiermischungen und Einlagen.

337. Aufgelaufener Eierpfannkuchen mit Fruchtsaft — für jedes Ei mit Zucker ca. 100 Cal.

Eiermischung nach 324 u. 336, süß — wird mit Saft von Zitrone, Apfelsine oder anderen Früchten vermischt ($^1/_2$ Eßl. auf jedes Ei) — nach 336 gebraten.

338. Aufgelaufener Eierpfannkuchen mit Schokolade — für jedes Ei mit Zucker und Schokolade ca. 140 Cal.

Eiermischung nach 324 u. 336, süß, wird mit geriebener, in etwas Milch oder Wasser aufgelöster Schokolade (1—2 Tl.) angerührt — nach 336 gebraten.

339. Aufgelaufener Eierpfannkuchen mit Käse — für jedes Ei ca. 110 Cal.

Eiermischung nach 324 u. 336, gesalzen, wird mit geriebenem Käse, 10 g auf jedes Ei, abgerührt — nach 336 gebraten.

340. Aufgelaufener Eierpfannkuchen mit Schinken (oder anderem Fleisch).

Eiermischung nach 324 u. 336, gesalzen, wird mit geräuchertem, gekochtem, feingewiegtem Schinken, 20 g auf jedes Ei, verrührt — nach 336 gebraten.

Für feinere diätetische Verwendung kann die Eiermischung mit dem Fleisch (und dann gewöhnlich mit feinen hellen Fleischsorten — jungem Huhn u. desgl.) durch ein Sieb gestrichen werden, bevor der Eiweißschnee eingemischt wird.

341. Aufgelaufener Eierpfannkuchen mit Brot — für jedes Ei ca. 150 Cal.

Eiermischung nach 324 u. 336, süß, wird mit Brot (20 g, mit der Milch gekocht, gerührt, gekühlt) abgerührt, bevor der Eiweißschnee eingemischt wird — nach 336 gebraten.

342. Aufgelaufener Eierpfannkuchen mit Kräutern, „aux fines herbes".

Eiermischung nach 324 u. 336, wird gerührt mit Kräutermischung nach 329 — mit Gemüsen in ähnlicher Weise — mit Äpfel ebenso.

343. Aufgelaufener Eierpfannkuchen mit Fisch.

Eiermischung nach 324 u. 336, unecht, gesalzen, wird gerührt mit Dorsch, gekocht, geschnitten oder gehackt — bevor Eiweißschnee eingerührt wird — nach 336 gebraten — mit Fleisch ebenso.

344. Aufgelaufener Eierpfannkuchen mit verschiedenen Einlagen.

Eiermischung 324—336, wird nach 336 (erste Art) gebraten — vor dem Zusammenklappen mit einem Streifen verschiedener Einlagen versehen, nach 335.

Kap. 34. Eier-Auflauf — Soufflé.

345. + Eierauflauf — Eiersoufflé — einfach, naturell.

Eiermischung dazu wird zubereitet nach 324 u. 336 (mit dem Eiweiß als sehr steifer Schnee).

Hier läßt sich, besonders bei dem unechten (mit Mehl versetzten), und ganz besonders bei den abgebackenen Mischungen, etwas reichlicher Flüssigkeit verwenden — nämlich für jedes Ei mit 1—2 Tl. Mehl: bis $\frac{1}{4}$ Lit., 125 Wasser, Milch, Rahm und mehr.

Das Backen geschieht in einer Form (Omelettenform), die leicht mit Butter (oder Salatöl) ausgestrichen, sofort nach Bereitung der Eiermischung bis auf ca. $\frac{2}{3}$ Höhe gefüllt wird — um dann schnell in den gut warmen Ofen gesetzt und fertig gebacken zu werden, bei gleichmäßiger Wärme — muß dann gleich auf den Tisch gebracht werden.

Backzeit für ein Ei mit 12—15 Min. zu berechnen — für größere Portionen verhältnismäßig höher. Fertig sobald ein glattes, dünnes, eingestochenes Holz ohne anhängende Teigteile wieder herauskommt.

346. Eierauflauf mit Zusätzen.

Nach 337—343 zu bereiten, aber so, daß die Mischungen nach 345 in der Form gebacken werden.

Eierauflauf mit Einlagen.

Hierzu werden die einfachen Mischungen nach 324 u. 336 verwendet. Die Einlagen (die in 335 angeführten verwendbar) werden auf den Boden der Omelettform gelegt und mit dieser etwas angewärmt, bevor die Eiermischung daraufgegeben wird — um sofort gebacken und gleich nach Fertigstellung angerichtet zu werden.

347. Eierauflauf mit Kaffee

[für jedes Ei mit 1 Eßl. Milch ca. 100 Cal.

Eiermischung nach 324 u. 336, süß, wird mit Kaffeextrakt, 1 Eßl. auf jedes Ei, versetzt.

348. Eierauflauf mit Kakao

[mit 1 Ei, Mehl 10 g, Butter 10 g, Milch $^1/_{16}$ Lit. = ca. 230 Cal.

Eiermischung nach 324 u. 336, süß, abgebacken, wird mit Kakao angerührt, $^1/_2$—1 Eßl. auf jedes Ei — und mehr Zucker nach Geschmack.

349. + Eierauflauf mit Vanille — kalt anzurichten (nach Heyl)

[ganze Portion ca. 325 Cal.

		Gr.	Cal.
Ei	1 St.	45	70
Zucker		30	117
Rahm (gew.)	$^1/_{12}$ Lit.	80	140
Vanille		155	327
Zitronenschale			

Das mit Zucker verschlagene Ei wird mit dem mit Vanille aufgewärmten Rahm vermischt — Eierschnee eingerührt. — Die Masse in eine mit Butter ausgestrichene, mit Zucker ausgestreute Form gefüllt — und zugedeckt in kochendem Wasser gehalten, bis 25 Min., bis erstarrt. Erkaltet, wird die Speise gestürzt, mit süßer Schlagsahne überfüllt — kann mit Fruchtsaft oder Gelee gereicht werden.

350. + Eierauflauf mit saurem Rahm (Jaworska-Dornblüth)

[ganze Portion ca. 260 Cal.

Ei	1 St.	45	70
Rahm, fett,			
sauer	$^1/_{12}$ Lit.	80	140
Mehl	1 Tl.	5	17
Zucker	2 Tl.	10	39
		140	266

Nach Hauptvorschrift 336 und 345 zu mischen und zu backen.

351. + Eierauflauf mit Käsemilch (nach Hannemann).

[ganze Portion ca. 300 (40) Cal.

Ei	1 St.	45	70
Käsemilch		40	60
Zucker	1 Eßl.	15	60
Milch	1 Eßl.	15	10
Semmel, gerieben		10	35
Butter		8	60
Korinthen		8	10
Mandel, bitt.	1 St.	141	311

Die Butter wird weiß gerührt, die Käsemilch (Quark), Dotter, Zucker, Milch, Mandeln (gestoßene) werden damit zusammengerührt, bis ganz glatt — dann werden Semmel und Eiweiß in Schnee abwechselnd, und zuletzt Korinthen hineingegeben. — Die Masse in ausgestrichener Form gebacken — mit Zucker bestreut anzurichten.

352. Eierauflauf mit Käse, „Soufflé au fromage en caisses" (Urbain-
Dubois) [ganze Portion ca. 1850 (320) Cal.

		Gr.	Cal.
Dotter	5 St.	75	270
Eiweiß	4 St.	120	64
Butter		100	750
Käse		200	780
Salz, Pfeffer		500	1864
Zucker, wenig			

Die Butter wird geschmolzen, mit den geschlagenen Dottern in einigen Sekunden auf schwacher Wärme gerührt — dann nach und nach mit dem geriebenen Käse (Schweizer- oder Parmesan-) gemischt (wenig Pfeffer) — auf schwacher Wärme weiter gerührt, bis ganz glatt — dann erst mit zwei, im letzten Augenblick mit noch zwei Eiweißschnee abgerührt.

Die Masse wird in kleine Papierkästchen gegeben oder in kleine Steingutkasserollen — und sofort im Ofen gebacken.

Dritte Nahrungsmittelgruppe.

Fleisch und Fleischware von Vierfüßern, Vogel und Fisch.

Kap. 35. Einleitung.

Fleischware ist alles, was wir beim Schlachten nach Entfernung der gröberen Schlachtabfälle (Haut, größere Knochen, Fettmassen usw.) zurückbehalten; umfaßt somit auch die verschiedenen Eingeweide, Leber, Nieren, Herz, Bröschen, Blut usw.

Schlachtfleisch ist das Muskelfleisch selber, mit kleinen Teilen von Knochen, Sehnen, Häuten; teilweise auch Fett, teils aufliegend, teils eingelagert, in Zusammenhang mit dem Bindegewebe, welches die fleischigen Teile zusammenhält und worin die Nerven und Blutgefäße gelagert sind.

Das Muskelfleisch, das Muskelgewebe, das reine magere Fleisch, besteht aus den Fleischfasern, die aufgebaut sind aus einer Kapsel (Sarkolemma) und einem, während des Lebens flüssigen Inhalt (Muskelplasma). Der Saft ist am reichlichsten bei gut gefütterten Tieren.

Das magere Fleisch enthält doch in der Regel 1—2% Fettstoff und wird übrigens, wie alle andere magere Fleischware, mit durchschnittlich 10—20° Eiweißstoff zu berechnen sein; Fischfleisch doch mit etwas weniger — außer Salzen und Extraktivstoffen.

Die Eiweißstoffe sind bis zu 75% Myosin (in Wasser nicht löslich) und 3—10% Albumin, flüssig (wasserlöslich).

Das Bindegewebe ist leimgebendes Gewebe; bei fortgesetzter Erwärmung löst es sich in Wasser auf und erstarrt bei Abkühlung zu Leim (Gelatine). Es findet sich reichlich im jungen Fleisch und besonders in sehnigen und knorpeligen Geweben.

Die Fetteile sind, wie andere Fettarten, ein Gemisch von Olein, Palmitin und Stearin in verschiedenen Mengenverhältnissen. Leichter schmelzbar, weicher, leichter verdaulich ist eine Fettart, je mehr sie Olein (das unter 37° C, unter Körpertemperatur schmelzende) enthält.

An anderen stickstoffhaltigen Stoffen enthält das Fleisch die sogenannten Extraktivstoffe oder Fleischbasen. Kreatin (0,07 bis 0,32°), weniger Kreatinin, Hypoxanthin, Guanin, Karnin, außer Harnsäure und Harnstoff (Stoffwechselprodukte).

Die stickstofffreien Stoffe sind vertreten durch Milchsäure und Spuren von Bernsteinsäure, Ameisensäure, Essigsäure und öfters auch Glykogen (ein Kohlenhydrat) in sehr geringer Menge.

Unter den Salzen, den Aschebestandteilen (im ganzen 1—1,5%) wird besonders ein verhältnismäßiger Reichtum an Kalisalzen zu erinnern sein; daneben gibt es Kalk- und Natronverbindungen mit Phosphorsäure und Chlor.

In bezug auf den verschieden hohen Inhalt der verschiedenen Fleischarten an allen diesen Stoffen, und dem daraus hervorgehenden verschiedenen Nährwert, wobei der Fettgehalt sich ganz besonders geltend macht, ist auf diesbezügliche Tabellen zu verweisen.

Für unsere Ernährung sind die verschiedenen Fleischsorten von wesentlich gleicher Bedeutung: nämlich zusammengenommen als unsere wichtigsten stickstoffzuführenden Nahrungsmittel. Mehr als in der Ernährungslehre ist indessen in der Küche zwischen Fleisch von Vierfüßern, Vögeln, Fischen ein Unterschied zu machen.

Farbe und Weichheit des Fleisches stehen zueinander in einem gewissen Verhältnis, indem helles Fleisch wirklich in der Regel das weichste, am leichtesten zu kauende (und insofern das leichtverdaulichste ist). Ganz stimmt dies doch nicht. Denn während das Ochsenfleisch als das dunkelste, das Lammfleisch als noch recht dunkel, das Schweinefleisch als heller, das Kalb-, Vogel-, Fischfleisch als das hellste, in der Regel auch von zunehmender Weichheit sind, gehört das Wildfleisch und Taubenfleisch, obgleich ganz dunkel, doch zu den weichsten Fleischsorten.

Auf die Weichheit, die Mürbigkeit des Fleisches ist auch das Alter des Tieres von Einfluß, da das Fleisch der jungen Tiere das weichste ist. Gewisse Fleischstücke sind von besonderer Weichheit, wie z. B. der Mürbebraten (Lummel) vom Ochsen, Kalb, Schwein.

Jedes ganz frische Schlachtfleisch ist zähe und ungenießbar. Um (für anderes als Fleischsuppe kochen) verwendbar zu werden, soll es abhängen, um Gegenstand der Mortifikation zu werden; einer Gärung, bei der das Glykogen des Fleisches zu Milchsäure sich umgebildet. Dadurch wird der dichte Zusammenhang zwischen den Fleischfasern gelockert, so daß das Fleisch kaubarer wird.

Die Abhängezeit ist richtig abzumessen; während des Sommers 2—3—4 Tage, des Winters 8—10—14 Tage, je nach Temperatur und Aufbewahrungsort, wo die Luft kühl, rein und frisch sein soll.

Das Fischfleisch hat gewöhnlich gleich seine schließliche Weichheit; es verdirbt viel schneller und leichter und soll sehr vorsichtig aufbewahrt werden.

Die Eingeweide sind von sehr verschiedener Verwendbarkeit:

Das Bröschen (Kalbsmilch) ist mürbe, reich an Nährstoffen, leicht verdaulich.

Die Zunge ist hauptsächlich dem mürben Muskelfleisch entsprechend; gewöhnlich mager und im ganzen diätetisch verwendbar.

Das Herz hat dichtes, hartes Fleisch, sehr schwer durchzukauen.

Das Gehirn ist mürbe, aber fett, und weniger allgemein verwendbar.

Die Leber der Schlachttiere ist fettreich, von festem dichten Gefüge; weniger geeignet für gesundheitsgemäße Zubereitungen.

Die Nieren haben hartes, mageres Fleisch von zweifelhaftem Wert.

Das Blut, in defibriniertem Zustande, ist leider für einfache allgemein verwendbare Zubereitungen weniger geeignet.

Knorpel (Kalbsfüße, Schweinebeine u. desgl.) sind für verschiedene Leimstoffspeisen verwendbar, die bei einfacher Zubereitungsart von diätetischer Bedeutung werden können.

Die Fetteile werden abgeschmolzen, zu Speisefett, Rindsfett aus Rindstalg, Schweineschmalz aus Schweinefetteilen; während das Enten- und Gänsefett beim gewöhnlichen Braten dieser Vögel ausgebraten, ihrer Leichtschmelzbarkeit wegen (bei mäßig gewürzter Zubereitung) recht allgemein verwendbar bleiben.

401. Fleischbeurteilung, Fleischaufbewahrung.

Das Fleisch soll am besten von jungen, gut gefütterten, gesunden Tieren herrühren. Faden Geruch hat es von der Natur her, es darf aber keinen mehr ausgesprochen unangenehmen Geruch haben — es soll sich elastisch und verhältnismäßig trocken, nicht schleimig anfühlen. Die Farbe soll klar sein. (Für Beurteilung des Fleisches ist übrigens auf diesbezügliche gesetzliche Bestimmungen für das Deutsche Reich zu verweisen.)

Kennzeichen für frische Fische.

Fische sind womöglich lebend zu kaufen, und sollen dann gleich geschlachtet werden — und sehr kühl aufzubewahren; die Kiemen sollen klar und rot sein, die Augen klar, das Fleisch fest, die Haut glatt, oder die Schuppen blank. Wo Fische von einem Tage zum anderen aufbewahrt werden, sind sie leicht zu salzen und an kühlem Ort hinzustellen oder lieber aufzuhängen.

Das Fleisch soll kurz vor Gebrauch schnell abgewaschen werden, mit lauwarmen Wasser oder mit einem trockenen reinen Stück Zeug abgewischt werden (darf nicht in Wasser hingestellt werden), wird leicht geschlagen, auf Schüssel (nicht auf Holz) angebracht; ist erst zu allerletzt zu salzen.

Schlachtfleisch für Suppekochen soll frisch sein; verwendbare Stücke sind Schwanzstück, Spitzfleisch, Blume, Brust; weniger gut sind Hesse, Halsstück.

Schlachtfleisch für Braten; vom Rind: Filet, flaches, hohes Roastbeef; vom Kalb, Lamm, Schwein: Rücken, Keule.

Kap. 36.
Allgemeines über die Behandlung des Fleisches in der Küche.

Für den zivilisierten Menschen wird die Fleischware erst zu allgemein verwendbarer Speise, nachdem sie verschiedentlich in der Küche zubereitet worden ist — durch mechanische Bearbeitung, mehr äußerlichen Einflusses, durch Wärme, eingreifenderen Einflusses, besonders in chemischer Richtung.

402. Mechanische Bearbeitung ist:

Reinmachen, erstmal mittels einfachem leichten Abwaschen mit Wasser oder nur Abtrocknung, um die von der Schlächterei oder der Verkaufsstelle herrührenden äußeren Unreinlichkeiten zu entfernen oder auch unfrische äußere Lagen, eingetrocknete, weniger gute Teile, größere Fettpartien usw.; ferner:

Klopfen, Schrappen, Hacken, Zermalmen, auf einer Platte mit dem Fleischhammer, oder im Mörser, oder in einer Fleischmühle („Fleischmaschine"), durch welche das Fleisch ein oder mehrere Male gehen kann; alles zugunsten der Zerteilbarkeit resp. der Zerteilung. Am eingreifendsten wird die Bearbeitung, indem das Fleisch später noch durch ein Sieb gestrichen wird. Dabei wird das Fleisch auch noch mehr von ganz feinen sehnigen und häutigen Teilen befreit werden.

403. Rohes Fleisch

ist auch nach gutem Abhängen noch eine recht ungenießbare Speise, sehr schwer zu kauen; es soll jedenfalls immer der eingreifendsten mechanischen Bearbeitung unterworfen werden, um verwendbarere Form zu bekommen.

Solch feinzerteiltes rohes Fleisch wird, von gewisser Seite, für besonders leicht verdaulich gehalten, vorzüglich verwendbar gerade für schwächere Verdauungsorgane. (Mit Rücksicht darauf enthält dies Buch auch verschiedene Vorschriften für rohe und halbrohe Fleischzubereitungen, 419—426).

Derartigen Speisen gegenüber wird an die Möglichkeit der Gegenwart wirksamer ansteckender Stoffe und lebender Schmarotzer zu erinnern sein — indem ja in solchen Fällen für Unschädlichmachung durchgreifende Wärmeeinwirkung ein bedeutungsvolles Mittel werden kann. Die Finne im Rindfleisch oder Schweinefleisch wird bei 75° C getötet; die Trichine bei 56° C. Es soll also dafür Sorge getragen werden, daß solche Wärmegrade bis in die Mitte der Fleischstücke eingedrungen sind.

404. Zubereitung des Fleisches mittels der Wärme.

Es gibt in der Beziehung zwei Hauptweisen, nämlich das Braten und das Kochen, und eine ganze Reihe anderer Weisen, die aber alle Abarten der obengenannten sind.

Zum Vorteil für das rechte Verständnis für die verschiedene Art und Wirkungsweise dieser Zubereitungsweisen soll zuerst darauf aufmerksam gemacht werden, daß das Fleisch zu den Nahrungsmitteln gehört, bei denen es gilt: an Wärmebeeinflussung nicht zu viel — um nämlich zu erreichen, daß von den natürlich vorhandenen

Bedingungen für Leichtverdaulichkeit möglichst wenig verloren geht, indem dafür Sorge getragen wird, daß gewisse Umbildungen, die in der Beziehung herabsetzenden Einfluß haben, zu geringster Entwicklung kommen, gewisse andere Umbildungen aber, die in der Beziehung förderlich sind, zu höchster Entwicklung.

405. Nachteile der Wärmebeeinflussung sind folgende:

Verlust an Saft und Stoff, will sagen: Verlust an Wasser und an flüssigen Nahrungsstoffen, die ursprünglich im Fleisch in wasserlöslicher Gestalt vorkommen (es sind dies eben die feinsten Eiweißstoffe des Fleisches) usw.

Stoffliche Veränderungen in Richtung auf Steifwerden (Koagulation) der festen Eiweißstoffe, begleitet von einer Schrumpfung, unter Wasserabgabe; woraus eine Austrocknung und ein Zähwerden hervorgeht.

406. Vorteile dabei sind folgende:

Fortschreitende Lösung des straffen Zusammenhanges zwischen den Fleischfasern (die von dem Abhängen eingeleitet war) durch weitergehende Umbildung des Bindegewebes zu löslichem Leim, zugunsten der Kaubarkeit (Leichtverdaulichkeit). Ferner Umbildung gewisser unentwickelter natürlicher Gewürzstoffe des Fleisches auf ausgesprochenen Wohlgeschmack und Wohlgeruch (Aroma) — und zwar in zwei verschiedenen Richtungen: dem Gekochten und dem Gebratenen. Und auch Verbesserung gewisser äußerer Eigenschaften: Veränderung der rötlich-bläulichen Färbung in Hellrot bis Grau, in Verbindung mit einem Braunwerden, einem Bräunen oberflächlicher Lagen, und damit zusammenhängender Geschmacksverbesserung.

Derartige Wärmeeinwirkungen werden nur in verschiedener Weise durchgeführt.

407. Rösten.

Das Rösten geschieht in zweierlei Weise: auf dem Spieß, auf dem Rost; ersteres besonders für größere Stücke geeignet, letzteres für kleinere (doch auch für etwas größere).

Es sind dies bei guter Durchführung die idealen Fleischzubereitungsarten.

Das Rösten am Spieß ist besonders in der französischen und englischen Küche zu Hause, wie das Rösten unter Aufhängen vor offenem Feuer (vgl. Kap. 64).

Das Rösten auf dem Rost zeigt sich im ganzen verwendbarer für kleinerere flache Stücke von Fleisch, für kleinere ganze Fische u. dgl. (vgl. Kap. 64).

Es sind ideale Methoden, weil bei denselben die Vorteile am besten, die Nachteile am wenigsten zur Geltung kommen, nämlich: kleinster

Wasserverlust, geringster Verlust an Eiweißstoffen, bei mäßiger Schrumpfung und mäßigem Steifwerden — schönste Bildung einer wohlschmeckenden, wohlriechenden Bratkruste von schönster Färbung.

Und das kommt daher: weil sich hier in schnellster Weise eine vollständig dichte Kruste bildet, und eine möglichst dünne, möglichst wenig durchfettete — was wiederum davon kommt, weil es eine vollkommen trockene Methode ist, wirksam mittels trockener Hitze (durch Strahlung und Fortpflanzung).

Was auf die Vorzüglichkeit der Methode ein besonders helles Licht wirft, ist der Umstand, daß bei derselben möglichst wenig (resp. gar keine) Sauce gebildet wird — und daß das Stück entsprechend wenig einschrumpft.

Es kommt dabei aber natürlicherweise auf die gute Ausführung an (Kap. 64, 65).

408. Gewöhnliches Fleischsuppekochen.

Es ist dies eine der vorigen ganz entgegengesetzte Methode, die in Wasser geschieht: ganz feucht.

Das Fleisch wird in kaltes Wasser in das Kochgeschirr eingelegt. Allmählich werden beide Teile gleichzeitig durchwärmt, bis zum Kochen, was dann gleichmäßig und schwach erhalten wird.

Indem dabei das Wasser und die Wärme allmählich Schicht für Schicht in das Fleisch eindringen, geht eine Auslaugung der wasserlöslichen Stoffe vor sich; eine gewisse Menge wasserlöslichen Eiweißes wird in das Kochwasser ausgezogen, erstarrt und steigt an die Oberfläche als „Schaum“, der dann mit dem Schaumlöffel entfernt wird. Ferner werden Salze und Extraktivstoffe ausgezogen, Geschmackstoffe also und etwas Fett, welches die Augen auf der Suppe bildet, was auch später abgenommen wird. Damit geht Hand in Hand eine nach innen fortschreitende Umbildung von Bindegewebe in Leim, wovon sich etwas in der Suppe auflöst. Bei fortgesetztem Kochen, 3—4—5—6 Stunden, je nach Größe des Fleischstücks, dehnen diese Wirkungen sich aus auf das ganze Stück, mit um so stärkerer Schrumpfung, je längere Zeit das Kochen fortgesetzt wird.

In der Weise erhält man einerseits:

Fleischsuppe oder Fleischauszug oder -abkochung, eine Flüssigkeit mit eigenem Wohlgeschmack und Wohlgeruch, der Hauptsache nach ein Reizmittel, besonders für die Magensaftabsonderung, ein Genußmittel, aber ein äußerst schwaches Nahrungsmittel — und

Suppenfleisch, bei dem die Nachteile ganz besonders hervortreten, nämlich: Auslaugung, Steifung, Schrumpfung (Wasserverlust) — mit einigen Vorteilen: vorgeschrittener Leimbildung mit entsprechender Lösung der Faserverbindung, Entwicklung eines besonderen Geschmackcharakters.

Alle andere Zubereitungsarten des Fleisches sind nun Abarten dieser beiden.

409. Schnellkochen.

Das Schnellkochen wird so ausgeführt, daß ein Fleischstück (Schlachtfleisch, ganzer Vogel oder Fisch) in das Kochgeschirr in scharf kochendes Wasser eingelegt wird (so reichlich, daß es nicht ganz aus dem Kochen kommt). Ganz sacht wird das Kochen fortgesetzt (der wenige Schaum, der aufkommen kann, wird abgenommen — Salz hinzugesetzt), aber nur so lange, bis das Stück gerade durchgekocht ist (bis auf die Mitte gerade die rote Farbe verloren hat).

Bezeichnend ist hier: die schnelle Bildung einer dichtenden Kochkruste gleichmäßig ganz herum. Die Wirkung wird also einigermaßen der Wirkung des Röstens entsprechen, mit möglichst geringem Verlust an ursprünglichen Nährwert und natürlicher Leichtverdaulichkeit.

Kriterium der Güte: es gibt dabei nur sehr wenig, sehr dünne Suppe (Fleischauszug).

410. Schnellkochen in Verbindung mit Fleischsuppekochen.

Dies läßt sich auch machen. Aus der ganzen vorhandenen Fleischportion wird ein reelles, zusammenhängendes Stück ausgeschnitten. Das übrige mit Knochen und Knorpel usw. wird zum gewöhnlichen Fleischsuppekochen verwendet (408), während das ausgeschnittene Stück erst später in die kochende Suppe gelegt wird, um nur gerade durchgekocht zu werden (409).

Ergebnis: Fleischsuppe und stark ausgekochtes Fleisch — daneben ein gutes Stück schnellgekochtes, möglichst wenig verringertes Fleisch.

411. Kochen in Fett — „Friture" — „frying".

Diese Kochweise ist für gewöhnlich nur auf kleinere Stücke verwendbar — und wird ausgeführt, indem die Stücke schnell in stark erhitztes Fett versenkt werden. Das Besondere dabei wird sein die plötzliche, ganz herum völlig gleichmäßige Einwirkung eines hohen Hitzegrades (höher als der Kochpunkt des Wassers), so daß die Krustenbildung hier eine ganz besonders schnelle und stark dichtende werden muß — wenn der Hitzegrad des Fettes der rechte ist (vgl. Kap. 69). Es kommt dabei nur zu einem oberflächlichsten Eindringen von Fett bei dem gewöhnlichen Fleisch — zu einem tieferen bei dem Fischfleisch, welches nicht dieselbe Neigung zur Schorfbildung hat. Nach dem Kochen wird immer das überschüssige, anhängende Fett möglichst zu entfernen sein, indem die Stücke auf ein Stück Löschpapier gelegt werden.

Friture in Panade, wo die Stücke vor dem Kochen in Ei und gestoßenem Zwieback umgekehrt werden, wird dagegen immer ein weniger glückliches Verfahren sein; denn es muß dabei unabwendbar zur Bildung einer mit Fett durchzogenen stärkehaltigen, äußeren Schichte kommen.

412. Kochen in Dampf

geht vor sich in einem dicht verschlossenen, mit Wasserdämpfen angefüllten Raum. Man hat dazu eigene Dampfkochgefäße („Dampfkocher“), die aus einem unteren, für das Wasser bestimmten Gefäß bestehen und einem darauf eingesetzten oberen Gefäß mit durchlöchertem Boden zur Aufnahme der Eßware (Fig. 1); oder man kann sich auch eines gewöhnlichen Kochgeschirrs bedienen mit wenig Wasser am Boden, in welches ein auf Füßen stehender Korb (aus Drahtgeflecht) eingestellt wird, dessen Inhalt oberhalb des Wassers gehalten wird. Der Apparat wird auf Feuer gesetzt, mit dem Deckel verschlossen, bis das Wasser kocht und der übrige innere Raum mit den heißen Dämpfen angefüllt ist — dann wird die Eßware schnell auf ihren Platz gebracht, wo unter Einfluß der Wasserdämpfe (100° C) sich schnell die dichtende Kruste bildet. Die Auslaugung wird dabei eine geringe, und das Kochen wird nur gerade bis zum Durchkochen fortgesetzt. Die Wirkung wird somit der des Schnellkochens ähnlich sein. Es wird auch nur wenige und dünne Suppe erhalten, bei mäßiger Schrumpfung.

Das Kochen kleinerer Stücke in Dampf (einer Fleischschnitte, eines Fischstückes) läßt sich zwischen zwei Tellern machen, die genau aufeinander passen und auf ein Gefäß mit kochendem Wasser gestellt werden.

413. Dämpfen und Schmoren.

Im Prinzip bedeutet die Methode: Kochen im ganz dicht verschlossenen Raum bei Gegenwart einer sehr niedrigen Flüssigkeitsschicht; wird in der Weise auch eine Art von Kochen in Dampf — teilweise jedenfalls.

Es läßt sich zwischen Dämpfen und Schmoren in der Weise unterscheiden, daß beim

Dämpfen oder „Schmorkochen“ das Fleischstück ohne besondere Vorbereitung in das mit ganz wenig, hauptsächlich wässeriger Flüssigkeit versehene Kochgeschirr gelegt wird, um dann bei dichtem Verschluß längere Zeit gekocht zu werden. Das Stück kann dann zuletzt, nach Entfernung des Deckels, leicht gebräunt werden. Bei dem

Schmoren oder „Schmorbraten“ wird aber das Fleischstück gleich anfangs ringsherum braun angebraten, hierauf in das mit etwas fetthaltigerer Flüssigkeit versehene Gefäß gelegt, um dann auch bei dichtestem Verschluß fertiggeschmort zu werden.

414. Das Braten

geschieht in der Röhre (dem Bratofen) — im Topf — auf offener Pfanne.

Braten in der Röhre (im Bratofen) ist auf größere zusammenhängende Stücke anzuwenden nach folgenden allgemeinen Regeln:

Es soll eine gut erhitzte Bratpfanne dazu und ein nach allen Seiten gleichmäßig wärmender Bratofen. Das Bratstück (welches vorher auf offener Pfanne ringsherum kann angebräunt worden sein) wird auf die Pfanne gelegt, schnell in den Ofen geschoben — und dieser ist anfangs sehr gut geschlossen zu halten (so daß bei guter erster Wärme eine möglichst dichte Bratkrustenbildung zustande kommt) — dann soll die Wärme gleichmäßig gut eingehalten werden (so daß der Braten weder anbrennt noch austrocknet) — bei wiederholtem Begießen des Bratens aus dem flüssigen Inhalt der Pfanne, nicht aber zu häufig (damit die Kruste nicht zu sehr aufgeweicht werde) — während doch die Ofentür möglichst wenig und möglichst kurz geöffnet wird. — Dann wird das Braten fortgesetzt, bis das Stück inwendig die gewünschte Farbe bekommt (rötlich, halbgebraten bei 60—63° C, grau, durchgebraten bei ca. 75° C). Gesalzen wird der Braten erst, nachdem er ringsherum gut angebräunt ist.

Durchschnittlich läßt sich für jedes $\frac{1}{2}$ kg des Bratstücks eine Bratzeit von 15—20 Min. ansetzen — genau läßt sich die Zeit nur schwer feststellen, je nach den verschiedenen Ofenkonstruktionen und verschiedenartiger Verwendung derselben.

Wo man reichliche Sauce haben will, oder wo der Ofen besonders austrocknend wirkt, kann ein reichlicheres Begießen notwendig werden — mit verschiedener Flüssigkeit, kochender oder jedenfalls heißer — entweder Wasser (zu fetteren Braten) oder Milch oder Rahm (zu mageren Braten) — auch leichtes Bier wird gebraucht, oder Wein, roter oder weißer, mit Milch oder Rahm vermischt; letzterer besonders bei Wildbraten, Sauerbraten, auch bei Rinderbraten.

Bei solchem Braten in der Röhre (im Ofen) kann es niemals zur Bildung einer ganz ringsherum gleichmäßig guten und dichten Krustenbildung kommen, weil nämlich der Braten mit seinem untersten Teil in einer aufweichenden Flüssigkeit liegt und mit seinem oberen Umfang sich in einem Ofenraum befindet, der mit einer mit Dämpfen gesättigten Luft angefüllt ist. Besser wird es, je besser der Ofen ventiliert ist, verhältnismäßig am besten in den nach unten offenen Öfen mit innerer Heizung.

Eine nicht ganz geringe Auslaugung wird in allen Fällen zustande kommen müssen; es wird in der Regel auch sehr viel „schöne Sauce“ erhalten, mit den damit verbundenen Nachteilen, Schrumpfung, Wasserverlust, Austrocknung (im ganzen bedeutenden Gewichtsverlust).

Das Braten im Topf wird schwerlich einen so guten Erfolg haben können wie das Braten im Ofen, weil dabei nur noch mehr Flüssigkeit verwendet, die Krustenbildung eine unvollkommenere wird — und dann auch in der Regel viel mehr Sauce gibt.

Das Braten größerer Stücke auf offener Pfanne bietet noch schlechtere Bedingungen für schnelle und vollkommene Bildung der dichten Bratkruste — und daher die höchsten Nachteile in Richtung auf Wasser-, Gewichtsverlust, bei reichlichster Bildung von Sauce.

Das Braten kleinerer Stücke auf offener Pfanne von Koteletten, Steak, Escalopes u. dgl., von kleineren Fischen und Vögeln, ist eine in unserer Küche sehr allgemein verwendete Zubereitungsart, die sich sehr verschieden gut durchführen läßt.

Die möglichst trockene Durchführung ist die beste. Die Pfanne soll vorher sehr gut erhitzt sein, wird mit ganz wenig Butter (Fett) oder nur mit etwas Salz (in einem kleinen Beutel) ausgestrichen. Die Bratzeit ist, während das Stück häufig umgekehrt wird, sehr genau abzumessen, bis es gerade durchgebraten ist (bis auf rötlich oder grau, nach Wunsch). In der Weise bekommt man am schnellsten eine dichte, dünne (oberflächliche), möglichst wenig durchfettete Bratkruste — und bei bester Durchführung dürfte diese Methode dem Rösten auf dem Rost wesentlich gleichzustellen sein und könnte auch als Rösten auf der Pfanne bezeichnet werden. Zeichen der Güte: keine Bildung von Sauce, geringste Schrumpfung (günstigstenfalls kann das Stück sogar in der Mitte etwas dicker werden). Das Panieren des Stückes ist hier überhaupt nicht verwendbar.

Wird dagegen das Braten kleinerer Stücke auf der Pfanne in gewöhnlicher Weise ausgeführt, nämlich mit reichlicher Flüssigkeit (Butter, Fett, Wasser) auf der Pfanne, wird der Erfolg ein um so schlechterer, je feuchter und je längere Zeit gebraten wird — je mehr der „schönen Sauce" man erhält, je größer damit die Schrumpfung, die Austrocknung.

Am schlechtesten wird es, wenn das Stück paniert wird, wobei eine lose, stark durchfettete — teilweise aus Stärke bestehende — Bratkruste zustande kommt.

Das Braten von Fischen auf der Pfanne bietet etwas eigenartige Umstände dar, weil das Fischfleisch so viel weniger Neigung hat, bei Hitzeeinwirkung eine äußerlich dichtende Schicht zu bilden. Das trockenste Braten bei höchster Anfangswärme ist hier daher besonders geboten — und das magerste, weil sonst sehr leicht eine tiefer gehende Durchfettung zustande kommt. Das Panieren wird auch hier wenig günstig sein.

415. Die Bratensauce

wird somit nach dem, was nun über diese verschiedenen Zubereitungen des Fleisches mittels Wärme gesagt worden ist, ein bedeutungsvolles Zeichen sein von gut oder schlecht. Die reichliche Bildung derselben wird in der Regel als Verderbnis zu bezeichnen sein für die wirklich feine, die gute, die diätetisch beste Küche.

Wir wollen nun aber von dieser „schönen Sauce" am liebsten die Menge haben; wir bewegen uns für den Zweck in einem „circulus vitiosus", einem verderblichen Ring, indem wir, um diese Sauce zu bekommen, unser Fleisch austrocknen, und weil wir unser Fleisch ausgetrocknet haben, ein so starkes Bedürfnis nach Sauce fühlen. Wir sollten unseren schlechten Geschmack in der Richtung zu verändern

suchen, und uns zu dem gerösteten oder saftig gebratenen Fleisch be-
kehren, wozu man keine Sauce nötig hat.

Man kann ja diese Erfahrung selber machen, wenn man aus der
guten französischen oder englischen Küche ein Stück saftiges, mit ganz
besonderem Wohlgeschmack ausgestattetes Fleisch auf seinen Teller bekommt — man denkt dann kaum daran, daß Sauce nötig sei — und
wenn ein größerer Braten angeschnitten wird, strömt aus demselben
genügender Saft („gravy") — der bis dahin im Fleisch geblieben ist.

416. Aufwärmen des Fleisches, schlechte Weise.

Wenn das Fleisch erst einmal die Wärmeeinwirkung bekommen
hat, die es haben soll (nach Geschmack rosa, braun, grau gebraten),
und dann nach Erkalten wieder erwärmt wird, bis oder bis nahe zum
Kochpunkt (des Wassers), wird die Austrocknung, die Schrumpfung,
die Verhärtung der Fasern in ungünstigster Weise noch mehr gesteigert
— mit erhöhter Zähigkeit und Trockenheit und herabgesetzten Wohlgeschmack.

Wenn dazu kommt, daß ein derartiges Aufbraten oder Aufkochen
gewöhnlich in fetter Materie vor sich geht, in Fett, Butter, fetter Sauce,
tritt noch ein ungünstiger Umstand hinzu, nämlich die Durchfettung.

417. Aufwärmen des Fleisches in guter Weise

läßt sich auch machen. Es wird ausgeführt in Bouillon (möglichst
magerer Flüssigkeit) oder in Dampf (zwischen zwei flachen Tellern
oder im eigenen Dampfkochgeschirr), am liebsten auf Wasserbad;
ganz langsam, so daß genau abzumessen ist, daß die Erwärmung nicht
den Erstarrungspunkt des Eiweißes erreicht.

Die Fleischspeisen.

Klasse I.

Rohe, halbrohe Zubereitungen.

Kap. 37. Fleischsaft.

418 a. + Frisch, kalt ausgepreßter Fleischsaft (Hannemann).

Das ganz magere, sehr frische, feingehackte oder durch die
Fleischmühle gedrehte Fleisch (125 g) wird mit Salz (Prise)
und Wasser (30 g) vermischt und $1/4$ Stunde kalt gestellt —
mit einer Fleischsaftpresse oder einem Leinentuche wird der
Saft abgepreßt und kalt gestellt — hält sich nur 6 Stunden —
kann verschiedentlich gereicht werden: gefroren als Pillen, gemischt mit Gelbei, auch mit wenig Cognac — oder zu gleichen
Teilen mit Wein oder Hafer- oder anderem Schleim.

418 b. + Fleischsaft auf andere Art (Hannemann).

Das Fleisch (vorbereitet wie 418a) wird mit 2 Eßl. Wasser in einer Flasche ins Wasserbad gestellt (50° C), so lange, bis sich so viel Saft gebildet, daß er mit dem Fleisch gleich hoch steht. Der abgegossene Saft löffelweise genossen.

Kap. 38. Fleischbrei.

419. + Fleischbrei à la Fonssagrives.

Fleisch (von Rind oder anderes), mageres, mürbes, wird fein geschrappt, von allen häutigen Teilen befreit, im Mörser ganz fein zerstoßen — oder mit einem flachen Hammer auf einer Platte zermalmt — kann dann noch durch ein recht feines Drahtsieb getrieben werden — so daß eine gleichmäßig rahmartig weiche Masse erhalten wird, die sich in verschiedener Weise verwenden läßt — als:

Kakaobouletten, wozu die Masse zu Kügelchen ausgerollt, in Kakaopulver umgekehrt wird (um so mit etwas Wasser dazu ganz verschluckt zu werden);

auf gerösteten Brotschnitten, leicht gesalzen.

420. + Fleischbreicreme   [ganze Portion ca. 130 (30) Cal.

			Gr.	Cal.
100	Fleischbrei (419)	1 Eßl.	25	25
60	Dotter	1 St.	15	54
40	Rahm (gew.)	2 Tl.	10	16
20	Butter	1 Tl.	5	40
	Salz			
			55	135

Dotter, Rahm, Butter werden weiß und schäumig gerührt — der Fleischbrei damit genau verrührt — wird gereicht auf geröstetem Brot — oder in kleine Kuchen geformt, mit Röstbrot — kann auch ganz oder teilweise aus geräuchertem rohen Schinken bereitet werden.

421. + Fleischbreikuchen in der Suppe (nach Jaworska).

Fleischbrei (419), leicht gesalzen, wird zu kleinen flachen Kuchen oder Klößen geformt, die in geschlagenem Eiweiß umgekehrt werden und danach in hartem, leicht getrocknetem und feingestoßenem Dotter — in warmer Fleischbrühe oder in einer Schleimsuppe anzurichten.

422. Fleischbreisuppe   [ganze Portion ca. 75 (30) Cal.

100	Fleischbrei (419)	1 Eßl.	25	25
1000	Fleischbrühe	1/4 Lit.	250	
60	Dotter	1 St.	15	54
			290	79

Fleischbrei (von Rind- oder Kalbsfilet, Hühnerbrust), leicht gesalzen, wird mit dem Dotter verrührt — und dann mit der heißen Fleischbrühe.

Fleischbreigerstensuppe

ebenso, mit durchgeseihter Gersten- (oder Reis-, Hafer-) Suppe.

423. Fleischbreiklöße in Suppe angewärmt.

Fleischbrei (nach 422 oder 424) wird in haselnußgroße Klößchen geformt, die auf einem Löffel so lange in kochender Suppe gehalten werden, bis sie oberflächlich grau geworden — mit der Suppe anzurichten.

424. + Fleischbreisteak, gedämpft (nach Hannemann)

[ganze Portion ca. 170 (55) Cal.

			Gr.	Cal.	
100	Fleischbrei (419)	2 Eßl.	50	50	Der Fleischbrei wird mit sämt-
30	Dotter	1 St.	15	54	lichen Zutaten (Semmel in
20	Rahm (gew.)	2 Tl.	10	16	der Milch aufgeweicht) ver-
30	Semmel		15	36	mischt und zu einem $^1/_2$ cm
60	Milch	2 Eßl.	30	20	dicken Brötchen geformt —
	Butter (wenig), Salz		120	176	auf einen mit Butter leicht

bestrichenen Emailleteller gelegt, der mit einem anderen Teller bedeckt wird — auf ein Gefäß mit kochendem Wasser gestellt, $1^1/_2$ Min. — nach Umdrehen des Brötchens noch $1^1/_2$—2 Min. — so mit Bouillon oder frisch zerlassener Butter gereicht.

Fleischbreisteak

ebenso, auf einer Pfanne leicht angebraten.

425. + Fleischbrei von rosagebratenem Fleisch.

Der Fleischbrei kann auch bereitet werden (nach 419) aus den inneren rosagebratenen Teilen eines Rinds- oder Kalbsfilet — und entsprechend verwendet werden (420—424).

426. Rohes Beefsteak „à la Tartare".

Frisches Fleisch wird geschrappt, von den Sehnen und Häuten befreit (oder durch Maschine einmal getrieben) — mit Salz (Pfeffer?) gewürzt — zu flachen Kuchen geformt — auf der Oberfläche mit einem Messer kariert — in eine Vertiefung in der Mitte ein Dotter gelegt. — Kann auch mit etwas gehackter Zwiebel bestreut werden — oder kann mit verschiedenen Häufchen von gehackten Kapern oder Sardellen oder Kaviar oder saurer Gurke garniert werden.

Klasse II.
Fleischauszüge für diätetische Verwendung.

427. Flaschenbouillon.

Fleisch, gehackt, mit wenig Salz, wird in eine Flasche mit weiter Öffnung gebracht — die in einen Kochtopf mit kaltem Wasser gesetzt wird, um dann $1/_2$ Stunde gekocht zu werden, oder längere Zeit. Der Inhalt wird auf ein grobes Sieb gegeben, so daß der Saft bei leichtem Umrühren abläuft (2—3% Eiweiß).

428. Beeftea   [ganze Portion ca. 100 Cal.

Mageres, geschrapptes Fleisch (von Rind oder anderes) wird sehr fein gehackt, im Mörser zerstoßen — mit Wasser verrührt — 125 g Fleisch zu $1/_4$ Lit. Wasser — die Mischung wird in einer gut zugebundenen Kruke in einen mit Wasser halbangefüllten Kochtopf gestellt — nachdem das Kochen ca. 2 Stunden fortgesetzt ist (soll inwendig auf ca. 60° C Wärme kommen), während ab und zu umzurühren ist, wird der Inhalt auf ein recht feines Drahtsieb gegeben — und mit einem Löffel durchgestrichen, wobei das meiste in Gestalt eines bräunlich-grauen dünnen Breies mit feinen aufgeschwemmten Fleischteilchen durchgehen soll.

429. Beeftea (nach Rosenthal, Wien).

	Gr.	
Rindsfilet	125	Das Fleisch wird geschrappt und
Kalbsmilch	60	zerstoßen, die Kalbsmilch ebenso
Zitronensaft, wenig		— werden mit dem Wasser aus-
Wasser 3 Eßl.	45	gerührt — bei 40° C 3 Stunden
Fleischextrakt, wenig		lang gehalten, ab und zu um-
		gerührt — durch ein Leinentuch

geseiht — mit Zitronensaft und, nach Wunsch, mit Fleischextrakt vermischt — kann auch aus Fleisch allein bereitet werden.

430. Nutritious Chicken-Tea (nach Davies).

Junges Huhn	1 St.	250	Das Huhn wird entzweigeschnitten
Wasser	$1/_2$ Lit.	500	— mit kaltem Wasser aufs Feuer
Brotrinde			gesetzt, mit Salz, Brotrinde, Mus-
Salz			katnuß, Selleri — wird 2 Stunden
Muskatnuß			schwach gekocht, bis das Fleisch
Selleri	1 Schnitte		sich von den Knochen löst —
			das Fleisch und die Rinde werden

feingestoßen im Mörser, mit etwas der Suppe zu einem dicken glatten Brei angerührt — gut warm (mit Röstbrot u. dgl.) anzurichten.

431. Fleischpeptonsuppe (nach M. Jaworska).

Originalvorschrift: Eine dickliche Suppe, etwas säuerlich, an Nährwert dem Fleische gleich, dabei sehr leicht verdaulich. Bei den Krankheiten der Verdauungsorgane überall zu reichen, wo Fleisch in festem Zustand untersagt ist; leicht stuhlanregend, bei Diarrhöe nicht anwendbar — eignet sich bei Magen-, Darm-, Bauchfellentzündungen. — $^1/_2$ kg Fleisch in Peptonbrühe umgewandelt, liefert 90 g Peptonsubstanzen.

Rind-, Kalb-, Hühnerfleisch, rein, $^1/_2$ kg, wird gut gehackt, mit weichem Wasser, 1 Lit., vermischt, Salzsäure, 30—40 g, und Pepsin, 1 g, hinzugegeben — die Mischung 12 Stunden an warmen Ort hingestellt, von Zeit zu Zeit umgerührt — dann im porzellanenen Gefäß 1—2 Stunden vorsichtig gekocht, fortwährend umgerührt, bis gleichmäßiger Brei gebildet. — Fett abgeschöpft — das übrige durch Sieb passiert, mit Sodalösung vorsichtig neutralisiert, bis der saure Geschmack abgestumpft — zur Abwechslung Zusätze von entfettetem Bratenjus, Fleischextrakt, braune Einbrenne usw. — muß alle 24 Stunden frisch bereitet werden.

432. Schnelle Fleischpeptonbrühe.

Kräuter-Gemüsebrühe (nach Kap. 132), $^1/_4$ Lit., gut warm, wird mit Fleischpepton Liebig, 1 Tl., und mit Dotter, 1—2 St., abgerührt.

433. Peptonbouillon (nach Rosenthal, Wien).

		Gr.	
Rindfleisch	$^1/_4$ kg	250	Fleisch und Brieschen, ganz fein
Kalbsbries	$^1/_{10}$ kg	100	gewiegt, wird in eine Flasche ge-
Wasser	6 Eßl.	90	geben mit dem Wasser — mit
Salzsaure,			einem Wattetampon verschlos-
verdünnte	1 Tl.	5	sen, in Wasserbad gestellt (60° C),
Pepsin		$^1/_2$	3 Stunden — die Masse durch
Zitronensaft	1 Tl.	5	ein grobes Sieb (Steingut) ge-
			strichen. — Pepsin-Salzsäure

kann gleich von Anfang hinzugesetzt werden — zuletzt der Zitronensaft.

Klasse III.

Fleischauszüge, Fleischabkochungen, Fleischbrühen, Grundsuppen, Grundsaucen.

I. Brühe (Suppe).   II. Consommé.   III. Jus.   IV. Gelee.

Kap. 40.   I. Fleischbrühe (-suppe).

434. Fleischbrühe (u. gewöhnliches Suppenfleisch).

		Gr.	
1000	Rindfleisch	1 kg	1000
2000	Wasser	2 Lit.	2000
25	Salz	25 g	25

Das Fleisch wird abgewaschen, in kaltem Wasser aufs Feuer gesetzt — bei schwachem Kochen, ca. 20 Min., wird der allmählich emporsteigende Schaum abgeschöpft. — Die Gewürz- und Suppengemüse werden eingelegt — noch 3—4 Stunden schwach gekocht — die Brühe durch ein mit einem Tuch bedecktes Sieb geseiht. — Das

Mohrrübe 1 St., Selleri ½ St., Petersilie 1 St., Tomate 1 St., Porree 2 St., Sellerigrün 1 Büschel, Petersilie ½ St. (Suppengemüse).

Fleisch soll recht frisch sein — die Verwendung verschiedener Fleischsorten ist anzuempfehlen (eine Taube, ein Huhn dazwischen) und Beigabe von Knochen — etwas Zwiebel (mit Zukker angebräunt), etwas Butter kann mitgekocht werden. — Die Suppe soll gern am Tage vorher gekocht werden — dann wird das an der Oberfläche angesammelte, erstarrte Fett abgenommen — bevor die Suppe erwärmt und angerichtet wird.

435. Klären der Fleischbrühe.

Eine unklare Brühe kann in folgender Weise geklärt werden: ein Eiweiß wird mit etwas der Brühe geschlagen und dann in die übrige heiße, nicht kochende Brühe gegossen — wird dann gekocht schwach, ca. ½ Stunde — und danach durch ein mit kaltem Wasser gewrungenes Tuch geseiht — wenn nicht klar geworden, muß das Klären wiederholt werden.

436. Gute Fleischbrühe und gutes gekochtes Fleisch auf einmal.

1000	Rindfleisch	1 kg	1000
2000	Wasser	2 Lit.	2000

Wird gekocht nach 410 — mit Gemüsen, Suppenkräutern usw. — die Knochen können zerhackt, das Fleisch (mit Ausnahme des ganzen ausgeschnittenen Stückes) kann entzweigeschnitten werden.

437. Französisches Fleischbrühekochen, „Pot au feu", Seignobos.

Gr.

1000	Rindfleisch	1¹/₂ kg	1500	Das Wasser wird kalt aufs Feuer
666	Knochen	1 kg	1000	gestellt mit den gut gewaschenen
2330	Wasser	3¹/₂ Lit.	3500	Knochen (der eine mit Mark,
				in ein Stück weitmaschiges Zeug

eingebunden) — 15 Min. stark gekocht, während sorgfältig geschäumt wird — weitere 3 Stunden schwach gekocht — wieder stark aufgekocht, indem das Fleisch eingelegt wird — dann wieder eine Zeit geschäumt — und darnach wieder schwach gekocht ca. 3 Stunden (kann auch in eine Kochkiste gestellt werden, vgl. Kap. 90); in den letzten 2 Stunden werden die Kräuter und Wurzelgemüse (gelbe Wurzel, Porree, Selleri, Pastinak, Zwiebel, Tomate) mitgekocht — die Brühe wird zuletzt durch ein Tuch geseiht (soll ca. 2¹/₂ Lit. Suppe ergeben).

438. Schnelle Fleischbrühe.

1000	Rindfleisch		200	Das Fleisch (gehackt oder durch
	oder Kalbfleisch			die Fleischmaschine getrieben)
1250	Wasser	¹/₄ Lit.	250	wird in kaltem Wasser aufs Feuer
				gestellt — langsam erwärmt —
				15 Min. gekocht — geseiht.

439. Knochenbrühe nach Hannemann.

1000	Markknochen	2 kg	2000	Die Knochen, klein gehauen,
1250	Wasser	2¹/₂ Lit.	2500	werden mit der Butter etwas
30	Butter		60	angeröstet, das kalte Wasser und
	Suppengemüse			die Suppengemüse dazugegeben
5	Fleischextrakt Liebig		10	— zwei Stunden langsam ge-
	(oder Maggigewürz,			kocht — geseiht — Fleisch-
	1—1¹/₂ Tl.)			extrakt oder Maggiwurze hinzu-
	Salz			gefügt.

440. Sparsuppe — zu weißen abgerührten Suppen.

Verschiedene gekochte oder gebratene Knochen (von Rind, Kalb, Lamm, Schwein), Sehnen, Fleischreste (gekochte, gebratene, rohe) werden mit Wasser gekocht, gut geschäumt (kann auch in der Kochkiste gekocht werden), Suppengemüse kann später zugesetzt werden.

441. Sparsuppe — zu braunen Suppen.

Etwas Rinderfett (oder Butter) wird im Kochtopf gebräunt, und geschnittene Zwiebel, Mohrrübe, Sellerie, Sehnen, Fleisch, Knochen, klein geschnitten oder gehackt, darin braun gebraten — allmählich Wasser darauf gegossen (oder etwas schwache Fleischbrühe, wenn vorhanden) — wie 440 gekocht — Zusatz von etwas Tomatenpüree gibt guten Geschmack — Reste von braunen Saucen können auch mitgekocht werden (doch nicht, falls die Brühe zu Jus eingekocht werden soll).

442. Kalbsbrühe.

			Gr.	
1000	Kalbfleisch	1 kg	1000	Wie Rindfleischbrühe 434.
1500	Wasser	$1^1/_2$ Lit.	1500	

443. Hühnersuppe, französisch, „Poulet au pot", Seignobos.

	Huhn	1 St.	1000	Das Rindfleisch und die Knochen
1000	Rindfleisch $^1/_2$ kg		500	werden in kaltem Wasser aufs
	Rinderknochen $^1/_2$ kg		500	Feuer gesetzt und ca. 2 Stunden
2000	Wasser	4 Lit.	4000	lang schwach gekocht, bei sorg-
	Suppengemüse, Salz			fältigem Schäumen. — Das

Huhn (rund und fett — sorg-
fältig rein gemacht, mit zusammengebundenen Beinen, ohne Herz,
Kropf, Leber) wird eingelegt, während einige Zeit etwas stärker
gekocht wird — aufs neue geschäumt — in 2 Stunden wieder
schwach gekocht, nachdem das Suppengemüse hinzugetan ist,
und Salz — geseiht — angerichtet mit gebackenem Brot, Tabioka,
Nudeln — das Gemüse, sehr warm, mit angerichtet.

444. Taubenbrühe nach Hannemann.

1000	Taube	ca. $^1/_4$ kg 1St.	250	Die gesäuberte Taube wird ganz
2000	Wasser	$^1/_2$ Lit.	500	fein gehackt, gesalzen, mit dem
	Salz		3	Wasser $^1/_4$—$^1/_2$ Stunde kalt ge-
	Petersilienwurzel	kl.		stellt — mit demselben Wasser
	Karotte	St.		und den Wurzeln $1^1/_2$ Stunde

langsam gekocht — die Brühe
bis auf $^3/_{16}$ Lit. eingekocht, wird durch Filtrierpapier geseiht.

445. Wildflügelbrühe.

1000	Rebhuhn	1 St.	250	Der Vogel wird mit der Butter
2000	Wasser	$^1/_2$ Lit.	500	mürbe gebraten — die Brust wird
	Suppengemüse			ausgeschnitten — das übrige ge-
	Salz, Butter			hackt und ins kalte Wasser ge-

legt — und gekocht — anfangs
geschäumt — mit Gemüse und Salz 2—3 Stunden lang, bis auf
zwei Drittel eingekocht;

anstatt Rebhuhn kann anderes Geflügel so gekocht werden:
Fasan, Auerhahn, Schneehuhn, Krammetsvogel, Wildente usw.;

das Gemüse kann vorher in etwas Butter bräunlich angebraten werden;

das Geflügel kann auch roh ins kalte Wasser gegeben werden,
nachdem die Brust herausgeschnitten und das übrige feingehackt
ist — die Brust wird dann nur gerade durchgekocht;

das ausgeschnittene Fleisch kann in Streifen geschnitten,
in der Suppe mit angerichtet werden.

446. Wildbrühe.

Gr.

		Gr.	
1000	Rehfleisch	1 kg	1000
2500	Wasser	2½ Lit.	2500
	Butter		

Das Fleisch wird gebräunt — ganz oder zerschnitten — mit dem Wasser gekocht — ganz wie in 445 — vom Fleisch kann ein Drittel ganz belassen werden und später nach 445 verwendet werden.

447. Fischbrühe.

			Gr.
1000	Fisch	1 kg	1000
2000	Wasser (2—2½ Lit.)		2000
	Gemüse, Salz		

Der Fisch wird gereinigt, die Filets ausgeschnitten, das übrige mit Kopf und Gräten mit kaltem Wasser aufs Feuer gesetzt — ½ Stunde langsam gekocht, während sorgsam geschäumt wird — dann die Filets eingelegt — langsam gekocht, bis mürbe, und dann gleich herausgenommen — Gemüse (mit einigen Kartoffelscheiben) eingelegt — das Kochen langsam fortgesetzt — die Brühe abgeseiht — kann mit Dotter abgerührt werden;

die Filets können teilweise zerschnitten, als Einlage in die Suppe verwendet werden, oder durchgestrichen, als Püree in die Suppe gegeben werden;

verschiedene Fische, wie Dorsch, Butte, Steinbutt, auch Hecht, sind verwendbar;

vom Fisch kann etwas in Stücken geschnitten und leicht angebraten, in der Suppe zu allerletzt mitgekocht werden.

448. Austernsuppe, „Oyster-Tea", nach Humphrey

[ganze Portion mit Austern ca. 140 (50) Cal.

Austern, 8 St., ohne Bart, ca. 90 g, werden feingehackt, mit ¼ Lit. Wasser gekocht, langsam, 10—15 Min. — geseiht, gesalzen — warm anzurichten, mit den gehackten oder auch durchgestrichenen Austern als Einlage.

Kap. 41. II. Kraftbrühe (Consommé).

Als Kraftbrühe ist gemeint eine Brühe, so zubereitet, daß sie ungefähr die zweifache Stärke erhalten hat.

449. Weiße Kraftbrühe

in dreierlei Art herzustellen:

1. indem Fleischbrühe von gewöhnlicher Stärke bis auf die Hälfte eingekocht wird;
2. indem beim Kochen der Brühe, nach Nr. 434, 437, 438, 442, 443, 444, 447, die doppelte Menge der dort angegebenen Fleisch- (Knochen-)mengen genommen wird (und außerdem in Stücke gehackt oder geschnitten werden kann) und das Kochen auch etwas längere Zeit fortgesetzt wird;
3. indem in denselben genannten Vorschriften zum Kochen anstatt Wasser, eine gewöhnliche entfettete Fleischbrühe genommen wird.

450. Starke Rindfleischbouillon nach Heyl.

			Gr.	
1000	Rindfleisch (mager)	1 kg	1000	Das Fleisch, in Würfel zerschnit-
1000	Wasser	1 Lit.	1000	ten, wird mit ein Drittel des
	Mohrrüben, Sellerie			Wassers an warmer Stelle (auf
	Salz			den Herd usw.) 1 Stunde hin-

Das Fleisch, in Würfel zerschnitten, wird mit ein Drittel des Wassers an warmer Stelle (auf den Herd usw.) 1 Stunde hingestellt — das Fleisch wird herausgenommen und zerstoßen — ins Wasser zurückgebracht mit den Gewürzen, dem Salz und dem übrigen Wasser — wird langsam in ca. 4 Stunden gekocht — geseiht — kann in Tassen (auch mit einem Dotter) angerichtet werden.

451. Kraftbrühe von Kalbfleisch.

1000	Kalbfleisch	1 kg	1000
750	dünne Fleisch-		
	brühe	$^3/_4$ Lit.	750

Das Fleisch wird entzweigeschnitten, mit ein Drittel der Suppe gekocht, bis lichtbräunlich — die übrige Brühe wird daraufgegeben — noch 1 Stunde langsam gekocht — geseiht.

452. Kraftbrühe von Huhn.

1000	Huhn	1 St. ca.	1000
750	Wasser	$^3/_4$ Lit.	750
(—1000)		(—1 Lit.)	

Wird wie 443 gekocht — die Brust kann ausgeschnitten werden, die übrigen Teile des Huhns werden dann kleingeschnitten und gekocht — die Brust kann dann (nur gerade mit durchgekocht) als Einlage in die Suppe oder anderweitige Verwendung finden.

453. Braune Kraftbrühe oder Consommé.

Dazu werden vorzugsweise die dunklen Fleischsorten genommen, auch etwas roher, geräucherter Schinken — und das Fleisch (mit Knochen) wird eigens vorbereitet, indem es kleingeschnitten (oder gehackt), auf der Pfanne in etwas Butter (oder Fett) lichtbraun gebraten wird. Man rechnet:

Rindfleisch, Kalbfleisch, Schinken zusammen 1 kg, 1000 auf Butter ca. 100 g und Fleischbrühe $2^1/_2$ Lit., 2500 und Suppengemüse.

454. Kraftbrühe von Fisch nach Hannemann.

			Gr.
1000	Fisch	1¹/₄ kg	1250
1600	Wasser	2 Lit.	2000
40	Butter		50
16	Salz		20
16	Fleischextrakt (Liebig)		20
	Zwiebel, Gewürz,		
	Sellerie	1 St.	
	Petersiliewurzel	1 St.	

Das Wasser wird mit Zwiebel, Gewürz, Sellerie, Petersilienwurzel und Salz aufgekocht, mit dem Fischkopf ³/₄ Stunden gekocht — dann der übrige Fisch hinzugefügt, den man 10 Min. langsam ziehen läßt. Der herausgenommene Fisch wird entgrätet, die Gräten noch 10 Min. in der Brühe gekocht — geseiht — Fleischextrakt, Butter hinzugetan — nochmals aufgekocht — zuletzt das in Stücke zerlegte Fischfleisch hinzugefügt;

die Suppe kann von Anfang an gekocht werden mit Kartoffelsago, 50 g;

kann auch mit 2 Gelbeiern legiert werden (Sago kann dann fortgelassen werden);

kann verändert werden durch Hinzufügen verschiedener Gemüse: Schotenkörner, Spargel, Blumenkohl;

als „Fisch" besonders Schellfisch geeignet.

Kap. 42. III. Jus.

455. Jus

bedeutet einen noch gehaltreicheren Fleischauszug als Consommé — reicher an Extraktivstoffen und Salzen, und besonders an gelatinierenden Bestandteilen, an Leimstoffen; weshalb sie bei Kaltwerden steif wird. Es wird dazu noch mehr Fleisch verwendet im Verhältnis zur Wassermenge — und es werden besonders stark leimgebende Gewebe genommen — jüngeres Kalbfleisch, Kalbsfüße, andere knorpelige Stücke, Schwarten u. dgl. — und das Kochen wird verhältnismäßig längere Zeit fortgesetzt, um stärkere Leimbildung zu erreichen. So erhält man:

helle Jus ohne besondere Vorbereitung, und

braune Jus, indem die Fleischware vor dem Kochen braungebraten wird (wie in 453).

456. Helle Jus von Kalbsfüßen und Fleisch nach Jaworska.

Kalbsfuß	1 St.	
Kalbfleisch		30
Rindfleisch		30
Wasser	1 Lit.	1000

Kalbsfuß, reingemacht, zerschnitten gehackt mit dem Fleisch, wird mit Salz und einer gerösteten Brotrinde im Wasser gekocht — bis auf die Hälfte oder zwei Drittel eingekocht — die Brühe abgeseiht — kann mit Zitronensaft und etwas Wein gewürzt werden — kann mit Fleischextrakt kräftiger gemacht werden.

457. Braune Jus nach Heyl (für Suppen und Saucen).

			Gr.	
1000	Fleisch	$^1/_2$ kg	500	Das Fleisch (es können Abfälle
100	Fett		50	sein mit Knorpel) wird ganz
1500	Wasser	$^3/_4$ Lit.	750	fein geschnitten und gehackt,
	Suppengemüse			wird mit dem Suppengemüse in
	Zwiebel, Salz			Fett braungebraten — das Was-

ser wird kalt daraufgegossen,
langsam erwärmt — lange gekocht — geseiht, gesalzen — kann
mit Fleischextrakt kräftiger gemacht werden — wird geklärt —
wieder geseiht — kann mit Gelatine steifer gemacht werden —
kann ungeklärt zu braunen Suppen gebraucht werden; immer
aber nur nach Abkühlung sorgfältig entfettet.

458. Schnelle Jus

wird bereitet aus gewöhnlicher Fleischbrühe 1000, Fleischextrakt
2 Tl., Gelatine ca. 10 Blätter, 20 g.

Kap. 43.   Gelee, Gelatine, Gallert, Aspik.

459. Gelatine

wird hergestellt durch Auskochen sehr stark leimgebender Gewebe
(junges Fleisch, Kalbsfüße, Schweinebeine, Schwarten, Ohren, Ge-
därme, Fischgräten, Schwimmblase usw.), und zwar mittels sehr an-
dauernden Kochens, 6—12 Stunden lang, und gern bei besonders
hoher Temperatur, bei dichtestem Verschluß, entweder in gewöhnlichen
Gefäßen oder in Papins Topf o. dgl. — um vollständigste Umbildung
in Leim zu erreichen. Die abgeseihte Brühe wird beim Stehen und Erkalten sehr steif — wird später von Fett sorgfältig befreit.

Gelatine läßt sich auch herstellen durch starkes Einkochen leim-
stoffreicher Brühen bis auf ein Drittel bis ein Viertel, oder durch
Kochen der stark leimgebenden Stoffe mit ganz wenig Flüssigkeit, gleiche
Mengen oder noch weniger Wasser.

Soll die Gelatine braun werden, verfährt man nach 453.

Die Gelatine wird fabrikmäßig dargestellt und ist in den betreffenden Geschäften käuflich, entweder weiß oder rot (wird häufig un-
rechterweise Hausenblase genannt). Erscheint in dünnen Blättern, das
Blatt mit 2 g zu berechnen.

Man rechnet durchschnittlich 6 Blätter, 12 g Gelatine auf 1 Lit.,
1000 Flüssigkeit.

Hausenblase, echte, ist die feinste Gelatineware*), die aus der
Schwimmblase des Störs hergestellt wird; 50 g davon zum Steifmachen
von 1000 Flüssigkeit.

---

*) Von den Salanganenestern abgesehen.

460. Fleischgallert für Kranke (weiß oder braun) nach Heyl.

Gr.

| | | | | Der Schinken (Fett abgeschnitten) und das Rindfleisch werden gewiegt, Kalbshesse mit den Knochen (nach Abwaschen) möglichst kleingeschlagen — die Karotte geputzt. Für braunes Gallert bratet man Schinken in der Butter (für weißes nicht) — fügt das Rind- und Kalbfleisch, nachdem |

1000 ⎰ Kalbshesse u.
⎱ Kalbsknorpel ½ kg 500
Rindfleisch ¼ kg 250
Schinken, mager,
geräuchert, roh 65
Mohrrübe 1 St.
(Butter 10)
650 Wasser ½ Lit. 500

es 1 Stunde mit ½ Lit. Wasser, kalt aufgesetzt, gezogen hat, mit der gewonnenen Bouillon dazu, verschließt den Topf fest, verklebt die Fuge von Deckel und Topf mit einem mit Mehl bestrichenen Papierstreifen — setzt denselben 4 Stunden einer ganz niedrigen Wärme aus — seiht die Bouillon ab, entfettet sie, nachdem erstarrt — löffelweise zur Stärkung gereicht — statt Rindfleisch auch Geflügel (kleingeschlagen) verwendbar.

Kap. 44. Fleischextrakte des Handels.

Es gibt eine Menge verschiedener solcher — unter denen als allgemeiner bekannte zu nennen sind:

Liebigs (fest),
Kemmerich (flüssig),
Cibil (flüssig).

461. Liebigs Originalvorschrift zur Suppe aus seinem Fleischextrakt.

125 Knochen ⅛ kg
20 oder Mark 20 g
1000 Wasser 1 Lit.
20 Fleischextrakt 20 g
Suppengemüse
Salz

Die Knochen (Wirbel-, Schenkelknochen, Kopf u. dgl.) oder das Mark werden mit dem Wasser gekocht und mit Suppengemüse (Mohrrübe, Sellerie, Weißkohlblätter, etwas Zwiebel usw.) ca. 1 Stunde — die Brühe abgeseiht, mit Fleischextrakt und Salz versetzt — ähnlich mit anderen Fleischextrakten.

462. Maggis Fleischpräparate.

Bouillonkapseln, nach Gebrauchsanweisung zu verwenden;
Consommékapseln ebenso;
gekörnter Bouillonextrakt wird in Dosen und kleinen Paketchen (jedes für 1 Portion Suppe) verkauft.

Klasse IV.

Zusammengesetzte Fleischsuppen.

Kap. 45. Klare Fleischsuppen mit Geschmackszusätzen und Einlagen.

463. Klare helle Fleischsuppe mit Wein.

In die Suppenschüssel wird Wein gegeben (auf 1 Lit. Suppe Xeres 2 Eßl., Rotwein 3—4 Eßl.) bevor die Suppe warm darübergegossen wird.

Klare braune Fleischsuppe mit Wein

ebenso, mit genannten Weinen, auch mit Cognac 1—1½ Eßl. — kann auch mit Maggigewürz und Selleriesalz gewürzt werden.

464. Helle Fleischsuppe mit Einlagen.

Klare Fleischsuppe, hell oder braun, kann mit den verschiedensten Einlagen angerichtet werden; mit

Fleisch und Fleischware:

gekochtes oder gebratenes Fleisch, in längliche Stücke („Filets")
    oder Würfel kleingeschnitten, bis 100 g auf 1 Lit. Suppe;
Fleischklöße, Fischklöße;
Kalbsmilch, gekocht, in Würfelchen — bis 100 g auf 1000 Suppe;
Mark, gekocht, in Scheiben;

Eizubereitungen:

roher Dotter, pochiertes Ei (208), Rührei (228), Eierklöße (238 bis
    241), Eierstich (216), Eieromelette in Streifchen;

Mehl-Grützezubereitungen:

Weißbrot in Würfeln, weiches oder geröstetes;
Makkaroni (weich gekocht), ca. 100 g zu 1000 Suppe.
Gries, Grütze, ganz, in der Suppe weich gekocht, ca. 30 g pro 1000;
Brot-, Mehl-, Griesklöße;

Kräuter, Gemüse, Schwämme:

Spinat, Kerbel, Salat, einzeln oder gemischt — weich gekocht,
    zerschnitten oder gehackt, ca. 50 zu 1000 Suppe.
Gemüse, verschiedenste, einzeln oder gemischt („Julienne"),
    bis 100 zu 1000 Suppe;
Tomate, roh, in Scheiben (Inhalt entfernt);
Kastanien, gedämpfte;
Champignons, Cantarellen, Morcheln usw. — gekocht, ganz oder
    zerschnitten.

Die Einlagen können verschiedentlich vermischt
werden, z. B.:

Fleisch in Streifen geschnitten, oder Fleisch-, Fischklöße mit
grünem Gemüse, einzeln oder gemischt, und Champignons
in Scheiben;
Eierstich und Artischockenböden oder Blumenkohl oder Spargel;
Griesklöße oder Brotklöße mit Schotenkernen oder Julienne;
Eierstich und Tabioka;
Makkaroni und Schinkenwürfel usw. usw.

Die Zusammenstellungen sind so zu wählen, daß die verschiedenen Sachen einander nach Geschmack und Farbe gut kleiden —
etwas verschieden für helle und braune Suppe.

465. Suppen mit gemischter Einlage

sind in den Kochbüchern sehr zahlreich unter verschiedensten
Namen aufgeführt; beispielsweise:

Potage financière,

braune Suppe 1000, Rinderzunge 75—150, Champignons 75—100,
Wein 30—60, Paprikagewürz — leicht legiert mit Sagomehl;

Potage Lamartine,

braune Suppe 1000, Klöße aus Hühnerfarce 100, Rosenkohl 25,
Blumenkohl ebenso, Trüffel, einige Scheiben, Madeira 30;

Spanische Suppe,

helle Suppe 1000, Fischfarce in Klößen 100, Perlzwiebel 25 St. —
mit etwas Butter abgerührt, mit Kerbel und Petersilie gekocht,
wenig Zucker.

466. Soupe julienne.

Mohrrübe, weiße Rübe, Porree, Salat, Blumenkohl, Schotenkerne, Haricots verts usw., gemischt, feingeschnitten, werden
mit etwas Butter leicht hellgebraten, gesalzen — mit der Suppe
mürbe gekocht.

467. Frühlingssuppe nach Heyl.

Mohrrübe (Scheiben), Bohnen, Schoten (ausgehülst), ca. 15 von
jeder Sorte, Blumenkohl ca. 20, Spargel ca. 20, in Stücken, alles
weichgekocht (in Form geblieben), werden in der Suppenschüssel
mit heißer Bouillon 1000 übergossen — es kann beliebig auch Eierstich, kleine Fleischklöße, Filets von Hühnern oder Kalbfleisch,
auch Krebsschwänze hinzugefügt werden — im Winter Macedoine
oder Leipziger Allerlei (in Büchsen) verwendbar.

468. Sommersuppe nach Heyl.

Von Gemüsen, wie Mohrrüben, Karotten, Sellerie, Kohlrabi, Porree, Kohl (Wirsing-, Rosen-, Weiß-), Kopfsalat, Sauerampfer und Kartoffeln, werden einige in gleichmäßige Streifen geschnitten und reingewaschen (im ganzen 125 g), mit Butter ½ Stunde gedämpft, Bouillon (¾ Lit.) und Wasser (¼ Lit.) dazugegeben, langsam gekocht, 1 Stunde — über geröstete Semmelscheiben angerichtet — auch mit einigen Scheiben ausgewässertem Rindermark ·im letzten Augenblick in die Suppe getan.

Kap. 46. Über das Abrühren, Sämigmachen oder Legieren von Suppen und Saucen.

469. Zum **Abrühren, Sämigmachen, Legieren** kann verwendet werden:

1. + Milch, für Suppen ca. 60 auf 1000, für Sauce ebenso.

2. + Rahm, fetter, für Suppen ca. ¹/₁₀ Lit., 90—100 auf 1000, für Saucen bis die Hälfte mehr.

3. Butter, für Suppen ca. 40 auf 1000, für Saucen ca. das Zweifache.

4. + Ei, besonders Dotter, für Suppen 3—4 St. (45—60) auf 1000, für Saucen bis zweimal soviel. (Der Dotter muß immer erst mit etwas der Flüssigkeit verrührt werden, bevor zu dem übrigen gegeben.)

5. + Liaison ist eine Mischung von Ei, besonders Dotter, mit Milch oder Rahm — für Suppen 1—2 St. mit Milch oder Rahm, 2 Eßl. auf 1000; für Saucen annähernd das Doppelte. (Der Dotter wird lange gerührt, bis weiß und dicklich, wird dann allmählich mit der heißen Suppe verrührt (oder Sauce). — Die Mischung wird in das Kochgeschirr zurückgegeben, vorsichtig, auf Wasserbad erwärmt unter stetigem Umrühren — soll nicht kochen — (Ganzei nur mit äußerster Vorsicht verwendbar).

6. Mehl: Weizenmehl, für Suppen ca. 40 auf 1000, für Saucen ca. 60 auf 1000,

   Sagomehl   ⎱ für Suppen bis 30 auf 1000, für Saucen
   Kartoffelmehl ⎰ bis 50 auf 1000.

   (Das Mehl soll gern 1—2 Stunden vorher mit etwas kalter Flüssigkeit ganz glatt gerührt werden, um dann allmählich mit der Suppe oder Sauce verrührt zu werden — und dann wenigstens 20 Min. damit gekocht werden.)

7. + Zwieback ⎱ für Suppen bis 100 auf 1000, für Saucen
   Röstbrot ⎰ bis 125 auf 1000.

   Das Brot oder der Zwieback werden einige Zeit in etwas Suppe aufgeweicht — damit unter Kochen ganz glatt gerührt, durch ein Stück Etamine (Gaze) geseiht, ein oder mehrere Male, bis die Masse völlig rahmartig gleichmäßig geworden —

wird dann mit der übrigen Suppe oder Sauce verrührt — noch einige Zeit ganz langsam (auf Wasserbad) gekocht (auch in der Kochkiste).

8. + Abkochung von Grützen; wird gekocht mit Reis, Sago, Tabioka (150 g), mit Wasser, bis auf ca. 500 g ($^1/_2$ Lit.) durchgeschlagene Masse. Davon kann verwendet werden für Suppen bis ca. 200 auf 1000, für Saucen etwas mehr.

9. Mehl, gebräuntes, für Suppe ca. 40 auf 1000, für Sauce ca. 60 auf 1000 (wie gewöhnliches Mehl verarbeitet).

10. Mehl- oder Zwiebackgemisch mit Dotter kann verwendet werden — die halbe Menge von jedem.

11. Mehl mit Fettstoff wird sehr viel verwendet — entweder: a) zusammengerührt; auf 1000 für

Suppe: Mehl   30 g   Sauce: Mehl   60 g
      Butter 25 g   Butter 55 g

Die Butter wird weich gerührt, mit dem Mehl glatt verrührt und allmählich mit der heißen Flüssigkeit — wird 15—20 Min. langsam gekocht, oder längere Zeit, bei stetigem Umrühren — soll ein oder mehrere Male durchgestrichen werden;

b) abgebrannt mit Mehl und Butter in demselben Verhältnis wie oben.

÷ Helle Einbrenne oder Mehlschwitze: Die Butter wird geschmolzen (ohne zu schäumen) — das Mehl eingerührt (auch mit etwas Flüssigkeit), wird bei leichter Wärme zusammen gekocht, ohne Färbung zu bekommen — wird allmählich mit kochender Flüssigkeit aufgegossen — auf schwacher Wärme (Wasserbad) weiter gekocht, wenigstens 15—20 Min. — sehr gern längere Zeit, bis 1—2 Stunden (wobei die Masse stark zusammenkocht, aber weit feiner wird) — Fett und Schaum wird sehr sorgfältig von der Oberfläche entfernt — soll ein oder mehrere Male durchgestrichen werden.

÷ Braune Einbrenne — „Roux" (wäre vielleicht besser, nur „rote" zu nennen). Die Butter wird geschmolzen, mit dem Mehl verrührt, gebraten bis auf mahagoni-gelbroter Färbung („Acajou"), sonst wie bei der weißen Einbrenne.

Allgemeine Regeln: Das Kochgeschirr soll abgerundeten Boden haben, am besten aus Steingut — Holzlöffel zum Umrühren — fortwährend nur ganz leichte Wärme, so daß die Färbung unter genauester Kontrolle bleibt (niemals deutlich dunkler braun) — die Suppe zum Aufgießen soll sehr heiß sein.

12. Gelatine wird auch ausnahmsweise verwendet.

13. Gehirn ist als sämigmachendes Mittel in der Diabetesküche anempfohlen worden.

Kap. 47. Suppen mit Milch, Rahm, Butter, Ei abgerührt.

470. Suppe (hell oder braun), abgerührt mit Milch, Rahm.

			Gr.	Cal.	
1000	Fleischbrühe	1 Lit.	1000		Milch oder Rahm (oder
60 90	Milch	$^1/_{16}$—$^2/_{16}$ Lit.	60—90	40 60	Mischung davon) wird
	oder Rahm (gew.,	1060—1090	105 150	in warmer Schüssel
	süß oder sauer, in				mit der heißen Suppe
	letzterem Falle				verrührt.
	glatt geschlagen)				

471. Suppe (hell oder braun) mit Ei legiert.

1000	Fleischbrühe	1 Lit.	1000		Der Dotter wird mit Wasser
30	Dotter	2 St.	30	108	oder Wein (1 Tl.) glatt ge-
	oder				schlagen — und dann mit
90	Ganzei	2 St.	90	140	etwas von der warmen Brühe,
	Wein				auf Teller oder in Suppen-
					schüssel — darauf allmählich

mit der übrigen Brühe — Ganzei kann, sehr sorgfältig ausgerührt,
auch verwendet werden.

472. Suppe (hell oder braun) mit Milch (Rahm) und Ei

[ganze Portion ca. 145—240 Cal.

1000	Fleischbrühe	1 Lit.	1000		Wie 471 zu bereiten.
60	Milch	$^1/_{16}$ Lit.	60	40	
	oder Rahm				
	(gew.)	$^1/_{16}$ Lit.		105	
30	Dotter	2 St.	30	108	
(90	Ganzei	2 St.	90	140)	

473. Abgerührte Suppen mit Geschmackszusätzen und Einlagen.

Nr. 470—472 wird mit den unter 464 angegebenen Zusätzen
zurechtgemacht.

474. Suppe mit Ei abgerührt, mit Kalbskopf und Reis

[ganze Portion ca. 270 (115) Cal.

1000	Brühe	1 Lit.	1000		Der Reis (in 12 Stunden auf-
125	Kalbskopf		125	125	geweicht und gargekocht)
25	Reis		25	90	wird mit der Brühe auf-
15	Dotter	1 St.	15	54	gekocht — der Dotter damit
			1165	269	verrührt (der Reis soll ganz
					bleiben) — auf den ge-

kochten, gehackten, erwärmten Kalbskopf in die warme Suppenschüssel gegossen — anderes feingehacktes Fleisch auch verwendbar — Fischsuppe ebenso mit gehacktem Fisch.

475. Italienische Makkaronisuppe [ganze Portion ca. 820 (95) Cal.

			Gr.	Cal.
1000	Fleischbrühe (hell)	1 Lit.	1000	
30	Dotter	2 St.	30	108
125	Rahm (gew. oder fett)	⅛ Lit.	125	210
15	Käse, gerieben	1 Eßl.	15	60
125	Makkaroni ca.		125	446
	Butter (wenig)		1295	824

Makkaroni, gargekocht oder gedämpft, in Stücke geschnitten, wird mit der kochenden Brühe übergossen und mit dem, mit dem Käse verrührten, Dotter zusammengerührt — kann mit etwas Xeres gewürzt werden.

476. Fleischsuppe, legiert, mit Spargel [ganze Portion ca. 450 (65) Cal.

1000	Fleischbrühe	1 Lit.	1000	
125	Rahm (gew., sauer) ca.	⅛ Lit.	125	210
60	Dotter	4 St.	60	216
125	Spargel		125	25
			1310	451

Der Dotter wird mit dem Rahm geschlagen, dann allmählich mit der heißen Suppe — über den vorher in etwas Wasser (und Butter) gargekochten Spargel gegeben.

477. Heilbuttensuppe, legiert [ganze Portion ca. 330 (20) Cal.

1000	Fisch	¾ kg	750	
2000	Wasser	1½ Lit.	1500	
	Mohrrübe	2 St.		
	Lorbeerblätter	2 St.		
	Salz	1 Tl.	5	
40	Essig	2 Eßl.	30	
40	Butter		30	225
40	Dotter	2 St.	30	108
40	Wein	2 Eßl.	30	
	Fischklöße			

Der Fisch wird mit Lorbeerblättern, einigen Körnern Pfeffer, Salz, Essig im Wasser gekocht, bis auf 1 Liter eingekocht — geschäumt, geseiht — die Wurzeln, in Scheiben, in etwas gebräunter Butter gedämpft, werden mit der Hälfte der Suppe weichgekocht — in der anderen Hälfte werden einige

Fischklöße gekocht — beide Portionen werden vereinigt — geseiht, mit den Dottern abgerührt und dem Wein — mit den Wurzeln und Klößen angerichtet.

Kap. 48. Fleischsuppen mit mehligen Stoffen abgerührt.

a) Einfach abgerührt (oder abgekocht):

478. Fleischsuppe mit Mehl abgerührt.

1000	Fleischbrühe	1 Lit.	1000	
5	Sago oder Tabiokamehl		5	17
10	Weizen-, Gersten- oder Hafermehl ca.		10	35

Das Mehl 1 Stunde vorher mit etwas kaltem Wasser (oder Wein oder Brühe) glatt gerührt — wird unter wiederholtem Umrühren ¼ bis ½ Stunde mit der Suppe verkocht — kann mit 1 Dotter

und 1 Eßl. Rahm verrührt werden (dann mit nur halb soviel Mehl).

479. Fleischsuppe mit Sago.

Sago (5 g) wird mit Brühe 1000 ganz verkocht — mit Liaison (Dotter 2 St., Rahm 2 Eßl.) abgerührt.

480. Soupe Sarah Bernhardt, Villiers.

Tabioka wird mit Hühnerbrühe ganz ausgekocht, Trüffel, Spargel, Mark, vorher miteinander weichgekocht, dazugegeben — und einige (mit Krebsbutter gefärbte) Hühnerfleischklöße.

b) Mit Einbrenne (Mehl und Butter):

481. -:- Fleischsuppe mit heller Einbrenne

[ganze Portion ca. 360 (10) Cal.

			Gr.	Cal.
1000	Fleischbrühe	1 Lit.	1000	
30	Mehl		30	100
25	Butter		25	262
			1055	362

(÷ Kochverlust)

Mehl und Butter werden zu weißer Einbrenne gemacht (469, 11) — die unter stetigem Umrühren mit der heißen Suppe verrührt wird — um dann wenigstens $^1/_2$ Stunde zu kochen.

Fischsuppe ganz ebenso.

482. ÷ Fleischbrühe mit brauner Einbrenne.

Fleischbrühe, braune (1 Lit.), wird ganz wie 481 mit brauner Einbrenne zubereitet.

481 und 482 kann auch mit Dotter abgerührt werden; man nimmt dann auf Brühe 1000 Mehl 15 g, Butter 12 g (als Einbrenne), mit Dotter (2 St.) 30 g.

483. : Weiße oder braune Fleischsuppe mit Einbrenne und verschiedenen Zusätzen.

Die meisten kombinierten Fleischsuppen („à la" so und so) werden meistens aus solchen Fleischsuppen mit Einbrenne hergestellt — mit verschiedensten Zusätzen und Einlagen:

Für helle abgebrannte Suppen eignet sich besonders Weißwein als Gewürz; mit Austern, Muscheln, hellem Fleisch in Filets, Hühnerfleischklößen, Makkaroni, Reis — mageren Schinken in Würfeln — Blumenkohl, Schoten;

auch gekochte, geräucherte Zunge in Filets mit Champignons in Scheiben oder Spargel.

Für braune abgebrannte Suppen besonders geeignet; als Geschmack: Xeres, Cognac, mit verschiedenen Einlagen von Ei, Kalbsmilch, dunklem Fleisch in Filets, Fleischklöße, Fischklöße, Spargel usw. (vgl. auch 464).

484. ∴ **Fischsuppe mit Champignons** [ganze Portion ca. 325 (20) Cal·

		Gr.	Cal.
1000	{ Fischbrühe ½ Lit.	500	
	{ Sparsuppe,		
	weiß (440) ½ Lit.	500	
25	Mehl	25	87
25	Butter	25	187
100	Champignons	100	
15	Dotter 1 St.	15	54
		1165	328

Die gemischten Suppen werden mit Suppengemüse, Mohrrübe, Sellerie gekocht — Mehl, Butter in heller Einbrenne damit verrührt — aufgekocht — mit etwas Wein, Zitronensaft, Petersilie (gehackt) zubereitet — zuletzt mit Dotter legiert — mit Fischklößen angerichtet.

485. ÷ **Champignonsuppe,** Nimb [ganze Portion ca. 340 (20) Cal.

1000	Kalbsbrühe 1 Lit.	1000	
30	Mehl	30	105
25	Butter	25	190
15	Dotter 1 St.	15	54
250	Champignons	250	
	Rheinwein	1320	349
	Zitronensaft		

Die Champignons werden mit wenig Wasser, Zitronensaft, Butter weich gedämpft — die davon abgeschäumte Butter wird mit dem Mehl hell abgebrannt — mit der Brühe und der Champignonbrühe verrührt — mit Dotter und Wein zubereitet.

486. **Suppe mit Gemüsen** [ganze Portion ca. 760 (35) Cal.

1000	Kalbsbrühe 1 Lit.	1000	
250	Gemüse ¼ kg	250	ca. 85
30	Mehl	30	105
70	Butter	70	525
30	Rahm (gew.) 2 Eßl.	30	50
		1380	765

Gemüse (Spargel, Blumenkohl, Mohrrübe, Kohlrabi, Schwarzwurzel, Erdartischocke usw.) im Wasser weichgekocht, in Stücke geschnitten — werden mit der Brühe aufgekocht — diese wird abgerührt mit dem mit 30 g Butter abgebrannten Mehl — wird zuletzt mit der übrigen Butter verrührt in kleinere Stückchen, und mit dem Rahm.

Suppe mit Blumenkohl kann mit etwas geriebenem Parmesankäse verrührt werden.

487. ÷ Rinderschwanzsuppe (braun).

<table>
<tr><td></td><td></td><td></td><td>Gr.</td><td>Cal.</td><td></td></tr>
<tr><td>1000</td><td>Suppe, braun</td><td>1 Lit.</td><td>1000</td><td></td><td>Der Schwanz, zerschnitten</td></tr>
<tr><td></td><td>Rinderschwanz</td><td>1 St.</td><td></td><td></td><td>(in den Gelenken), wird mit</td></tr>
<tr><td>30</td><td>Butter</td><td></td><td>30</td><td>225</td><td>der Butter und der Mohr-</td></tr>
<tr><td>10</td><td>Sagomehl</td><td>2 Tl.</td><td>10</td><td>35</td><td>rübe (in Scheiben), den Ge-</td></tr>
<tr><td></td><td>Sellerie</td><td>$^1/_4$ St.</td><td></td><td></td><td>würzen und Suppengemüse</td></tr>
<tr><td></td><td>Porree</td><td>1 St.</td><td></td><td></td><td>braun gebraten — mit etwas</td></tr>
<tr><td></td><td>Mohrrübe</td><td>1 St.</td><td></td><td></td><td>der Suppe mürbe gekocht —</td></tr>
<tr><td></td><td>Zwiebel, roh</td><td>1 St.</td><td></td><td></td><td>die Suppe abgeseiht — mit</td></tr>
<tr><td></td><td>Pfeffer, ganz</td><td>3 Körner</td><td></td><td></td><td>der übrigen Suppe vermischt,</td></tr>
<tr><td></td><td>Thymian, wenig</td><td></td><td></td><td></td><td>aufgekocht — mit Sagomehl,</td></tr>
<tr><td>60</td><td>Madeira</td><td>$^1/_{16}$ Lit.</td><td></td><td></td><td>im Wein ausgerührt, legiert</td></tr>
<tr><td></td><td></td><td></td><td></td><td></td><td>— wieder aufgekocht — auf</td></tr>
</table>

die Schwanzstücke in die Suppenschüssel gegeben. — Kann
auch nach 482 bereitet werden, mit Madeira oder Xeres gewürzt,
und mit, für sich weichgekochten, Schwanzstücken als Einlage.

488. ÷ Unechte Schildkrötensuppe.

<table>
<tr><td>ca.</td><td>{Kalbskopf</td><td>$^1/_2$ St.</td><td>Der Kopf wird reingemacht, $^1/_2$ Stunde</td></tr>
<tr><td>2000</td><td>{Rindfleisch</td><td>$^3/_4$ kg</td><td>in kaltes Wasser gestellt — blanchiert —</td></tr>
<tr><td>2000</td><td>Wasser</td><td>2 Lit.</td><td>mit der Zunge in etwas gesalzenem</td></tr>
<tr><td></td><td>Mohrrübe</td><td>2 St.</td><td>Wasser gekocht, bis sich das Fleisch</td></tr>
<tr><td></td><td>Petersilien-</td><td></td><td>von den Knochen löst — das Fleisch</td></tr>
<tr><td></td><td>wurzel</td><td>2 St.</td><td>wird, noch warm, von den Knochen</td></tr>
<tr><td></td><td>Zwiebel</td><td>4—5 St.</td><td>abgenommen, in größere Würfel zer-</td></tr>
<tr><td></td><td>Speck</td><td>40 g</td><td>schnitten — der Speck wird in einem</td></tr>
<tr><td></td><td>Mehl</td><td>10 g</td><td>Kochtopf mit dem kleingeschnittenen</td></tr>
<tr><td></td><td>Butter</td><td>10 g</td><td>Rindfleisch und dem Wurzelwerk und</td></tr>
<tr><td></td><td>Madeira</td><td>$^1/_6$ Lit.</td><td>dem übrigen Wasser bis auf ca. 1 Lit.</td></tr>
<tr><td></td><td>Cognac</td><td>2 Eßl.</td><td>eingekocht — Butter mit Zwiebel, braun</td></tr>
<tr><td></td><td>Zitronensaft</td><td>2 Eßl.</td><td>gebraten, wird mit dem Mehl verkocht,</td></tr>
<tr><td></td><td>Paprika</td><td></td><td>und mit Gewürz (Paprika), und mit der</td></tr>
<tr><td></td><td></td><td></td><td>Suppe verkocht — das Kopffleisch wird</td></tr>
</table>

darin erwärmt — mit Madeira (und Cognac, nach Wunsch).
Kann auch bereitet werden nach 482, mit Wein und Kalbskopf-
würfeln als Einlage.

c) Mit ausgekochter durchstrichener Grütze (Mehlpüree).

489. Fleischsuppe mit Grütze abgekocht

[ganze Portion ca. 500 (55) Cal.

			Gr.	Cal.
1000	Fleischbrühe	1 Lit.	1000	
75	Grütze		75	260
45	Ei [oder Dotter]	1 St.	45	70
60	Rahm (gew.)	¹/₁₆ Lit.	60	105
10	Butter		10	75
			1190	510
		(÷ Kochverlust)		

Die Grütze (Gersten-, Reis-, Hafer-, Mais-, Grünkern-, Semouillegrütze) wird in Wasser aufgeweicht (nach Kap. 90) — mit der Brühe gekocht, mehrere Stunden — durchgestrichen — aufgekocht — mit dem mit Rahm verklepperten Ei (oder Dotter) abgerührt — kann zuletzt auch mit Butter abgerührt werden — auch mit Sago 40 g, Tabioka 35 g auf 1000 — kann mit verschiedenen Geschmackszusätzen versehen werden.

d) Mit präparierten Mehlstoffen.

490. + Fleischbrühe mit Reisflocken abgekocht.

Wie 489 — mit Reis-(auch mit Mais-, Hafer-)flocken.

491. + Fleischbrühe mit gebräuntem Mehl.

Brühe (1 Lit., 1000 g) wird mit lichtgebräuntem Weizenmehl (1 Eßl., 10 g) abgerührt und gut verkocht.

492. + Panadensuppe, franz., „Crôute ou pôt", Seignobos*).

1000	Fleischbrühe (helle)	1 Lit.	
150	Brot	150 g	375

Brot, braun geröstet, oder Rinde wird einige Zeit mit etwas von der Suppe aufgeweicht — langsam 1 Stunde gekocht unter jeweiligem Umrühren, so daß die Masse ganz glatt wird — die übrige Suppe wird kochend damit gerührt — 10—15 Min. langsam gekocht, bei wiederholtem Umrühren — kann ein bis zwei Male durchgestrichen werden — kann mit Rahm oder mit Dotter legiert werden.

---

*) „la seule recette de crôute au pôt."

Kap. 49. Püree-Fleischsuppen.

I. Mit Fisch oder Fleisch.

493. Fleischpüreesuppe   [ganze Portion ca. 330 (100) Cal.

			Gr.	Cal.
1000	Fleischsuppe	1 Lit.	1000	
100	Fleisch		100	100
50	Brot		50	125
60	Rahm (gew.) $^1/_{16}$ Lit.		60	105
			1210	330

Das Fleisch, mager, mürbe, schier, gekocht, gedämpft oder gebraten, wird mit dem 20 Min. in etwas Suppe aufgeweichten und ausgekochten Brot zerstoßen und mit dem Rahm — wird durchgestrichen — mit der übrigen Suppe auf dem Feuer zusammengeschlagen — kann mit Dotter (1—2 St.) abgerührt werden — helles Fleisch wird zu heller Suppe, dunkles Fleisch zu brauner Suppe genommen — es kann mit Maggigewürz, Wein usw. gewürzt werden — kann mit Einlage von Ei, Klößen, geröstetem Brot angerichtet werden.

494. Potage à la reine nach Seignobos

[ganze Portion ca. 1000 (600) Cal.

1000	Fleischbrühe	1$^1/_2$ Lit.	1500	
750	Huhn (1 St.)	$^3/_4$ kg	750 ca. 660	
60	Reispüree	4 Eßl.	60 ca. 40	
60	Rahm (gew.)	$^1/_{16}$ Lit.	60	105
60	Dotter	4 St.	60	216

Das Huhn wird leicht gebraten, kleingeschnitten, Brust und Flügel beiseite gelegt — das übrige wird mit der Suppe gekocht, bis auf 1 Lit. (ca. 2 Stunden) — alles Fleisch wird von den Knochen gepflückt, gehackt, gestoßen, durchgestrichen, mit dem Reispüree und dem Rahm und der heißen Brühe wieder durchgestrichen, zusammengekocht — mit den verklepperten Dottern verrührt und nach Bedarf mit Brühe verdünnt — mit dem Brust-Flügelfleisch in Filets geschnitten, angerichtet.

495. Brieschenpüreesuppe.

1000	Rindfleisch-brühe	1 Lit.	1000	
250	Kalbsbrieschen	$^1/_4$ kg	250 ca. 300	

Brieschen (vorbereitet nach Kap. 74) wird gewiegt, durchgestrichen — mit der kochenden Brühe verrührt — aufgekocht — kann mit Dotter legiert werden — wird mit gekochten Brieschen (in Würfeln) angerichtet.

496. Fischpüreesuppe, franz., nach Seignobos.

			Gr.	Cal.	
1000	Fisch	1 kg	1000	ca. 850	Der Fisch (Dorsch, Butte,
2000	Wasser	2 Lit.	2000		Heilbutte, Hering, Aal usw.
	Olivenöl				gemischt), reingemacht, in
	Kräuter, gemischte				Stücke zerschnitten — wird
	Zwiebel				mit Olivenöl und Zwiebel et-
	Makkaroni, Gewürz				was gekocht — Wasser dazu
					gegossen, mit Salz, Pfeffer,

Safran, Fenchel, Gewürznelken — langsam gekocht, bis das Fleisch ganz mürbe — wird dann durch das Sieb gestrichen — mit Makkaroni und geriebenem Käse angerichtet.

2. Mit Kräutern, Gemüsen (Wurzeln, Kohl usw.).

497. Gemischte Kräutersuppe   [ganze Portion ca. 340 Cal.

1000	Fleischbrühe	1 Lit.	1000		Die Kräuter, reingemacht,
30	Sauerampfer		30	10	werden zerschnitten, mit
30	Kerbel		30	10	wenig Butter weich gedämpft
30	Spinat		30	10	— durchgestrichen. — Die
30	Petersilienwurzel		30	12	Suppe, mit dem Brot 15 Min.
30	Butter		30	225	gekocht, wird mit dem
30	Brot		30	75	Kräuterpüree verrührt und
			ca. 1180	342	verkocht — mit Petersilien-

wurzel (weich gekocht) ange-
richtet — kann mit Dotter und frischer kalter Butter abgerührt werden.

Kerbelsuppe

ebenso, mit Kerbel (50 g), Spinat (50 g) — mit Porree und Spargel anzurichten.

498. Gemüsepüreesuppe   [ganze Portion ca. 290 Cal.

1000	Fleischbrühe	1 Lit.	1000		Gemüse (Schoten, enthülste,
250	Gemüse	1/4 kg	250	88	Spargel, Blumenkohl) wer-
20	Butter		20	150	den weichgekocht — durch-
15	Zucker		15	58	gestrichen, mit der Suppe
			ca. 1285	296	und Butter aufgekocht —

mit Butter (kalt) abgerührt
— mit verschiedenen Einlagen angerichtet (Reis, gekocht, ganz, Mohrrüben, gekocht, in Scheiben usw.).

499. Mohrrübenpüreesuppe, „Potage Crecy", nach Seignobos.

			Gr.	Cal.
1000	Brühe	1 Lit.	1000	
250	Mohrrüben	$^1/_4$ kg	250 ca.	80
15	Zucker		15	58
15	Butter		15	112
			1280 ca.	250

($\div$ Kochverlust)

Mohrrüben, zerschnitten, werden mit der Butter und dem Zucker langsam verkocht — dann mit der Suppe 1 Stunde (oder längere Zeit) gekocht, bis die Rüben ganz weich sind — zuletzt mit etwas roter Farbe — Fett wird abgeschäumt — die Wurzeln für sich durchgestrichen — mit der Suppe verkocht — Brot (25 g) kann mit den Wurzeln durchgestrichen werden.

Schwarzwurzelpüreesuppe
Kohlrabipüreesuppe
Erdartischockenpüreesuppe
Selleriepüreesuppe
} in gleicher Weise (ohne Farbe).

500. Französische Kartoffelsuppe, „Potage Parmentier", Villiers.

1000	Brühe, stark	1 Lit.	1000	
250	Kartoffeln, gekocht	$^1/_4$ kg	250	225
30	Dotter	2 St.	30	162
60	Rahm	4 Eßl.	60	100
25	Kerbel, gehackt	1 Eßl.	25	
			1365	487

Kartoffeln (mehlig) werden gekocht und mit etwas von der Brühe durchgestrichen — Dotter werden mit dem Rahm in der Suppenschüssel verkleppert — das Kartoffelpüree wird aufgekocht mit Salz (Pfeffer) und Kerbel hinzugerührt — die übrige Suppe kochend, allmählich aufgegossen und damit verrührt — kann mit geröstetem Brot oder Fleischklößen angerichtet werden.

501. Grünkohlsuppe.

1000	Brühe	1 Lit.	1000	
150	Grünkohl		150	100
30	Mehl		30	100

Der Kohl (sorgfältig von gröberen Rippen befreit) wird mit dem Mehl feingewiegt — mit etwas Suppe 2—3 Stunden gekocht — mit der übrigen Suppe unter starkem Umrühren vereinigt — 20 Min. gekocht — mit in Zucker und Butter glacierten kleinen runden Kartoffeln angerichtet.

Grünkohlsuppe mit Gerste.

Gerstengrütze (30 g zu 1000 Brühe) in 12 Stunden aufgeweicht, wird einige Stunden mit der Brühe gekocht und mit dem vorher weichgekochten und feingewiegten Kohl — nach Wunsch mit etwas Kartoffelpüree. — Wird auch mit weißer Einbrenne zubereitet; auch mit durchgeseihtem Gersten- oder Haferschleim.

Rosenkohlpüreesuppe ebenso.

3. Mit Hülsenfrüchten.

502. Linsenpüreesuppe
ganze Portion ca. 640 (180) Cal.

		Gr.	Cal.
1000	Fleischbrühe*) 1 Lit.	1000	
200	Linsen	200	640
	Butter		
	Gewürz		

Die Linsen werden zu Püree verkocht (Kap. 123), die heiße Suppe wird damit verrührt und einige Zeit gekocht — kann mit kleinen Würstchen angerichtet werden oder mit geräuchertem, gekochtem Schinken (in Filets).

Püreesuppe von weißen Bohnen ebenso.

503. Durchgestrichene Gelbeerbsensuppe.

			Cal.
250	Gelbe Erbsen ¼ kg (geschält)		250
1000	Wasser 1 Lit.		1000
500	Rindshesse, Speck, Wurst (ganz magere) im ganzen ½ kg		500
	Pastinak 1 St.		
	Mohrrübe 1 St.		
	Sellerie		
	Zwiebel 1 St.		

Erbsen werden in 24 Stunden in kaltem Wasser aufgeweicht — weichgekocht (Kap. 123), durchgestrichen — Brühe mit dem Wasser und der angeführten Fleischware und Gemüsen gekocht und aufgegossen, bis auf 1 Lit. — wird wenigstens ½ Stunde mit dem Erbsenpüree gekocht — mit gerösteten Brotwürfeln oder kleinen Fleischklößen angerichtet.

4. Mit Früchten.

504. Tomatenpüreesuppe nach Jensen.

1000	Fleischbrühe 1 Lit.	1000	
200	Tomate	200	44
50	Reis	50	175
	Porree 1 St.		
	Zwiebel ½ St.		
	Petersilie, ein wenig		
	Xeres ca. 3 Eßl.		
	Fleischfarce ca. 100		

Reis, weichgekocht (nach Kap. 90), wird mit den (mit Zwiebel in etwas Brühe) gargekochten Tomaten durchgestrichen, wird mit der übrigen Brühe verkocht — mit Wein (Paprika), Petersilie (feingewiegt) gewürzt — mit Scheiben weichgekochten Porrees angerichtet — mit kleinen Fisch- oder Fleischklößen — auch mit anderen Grützen (Tabioka usw.) zu bereiten.

Tomatenpüree-Fischsuppe

ebenso — mit halb Fisch-, halb Fleischbrühe — auch mit etwas Zitronensaft gewürzt — mit Fischklößen.

---

*) Kann teilweise mit geräuchertem Schinken gekocht sein.

505. + Kastanienpüreesuppe.

			Gr.	Cal.	
1000	Fleischbrühe	1 Lit.	1000		Kastanien werden (nach Kap.
250	Kastanien	¼ kg	250	980	165) mit etwas Brühe, dem
	Butter				Schinken und Zwiebel weich-
50	Schinken, geräuchert		50		gekocht und (ohne die Zwie-
	Zwiebel, Salz				bel) durchgestrichen — das
	Zucker				Püree wird mit der übrigen

Brühe $\frac{1}{2}$ Stunde gekocht — geschäumt — mit Brotwürfeln angerichtet — auch mit einigen halben (gekochten) Kastanien (die auch glaciert werden können) — kann mit etwas kalter Butter abgerührt werden.

Klasse V.

Zusammengesetzte Saucen.

Kap. 50. Etwas Allgemeines über aller Art Saucen.

Ein bekannter deutscher „Saucier" namens Hampel meint von der Sauce, daß sie eigentlich das Fundament wäre, auf welchem sich das Kulinarische aufbaut.

Es ist etwas sehr Wahres daran, wenngleich einigermaßen Übertreibung.

Zu vielen verschiedenen Speisen hat man das Bedürfnis nach Sauce, und häufig ganz mit Recht, als die feuchte flüssige Zugabe zu dem Festen, Trocknen. Die Saucen können notwendig werden zu verschiedenen Fleisch-, Fischspeisen, zu Eierspeisen, Mehlspeisen, Fruchtspeisen, und werden in verschiedenster Art zubereitet als Milch-, Rahm-, Butter-, Eier-, Fleisch-, Fischauszugs, Frucht-, Wein-, Gewürzsaucen — so wie sie in diesem Buche an verschiedener Stelle beschrieben sind, überall im Anschluß an die Suppen, mit denen sie genau zusammengehören. Sauce ist ja nämlich nichts anderes als eine verhältnismäßig stärkere und dickere Suppe.

Die Sauce hat wirklich in nicht seltenen Fällen eine recht hohe kulinarische und dementsprechende hygienisch-diätetische Bedeutung — indem sie oftmals bei rechter Verwendung die Verdauung in günstigster Weise beeinflussen kann.

Aber! bei Verwendung und Herstellung der Saucen soll, ganz besonders diätetischen Aufgaben gegenüber, Mäßigkeit geübt werden — die Saucen sind immer möglichst einfach, in möglichst natürlicher Weise gewürzt, zuzubereiten.

Fleisch- und Fisch-Auszugssaucen.

Kap. 51. Etwas Allgemeines über diese Saucen.

Gewöhnlich werden zu diesen Saucen kräftigere Suppen, Kraft-brühen, Consommés verwendet, während man in der raffinierteren Küche außerdem noch mancherlei kräftigste und sehr verfeinerte Fleischauszüge in Verwendung zieht, so wie: „Fonds“, „Fumets“, „Essenzen“, „Glace“ usw., wobei oftmals sehr stark gewürzt wird — mit Kräutern, Gemüsen, Schwämmen, Zusatzgewürzen usw.

Die „feine Küche“, besonders die französische, hat eine Unmenge der verschiedensten Fleisch- und Fischsaucen erfunden — aber für die auf Gesundheit Rücksicht nehmende Küche soll es stark betont werden, daß die Fleisch- und Fischsaucen immer möglichst schwach und möglichst ungewürzt herzustellen sind, mit möglichst geringen Mehlzusätzen, und daß vor allem die Mehleinbrenne in sparsamster Weise zu verwenden ist (vgl. Kap. 56).

Der volle, weiche Wohlgeschmack („saveur“), den die Saucen vor allem haben sollen, wird in einfachster und gesündester Weise da-durch zu erreichen sein, daß alle Ingredienzien feinster Art sind, be-sonders für diätetische Zwecke: beste, frische Butter, feinstes Mehl, leichteste, feinste Gewürze.

Kap. 52. Über einige besondere Suppen- und Saucengewürze und Speise-Farben.

506. Mirepoix.

Schinken oder fleischiger Speck, geräuchert (100 g), wird unter lebhaftem Schütteln und Umwenden mit etwas Butter, mit etwas Zwiebel, Mohrrübe (ca. 100 g), Porree (ca. 50 g), alle in Würfeln, hellbraun gebraten — auch ein „Bouquet“ (508) kann hinzugetan werden — und zuletzt einige Eßlöffel Madeira — auch, nach Wunsch, verschiedenes andere Gewürz (Lorbeerblätter, Thymian, Gewürznelken, Pfeffer) — wird zugedeckt, für spätere Verwendung aufbewahrt (um mit den für Saucenbereitung be-stimmten Kraftbrühen abgekocht zu werden usw. — in Menge nach Geschmack).

507. Duxelle oder „Fines herbes“.

Zwiebel (2 St.), gehackt, werden mit 1 Eßl. einer Mischung von Butter und Öl gekocht und mit Champignonabfällen (4 Eßl.), bis alles Wässerige verdampft ist — wird mit etwas Pfeffer, Salz, Muskat, gehackter Petersilie gewürzt.

508. Bouquet garni

ist ein kleines Bündelchen Petersilie (Blätter und Stiele) $^8/_{10}$, darin eingebunden Lorbeerblätter und Thymian, $^1/_{10}$ von jedem — im ganzen ca. 30 g — mit den Grundsuppen (Saucen) zu verkochen.

509. Unschuldige Speisefarben

verwendbar, um Saucen oder anderen Speisen eine bessere oder eigene Farbe zu verleihen:

Braune Farbe, von gewöhnlichem Karamelzucker, etwas verdünnt, oder Couleur, hergestellt aus Zucker (50 g), der mit $^1/_8$ Lit. Malzbier $1^1/_2$ Stunden lang gekocht wird, auf Sirupkonsistenz.

Grüne Farbe, Spinatgrün. Die Blätter werden abgespült, zermalmt und durchgestrichen. Die Masse kann so als Färbemittel Verwendung finden; oder es kann der Saft daraus ausgepreßt werden, durch Auswringen in einem starken Leinentuch. Der abgepreßte Saft wird warm gestellt, wobei sich eine farbige Flüssigkeit ausscheidet, die als Farbemittel verwendbar ist.

Rote Farbe kann hergestellt werden aus Koschenille, gestoßen (40 g), welches mit Wasser ($^1/_4$ Lit.), Weingeist ($^1/_4$ Lit.), Pottasche (2 g) in 24 Stunden zieht, wonach die Flüssigkeit abgeseiht wird.

Gelbe Farbe. Safran (5 g) wird mit heißem Wasser ($^1/_4$ Lit.) ausgezogen, die Flüssigkeit abfiltriert — auch gewöhnliche Butterfarbe verwendbar.

Kap. 53. Klare Saucen mit Geschmackszusätzen und Einlagen.

510. Klare Sauce, gewürzt.

Kraftbrühe (nach Wunsch eingekocht), $^1/_4$ Lit., wird abgeschmeckt mit Bearnaiseessenz bis 1 Tl., oder Maggigewürz bis $^1/_2$ Tl., Lahmann-Nährsalz 1 Msp., Zitronensaft bis 1 Eßl., Senf, franz., ca. $^1/_2$ Tl., engl. Sauce $^1/_3$ Tl. — wird mit der warmen Brühe kurz vor Anrichten verrührt — einzeln oder mehreres gemischt.

511. Klare Sauce mit Madeira, Madeirajus (nach Nimb).

			Gr.	
250	Jus, stark	$^1/_4$ Lit.	250	Werden zusammen gekocht, bis
	Madeira	$^1/_{16}$ Lit.	60	etwas dickflüssig — auch mit
				etwas Sagomehl sämig zu ma-

chen — anzurichten mit darin aufgekochten:

Champignons,   (gargekocht oder gedämpft),
oder Oliven,   60 g (,,   ,,   ,,   ).

Sauce financière

wird zubereitet aus Madeirajus mit gemischter Einlage von Hühner- oder Kalbfleisch, geräucherter Zunge, Champignons, Trüffeln, alles in feinen Filets.

Sauce à la provençale

mit farcierten Oliven (12 St.), Kapern (1 Eßl.), Sardellenfilets (1 Eßl.), Krebsschwänze (12 St.) — wenig Paprika zu $^1/_4$ Lit. Jus.

512. Klare Sauce durch Abkochen gewürzt.

Kraftbrühe wird mit etwas Mirepoix (506), Duxelle (507), Bouquet (508), Lorbeerblätter, ganzen Pfeffer, Curry (einzeln oder gemischt) aufgekocht.

513. Italienische Sauce (nach Beeton).

			Gr.	
1000	Kraftbrühe, braun	$^1/_4$ Lit.	250	Die Kraftbrühe wird mit Champignons, Schalotten, Wein $^1/_4$ St. langsam gekocht — das übrige wird kurz damit aufgekocht.
	Champignons	4 St.		
	Schalotten	3 St.		
125	Madeira	2 Eßl.	30	
180	Zitronensaft	3 Eßl.	45	
20	Zucker	$^1/_2$ Eßl.	5	
	Petersilie, gehackt	$^1/_2$ Tl.		

514. Klare Currysauce.

1000	Bouillon	$^1/_4$ Lit.	250	Die Butter wird 10 Min. mit dem Schinken, Curry, Thymian, Zwiebel gedämpft — Bouillon aufgegossen, 20 Min. gekocht — durchgeseiht — mit Salz (und nach Wunsch mit engl. Sauce, $^1/_3$ Tl.) abgeschmeckt — kann mit etwas Sagomehl sämig gemacht werden.
60	Butter		15	
	Schinken		10	
20	Curry	ca. 1 Tl.	5	
	Thymian (wenig)			
	Knoblauch	1 Msp.		
	Span. Zwiebel	2 St.		

515. Klare Saucen mit Einlagen.

Kraftbrühe, klare, verschiedentlich gewürzt, $^1/_4$ Lit., wird angerichtet nach Aufkochen mit Kapern (1 Eßl.), oder Champignons (bis 2 Eßl.), Trüffel (bis 2 Eßl.), Olive (bis 2 Eßl.), Kastanien (6—8 St.), alles mürbe gekocht, ganz oder zerschnitten oder gewiegt — einzeln oder gemischt.

Kap. 54. Abgerührte Saucen mit Rahm, Butter, Ei.

a) Mit Rahm, Butter.

516.   + Sauce, abgerührt mit Butter oder Rahm.

			Gr.	
1000	Brühe	¹/₄ Lit.	250	Rahm oder Butter wird mit der
125	Rahm (fett)	2 Eßl.	30	heißen Suppe zusammengeschla-
80	oder Butter		20	gen — auch halb Butter, halb
				Rahm.

517.   + Sauce mit Rahm und Butter abgerührt

[1 Eßl. 15 g, ca. 12 Cal.

1000	Brühe, hell	¹/₄ Lit.	250	Kapern, gehackt, werden 10 Min.
100	Butter		25	mit der Brühe gekocht, die ab-
180	Rahm, fett	3 Eßl.	45	geseiht und mit dem Rahm (süß
	Zitronensaft	2 Tl.	10	oder sauer) glatt verrührt, ge-
	Kapern	1 Eßl.		schlagen und aufgekocht wird —
				und geseiht — mit Zitronensaft

und Zucker nach Geschmack gewürzt — zuletzt mit der Butter
(kalt) verrührt — kann mit den Kapern als Einlage gereicht werden.

518.   Sauce à la Maitre d'Hôtel (Hampel)   [1 Eßl. 15 g, ca. 34 Cal.

1000	Jus	¹/₄ Lit.	250	Jus wird geschmolzen, mit der
500	Butter		125	Butter geschlagen, die ganz all-
125	Zitronensaft	2 Eßl.	30	mählich hinzugefügt wird —
	Petersilie	1 Eßl.		Zitronensaft, Petersilie (gewiegt)
				eingerührt — lauwarm anzu-
				richten.

Sauce Colbert

ebenso — außerdem mit Madeira (2 Eßl., 30 g) und Kayenne
(1 Msp.).

519.   Verschiedene mit Butter abgerührte Saucen

können zubereitet werden, indem die in 70 genannte, verschieden
gerührte Butter mit heißer Fleischbrühe aufgerührt wird
(die dort angeführten Portionen werden für ungefähr ¹/₂ Lit.
Brühe genommen).

b) Abgerührt mit Ei, Rahm, Butter.

520.   Liaison

nennen wir die zum Abrühren von Saucen allgemein verwendete
glatte Mischung von Dotter (1 St., 15 g) mit Rahm (1—2 Eßl.,
15—30 g) — auf ca. ¹/₄ Lit. 250 Brühe.

521. **+ Sauce poulette** [1 Eßl. 15 g, ca. 9 Cal.

			Gr.
1000	Fleischbrühe	¼ Lit.	250
125	Dotter	2 St.	30
250	Rahm, gew.	4 Eßl.	60
60	Zitronensaft	1 Eßl.	15
60	Petersilie,		
	gehackt	1 Eßl.	15
	(Butter)		

Die Brühe (Hühnerbrühe oder andere) wird heiß mit Dotter, Rahm gut verrührt, dann mit Zitronensaft und Petersilie — auf Wasserbad bis auf Kochpunkt gebracht — kann zuletzt mit etwas frischer Butter abgerührt werden.

522. Helle Sauce, abgerührt mit Dotter, Rahm, Butter

[1 Eßl. 15 g, ca. 33 Cal.

1000	{Kraftbrühe	⅛ Lit.	125
	{Rahm, gew.	⅛ Lit.	125
250	Dotter	4 St.	60
160	Butter		40
	Senf, Zitronensaft		
	Salz (Pfeffer)		

Die Brühe wird auf Wasserbad mit den Dottern abgerührt (man kann auch weniger nehmen) und mit dem Gewürz, bis sämig geworden — wird durch feines Sieb geschlagen — mit Butter und Rahm verrührt — warm

verwendet, oder auch kalt als Salatsauce (für Fleisch und Fisch).

523. Fischsauce, abgerührt mit Dotter und Butter (Guldberg)

[1 Eßl. 15 g, ca. 19 Cal.

1000	{Fischbrühe	1/12 Lit.	80
	{Fleischbrühe	1/12 Lit.	80
	{Weißwein	1/12 Lit.	80
125	Butter		30
180	Dotter	3 St.	45
	Mehl	1 Msp.	
	Zitronensaft		
	Muskatnuß, Salz (Pfeffer)		

Brühe und Wein werden mit Butter und Mehl gekocht — gewürzt — mit Zitronensaft gerührt — zuletzt mit Butter und Dotter (glatt gerührt).

Soyasauce ebenso — mit japan. Soya (2 Eßl.) für Weißwein.

524. Sauce bearnaise [1 Eßl. 15 g, ca. 50 Cal.

1000	Bouillon	⅛ Lit.	125
720	Dotter	6 St.	90
1000	Butter		125
360	Weinessig	3 Eßl.	45
	Charlotten	6—8 St.	

Die Charlottenzwiebeln, feingewiegt, werden mit dem Essig auf die Hälfte eingekocht (ca. 15 Min.) — abgekühlt, mit den Dottern verrührt, einen nach dem anderen, und mit der Butter, allmählich in

kleinen Stücken — wird auf schwachem Feuer geschlagen, bis dicklich geworden.

Kap. 55. Saucen, abgerührt mit Mehl (mit Rahm, Butter, Ei).

I. Mit wenig Mehl.

525. + Klare Jussaucen mit Mehl.

			Gr.
1000	Jus	$^1/_4$ Lit.	250
20	Sagomehl	1 Tl.	5

Das Mehl wird mit 1 Eßl. kalten Wassers glatt gerührt — mit dem geschmolzenen Jus (oder Kraftbrühe) abgerührt — durchgekocht — mit verschiedenem Gewürz kann Abwechslung geschafft werden (Sherry, Madeira, Tomatenessenz usw.).

526. + Weiße Sauce   [1 Eßl. 15 g, ca. 15 Cal.

1000	{Kraftbrühe	$^1/_8$ Lit.	125
	{Rahm, gew.	$^1/_8$ Lit.	125
20	Mehl	1 Tl.	5

Das Mehl wird mit dem Rahm glatt gerührt — mit der Brühe verrührt — auf Wasserbad ca. 20 Min. gekocht — geseiht — auch mit nur der halben Menge Rahm — auch mit etwas mehr Mehl — kann verschiedentlich gewürzt werden.

527. Burgundersauce (Guldberg).

1000	{Kraftbrühe	$^1/_6$ Lit.	180
	{Burgunder-		
	{ wein ca.	$^1/_{12}$ Lit.	80
20	Mehl	1 Tl.	5
	Speck, eine Scheibe		
	Zwiebel	2 St.	
	Gewürznelke	2—3 St.	
	Zitronensaft	2 Tl.	
	Kayenne (1 Msp.)		
	Salz		

Die Brühe wird langsam (bis 1 St.) mit dem, mit den Zwiebeln, Nelken und dem in Würfel geschnittenen Speck gerösteten, Mehl gekocht — durch feines Sieb getrieben — mit Wein, Zitronensaft, Salz (Pfeffer) gewürzt.

528. Sauce piquante.

1000	Jus, kräftig	$^1/_4$ Lit.	250
25	Sagomehl, reichl.	1 Tl.	6
	Charlotten	6—7 St.	
(250	Essig	$^1/_{16}$ Lit.	60)
	Paprika	Spur	
	Wein, wenig		

Die Charlotten werden mit dem Essig und Paprika gekocht, bis die Flüssigkeit verdampft ist — der geschmolzene Jus daraufgegossen — mit dem Mehl legiert — 2 Stunden ganz schwach gekocht — mit wenig Wein — und nach Wunsch mit Zitronensaft und feinem Senf gewürzt.

2. Mit reichlicher Mehl.

529. Sauerrahmsauce   [1 Eßl. 15 g, ca. 10 Cal.

			Gr.	
1000	Kraftbrühe	$^1/_4$ Lit.	250	Mehl und Rahm werden stark
	Rahm, gew.,			miteinander geschlagen — mit
	sauer	$^1/_8$ Lit.	125	der Brühe unter stetigem Um-
50	Mehl	2 Eßl.	20	rühren gekocht — gewürzt
				(Salz usw.).

Sauerrahmsauce mit Tomate

in derselben Weise, mit Tomatenpüree, $^1/_{16}$—$^1/_8$ Lit. (60—125).

530. + Braune Sauce (mit gebräuntem Mehl und Milch).

1000	Fleischbrühe	$^1/_4$ Lit.	250	Das Mehl, mit der Milch glatt ge-
40	Mehl, braun	1 Eßl.	10	rührt, wird mit der Brühe und
125	Milch	2 Eßl.	30	Gewürz schwach gekocht — ca.
250	Madeira	$^1/_{16}$ Lit.	60	$^1/_2$ Stunde — mit Wein ver-
				mischt — kann mit 1 Dotter ab-
				gerührt werden.

531. Braune Sauce mit gebranntem Zucker, Mehl, Butter
      [1 Eßl. 15 g, ca. 10 Cal.

1000	Fleischbrühe	$^1/_4$ Lit.	250	Die Brühe wird leise 1 Stunde ge-
60	Mehl		15	kocht mit Gewürz (Champignons,
60	Butter		15	Lorbeerblatt 1 St., Gewürznelke
40	Zucker, gebr.		10	1 St., Zwiebel 2 St.), das abge-
125	Champignons	2 Eßl.	30	seiht wird — die Brühe mit dem
125	Madeira	2 Eßl.	30	ausgerührten Mehl, Butter, Zucker
				gekocht — mit dem Wein ver-
				setzt.

532. Braune Sauce mit gebranntem Zucker, Mehl, Butter.
      [1 Eßl. 15 g, ca. 18 Cal.

	Jus	$^1/_8$ Lit.	125	Der Zucker wird braungekocht,
1000	Bier, bayr.	$^1/_{16}$ Lit.	60	mit Butter und Zwiebel (gehackt)
	Fruchtsaft	$^1/_{16}$ Lit.	60	und mit dem geschmolzenen Jus
40	Sagomehl	1 Eßl.	10	verrührt — gewürzt — mit ver-
80	Butter		20	schiedenen Einlagen versetzt (et-
125	Rotwein	2 Eßl.	30	was saure Gurke in Scheiben usw.)
	Zwiebel			mit Zucker und Salz gewürzt —
	Zucker	2 Tl.		langsam 1 Stunde gekocht —
				$^1/_4$ Stunde vor Anrichten mit

dem Mehl legiert — auch mit Einlage von Kastanien, Oliven u. dgl.
— auch mit etwas gestoßenem Anchovis verrührt — für Speisen,
wie Hachee, Ragout und zu Leber, verwendbar.

533. Fischsauce, abgerührt mit Mehl, Butter, Dotter (Hampel)

[1 Eßl. 15 g, ca. 33 Cal.

			Gr.
1000	Fischbrühe	¼ Lit.	250
40	Mehl	1 Eßl.	10
400	Butter	¹/₁₀ kg	100
250	Dotter	4 Eßl.	60
250	Zitronensaft	4 Eßl.	60

Die Dotter werden mit Butter, Zitronensaft, Mehl, Salz geschlagen — zuletzt mit der Brühe — auf Wasserbad unter starkem Schlagen erwärmt, bis stark schäumend — sofort anzurichten — kann mit etwas Senf und Petersilie (gewiegt) versetzt werden.

Kap. 56. ÷ Saucen mit abgebranntem Mehl (mit Einbrenne oder Mehlschwitze).

534. Grundsaucen, „Sauces meres" oder „capitales".

Der größte Teil der am häufigsten in der Kochkunst verwendeten Saucen sind leider dieser Art. Gewisse Kochbücher, darunter auch solche, die sich diätetische nennen, kennen kaum andere. In den feineren französischen Kochbüchern findet man doch immerhin die bestimmte Forderung, daß man bei Bereitung der zusammengesetzten Saucen so zurückhaltend wie möglich zu sein hat mit der Verwendung der abgebrannten Grundsaucen.

535. ÷ Sauce velouté — helle abgebrannte Sauce

[1 Eßl. 15 g, ca. 12 Cal.

1000	Fleischbrühe	¼ Lit.	250
60	Mehl (Weizen-)		15
60	Butter		15

Mehl und Butter werden miteinander auf der Pfanne geröstet (ohne braun zu werden, vgl. 469, 11 b) — wird mit der Brühe aufgefüllt — aufgekocht und auf Wasserbad einige Zeit weitergekocht — sorgfältig geschäumt — ein oder mehrere Male durch Sieb gestrichen — es wird auch Hafermehl verwendet und Wasser anstatt Brühe (Seignobos).

536. Sauce Bechamel   [1 Eßl. 15 g, ca. 14 Cal.

I. ÷ Gewöhnliche Vorschrift (mit Mehl, Butter, Einbrenne und teilweise Fleischbrühe).

Mehl, Butter werden abgebrannt wie in 469, 11 b; zum Aufgießen wird halb Milch, halb Fleischbrühe verwendet — auch so, daß eine Velouté nach 535 mit Milch oder Rahm (¼ Lit.) statt Fleischbrühe verrührt und zur Hälfte eingekocht wird.

II. ÷ Nach Seignobos (mit Milch oder Rahm).

Butter (50 g) und Hafermehl (10 g) werden miteinander auf der Pfanne weißgeröstet — mit kochender Milch begossen, allmählich, unter stetigem Umrühren — bei schwacher Wärme (Wasserbad) gut durchgekocht — gesalzen, durchgestrichen.

III. + Nach Hampel, mit Milch:

Gr.

Weizenmehl $^1/_4$ kg 250   Mehl und Milch ($^3/_4$ Lit.) werden
Milch   1$^1/_4$ Lit. 1250 miteinander verrührt und unter
                                 stetigem Umrühren dickgekocht
— kochende Milch ($^1/_2$ Lit.) wird daraufgegossen — noch 20 Min.
gekocht mit 1 Bouquet (508), mit Mirepoix (506), 1 Eßl. und
wenig Pfeffer — durch Haarsieb gestrichen*).

537. ÷ Sauce espagnole, brune — braun abgebrannte Sauce
[1 Eßl. 15 g, ca. 12 Cal.

1000 Fleischbrühe $^1/_4$ Lit. 250 Mehl, Butter wird auf der Pfanne
60   Mehl   15   braun (rot) geröstet (vgl. 469,11 b)
60   Butter   15   und mit der Brühe gerührt und
verkocht — es kann braune Brühe verwendet werden.

Zusammengesetzte Saucen**).

Regel für alle zusammengesetzte Saucen: sie sollen immer
auf schwächster Wärme lange verkocht werden — sollen sehr sorgfältig
geschäumt werden — auf gewünschte Dicke mit Brühe verdünnt
werden — und werden vorteilhaft mehrere Male durchgestrichen
— und zu allerletzt mit etwas (feiner) kalter Butter allmählich
verrührt.

I. ÷ Saucen mit Sauce Velouté (heller abgebrannter Sauce).

538. Sauce Velouté mit Einlagen:
Austernsauce, Velouté mit ganzen Austern aufgekocht;
Krebssauce, mit Krebsschwänzen und Scheren aufgekocht —
    oder mit Garnelen;
Kapernsauce, mit vorher gedämpften Kapern aufgekocht;
Champignonsauce, ebenso mit Champignons;
Kräutersauce, mit Kräutern, Kerbel, Petersilie, Estragon
    (gemischt, gewiegt), verkocht.
Selleriesauce, mit gekochtem, in Würfel zerschnittenem Sellerie
    aufgekocht, mit Zitronensaft gewürzt.

539. Sauce allemande.
Velouté, legiert mit Dottern (2—3 St. auf $^1/_4$ Lit.) und mit
Rahm (4—6 Eßl., 60—75 auf $^1/_4$ Lit.) — und auf Wasserbad
erwärmt.

---

*) Diese Grundsauce gehört gewissermaßen, nämlich der Zusammensetzung
und Bereitung nach, garnicht hierher — sondern eher ins Kap. 96 — als eine
eigene Art von Mehl-milch-brei — ist aber ihrer Verwendung wegen hierher
gestellt (hygienisch auch von den anderen abgebackenen Grundsaucen grund-
verschieden).

**) Aus der Unmenge verschiedener solcher Saucen werden einige Exempel
auszuwählen sein.

540. Petersiliensauce (Frikasseesauce).

Velouté (¹/₄ Lit.) wird mit gehackter Petersilie (1 Eßl., 20 g) gekocht — zuletzt mit etwas Butter verrührt — kann auch mit Dotter legiert werden — mit B e c h a m e l ganz ebenso.

541. Meerrettichsauce.

Velouté (¹/₄ Lit.) wird mit geriebenem Meerrettich (20 g) gekocht, mit wenig Zucker und Essig (oder Zitronensaft) abgeschmeckt — mit (vorher aufgeweichten und gedämpften) Korinthen aufgekocht.

542. Currysauce.

Velouté (¹/₄ Lit.) mit Curry (¹/₂—1 Tl.) verkocht (mit Fleisch- oder Fischsuppe, je nach Verwendung).

Senfsauce ebenso.

543. Sauce suprème.

Velouté (¹/₄ Lit.) mit Hühnerbrühe bereitet, wird mit Rahm (¹/₁₆ Lit.) verrührt — mit Butter (25 g) in kleinen Stücken allmählich verrührt — und mit wenig Zitronensaft.

544. Sauce matelote normande (Seignobos).

Velouté (¹/₄ Lit.) mit Weißwein abgerührt, wird mit Champignons aufgekocht, mit Anchovisbutter verrührt (15—20 g) und mit wenig kalter Butter und Kayenne.

Sauce Joinville

ebenso, mit Hummerbutter (100 g).

545. Sauce soubise blonde.

Velouté (¹/₄ Lit.), Püree von spanischen Zwiebeln (60 g) werden miteinander verrührt und verkocht — kann mit Weißwein gewürzt werden — ebenso mit Bechamel — und b r a u n mit Espagnole.

546. Sauce Tomate.

Velouté wird mit 1—2—3 mal soviel Tomatenpüree gerührt und gekocht — mit kalter Butter abgerührt (Tomatenpüree mit etwas Butter, Petersilie und Weißwein gekocht.)

II. S a u c e n m i t S a u c e B e c h a m e l.

(+ wenn mit Sauce, Bechamel 536 III. bereitet).

547. Sauce Bechamel mit Einlagen:

A u s t e r n s a u c e, Bechamel mit Austern aufgekocht;

S a u c e d u c h e s s e, Bechamel mit gekochtem, geräuchertem, magerem Schinken in Würfeln;

C h a m p i g n o n s a u c e, Bechamel mit gedämpften Champignons in Scheiben, mit Rahm (Butter), Zitronensaft verrührt.

548. Krebssauce.

Bechamel (¹/₄ Lit.) auf Wasserbad verrührt, mit Rahm (2 Eßl., 30 g), Butter (30 g), Krebsbutter (30 g), etwas Champignonsaft.

549. Sauce Maintenon (Hampel).

Bechamel (¹/₄ Lit.) erwärmt, wird mit 4 Dottern legiert und auf Wasserbad dick gerührt — mit Parmesankäse (1 Eßl., 20 g), wenig Salz, Pfeffer, Muskatnuß, Spur von Kayenne und klein wenig Knoblauch verrührt und mit Zwiebelpüree (1 Eßl., 20 g) — soll nicht durchgestrichen werden — soll recht dick sein.

550. Sauce à l'aurore (Seignobos).

Bechamel (¹/₄ Lit.) wird verrührt und verkocht mit Tomatenpüree (¹/₁₆ Lit.) — und mit Butter abgerührt — mit Champignons in Würfeln vermischt.

III. ÷ Saucen mit Sauce espagnole — braun abgebrannter Sauce.

551. Sauce Espagnole mit Einlagen.

Oliven-, Champignon-, Trüffel-, Senfgurken-, Kürbissauce mit genannter Einlage aufgekocht und verschiedentlich gewürzt (Oliven, Trüffel mit Madeira, Cognac, Champignons mit Weißwein, Senfgurken, Kürbis mit Zitronensaft.

552. Sauce piquante brune (Hampel).

Espagnole mit etwas pulverisierter Muskatnuß gewürzt, wird mit kleinen Senfgurken, Champignons, Kapern gemischt, aufgekocht.

553. Sauce bordelaise (Gouffé).

Espagnole (¹/₄ Lit.) wird mit ¹/₁₀ Lit. Bordeauxwein (rot), der mit einigen Charlotten und wenig Pfeffer auf die Hälfte eingedampft ist, in 5 Min. langsam gekocht — mit gehackter Petersilie verrührt (1 Eßl.).

554. Anchovissauce.

Espagnole (¹/₄ Lit.) wird mit 1—2 Tl. (5—10) Anchovis (oder Sardellen-)butter verrührt und aufgekocht — und mit gehackter Petersilie — mit Einlage von Anchovis- (oder Sardellen-)filets.

555. Madeirasauce mit Trüffeln (Sauce perigeux).

Espagnole (¹/₄ Lit.) wird mit Madeira (¹/₁₂ Lit.) und wenig Cognac verrührt — mit Trüffelscheiben als Einlage — kann mit Trüffelessenz gewürzt werden.

556. Sauce financière (Seignobos).

Espagnole wird mit Weißwein gerührt — mit Einlage von einer Mischung von Champignons, Trüffeln, Oliven, Schinkenwürfeln aufgekocht — mit Butter abgerührt.

557. Sauce Genevoise (Seignobos).

Roter Bordeauxwein ($^1/_8$ Lit.) wird mit etwas geräuchertem Schinken, etwas Trüffel und Champignonsabfällen, einem Bouquet auf die Hälfte eingekocht — geseiht — mit dreimal soviel (recht dicker, recht heller) Espagnole verrührt — und mit etwas Fischbrühe durchgestrichen — auf Wasserbad mit etwas Krebsbutter, Kayenne, Anschovisessenz gerührt (zu Fischen).

558. Sauce matelote brune.

Sauce espagnole (mit einer mit Mirepoix abgekochten Brühe bereitet) wird mit Rotwein verrührt — und mit Sardellenbutter — mit Einlage von Champignons und kleinen Zwiebeln.

559. Sauce Chambord.

Etwas Fisch (Karpfen, Aal u. dgl.) wird mit Butter, Mirepoix und etwas Madeira gebräunt — mit reichlich Bordeauxwein (rot) gekocht ($^3/_4$ St.) — durchgeseiht — mit etwas Espagnole gerührt, eingekocht — gewürzt — kann mit etwas Sardellenbutter abgerührt werden.

560. Sauce Orly, braune Tomatensauce.

Espagnole wird mit gleicher Menge Tomatenpüree aufgekocht — mit Zitronensaft gewürzt.

561. Sauce Robert (Gouffé).

Kleine Zwiebeln (3 St.) werden mit Butter (30 g) rot gebraten, mit weißem Bourgogne ($^1/_8$ Lit.) oder anderem Weißwein gerührt und ganz eingekocht — mit Espagnole ($^1/_4$ Lit.) vermischt — 20 Min. auf Wasserbad gekocht — gut abgeschäumt — zuletzt mit etwas Kraftjus (30 g) und Senf (1 Eßl.) verrührt — mit Einlage von glacierten kleinen Zwiebeln.

562. Sauce chasseur (Seignobos).

Espagnole wird mit ein Viertel soviel starker Geflügelbrühe und Wein (rot oder weiß) vermischt — mit frischem Blut verrührt, (mit ungefähr halb soviel Essig versetzt) — durchgestrichen.

Kap. 57. Püreesaucen.

Allgemeine Regel: Diese Saucen sollen, um möglichst glatt zu werden, ein oder mehrere Male durchgestrichen werden — und stark und lange auf Wasserbad geschlagen werden.

563. + Sauce à la reine (Hühnerpüreesauce [1 Eßl. 15 g, ca. 17 Cal.

			Gr.	Cal.	
1000	Kraftbrühe, helle	¼ Lit.	250		Die Brühe, etwas eingekocht, wird mit dem Rahm und
	Rahm, fett	1/12 Lit.	80	178	dem sehr feingestoßenen
300	Hühnerbrust		100	100	Hühnerfleisch gerührt und
90	Dotter	2 St.	30	108	mit den Dottern — sehr
30	Butter		10	75	lange gerührt — durchgestrichen — nach Erwärmen

mit etwas frischer (kalter) Butter abgerührt.

564. Heringspüreesauce.

			Gr.	Cal.	
1000	Kraftbrühe	¼ Lit.	250		Die Brühe wird mit Wein,
	Weißwein	1/12 Lit.	80		Zitronenschale und Scheiben
240	Hering		80	80	gekocht — mit dem (18 Stunden ausgewässerten und fein
	Zitronenschale				zerstoßenen) Hering verrührt
	Zitronenscheibe				— durchgestrichen — auf-

gekocht — kann etwas gesüßt werden — kann zu Fischspeisen mit teilweise Fischbrühe zubereitet werden.

Sardellenpüreesauce ebenso.

565. + Brotpüreesauce [1 Eßl. 15 g, ca. 10 Cal.

			Gr.	Cal.	
1000	Kraftbrühe	¼ Lit.	250		Die Brühe, mit verschiedenem
360	Brotkrume		80	200	Suppengewürz abgekocht (Nr. 506—508), wird mit dem Brot nach 492 verkocht.

566. Kräuterpüreesauce — Sauce bachique [1 Eßl. 15 g, ca. 25 Cal.

			Gr.	Cal.	
1000	Kraftbrühe	⅛ Lit.	125		Die Brühe wird mit Wein, Öl
	Weißwein	⅛ Lit.	125		eingekocht — die gekochte
125	Salatöl	2 Eßl.	30	270	(gedämpfte) und durchgestrichene Kräutermischung
200	Kräuter, gemischt*)		50	20	damit aufgekocht — durchgestrichen — auf Wasserbad

lange gerührt — leicht gesalzen (wenig Pfeffer?).

*) Die Kräuter können sein: Kresse, Petersilie, Kerbel, Estragonblätter, Charlotten, Schnittlauch in gleichen Mengen, Knoblauch ganz wenig — auch in verschiedener anderer Mischung nach Geschmack.

567. + Artischockenpüreesauce.

			Gr.
1000 {	Kraftbrühe	¹/₄ Lit.	250
	Rahm	¹/₁₆ Lit.	60
ca. 300	Artischocken-		
	püree		150

Das Püree wird mit dem Rahm verrührt — und mit der Brühe — gut miteinander verkocht — gewürzt — grün gefärbt — stark gerührt — durchgestrichen.

Erdartischockenpüreesauce ebenso.

Schotenkernpüreesauce ebenso. — mit Kalbsjus und etwas weniger Gemüsepüree.

568. Mohrrübenpüreesauce und andere Wurzelpüreesaucen.

Nach 499 — nur mit etwas mehr Mohrrübe und etwas stärker gewürzt (mit Maggi, Zitronensaft, gehackter Petersilie (ca. 1 Eßl.).

569. Gemischte Püreesauce.

1000	Kraftbrühe	¹/₄ Lit.	250
600 {	Petersilienwurzel		75
	Sellerie		75
	Champignons	4 St.	
	Basilikum	1 Bouquet	
	Madeira		
	Zitronensaft		

Die Wurzel (verschiedene Mischung), Champignons, Basilikum (oder Estragon) werden weichgekocht und durchgestrichen — in die Brühe gerührt — durch feines Sieb gestrichen — aufgekocht — auf Wasserbad gut gerührt — mit Madeira und Zitronensaft nach Geschmack gewürzt.

570. Gourmetsauce.

1000	Jus	¹/₄ Lit.	250
320	Tomatenpüree	¹/₁₂ Lit.	80
100	Krebsbutter		25
	Zitronensaft		
	Gewürz		

Der Jus wird geschmolzen — mit dem Püree gekocht — mit der Krebsbutter geschlagen, allmählich — durchgestrichen — gut gerührt — mit Zitronensaft usw. gewürzt.

571. Tomatenpüreesauce nach Hannemann.

1000	Kraftbrühe	¹/₄ Lit.	250
650	Tomatenpüree	¹/₅ Lit.	160
40	Zwieback	1 Eßl.	10
80	Butter		20

Die Suppe wird mit dem Püree, dem Zwieback (gestoßen) und der Butter gekocht und durchgestrichen — gewürzt — auch ohne Zwieback mit gleich viel Brühe und Püree — mit etwas Espagnole abgerührt.

572.　+ Kastanienpüreesauce　　　　[1 Eßl. 15 g, ca. 35 Cal.

		Gr.	Cal.	
1000	Jus, hell	$\frac{1}{4}$ Lit.	250	
	Rahm, gew.	$\frac{1}{8}$ Lit.	125	210
666	Kastanien	$\frac{1}{4}$ kg	250	980

Kastanien, geschält, werden mit wenig Wasser weich gedämpft — gestoßen, durch-
gestrichen — mit der Brühe
verrührt und dem Rahm — auf Wasserbad längere Zeit stetig
gerührt — wieder durchgestrichen — gewürzt (zu Geflügel verwendbar u. dgl.).

Klasse VI.

Fleisch- und Fischspeisen (frische).

Kap. 58. Gekochtes Fleisch (Suppenfleisch usw.).

573. Gekochtes Fleisch.

Rindfleisch von 434 und 437, Kalbfleisch von 442, verschiedene
Geflügel von 443—445, Wild von 446 werden mit verschiedenen Saucen
und Gemüsen angerichtet.

Schnellgekochtes Fleisch von 436 ebenso.

Dampfgekochtes Fleisch von 412 ebenso.

574. Gedämpftes Fleisch mit Gemüsen.

Fleisch (von Lamm, Kalb, Rinderbrust) in Stücke geschnitten, wird in wechselnden Schichten mit Gemüsen, eine
Sorte, oder mehrere gemischt, in den Oberraum eines Dampfkochers (Fig. 1) gelegt und gekocht (112) — mit etwas zu Sauce
bereiteter Brühe angerichtet (Kap. 54).

Kap. 59. Gekochte Fische.

575. Schnellkochen von Fischen (s. gewöhnliches Kochen, vgl. 409).

R u n d f i s c h e :

Dorsch, Schellfisch, Hecht, Lachs, Barsch, Hornhecht, Makrele,
Karpfen, Schleie, Brassen.

F l a c h f i s c h e :

Goldbutte, Steinbutte, Heilbutte, Zunge.

Der Fisch, reingemacht, ganz oder zerschnitten, wird in
recht stark gesalzenem Wasser, und am besten in kochendem
Wasser aufs Feuer gesetzt (Salz ca. 15 g auf 1 Lit. Wasser und
nach Wunsch etwas Essig, 2 Eßl.) — anfangs lebhaftes Kochen —
später ganz langsames Ziehen — bis der Fisch eben durchgekocht
ist (das Fleisch sich von den Gräten loslöst) — größere Rogen

und Leber müssen gewöhnlich etwas längere Zeit kochen — einige Fische werden nach Geschmack mit etwas Lorbeerblättern und Pfefferkörnern abgekocht.

Steinbutte wird nur abgeschrappt, keine Haut abgezogen, und mit der dunklen Seite nach oben angerichtet.

Als allgemeine Regel mag gelten, daß größere Fische in kaltem Wasser, Fische in Stücken und kleinere Fische in kochendem Wasser aufgesetzt werden — können mit verschiedenen Saucen und Gemüsen angerichtet werden.

576. Dampfkochen von Fischen

wird in dem 412 genannten Kochgeschirr, im Dampfkocher oder Korb (Fig. 1) oder zwischen zwei Tellern ausgeführt — besonders für letzteres geeignet: eine einzelne Scheibe Lachs, ein Stück von flachen Fischen, ein ganzer kleiner Fisch.

577. Blaukochen von Fischen

findet besonders auf Forellen, Lachsforellen, Lachs, Karpfen, Hecht Verwendung — seltener auf Brassen, Sandart, Dorsch, Kabeljau. Der Fisch muß frisch geschlachtet sein, vorsichtig reingemacht werden, so daß der Schleim sitzen bleibt (Schuppenfische werden nicht abgeschuppt) — wird ganz oder zerschnitten mit verdünntem kochenden Essig übergossen — in kochendes Wasser gebracht und fertig gekocht (am besten auf einem Fischrost).

578. Fische in Bier oder Wein gekocht.

Dorsch à la polonaise.

Dorsch, reingemacht, in Stücke zerlegt, gut abgespült (nicht in Wasser gelegen), wird im Kochgeschirr mit Braunbier übergossen, in welchem etwas geriebener Pfefferkuchen ausgerührt ist — mit wenig Zwiebel, gestoßenem Ingwer, Gewürznelken, etwas Butter, eine Zitronenscheibe, Salz — und darin fertig gekocht — mit der Brühe, (durchgestrichen) als Sauce angerichtet.

Karpfen in Rotwein,

entweder in Wein, rein, oder Wein und Bier zu gleichen Teilen, ebenso.

Kap. 60. Das Schmorkochen.

Vgl. allgemeine Regeln 413: Kochgeschirr mit dichtestem Verschluß — mit wenig Flüssigkeit — Einlegen in kochende Flüssigkeit — dauerndes Kochen bei schwächster Wärme.

579. Rindfleisch schmorgekocht.

Das Fleisch (Brust oder Ähnliches), 1 kg, geklopft (umbunden), auch in kleinere Stücke zerlegt, wird mit Wasser gekocht (ca. $^1/_2$ Lit.), etwas Suppengemüse, Salz, nach Wunsch etwas Butter oder Speck oder mageren rohen Schinken — bis durchgekocht. Die abgeseihte Brühe wird (nach Kap. 54) zu Sauce bereitet — mit verschiedenen gekochten Gemüsen anzurichten;

ebenso:

Kalbfleisch (Brust, Schulter oder Ähnliches),
Hammelfleisch (Keule usw.),
Truthahn (ganz), Huhn, alles Wildgeflügel.

580. Kalbs-, Lamm-, Hammelrücken gekocht.

		Cal.	
1000	Rücken ca. 1 kg	ca. 850	Das Fleisch wird von den Kno-
500	Wasser ca. $^1/_2$ Lit.		chen abgelöst, so daß die
	Suppengemüse		Rückenhaut ganz bleibt —
	Zwiebel		wird inwendig mit Salz, Kräu-
30	Petersilie,		tern bestreut, aufgerollt von
	gehackt 2 Eßl.		beiden Seiten (Fig. 2) — um-
	30 g		bunden — in kochendes Wasser
	Kräuter, gemischt		in das Kochgeschirr gelegt —
			nach 413 fertig gekocht —

nach Entfernung des Bindfadens mit verschiedenen Gemüsen angerichtet.

581. Fleisch schmorgekocht in Gemüsen nach Mangor.

1000	Fleisch 1 kg	850	Mit den Wurzeln in Scheiben,
	⌈Mohrrübe ⌉		dem Blumenkohl in kleinen
	⎢Kohlrabi ⎢		Köpfen, gemischt, wird ein
1000	⎨Petersilienw. ⎬ 1 kg	350	Kochgeschirr hübsch und dicht
	⎢Sellerie ⎢		am Boden und an den Seiten
	⌊Blumenkohl ⌋		ausgelegt (mit den hübschesten
	Butter, Salz		Stücken nach außen) — mit
ca. 500	Bouillon oder		dem Fleisch, in Stücke zerlegt,
	Wasser ca. $^1/_2$ Lit.		wird die übrige Höhlung dicht
			ausgefüllt, mit kleinen Stücken

Butter und Salz dazwischen — oben darauf noch eine dichte Lage von Gemüsen — die Suppe wird daraufgegossen — soviel wie das Gefäß noch fassen kann — unter dichtem Verschluß wird die Speise auf Wasserbad (auch im Ofen) gargekocht — auf eine Schüssel gestürzt, angerichtet — mit der Brühe zur Sauce bereitet — auch mit anderen Gemüsen, Spargel, Schoten usw. — Kalbs-, Lammfleisch verwendbar, auch Rind- oder Schweinefleisch.

Junges Huhn ebenso, mit Schoten allein (auch mit etwas Mohrrüben).

582. Schweinskotelett gedünstet (Louise Stern bei Heyl)

[ganze Portion ca. 1700 (700) Cal.

			Gr.	Cal.	
1000	Schweinskotelett	1 kg	1000	850	In eine Kasserolle gibt man
20	Suppengrün		20	9	die Butter, legt eine Schicht
125	Schoten		125	80	von gemischtem Suppengrün
100	Weißkohl		100	22	in Streifchen, Zitronenschale,
20	Champignons		20		Champignons, Erbsen und
100	Butter		100	750	Kohl darauf, und dann die
250	Weißwein		250		gut vorbereiteten Koteletts
1000	Bouillon		1000		— streut das übrige Suppen-
5	Zitronenschale		5		grün und Gemüße darüber —
			3620	1711	läßt es mit dem Wein und
		(÷ Kochverlust)			Bouillon gut dünsten —

richtet alles zusammen an.

583. Irish Stew [ganze Portion ca. 1750 (750) Cal.

				Cal.	
1000	Hammelfleisch	1 kg	1000	850	Das Fleisch (einzelne Kote-
1000	Kartoffeln,				letts oder Stücke von der
	geschält	1 kg	1000	900	Brust) wird in das Koch-
	Zwiebeln				gefäß gelegt, in wechselnden
500	Wasser oder				Schichten mit den Kartof-
	Bouillon	½ Lit.	500		feln in Scheiben — bis das
	Pfeffer, Salz		2500	1750	Gefäß gefüllt ist — das Ge-
		(÷ Kochverlust)			würz dazwischen — Wasser
	Kümmel	2 Eßl.			oder Bouillon wird darauf-

gegossen — nach 413 fertig
gekocht. Auch mit Weißkohl allein, anstatt Kartoffeln, oder
Weißkohl und Kartoffeln, gleiche Mengen, oder Weißkohl
3 Teile, Kartoffeln 2 Teile, Mohrrüben 1 Teil — kann auch
mit Rindfleisch (fett) gemacht werden.

584. „Kallops nach alter Art" (Hagdahl).

Rindfleisch in Scheiben von ca. 3 cm Dicke werden mit
einem hölzernen Schläger flach geschlagen — in die Kasserolle
schichtenweise gelegt, mit Butter und etwas Rinderfett bestreut
(Salz, Allerlei, Lorbeerblätter, rote Zwiebeln, kleingemacht),
bis das Gefäß voll ist — wird mit Wasser oder Bouillon aufgefüllt — in ca. 4 Stunden, dicht verschlossen, gekocht — mit
gekochten Kartoffeln und Mohrrüben angerichtet (hierzu können
minderwertige Stücke Schlachtfleisch Verwendung finden).

585. Fleisch in Reis, „Pillaw".

Einige Zwiebelscheiben werden hellbraun gebraten, mit etwas
Butter und Speckwürfeln — in ein Kochgeschirr gelegt mit
Fleisch in kleinere Stücke zerschnitten (von Kalb, Huhn), mit
Salz und etwas Paprika — mürbe gedünstet (nach 413), während

wiederholt darin umgerührt wird — darauf wird Reis hinzugefügt (ca. halb soviel wie Fleisch, halb gar gedämpft, ganz geblieben), etwas Bouillon und Salz — fertig gekocht bei dichtem
Verschluß, bis der Reis ganz gar (aber immer ganz) — wird auf
einer Schüssel angerichtet, gehäuft, mit der Brühe übergossen
und mit geriebenem Parmesankäse reichlich bestreut.

586. Barsch auf schwedische Art.

			Gr.	Cal.	
1000	Fisch	1 kg	1000 ca.	850	Die ausgenommenen Fische
100	Butter	$^1/_{10}$ kg	100	750	werden außen und innen mit
8	Mehl		8	25	einer Mischung von Essig
	Essig				und Salz abgerieben — der
	Petersilie,				Kochtopf mit der Butter
	gehackt	3 Eßl.			ausgelegt — die Fische dicht
	Dill, gehackt	2 Eßl.			in Schichten daringelegt, mit
	Salz	2 Eßl.			Butter, Gewürz und Mehl
	Wasser	$^1/_2$ Eßl.			dazwischen — zuletzt das
					Wasser daraufgegossen —

nach 413 gekocht — auf einer Schicht gekochter Mohrrüben
angerichtet, mit der Brühe übergossen.

Andere Fische, verschiedene Sorten, können in ähnlicher
Weise gedünstet werden — auch mit Gemüse dazwischen (wie
in 581) oder mit Reis (585).

Kap. 61. Schmorbraten.

Ausführung vgl. 418.

a) Größere Fleischstücke.

587. Schmorbraten, „Boeuf braisé,, (Seignobos).

Ein ganzes Stück Fleisch (von Rind, Hammel, Lamm) von
$1^1/_2$—2 kg (Brust, Kamm, Vorderschulter, Schwanzstück, Blume,
auch die besten Stücke wie Keule, Filet usw.), naturell oder
mariniert, gespickt oder ungespickt, wird in eine Kasserolle
gelegt mit wenig Butter, Schweinefett, einigen Scheiben fetten
Speck — und wird bei dichtestem Verschluß gekocht bis $^1/_2$ St.,
später wird hinzugetan: 1 Eßl. Cognac, $^1/_2$ Gl. trockener Wein
(Weißwein oder Madeira), wenig Pfeffer, ein Bouquet. Während
das Fleisch ab und zu zu wenden ist, wird das Schmoren ca.
3 Stunden fortgesetzt — dann wird der Deckel abgenommen,
so daß die Sauce einkochen kann und das Fleisch ringsherum,
unter wiederholtem Umwenden, angebräunt (glaciert) wird. Die
Sauce kann mit Tomate bereitet werden und mit etwas Espagnole
— kann angerichtet werden mit Mischung von Champignons,
Oliven, Trüffel, Hahnenkämmen und -nieren, kleinen Klößen, à la
financière — mit verschiedenen Gemüsen, à la jardinière — mit Nudeln, Makkaroni, à l'italienne — mit Tomaten, à la portugaise usw.

588. Schmorbraten auf andere Art — franz.: à l'étuvée (Seignobos).

Das Fleisch (wie in 587) wird in offenem Kochgeschirr auf Feuer gesetzt, mit Butter, Schweinefett, und wird ringsherum angebräunt; allmählich wird zugesetzt: 1 Gl. Wasser, 1 Gl. Weißwein, Salz, magerer Schinken (150 g) in Würfeln — bei dichtem Verschluß wird das Stück fertig geschmort — zu allerletzt der Deckel entfernt, damit das Fleisch glacieren kann — wie in 587 angerichtet.

589. Boeuf à la mode (Seignobos).

Das Fleisch, ein ganzes Stück (Oberschale oder ähnlich; $1\frac{1}{2}$ bis 2 kg), gewöhnlich von Rind, wird mit Speck und Schinken (100 g von jedem) tief gespickt — in den Schmortopf gelegt mit 1 Gl. Wasser, 1 Gl. Weißwein, 1 Eßl. Cognac, Salz, Pfeffer — auf lebhaftes Feuer gesetzt, geschäumt — Mohrrüben (ca. $\frac{1}{4}$ bis $\frac{3}{8}$ kg) in Streifen, einige Zwiebel, ein Bouquet, Gewürznelken (auch andere Gemüse) dazugegeben — ca. 4 Stunden bei dichtestem Verschluß (unter mehrmaligem Umdrehen) geschmort — vor Anrichten wird die Sauce zubereitet durch Einkochen usw. — Das Fleisch kann vorher mariniert werden in Rotwein oder Bier oder Mischungen davon (nach Wunsch mit wenig Essig) — die Speckstreifen können vor Verwendung zum Spicken mit einem Gemisch von gestoßenen Gewürzen (Allerlei, Pfeffer usw.) bestreut werden.

590. Sauerbraten nach Hannemann.

		Gr.	Cal.	
1000	Fleisch, schier $1\frac{1}{2}$ kg	1500	1500	Von den Zutaten, außer Pfef-
166	Wasser $\frac{1}{4}$ Lit.	250		ferkuchen, wird ein Brei ge-
80	Essig $\frac{1}{8}$ Lit.	125		rührt, das Fleisch (von Rind)
	(Estragon-)			in einem engen irdenen Topf
	Mehl	30		damit übergossen, zugebun-
	Butter	80		den, 3—4 Tage kühl gestellt,
	Pfefferkuchen, gerieben	40		alle Tage gewendet. Das
	Zwiebel 1 Eßl.			Fleisch dann mit Butter ge-
	Salbei 1 Blatt			schmort (oder in der Röhre
	Senf 1 Eßl.			gebraten). Die Flüssigkeit,
	Thymian $\frac{1}{2}$ Tl.			in der es gelegen, nach und
	(gehackt)			nach hinzugegossen mit dem
	Pfeffer, Salz			geriebenen Pfefferkuchen —
				feiner mit Rotwein statt

Essig — das Fleisch kann auch 1—2 Tage in Buttermilch oder saurer Milch mariniert werden (dann wird die Milch hinzugegossen) — das Fleisch kann auch gespickt werden.

b) Kleinere Fleischstücke.

591. Beefsteak à la Nelson nach Heyl

[ca 2 Portionen, à ca. 400 (100) Cal.

			Gr.	Cal.
1000	Filet	$1/_4$ kg	250	250
500	Kartoffeln	$1/_8$ kg	125	110
250	Butter		60	450
180	Jus	3 Eßl.	45	
	Zwiebel		25	
			505	810

(÷ Bratverlust)

Ein kleines Tiegelchen mit passendem Deckel wird mit 45 g Butter ausgestrichen, Zwiebeln und Kartoffeln, in Würfeln abgebrüht und trocken mit Salz und Pfeffer vermischt, in den Tiegel gelegt — das geklopfte Filet (in ein oder zwei Stücken), 1 Min. ringsherum in 20 g brauner Butter angebraten, daraufgelegt — Jus darübergefüllt — das Töpfchen 5 Min. auf starkes Feuer gestellt — dann langsam 20 Min. an der Seite geschmort — uneröffnet im Tiegel zu Tisch gebracht — anstatt Zwiebel können gewiegte Champignons oder Trüffeln oder Steinpilze oder Morcheln oder Mixed pickles verwendet werden.

Hammelkotelett in ähnlicher Weise.

Kalbsfilet ebenso — mit etwas Madeira und Champignonscheiben oder Tomate.

592. Fricandeau von Kalb.

Das Fleisch, schier, von Sehnen und Häuten befreit, wird in 4—6 cm große Würfel zerlegt — geklopft, wieder zusammengedrückt — auf der einen Seite gespickt — mit Salz bestreut — in Mehl umgekehrt — in reichlich Bratfett hellbraun gebraten, erst an der gespickten Seite (3—4 Min. an jeder Seite) warme Milch oder Jus dazugegossen — bei dichtestem Verschluß fertig geschmort. Die Sauce wird mit etwas Rahm, Butter, Salz (Couleur) abgerührt, durchgekocht — die Fleischstücke damit übergossen.

593. Gulyas nach Hannemann, „echt ungarischer Gulasch".

1000	Rindfleisch	$1^1/_2$ kg	1500	1500
140	Speck	$1/_5$ kg	200	1600
160	Rahm, sauer	$1/_4$ Lit.	250	420
10	Mehl		15	42
100	Zwiebeln		150	
160	Wasser	$1/_4$ Lit.	250	
	Fleischextrakt		10	
	Paprika	$1/_2$ Tl.		
	Salz	10 g		
	Pfeffer		2375	3562

(÷ Kochverlust)

Das in Würfeln geschnittene Fleisch, Speck (in ganz kleinen Würfeln oder gekocht), Zwiebeln, Gewürz wird mit kochendem Wasser (in dem der Fleischextrakt aufgelöst), fest zugedeckt, 1 Stunde geschmort — die Sahne hinzugegossen — mit Paprika bestäubt, gargeschmort — die Sauce kann mit etwas Mehl sämiger gemacht werden.

Gulasch von Kalbfleisch ebenso, von Rindfleisch und Schweinefleisch zu gleichen Teilen — von Hammelfleisch (Pesther) — von gleichen Teilen Rind-, Schweine-, Hammel-, Kalbfleisch (Jägergulasch).

594. Rindescalopes, geschmort (nach Mangor).

Rindfleisch (von Oberschale oder ähnlich) wird in fingerdicke Scheiben geschnitten, stark geklopft, mit dem Messer oberflächlich gehackt — etwas Butter wird in eine Kasserolle gelegt, das Fleisch darauf, mit etwas geriebener Zwiebel, Salz, Pfeffer, Gewürznelkenpulver, einigen Lorbeerblättern bestreut, und etwas Butter usw., schichtenweise — unter dichtestem Verschluß wird geschmort, bis das Fleisch Saft abzugeben anfängt — dann wird nach und nach etwas kochendes Wasser daraufgegossen, bis das Fleisch kaum bedeckt ist — einige Stunden geschmort — die Sauce mit etwas Mehl abgerührt.

595. Rouladen, „Paupiettes".

Das Fleisch, entweder Oberschale oder ähnlich von Rind, Kalbskeule oder Schweinefilet (oder ähnliches schieres Fleisch), wird in ganz dünne Scheiben geschnitten (ca. $^1/_2$ cm), geklopft — kann auf der einen Seite leicht gespickt werden — auf die Scheiben legt man entweder

eine dünne Scheibe Speck (kann auch geräucherter sein),

oder eine gehackte Mischung von Speck, Zwiebeln, Pfeffer, Salz,

oder etwas Fleischfarce, pikant zubereitet, oder mit darin eingelegten kleinen Stücken geräuchertem Speck oder gekochter Mohrrübe, gewürzt,

oder — bei hellem Fleisch — ein Gemisch von Petersilie, gehackt, und Butter,

oder ein Gemisch von gekochtem ganzen Reis mit gehackten, gerösteten Zwiebeln oder einem Speckstreifen.

Die Scheiben werden fest aufgerollt und umbunden — mit Mehl bestreut — in Butter braungebraten — dicht in eine Kasserolle gelegt — unter dichtestem Verschluß fertig geschmort, während sie einige Male umgekehrt werden und mit kochendem Wasser oder Bouillon nach und nach übergossen werden (höchstens halb bedeckt), oder mit Milch oder Rahm, oder Gemisch davon. Die Sauce wird geschäumt, nach Geschmack in verschiedener Weise sämig gemacht.

596. Fisch, geschmort, nach Hannemann.

Zander, Hecht, Barsch, Schellfisch, Seehecht, Nord-
seebarsch, Dorsch u. a.

			Gr.		Cal.	
1000	Fisch	$1^1/_2$ kg	1500	ca.	1175	Die Fische (Schellfisch und
80	Butter		120		900	Dorsch etwas reichlicher)
20	Mehl		30		105	werden gereinigt, in Stücke
80	Sahne, saure	$1/_8$ Lit.	125		210	geschnitten, $1/_2$ Stunde, mit
80	Bouillon	$1/_8$ Lit.	125			Zwiebel, Kräuter, Pfeffer da-
	Zwiebel, gehackt	1 Tl.				zwischen, hingestellt — in
	Petersilie, ,,	1 Tl.				einem Topf wird Butter ge-
	Salbei, ,,	1 Bl.				bräunt, die mit Mehl bestäub-
	Salz		10			ten Fische hineingetan, 5 Min.
	Pfeffer	Priese	1910		2385	geschmort—die Brühe (kann

(∴ Kochverlust) auch Fleischextraktbrühe,
Liebig- oder Maggigewürz-
lösung sein) wird daraufgegossen, mit 1 Tl. Mehl in Sahne verrührt — gargeschmort — statt Sahne auch Weißwein — auch
ohne Mehl, dann Bechamelsauce zum Übergießen — auch mit
gestoßenem Zwieback für Mehl — die Fischstücke können auch
mit einem Gemisch von Senf, wenig Paprika, Petersilie, Salz
eingerieben werden.

Karpfen in Burgunder
in ähnlicher Art — mit Wein für Bouillon und Rahm.

Kap. 62. Braten auf der Pfanne im Ofen (in der Röhre).

597. Große Braten

werden auf der Pfanne im Ofen nach 414 gebraten; so:

Rinderbraten, ausgeschnittenes Filet, gespickt oder ungespickt, flaches, hohes Roastbeef, Fehlrippen u. Ähnl.;

Kalbsbraten, Rücken, Keule usw. (soll gut 12 Stunden in
Milch liegen) — die Häute werden abgenommen, wird gewöhnlich auf der oberen Seite gespickt;

Kalbsnierenstück — kann mit Brot oder Fleischfarce gefüllt werden;

Hammelbraten, Rücken, Keule — kann gespickt werden;

Lammbraten, Rücken, Keule, Hinterviertel — kann mit Petersilie gespickt werden;

Nierenstück von Lamm, gefüllt wie beim Kalb;

Schweinebraten, Rücken, Keule, Rippenstück.

Die Keule wird nach Abwaschen mit Salz gut eingerieben —
damit die Schwarte spröde wird — diese wird in Vierecken oder
Streifen mit einem scharfen Messer geritzt. — Der Ofen soll sehr
heiß sein. — Kann auch nach Entfernung der Schwarte und der
äußeren Fettschicht gebraten werden — wird dann mit Ei bestrichen und mit gestoßenem Zwieback bestreut.

Das Schulterstück als Lammbraten; die Knochen werden herausgenommen, das Fleisch wird aufgerollt, umbunden, mit Petersilie gespickt.

Rippenstück, gefüllt. Die Rippenknochen werden an mehreren Stellen (für je 6 cm) durchgehauen — die Fläche wird mit zerschnittenen Äpfeln und Zwetschen belegt — aufgerollt, umbunden, gebraten.

Saucenbereitung dazu vgl. 608.

Anrichtungsweisen vgl. 611—612.

598. Zahmes Geflügel — im Ofen gebraten.

Zurechtmachen und Braten nach allgemeinen Regeln (414).

Huhn, Poularde, Kapaun, Junges Huhn, Truthahn, Taube, — Füllsel — für kleinere Vögel — wird bereitet aus Petersilie mit einem eingelegten Stück Butter, zusammen mit Kropf, Herz und Leber, ganz.

Zusammengesetztes Füllsel für kleinere, besonders aber für größere Vögel wird bereitet aus: Kropf, Leber, Herz, die gekocht werden, mit der halben Menge magerem Schweinefleisch, halben Menge Speck, halben Menge Semmel (abgeraspelt, in Milch und Wasser aufgeweicht, leicht ausgedrückt) — welches alles zusammengerührt wird mit etwas kleingehackter Zwiebel, Salz, Pfeffer — es kann auch etwas gekochte Champignons oder Trüffel eingemischt werden. Als Füllsel für kleinere Vögel kann auch Gänseleberpastete verwendet werden.

Gans } werden gefüllt mit Äpfeln, geschält, zerschnitten, mit Ente } Zwetschen (für eine Gans ca. sechs mittlere Äpfel, $\frac{1}{8}$ kg Zwetschen — für eine Ente ungefähr die Hälfte). Nach Einlage wird die Öffnung zugenäht.

Saucenbereitung vgl. 608.

Anrichtungsweisen vgl. 611—612.

599. Wild und wilde Vögel — im Ofen gebraten.

Braten nach Regeln 414.

Rehrücken, Rehkeule, Renntierrücken, -keule, Hase, Rebhuhn, Regenpfeifer, Schnepfe, Bekassine, Krammetsvogel, Fasan, Wilde Ente, Haselhuhn, Schneehuhn, Wilde Gans, Kriekente, Auerhahn usw.

Hier kann nach Wunsch eine eigene Bratweise zur Verwendung kommen. Das Stück wird (in der Regel gespickt) mit einem dicken Brei überzogen, bereitet aus Mehl und Butter, miteinander abgebacken und mit Rahm oder Milch oder Jus angerührt — und so fertig gebraten. Die Kruste wird dann abgenommen, mit der von der Pfanne abgeschöpften Sauce gerührt — mit etwas rohem Rahm eingekocht — zuletzt mit etwas kalter Butter und Johannisbeergelee oder -saft — etwas Farbe, wenn nötig — und Salz.

Kalbsbraten kann auch so gebraten werden.

Saucenbereitung vgl. 608.

Anrichtungsweisen vgl. 611—612.

Kap. 63. Braten im Topf.

600. Das Bratstück wird in den Topf (eisernen Grapen) gelegt, nachdem dieser gut erwärmt ist, und darin etwas Fett schwach angebräunt worden ist; das Fleisch wird möglichst schnell ringsherum angebraten, Wasser oder Milch wird daraufgegossen — bis zur halben Höhe des Bratens. — Das Braten wird fortgesetzt, anfangs ohne, später unter Deckel (lebhaftes Feuer zum Bräunen, langsames zum Braten) — wird erst zu allerletzt gesalzen — für Wasser oder Milch kann auch genommen werden: teilweise leichtes Bier und etwas Branntwein.

In der Weise brät man:

Rinder-, Kalbs-, Hammel-, Lamm-, Schweinebraten,
    in etwas kleineren Stücken;
Zahmes Geflügel, kleineres, besonders junges Huhn,
    Kücken, Tauben;
Wildes Geflügel, kleineres.
Saucenbereitung vgl. 608.
Anrichtungsweisen vgl. 611—612.
Schweinefilet (Mürbebraten, Lummel) — in eigener Weise.

Das Filet wird erst in kochendes, gesalzenes Wasser getan und 10 Min. gekocht — aufgenommen — abgetrocknet — ringsherum angebräunt — in gewöhnlicher Weise im Topf fertig gebraten.

Kap. 64. Rösten größerer Stücke (Rotissage — Roasting).

Wird in verschiedener Ausführung auf alle die in 597, 598, 599 genannten Fleischstücke angewendet.

601. Rösten mit Aufhängen vor offenem Feuer — die vorzugsweise in England geübte, ältere Methode (für größere Stücke).

Das Stück wird ganz leicht mit Mehl gestäubt — wird auf dem Haken des „Bottle jacks" (Fig. 3) vor einem klaren, lebhaften, offenen Feuer angebracht — anfangs nahe, später mehr entfernt, für schwächere Hitze.

Durch die im obersten runden Gehäuse des Apparates angebrachte aufgezogene Feder wird das Fleischstück in fortwährend rotierender Bewegung gehalten. Für Aufnahme von abtropfendem Fett und Saft ist unterhalb des Fleischstücks eine Schale angebracht (dripping-pan) mit Schöpflöffel für wiederholtes Übergießen („basting") des Fleischstückes mit der abgetropften Jus („dripping").

Zeitbestimmung: ca. 15—20 Min. für jedes ¹/₂ kg des Fleischstückes.

Um die Hitze besser auf das Fleischstück zu konzentrieren, kann ein eigener Schirm, ein „Meat screen" (Fig. 4), verwendet werden.

Es wird erst zu allerletzt gesalzen.

602 a). + Rösten am Spieß, vgl. auch 404—407.

Erste Art: Das Fleischstück, ein ganzer Vogel usw., wird auf dem Spieß angebracht, der Länge nach durchgestochen, wie auch ganzer Hase, eine Keule, während ein Rinderroastbeef quer durchstochen wird; oder wird; im „cradle-spit" (Fig. 6) angebracht. Am Spieß wird das Stück entweder mittels an demselben angebrachten Querstücken festgehalten oder festgebunden. Der Spieß wird, vor der Wärmequelle auf die dafür bestimmten Böcke gelegt: entweder vor ein offenes, durchgebranntes, helles Feuer, oder einem Hafen mit ausgeglühten Kohlen, oder vor mehreren Reihen von Gasflammen — wird in stetiger Umdrehung erhalten, entweder manuell oder mittels eigener Uhr-Werke (Fig. 5 rechts und Fig. 7) — unten ist eine Schale angebracht für Aufnahme des Abschmelzenden oder Abtropfenden — womit das Fleischstück ab und zu übergossen wird.

Anfangs wird das Fleischstück ganz in die Nähe der Wärmequelle gebracht — später mehr entfernt. Man darf pro ¹/₂ kg 20—25 Min. rechnen, bei größeren Stücken (ca. 5 kg); verhältnismäßig kürzere Zeit für kleinere. Je kleiner das Stück, um so höher soll die Hitze anfangs sein. Die Zeit ist sehr sorgfältig abzumessen.

602 b). Zweite Art: am Spieß in der Muschel — vorzugsweise französische Methode.

Der Apparat wird nach Abbildung (Fig. 7) verständlich sein, auch in bezug auf die Verwendung. Der in Ausschnitten der Muschel ruhende Spieß (an welchem die Querstücke für Festhalten des Fleischstückes sichtlich) steht in Verbindung mit einem Uhrwerk. Die untere Höhlung der Muschel dient hier als Jusschale.

Ausführung übrigens nach 602 — mit der Öffnung der Muschel gegen die Wärmequelle.

Die Wirkung ist hier eine etwas schnellere als bei offener Hitze — anfangs soll die Wärmeeinwirkung besonders stark sein, besonders bei dunklen Fleischarten, und je kleiner das Stück ist.

Umbinden des Fleischstückes mit Speckscheiben (Fig. 8) ist anzuempfehlen, besonders bei kleineren Vögeln (bei trocknerem Fleisch).

602 c). Dritte Art: Rösten auf Rost in der Pfanne.

Der dafür bestimmte Apparat ist (nach Fig. 9) eine Pfanne, in der ein Rost eingestellt ist, der sich von dem Boden abhebt — und wo also das Fleischstück nicht in dem, in der Pfanne vorhandenen Saft zu liegen kommt. In der Ecke ein Ausschnitt, von wo mit dem Saft begossen werden kann.

602 d). Rösten im Röstofen.

Dazu hat man den (Fig. 10) abgebildeten Ofen „Lucullus"; ein ganz vorzüglich wirkender Apparat*).

Kap. 65. Braten und Rösten kleinerer Stücke: Steak — Kotelett (Karbonade) — Escalope u. dgl.

603. Verschiedene Formen der Stücke.

a) S t e a k (oder Steek) sind Fleischschnitte, ca. 2—3 cm dick, mit scharfem Messer glatt abgeschnitten — quer zu den Fasern — geklopft — wieder zusammengedrückt — am besten vom Lummel oder Mürbebraten, oder Unterfilet, oder vom Oberfilet, oder Rumpsteak, oder von der Kugel oder Oberschale — so:

R i n d s t e a k (Beefsteak),
K a l b s s t e a k,   mit oder ohne Zwiebel.
H a m m e l s t e a k,

b) C h a t e a u b r i a n d ist ein Steak, dicker geschnitten und vom Lummel oder Unterfilet — 4 cm dick — in der Regel geröstet.

c) T o u r n e d o s sind kleine Steaks — 1—2 cm dick und nur 5—8 cm groß — in der Regel gebraten (sauté) — auch geröstet. G r e n a d i n sind ähnliche Stücke, gespickt, 2 cm dick, in Birnenform — ca. 8 cm groß und mehr — in der Regel gebraten, paniert; oder naturell.

d) E s c a l o p e oder K a l l o p s oder S c h n i t z e l ist eine dünne Fleischschnitte, recht groß, bis Handfläche und mehr, ganz flach (ca. 1—1^1/$_2$ cm dick), — in der Regel gebraten, paniert oder naturell.

e) E n t r e c ô t e ist ein Rindskotelett — wird geröstet oder gebraten, naturell.

---

*) Deutsches Patent — leider viel zu teuer — von B a u t z, Berlin, Leipzigerstraße 90.

f) **Kotelett** ist eine mit dem Wirbelstück und einer dazugehörigen Rippe ausgeschnittenes Fleischstück (vom Rücken), so daß beim
Kalbskotelett }
Schweinskotelett } eine Rippe genommen wird,
Hammelkotelett gewöhnlich ebenso,
Lammkotelett gewöhnlich zwei, von welchen die eine weggeschnitten wird.

Von jeder Fleischschnitte wird das Wirbelstück abgehackt, die Rippe etwas gekürzt und das Fleisch von derselben abgelöst, bis zum runden Fleischteil — leicht geklopft — wieder zusammengedrückt — in hübsche Gestalt gebracht — geröstet oder gebraten; letzteres naturell oder paniert.

g) **Karbonade** nennt man gewöhnlich (NB. außerhalb der französischen Küche) eine Portion gehackter oder durch die Maschine getriebenes Fleisch, zu einem Kuchen geformt — und gebraten (allgemein paniert); so:
Kalbskarbonade,
Schweinekarbonade,
Gehacktes Beefsteak.

h) **Schweinefilet** wird von den Häuten und dem Fett befreit — geklopft — zusammengedrückt — gebraten oder geröstet (kann gespickt werden).

604. ÷ **Panieren**

wird gebraucht für Koteletts, Karbonaden, Escalopes (Schnitzel) und für Fische.

Das Fleischstück wird gesalzen, in geschlagenem Ei umgekehrt oder mit geschmolzener Butter bestrichen — dann in gestoßenem Zwieback oder Brotrinde umgekehrt — anstatt Zwieback wird auch Mehl verwendet — anstatt Ei und Zwieback auch nur Mehl.

605. **Braten auf offener Pfanne** — „sauté" (vgl. 414d).

Butter wird auf der Pfanne geschmolzen (einer Sautierpfanne von Steingut oder emailliert) — das Fleischstück wird daraufgelegt — bei lebhaftem Feuer auf der einen Seite fertig gebraten — umgekehrt — auf der anderen Seite, etwas kürzere Zeit gebraten — dann gesalzen (und gepfeffert) — an Butter ca. 10 g auf 125 g Fleisch — weniger gut Margarine für Butter.

Die dafür notwendige Zeit läßt sich schwer genau angeben. — Ein gewöhnliches Steak, ca. 2—3 cm dick, gebraucht gewöhnlich 3—5 Min. auf jeder Seite; so:
Rindersteak }
Kalbssteak, } naturell;

Kalbskotelett,
Lammkotelett, } naturell oder paniert;
Hammelkotelett,
Chateaubriand von Rind, } naturell;
Tournedos von Rind,
Escalope von Kalb, Rind, Hammel usw., } naturell
Kalbs - Schweinekarbonade, } oder
gehacktes Beefsteak, } paniert.
Saucen dazu nach 609.
Anrichtungsweisen nach 612.

606. + Rösten auf dem Rost, „Grillage" „Broiling" (vgl. 407).

Dazu werden eigene Roste verwendet, die über ausgeglühte Kohlen gestellt werden (Fig. 11, 12, 15), oder vor einem Feuer (Fig. 15), oder über Gasflammen (Fig. 13 und 14); Fig. 13 besonders für mageres Fleisch oder Fisch, Fig. 14 besonders für Fleisch mit Fett daran. Der Rost wird erhitzt, bevor das Fleischstück daraufgelegt wird (in verschiedenen Formen ausgeschnitten — nach 603 — das Fleisch soll von erster Güte sein, gut abgehangen) — frisch ausgeschnitten — naturell oder nur ganz leicht mit Öl oder geschmolzener Butter bestrichen.

÷ Panierte Fleischstücke sind für das Rösten auf Rost weniger geeignet.

Die eine Seite wird erst ganz fertig geröstet, bis an der oberen Fläche Saftblasen erscheinen, 3—6 Min. nach Art des Fleisches, der Dicke des Fleischstückes und dem verwendeten Hitzegrad — dann auf der anderen Seite. Wird nicht mit einer Gabel, sondern mit einem flachen Messer umgekehrt.

Auf Gas pflegt das Rösten etwas langsamer zu gehen als auf Kohlen. Die Zeit ist mit äußerster Genauigkeit abzumessen — man soll dabei bleiben, denn das kleinste zuviel wird gleich viel zuviel. Auf jeder Seite wird erst zuletzt gesalzen; so:

Rindersteak (geröstet: „französisches Beefsteak");
Rumpsteak (geröstet: „englisches Beefsteak");
Entrecôte (geröstet: Rinderkotelett);
Kotelett von Kalb, Lamm, Hammel;
Chateaubriand.
Saucenbereitung nach 609.
Anrichtungsweisen nach 612.

607. Rösten auf trockener Pfanne (vgl. 414a).

Eine stark erhitzte Bratpfanne wird ganz leicht mit Butter bestrichen oder nur mit einem kleinen Beutel mit Salz; das Fleischstück (Steak, Kotelett usw. wie in 603) wird daraufgelegt und unter unablässig wiederholtem Umkehren, bei sehr lebhaftem Feuer, fertig geröstet (ohne anzubrennen).

Kap. 66. Saucen zu gebratenem und geröstetem Fleisch.

608. Saucenbereitung bei größerem Braten (auf der Pfanne, im Topf).

Der flüssige Inhalt der Bratpfanne oder des Topfes („Jus, Fond, Glace") wird mit den, von den Seiten des Gefäßes abgeschrappten, braunen Ansätzen durch ein feines Drahtsieb gestrichen. Das Durchgestrichene wird nach Abkühlung von der oberen Fettschicht sorgfältig befreit. Das auf dem Sieb zurückbleibende Braune kann später mit dem entfetteten Jus glatt gerührt werden — und dieser kann mit etwas Mehl und kalter Butter zu fertiger Sauce bereitet werden (Sagomehl das feinste).

Bei besonders fettem Braten (Gans, Ente usw.) wird mit ganz besonderer Sorgfalt entfettet — und es kann die Sauce mit etwas gebranntem Zucker angerührt werden.

Bei gebratenen wilden Vögeln wird auch etwas gebrannter Zucker verwendet — und besonders hier liebt man es, mit etwas Rahm (und kalter Butter) abzurühren — auch mit etwas Frucht- (besonders Johannisbeer-)gelee.

609. Saucenbereitung bei kleineren gebratenen Stücken.

Die fertig gebratenen Stücke werden von der Pfanne entfernt und warm gehalten, während die Sauce in verschiedener Weise zubereitet wird:

— Für jede Einzelportion wird ca. 5 g Butter geschmolzen (ungern Margarine oder Palmin oder Ähnliches), mit dem Jus zusammen, und wird mit dem abgeschrappten, braun Angebratenen verrührt — wenn nötig, mit etwas mehr Bouillon — bei schwacher Wärme;

— außerdem kann etwas Rahm, pro Einzelportion ca. 3 Eßl., oder Milch eingerührt werden;

— und nach Wunsch etwas Fleischextrakt oder Maggigewürz oder Lahmanns Nährsalz;

— auch Mehl wird verwendet, mit gleicher Menge Butter — und dann gewöhnlich verhältnismäßig mehr Flüssiges (Bouillon, Milch);

— nach dem Braten panierter Stücke sollen die braungebratenen Brotkrumen sorgfältig abgeseiht werden.

610. Saucenbereitung zu gerösteten kleineren Stücken.

Indem es hier nicht zur Bildung von Sauce (Jus) kommt (sondern nur zur Abschmelzung von Fett) — wird hier eigene Sauce zu bereiten sein aus starker Fleischbrühe oder geschmolzenem Jus.

Kap. 67. Anrichtungsweisen von gebratenem und geröstetem Fleisch.

611. + Einfachste Anrichtung

ist die englische; nur mit dem den Braten beim Zerschneiden entströmenden Saft („Gravy"), mit einem Gemüse, naturell; oder mit Jussauce, ganz klar oder in einfachster Art bereitet (510—515, 525—526, 530), und ein einzelnes oder gemischtes Gemüse in ebenso einfacher Bereitung (Kap. 140).

Solche einfache Anrichtung eignet sich ganz besonders für geröstetes Fleisch, entweder Schnitte aus größerem Braten oder kleinere Stücke — wo die Sauce daringeblieben ist.

Kleine geröstete Fleischstücke — französisches Beefsteak („Biftek") — werden mit Vorliebe angerichtet mit einem daraufgelegten Stück kalter, mit gehackter Petersilie gemischter oder bestreuter Butter — auch nach Wunsch mit einigen Tropfen von Zitronensaft — à la maitre d'Hotel — oder mit anderer gerührter Butter (70).

612. Zusammengesetzte Anrichtungen

sind in den Kochbüchern, besonders französischen, massenhaft angegeben, à la so oder so — nur einige derartige Zusammenstellungen sollen angeführt werden — besonders nach Escoffier:

> à la jardinière — mit verschiedenen, gemischten Gemüsen („Macedoine");
> à la printanière — besonders mit Bohnen und Schoten;
> à la bonne femme — mit Mohrrüben, Rüben, Zwiebeln in brauner Sauce;
> à la belle Helène — mit Spargel, Trüffeln;
> à la Bérichonne — mit Kohl, Zwiebeln, Kastanien;
> à l'allemande — mit verschiedenem Kohl;
> à la Niçoise — mit Haricots verts, Kartoffeln, Tomaten;
> à la Chipolata — mit Mohrrüben, Kartoffeln, Zwiebeln, kleinen Würsten, Speckwürfeln;
> à la Brohan — mit Artischockenböden, Trüffelscheiben, Blumenkohlköpfchen, Kartoffeln;
> à la Choron — mit Artischockenböden, mit Schoten darauf;
> à la Chatelaine — mit Artischockenböden, Kastanienpüree, Kartoffeln;
> à l'italienne — mit Makkaroni, Nudeln, Tomaten;
> à la milanaise — mit Trüffeln, Schinkenwürfeln, Käse;
> à la Tayllerand — mit Makkaroni und Käse, Trüffeln, Leberpastete in Scheiben;
> à l'indienne — mit Reis in Curry;
> à la portugaise — mit Tomaten und Zwiebeln;

à la financière — mit Champignons, Trüffel, Hahnenkämme, Klößen, Oliven usw.;

à la Bordelaise — mit Kapern, Tomaten, fines herbes;

à la Godard — mit Champignons, Trüffel, Hahnenkämme, Hahnennieren, Kalbsmilch;

à demi-deuil — mit Champignons und Trüffeln (in heller Sauce);

à la Rossini — mit Scheiben von Gänseleberpastete und Trüffel;

à la Zingara — mit Champignons, Trüffel, Schinken, Zunge und Julienne;

à l'anglaise — mit Pickles, Senfgurken in scharfer Sauce;

— alles in Verbindung mit entsprechenden verschiedenartigen Saucen.

Kap. 68. Gebratener und gerösteter Fisch.

613. ÷ **Gebratener Fisch.**

Der Fisch (reingemacht, Schuppenfische sehr sorgfältig abgeschuppt) wird in passende Stücke zerschnitten, kleine Fische bleiben ganz — und werden nach allgemeinen Regeln (605) gebraten, naturell oder paniert (604); in der Weise wird bereitet:

Gebratener Goldbutt, quer zerschnitten, oder etwas kleinere Fische in der Mitte, der Länge nach, oder als ausgetrennte Filets, naturell oder paniert;

Gebratener Heilbutt, in Scheiben — auch als

Heilbuttensteak, gesalzen, leicht gepfeffert, mit gebräunten Zwiebeln;

Gebratener Hornhecht, gewöhnlich naturell — kann mit Petersilie gefüllt werden;

Gebratener Dorsch, kleine Fische ganz; von größeren besonders die Schwänze;

Gebratener Hering: der Fisch kann nach gewöhnlichem Reinmachen am Schwanz durchschnitten und zusammengedrückt werden, so daß das ganze Skelett sich zusammenhängend herausnehmen läßt — einige Querschnitte werden gemacht auf jeder Seite — gewöhnlich naturell gebraten — doch auch in Mehl umgekehrt oder paniert.

Kleinere Fische können auch vorbereitet werden, indem man Kopf und Schwanz abschneidet, den Fisch vom Rücken her durchschneidet, nur bis zur Bugfläche — wonach die Gräten ausgenommen werden — und der Fisch, in einer Fläche ausgebreitet, gebraten wird.

Saucen dazu werden hauptsächlich wie bei gebratenem Fleisch bereitet (609) — doch gewöhnlich mit etwas reichlicher Butter — und die Sauce kann durch eingekochte Fischbrühe verstärkt, mit Rahm, weniger mit Mehl, abgerührt werden.

Anrichtungen meistens mit Kartoffeln — naturell oder verschieden zubereitet — auch mit verschiedenen anderen Gemüsen, einzeln oder gemischt.

Beispiele gemischter Anrichtungen:

à l'indienne — mit Reis in Curry;

au grand Duc — mit Spargel, Krebsschwänzen, Trüffeln;

à la cancaloise — mit Austern, Krebsschwänzen in Sauce normande;

à la Trouvillaise — mit Muscheln, Krebsschwänzen, Trüffeln;

à la Nantua — mit Krebsschwänzen, Trüffeln, Krebssauce;

à la Joinville — mit Champignons, Trüffeln;

à la Regence — mit Fischklößen, Austern, Champignons, Trüffeln;

— alles mit verschiedenen Saucen.

614. + Gerösteter Fisch.

Der Fisch, in gewöhnlicher Art reingemacht — kleiner Fisch ganz — bekommt einige schräge Einschnitte an jeder Seite — größere in Scheiben von 2—4 cm Dicke, werden leicht mit Öl bestrichen oder geschmolzener Butter; trockene Fische können mit Mehl bestäubt werden. Der Fisch kann vorher mariniert werden, bis 1 Stunde lang (in Milch oder einem Gemisch von Öl, Zitronensaft, gehackter Petersilie, Salz — nach Wunsch etwas Zwiebel in Würfeln). So vorbereitet, bereitet man:

Gerösteten Lachs, Scheiben $1^1/_2$—2 cm dick — naturell;

Geröstete Forelle oder Lachsforelle, ganz — etwas größeren Fisch aufgeschnitten, flach oder in Hälften — die Gräten entfernt;

Gerösteten Heilbutt, Scheiben ca. 2 cm dick, naturell;

Gerösteten Dorsch, Scheiben oder Filets, naturell;

Geröstete Makrele, flach, aufgeschnitten, naturell;

Gerösteten Hering, ganzer Fisch, vorbereitet wie 613 — gewöhnlich naturell;

Gerösteten Hecht, Scheiben oder Filets — gewöhnlich einige Stunden mariniert oder mit Salz, Pfeffer bestreut, in Mehl umgekehrt oder in geschmolzener Butter und gestoßenem Zwieback.

Angerichtet mit gerührter Butter (70) oder verschiedenen Saucen und mit Kartoffeln, naturell, oder verschiedenen Gemüsen oder verschiedenen gemischter Garnituren.

Kap. 69. Kochen in Fett. Friture (vgl. 411).

615. Das Kochfett.

Rindernierentalg das verwendbarste. Es wird in Stücke zerschnitten aufs Feuer gesetzt mit Wasser (150 auf 1000 Talg), und wird gekocht, bis alles Wasser verdampft ist — und weiter, bis das Fett klar geworden, während die Unreinheiten abgeschäumt werden. Wird etwas abgekühlt, geseiht.

Kalbsnierentalg auch verwendbar, aber nur teilweise.

Schweinefett ebenso (Hammeltalg aber nicht).

Butter verwendbar, gewöhnlich nur mit anderen Fettarten vermischt.

Öl — auch mit gleicher Menge Butter — verwendbar, wie verschiedene Pflanzenfette.

Mischungen werden gebraucht:

Rinder-Kalbsfett zu gleichen Teilen;

Rinderfett 2 Teile, Kalbsfett 1 Teil, Schweinefett 1 Teil oder Rinderfett 2 Teile, Butter 1 Teil, Schweinefett 2 Teile (letztere Mischung wird, nach Heyl, mit 2 Teilen Milch zusammengekocht — abgekühlt — vom Bodensatz befreit); auch Schweinefett, Rinderfett, Öl, (Gouffé);

Das Fett soll sehr rein und klar sein — ist um so besser, auf je höherem Wärmegrad es sich bringen läßt.

Gewöhnliche tierische Fettarten können erreichen:

135—140° C   — 1. Grad — ziemlich heiß,
155—160° C   — 2.   ,,   — heiß,
180° C u. mehr — 3.   ,,   — sehr heiß — (fängt an Dämpfe
                               abzugeben).

Pflanzenfette (Kokos, Oliven) können 250—290° erreichen.

Reine Butter erreicht 120—135° C — ist für größere Frituren unzureichend.

Um das Kochfett wieder verwenden zu können, muß es durch Aufkochen mit Wasser oder Milch gereinigt und der Bodensatz entfernt werden.

616. Vorbereitung.

Fisch und Fleisch kann naturell gekocht werden, ohne mariniert oder paniert zu werden. Die Stücke sind gut abzutrocknen.

Zum Marinieren wird gebraucht:

1. Milch, in welche die Stücke kürzere Zeit gelegt werden;
2. Gemisch von Öl, Zitronensaft, Salz, etwas Petersilie (Zwiebel, Pfeffer.)

Zum Panieren gebraucht man:

1. Milch, in welcher die Stücke umgekehrt werden — und danach leicht mit Mehl bestäubt;
2. geschlagenes Ei, worin die Stücke umgekehrt werden — und danach leicht mit Mehl bestäubt;
3. oder Mehl, geschlagenes Ei, zuletzt gestoßener Zwieback;
4. oder geschmolzene Butter oder Öl, dann gestoßener Zwieback;
5. oder Frlitureteig (Kap. 114), womit die Stücke überzogen werden;
6. oder „à la Villeroy": die Stücke werden mit einer recht steifen Eier- oder Bechamelsauce überzogen, dann in gestoßenem Zwieback umgekehrt.

617. Das Kochen.

Das Kochgeschirr — starkes Eisen- oder Kupfergeschirr — soll in einem Stück gemacht sein, mit geraden Seiten. Es gibt eigenes Friturengeschirr mit Drahtkorb (Fig. 16). Es wird nur halb gefüllt — und das Fleisch wird auf die gewünschte Temperatur erhitzt:

1. Grad für gewöhnlichen Zweck — besonders für naturelle und feuchtere Stücke (zur Prüfung: eine dünne Brotkruste soll nach 5—6 Sek. spröde und hellbraun werden);
2. Grad für panierte oder in Fritureteig gehüllte Stücke;
3. Grad für ganz kleine Stücke, besonders kleine Fische.

Die Stücke werden (nach Marinierung sehr gut abgetrocknet) schnell in das Fett gelegt, einzeln oder löffelweise — oder im Friturekorb — und in so viel Fett, daß sie ganz untertauchen können und Platz zwischen den Stücken bleibt.

Die Stücke werden häufig umgekehrt, bis sie die gewünschte helle gelbbraune Farbe angenommen haben (nicht dunkler) — werden herausgenommen und auf Löschpapier gelegt.

Friture von Fleisch:

618. Größere Braten in Fett gekocht (schottische Art).

Ein größeres Bratenstück (Rinderroastbeef oder Ähnliches), 3—4 kg und mehr, gut abgetrocknet, wird mit Hilfe starker Fleischgabeln in ein entsprechend großes Kochgeschirr in das stark erhitzte Fett versenkt — so reichlich, daß es ganz bedeckt wird — gekocht, bis rosa inwendig (4 kg-Stück ca. $1^1/_2$ Stunden).

619. „Wiener Backhändl“ nach Stössel.

Huhn, reingemacht, in 2—4 Stücke zerteilt, wird gesalzen, paniert nach 616 3., wird gekocht, nach 617 (2. Grad) — gelbbraun — mit etwas im Fett mitgerösteter Petersilie angerichtet.

Huhn in Friture auch mariniert nach 616 2. und paniert nach 616 2. — gekocht nach 1. Grad.

Kalb, Lamm in Friture, paniert nach 616 6., „à la Villeroy“ — gekocht nach 617, 2. Grad.

Friture von Fisch:

620. Butte, Flunder — in Filets.

Der Fisch wird in vier Teilen von den Gräten glatt abgeschnitten — $1/_4$ Stunde gesalzen — abgetrocknet — paniert nach 616 2. — nach 617, 2. Grad, gekocht.

Zunge (Fisch-) in Filets oder ganz, und dann an der glatten Seite längs dem Rückgrat etwas eingeschnitten, 10 Min. in Milch gelegt, in Mehl umgekehrt — wird in recht heißem Fett hellgelbbräunlich gekocht — gesalzen — mit Petersilie und Zitronenstückchen angerichtet.

621. Hering wie 620 — oder in **Fritureteig**: der Hering wird einige
Stunden in Milch gelegt — in kaltem Wasser abgespült — gespalten, die Gräten ausgenommen — Fischfarce zwischen die
beiden Hälften gelegt, die gut aneinandergedrückt werden —
mit Fritureteig überzogen — in Fett gekocht.

622. Barsch

wird entschuppt — an den Seiten eingeschnitten — nach 616 2.
mariniert — abgetrocknet — mit Mehl bestäubt — gekocht
(kleine Fische nach 3. Grad).

623. Makrele à l'Orlys nach Gouffé.

Das von den Gräten abgeschnittene Fleisch wird der Länge
nach in ca. 2 cm breite Streifen zerschnitten — nach 616 2.
mariniert — abgetrocknet — mit Fritureteig überzogen —
gekocht — mit Tomatensauce angerichtet.

624. Austern.

Große Austern (Bart entfernt) werden in kochendem, gesalzenen Wasser blanchiert — abgetrocknet — in Fett gekocht,
naturell oder in Fritureteig.

Austern à la mode de Hambourg (Urbain-Dubois)
ebenso, in geriebenem Parmesankäse, Ei, Zwieback umgekehrt.
Frösche in ähnlicher Art.

<h2 style="text-align:center">Klasse VII.</h2>

<h1 style="text-align:center">Fleisch und Fisch — gesalzen, geräuchert.</h1>

<h2 style="text-align:center">Kap. 70. Fleisch, Fisch gesalzen.</h2>

625. Das Salzen.

Durch das Salzen bekommt die Speise einen eigenen Geschmack —
aber der Zweck des Salzens ist gewöhnlich die Haltbarmachung der
Rohware — indem man dieselbe ganz vom Salz durchdringen läßt.
Der allgemein verwendete Zusatz von Salpeter hat den Zweck,
dem Fleisch (welches ohnedies eine graue Färbung bekommen würde)
eine hübsche rötliche Farbe zu verleihen.

Der häufig geübte Zusatz von Zucker geschieht wesentlich nur
aus Geschmacksrücksichten.

Während des Salzens werden Stoffe aus dem Fleisch ausgezogen,
sowohl Wasser — so daß das Fleisch schrumpft, dichter und zäher
wird — und Eiweißstoffe und Salze (besonders Phosphorsäure und Kali)
— wodurch ein Verlust eintritt an Nährwert und Geschmackswerten.
Das gesalzene Fleisch bekommt eine gewisse Ähnlichkeit mit dem

gekochten Fleisch (dem Suppenfleisch) — und wenn nun das gesalzene Fleisch, wie es allgemein der Fall ist, später noch in gewöhnlicher Art in reichlich Wasser gekocht wird (und dazu oftmals in Wasser eingeweicht wird, um abgesalzen zu werden), entsteht noch mehr Stoffverlust.

Schnell gesalzenes, kurz gesalzenes Fleisch erleidet natürlicherweise entsprechend geringere Verluste. Durchgesalzenes Fleisch verliert verhältnismäßig weniger durch trockenes, wie durch nasses Salzen (in fertiger Lake).

626. Fleisch leicht, schnell gesalzen. Ente, Gans schnell gesalzen, gekocht.

Der Vogel wird reingemacht, außen und innen mit Salzmischung abgerieben — an kühlem Ort 1—2 Tage aufgehoben — ab und zu mit der Lake übergossen — abgewaschen —- in kochendes Wasser gebracht — gargekocht — ca. 2 Stunden.

Für eine Gans ungefähr Salz   125 g

Salpeter 25 g

Zucker   25 g

Für eine Ente entsprechend weniger (um so mehr Salpeter, je röter man das Fleisch zu haben wünscht).

Ebenso Lamm-, Kalb-, Rindfleisch, Schweine-, Lämmerzunge.

Anrichtung: mit gekochten Gemüsen — und einfachen, hellen Bouillonsaucen.

Gekochtes Fleisch, leicht gesalzen.

Ein Stück Suppenfleisch, oder in Dampf, oder in anderer Art gargekochtes Stück Fleisch (von Rind, Kalb, Hammel, Lamm) wird noch warm mit einem Gemisch von Salz, Salpeter, wenig Zucker eingerieben.

627. Stärkeres Salzen — trockenes.

Das Fleisch soll gern frisch sein.

Französische Vorschrift: Die Fleischstücke werden zweimal im Verlauf von 5—6 Stunden eingerieben mit einer Mischung von Salz 5 T. zu Salpeter 1 T. (und nach Wunsch Gewürze) — werden in ein Holz- oder Steingutgefäß gelegt, auf einer Schicht von grobem Küchensalz, und ganz in Salz eingebettet; eine Platte mit Gewicht wird daraufgelegt — 14 Tage an kühlen Ort gestellt.

Englische Vorschrift: Salz 1000, Salpeter 150, Zucker 600, schwarzer Pfeffer 100, Wacholderbeeren (pulverisiert) 500 zu ca. 10 kg Fleisch.

Für Schweineschinken: Salz 1000, Salpeter 120, Zucker 500 — zu 10 kg — oder Salz 1000, Salpeter 350, Zucker 1000 — zu 16 kg.

Deutsche Vorschrift:
I. für verschiedenes Fleisch: Salz 1000, Salpeter 30, Borsäure 20 (im Sommer), Salz 1000, Salpeter 30, Zucker 20 (im Winter);
II. für Schinken: Salz 1000, Salpeter 30, Zucker 30 (zu ca. 15 kg Fleisch, 3 Wochen);
für Schinken (westfälisch): Salz 1000, Salpeter 40, Zucker 600.

Dänische Vorschrift: Salz 1000, Salpeter 80, Puderzucker 400 für 15 kg Fleisch; dieses wird in kochendem Wasser abgebrüht — noch warm erst mit Zucker und Salpeter eingerieben, dann mit dem Salz — täglich wird das Fleisch mit der sich bildenden Lake übergossen — und umgekehrt (ca. 2—3 Wochen).

Auf 5 kg Fleisch durchschnittlich ¹/₂ kg Salz.

Die Dauer durchschnittlich: Schinken von 5 kg ca. 14 Tage; Pferdefleisch ebenso; Hammel-, Renntierkeule von 5 kg ca. 12 Tage Rinderbrust (hamburgische) von 5 kg ca. 7 Tage; Schweinerücken, Rinderzunge, mageres schieres Rindfleisch von 5 kg 7—9 Tage; Lammfleisch etwas kürzere Zeit; Rollwürste von Rind ca. 4 kg ca. 8 Tage, vom Kalb ca. 3 kg ca. 5 Tage, vom Lamm ca. 2 kg ca. 4 Tage.

628. Stärkeres Salzen, naß und in fertiger Lake.
I. Dänische Vorschrift für verschiedenes Fleisch:
Salz 1000, Salpeter 40—50, Puderzucker 250, Wasser, kochendes, 6¹/₂ Lit. — worin erst das Salpeter aufgelöst wird, dann das übrige — für ungefähr 2 Schinken à 4 kg — ca. 3 Wochen.
II. Englische Vorschrift für verschiedenes Fleisch:
Salz 1000, Salpeter 30, Zucker 300, Wasser 3 Lit., wird gekocht, abgeschäumt, abgekühlt — für einen Schinken ca. 14 Tage, Stück Rindfleisch von 7 kg 12—15 Tage, eine Rinderzunge 10—14 Tage.
III. Deutsche Vorschrift für verschiedenes Schlachtfleisch:
Salz 1000, Salpeter 30—40, Zucker 20 (oder Borsäure 20), Wasser 4 Lit. — eigens für Rindfleisch (1—1¹/₄ kg-Stücke): Salz 1000, Zucker 150, Salpeter 80, Pfeffer wenig, Wasser 4 Lit.

Es gibt auch eine gemischte Methode, nach der das Fleisch erst einige Tage, in Salzmischung trocken abgerieben, hingelegt wird, um dann in Lake gelegt zu werden.

Bei nassem Salzen soll die Lake eben über dem Fleisch stehen — das Gefäß soll knapp sein — ein Gewicht soll aufgelegt werden.

Das Kochen gesalzenen Fleisches:
Alles Fleisch, welches mehr wie 8 Tage gesalzen worden ist, muß jedenfalls erst vor Kochen im Wasser abgesalzen werden — bis 24 Stunden, je nachdem — dann in kaltem Wasser aufs Feuer gestellt und schnell ins Kochen gebracht — Stücke von ca. 5 kg sollen ungefähr 4 St. haben — und entsprechend nach Größe.

629. Salzhering.

Einfach: Die Heringe (80 St.), ganz, nicht ausgenommen, werden mit $^1/_2$ kg Küchensalz in einen Holzkübel gelegt, in einigen Stunden ab und zu mit einem Stock darin umgerührt (so daß das Blut herauszieht) — werden herausgenommen, abgestrichen, in Schichten dicht aneinander, mit dem Rücken nach unten, niedergelegt, mit $1^1/_2$ kg Lüneburger Salz zwischen den Schichten — Salz oben darauf — mit einem beschwerten Deckel bedeckt, 4—6 Wochen hingestellt.

Gewürzt („Gewürzhering"):

Heringe (80 St.)		Die Heringe werden von den Kiemen
Salz	$1^1/_2$—2 kg	befreit, nicht ausgenommen, gut ab-
Allerlei	60	getrocknet, in gesalzenem Wasser ab-
Gewürznelken	60	gespült, schichtenweise mit dem Salz
Kubeben	60	und Gewürzen in ein Gefäß dicht, mit
Kolonialzucker	60	dem Rücken nach unten, eingelegt —
Lorbeerblätter,		Salzschicht oben — Gewicht darauf —
einige		nach ca. 3 Wochen verwendbar.

630. Verwendungen von Salzheringen.

Werden wenigstens 12 Stunden — bis 18 Stunden — in Wasser oder Milch ausgeweicht.

In Essig mariniert, einfach: Der Hering wird abgezogen, Kopf, Schwanz abgeschnitten — vom Rücken aufgeschnitten; die Eingeweide und Gräten ausgenommen — mit etwas Zucker und weißem Pfeffer bestreut — mit dünnen Zwiebelscheiben belegt — mit Essig übergossen — 3—4 Stunden hingestellt.

Gewürzt: Die wie oben zurechtgemachten Heringe (4 Stück) werden 1 Stunde in Marinade gelassen, aus Essig abgerührt mit drei harten, mit Senf (1 Eßl.) und Salatöl (3—4 Eßl.) glatt gerührten Dottern, ein wenig gehackten Zwiebeln und Petersilie (sehr fein gewiegt).

Schlafrockhering: Der gut ausgeweichte und sonst wie oben vorbereitete Hering, innen mit etwas Zwiebel und Pfeffer bestreut und wieder zusammengelegt, wird in ein inwendig mit Butter gut bestrichenes Stück Papier eingepackt — mit Bindfaden umbunden — auf einer Pfanne in Butter gebraten — oder auf Rost geröstet, bis braun — im Papier, nach Entfernung der Umbindung, angerichtet.

631. Grablachs (schwedisch).

Der Lachs, reingemacht, aufgeschnitten, in Stücke zerteilt, wird mit einer Mischung von Salz und Zucker (auch ein wenig Salpeter) eingerieben — in ein Leinentuch eingewickelt — an kühler Stelle (im Keller oder so) in 12 Stunden liegen gelassen (in früheren Zeiten wurde der eingewickelte Fisch in die Erde vergraben, woher der Name) — mit Gemisch von Essig, Zucker, etwas Dill und Senf anzurichten.

632. ∹ Gesalzene und getrocknete Fische.

Klippfisch wird in Stücke geschnitten — die graue Haut abgeschrappt — die Flossen abgeschnitten — in 24 Stunden in kaltes Wasser gelegt (bei stärker gesalzenem Fisch muß das Wasser einige Male gewechselt werden), worin etwas doppeltkohlensaures Natron aufgelöst; in kaltem Wasser aufs Feuer gesetzt — ca. $^1/_2$ Stunde gekocht — bei sorgfältigem Schäumen — mit der häutigen Seite nach oben angerichtet — mit gekochten Kartoffeln und Buttersauce (mit Senf oder Kapern).

Stockfisch. Wenn nicht ausgeweicht käuflich, muß das Ausweichen folgendermaßen gemacht werden:

Der Fisch wird geschrappt — reingebürstet, nachdem er 1 Tag in Wasser gelegen — wird 2—3 Tage in einer neuen Portion Wasser hingestellt, bis es klar geworden ist — wird abgetropft — 2—3 Tage in eine Lauge von Buchenasche gelegt (3 Liter Asche auf 2 Eimer Wasser), die vorher 2—3 Tage gestanden hat, durch ein Stück dichtes Zeug geseiht und dann mrt etwas pulverisiertem Kalk gerührt worden ist. In der Lauge wird der Fisch einige Male umgekehrt, abgespült, in kaltes Wasser gelegt, das in 24 Stunden dreimal gewechselt wird.

Der Fisch wird dann wieder abgeschrappt, in reichlichem Wasser aufs Feuer gestellt, schnell aufgekocht — abgeschäumt — ein wenig kaltes Wasser hinzugegossen — der Fisch noch einige Minuten im Wasser belassen — angerichtet mit Senfsauce, Zwiebelsauce, gekochten Kartoffeln.

Kap. 71. Das Räuchern.

633. Räuchern, echtes.

Es wird gewöhnlich an vorher gesalzenem Fleisch ausgeführt (nur schwächeres Salzen nötig) — und geschieht durch Aufhängen der Ware in Holzrauch — wobei das Fleisch mit brenzligen Ölen (Holzessig und Kreosot) durchzogen wird, wodurch eine Desinfektion zustande kommt, indem alle Fäulniswecker zerstört werden, das Fleisch damit haltbar wird — wozu es auch beiträgt, daß das Fleisch gleichzeitig eine Austrocknung erfährt (ca. ein Drittel Gewichtsverlust).

Echtes Räuchern wird auch mitunter ersetzt durch **falsches Räuchern,** auch Schnellräuchern genannt.

Dies geschieht in zweierlei Art:

1. die Ware wird in Holzessig getaucht, mit teerhaltigem Holzessig überstrichen und in Zugluft aufgehängt, oder

2. die Ware wird in eine schwache Kochsalzlösung gelegt und dann in eine Holzrußlauge gebracht (aus $^1/_2$ kg Ruß und 9 Lit. Wasser, auf die Hälfte eingekocht, abgekühlt, geseiht, mit 2—3 Handvoll Kochsalz versetzt), auf verschieden lange Zeit — ein ganzer Schinken 12—16 Stunden, Würste (die vorher nicht gesalzen werden), größere $^3/_4$—1 Stunde, kleinere $^1/_4$ bis $^1/_2$ Stunde.

634. Das Kochen des geräucherten Schinkens.

I. Einfache Art:

Stärker (für längere Aufbewahrung) gesalzene Schinken sollen ca. 24 Stunden in Wasser gelegt werden; schwächer gesalzene, feinere, von York, Prag, Bayonne, Hamburg, Westfalen, deutsche im ganzen gewöhnlich nur 6 Stunden.

Der Schinken wird abgebürstet, der Knochen gekürzt, in reinem Wasser auf Feuer gestellt, zum ganz langsamen Kochen.

Wenn kalt zu verwenden, läßt man ihn in der Suppe kalt werden.

Kochzeit ca. 20 Min. für $1/_2$ kg feinen Schinken, feinsten (Prag usw.) nur 15 Min., weniger feinen bis 25—30 Min.

Das Kochen von geräuchertem Schinken in der Kochkiste ist besonders anzuempfehlen, oder in Zeitungseinpackung (Nr. 801—809).

II. Englische Vorschrift (Beeton: „to give an excellent flavour"):

Der Schinken wird einige Stunden in ein Gemisch von Wasser und Weinessig (ca. 1:10) gelegt — in kaltem Wasser aufgesetzt — wenn kochend, wird Gemüse hinzugefügt (Sellerie 2 St., Turnips 2 St., Zwiebeln 3 St. für einen Schinken von 7 kg) — langsam fertig gekocht, ca. 4 Stunden — die Schwarte abgenommen — mit gestoßenem Zwieback bestreut.

III. Deutsche Vorschrift (nach Hannemann):

Der Schinken (sog. Landschinken, für das ganze Jahr gepökelt und geräuchert) wird 24 Stunden in kaltem Wasser gewässert, mit Weizenkleie abgerieben, gebürstet — in einem großen Topf mit Wasser, Zwiebeln, Suppengemüse, Majoran aufs Feuer gesetzt, schnell zum Kochen gebracht — dann 3—4 Stunden an der Seite ganz langsam gekocht.

IV. Feinere deutsche Vorschrift (nach Heyl):

Der Schinken wie bei III. vorbereitet, wird in ein Tuch gebunden, mit kaltem, überstehendem Wasser aufgesetzt, das Wasser, wenn es kocht, abgegossen (um unangenehmen Rauchgeschmack zu entfernen) — nach Bedarf Wasser daraufgegossen, mit Zwiebeln, Suppengrün, Gewürz $1/_2$ Stunde langsam gekocht; dann an der Seite oder in einen Backofen (125° C) gestellt, um $2^1/_2$ 3 Stunden zu ziehen. — Schwarte abgenommen, sauber beputzt — kann dann in einem Schmortopf in einer Flasche Burgunder oder Rotwein oder Madeira leise ziehen — auch kann man gut verkochte braune Grundsauce und 2 Eßl. Johannisbeergelee hinzufügen.

V. Französische Vorschrift (nach Escoffier):

Der Schinken wird in Wasser halb gar gekocht — dann in einem dicht verschlossenen Geschirr („braisière") mit $^1/_2$ Fl. Madeira, Xeres oder Portwein gargekocht, 1 Stunde — zuletzt mit Jus oder mit einer Schicht karamelliertem Zucker glaciert.

VI. Dauerkochen von Schinken ist bei allen diesen verschiedenen Kochweisen verwendbar — Vorkochen ca. 1 Stunde, Nachkochen 3—4 Stunden.

Die Schinken werden mit verschiedenen Saucen angerichtet, kräftigen Jussaucen (Madeira-, Champignon-, Trüffel-, Tomatensauce, Sauce financière); mit verschiedenen Gemüsen, einzeln oder gemischt, besonders mit Schoten, Kohl, Spinat, Spargel, Salat (gekocht).

635. Geräucherter Schinken in Burgunder (nach Heyl).

			Gr.
1000	Schinken	4 kg	4000
375	Burgunder	2 Fl.	1500
15	Zwiebeln		60
15	Charlotten	2 St.	60
30	Trüffel		125
60	braune Sauce	$^1/_4$ Lit.	250
60	Madeira	$^1/_8$ Lit.	125
	Thymian, Basilikum, Majoran, 1 Zweig von jedem		
	Wasser		

Der Schinken, gewaschen, die Schwarte abgenommen, Knochen möglichst entfernt, wird 24 Stunden in eine Marinade gelegt (von Wein, Kräutern, Charlotten, Zwiebeln). Die Höhlung mit kräftigem, geleeartigem Jus und Trüffeln gefüllt — der Schinken zu guter Form umwickelt — in eine eingeweichte, gereinigte, umgedrehte, abgetrocknete Schweinsblase wird der Schinken gesteckt, die Blase mit der Marinade gefüllt — zugenäht, in ein Tuch gebunden, mit kaltem Wasser aufgesetzt; läßt ihn ca. 4 Stunden ziehen, bis weich. — 1 Stunde erkaltet, herausgenommen — die aufgefangene Flüssigkeit mit der Grundsauce und Madeira zu einer glänzenden Sauce eingekocht — die Fäden vom Schinken entfernt, der mit der fertigen Sauce glaciert wird — angerichtet mit Garnitur von Gemüsen, Makkaroni, Zwiebeln, Kastanien usw.

636. Das Kochen von geräuchertem (und gesalzenem) Fleisch (nach Heyl).

Das gesalzene Fleisch wird 12—24 Stunden in Wasser gelegt — mit Suppengemüse in reinem Wasser gekocht — ganz langsam, bei dichtestem Verschluß (nach Kap. 90) — kann angerichtet werden, mit Bouillon übergossen; mit gehackten Kräutern oder Parmesankäse bestreut.

Das geräucherte Fleisch wird einige Stunden gewässert — im übrigen wie das gesalzene bereitet.

637. Das Kochen von geräucherter Rinderzunge.

Die Zunge wird eine Nacht hindurch entwässert — mit Wasser, Gemüse, Gewürz, Zwiebeln in 2—3 Stunden langsam gar gekocht — mit Gemüsen und verschiedener Sauce anzurichten.

638. Schinken in der Teighülle.

Der Schinken soll sehr gut gewässert oder schwach gesalzen sein.

a) In Roggenbrotteig. Der Schinken wird ringsherum in eine ca. 1 cm dicke Schicht von Roggenbrotteig dicht eingeschlossen — wird so in einem Backofen 3—4 Stunden — nach Größe — gebacken; am nächsten Tage wird, nach Abkühlung, die Kruste entfernt.

b) Englische Vorschrift, in „common crust". Ein Teig (aus Weizenmehl 450, Butter 45, „Lard" 45, Wasser 250) wird um den gut abgetrockneten Schinken gelegt — in mäßig warmem Ofen trocken gebacken — nachdem die Kruste entfernt ist, mit gestoßenem Zwieback bestreut.

c) Französische Vorschrift (Escoffier) in feinerem Teig (aus feinem Weizenmehl 1000, Butter 250, Salz 30, Wasser 400). Der Schinken wird halb gar gekocht, nachdem die Schwarte entfernt ist, glaciert — in eine Schicht des Teiges eingeschlossen — in einen heißen Ofen gesetzt (mit der Seite nach unten, wo die Teighülle zusammengelegt ist, während am oberen Umfang ein kleines Loch gemacht wird um die Dämpfe entweichen zu lassen) — gargebacken, bis die Kruste trocken und schön braun gefärbt. Kurz vor Abschluß des Backens wird ein Glas Madeira, Xeres oder Portwein durch das obere Loch eingegossen, wonach dasselbe zugedrückt wird — warm anzurichten.

Kap. 72. Einlegen in Sauer, in Gelee u. dgl. von Fleisch und Fisch.

639. Bereitung von Gelee.

Eine kräftige, mit Gewürzen (Thymian, Estragon, Lorbeerblättern, Zwiebeln, Gewürznelken, ein wenig Pfeffer) gekochte Kraftbrühe (Consommé, Kap. 41) wird mit einigen Eiweißen — 2 St. auf 1 Lit. — Zitronensaft (von 1 Zitrone), etwas Essig und Wein und 9—10 Blättern Gelatine auf dem Feuer umgerührt, bis es kocht — sobald das Eiweiß auf die Oberfläche steigt und die Masse sich klärt, wird sie durch ein dichtes Tuch geseiht, in ein mit einer Serviette bedecktes Gefäß — wenn nicht ganz klar, noch einmal durchzugießen.

640. Einlegen von Fleisch in Gelee.

Koteletts oder andere Stücke (von Schwein, Kalb, Lamm oder Ente, Gans), vorher gargekocht, werden in Gelee nach 639 gelegt; auch Leberpastete und Wild (letzteres mit Wildconsommé).

641. Einlegen von Fischen in Gelee

ebenso, in einem mit Fischconsommé bereiteten Gelee (Aal, Lachs, Makrele).

Klasse VIII.

Eingeweide, Schlachtabfälle.

Kap. 73. Zunge von Rind, Kalb, Hammel, Lamm usw.

642. Gesalzene und geräucherte Zunge (vgl. 627, 633, 637).

Leicht gesalzene Zunge (vgl. 626),
dazu wird gewöhnlich vorher gargekochte Zunge genommen.
Frische Zunge
kann für sich oder zugleich mit anderem Fleisch beim Fleischsuppekochen verwendet werden — oder für sich in Wasser oder Bouillon mit Zugabe von Salz, Gewürz (Thymian), Wurzelwerk, Suppengrün eben durchkocht werden.

643. Gedünstete Zunge.

Die Zunge (frisch) wird abgespült, in kochendem Wasser abgebrüht — die Häute entfernt — und übrigens nach 413 und Kap. 60 gekocht.
Geschmorte Zunge
ebenso — auch in halb Rotwein.

In Dampf gekochte Zunge
ebenso vorbereitet — nach 412 gekocht.

644. + Zunge am Spieß geröstet.

Die Zunge, wie in 643 vorbereitet, mit einer Speckscheibe umbunden, wird am Spieß gargeröstet (nach 602).

Zunge in Teighülle gebacken.

Die Zunge (größere) wie oben vorbereitet, wird mit einer ca. 2 cm dicken Teighülle überzogen (638) — im Ofen gebacken — nach Entfernung der Kruste und Haut angerichtet.

Zunge in Fett gekocht.

Größere Zunge in dicken Scheiben, kleinere der Länge nach halbiert, wird in Fett gekocht; naturell oder paniert nach Kap. 69 — wird mit verschiedenen Saucen gereicht: Oliven-, Tomaten-, Champignonsauce u. dgl. — mit verschiedenen Gemüsen, Makkaroni, Erbsen usw. — einzeln oder Gemische, ganze oder in Püree — auch mit Kastanienpüree.

645. Zunge in Aspik.

Gekochte, frische oder gesalzene oder geräucherte, in Stücke zerschnitten, wird in Aspik gelegt (Kap. 72).

Kap. 74. Bröschen (Kalbsmilch).

646. Allgemeines.

Dies Organ ist eine in der Diätetik hochgeschätzte Fleischware — wegen des hohen Nährwertes, der Leichtverdaulichkeit, der Verwendbarkeit für verschiedene Zubereitungen, teilweise ganz einfache. Es ist darauf Rücksicht zu nehmen, daß dies Organ unter die an Nucleinstoffen (Purinstoffen) reichen Nahrungsmittel eingereiht wird, also bei allen auf „harnsaure Diathese" zurückzuführenden Zuständen nur mit Vorsicht zu verwenden wäre.

Es wird hauptsächlich nur die Kalbsmilch verwendet — Bröschen vom Lamm weniger verwendbar.

647. Vorbereitung.

Die Kalbsmilch wird sorgfältig von Häuten und Gefäßen gereinigt — abgespült, mehreremal in kaltes Wasser gestellt, bis alles Blutige weg ist — abgebrüht — kann auch gespickt werden.

648. Zubereitung.

Wird in kaltem Wasser aufs Feuer gesetzt, gekocht, bis äußerlich fest geworden — in kaltem Wasser abgekühlt — gereinigt — dann noch ca. 20 Min. gekocht, bis gar — wird dann verwendet für:

Kalbsmilch in Fleischsuppe.

Als Einlage in Würfel zerschnitten, oder als Püree durchgestrichen und mit der Brühe aufgekocht.

Kalbsmilch, gestobt.

Die Kalbsmilch, vorbereitet (647) und gekocht oder gedämpft, wird in einer Sauce aufgekocht (verschiedene wie 516—17, 521—22, 525—26, 535—36 usw.) — mit geröstetem Brot, Gemüsen angerichtet — auch in Tarteletten.

Kalbsmilchragout.

Die Kalbsmilch, gekocht oder gedämpft, wird mit verschiedenen Gemischen aufgekocht; in weißer Sauce mit Artischockenböden und Champignons, à la financière mit Trüffeln, Champignons, Schinkenwürfeln.

Kalbsmilch, in Gratin.

Gekochte Kalbsmilch wird mit Trüffeln, Champignons auf Wasserbad in einer hellen Sauce erwärmt, in Muschelschalen oder kleine Kasserollen gefüllt, mit gestoßenem Zwieback bestreut — kleines Stück Butter kann daraufgelegt werden — im Ofen gebacken.

Kalbsmilch mit Sauerampfer („Riz de veau à l'oseille", traditionelle Vorschrift der älteren französischen Küche).

Die mit Butter und Bouillon gargekochte Kalbsmilch — die Sauce mit etwas dickem Rahm abgerührt — wird auf einem Püree von Sauerampfer angerichtet — etwas geschmolzener Jus daraufgegossen.

649. + Kalbsmilch, mit Gemüsen gedünstet.

Kalbsmilch, vorbereitet (647), wird nach 581 mit Gemüsen gekocht — ebenso mit Reis.
Kalbsmilch in Weißwein.
Eine Kalbsmilch, vorbereitet (647), in Würfeln, wird nach Kap. 60 gedünstet, mit etwas Butter, Weißwein und Bouillon, 3—4 Eßl. von jedem.

650. + Gebratene Kalbsmilch, „Riz de veau sauté".

Kalbsmilch, vorbereitet, wird in dicke Scheiben oder Viertel zerlegt — mit Mehl bestäubt — in Butter auf der Pfanne gebraten (ohne braun zu werden) — mit Zitronensaft oder einer Sauce (Tomaten-, Remouladensauce) angerichtet — oder mit einer Mayonnaise.

651. + Geröstete Kalbsmilch.

Kalbsmilch, vorbereitet, unter Gewicht abgekühlt, wird der Länge nach halbiert — gesalzen, mit Butter bestrichen — bei schwacher Hitze geröstet (606—607) — mit verschiedenen Garnituren (von Makkaroni, Gemüsen usw.) angerichtet.
Kalbsmilch in Fett gekocht.
Kann nach Kap. 69, naturell oder paniert, bereitet werden.

Kap. 75. Gehirn, Rückenmark.

652. Allgemeines.

Es sind dies nährstoffreiche Organe mit loser Textur; werden für leichtverdaulich gehalten, obgleich sie recht fett sind. Verwendet wird:

Hammelgehirn, Lammgehirn — sehr fein,
Kalbsgehirn, Rindergehirn werden auch gebraucht,
Schweinegehirn weniger.

Vorbereitung.

Das Gehirn wird gut abgespült — von Häuten und Gefäßen befreit — wieder mehreremal in Wasser ausgewaschen — in laues, mit etwas Essig gemischtes Wasser gelegt — in leicht gesalzenem Wasser 25 bis 30 Min. gekocht, bei sehr sorgfältiger Entfernung des sehr reichlich hervorkommenden Schaumes — kann auch in einer Court-Bouillon gekocht werden (Wasser 1000, Weinessig 50, Salz 12, Mohrrübe 100, Pfeffer 4, eine Stunde zusammen gekocht und geseiht) — dann abgetropft — und verschiedentlich verwendet.

653. Verschiedene Zubereitungen und Anrichtungen.

Gehirnpüreesuppe.

Brühe wird mit einen Viertel der Menge Gehirn (vorher gekocht, durchgestrichen) aufgekocht — kann mit Rahm oder Dotter legiert werden.

Gekochtes Gehirn
kann mit weißer oder brauner Sauce angerichtet werden — auch mit Sauce 518.

Gedämpftes Gehirn
ganz wie Kalbsmilch, in Weißwein (mit verschiedenen Kräutern).
Geschmortes Gehirn
nach Kap. 61 (nur leicht gebräunt).

Gebratenes Gehirn
nach 650 — mit Zitronenstückchen, Petersilienrahmsauce angerichtet oder à la printanière, mit Tomatenpüree, gekochtem Sauerampfer, Spinat.

Gehirn in Fett gekocht.

Gehirn gekocht, abgekühlt (mariniert in Zitronensaft, Öl, Salz, ein wenig Zwiebel, Petersilie, Pfeffer, 1 Stunde), ganz oder in Stücken, wird in Fritureteig umgekehrt oder à la Villeroy (616,6) paniert — à l'italienne gekocht: halb Öl, halb Butter.

Gehirnsoufflé.   [ganze Portion ca. 230 (60) Cal.

		Gr.	Cal.	
Gehirn		100	140	Das Gehirn, gekocht, wird
Bechamelsauce		40 ca.	20	durch feines Sieb gestrichen
Ei	1 St.	45	70	— mit der Sauce gerührt und
Gewürz				dem Gewürz und dem Dotter,

zuletzt mit dem Eiweiß als
steifer Schnee — wird im Ofen in kleinen Formen gebacken.

Gehirnfarce (zu Klößen).   [ganze Portion ca. 560 (65) Cal.

		Gr.	Cal.	
Gehirn		100	140	Gehirn, gekocht, durchgestri-
Butter		40	300	chen, wird mit Butter und
Ei	1 St.	45	70	der in wenig Milch auf-
Semmel		20	50	geweichten Semmel gerührt

— in Salzwasser zu Klößen
gekocht.

Kap. 76. Leber.

654. Allgemeines.

Die Leber ist ein Organ von sehr dichter, harter Textur, sehr
schwer kaubar (schwerer verdaulich) — bedarf sehr einfacher Zubereitungen, für welche sie sich aber weniger gut eignet.

Vorbereitung

geschieht, indem die Leber wenigstens 1 Stunde in Wasser gelegt wird,
sehr sorgfältig von harten Teilen (Blutgefäßen usw.) befreit, geklopft
(ganz oder in Scheiben) — verschieden verwendet. Kalbsleber
besonders, auch Schweine-, Lammleber verwendbar.

655. Leberpüreesuppe   [1 Portion = 154 (70) Cal.

360	Leber		80	100	Die Leber (vom Kalb oder
1000	Brühe	¼ Lit.	250		Geflügel) gekocht, gehackt,
60	Dotter	1 St.	15	54	wird mit etwas gehackter
	Petersilie				Petersilie gekocht (oder mit

Zwiebel), wird mit der Suppe
verrührt, aufgekocht, durchgestrichen, aufgekocht.

656. Gedünstete Leber — ganz.

à la bourgeoise (Seignobos): Die Leber wird mit wenig
Butter, Schweinefett, Mohrrüben 1½ Stunden gedünstet — etwas
braune Sauce wird hinzugesetzt — noch ½ Stunde gekocht —
mit Kapern und Gurkenscheiben in der Sauce angerichtet.

à la marinière (Seignobos): ebenso, mit Zusatz von etwas
Bouillon und Rotwein (zu gleichen Teilen) — die Sauce mit
Champignons und gebräunten Zwiebeln zubereitet.

657. Gedünstete Leber, in Scheiben, à la lyonnaise (Seignobos).

Die Leber wird in dünne Scheiben geschnitten, die einige Stunden in Öl gelegt werden — dann in ein Kochgeschirr in Schichten, mit feingeschnittenen Champignons dazwischen, ein wenig Wasser und Bouillon — langsam gargedünstet — mit der Jus angerichtet (mit Weißwein gewürzt).

658. Gebratene Kalbsleber — ganz (nach Heyl).

			Gr.	Cal.	
1000	Leber	1 kg	1000	1200	Die Leber, enthäutet, wird
100	Butter		100	750	mit den in Salz und Pfeffer
60	Rahm	$^1/_{16}$ Lit.	60	105	umgewendeten Speckstreifen
60	Speck		60		gespickt — in Marinade ge-
	Kartoffelmehl		5		legt, 12 Stunden — im Ofen

(bei 125—138° C) mit der gebräunten Butter gebraten, unter häufigem Begießen und Hinzufügung der Marinade — in den letzten 5 Min. wird die Sahne und das Mehl hinzugegossen — die Leber mit der Sauce glaciert — man rührt die abgeschmeckte Sauce durch und richtet die Leber an, mit Petersilie garniert.

M a r i n a d e, gekocht, aus leichtem Weißwein ($^3/_8$ Lit.), Zwiebeln (3 St.), Mohrrübe (1 St.), Sellerie (1 Schnittchen), Gewürz.

659. ·:· **Gebratene Leber in Scheiben** (von Kalb, Hammel, Schwein, Lamm, Hase, Reh).

Die Leber wird in kaum $1^1/_2$ cm dicke Scheiben geschnitten, diese werden gesalzen, mit Mehl bestäubt — auf der Pfanne gebraten, bei mehrmaligem Umwenden und Zugießen von etwas Bouillon und Wasser — etwas Tomate kann hinzugefügt werden — mit Zitronensaft und dem Jus angerichtet — kann mit gehackter Petersilie bestreut werden — die Scheiben können anfangs leicht gepfeffert werden — auch mit geschlagenem Ei und gestoßenem Zwieback paniert — können auch mit Z w i e b e l n gebraten werden — können à l'a n g l a i s e (Escoffier) angerichtet werden, mit gerösteten oder gebratenen Speckscheiben dazwischen.

660. Leber, am Spieße gebraten (Stössel).

Dünne Leberschnitte werden mit Salz und Pfeffer bestreut, in Kalbsnetz mit einem Salbeiblatt eingewickelt — dicht aneinander auf einen kleinen Spieß gestochen und braun geröstet, bei häufigem Übergießen mit Bouillon und Butter — werden, vom Spieß abgenommen, mit Parmesankäse bestreut, angerichtet — oder mit feingehackten Kapern und Zitronenschale.

661. Leber, auf dem Rost geröstet.

Leberscheiben, mit Öl oder halbgeschmolzener Butter bestrichen, werden ca. 4 Min. an jeder Seite (606—607) bei schwacher Hitze geröstet — mit Kräuterbutter (70), mit etwas Senf abgerührt, angerichtet.

662. ÷ Leber, in Fett gekocht.

Leberscheiben, gesalzen, mit Mehl bestreut oder in geschlagenem Ei und gestoßenem Zwieback umgewendet, werden in Fett gekocht (Kap. 69) — mit Kastanienpüree oder Salat angerichtet.

Leber à l'italienne (Seignobos).

Leber in Streifen von 1 cm Dicke in Ei und Zwieback umgekehrt, werden in einer Mischung von Butter und Rinderfett gekocht — mit Zitronensaft angerichtet.

663. Geflügelleber

werden ganz oder in Stücken oder Scheiben gesalzen, in einer Bouillonsauce 5—10 Min. gekocht — mit Kartoffeln (naturell) und Butterteigschnitten angerichtet — können auch am Spieß geröstet werden, dicht aneinander gesteckt, mit Champignonscheiben dazwischen — mit Butter bestrichen, mit Zwiebeln bestreut.

Gänseleber

— gedünstet, wird fein gespickt, in Milch mariniert, mit etwas Butter gedünstet — mit Gemüsen angerichtet — kann angerichtet werden als Gänseleberrisotto: Leber in Würfeln gekocht, mit etwas Zwiebel und mit gedämpftem Reis vermischt — mit Parmesankäse;

— ÷ in Scheiben gebraten, in Eiweiß und Gemisch von Mehl, Zwieback, Salz, Pfeffer umgekehrt — unter wiederholtem Umwenden auf der Pfanne gebraten;

— ÷ in Fett gekocht — in dünnen Schnitten wie 662;

— in Gelee, mit Trüffelstreifen gespickt — mit Weißwein gedünstet, $\frac{1}{2}$ Stunde — in Gelee gelegt.

Leberteige oder Farcen.

664. Leberpastete, „Pain de foie de veau leger" (Escoffier)

[ganze Portion ca. 3150 (120) Cal.

			Gr.	Cal.
1000	Kalbsleber	1 kg	1000	1240
250	Brotkrume	¹/₄ kg	250	625
360	Ei	8 St.	360	560
120	Dotter	8 St.	120	430
500	Milch	¹/₂ Lit.	500	325
	Rahm		2230	3180
	Zwiebel	(÷ Kochverlust)		

Die Leber (roh) wird zerstoßen, durchgestrichen, mit dem, in etwas Rahm aufgeweichten und ausgedrückten Brot — mit den Gewürzen vermischt (Salz, Pfeffer) und mit den Eiern, den Dottern und der mit Zwiebel abgekochten Milch. — Der Teig wird in einer Form auf Wasserbad gekocht.

665. ÷ Leberpastete, fette (Escoffier)

[ganze Portion ca. 5500 (1040) Cal.

			Gr.	Cal.
1000	Leber	1 kg	1000	1240
400	Speck		400	2800
300	Brotkrume		300	750
180	Ei	4 St.	180	280
90	Eiweiß	3 St.	90	48
250	Rahm, gew.	¹/₄ Lit.	250	420
	Zwiebel	1 St.	2220	5538
		(÷ Kochverlust)		

Die Leber wird mit dem Speck, dem in Rahm aufgeweichten Brot und Zwiebel (in Butter gebräunt) gestoßen — mit Ei, Salz, Gewürz (Salz, Muskat, Pfeffer) gerührt, durchgestrichen (Haarsieb) — auf Eis mit dem Eiweiß und dem Rahm zusammengearbeitet — in Form auf Wasserbad gekocht — gestürzt — kalt anzurichten, oder warm, mit einer braunen Sauce.

666. Leberklöße (nach Hannemann) [ganze Portion ca. 4950 (1040) Cal.

			Gr.	Cal.
1000	Kalbsleber	1 kg	1000	1240
200	Speck		200	1400
150	Semmel		150	375
250	Mehl	¹/₄ kg	250	875
80	Butter		80	600
180	Ei	4 St.	180	280
60	Dotter	4 St.	60	216
	Majoran, Salz,		1920	4986
	Salbei	(÷ Kochverlust)		
	(Milch)			

Leber und Speck wird dreimal durch die Maschine genommen — mit Eiern, Dottern, Salz, Pfeffer, Gewürz gehörig verrührt — Semmel in Würfeln (75 g), in Butter geröstet, werden mit dem Mehl hinzugerührt — in Klößen 10 Min. gekocht — mit geriebener Semmel bestreut, mit brauner Butter übergossen — vorzüglich zu Sauerkohl, Schmorkohl, Schmorgurken, saurem Kartoffelgemüse und Kopfsalat. — Können auch weniger fett zubereitet werden — ohne Speck, mit mehr Ei, besonders Dotter und mehr Brot.

667. Kalbslebersoufflee (nach Escoffier)

[ganze Portion ca. 1500 (460) Cal.

			Gr.	Cal.	
1000	Leber	$^1/_2$ kg	500	620	Leber, frisch gekocht, wird
125	Butter		60	450	mit der Butter zerstoßen,
400	Bechamel	$^2/_{10}$ Lit.	200 ca.	125	mit der (steifen) Bechamel-
125	Rahm	4 Eßl.	60	100	sauce verrührt — durch
270	Eier	3 St.	135	210	feines Sieb gestrichen — mit
	Gewürz		roh 955	1505	Dottern und Rahm (sehr
					frischen), Salz, Pfeffer ver-

rührt — zuletzt mit dem Eiweiß, sehr steif geschlagen — in Form
im Ofen gebacken oder auf Wasserbad gekocht.

Kap. 77. Nieren, Herz, Lunge, Blut.

668. Niere von Kalb, Lamm, Hammel, Schwein (ausnahmsweise vom
Rind).

—Gekochte Niere, in brauner Sauce mit Champignons, wird als
    Füllsel für Omeletten oder Soufflés verwendet — kann auch
    für sich gereicht werden (mit geröstetem Brot).

—Gebratene Niere — wird in dünnen Scheiben auf der Pfanne
    gebraten — angerichtet mit Butterteigschnitten und mit
    verschiedenen Saucen, mit Rotwein, Weißwein zubereitet
    — in weißer säuerlicher Sauce — in Currysauce mit Reis —
    mit Tomaten.

—Niere, auf Spieß geröstet (besonders Hammelniere) — die
    Niere wird vom Rücken eingeschnitten und flachgelegt, auf
    Spieß gestochen — mit Öl oder geschmolzener Butter be-
    strichen — auf lebhaftem Feuer ca. 3 Min. auf jeder Seite
    geröstet — angerichtet mit Sauce maitre d'Hôtel.

669. Herz, Lunge.

Herz-Lungenpüree.

Eine Lämmerlunge, ein Herz, eine halbe Leber werden
2 Stunden in Wasser gestellt — reingemacht, feingehackt, jedes
für sich — mit Butter gekocht (60 g), Mehl (1 Eßl.), Zwieback,
gestoßen (1 St.), Essig ($^1/_8$ Lit.), geseihte Lungenbrühe (1 Lit.),
Zucker, Salz — wird 1 Stunde gekocht — einige Korinthen
können dazugetan werden — kann mit Kartoffelsalat angerichtet
werden.

670. Rinder-Kalbsherz, gebraten.

Ein Rinderherz wird von allen Häuten, Sehnen, Gefäßen befreit — gut abgespült — mit getrockneten Äpfeln und Zwetschen (Tags vorher eingeweicht) gefüllt — zusammengenäht — ringsherum gebräunt — im Topf fertig gebraten, $2^{1}/_{2}$—3 Stunden, mit Salz und etwas kochendem Wasser zugegossen — die Brühe zur Sauce bereitet.

Kalbsherz ähnlich — mit Petersilie gefüllt und Butter (1 Stunde gebraten).

Können auch in Scheiben gebraten werden, wie Leber — können auch gedünstet werden — vorher in Milch mariniert, 8 Tage lang.

671. Blut.

Blutwurst mit Zunge und Schinken — Jaworska.

Das Blut (von Schwein, Rind, Kalb) wird auf Wasserbad gekocht, bis es steif geworden — davon wird $^{1}/_{2}$ kg genommen; wird mit Rindermark ($^{1}/_{8}$ kg), mit Brot, gerieben (60 g), Gewürz (Salz, Majoran) zusammen feingewiegt — mit Schinken (mageren) oder Zunge, in Würfeln, vermischt — in Därme gefüllt — gekocht, bis fest geworden, ca. 1 Stunde. — Kann angebraten angerichtet werden.

672. Blutwurst oder Blutpudding (nach B. Thörrestrup)

[ganze Portion ca. 4900 (1000) Cal.

			Gr.	Cal.	
1000	Blut	1 Lit.	1000	730	Das Blut (geschlagen, de-
400	Gerstengrütze		400	1400	fibriniert) wird mit der
250	Roggenmehl		250	875	Grütze, dem Mehl und den
125	Speckwürfel		125	935	Gewürzen genau zusammen-
100	Kolonialzucker		100	390	gerührt — die Masse bis
125	Milch	$^{1}/_{8}$ Lit.	125	81	auf den folgenden Tag hin-
250	Rosinen	$^{1}/_{4}$ kg	250	500	gestellt — dann wird hinzu-
10	Gewürznelken		10		gefügt: Milch, Rosinen (vor-
10	Allerlei		10		her gekocht), Salz, Speck-
	Salz				würfel. — Der Teig wird in
	Thymian, Zwiebel 1 St.				Därme gefüllt (nur halbvoll)

— diese werden zugebunden — in reichlichem Wasser langsam gekocht, ca. $1^{1}/_{2}$ Stunden — können so, oder angebraten, angerichtet werden, mit Äpfelmus, Kaneel, Zucker.

12*

Kap. 78. Leimstoffspeisen (Kaldaunen, Kopf, Beine).

673. Kaldaunen

werden vom Kalb, besonders von Lämmern verwendet; werden erst mit grobem Salz tüchtig abgerieben — mehreremal mit Wasser gründlich abgespült, bis es ganz klar bleibt — werden 12 Stunden in mehrmals gewechseltem Wasser hingestellt — in viereckige Stücke zerschnitten (ca. 2 cm) — ebenso werden die dazugehörigen Fettdärme behandelt.

Kaldaunensuppe.

Einmal Kaldaunen werden in 1 Lit. Wasser (die Fettdärme etwas später hinzugesetzt) gargekocht (ca. 4—5 Stunden), mit Salz und Suppengemüse — die dadurch gewonnene Brühe wird mit kräftiger Kalbsbrühe (ca. 1 Lit.), mit Schoten und Mohrrüben (vorher gargekocht) aufgekocht — kann mit Rahm oder Dotter oder mit beiden verrührt werden.

Kaldaunen, gestobt.

Gargekochte Kaldaunen werden mit weißer oder brauner Sauce aufgekocht — mit Zitronensaft, Petersilie, Dotter zurechtgemacht.

Kaldaunen in Fett gekocht.

Gargekochte Kaldaunen werden zerschnitten (viereckige Stücke ca. 2 cm groß), gesalzen — nach Wunsch leicht gepfeffert — in geschmolzene Butter getaucht, mit gehackter Petersilie bestreut — in geschlagenem Ei und gestoßenem Zwieback umgekehrt, oder in Fritureteig — in Fett oder Öl gekocht — mit verschiedenen Saucen (Tomaten-, Remouladen-, Tartaresauce) angerichtet.

674. Kopf — besonders Kalbskopf.

Der Kopf wird abgebrüht, halbiert, reingemacht, gründlich abgespült — 1—2 Stunden mit der Zunge in kaltes, gesalzenes Wasser gestellt — in 3—4 Stunden gekocht, bis sich das Fleisch von den Knochen löst und gut mürbe geworden ist. Knochen, Häute, Sehnen, Zahnfleisch werden entfernt — die Zunge wird enthäutet und mit dem übrigen zum Erkalten hingestellt — in hübsche Stücke zerschnitten.

Das Kochen geschieht entweder mit Aufsetzen in kaltem Wasser, oder als Dünsten mit ganz wenig Wasser (auch mit Dauerkochen), oder in Dampf.

675. Kalbskopf, naturell.

Die zugeschnittenen Stücke werden angerichtet einfach mit Bouillon, Jus, Zitronensaft, gehackter Petersilie, vermischt.

Kalbskopf à la vinaigrette.

Die Stücke werden angerichtet in einer Sauce, bereitet aus Öl 100, Essig 40, Kapern 10, Petersilie, gehackt 10, Kerbel 10, Zwiebel 10, Salz, ganz wenig Pfeffer — mit gehacktem, hartgekochten Dotter oder Ganzei verrührt.

Kalbskopf, gestobt (Ragout).

Die Stücke werden aufgekocht in einer legierten weißen Sauce, mit Zitrone und Petersilie — oder in einer braunen Sauce mit Champignons, oder einer Tomatensauce — und mit verschiedenen Garnituren (Gemüse usw.).

Mockturtleragout

ist ein solches Ragout in kräftiger brauner Sauce, mit Klößen (von Fleisch und Fisch) und mit hartgekochten Eiern angerichtet.

Kalbskopf in Friture nach Kap. 69.

676. Lammkopf.

Der Kopf wird halbiert, das Gehirn herausgenommen — wenigstens 1 Stunde in kaltes Wasser gestellt — aufs Feuer gesetzt in kaltem, gesalzenem Wasser (mit der Zunge) — gekocht, bis sich das Fleisch loszulösen anfängt — wird sorgfältig reingemacht (Augen, Ohren, Gaumen usw. entfernt) — die Zunge der Länge nach durchschnitten — mit den Kopfstücken mit Fett bestrichen, oder mit geschlagenem Ei und gestoßenem Zwieback (nach Wunsch mit etwas Pfeffer und gehackter Petersilie vermischt) — wird hübsch gelbbraun gebraten, in Butter, auf der Pfanne, oder im Ofen gebacken — mit Gemüsen angerichtet — das Gehirn bereitet nach 719, kann mitgereicht werden.

677. Schweinekopf.

Preßkopf.

Der Kopf wird wie in 674 vorbereitet — wird 4—6 Stunden in reichlichem Wasser gekocht, bis sich die Weichteile von den Knochen ablösen. Ein flaches Tongefäß wird mit einer Schicht der abgelösten Schwarte ausgelegt — das Fleisch (mit den Fettteilen) wird in Scheiben zerschnitten — wird schichtenweise mit Gewürz dazwischen (Pfeffer, Salz, Allerlei, Gewürznelken, Thymian oder geriebene Zwiebel) daringelegt — die übrige Schwarte wird obenauf gelegt — eine Holzscheibe mit Gewicht wird darauf angebracht — die Scheiben, in denen die Weichteile zerschnitten werden, können auch recht lose in eine Schale gelegt und dann mit einem Gelee übergossen werden.

678. Füße — besonders Kalbsfüße, Schweinebeine.

Werden gekocht — die Knochen können ausgenommen werden — zubereitet und angerichtet, hauptsächlich wie der Kopf.

Schweinebeine — Eisbein in Gelee.

Schweinebeine werden mit Gemüsen gekocht, in ein säuerliches Gelee eingelegt.

Klasse IX.

Fleisch-, Fisch-Teige oder Farcen zu Klößen, Frikandellen, Randformen, Puddings, Soufflees.

Kap. 79. Allgemeines über Farcen.

679. Bereitung von Farce.

Das Fleisch oder der Fisch soll frisch und saftig sein, wenn roh zu Farcen zu verwenden — wird in kleine Stücke zerschnitten — sehr sorgfältig von Häuten und von sehnigen, fetten Teilen befreit — kann dann feingehackt oder durch die Fleischmaschine genommen werden, — wird danach ganz fein zerteilt, am besten in einem Mörser (aus Porzellan oder Stein) mit breiter Stoßkeule (Fig. 17), oder auf einer Platte von Stein oder hartem Holz mit einem flachen Fleischhammer, oder noch ein oder mehrere Male durch die Maschine genommen.

Dies ist so gründlich durchzuführen, daß keinerlei Stückchen oder gröbere Fasern mehr kenntlich sind — und nun kann mit dem Zusatz von Wasser begonnen werden, während die Masse durch ein starkes Drahtsieb (Fig. 18 — mit verschieden dichten Böden Fig. 19, 1—3) gepreßt wird, mit Hilfe eines starken Kochlöffels oder eigenem Stößel (Fig. 20) — wonach sie sorgfältig mit den Zutaten zusammengerührt, wieder durch das Sieb gestrichen wird (mit Flüssigkeit, Mehlstoffen, Fettstoff, Gewürz), um dann zuletzt in einem Gefäß solange wie möglich gerührt zu werden (immer in einer Richtung), bei Zusatz von mehr Flüssigkeit nach Wunsch oder Notwendigkeit. Je länger gerührt wird, desto leichter wird die Farce, und um so mehr Flüssigkeit kann eingerührt werden.

Zwischen den verschiedenen Bearbeitungen wird es gut sein, die Farce immer einige Zeit ruhen zu lassen — soll aber jedesmal, wenn sie durchgestrichen werden soll, vorher wieder durchgerührt sein.

Die Eier sollen erst etwas später eingerührt werden, Eiweiß und Rahm als Schnee erst zu allerletzt.

Für die Leichtigkeit und Feinheit der Farcen ist vorzugsweise das anhaltende Rühren derselben ausschlaggebend.

Durch Rühren allein, genügend lange Zeit fortgesetzt, läßt sich ohne jeglichen Zusatz, aus Fleisch oder Fisch rein, sehr schöne Farce herstellen. Sobald in bezug auf Feinheit einer Farce nicht so hohe Ansprüche gestellt werden, läßt sich natürlicherweise die dargestellte Bereitungsart nach Umständen vereinfachen und abkürzen.

680. Das Fleisch

wird gewöhnlich roh verwendet — kann aber in den meisten Vorschriften auch als gebraten oder gekocht Verwendung finden. Das Fleisch verschiedenster Tiere ist verwendbar, einzelne oder mehrere Sorten, gemischt, in verschiedenen Verhältnissen — besonders Rindfleisch (Kugel), Kalbfleisch (Kugel), Schweinefleisch (Filet).

Von Fisch wird vorzugsweise Hecht genommen (roh).

681. Flüssigkeitszusatz

ist für die meisten Farcen nötig — auch wo es in den Vorschriften nicht ausdrücklich angegeben ist — die Menge läßt sich nur schwer angeben; sie richtet sich nach der Trockenheit des verwendeten Fleisches, nach Größe des Eier- und Fettzusatzes — und nach der Zeit, in welcher gerührt wird. Je nach der Feinheit, die man haben will, wird verwendet: Wasser, Bouillon, Milch, Rahm. Rahmschnee gibt besondere Leichtigkeit.

Rotwein wird besonders bei dunklem Fleisch gebraucht.

682. Eier

werden zu den meisten Farcen genommen und entweder ganz oder geteilt eingerührt, Dotter und Eiweiß für sich. Letzteres, um der Farce größte Leichtigkeit zu verleihen, mit dem Eiweiß als sehr steifen Schnee.

Letztere soufflierte Farcen werden besonders für Puddings und Soufflés, auch zu Klößen verwendet.

683. Mehlige Stoffe.

Brot oder Mehl, seltener gekochte Kartoffeln in Mus, werden in die Farcen gemischt — das Brot in der Regel geraspelt, in etwas der Flüssigkeit aufgeweicht und ausgedrückt — oder man verwendet Brot und Mehl, abgebrannt — auch „Panade" genannt.

Es sind besonders die Farcen der französischen Küche, die mit solchem vorher eigens präparierten Mehlstoff bereitet werden.

Gr. A. + Brotpanade in Bouillon, ganz mager (Gouffé).

1000	Brot,	Das Brot, aufgeweicht, wird mit der Flüssigkeit
750	Bouillon,	abgebacken, bis es sich vom Löffel und Koch-
	Salz.	geschirr löst — wird abgekühlt und zu ver-
		schiedenen Farcen verwendet.

B. + Brotpanade in Milch, mager (Escoffier).

1000	Brotkrume,	Wie A. — besonders für Fischfarcen verwendet.
1000	Milch,	
60	Salz.	

C. Mehlpanade mit fetterer Einbrenne (Escoffier) — für verschiedene Farcen.

1000	Mehl,	Wasser, Salz, Butter werden zusammen gekocht —
350	Butter,	während es vom Feuer entfernt ist, wird das
30	Salz,	Mehl darin geschüttet — und weitergekocht, bis
2000	Wasser.	sich die Masse abhebt — wird nach Abkühlung verwendet.

D. Mehl - Dotterpanade mit sehr fetter Einbrenne (Escoffier) — besonders für Geflügel- und Fischfarcen.

1000	Mehl (Weizen-),	Mehl und Dotter werden zusammengearbeitet — und mit der Butter (geschmolzen) und dem Ge-
700	Butter,	würz — wird nach und nach mit der Milch
480	Dotter,	(kochend) verrührt — auf lebhaftem Feuer ge-
	Salz,	backen, 5—6 Min. unter starkem Rühren —
	Pfeffer,	abgekühlt verwendet. —
	Muskat,	Ähnliche Panaden auch aus Reis und Kartoffel-
1000	Milch.	mehl — für Farcen wird genommen: auf Fisch oder Fleisch 1000, Panade 400—700, außer den übrigen Zutaten, von Ei usw.

684. Fettzusatz

wird für die meisten Farcen verwendet — ist aber nicht notwendig — gesünder, je weniger Fett, und besonders je weniger abgebranntes Fett-Mehl (Einbrenne, Mehlschwitze).

Butter wird als das Feinste verwendet — aber auch Talg, Margarine und andere künstliche Fette.

685. Gewürz

ist immer nötig — jedenfalls Salz — und außerdem werden mancherlei Gewürze verwendet, für welche es schwer fällt, die Menge genauer anzugeben; es wechselt für:

Fleisch oder Fisch	1000 mit
Salz	20—40
Pfeffer	sehr wenig
Muskat	„ „
Sardelle, Anchovis	40—80
Zwiebel	10—20
Parmesankäse	25—50
Kräuter, gehackte, Gemüse, Schwämme (Trüffel, Champignon)	} nach Geschmack.

Kap. 80. Farcen.

a) Rahmfarcen.

686. + **Feine Hühnerfarce** — zu feinen Klößen, Randformen, Soufflees u. dgl.   [ganze Portion ca. 3250 (600) Cal.

			Gr.	Cal.	
1000	Hühnerfleisch	$^6/_{10}$ kg	600	600	Das Fleisch (die Brust von
400	Rahm (gew.)	$^1/_4$ Lit.	250	420	drei Hühnern) wird nach 679
1200	Rahm(Schlag-)	$^3/_4$ Lit.	750	2250	bearbeitet, mit Rahm (gew.),
	Trüffel bis	$^1/_4$ kg	250		Salz (Pfeffer) sehr lange (stun-
	Salz, Pfeffer		1850	3270	denweise) gerührt — die Trüf-
			(roh)		feln, ganz fein zerteilt, wer-

den darin eingerührt — zuletzt der Schlagrahm zu steifem Schnee geschlagen — wird auf Wasserbad in einer Form ca. 1—1$^1/_4$ Stunde •gekocht — oder als Klöße — auch von anderen hellen, feinen Fleischarten herstellbar.

687. + **Feine Fischfarce** — für Klöße, Randformen, Soufflees — nach Hannemann [ganze Portion ca. 1350 (500) Cal.

1000	Fischfleisch	$^6/_{10}$ kg	600	600	Der Fisch (Hecht, Sandart
400	Rahm(Schlag-)	$^1/_4$ Lit.	250	750	usw.) wird nach 679 be-
	Salz, Pfeffer				arbeitet — mit dem Rahm

zu steifem Schnee geschlagen, zuletzt eingerührt — zu Klößen in Bouillon gekocht — oder in Form auf Wasserbad gebacken.

688. + **Kalte Fleisch-Rahmfarce** (,,Mousse'', Escoffier)   [ganze Portion ca. 1200 (420) Cal.

1000	Fleischpüree	$^1/_2$ kg	500	500	Das nach 679 hergestellte
400	Rahm(Schlag-)	$^1/_5$ Lit.	200	600	Fleischpüree aus feinem hel-
250	Jus	$^1/_8$ Lit.	125		len Fleisch (Huhn, Wild,
400	Velouté	$^1/_5$ Lit.	200 ca.	140	geräuchertem Schinken,
			1025	1240	Fisch, auch Hummer, Krebse)
			(roh)		wird mit dem geschmolzenen

Jus und der Veloutésauce (535) abgerührt — zuletzt mit dem Rahmschnee — in größere Form gefüllt, oder in mehrere kleinere (mit erstarrtem Gelee ausgekleidete) — sehr kalt gestellt — man kann entweder die Jus oder die Sauce weglassen.

b) Rahm-Eiweißfarcen.

689. **+ Farce fine à la crême**, „ou Mousseline", Escoffier[1]) — kalt
verwendet — oder für Klöße zu Suppen und feinen Ragouts
[ganze Portion ca. 2100 (510) Cal.

			Gr.	Cal.
1000	Fleischpüree	½ kg	500	500
120	Eiweiß	2 St.	60	32
1500	Rahm, fett	³/₄ Lit.	750	1605
	Salz, Pfeffer		1310	2137
			(roh)	

Das vollkommen feinverteilte Fleisch (verschiedene Sorten verwendbar) wird allmählich mit den Eiweißen verrührt — durchgestrichen — gewürzt — ganz glatt gerührt — einige Stunden auf Eis gestellt — vorsichtig auf Eis mit dem Rahm verrührt.

c) Ei-Butterfarce.

690. **Fischfarce** — für Klöße usw. [ganze Portion ca. 750 (300) Cal.

			Gr.	Cal.
1000	Fisch		350	300
140	Butter		50	325
250	Ei	2 St.	90	140
			490	765
			(roh)	

Wird nach 679 bereitet, mit der Butter und den Eiern zuletzt — wird im Mörser zusammengerührt und zerstoßen, bis 1 Stunde lang — durchgestrichen — zu Klößen, in Randform gekocht.

Fleischfarce ebenso (auch souffliert).

d) Farcen mit Brot.

691. **Französische Fleischfarce** (ohne Ei) nach Gouffé.

			Gr.	Cal.
1000	Fleisch	½ kg	500	500
60	Kalbseuter		30	30
500	Panade (683)	¼ kg	250	
100	Velouté		50	ca. 35

Fleisch (rein — vom Huhn oder sonstiges helles) wird nach 679 mit dem gekochten und zerstoßenen Euter durchgerührt, dann mit der Panade und Sauce — durchgestrichen — für Velouté kann Wasser, Milch oder Sauce allemande verwendet werden.

692. **+ Fleisch-Brotfarce mit Eiweiß** [ganze Portion ca. 850 (490) Cal.

			Gr.	Cal.
1000	Fleisch	½ kg	500	500
250	Brot	⅛ kg	125	310
240	Eiweiß	4 St.	120	64
250	Wasser	⅛ Lit.	125	
			870	874
			(roh)	

Das Fleisch (Rindfleisch oder anderes) wird nach 679 zu Farce bereitet — sehr lange gerührt — zuletzt mit den Eiweißen in steifem Schnee — verwendbar für Klöße, Klops (Frikandellen) Pie's, Soufflees.

---

693.   + Schleswigsche Farce — Fleisch-Brot-Eierfarce

[ganze Portion ca. 850 (470) Cal.

			Gr.	Cal.
1000	Fleisch	½ kg	500	500
200	Brot		100	250
180	Ei	2 St.	90	140
	(Wasser, Bouillon,		690	890
	Milch)		(roh)	

Gewöhnlich wird diese Farce mit feingehacktem Fleisch nur recht kurze Zeit gerührt, mit Brot (vorher eingeweicht) und Ei — kann auch 679 gemäß bereitet werden — auch mit ein wenig Butter oder Talg, mit dem Fleisch zusammen gehackt.

694.   Schwedische Fleischfarce (mit Dotter und Butter oder Speck — nach „Hemmets Kokbok").

			Gr.	Cal.
1000	Fleisch	½ kg	500	500
120	Dotter	4 St.	60	216
350	Butter		175	1280
500	Panade	¼ kg	250	?

Das Fleisch wird mit der Brotpanade (683) im Mörser zerstoßen und durchgestrichen — die Dotter werden allmählich eingerührt — eine Stunde bearbeitet — wenn nötig, mit Rahm — in Form auf Wasserbad gekocht — Speck verwendbar für Butter — auch mit Mehlpanade zu bereiten — auch mit weniger Dotter und mehr Butter.

695.   Hasensteaks — Farce mit Dotter und Speck; nach Hannemann

[ganze Portion ca. 1400 (540) Cal.

			Gr.	Cal.
1000	Fleisch	½ kg	500	500
200	Speck, fett	¹⁄₁₀ kg	100	750
40	Semmelkrume		20	60
60	Dotter	2 St.	30	108
			650	1418
			(roh)	
	[Butter		100	750]

Fleisch und Speck wird dreimal durch die Maschine gedreht — mit dem Brot (vorher aufgeweicht, nicht zu sehr ausgedrückt und mit Gewürz ganz glatt gerührt) und dem Ei verrührt — kleine Steaks davon geformt — in Butter gebraten — mit jedem anderen dunklen Fleisch ebenso.

696.   + Magere Fleischfarce — mit Ei und Butter

[ganze Portion ca. 850 (450) Cal.

			Gr.	Cal.
1000	Fleisch	½ kg	500	500
50	Brot		25	60
50	Butter		25	180
180	Ei	2 St.	90	140
			640	880
			(roh)	

Die Farce nach 679 bereitet — das Brot kann vorher aufgeweicht sein, kann auch vorher mit der Butter abgebrannt werden — Talg für Butter verwendbar — besonders für „unechten Hasenbraten".

697. Fettere Fleischfarce — mit Ei und Butter

[ganze Portion ca. 1850 (500) Cal.

			Gr.	Cal.
1000	Fleisch	½ kg	500	500
200	Brot	¹⁄₁₀ kg	100	250
250	Butter	⅛ kg	125	930
270	Ei	3 St.	135	210
	Gewürz		860	1890
			(roh)	

Nach 679 zu bereiten — auch mit noch mehr Brot — auch mit weniger oder mehr Butter (bis 175 g) — auch mit weniger Ei — für verschiedene Speisen verwendbar.

698. ÷ Fleischfarce mit abgebranntem Brot (Butter) und Talg

[ganze Portion ca. 2200 (500) Cal.

			Gr.	Cal.
1000	Fleisch	½ kg	500	500
160	Brot		80	200
80	Butter		40	300
360	Ei	4 St.	180	280
250	Talg	⅛ kg	125	930
			925	2210
			(roh)	

Brot, Butter werden miteinander gebacken — mit der glatt gerührten Fleischmasse, dem Talg (gehackt) und den Eiern verrührt — verschiedenes Fleisch kann genommen werden [von Rind, Kalb, Schwein (mageres), Geflügel, Fisch, Krebsen] — es kann auch weniger und mehr Talg genommen werden.

699. Fleischfarce, recht fette, mit Ei und Talg

[ganze Portion ca. 1200 (310) Cal.

			Gr.	Cal.
1000	Fleisch	½ kg	500	500
100	Brot		50	125
200	Talg	¹⁄₁₀ kg	100	750
180	Ei	2 St.	90	140
	Bouillon		740	1515
	Milch, Wasser		(roh)	

Fleisch und Talg (oder Mark) wird gehackt, gestoßen, durchgestrichen — nach 679 weiter verarbeitet — es kann mehr oder auch weniger Brot genommen werden — ebenso Fett.

700. Fleischfarce, fett, mit Speck [ganze Portion ca. 3200 (540) Cal.

			Gr.	Cal.
1000	Fleisch	½ kg	500	500
500	Brot	¼ kg	250	620
500	Speck	¼ kg	250	1875
270	Ei	2 St.	135	210
	(Milch, Bouillon,		1135	3205
	Wasser)		(roh)	

Nach 679 bereitet — gekocht oder gebraten — auch mit mehr Ei (bis zu 5 St.) — auch mit weniger Speck.

701. Wildfarce mit Speck (nach Nimb)

[ganze Portion ca. 2800 (480) Cal.

			Gr.	Cal.	
1000	Fleisch von			500	500
	Wild	½ kg			
250	Brot	⅛ kg		125	310
500	Speckfett	¼ kg		250	1875
180	Ei	2 St.		90	140
	Rotwein, Milch			965	2825
	Bouillon			(roh)	

Nach 679 zu bereiten — mit dem Brot (geraspelte Semmel oder anderes) in Rotwein eingeweicht — mit dem Speck gehackt und den Eiern — nach und nach mit dem Rotwein (oder Milch, Bouillon) verrührt — auch aus anderem dunklen Fleisch.

e) Farcen mit Mehl und Butter.

702. ÷ Einfache Fleischfarce mit Mehl

[ganze Portion ca. 750 (440) Cal.

			Gr.	Cal.	
1000	Fleisch	½ kg		500	500
60	Mehl	2 Eßl.		30	100
500	Milch	¼ Lit.		250	162
				780	762
				(roh)	

Nach 679 — soll sehr gründlich und lange Zeit gerührt werden.

703. Fleischfarce mit Mehl — fett [ganze Portion ca. 2050 (515) Cal.

			Gr.	Cal.	
1000	Fleisch	½ kg		500	500
250	Mehl	⅛ kg		125	437
250	Butter	⅛ kg		125	940
270	Ei	3 St.		135	210
				885	2087
				(roh)	

Nach 679 zu bereiten.

704. Fischfarce

[ganze Portion ca. 2600 (470) Cal.

			Gr.	Cal.	
1000	Fisch	½ kg		500	500
150	Mehl			75	260
250	Butter	⅛ kg		125	940
90	Ei	1 St.		45	70
1000	Rahm	½ Lit.		500	840
				1245	2610
				(roh)	

Nach 679 zu bereiten.

705. ÷ Fleischfarce — mit abgebranntem Mehl

[ganze Portion ca. 1450 (470) Cal.

			Gr.	Cal.	
1000	Fleisch	½ kg		500	500
150	Mehl			75	260
150	Butter			75	564
180	Ei	2 St.		90	140
	Wasser			740	1469
	Gewürz			(roh)	

Mehl, Butter werden abgebrannt — dann in die Farce gerührt — nach 679.

Fischfarce ebenso.

706. ÷ **Fleischfarce** mit **abgebranntem** Mehl; fetter.

			Gr.	Cal.
1000	Fleisch	½ kg	500	500
600	Panade		300	
500	Butter		250	1875
180	Ei	2 St.	90	140

In die Panade mit Mehl und Butter gebacken nach 683b, wird die Butter und Eier eingerührt — nach 679 — soll sehr lange gerührt werden — auch mit Dottern allein.

Fischfarce ebenso.

707. Aubain   [ganze Portion ca. 2580 (650) Cal.

1000	Fleisch	½ kg	500	500
300	Mehl		150	525
300	Butter		150	1125
540	Ei	6 St.	270	420
1000	Milch	½ Lit.	500	324
			1570	2894
			(roh)	

Mehl und Butter werden abgebrannt — die Farce wird (nicht besonders lange Zeit) gerührt — mit dem Fleisch (gekocht oder gebraten, gehackt) und den Dottern — zuletzt mit dem Eiweiß als steifer Schnee — und der Milch — sofort in Form gebracht und gebacken — auch mit mehr Ei.

Fischgratinfarce

ebenso, mit gekochtem (gehacktem) Fisch.

f) Farcen mit Mehl und Talg.

708. Gewöhnliche dänische Fleischfarce

[ganze Portion ca. 2200 (550) Cal.

1000	Fleisch	½ kg	500	500
250	Mehl	⅛ kg	125	310
250	Talg	⅛ kg	125	930
180	Ei	2 St.	90	140
1000	Milch	½ Lit.	500	325
			1340	2205
			(roh)	

Das Fleisch (gehackt, mehrmals durch die Maschine genommen) wird mit dem Talg und den Eiern nach 679 gründlich bearbeitet — und ganz besonders lange gerührt, während die Milch (oder Rahm) ganz allmählich hinzugefügt wird — um so mehr, je längere Zeit das Rühren fortgesetzt wird.

Fischfarce

in ganz derselben Weise — kann auch mit den Eiweißen zuletzt als Schnee bereitet werden.

g) Kartoffelfarcen.

709. Farce zu Frikandellen (Escoffier)   [ganze Portion ca. 750 (440) Cal.

			Gr.	Cal.
1000	Fleisch	½ kg	500	500
400	Kartoffeln	⅕ kg	200	180
90	Ei	1 St.	45	70
	Zwiebeln	2 St.		
	Petersilie,		745	750
	gehackt		(roh)	

Das Fleisch (roh oder gekocht) wird gehackt, mit den Kartoffeln (gekocht und gemust), den Zwiebeln (gehackt und leicht braun gebraten), mit Petersilie und den Eiern vermischt — in flache Kuchen (Klops) geformt — auf der Pfanne in Butter (oder Fett) gebraten.

710. Geflügelbällchen nach Heyl   [ganze Portion ca. 1050 (280) Cal.

			Gr.	Cal.
1000	Fleisch (gekocht oder gebraten)	⅕ kg	200	200
500	Kartoffeln	¹⁄₁₀ kg	100	90
100	Butter		20	150
450	Ei	2 St.	90	140
30	Dotter	2 St.	60	108
125	Mandeln		25	167
	Gewürz			
935	Bouillon	³⁄₁₆ Lit.	180	
	Maggigewürz	1 Tl.		

Das feingehackte Fleisch wird mit Kartoffeln (gekocht, gerieben), Mandeln (süße, gerieben), Salz (5 g), Pfeffer (Prise), Nelken (1 St.) und der Butter (20 g) gut vermischt — daraus kleine Bällchen geformt — in brauner Butter (30 g) angebraten und in einer irdenen Schüssel im Ofen bei 100° C oder auf dem Herd mit langsamer Zugabe von Bouillon und Maggi 20 Min. unter öfterem Begießen gedünstet.

h) Überfettete Farcen — „Godiveau".

711. ÷Godiveau I — nach Gouffé   [ganze Portion ca. 5100 (510) Cal.

			Gr.	Cal.
1000	Kalbfleisch	½ kg	500	500
1000	Nierentalg	½ kg	500	3750
180	Ei	2 St.	90	140
60	Dotter	2 St.	30	108
700	Rahm, gew.	³⁄₈ Lit.	375	630
	Salz, Pfeffer		1495	5128
	Muskat		(roh)	

Ganze Zubereitung an sehr kalter Stelle durchzuführen: Fleisch, Talg, jedes für sich ganz fein gehackt, wird im Mörser zusammengestoßen mit dem Gewürz und den Eiern — gründlich bearbeitet — durchgestrichen — ausgebreitet, bis folgenden Tag auf Eis gestellt — dann (in kaltem Mörser) allmählich mit dem Rahm verrührt — zu Klößen in Bouillon gekocht (für Ragouts u. dgl.).

712. ÷Godiveau II
ebenso, mit Fleisch 1000, Talg 1500, Ei 8 St., 360, Milch ³⁄₁₀ Lit. (sehr kalt zu bearbeiten).

Kap. 81. Verwendung und Zurichtungsweisen
der Fleisch- und Fischfarcen.

713. Klöße.

Dazu sind verschiedenste Farcen verwendbar — besonders feine wie 686—89 usw.; im ganzen die weniger fetten — auch die abgebrannten — und Mehlfarcen vor Brotfarcen (doch auch die ganz fetten).

Die Farcen dazu können recht locker (weich) sein — (an Mehlzusatz wird $^3/_4$ Weizen, $^1/_3$ Kartoffelmehl eine hübsche blanke Farce zu Klößen geben).

Die Klöße werden mit einem warmen und angefeuchteten Löffel abgestochen — oder werden zwischen zwei Löffeln geformt.

Die Klöße werden gekocht durch Einlegen in reichlicher Flüssigkeit, die nach lebhaftem Kochen eben vom Feuer genommen ist — wonach, wenn alle Klöße abgestochen sind, wieder aufs Feuer gesetzt wird — um bei sachter Wärme die Klöße (5—6 Min.) garzukochen — dann können sie einen Augenblick in kaltes Wasser gelegt werden, um dann auf einem Sieb abzutropfen und weiter verwendet zu werden (in Suppen, Ragouts usw.).

714. Farcen in Puddings- und Ringformen.

Dafür sind verschiedene, steifere Farcen geeignet — etwas steifer für Puddings (die gestürzt werden sollen) — wozu auch die abgebrannten Teige sich besonders eignen.

Die Form wird sorgfältig mit geschmolzener Butter ausgestrichen und kann auch mit gestoßenem Zwieback ausgestreut werden — sie wird $^3/_4$ voll gefüllt — mit nicht zu dicht schließendem Deckel im Wasserbad aufs Feuer gestellt (das Wasser nur bis zur halben Höhe der Form und nach Bedarf aufzufüllen) — die Form vom Boden des unteren Gefäßes abgehoben.

Eine Ringform kocht in ca. 20 Min. fertig; Pudding von ca. 1 kg in ca. 1 Stunde — und mehr nach Größe.

Der Pudding wird auf eine erwärmte Schüssel gestürzt (nachdem er einige Minuten mit der Form über sich gestanden) — und angerichtet.

Puddings usw. können auch in ein Gefäß mit Wasser gestellt, im Ofen gebacken (gekocht) werden.
Puddings mit Gemüse vgl. Kap. 152.

715. Falscher Hase u. dgl.

Dazu sind sehr steife Farcen zu nehmen — und solche, die meistens aus Fleisch bestehen — verschiedene Fleischsorten vermischt — und mit geringeren Zusätzen von Brot und Ei — und

auch mit Würfelchen aus geräuchertem Speck, oder auch feingehacktem Speck. Die Farce wird in Brotform gebracht — kann
gespickt werden — wird ringsherum braun angebraten — mit
Rahm beträufelt (worin etwas Fleischextrakt und wenig Couleur
aufgelöst werden kann) — auch mit etwas kalter Butter belegt —
im Ofen fertig gebacken oder auf der Pfanne fertig gebraten —
mit der Sauce übergossen, angerichtet.

Auch gedünstet: die Farce wird zu einem großen Kloß
geformt, etwas kleiner als das für denselben bestimmte Kochgefäß — der Boden des Gefäßes wird mit in Stücke geschnittenem
Gemüse bedeckt, oder mit einem recht steifen Tomatenpüree.
Der Kloß wird daraufgelegt — der übrige Raum mit gleichem
Gemüse oder Tomatenpüree oder Kartoffelpüree ausgefüllt —
unter dichtem Verschluß nach 413 gedünstet — Dauerkochen
nach Kap. 90 würde hierbei besonders geeignet sein.

716. Frikandellen (oder Klops)

werden aus Farcen von mittlerer Festigkeit geformt; Brotfarcen
besonders geeignet. Die Farce wird mit einem großen Löffel
ausgestochen, auf der Pfanne in gebräunter Butter (oder Fett)
braun gebraten — auch (sehr zweckmäßig) auf einer nur ganz
leicht mit Butter ausgestrichenen Pfanne.

717. Aubain.

Dazu werden mit Eiern stärker versetzte Farcen verwendet
— und besonders soufflierte Farcen — in einer Auflaufform im
Ofen zu backen, bis braun gebacken.
Gratin.

Dazu wird die Farce an der Oberfläche mit gestoßenem
Zwieback bestreut; auch mit etwas kalter Butter belegt — in
den Ofen gestellt.

718. Soufflee.

Dazu werden mit Vorliebe Farcen aus hellen feineren Fleischsorten (Huhn, Schweinefilet, bestes Kalbfleisch u. dgl.) verwendet — und die Farcen sollen besonders gründlich verarbeitet
(gestoßen, durchgestrichen, gerührt) werden — und immer werden
erst nur die Dotter, ganz zuletzt das Eiweiß in steifstem Schnee
eingerührt — auch Farcen mit Einbrenne werden vielfach verwendet.

719. Farcen, kalt anzurichten („Mousses", „Mousselines").

Dazu sind nur ganz besonders feine und leichte Farcen
verwendbar.

720. Farcen als Füllsel in Braten.

Dazu sind recht weiche (lose) Fleisch-Brotfarcen mit verhältnismäßig viel Ei und Brot besonders verwendbar.

Kap. 82. Würste.

721. Allgemeines.

Die Wurstmasse ist eine Art von Farce oder Teig, dessen ganz überwiegender Hauptbestandteil Fleisch ist, mageres oder mehr oder weniger fettes, zerteilt — gewöhnlich nur feingehackt mit Hackmesser oder eigenen Maschinen (in der Regel aber nicht feiner zerteilt, wie gewöhnliche Farcen) — und dann mit Flüssigkeit, Wasser, Bouillon, seltener Milch, zusammengeknetet — am häufigsten mit verschiedener Menge von Fetteilen vermischt, entweder in der Masse mehr gleichmäßig verteilt oder in Würfeln verschiedener Größe — und mit sehr verschiedenen Gewürzen und besonderen Gewürzmischungen — oftmals mit recht viel Gewürz.

Ausnahmsweise wird auch mehliger Stoff hinzugesetzt, entweder Mehl oder Brot.

Die fertige Wurstmasse wird in sehr gut zu reinigende Därme gefüllt — die dann zugebunden oder geschnürt werden — um endlich frisch oder gesalzen, oder gesalzen und geräuchert zur Verwendung zu kommen.

722. + Magere Fleischwurst — zum Kochen.

		Gr.	
1000	Schweinefleisch,		Das Fleisch, fein geschrappt, wird
	mageres ½ kg	500	mit dem übrigen verknetet, ca.
20	Mehl	10	1 Stunde — kann bis zum folgen-
	Salz	5	den Tag ruhen, um dann noch
	Salpeter 1 Msp.		1 Stunde bearbeitet zu werden
	Suppe oder		— wird in die Därme gefüllt —
125	Wasser ¹/₁₆ Lit.	60	kann auch mit zwei geschlagenen
			Eiweiß abgerührt werden — kann

mit etwas Pfeffer, Allerlei, Nelken, Zwiebeln gewürzt werden — kann aus Hammel-, Rind-, Kalbfleisch bereitet werden.

+ Augsburger Wurst.

Rindfleisch 1000, Wasser 800, Salz 30 — gehackt — geknetet — geräuchert (3—4 Tage).

723. + Bratwurst, magere, nach Hannemann.

Schweinefleisch (durchwachsenes) 1000, Brühe (¹/₄ Lit.) 250, Arrak 2 Eßl., Gewürz (Wurstkräuter, Gewürze, Salz, etwas gedämpfte Zwiebel, 1 Tl. gestoßener Kümmel). — Das Fleisch zweimal durch die Fleischmaschine; mit den Zutaten vermischt — in Dünndärme gefüllt — in kochendem Wasser ½ Stunde ziehen, nicht kochen — oder nur abgebrüht und gebraten — auch mit Semmel 100, Weißwein 100 (für Arrak).

724. Zervelatwurst.

Braunschweiger.

Fleisch 1000 (mageres Rindfleisch 400, Schweinefleisch 600), Speck 150 (in Würfeln), Salz, Salpeter, Pfeffer (grob gestoßen), Nelke, Muskatblüte, Rum.

Schlackwurst, fett, nach Hannemann.

Fleisch 1000 (Schweinefleisch 900, Rindfleisch 100), Speck 500, Salz 50, Salpeter 4, Zucker 6, Pfeffer (gestoßen) 1, weißer Pfeffer 2—3 Körner (grob gestoßen) — gehackt, gut verrührt — kann auch mit mehr Rindfleisch bereitet werden.

Frankfurter Wurst

ebenso, mit Wein 50 — nicht feiner gehackt, als daß kleine Fettstücke kenntlich bleiben — und mit eigener Gewürzmischung — geräuchert, gekocht.

725. Mettwurst (nach Heyl).

Fleisch 1000 ($^2/_3$ Schweine-, $^1/_3$ Rindfleisch), Flumfett 220, Pfefferkörner (weiße) 4 St., weißer Pfeffer (gestoßen) 5 g, Salz 40, Salpeter 3, Kümmel ein wenig — das Fleisch zweimal durch Maschine — mit dem Fett (ausgelassen) und übrigen Zutaten tüchtig durchgearbeitet — gestopft usw.

726. Schweinefleischwurst zum Braten.

Mageres Schweinefleisch, sehr fein gewiegt, wird mit wenig gestoßenem weißen Pfeffer und warmer Brühe durchgearbeitet — in Därme gefüllt — einige Minuten auf der Pfanne in wenig Wasser gekocht, das Wasser abgegossen — die Wurst in gebräunter Butter fertig gebraten.

727. Bratwurst, fette — nach Naumann.

I. Fleisch 1000 ($^1/_2$ Kalb- oder Rind-, $^1/_2$ mageres Schweinefleisch), Speck 350, Gewürz;

II. Schweinefleisch 1000, Speck 333, Gewürz, gehackt und gut durchgearbeitet.

728. Mortadella (italienisch).

Fleisch 1000 ($^1/_3$ Kalbfleisch, $^1/_3$ mageres Schweinefleisch, $^1/_3$ gesalzener, gekochter Schweinekamm), Speck 150, Sardelle 50, Gewürz, Schweinezunge (1 St.) in Stücke zerschnitten — die Fleischbestandteile fein gewiegt — der Speck in Würfeln — gekocht — es kann dazu Kapern 20, Pistazien 20 genommen werden.

729. Salami.

Fleisch 1000 (Rindfleisch 600, mageres Schweinefleisch 400), Speck 400, Salz 40, Pfeffer (gestoßen) 15, Kardamome 10. Das Fleisch fein gewiegt, der Speck grob gehackt — miteinander vermischt.

730. Geräucherte Wurst.

I. Fleisch 1000 (Rindfleisch 600, mageres Schweinefleisch 400), fetter Speck 200, Salpeter, Salz, Nelke, Pfeffer. Das Fleisch fein gewiegt, der Speck in Würfeln.

II. fetter, nach Hagdahl.

Fleisch 1000 (halb Rind-, halb Schweinefleisch), Speck 500, Pfeffer, Nelke (zusammen gestoßen) 10, Salz 50, Salpeter 2, Bier 150). Das Fleisch, fein gewiegt, wird mit dem Bier tüchtig durchgearbeitet — dann der Speck, in Würfeln, eingeknetet und die Gewürze — gesalzen, geräuchert — auch mit Schweinefleisch allein — auch mit Rotwein ganz oder teilweise mit Bier.

Klasse X.

Fleisch- und Fischspeisen in Sauce.
Salate (Mayonnaisen) — Frikassee — Ragout.

Kap. 83. Mayonnaisen — Kalte Ragouts — Fleisch-Fischsalate.

731. Allgemeines.

Diese Speisen werden bereitet aus gekochtem, oder gebratenem Fleisch und Fisch, in kleinere Stücke zerteilt (sehr sorgfältig von Häuten, Sehnen, Knochen, Gräten befreit); mit einer dafür geeigneten kalten Sauce vermischt.

Fleisch, besonders aber Fisch, wird dazu oftmals mariniert — $^1/_2$ Stunde in einer Mischung von Öl, Zitronensaft (Essig), Salz, ein wenig Pfeffer gelassen.

Kann angerichtet werden in einer Schüssel, bedeckt mit, oder auf Salatblättern, und kann mit Anchovis in Streifen, Kapern, Oliven, Ei (hartgekocht, in Scheiben) verziert werden, hübsch angeordnet.

Die Mischung mit der Sauce darf erst kurz vor dem Anrichten geschehen.

732. Fleischsalate — Mayonnaisen.

Salat von Huhn, Truthahn, Kalbfleisch (und anderem hellen Fleisch).

Das Fleisch — vorbereitet nach 731 — auch mit Zusatz von blanchierten Austern, wird mit einer Rahmsauce 40 oder 43 angerührt — oder mit holländischer Sauce 80 und 81, Mayonnaise (echte oder unechte) 90, 95, Eiersauce 284, 288, 292, 293 oder Sauce 522 u. ähnl.

Salat von Wild

wird gerührt mit einer verhältnismäßig dünnen kalten Sauce, Velouté (535) oder Bechamel (536), oder eine der Saucen 539, 546, 566, kalt (dünn zubereitet).

Das Fleisch wird in längliche Stücke (Streifen) geschnitten — gekochte Kastanien können hinzugegeben werden — und dann mit einer stärker gewürzten Sauce (Remoulade, Ravigote).

Salat von Kalbsmilch,

gekochte Kalbsmilch ebenso zubereitet — auf 1000 Fleisch ca. 250 Sauce.

733. Fischsalate.

Heringssalat.

Gesalzener Hering (gut gewässert), Äpfel (roh, geschält), saure Gurken, Fleisch (gekocht oder gebraten), Kartoffeln (gekocht, geschält), rote Rübe (gekocht) zu ungefahr gleich großen Teilen, werden zerschnitten, zusammengerührt mit einer Mayonnaise oder gewöhnlich mit einer eigenen Sauce — verrührt aus: harten Dottern, Essig oder Zitronensaft, Gewürz (Salz, Senf, Zwiebel, wenig Zucker) — oder in einer Rahmsauce oder Eiersauce — in ähnlicher Weise gewürzt — oder in einer abgebrannten Sauce (mit Mehl, Butter und Dotter).

Mayonnaise von Lachs, Hecht, Hummer.

Der Fisch, gekocht, zerpflückt, in Stücken oder Blättern, mariniert oder nicht — wird mit einer Mayonnaisensauce angerührt — auch mit anderer Salatsauce — mit verschiedenen anderen Fischen ebenso.

Kap. 84. Warme Ragouts.

734. Allgemeines über 1. weiße Ragouts oder Frikassees,

2. braune Ragouts.

Überall, wo hygienisch-diätetische Rücksichten zu nehmen sind, bleiben die Ragouts zweifelhafte Sachen, ihres gewöhnlich sehr gemischten Charakters wegen — und weil sie mit Saucen verschiedenster Art zubereitet werden. Unter solchen Rücksichten sollen sie immer möglichst einfach, mit möglichst wenig Mehl, besonders abgebranntem Mehl, bereitet werden.

Die Saucen, die dabei zur Verwendung kommen, haben immer den Zweck, den betreffenden Speisen einen glatten, weichen Charakter zu verleihen — sie sind aber doch möglichst leicht zu halten — man darf, wie Seignobos es ausdrückt, „das Mehl in ihnen nicht merken können“.

Unter den Ragouts, den weißen wie braunen, sind zu unterscheiden:

Hachees — mit dem Fleisch und den übrigen Zutaten recht fein zerteilt (grob gehackt), aber nie ganz fein gewiegt.

Salpicon — alle Bestandteile kleinwürfelig (ca. $^1/_2$ cm) geschnitten.

Größeres Ragout — in größere Würfel oder Stücke geschnitten.

Große Ragouts — mit großen Stücken — ganzen Scheiben Fleisch, Fisch, Zunge usw.

Die großen Ragouts sind gewöhnlich die am einfachsten zusammengesetzten; die Salpicons die am meisten gemischten Ragouts.

Es macht in der Zubereitung einen Unterschied, ob das Fleisch oder der Fisch roh oder vorher gekocht oder gebraten verwendet wird.

Bei Verwendung von gekochtem oder gebratenem Fleisch soll Rücksicht genommen werden auf die in 416 und 417 gemachten Bemerkungen über gutes und schlechtes Aufwärmen des Fleisches — indem dieses, nachdem es einmal auf Kochtemperatur gebracht worden ist, immer nur wieder auf eine bedeutend niedrigere Temperatur erwärmt werden darf — und in den Ragouts also nur sehr vorsichtig, sehr langsam (am besten auf Wasserbad) bis dahin aufgewärmt werden darf.

Vom haushälterischen Gesichtspunkte aus mag die Resterverwendung etwas sehr Zweckmäßiges bleiben, und kann auch, wenn obige Rücksichten genommen werden, hygienisch erlaubt bleiben.

Kleinere Stücke, die etwas eingetrocknete Kanten bekommen haben, müssen entweder abgeschnitten oder vorher einige Zeit in kalte Bouillon gelegt werden.

Bei Verwendung von rohem Fleisch oder Fisch gibt es zwei verschiedene Zubereitungen — entweder 1. die Stücke werden in wenig Wasser gargekocht (gedämpft) — herausgenommen — warm gestellt — während aus der Brühe Sauce bereitet wird (Velouté, Bechamel, Espagnole) — wonach die Stücke wieder in die Sauce gelegt, um dann nur kurz aufgekocht zu werden; erst nachdem das Ragout vom Feuer genommen, kann dann die Sauce mit Liaison zurechtgemacht werden — oder 2. mit einer Brühe wird erst eine Sauce fertig gemacht (NB. ohne Ei) und in derselben werden die rohen Stücke Fleisch oder Fisch gelegt und gargekocht (was hygienisch weniger gut ist).

Man versteht nach alledem, daß das Dünsten (413) eine Art von Frikasseekochen, das Schmoren (Schmorbraten) eine Art von Brauen-Ragoutkochen ist.

Frikassee — helles Ragout.

735. Frikassee von Lamm, Kalb, Huhn (oder anderem hellen Fleisch).
— Großes helles Ragout — Blanquette.

1. Art; nach Seignobos, „à l'ancienne".

Das Fleisch, in größere Stücke zerteilt, wird in Wasser mit etwas Butter, Mohrrüben oder Lorbeerblättern, Petersilie, einem kleinen Stück Speck gargekocht; die in ein anderes Geschirr abgeseihte Brühe wird zu weißer, mehlabgerührter Sauce zurechtgemacht — durchgestrichen — aufs Feuer zurückgestellt.

Die Garnitur (Champignons, Zwiebel, Mohrrübe, Schoten usw. gargekocht) wird mit den Fleischstücken in die Sauce gegeben — aufgekocht — auf Wasserbad mit Dotter und Rahm abgerührt — nach Wunsch etwas Weinessig oder Zitronensaft hinzugesetzt.

2. Art; nach Seignobos, „à la sauce poulette".

In einem Kochgefäß wird eine weiße abgebrannte Sauce bereitet — darin werden die Fleischstücke gargekocht — zusammen mit den vorher halb gar gekochten verschiedenen Gemüsen, Erbsen, Spargel, Schwarzwurzeln, Artischockenböden, Rüben usw. und etwas gehackter Petersilie — zuletzt kann mit Dotter und Rahm legiert werden.

+ 3. Art; nach Seignobos, „à la crême, dite Normande".

Das Fleisch wird nach der 1. Art gekocht — und die abgeseihte Suppe wird auf ca. die Hälfte eingekocht, dann mit guter Milch oder Rahm aufgegossen — aufgekocht und durchgestrichen — in dieser Sauce werden die Fleischstücke ganz vorsichtig erwärmt — zuletzt wird etwas frischer fetter Rahm dazugerührt.

736. Altdeutsches Hühnerfrikassee nach Heyl.

		Gr.	Cal.	
Huhn	1 St. ca.	1000	ca. 850	Das Huhn wird gekocht, ge-
Kalbsmilch	$^1/_4$ kg	250	300	kühlt, zerlegt — Kalbsmilch,
Kalbszunge	$^1/_8$ kg	125	125	Zunge ebenso — Gemüse ge-
Spargel	$^1/_4$ kg	250	50	kocht, wie auch die Krebse —
Morcheln	$^1/_4$ kg	250	60	das Krebsfleisch ausgelöst,
Champignons	$^1/_8$ kg	125	30	Scheren und Beine mit der
Krebse	15 St.			Butter zu Krebsbutter ver-
Butter		50	375	kocht — alle Zutaten mit der
Kapern	1 Eßl.			Hälfte der Sauce im Wasser-
Fischklöße	1 Port.			bade heiß gestellt — das
Frikasseesauce	2 Port.	500	ca. 325	Frikassee, bergförmig ange-

richtet, mit etwas der übrigen (dicken) Sauce überfüllt — übrige Sauce verdünnt daneben angerichtet.

Kalbsfrikassee ebenso (aus Kalbsbrust).

737. Salpicon, hell; **Ragout royal.**

			Gr.	Cal.
1000	Fleisch, schier	½ kg	500 ca.	1000
750	Gänseleber		375	750
750	Kalbsmilch		375	450
250	Champignons	⅛ kg	125	30
	Hahnenkämme	60 St.		
	Krebse	60 St.		
1000	Bechamelsauce			
	ca. ½ Lit.		500	

Zu 737 und 738 wird genommen: helles Fleisch, schier (Brust vom Huhn usw.), und übrige Zutaten in kleinen Würfeln (vorher gekocht) — in der Sauce heiß gemacht.

738. Salpicon, hell,   einfach.

			Gr.	Cal.
1000	Fleisch, schier	½ kg	500 ca.	1000
250	Champignons	¼ kg	125	30
750	Velouté ca. ⅜ Lit.		375 ca.	240

739. + Fischragout, hell.

			Gr.	Cal.
1000	Fisch	½ kg	500 ca.	1000
80	Brot, gerieben		40	100
360	Rahm, gew.	3/16 Lit.	180	315
60	Dotter	2 St.	30	108
125	Bouillon	1/16 Lit.	60	
	Zitronensaft, Salz,			
	Zucker			

Rahm, Dotter, Bouillon, Brot werden zusammengerührt — sehr vorsichtig bis zum Kochpunkt erwärmt — mit Salz, Zucker, gewürzt — der Fisch (gekocht) in recht kleinen Stücken (Blättern), wird darin heißgemacht (Wasserbad).

740. Salpicon von Fisch, einfach.

1000	Fisch (rein)	½ kg	500	500
1000	Weiße Sauce	½ Lit. bis 500 ca.		350
	Gewürz			

Fisch (gekocht) in kleine Würfel zerschnitten, wird in der mit Fischbrühe bereiteten Sauce warm gemacht — und

gewürzt, mit Zitronensaft usw. — Kapern oder Champignons (kleingeschnitten) oder beides kann hinzugesetzt werden — auch aus rohem Fisch zu bereiten, indem der Fisch dann — nachdem er in Zitronensaft usw. mariniert ist, in der weißen Sauce langsam gargekocht wird — kann mit 1—2 Dottern legiert werden.

Braune Ragouts.

741. Rinderragout in Tomaten.

Rindfleisch, gekocht oder gebraten, in Scheiben, vorher langsam in Bouillon leicht erwärmt, wird ca. 10 Min. auf Wasserbad in einer Tomatenpüreesauce (wie 571 oder Ähnliche) heiß gemacht — auch in einer gewöhnlichen braunen Sauce — auch mit verschiedenen Garnituren (von Champignons, Zwiebeln, Trüffeln, Klößen usw.).

742. Hammelragout.

		Gr.	Cal.	
1000	Hammelfleisch ¹/₂ kg	500	ca. 1000	Hammelfleisch in Scheiben
1000	Braune Sauce ¹/₂ Lit.	500	ca. 350	(gekocht oder gebraten) wird
250	Mix. Pickles ¹/₈ kg	125		mit der Sauce (537 oder Ähn-

mit der Sauce (537 oder Ähnliche) aufgewärmt — mit
Pickles und einigen Zwiebeln.

Rinderzungenragout ebenso.

743. Ragout à la Monglas.

Kapaun 500, Gänseleber 60, Trüffel 125, Champignons 60, gekocht — in Sauce espagnole (ca. 500) heißgemacht.

744. Poulard à la financière.

Fleisch, gebraten, Kalbsmilch, Champignons, Trüffeln, Hahnenkämme, Hahnennieren, Gänseleber, gekocht, in kleinen Scheiben — wird mit Sauce espagnole heißgemacht.

745. Truthahn à la bourgeoise.

Fleisch in Stücke geschnitten, mit Mohrrüben, Kartoffeln, Zwiebeln, gekocht in Scheiben, werden in brauner, mit Pfeffer, Senf, Tomatenpüree und Jus abgerührter Sauce heißgemacht — mit anderem Fleisch ebenso.

746. + Wildragout.

1000	Fleisch, gebraten ¹/₂ kg	500	ca. 1000	Zwiebeln, Jus, Rahm, Rot-
125	Kastanienpüree	60	235	wein, Fruchtgelee werden zu-
100	Zwieback, gestoßen	50	175	sammen geschlagen und er-
250	Rahm, gew. ¹/₈ Lit.	125	210	wärmt — mit dem Kasta-
125	Rotwein ¹/₁₆ Lit.	60		nienpüree 10—15 Min.
	Johannisbeer-			schwach gekocht. — Das
	gelee	2 Eßl.		Fleisch in Scheiben, darin
125	Wildjus	60		heiß gemacht (ohne zu

nienpüree 10—15 Min.
schwach gekocht. — Das
Fleisch in Scheiben, darin
heiß gemacht (ohne zu
kochen) — mit anderem
dunklen Fleisch ebenso.

747. Ragout von Fleisch oder Fisch à la Godard.

Fleisch oder Fisch mit Kalbsmilch, Krebsschwänzen, Hahnen- kämme und -nieren, Fischklößen, Trüffel, gekocht, zerschnitten, wird in brauner, mit Madeira gewürzter Sauce heiß gemacht. Kalbsmilchragout ebenso.

748. Kalbsragout („Tendrons de veau") **à la Chipolata** nach Seignobos:
„Recette de la vieille cuisine française."

			Gr.	Cal.
1000	Kalbfleisch	½ kg	500	500
100	Speck		50	350
500	Kastanien	20 St.	250	980
300	Würstchen		150 ca.	225

1000 Kalbfleisch ½ kg 500 500 Das Fleisch (roh) in 4—5 cm
100 Speck 50 350 große Würfel zerteilt, wird
500 Kastanien 20 St. 250 980 mit dem feingeschnittenen
300 Würstchen 150 ca. 225 Speck und mit etwas Mohr-
Mohrrübe, Zwiebel rübe und Zwiebel braun ge-
Braune Sauce braten — mit ganz wenig,
sehr leicht mit Mehl verrühr-
ter, brauner Sauce begossen — darin 1½ Stunden langsam gekocht
— in den letzten 20—30 Min. werden die Kastanien (vorher gedämpft) und Würstchen mitgekocht.

Ente à la Chipolata ebenso.

749. Kalb à la Marengo (Seignobos).

Kalbfleisch (roh, in Stücken) wird leicht braun gebraten
mit etwas Butter und Olivenöl oder Schweinefett — nach und
nach wird etwas Bouillon oder heißes Wasser hinzugegossen —
und dann eine Sauce aus Fleischbrühe, Weißwein und Tomatenpüree (⅓ von jedem) bereitet — wird auf schwacher Wärme
(Wasserbad) ca. 1½ Stunden gekocht — kurz vor Anrichten
werden gekochte Champignons, nach Wunsch auch Oliven,
hinzugesetzt.

Junges Huhn, Kücken, Hammel à la Marengo ebenso.

750. Salpicon, braun, einfach.

Fleisch in Würfeln (dunkles, gekochtes) und braune Sauce
zu ungefähr gleichen Teilen, werden miteinander und mit Trüffeln
oder Champignons in Würfeln (¼ soviel) heiß gemacht.

Wildsalpicon.

Fleisch (gebraten) in Würfeln, Madeirasauce oder eine andere
mit Espagnole zubereitete Sauce (von jedem 100 Teile), Zunge,
geräuchert, Champignons, Trüffeln (von jedem ca. 30 Teile),
alles in ganz kleinen Würfeln, werden miteinander heiß gemacht.

751. Kalbsmilchsalpicon

wie letzteres, mit Kalbsmilch anstatt Fleisch — auch mit gleichen
Teilen Kalbsmilch, Champignons, Trüffeln.

Salpicons können auch wie die Ragouts 742, 744, 746, 747
bereitet werden — mit allen Zutaten, kleinwürfelig geschnitten.

Hachee.

752. Hachee, einfaches.

Fleisch, gekocht oder gebraten, gehackt (100 Teile), mit Sauce (60 Teile), werden miteinander heiß gemacht (für helleres Fleisch oder Fisch werden helle Saucen, für dunkles Fleisch braune Sauce oder Tomatenpüreesauce genommen) — kann verschieden (leicht) gewürzt werden (mit etwas zerstoßenem Anchovisfleisch usw.).

Hachee mit Brot.

Fleisch, gebraten (100 Teile), feingehackt mit etwas gewässerter Sardelle, wird mit einem Gemisch von Weißwein und Bouillon (ca. 75 Teile) angerührt, und mit Butter (5 Teile), wenig gehackter Zwiebel, Muskat, Kapern — auf Wasserbad unter Hinzufügung von gestoßenem Zwieback (ca. 10 Teile), heiß gemacht.

Hachee mit Brot.

Fleisch, gebraten oder gekocht (100 Teile), wird mit etwas Zwiebel feingehackt — Brot oder Zwiebak (8—10 Teile) wird mit Bouillon (50 Teile) aufgekocht — mit Tomatenpüree (15 Teile) verrührt — mit sehr wenig Pfeffer oder Paprika (auch mit etwas Farbe oder Fleischextrakt) gewürzt — darin wird das Fleisch eingerührt und heiß gemacht — auch halb Bouillon, halb Rotwein kann genommen werden — kann mit Kartoffeln (gebräunten) oder Makkaroni oder gekochten Kastanien angerichtet werden.

Hachee mit Reis.

Fleisch, gekocht, gehackt (100 Teile), Reis, gargekocht (25 Teile), braune Sauce (ca. 65 Teile) werden miteinander heiß gemacht.

Hachee mit Kräutern.

Fleisch, gebraten oder gekocht (100 Teile), Zwiebel (2 Teile), gemischte Kräuter, gekocht, gehackt, werden mit einer klaren Jussauce heiß gemacht — etwas Zitronensaft, sehr wenig gestoßener Pfeffer als Gewürz.

Einige besondere Arten von Ragout.

753. Vinaigrette von gekochtem Rindfleisch — nach Heyl.

Fleisch (750 g), gröblich gewiegt, wird mit Kräutern (gewiegt, 1 Eßl.), Scharlotten (2 St.) gewiegt, Essig (2 Eßl.), Öl (1 Eßl.), Pfeffer und Salz (Prise), Bouillon (2 Eßl.) und Kapern (1 Eßl.) gemischt und abgeschmeckt — angerichtet mit gewiegtem Ei überstreut, welches mit etwas von den Kräutern und Salz gemischt ist — man kann das Gericht mit Sardellenfilets, Kapern, Perlzwiebeln reicher garnieren.

754. Curryragout.

Fleisch, helles, gekochtes, in mittlere Stücke zerschnitten, wird in einer Currysauce (514 u. 542) heiß gemacht — mit Reis angerichtet (nach 867).

755. Ragout Valenciennes (Salpicon) nach Naumann.

Hühnerbrust, Champignons, Mohrrüben, Artischockenböden, Reis, alles gargekocht und feingeschnitten, wird in einer Krebssauce (548 oder Ähnliche) heiß gemacht.

756. Navarin, braunes Fleischragout mit Gemüsen.

Hammelfleisch (Brust, Schulter) 1000, in Stücken von ca. 75—90 g, werden in einigen Stunden mit einem Glase Madeira und etwas Gewürz mariniert — mit einer braunen (sparsam mit Mehl bereiteten) Sauce 1500 übergossen, und mit Tomatenpüree 175 — und darin (unter sorgfältigem Schäumen) gargekocht — langsam, lange Zeit — wird dann in ein anderes Kochgeschirr gegeben zu kleinen Zwiebeln 125, weißen Rüben 125, Karotten 200 (diese Wurzeln vorher mit etwas Butter gebräunt und glaciert), kleinen Kartoffeln 60, feinen Erbsen 60, Haricots verts 60 (alles Gemüse vorher, jedes für sich, gargekocht), damit längere Zeit gedämpft — nach Geschmack gewürzt.

757. Fleisch in Äpfeln.

Rindfleisch oder anderes Fleisch, gekocht, in kleinere Stücke zerlegt, Äpfel, geschält, gedämpft, in Scheiben oder Würfeln (von jedem 100 Teile), werden mit brauner (mit wenig Mehl bereiteter Sauce (150 Teile) heiß gemacht — und gewürzt.

758. Fleisch en matelote.

Fleisch (Kalbsbrust oder Ähnliches), roh, in kleinere Stücke zerlegt, wird in einer Sauce (Velouté) heiß gemacht (die Sauce mit halb Bouillon, halb Weißwein oder Rotwein angerührt) — mit Champignons und Zwiebeln (vorher gekocht).

Fischragout en matelote

ähnlich mit Fisch und Rotwein in der Sauce — mit feingeschnittenen Kräutern.

Kap. 85. Verwendung und Anrichten der Ragouts.

759. Mayonnaise in Aspik.

Eine Form wird mit klarem Aspik ringsherum bekleidet (639). — Der Raum wird mit einer recht steifen Mayonnaise von Fleisch oder Fisch knapp gefüllt — mit demselben Aspic aufgefüllt — kalt gestellt zum Steifwerden — gestürzt angerichtet.

760. Anrichten auf der Schüssel.

Mayonnaise, Frikassee, braunes Ragout von Fisch oder Fleisch wird auf die Schüssel gehäuft — mit Salat, durchgeschnittenen harten Eiern, gebräunten Kartoffeln, Kastanien, Butterteigschnitten rundherum usw.

Kleine Kasserollen aus Steingut oder Porzellan (Fig. 21) werden angewärmt, mit dem warmen Ragout oder Salpicon gefüllt. Es gibt auch Papierkästchen dazu.

Gratinmuscheln.

Die Muscheln werden flach gefüllt — eine dünne Schicht von gestoßenem Zwieback daraufgestreut — etwas frische Butter kann daraufgelegt werden — in heißem Ofen durchgewärmt — und auf der Oberfläche gebräunt — können mit etwas Zitronensaft beträufelt werden.

761. Ringformen.

Fischfarce in Ringform gekocht, wird mit einem Fischragout, Fleischfarce ebenso, mit einem Fleischragout gefüllt, angerichtet.

— Mit Reis in Ringform ebenso.

762. Pasteten-Kroustaden (1010—1011)

werden erwärmt mit erwärmtem Hachee oder Salpicon (recht steif und trocken) gefüllt.

Tarteletten,

hausgebackene oder vom Bäcker bezogene, ebenso.

763. Pirogi.

Nudelteig (881) oder Mürbeteig (969—970) wird dünn ausgerollt (kaum $^1/_2$ cm), in viereckige Stücke zerschnitten (ca. 10 cm) — auf die Mitte derselben legt man eine Portion Hachee oder sehr feinen Salpicon — nicht größer, als daß die Teigplatte (beim Zusammenlegen derselben in ein Dreieck) es ganz einschließt — nachdem die Ränder recht breit aneinander gedrückt sind. Die Kante wird dann rund mit einem Kuchenrad abgeschnitten.

Pirogis mit Nudelteig werden in gesalzenem Wasser gekocht — mit Mürbeteig, mit in etwas Wasser glatt geschlagenen Dottern überstrichen, im Ofen gebacken.

Risolles.

Auf eine kleine Teigplatte (Mürbe-, Briocheteig), sehr dünn ausgerollt, wird eine kleine Portion Salpicon oder Hachee gelegt — und in dieselbe eingeschlossen — in Fett gekocht.

Kann auch mit Ei bestrichen im Ofen gebacken werden.

764. Croquetten, Rouletten.

Ein abgekühltes (recht steifes) Hachee oder Salpicon wird in einer 2—3 cm dicken Schicht auf eine dünne Schicht von gestoßenem Zwieback gelegt — und in Stücke geteilt von ca. 75 g Gewicht — die dann zu fingerdicker Wurstform gerollt werden — ganz mit gestoßenem Zwieback überzogen, in geschlagenem Eiweiß umgekehrt, nochmal in Zwieback — dann in Fett hellbraun gekocht — auch in heißem Ofen auf der Platte gebacken.

Rouletten ebenso — in Kugelform.

Fondants ebenso — in kleiner Birnenform.

765. Pasteten, kleine,

aus Blätterteig (vgl. Kap. 110), angewärmt, werden mit Salpicon oder Hachee gefüllt.

Pasteten, größere, „Vol au vent".

Aus Blätterteig wird eine größere, ca. 3 cm dicke Platte ausgerollt — aus derselben eine runde oder ovale Platte (Umfang nach Wunsch, 15—25 cm), ausgestochen, dieselbe wird ringsherum ca. 2 cm vom Rande oberflächlich eingeschnitten, mit spitzem Messer — in heißem Ofen gebacken — dem Einschnitt nach wird ein Deckel abgehoben — inwendig wird das Lose ausgenommen, während die Seitenwände heil bleiben. — Der Raum wird mit einem warmen Ragout (recht trocken) angefüllt — der Deckel aufgelegt — angerichtet.

766. Timbale.

I. Mit einer Hülle aus Farce.

Eine Form — kuppelförmig oder Souffleeform — wird mit geschmolzener Butter ausgestrichen — Scheiben von Trüffeln, Champignons, Gemüsen werden in hübscher Anordnung an die Wände flach gelegt — dann wird die Form nach allen Seiten von einer ca. $1^{1}/_{2}$ cm dicken Schicht von Farce bekleidet — der übrige Raum wird mit einem Ragout gefüllt — großes oder kleineres, oder auch Salpicon — ein Deckel von Farce wird dicht schließend oben aufgelegt — auf Wasserbad gargekocht — gestürzt — angerichtet (nachdem das Fett an der äußeren Fläche entfernt ist) mit etwas feiner Sauce übergossen.

Man kann auch die Form mit einer dichten Schicht von Nudeln oder Makkaroni oder farcierten Oliven auslegen, bevor die Farce angebracht wird.

II. Mit Teighülle.

Die Form wird glatt mit einer Lage Teig (Mürbeteig) ausgelegt — dann mit einer Lage von Farce — und dann die Füllung eingelegt — eine Lage Farce und Teig oben drauf, wie in I.

Die Teighülle kann auch in bequemer Weise „en colimaçon" gelegt werden. — Dazu wird ein Mürbeteig in längliche Stücke abgeschnitten und gerollt (ähnlich wie Makkaroni), und damit wird die (kuppelige) Form, nachdem sie mit Butter ausgestrichen ist, im Schneckengang von der Mitte her ausgelegt, indem die Streifen gut aneinander gedrückt werden — dann eine dünne Lage von Farce und endlich die Füllung — wonach eine Teigplatte von entsprechender Größe dicht darauf gelegt wird — im Ofen gebacken, gestürzt.

767. Pie, englisch, oder **Pastete in Form** gebacken.

Eine Form aus Steingut mit lotrechten Seiten wird mit einem kalten gemischten Ragout (etwas trocken) gefüllt — darauf ein ziemlich dicker Deckel von ausgerolltem Mürbeteig an den Rändern dicht angedrückt — im Ofen gebacken — in der Form angerichtet — auch die Seiten (und der Boden) der Form können mit einer Teigschicht — oder einer Farceschicht ausgekleidet werden.

Pflanzliche Nahrungsmittel und Speisen.

Kap. 86. Allgemeines.

Die pflanzlichen Nahrungsmittel liefern uns einen weit größeren Beitrag zur täglichen Kost, als die Nahrungsmittel aus dem Tierreiche und werden also auch für die Küche eine entsprechend höhere Bedeutung haben müssen. Es gibt fünf Hauptgruppen derselben, nämlich

1. die Körnerfrüchte (Cerealien),
2. die Hülsenfrüchte (trockene),
3. die Gemüse,
4. die Früchte (Obst),
5. die Pilze.

Innerhalb dieser Hauptgruppen, besonders innerhalb der für unsere Ernährung bedeutungsvollsten, der ersten, dritten und vierten Gruppe, begegnen wir einer sehr großen Mannigfaltigkeit, einer bedeutenden Verschiedenartigkeit und einer sehr ausgedehnten Verwendbarkeit — und in Verbindung hiermit einer sehr weiten Möglichkeit für höchst verschiedenartige Zubereitung und Darreichung.

Dazu kommt, daß unter den pflanzlichen Nahrungsmitteln zur wenige sind, die nicht in entschiedener Weise einer Zubereitung bedürfen; während bei recht vielen derselben sogar eine recht eingreifende Zubereitung nötig ist — und zwar teils, weil sie die Nahrungsstoffe in einer ganz besonderen Weise einschließen, teils, weil die Nahrungsstoffe derselben ganz eigener Art sind und in ganz eigenartigen Mischungsverhältnissen auftreten.

Was den pflanzlichen Nahrungsmitteln das eigenartige Gepräge gibt, ist nämlich teils, daß ihre Nahrungsstoffe nicht — wie in den tierischen Nahrungsmitteln — frei daliegende sind, sondern vielmehr in Gehäuse schwerer verdaulichen Stoffes, der Zellulose (Holzfaser), mehr oder weniger dicht eingeschlossen sind, wobei der Küche von vornherein eine besondere Aufgabe zufallen muß, nämlich: aufzuschließen.

Bezeichnend für die Pflanzenwelt ist aber auch die sehr große Verschiedenartigkeit im Stoffinhalt, sowohl in bezug auf Nahrungsstoffe, wie auf Genußmittel (Gewürz in der weitesten Bedeutung). Die pflanzlichen Nahrungsmittel enthalten nämlich außer Eiweiß-

stoffen (teilweise sogar in besonders hohen Mengen, wie in den Hülsenfrüchten), Fetten (meistens freilich in sehr geringen Mengen), Salzen
und Wasser, als das ganz besonders bezeichnende: die Kohlenhydrate, eine Gruppe von Nahrungsstoffen, die bei den tierischen
Nahrungsmitteln nur in einer Gruppe sich wirklich geltend macht,
nämlich als Milchzucker in der Milch und den Milchprodukten. Während
dagegen die Kohlenhydrate bei den pflanzlichen Nahrungsmitteln in
großen Mengen und häufig als die ganz besonders charaktergebenden
Stoffe auftreten.

Die Nahrungsstoffe der pflanzlichen Nahrungsmittel.

Die Eiweißstoffe, welche innerhalb der Nahrungsmittel aus dem
Tierreiche fast überall das wesentlichste Gepräge geben, sind in den
verschiedenen Hauptgruppen der pflanzlichen Nahrungsmittel in höchst
abweichenden Mengenverhältnissen vorhanden und sind hier nur ausnahmsweise ein in größeren Betracht kommender Bestandteil.

Die Hülsenfrüchte sind es, welche bis zu 22—23% Eiweiß
enthalten, neben reichlichen Kohlehydraten, und nehmen es somit in
bezug auf Eiweißreichtum mit den in dieser Richtung am reichlichsten
versehenen Nahrungsmitteln aus dem Tierreiche auf. Die Körnerfrüchte enthalten mittlere Mengen (nur 10%), während aber die
Gemüse und besonders die Früchte sich in der Beziehung sehr niedrig
stellen (bis auf 1% hinab und noch weniger). Es sind übrigens im
Tier- wie Pflanzenreiche hauptsächlich dieselben Eiweißarten von
wesentlich gleicher Bedeutung für unsere Ernährung, nämlich Albumine,
Globuline, Nukleoalbumine usw. In den Leguminosen haben wir den
ihnen eigenen Eiweißstoff, das Legumin; wie auch die Körnerfrüchte
einen eigenen Eiweißstoff besitzen, nämlich das Gluten, besonders
stark in den Körnerfrüchten, ganz besonders im Weizen.

Die sogenannten Amidoverbindungen, die sich in den Pflanzen
finden, sind freilich, wie die echten Eiweißstoffe, stickstoffhaltig —
es fehlt ihnen aber die Bedeutung als Stickstoffnahrung für den Stoffwechsel. Zu diesen Stoffen gehört das Leucin (in vielen Pflanzen-
säften, besonders in den keimenden Pflanzen), das Asparagin im
Spargel, wie in der Kartoffel und den Rüben, das Tyrosin usw.

Die Fäulnis der Pflanzeneiweißstoffe (verdorbenes Maismehl,
Roggenmehl usw.) kann die Bildung gewisser stickstoffhaltiger Pflanzen-
gifte (Verwesungsalkaloide) veranlassen.

Unter den vielen anderen stickstoffhaltigen Stoffen der Pflanzenwelt wären noch besonders zu nennen:

das Amygdalin in den Mandeln, in Pflaumen-, Zwetschen-,
Pfirsichkernen, und

das Solanin, ein in allen Teilen der Kartoffelpflanze, besonders
aber in den Knollen, und ganz besonders an und in der Schale auf-
tretender giftiger Stoff.

Die Purinstoffe (Harnsäurebildner) bilden sich in unserem Körper
vorzugsweise nach Genuß von gewissen Nahrungsmitteln, unter denen

vorzugsweise genannt werden: reife Hülsenfrüchte, Erdnüsse, Spargel, Tomaten, verschiedene Pilze.

Die Fettstoffe und Öle, welche in den Nahrungsmitteln aus dem Tierreiche im ganzen sehr reichlich vorkommen, finden sich in unseren pflanzlichen Nahrungsmitteln im ganzen nur in sehr kleinen Mengen, mit Ausnahme gewisser Früchte (Nüsse, Oliven), wo sie denn aber auch in großen Mengen vorhanden sind.

Die Pflanzenfette haben eine den tierischen Fetten entsprechende Zusammensetzung, nämlich aus Stearin-, Palmitin-, Oleinfettarten. Aber letztere sind verhältnismäßig überwiegend, so daß es im ganzen mehr leichtflüssige Fette sind, was wiederum höhere Leichtverdaulichkeit bedeutet.

Von Kohlenhydraten — Stärke-Zuckerstoffen — haben wir in den

Körnerfrüchten	65—75%
Hülsenfrüchten	50—60%
Wurzeln	4—20%
Gemüsen	2—10%
Früchten	5—12%

Es gibt somit gewisse Pflanzennahrungsmittelgruppen, die teilweise sogar sehr arm an Kohlenhydraten sind. Aber daneben sind dann die anderen Nahrungsstoffe — die Eiweißstoffe, und besonders die Fettstoffe — in noch kleineren Mengen da, so daß nichtsdestoweniger in den Pflanzennahrungsmitteln überall die Kohlenhydrate die vorherrschenden, die ausschlaggebenden Nahrungsstoffe sind und bleiben.

Die in dem Pflanzenreiche vorkommenden Kohlenhydrate sind sehr mannigfaltig:

Zellulose	oder	Holzstoff	
Stärke	,,	Amylum	
Dextrin	,,	Stärkegummi	sogenannte Polysacharide.
Gummi			
Lävulin			
Rohrzucker	oder	Sacharose	Disacharide.
Malzzucker	,,	Maltose	
Traubenzucker	,,	Dextrose	Monosacharide.
Fruchtzucker	,,	Lävulose	

Die verschiedenen Kohlenhydrate sollen später noch des näheren besprochen werden.

Die Salze sind in den Nahrungsmitteln aus dem Tier- und Pflanzenreiche in der Hauptsache dieselben, doch mit dem Unterschied, daß in letzteren auch mehr oder weniger Kieselsäure vorkommt. An Chlorverbindungen sind die Pflanzen verhältnismäßig ärmer; der Hauptunterschied ist aber, daß die Pflanzen durchgehend viel mehr Kali als Natron enthalten. Kali ist ganz besonders überwiegend in den Pflanzennahrungsmitteln, welche wir in den größten Mengen verzehren, nämlich in den Körnerfrüchten, den Hülsenfrüchten und den Kartoffeln. Weshalb denn auch das Verlangen nach Kochsalz ein um so lebhafteres zu werden pflegt, je reichlicher die pflanzlichen Nahrungsmittel in der Kost sind.

Das Eisen ist als ein nach Umständen sehr wichtiger Mineralstoff unserer Pflanzennahrungsmittel besonders hervorzuheben. Es kommt in den Pflanzen hauptsächlich in Verbindung mit dem Chlorophyll vor, der stickstoffhaltigen Verbindung, welche den Pflanzen die grüne Farbe verleiht.

Gewisse pflanzliche Nahrungsmittel, wie der Reis, das feine Weizenmehl, wie die Körnerfrüchte im ganzen, sind besonders arm an Eisen (wie es im Tierreiche die Milch ist); während als besonders reich an Eisen zu nennen sind: Spinat, grüne Salatpflanzen und Kohlarten, Äpfel, Kirschen (rote und schwarze), Erdbeeren, Hülsenfrüchte, Möhren, Sellerie, Kleie, grüne Erbsen, Bohnen. Die Kartoffel hat einen mittleren Gehalt an Eisen.

Für Fälle, in denen man dem Körper reichlicher Eisen zuzuführen wünscht (bei anämischen Zuständen — „Bleichsucht“, „Blutmangel“), wird immer Rücksicht darauf zu nehmen sein, daß wir über diese natürlichen Eisenmittel verfügen, welche den Eisenmedikamenten in der Regel entschieden vorzuziehen sind.

Extraktivstoffe kommen in den pflanzlichen Nahrungsmitteln in großer Mannigfaltigkeit vor und bekommen in verschiedensten Mischungen eine sehr hohe Bedeutung für unsere Ernährung als Geschmacks- und Geruchsstoffe, als Genußmittel, als Gewürze.

So gibt es eine große Anzahl verschiedener Pflanzensäuren, wie Essigsäure, Äpfelsäure, Weinsäure, Zitronensäure usw., sowie die Gerbsäure; außerdem eine Menge verschiedener Bitterstoffe — wie z. B. Hopfenbitter, Absinthin usw. usw. — und eigene Farbstoffe (denen eigentlich auch das vorhergenannte Chlorophyll zuzurechnen wäre). Eigene aromatische Stoffe, Geruchstoffe verschiedener Art und Mischung, meistens in Gestalt ätherischer Öle, kommen besonders in den Früchten vor.

Kap. 87. Die Veränderungen und Umbildungen der pflanzlichen Nahrungsstoffe bei der Zubereitung und Verdauung.

Wir haben hier ganz besonderen Anlaß, uns des Satzes zu erinnern: „Die Verdauung fängt in der Küche an“ — ja oftmals noch früher, nämlich während der mannigfachen Bearbeitungen, welche unsere Nahrungsmittel an Stellen, wie die Schlächterei, die Milcherei, die Müllerei, erfahren; Stellen, an welchen teilweise — wie in der Räucherei, der Bäckerei — die Speise ganz fertig bereitet wird, so daß wir sie von dort direkt auf unseren Tisch bringen können.

Über gewisse vorbereitende Bearbeitungen der Nahrungsmittel in der Küche ist schon früher die Rede gewesen (Einleitung), wo von den Aufgaben der Küche im ganzen gesprochen wurde. Gewisse andere vorbereitende Bearbeitungen ganz eigener Art — wie z. B. die der Körnerfrüchte usw. — werden anderswo besprochen werden.

Über eingreifendere Bearbeitungen durch Aufweichen, Auflösen, Wärmebeeinflussung sind mit Rücksicht auf die Eiweißstoffe und Fettstoffe der pflanzlichen Nahrungsmittel nichts besonderes zu sagen; denn in der Beziehung gilt für die Nahrungsstoffe aus dem Tier- und Pflanzenreiche wesentlich dasselbe — und hinsichtlich der Salze und des Wassers ist von einer eigentlichen Zubereitung überhaupt nicht die Rede, weil sie schon ursprünglich für Aufsaugung, für Aufnahme in den Stoffwechsel fertig da sind.

Den Kohlenhydraten werden wir aber, rücksichtlich der durch die Zubereitung zu erzielenden Veränderungen und Umbildungen, ganz besondere Aufmerksamkeit zu schenken haben. Denn unter den Kohlehydraten gibt es die Zellulose und die Stärke — letztere ganz besonders reichlich —, Nahrungsstoffe, in betreff welcher die höchsten Ansprüche zu stellen sind mit Rücksicht auf die durch die Zubereitung hervorzurufenden Veränderungen.

Die Zellulose, das Kohlenhydrat, welches das ganze feste Gerüst der Pflanze und die Wände der Pflanzenzellen bildet, und somit die Nahrungsstoffe der Pflanzen gefangen hält, ist überhaupt ein nur teilweise verdaulicher Stoff, und zwar um so schwerer verdaulich, je mehr verholzt, je mehr ausgewachsen der betreffende Pflanzenteil ist. Sogar in jüngster, zartester Gestalt (Halbzellulose genannt) ist die Verdaulichkeit keine vollkommene. Um den Angriff der Verdauung auf die eingeschlossenen Nahrungsstoffe zu ermöglichen, werden also die aus Zellulose bestehenden Gehäuse notwendigerweise bei der Zubereitung erst zu zersprengen, teilweise umzubilden sein.

Von Bedeutung ist nebenbei aber der mechanisch reizende Einfluß der Zellulose auf die Därme. Durch solchen Reiz werden die sogenannten „peristaltischen" Bewegungen lebhafter. Der Inhalt wird schneller vorgeschoben; in gewissen Fällen so schnell, daß andere im Darm vorhandene Nahrungsstoffe, die bereits verdaut sind oder verdaut werden würden, wenn genügende Zeit dazu wäre, zu schnell durch den Darm geschoben werden, um genügend aufgesaugt zu werden. In der Weise wird die Zellulose in größeren Mengen und gröberer Form eine ungenügende Ausnutzung der übrigen Nahrungsstoffe veranlassen können. Andererseits wird aber auch die zellulosereichere Pflanzennahrung nützlich werden können, nämlich eben als Mittel für lebhaftere Beförderung des Darminhaltes.

Die Stärke kommt in den Pflanzen in Gestalt mikroskopisch kleiner, rundlicher Körner vor, die oftmals schichtweise Bildung zeigen; in jeder Pflanzenart von etwas abweichender Form. Jedes Korn hat ein festeres, schwerer lösliches Gerüst, die Stärkezellulose, und einen leichter löslichen Bestandteil, die Stärkegranulose.

Die Stärke ist ein in Wasser nicht löslicher Stoff.

Beginnende Umbildung, bei der die ursprüngliche eigene Körnerform zugrunde geht, erfährt die Stärke bereits unter der Einwirkung von Wasser von 50—80° C. Sie quillt auf, verkleistert, unter Bildung einer gleichmäßigen, halbklaren Masse: des Stärkekleisters.

Eingreifendere Umbildung der Stärke kommt erst bei Einwirkung höherer Temperatur zustande. Nun wird eine wahre Auflösung eingeleitet — aber völlige Lösung tritt erst nach und nach ein, wenn die Wärme längere Zeit eingewirkt hat — und erst ganz allmählich kommt es zu tieferer, wirklich chemischer Umbildung, indem die Stärke — die Zellulose teilweise — in Dextrin, später in Zucker übergeht.

Bei Gegenwart gewisser Salze, unter denen das Kochsalz (Chlornatrium) besonders hervorzuheben wäre, geht solche Umbildung schneller und leichter vor sich.

Auch durch Gegenwart gewisser Säuren wird derartige Umbildung begünstigt, um so mehr, je stärker die Säure ist, und bei gleichzeitigem Einfluß von Wärme.

Durch trockene Hitze werden entsprechende Umbildungen hervorgerufen — so z. B. beim Bräunen des Mehles auf trockener Pfanne oder beim Brotbacken in der Brotkruste.

Die ganze Umbildungsreihe, welche die Stärke mit den übrigen Kohlenhydraten dermaßen zu durchlaufen hat, um zu fertigem, aufsaugbarem Nahrungsstoff zu werden, läßt sich folgendermaßen darstellen:

	Zellulose Stärke (Amylum)	} in Wasser unlöslich — blau m. Jod.	
Dextrin- arten	Amylodextrin Erythrodextrin Achroodextrin Maltodextrin	} in Wasser lösl.	— violett m. Jod. — rot m. Jod. —ungefärbt m. Jod do.
Zucker- arten	Malzzucker (Maltose) Fruchtzucker (Fructose) Traubenzucker (Glucose)		do. do. do.

Nun gibt es aber noch eine andere wichtige, ganz eigene Reihe von Stoffen, nämlich die sogenannten Enzyme oder Fermente, welche in derselben Richtung tätig sind — und zwar in besonders kräftiger Weise.

Der Rohrzucker, eine natürliche Kombination von Traubenzucker und Fruchtzucker, wird mittels derartiger Enzymwirkung in seine zwei Komponenten zerteilt, um so zu aufsaugbarem Zucker zu werden.

Die Enzymwirkung ist von ganz eigener, bisher nicht völlig sicher aufgeklärter Art. Die Enzyme sind meistens stickstoffhaltige Stoffe, durch welche derartige Spaltungen oder chemische Umbildungen hervorgerufen werden, ohne daß sie sich selbst verändern. Es gibt eine sehr große Anzahl verschiedener solcher Enzyme.

In den Körnerfrüchten kommt ein Cerealin genanntes Enzym vor, welches Stärke in Zucker verändert — und zwar z. B. unter Mitwirkung von seiten der im Brotteig tätigen Wärme und der ebenda vor sich gehenden Zuckergärung (Kohlensäure-, Alkoholbildung).

Ein anderes Enzym, die in der keimenden Gerste auftretende Diastase, ist bei dem Mälzen tätig, wo es die Stärke in Dextrin,

Malzzucker usw. umbildet; dasselbe kommt auch in der Hefe neben verschiedenen anderen zuckerbildenden Stoffen vor, welche ihre Wirkung bei der Bier- und Branntweinproduktion und während der Brotbereitung entfalten.

Außerhalb des Körpers, bei der Zubereitung, kommt also das Kohlenhydrat dazu — durch mechanische Behandlungen, wie Reinigung, Zerstoßen, Mahlen u. dgl., ferner durch eingreifendere Mittel, wie Wasser, Wärme, Salze, Säuren und Enzyme —, gesprengt, zerteilt, aufgeweicht, aufgelöst, chemisch umgebildet zu werden.

Weg und Ziel sind überall gleich: Zellulose und Stärke sollen durch Übergangsformen — wie Dextrin und Malzzucker — in die Zuckerform Traubenzucker übergeführt werden, mit welcher die Kohlenhydratverdauung zum Abschluß gebracht ist; womit die für Aufsaugung fertige, für die innere Ernährung verwendbare Kohlenhydratform erreicht ist.

Innerhalb des Körpers, während der Verdauung, tritt darauf ganz dieselbe Reihe von Mitteln in Tätigkeit. Im Munde wird mit den Zähnen während des Kauens zermalmt und zermahlen, indem gleichzeitig mittels des Speichels durchfeuchtet und aufgeweicht und aufgelöst und umgeformt wird — unter gleichzeitiger Mitwirkung der Körperwärme, dementsprechend setzt sich die Tätigkeit fort durch Magen und Darm, mittels des Wassers, der Salze, der Säuren, der Enzyme der Verdauungsflüssigkeiten —; überall und stetig dem Ziel entgegen: der Bildung des fertig verdauten, aufsaugbaren Nahrungsstoffes.

An zuckerbildenden Enzymen, die somit im Körper tätig sind, wären noch zu nennen:

das Ptyalin im Speichel, in der Mundflüssigkeit, und (indem der Magen mit dem Pepsin und der Salzsäure für die Kohlenhydratverdauung nur von ganz untergeordneter Bedeutung sind)

die Pankreasdiastase, die mit dem Pankreassafte — dem Bauchspeichel — in den obersten Abschnitt des Darmes ergossen wird, um dort als ein äußerst kräftig zuckerbildender Stoff, der in dieser Richtung kräftigste unseres Körpers, tätig zu werden.

Also: die Verdauungstätigkeiten der Küche und des Körpers ergänzen einander. Genau wo die eine abbricht, tritt die andere hinzu, um weiter zu führen und abzuschließen.

Eine jede Speise wird somit um so leichter verdaulich sein und werden müssen, je näher sie schon ursprünglich dem Zustand der Aufsaugbarkeit war, oder je näher sie durch die Zubereitung dahin geführt worden ist, so daß für die Verdauungstätigkeit des Körpers so wenig wie möglich zu tun übrigbleibt.

Die pflanzlichen Nahrungsmittel aber, bei denen ein solcher Reichtum an Kohlenhydraten — besonders an Zellulose und Stärke — herrscht, und die Reihe der Umbildungen daher eine so weite zu sein hat, werden in ganz besonders hohem Grad eines möglichst gut durchgeführten und möglichst durchgreifenden Einflusses der vorbereitenden Küchentätigkeit bedürftig werden.

Gilt es nun einerseits aber, das Nützliche und gute positiv zu fördern, so kommt es andererseits gerade bei den pflanzlichen Nahrungsmitteln darauf an, durch die Zubereitung nicht etwa gar die Verdaulichkeit noch herabzusetzen.

Wie das erstere teils auf mechanischem Wege, durch Reinigung usw., teils in durchgreifenderer Weise, auf chemischem Wege, besonders mittels der Wärme zu geschehen habe, darauf werden wir zurückkommen — in bezug auf Mehl usw. Kap. 88—90, auf Gemüse Kap. 131, auf Früchte Kap. 154—155.

In bezug auf anzurichtenden Schaden möchte ich aber bereits hier meine Auffassung geltend machen durch Hervorhebung einer, meiner Meinung nach, für jede gesunde Küche grundlegenden Hauptregel:

Fett zum Essen besser als Fett im Essen.

Diese Regel ist ganz besonders kräftig hervorzuheben. In ärgster Weise wird derselben nämlich in der Küche allgemein Hohn gesprochen. Auf vielen Gebieten der Kochkunst wird die Durchfettung der Speisen mit ganz besonderer Vorliebe betrieben — und dementsprechend leider noch in beinahe allen unseren Kochbüchern (auch den sogenannten diätetischen) angelegentlich gelehrt.

Was um so bedenklicher ist, weil es dem allgemein herrschenden Geschmacke entspricht; besonders auf dem nordeuropäischen Festland, in den skandinavischen Ländern und in Deutschland, besonders Norddeutschland, wo die Speisen möglichst in fetter Sauce schwimmen oder mit Fett verkocht sein sollen. Eine in gleichem Maße unfeine wie gesundheitswidrige Geschmacksrichtung.

Freilich hat, unter unserem nördlicheren Klima, das Bedürfnis nach recht reichlicher Fettzufuhr in der täglichen Kost große Berechtigung. Um so mehr aber ist Grund vorhanden, das Fett in bester Form zu wählen (leichtflüssigster Art, besonders Milchfett) und, noch mehr, es in günstigster Weise in der Kost mitzugeben; was erreicht wird, indem wir

das Fett zum Essen geben, nicht im Essen.

Die Richtigkeit dieses diätetischen Grundsatzes liegt auf der Hand. Wunderbar, daß derselbe bisher so wenig allgemeine Anerkennung gefunden hat — von gewisser Seite sogar bestritten wird —, indem gerade die Durchfettung der Speisen unter gewissen Umständen als eine die Verdaulichkeit steigernde Maßnahme gerühmt wird.

Daß es der Leichtverdaulichkeit einer Speise zum Schaden gereicht, wenn dieselbe mit Fett durchtränkt ist, geht in einfachster Weise daraus hervor, daß

1. alle unsere Verdauungsflüssigkeiten Lösungen der verdauenden Stoffe in Wasser sind,

2. daß Fett und Wasser sich gegenseitig abstoßen.

Wo Wasser nicht eindringen kann, da werden auch die verdauenden Stoffe draußen bleiben, und damit die Verdauung beeinträchtigt werden müssen. Um so mehr eine Speise von Fett durchdrungen ist, um so weniger wird sie der Verdauung zugänglich sein und um so schwerverdaulicher wird sie sein müssen.

Diesem unabweisbar richtigen Hauptausgangspunkte nach werden unsere Kochkunst bewußt zu reformieren und die Kochbücher umzuarbeiten sein, um gesundheitsgemäß genannt werden zu können. An sehr vielen Punkten wird die Reform Hand anlegen müssen: Bei den Speisen aus dem Tierreiche (I. Hauptteil dieses Buches), am wenigsten vielleicht bei den Milchspeisen, mehr bei den Eierspeisen (vgl. besonders S. 49), am meisten bei den Fleisch- und Fischspeisen (vgl. Kap. 36 bei Nr. 407, 411, 414 u. 469 wie Kap. 50—51, 55—56, besonders über Suppen und Saucen).

Der Grundsatz von der Nichtverfettung der Speisen wird aber ganz besonders für die Pflanzenspeisen von Bedeutung sein müssen (II. Hauptteil des Buches) wie in diesem Kapitel besprochen — vor allem für die Mehlspeisen, Kap. 105—106, 110—112, 115, 122 u. a. und die Hülsenfrüchte (Kap. 123) und die Gemüse (Kap. 131).

Bei einer ganzen Reihe von Zubereitungen der zu den genannten Gruppen gehörenden Nahrungsmittel wird gegen den Grundsatz hart gesündigt, nämlich bei:

Einmischung von Fett (Talg, Butter usw.) in die verschiedenen Teige — Mehlteige, wie auch Fleisch-, Fischteige oder Farcen);

Mehleinrühren mit Butter für Suppen, Saucen, Gemüse;

Abbrennen von Butter und Mehl, Darstellung der Mehlschnitze oder Einbrenne für Suppen, Saucen, Pudding-, Kloßteige, beim Zurechtmachen von Gemüsen;

Braten in Fett auf der Pfanne, von Pfannkuchen, Plinsen u. dgl.;

Kochen in Fett, Friture für Rädergebackenes, von Fisch, Fleisch, Gemüsen, Früchten (Beignets).

An allen diesen Punkten wird der reformatorische Hebel anzulegen sein.

Ganz werden wir schwerlich davon abkommen können. Denn der weiche, runde, volle Wohlgeschmack, der bei so mancherlei Speisen leider eben von dem „Fett im Essen" herrührt, spielt dabei eine für den Menschen allzu große Rolle.

Aber überall, wo die Durchfettung der Speisen nicht ganz zu umgehen ist, wird es die Aufgabe sein, in möglichst mäßiger Weise, durchzukommen.

Die Küche soll sich die Aufgabe stellen, in jeder anderen Weise, lieber als durch Verfettung, den erwünschten vollen Wohlgeschmack zuwege zu bringen — ganz besonders aber durch Entwicklung der einfachsten Zubereitungen zu höchster Vollkommenheit.

Für diesen Zweck soll — ganz besonders natürlich für die Krankenküche — schon die Auswahl unter den Rohnahrungsmitteln eine sorgfältige sein: immer nur das Beste, Echteste, Feinste!

Das Braten und Kochen soll so durchgeführt werden, daß dadurch die feinen und guten Eigenschaften der Rohnahrungsmittel möglichst erhöht werden. Sie dürfen unter keinen Umständen verringert werden. Der Wohlgeschmack und Wohlgeruch der Speisen soll möglichst durch Entwicklung der natürlichen Gewürzstoffe der Rohnahrungsmittel zuwege gebracht werden (so wird beispielsweise das Rösten dem Braten vorzuziehen sein usw.).

Ganz im Verhältnis dazu soll die Verwendung künstlicher Gewürzzusätze auf das kleinste Maß herabgedrückt werden.

Auf alles, was zum äußeren schmucken Anrichten der Speisen gehört, ist daneben das höchste Gewicht zu legen.

Vierte Nahrungsmittelgruppe.

Das Getreide (die Cerealien).

Kap. 88. Allgemeines.

Die Getreidekörner enthalten Eiweißstoffe in mäßiger, Fette in sehr geringer Menge, Stärke in sehr bedeutenden Mengen; von anderen Arten von Kohlenhydraten nur sehr wenig (Gummi, Zucker, Dextrin usw.).

Für unsere Ernährung haben hauptsächlich Bedeutung: der Weizen, Roggen, Hafer, die Gerste, und außerdem von fremdländischem Getreide: der Reis und der Mais.

Der Bau des Getreidekornes ist ein wesentlich übereinstimmender bei den verschiedenen Arten. Das Korn besteht aus

1. einer äußeren Haut, aus vier Schichten, die hauptsächlich aus Zellulose bestehen, nach innen zu immer weicher, weniger holzig; innerhalb dieser Hülle kommen wir auf den Mehlkern, der zusammengesetzt ist aus

2. einer äußeren Schichte (Zwischenschichte), die allgemein die Kleberschichte (Glutenschichte) genannt, sehr reich an Eiweißstoffen und Salzen ist, und die das Cerealin enthält; diese Schichte ist sehr fest verbunden nach der einen Seite mit der äußeren Haut, nach der anderen Seite mit dem

3. inneren Mehlkern, der nach innen mehr und mehr rein aus Stärke besteht (überall in Gehäusen feinerer Zellulose eingebettet — bei dementsprechend abnehmendem Eiweißgehalt und Gehalt an Salzen). Als ein Teil des Mehlkerns findet sich seitlich:

4. der Keim, ein an Fett und Eiweiß sehr reiches Gebilde.

Der Weizen ist das für unsere Küche entschieden wichtigste Getreide. Er ist das beste Brotkorn wegen seines Reichtums an Kleber (Gluten), einer eigentümlichen Mischung verschiedener Eiweißkörper, welcher dem Weizenmehlteige eine so hohe Zähigkeit und Porosität gibt, ein hohes „Backvermögen". Ferner wird der Weizen als Gries und Mehl zur Bereitung vieler Breie und Suppen verwendet; während das Weizenmehl übrigens in unserer Küche als Haupt- oder Nebenbestandteil der verschiedensten Speisen in ausgedehntester Weise Verwendung findet, so daß in der Küchensprache — wie auch in diesem Buche — überall, wo schlechtweg Mehl gesagt wird, damit Weizenmehl gemeint ist.

Der Roggen, welcher in unserer Küche selber nur ganz ausnahmsweise Verwendung findet, hat in den nordeuropäischen Länder noch immer für die Brotbäckerei besonders außerhalb des Hauses eine hohe Bedeutung behalten.

Die Gerste, welche, wie der Roggen, der chemischen Eigentümlichkeit des Weizens — des Glutenreichtums — entbehrt und daher für Brotmehl wenig verwendbar ist, wird dagegen in unserer Küche recht viel zu Suppen und Breien verkocht. Schon von der klassischen Zeit her war die Abkochung der Gerste als „Ptisane" ein sehr geschätzter Bestandteil der Krankendiät. Als Rohmaterial für die Bierbrauerei hat die Gerste die ausgedehnteste Verwendung.

Der Hafer, welcher die an Fettstoff reichste Getreideart ist, und daneben an Eiweiß verhältnismäßig reich, wird nur ausnahmsweise zum Brotbacken verwendet; recht allgemein aber für Suppen und Breie.

Der Reis hat, trotz seiner fremden Herkunft, und obgleich er das an Eiweiß ärmste Getreide ist, sich nichtsdestoweniger in unserer Küche einen sehr großen Platz erobert — für Breie, wie für manche andere Speisen, Puddings usw.

Der Mais, eine nährstoffreiche (besonders an Dextrin, Zucker und auch an Fett verhältnismäßig reiche) Getreideart, die für Südeuropa und besonders für Amerika ein ganz außerordentlich wichtiges Nahrungsmittel ist, und dort zu sehr vielen verschiedenen, teilweise ausgezeichneten Speisen verarbeitet wird, hat bisher in der nordeuropäischen Küche kaum die verdiente Verwendung gefunden. Er wird am meisten als Maisstärke (Mondamin, Maizena) und auch in der ausgezeichneten Gestalt von „Flocken" verwendet.

Erst als Produkte der Müllerei erhalten die Getreidearten für die Speisebereitung in- und außerhalb der Küche Verwendbarkeit als:

ganzes Korn, geschält, indem nur die äußere Schale entfernt ist und die äußere Fläche des Kerns glatt poliert ist (ganzer Reis, Reis, Graupen u. dgl.); als:

Grütze, grobe, mittelfein, oder

Gries (= feiner Grütze) — wo das Korn nach Schälung mehr oder weniger fein zerquetscht ist; als:

Mehl, von verschiedenster „mehlartiger" Feinheit (dazwischen noch: Griesmehl) — entweder:

grobes Mehl — ganzes Mehl — Schrotmehl — wo das Korn, gereinigt und oberflächlich geschält (oder ungeschält), geschroten wird;

teilweise ausgebeuteltes Mehl, wo ein verschieden großer Teil der Kleienbestandteile entfernt ist;

ganz gebeuteltes Mehl von sehr verschiedenen Feinheiten, je vollständiger die Kleie entfernt ist. — Je feiner, hübscher, weißer das Mehl ist, um so reicher wird es an Stärke (bis 75%), aber auch ganz im Verhältnis dazu ärmer an Eiweiß und Salzen sein — im ganzen leichter verdaulich.

Die Kleie ist das durch das Sieben oder Beuteln Abgeschiedene. Sie besteht aus verschieden gröberen Stücken der äußeren Haut (Zellulose) mit damit genau zusammenhängenden Teilen der äußersten, an Eiweiß und Salzen reichsten Mittelschicht des Kernes. Seines chemischen Inhaltes wegen sollte somit die Kleie ein wertvolles Nahrungsmittel sein; aber wegen ihres Reichtums an schwer verdaulicher Zellulose wird sie im ganzen schwer verdaulich und sehr unvollständig ausnutzbar (was allerdings für besondere Fälle [Darmträgheit] diätetischen Wert bekommen kann).

Ein ganz eigenartiges Produkt sind die sogenannten Flocken — Hafer-, Reis-, Maisflocken —, der Darstellungsweise wegen von großem diätetischen Wert. Das geschälte (in Fällen nicht ganz rein abgeschälte) Korn wird mittels hochgespannter (heißer) Wasserdämpfe gründlich aufgeweicht, um dann zwischen dichtgestellten Walzen flach ausgewalzt und wieder getrocknet zu werden. Es wird dabei eine teilweise Verkleisterung und Dextrinisierung der Mehlbestandteile erreicht.

Es gibt nun ferner eine Reihe verschiedener Stärkemehlarten, welche außer Wasser hauptsächlich nur aus Stärke (Kohlenhydrat) bestehen, und zwar in sehr fein pulverisiertem Zustand. Die Stärkemehle werden nämlich in der Weise hergestellt, daß die zermalmten oder feingemahlenen Pflanzenteile (Getreidekörner, gewisse Wurzeln oder Wurzelknollen oder Pflanzenmark) mit reichlichem Wasser angerührt werden, so daß die Stärkekörner aus den Gehäusen ausgewaschen werden und beim Stehen der Mischung sich zu Boden setzen. Das Wasser wird dann abgegossen (dekantiert) und der Bodensatz darauf durch Trocknen und Mahlen fertiggestellt.

In der Weise werden aus Getreidearten dargestellt: Weizenstärke, Reisstärke, Maisstärke (Maizena, Mondamin).

Einige andere Stärkearten, die freilich nicht aus Getreide hergestellt werden, dürften auch an dieser Stelle zu besprechen sein, da sie nach Darstellungsart, chemischer Zusammensetzung und daraus hervorgehender Bedeutung für die Ernährung und die Küche den erstgenannten Stärkemehlen nahestehen, nämlich die Kartoffelstärke, oftmals Kartoffelmehl genannt, und ferner:

das Arrowroot, ein aus den Wurzelknollen verschiedener Pflanzen hergestelltes Stärkemehl. Es gibt verschiedene Arten: westindisches (aus Marantaarten), ostindisches (aus Curcumaarten), brasilianisches (aus Cassavaarten) usw.

Tapioka (Tabioka) ist eine in Gestalt verschieden großer Körner in eigener Weise aus dem Marantaarrowroot dargestellte Art von Grütze, wird häufig fälschlich Sago genannt.

Sago ist seinem Ursprunge nach etwas ganz anderes, nämlich eine aus dem Mark verschiedener Palmen hergestellte Stärke, und kommt teils als feines Mehl, Sagomehl, teils als Grütze, Sagogrütze, vor. Bei der Darstellung letzterer wird das in vorher beschriebener Weise ausgewaschene Sagomehl wieder mit Wasser zu einem Teig verrührt, der dann durch erhitzte, grobe Metallsiebe getrieben, in unregelmäßig große Körner oder Klümpchen geformt wird. Wobei ein Teil der Stärke verkleistert wird. Die bräunliche oder rötliche Färbung gewisser echter Sagoarten stammt her von dem Zusatze fremder (unschädlicher) Farbstoffe.

Unechter Sago wird in entsprechender Weise aus Kartoffelstärke bereitet. Was unter der Benennung Tapioka - Sago verkauft wird, ist gewöhnlich nur feinkörnige, unechte Sagogrütze, hat also ebensowenig etwas mit Tapioka, als mit Sago zu tun.

Salep, echter, ist eine aus den Wurzelknollen gewisser Orchideen ausgezogene Stärkeart von schwach bräunlicher Färbung, sehr teuer, und kommt in der Regel nur in den Apotheken zur Verwendung. Was unter der Benennung Salep allgemein verkauft und verbraucht wird, ist einfach nur Arrowroot.

Kap. 89. Die Stärkemehl-, Mehl-, Grützespeisen.
Allgemeine Übersicht.

Bei der ungeheuren Mannigfaltigkeit solcher Speisen macht die logisch übersichtliche Einteilung und systematische Ordnung derselben bedeutende Schwierigkeit.

Damit die Stärke, das Mehl, der Gries, die Grütze zu allgemein verzehrbarer Speise werden, ist jedenfalls ein Flüssigkeitszusatz erforderlich. Die genannten Rohnahrungsmittel sind nämlich alle so trocken, so wasserarm, daß unsere Speichelabsonderung nicht genügt, um sie so zu durchfeuchten, aufzuweichen und beim Kauen so zu zerteilen, daß wir sie schlucken können.

Es gibt nun hauptsächlich zwei Weisen, in denen dieser Zusatz von Flüssigkeit in der Küche vor sich geht, nämlich

1. indem wir den Rohstoff in und mit reichlich Flüssigkeit verkochen, zu Suppen mit viel, zu dünnerem und dickerem Brei mit immer weniger Flüssigkeit;

2. indem wir den Rohstoff erst mit nur so viel Flüssigkeit vermischen, daß daraus ein Teig gebildet wird — den wir dann in verschiedener Weise mit Hilfe von Wärme fertigstellen — nämlich entweder

durch Kochen, frei in Wasser — zu Klößen,
    oder in Fett   — zu verschiedenen Fett-
                  gebäcken,
    oder in der Form — zu Pudding u. dgl.,
oder durch Backen im Ofen — zu Brot, Backwerk, Kuchen,
       in der Form — zu Aufläufen u. dgl.,
oder durch Braten auf der Pfanne — zu Omeletten u. dgl.

Innerhalb jeder dieser beiden Hauptabteilungen der Stärkemehl-Grützespeisen tritt nun wieder in verschiedener Art eine ganz außerordentlich große Abwechslung zutage.

Erstens ist es ein Unterschied, je nachdem wir Stärkemehl, Mehl oder Grütze verwenden; sodann, je nach der verschiedenen Flüssigkeit, mit welcher verarbeitet wird (Wasser, Milch von verschiedenem Fettigkeitsgrad, Rahmmischung, reinen Rahm), ferner je nach Zusatz verschiedener nährender Stoffe, wie Zucker, Eier, Butterfett — desgleichen nach Zusatz verschiedenster Gewürze, vor allem von Salz und Zucker, ferner von Fleischauszügen (Brühen), Kräuterabkochungen, von Früchten, ganz oder in Auszügen, von Wein, anderen spiritushaltigen Sachen, verschiedenstem eigentlichen Gewürz (Vanille usw.).

Endlich gibt es Unterschiede je nach den verschiedenen Hebemitteln, die in den Teigen zur Verwendung kommen.

I. Hauptabteilung.

Stärkemehl, Mehl, Gries, Grütze in Flüssigkeit verkocht.

Kap. 90. Suppen, dünnne, dicke Breie.

801. Das Einweichen.

Ein in rechter Weise abgemessenes, vorbereitendes Einweichen — welches in den Kochbüchern nur ganz ausnahmsweise verlangt wird — sollte feste Regel sein (jedenfalls überall, wo besondere diätetische Rücksichten zu nehmen sind).

Das Einweichen geschieht, indem man das Stärkemehl und Mehl mit so viel kaltem Wasser anrührt, daß dadurch ein ganz dicker Brei entsteht, während auf Gries und Grütze so viel kaltes Wasser gegossen wird, wie sie aufzusaugen imstande sind — um dann verschieden lange Zeit hingestellt zu werden, nämlich:

a) ca. 1 Stunde bei Stärkemehlen und Stärkegrützen (Sago, Tapioka usw.) und Mehlen von Reis, Gerste, Hafer, Weizen usw., wie bei feinsten Griesen (Griesmehlen) und sog. Flocken von Hafer, Reis, Mais (welch letztere übrigens auch längere Zeiten vertragen);

b) ca. 3 Stunden bei Griesen von Weizen, Gerste, Hafer;

c) ca. 6 Stunden bei feineren Grützen von Gerste, Reis, Hafer usw.;

d) ca. 12 Stunden bei groben Grützen und ganzen Körnern und Graupen von Hafer, Gerste, ganzem Reis.

802. Das Kochen — Dauerkochen.

Nach Abschluß des Einweichens (Aufweichens) wird der Stoff in die auf dem Feuer lebhaft kochende Flüssigkeit (Wasser, Milch, Buttermilch usw.) geschüttet und damit verrührt, um gekocht zu werden.

Das gute, richtige Kochen der Mehl-Gries-Grützespeisen geschieht nun nach folgenden Regeln:

erst: ein Vorkochen, ein kürzeres Kochen auf gewöhnlichem, offenem Feuer,

dann: ein Nachkochen, ein längere Zeit (möglichst lange Zeit) anhaltendes Kochen, Dauerkochen — was kein eigentliches Kochen mehr ist, indem der Wärmegrad unter Kochpunkt gefallen. Danach

kann: ein Aufkochen nötig werden (mit leichtem Umrühren) — entweder weil der Wärmegrad der Speise zu stark gefallen ist oder weil die Speise sich nicht genügend sämig gekocht hat.

Diese ganze kombinierte Kochweise verdient alltägliche Verwendung — besonders bei diesen Speisen —, weil es sehr schwer (einigermaßen unmöglich) ist, dieselben auf offenem, lebhafterem Feuer in diätetisch ganz befriedigender Weise fertig zu kochen. Bei offenem Feuer ist die andauernde gleichmäßig schwache Wärmeeinwirkung nicht durchführbar.

Wenn eine Mehl-Grützenspeise nur eine kürzere Zeit auf schnellem, offenem Feuer gekocht hat, wird das Umrühren nötig — und wenn einmal damit angefangen ist, will es fortgesetzt sein. Bei dem lebhaften Kochen kommt es zu stärkerer Verdampfung, was Zusatz neuer Flüssigkeit benötigt. Es kommt leicht zum Anbrennen, zur Bildung von Häuten und zum Klumpigwerden; die Speise kocht sich „plantschig" — sie nimmt eine im ganzen unappetitliche Form an, wenn nicht das Kochen innerhalb der von den Kochbüchern allgemein angesetzten — entschieden zu kurzen — Zeiten eingestellt wird.

Beim Kochen von Mehl tritt das Übel nur noch schneller hervor — wir können auf lebhafterem, offenem Feuer 10—20, höchstens 30 Min. kochen, und das ist ganz entschieden zu kurz.

Diese ganze kombinierte Kochweise vermag Verwendung zu finden und ein gutes Resultat zu geben, weil der Einfluß eigentlicher Kochwärme (= 100° C oder etwas mehr) gar nicht nötig ist, um Mehlbestandteile, besonders die Stärke, wirklich so „gar" werden zu lassen, daß genug getan ist in bezug auf Aufweichung, Lösung, Umbildung und daraus hervorgehende Leichtverdaulichkeit. Dafür genügt ein Wärmegrad von 80° C (oder etwas mehr), wenn es demselben nur genügend lange Zeit einzuwirken erlaubt wird.

Auf dem Wege wird die Zweckmäßigkeit und Gesundheitsmäßigkeit des Dauerkochens der Mehlspeisen verständlich, und zwar nach folgenden verschiedenen Weisen:

803. Das Kochen an der Herdseite.

Nach dem Vorkochen auf hellem Feuer wird das Kochgeschirr (mit flachem Boden und gut schließendem Deckel) auf einen Platz an der Seite des Kochherdes gestellt — wo der Inhalt die genügend lange Zeit nachkochen kann.

804. Das Kochen auf dem Wasserbad (dem Doppelkocher, dem „bain de marie" [Fig. 22]).

Nach Vorkochen — oder gleich von Anfang an — wird das obere Kochgefäß auf dem unteren Teil angebracht — und die Speise lange und langsam fertig gekocht.

Der Apparat läßt sich auch ganz leicht improvisieren, indem ein gewöhnliches Kochgeschirr in ein anderes, etwas weiteres Kochgeschirr eingestellt wird. In dem unteren Gefäß läßt man nun das Wasser längere Zeit kochen, wobei der Inhalt des oberen Gefäßes bei höchstens (knapp) 100° C langsam und ruhig fertig gekocht wird.

805. Das Kochen im Dampfraum.

Ähnliches läßt sich erreichen, wenn die Speise nach Vorkochen in den oberen Behälter eines gewöhnlichen Dampfkochers (Fig. 1) eingestellt wird, welcher dann in gewöhnlicher Weise in Tätigkeit gesetzt wird.

806. Das Kochen auf ausgeglühten Kohlen.

Nach Vorkochen wird das Kochgefäß (mit flachem Boden und gut schließendem Deckel) auf einen flachen Haufen ausgeglühter Kohlen (Holz, Torf) gestellt — und der untere Abschnitt des Kochgefäßes mit Asche dicht umgeben — was auch ein langsames, lange Zeit fortzusetzendes Fertigkochen erlaubt.

807. Das Kochen bei Verpackung in schlechte Wärmeleiter, wie:

Heu, Häckerling, Watte, Holzwolle, Federn, Papier, Wollenstoff usw.; wird in Dänemark gewöhnlich „Kochen in Heu" („Hökogning") genannt, indem am häufigsten die Heukochkiste dazu verwendet wird; auch

Selbstkochen

zu nennen, um zu bezeichnen, daß die Speise, nachdem sie einmal angekocht, übrigens von sich selbst, an der einmal angegebenen Wärme, fertigkocht — und wo denn das Dauerkochen mittels verschiedener Apparate geschieht.

808. Die Kochkiste.

Dieselbe besteht in einfachster (und eigentlich sehr zweckmäßiger) Gestalt aus einer ganz gewöhnlichen Holzkiste (deren Größe nach der im betreffenden Haushalt benötigten Speiseportionen abzumessen ist), die dicht und fest mit Heu (trockenem Wiesenheu) vollgestopft wird. In der Mitte des Heues wird eine Vertiefung gemacht, groß genug, um das zur Verwendung kommende Kochgefäß (mit dichtem Deckel) aufzunehmen. Nachdem das Gefäß in die Vertiefung gestellt ist, wird das Heu rundherum bis an den oberen Rand festgestopft.

Nun wird das Gefäß herausgenommen, mit der Speise vorgekocht (10—20—30 Minuten, je nach Menge und Art der Speise) und schnell wieder (ohne Lüften des Deckels) in die Vertiefung ins Heu gesetzt und dann gleich ein Kissen daraufgelegt (an Größe der Lichtung der Holzkiste entsprechend — aus dicker Schicht Watte mit wollenem Überzug) — ein hölzerner Deckel von gleichen Flächenmaßen aufgelegt und beschwert.

Das Geschirr verbleibt dann an seinem Platze — stundenweise, bis eine ganze Nacht hindurch — bis sein Inhalt völlig gar geworden ist.

Das Heu muß häufig gewechselt, das Kissen recht häufig erneuert werden.

Das Kochgefäß darf im Verhältnis zu der Kiste nicht größer sein, als daß Platz für recht dicke Lage von Heu ringsherum übrigbleibt; auch nicht zu klein, da dieses Verfahren sich überhaupt für kleine Speiseportionen nicht eignet.

Fein ausgepolsterte Kochkisten — wie sie in den Geschäften auch zu haben sind — sind sehr unzweckmäßig (unreinlich).

Man hat in letzteren Jahren auch in Deutschland für das Dauerkochen großes Interesse bekommen (nachdem es bereits längere Zeit in Dänemark recht viel geübt worden ist) und verschiedenste Konstruktionen der dafür zu verwendenden Apparate eingeführt, von welchen zu nennen wäre:

Blasbergs Selbstkocher (Fig. 23),
„Küchenfee“ von Raddatz (Fig. 24),
Phänomenalkocher usw.

Auch ganz einfache Apparate hat man bekommen, wie die Arnimsche Kochkiste, und auch in ganz origineller Weise entwickelte Apparate, wie der von Raddatz - Berlin (Fig. 24), der nämlich auch für das Braten und Backen eingerichtet ist. Derselbe ist mit einer, am Boden des inneren Raumes anzubringenden, runden Platte aus feuerfesten Stein versehen, die über dem Feuer stark zu erhitzen ist, um dann auf ihren Platz gebracht zu werden, bevor das Koch- (Brat-, Back-)gefäß mit vorgekochtem Inhalt eingesetzt wird.

In Dänemark haben wir einen

Selbstkocher Ökonom

bekommen, von sehr einfacher und sehr guter Konstruktion (Fig. 25).

809. Dauerkochen in der Papierhülle.

Das Dauerkochen kann aber auch ganz ohne besondere Apparate ausgeführt werden — und so in allereinfachster, vielleicht auch bester Weise:

Große Bogen Papier (Zeitungen u. a.) werden flach — 12 bis 20 bis 25 Lagen — auf glatter Unterlage aufeinander ausgebreitet. Nachdem das Kochgeschirr mit Inhalt vorgekocht ist, wird es schnell vom Feuer auf die Mitte des Papiers hingestellt — und letzteres dann einfach um das Gefäß von allen Seiten her zusammengeschlagen — und ein Gewicht darauf gelegt, um die Verpackung zusammenzuhalten.

Klasse I.

Kap. 91. Wassersuppen aus Stärke, Mehl, Gries, Grütze*).

Stärkemehl-Wassersuppen.

810. **+ Arrowroot** (fälschlich „Salep" genannt).

			Gr.	Cal.	
40	Arrowroot	1 Eßl.	10	34	Einweichen 1 St. (801a) —
		(knapp)			Vorkochen 10 Min. — Nach-
1000	Wasser	$^1/_4$ Lit.	250	—	kochen 1—2 St. (802—809)
60	Zucker	15 g	15	58	— Zucker, Salz, nach
	Salz	} nach			Wunsch auch: Rotwein (oder
180	Rotwein	}Geschmack	45	—	Weißwein) oder Xeres (2 Eßl.)
			320	92	wird eingerührt;

kann in entsprechender Weise bereitet werden aus:
    Sagomehl,
    Kartoffelmehl oder Mischung beider, oder
    Maizena, Mondamin (1 Eßl.), oder
    Weizenstärke (1$^1/_2$ Eßl.);

kann auch zubereitet werden mit:
    Zitronensaft (1—2 Tl.),
    Fruchtsäften, süße (1—2 Eßl.).

811. **+ Arrowroot-Kaltschale.**

Gr.			Cal.	
30	Arrowroot	30 g	105	Einweichen 1 St. (in $^1/_4$ des Was-
1000	Wasser	1 Lit.		sers) — Vorkochen mit dem übri-
60	Zucker	4 Eßl.	234	gen Wasser 10 Min. — Nach-
ca. 30	Zitronensaft	2 Eßl.		kochen 1—2 St. — Zucker, Wein,
30	Xeres	2 Eßl.		Zitronensaft werden hinzugesetzt
	roh 1150 g		339	— abgekühlt anzurichten — mit

gebackenen Brotwürfelchen oder
Zwieback — mit anderen Stärkemehlen in entsprechender
Weise — auch mit anderem Wein, oder mit Fruchtsäften.

---

*) Wo in diesem und anderen Kapiteln des Buches die Portionen auf 1000 g berechnet sind, ist stellenweise die besondere Reihe für Grammwerte rechts in den Vorschriften weggefallen — wo dann die Verhältniszahlenreihe, links gleichzeitig auch die Grammwerte angibt.

Stärkegrütze-Wassersuppen.

812. **+ Sagosuppe**   [ca. 3 Portionen, à ca. 170 (10) Cal.

Gr.			Cal.	
45	Sago(körner)	45 g	153	Einweichen 1 St., in etwas des
	oder			Wassers (801a) — Vorkochen
	Tapioka			15 Min. mit dem übrigen Wasser
1000	Wasser	1 Lit.		— Nachkochen 1—2 St. (nach
50	Zucker	50 g	195	803—809) — Dotter wird in der
45	Dotter	3 St.	162	Terrine mit Zucker und etwas
60	Xeres bis	$^1/_{16}$ Lit.		von der Suppe weißgerührt — die
	roh 1265 g		510	übrige Suppe unter Schlagen dar-

— kann auch bereitet werden mit Zitronensaft von einer halben
Zitrone oder mit Cognac (ca. 2 Eßl.), auch mit eingemachten
Zwetschen, (5—6 St. pro Person).

Sago-Biersuppe

in entsprechender Weise bereitet, mit leichtem Bier (1 Lit.) und
dazu Wein usw.

Mehl-Wassersuppen.

813. **+ Reismehlsuppe**   [ca. 3 Portionen, à ca. 130 (10) Cal.
Buchweizenmehlsuppe.
Maismehlsuppe.
Hafermehlsuppe.

Gr.			Cal.	
30	Mehl	30 g	105	Einweichen 1 St. (801a) mit ca.
1000	Wasser	1 Lit.		$^1/_4$ Lit. Wasser — Vorkochen ca.
50	Zucker	50 g	195	10 Min. mit dem übrigen Wasser
5	Salz	5 g		— Nachkochen 1—2 St. (nach
30	Dotter	2 St.	108	803—809) — Dotter wird mit
	roh 1115 g		408	Zucker gerührt, dazu geschlagen

Einweichen 1 St. (801a) mit ca.
$^1/_4$ Lit. Wasser — Vorkochen ca.
10 Min. mit dem übrigen Wasser
— Nachkochen 1—2 St. (nach
803—809) — Dotter wird mit
Zucker gerührt, dazu geschlagen
— nach Wunsch B u t t e r 30 g
(anstatt Dotter) — kann auch
bereitet werden mit: Zitronenschale, Apfelsinenschale von ca.

$^1/_3$ Frucht, Vanille, wenig, oder Kaneel 1 Stück (mitzukochen),
oder Mandeln 8—10 St. (süße, gehackte, oder besser ganz fein
gestoßene — am besten in ein kleines Beutelchen gelegt — und
vor Anrichten entfernt), Wein, weiß, rot, bis $^1/_8$ Lit., 125 g, Wein,
Xeres u. dgl., bis $^1/_{16}$ Lit., 60 g — mit gebackenem Brot, Zwieback usw. anzurichten.

814. **+ Hafermehlsuppe**
Gerstenmehlsuppe.
Roggenmehlsuppe.

[ca. 3 Portionen, à ca. 165 (8) Cal.

Gr.			Cal.
30	Mehl	30 g	105
1000	Wasser	1 Lit.	
50	Zucker	50 g	195
125	Rahm, gew.	¹/₈ Lit.	210
30	Dotter, gewöhnl. 2 St.		108
	oder		
[30	Butter	30 g]	
	roh 1235 g		618

Einweichen — Vorkochen — Nachkochen wie bei 813 — abgerührt mit Zucker, Rahm und nach Wunsch Dotter — kann auch mit Butter (30 g, anstatt Rahm) bereitet werden — kann auch mit verschiedenen anderen Geschmackszusätzen bereitet werden — teilweise mit Rotwein für Wasser.

Gries-(Grütze-)Wassersuppen.*

815. **+ Gerstengries(grützen)suppe**
Weizengries(grützen)suppe.
Reisgries(grützen)suppe.
Maisgries(grützen)suppe.
Hafergries(grützen)suppe.

[ca. 3 Portionen, à ca. 120 (5) Cal.

40	Gries, Grütze	40 g	140
1000	Wasser	1 Lit.	
60	Zucker	60 g	234
	Salz	roh 1100	374
	Gewürz		

Einweichen, nach Feinheit 3 bis 12 St. (801 a—d) — Vorkochen 15—25 Min. (802) — Nachkochen 3—6 St. (803—809) — das Wasser kann anfangs mit Vanille usw. abgekocht werden — kann auch mit Rosinen und anderen süßen Früchten, Äpfeln, Birnen usw. gekocht werden — kann auch zuletzt versetzt werden mit: Zitronenschale von ¹/₃ Frucht, Fruchtsäften ca. ¹/₈ Lit., oder mit Wein, rot, weiß, 2 Eßl. oder mehr, Xeres, 1¹/₂ Eßl. oder mehr, auch mit Fruchtmarmeladen oder Fruchtkompott.

Wassersuppen mit ganzen Körnern.

816. **Gerstengraupensuppe — rote**

[ca. 3 Portionen, à ca. 225 (18) Cal.

45	Graupen, mittl.	45 g	157
1000	Wasser	1 Lit.	
50	Zucker	50 g	195
125	Fruchtsaft, süßer		
	roter	¹/₈ Lit.	240
50	Zwetschen	50 g ca.	95
	roh 1270 g		687

Einweichen 12 St. (801 d) — Vorkochen 20—30 Min. (802) — Nachkochen 4—6 St. oder mehr (803 bis 809) — mit dem Fruchtsaft, Zucker, Früchten zubereitet — auch in verschiedener anderer Weise zu bereiten, nach 814, mit Wein usw.

817. Reissuppe — weiße [ca. 3 Portionen, à ca. 180 (20) Cal.

Gr.			Cal.	
50	Reis (ganz)	50 g	213	Einweichen 12 St. (801 d) — Vor-
1000	Wasser	1 Lit.		kochen 20—30 Min. (802) — Nach-
90	Ei	2 St.	140	kochen 4—6 St. oder mehr (803
45	Wein, weiß	3 Eßl.		bis 809) — danach mit Fruchtsaft,
50	Zucker	3 Eßl.	195	Zucker usw. zubereitet;
	roh 1235 g		548	

kann auch gekocht werden mit:

Reis, ganz   45 g

und Weizenmehl   8 g   zu weißer Suppe mit Ei;

oder mit

Reis, ganz   45 g

Weizenmehl   12 g   zu roter Suppe mit Fruchtsäften.

818. Gerstensuppe mit Äpfeln [ca. 3 Portionen, à ca. 190 (6) Cal.

50	Gerstengrütze	50 g	175	Einweichen ca. 6 St. (801) — Vor-
500	Äpfel	½ kg	200	kochen, mit den Äpfeln, geschält
50	Zucker	50 g	195	und in Stücke geschnitten, ca.
1000	Wasser	1 Lit.		20 Min. — Nachkochen 3—6 St.

(803—809) — wird mit Zucker versetzt — auch mit etwas Wein oder Kirschensaft (oder anderem Saft).

Durchgestrichene Wassersuppen,

— wo nur die feineren Teile des Getreides in die Suppe kommen, alles Gröbere aber zurückbleibt.

819. + **Ptisane** („hippokratische") — „Gerstenabkochung".

100	Graupen, grobe	4 Eßl.	?	Einweichen 12 St. (801 d) — Vor-
1000	Wasser	1 Lit.		kochen 30 Min. (803—809) —
	Salz			Nachkochen 3—6 St. — wonach

auch anzumachen mit   durch ein Metallsieb gestrichen.
Zucker (wenig),
Zitronensaft (wenig).

820. + **Durchgestrichene Hafersuppe.** Einweichen 12 St. (801 d) —
   „ **Weizengriessuppe.** Vorkochen 20 Min. —
   „ **Maissuppe.** Nachkochen 3—4 St.
   „ **Gerstensuppe** (803—809)—wird durch
   „ **Reissuppe** ein feines Metallsieb ge-

                                    strichen — wie andere

1000	Wasser	1 Lit.		süße Suppen fertig zu
150	Grütze, grob	150 g	?	machen (nach 812—15)
50	Zucker	50 g	195	— auch entweder mit:
	Salz			Fleischextrakt 1 Tl.,

Dotter 2 St., Wein ¹⁄₁₆ Lit.

— oder mit: Fruchtsaft, süß, $\frac{1}{8}$ Lit., Schale und Saft von $\frac{1}{2}$ Zitrone — oder mit: Kakao 25 g, Zucker im ganzen 100 g, Dotter 1 St.

Kap. 92. Wassersuppen aus präparierten Mehlstoffen.

821. + Haferflockensuppe   [ca. 3 Portionen, à ca. 150 (9) Cal.
Reisflockensuppe.
Maisflockensuppe.

Gr.			Cal.	
75	Flocken	75 g	260	Einweichen 1 St. (801a) — Vor-
1000	Wasser	1 Lit.		kochen 10 Min. — Nachkochen
50	Zucker	50 g	190	ca. 2 St. (803—809);
	Salz usw.			

— kann fertig gemacht werden, entweder mit:

30	Dotter	1—2 St. und	
125	Rahm	$^1/_8$ Lit.	

oder mit:

125	Malzbier	$^1/_8$ Lit. oder		
60	Malzsaft	4 Eßl. oder mit	oder auch mit:	
45	Wein, rot,		Butter, 20 g (anstatt des Rahms,	
	weiß	3 Eßl.	ohne Früchtezusatz).	
ca. 20	Xeres	$1^1/_2$ Eßl. oder		
60	Fruchtsaft	$^1/_{16}$ Lit. oder		
	(süß)			

822. + Wassersuppe aus präparierten Gerste-, Hafer-, Reis-, Mais-mehlen*).

40	Mehl	40 g	140	Das Mehl wird mit etwas Wasser
1000	Wasser	1 Lit.		glatt gerührt — mit dem übrigen
50	Zucker	50 g	190	Wasser ca. $^1/_2$ St. gekocht —
30	Dotter	2 St.	108	Zucker, Salz, Dotter, vorher ge-
5	Salz	roh 1125 g	438	schlagen, hinzugegeben — das

Wasser kann anfangs mit etwas
Zimt, mit Mandeln (in einem Beutelchen) aufgekocht werden —
es kann außerdem mit Vanille oder Zitrone gewürzt werden.

823. + Roggenmehlsuppe nach Hufeland.

Roggenmehl, feingebeuteltes, wird in einen Leinenbeutel
gegeben, der dann zugebunden in einen Kochtopf mit Wasser
gebracht wird. Wird langsam in wenigstens 24 Stunden gekocht
— während Wasser nach Bedarf hinzugesetzt wird. Herausgenommen, wird der Beutel aufgeschnitten, der Inhalt, nach Entfernung der äußeren härteren Schicht, entzweigeschnitten und
getrocknet und ganz fein zerstoßen — wird dann nach Bedarf
durch Kochen mit Wasser (oder Milch) zu Suppe verkocht — mit
Kandiszucker gesüßt.

---

*) Solche präparierte Mehle sind von Knorr usw. erhältlich.

Brotsuppen in Wasser oder Bier gekocht.

824.   + Weißbrotwassersuppe   [ca. 3 Portionen, à ca. 240 (20) Cal.

Gr.			Cal.	
150	Semmel	150 g	425	Das Brot wird in Wasser einige
1000	Wasser	1 Lit.		Stunden eingeweicht, durch ein
50	Zucker	50 g	195	Sieb gestrichen — mit dem Wasser
30	Dotter	2 St.	108	ca. 2 Stunden schwach gekocht —
	Salz	roh 1230 g	728	mit Salz, Zucker abgeschmeckt —

mit Dotter verrührt;

auch mit:

30	Dotter	2 St.	108
60	Rahm	$^1/_{16}$ Lit.	
60	Malzbier	$^1/_{16}$ Lit.	

— kann gewürzt werden mit Wein, mit Zitronenschale und -saft.

825.   Röstbrotwassersuppe wie 824, mit Weißbrot, geröstet — oder
Zwiebackwassersuppe — mit Zwieback.

826.   Roggenbrotwassersuppe — „Brotsuppe".

125	Roggenbrot	125 g	290	Das Brot (weich oder vorher ge-
	(ungesäuertes)			röstet) wird in Würfel geschnitten,
1000	Wasser	1 Lit.		12 Stunden eingeweicht — 1 St.
60	Zucker	60 g	234	gekocht, mit dem übrigen Wasser,
30	Rosinen	30 g		Zitronenschale, Rosinen — durch-
	Zitronenschale ($^1/_2$ Zitr.)			gestrichen — mit Zucker fertig

gemacht und mit den ganz ge-
gliebenen Rosinen — auch mit etwas Zitronensaft oder Fruchtsaft abzurühren — auch mit Dotter 1—2 St. — und auch mit
Schlagrahm $^1/_8$ Lit., zu Schnee geschlagen — oder mit Eiweißen,
ebenso geschlagen, eingerührt oder daraufgelegt.

827.   Roggenbrotbiersuppe I
wie 826 — mit leichtem Bier für Wasser.

828.   + Brotbiersuppe II.

125	Roggenbrot,			Wie 826—27 zuzubereiten — auch
	feinstes*)	125 g	295	mit Semmel oder Zwieback (ganz
1000	Bier (dunkles			oder teilweise) — auch mit leich-
	Malzbier)	1 Lit.	500	terem, hellen Bier; es kann dann,
50	Zucker	50 g	105	um Farbe zu geben, etwas zu

Karamel gebräunter Zucker hinzugesetzt werden — kann abgerührt werden mit:

30	Dotter	2 St.		oder
125	Rahm (gew.)	$^1/_8$ Lit.	125	oder mit
60	Rahm (Schlag-)	$^1/_{16}$ Lit., zu Schnee geschlagen		

— kann mit Zitronenschale gewürzt werden.

---

*) Ungesäuertes, gemalztes, aus feinstem Roggenmehl.

829. + **Brotgallerte** nach M. Brandenburg.

Gr.   Cal.

800   Weißbrot   200 g   Das Brot kocht man in gut $^1/_4$ Lit.

1000   Wasser $^1/_4$ Lit.   Wasser ganz langsam, 1 St., seiht

es durch — läßt das Durchgelaufene über schwachem Feuer abdampfen und dick werden und dann erkalten. Vor dem Gebrauch kann die Gallerte, falls nötig, verdünnt und gewürzt werden.

830. Norwegische Biersuppe   [ca. 3 Portionen, à ca. 250 (30) Cal.

30   Zwieback oder   Feinstens pulverisierter Zwieback,

Weizenmehl   30 g   105   oder auch Mehl, wird mit etwas

Bier, leichtes,   Wasser 1 St. eingeweicht — auf

1000   dunkles $^1/_2$ Lit.   150   gekocht — mit der kochenden

Milch $^1/_2$ Lit.   325   Milch verquirlt — in die Terrine

50   Zucker   50 g   190   gegossen — mit dem aufgekochten

roh 1080 g   770   Bier verrührt — mit Zucker abgerührt.

Hamburger Biersuppe

in entsprechender Weise bereitet, mit

20   Mehl und

30–45   Dotter, 2—3 St. — zuletzt eingerührt.

Kap. 93. Wassergrütze — dicker Brei in Wasser gekocht.

831. + **Maizenawassergrütze**   [ca. 3 Portionen, à ca. 165 (15) Cal.

Sagowassergrütze.

Tapiokawassergrütze.   Einweichen 1 St. (801 a) mit etwas

Wasser — Vorkochen ca. 10. Min.

125   Stärkemehl   125 g   437   mit dem übrigen Wasser — Nach

(oder Grütze)   kochen ca. 1 St. (803—809) —

1000   Wasser   1 Lit.   wird mit Zucker, Salz verrührt —

15   Zucker   15 g   57   auch mit Dotter 1 St. (vorher mit

Salz   roh 1140 g   494   dem Zucker weiß gerührt).

Weizenstärkemehlgrütze

Kartoffelmehlgrütze mit:

45   Mehl   45   225

Sagomehlgrütze mit:

75   Mehl   75 — ebenso — auch kalt anzurichten, nach 866.

832. + Reismehlwassergrütze [ca. 3 Portionen, à ca. 200 (26) Cal.
 Weizenmehlwassergrütze.

Gr.			Cal.	
150	Mehl	150 g	525	Einweichen 1 St (801 a) in etwas
1000	Wasser	1 Lit.		Wasser — Vorkochen 10 Min. im
7	Salz	7 g		übrigen Wasser — Nachkochen
45	Ei	1 St.	70	1—2 St. (803—809) — mit Salz
	roh	1202 g	595	verquirltes Ei eingerührt — kann

mit Butter (20 g) verrührt werden
— kann auch kalt angerichtet werden (nach 866).

833. Grahamsgrütze, grobe (bei hartnäckiger Verstopfung anempfohlen).

Grahammehl, grobes 1 Maß Nach Einweichen 12 St. — langsam
Wasser   2 Maß gekocht 4—5 St. — oder mit Vor-
Butter   kochen 30 Min. — Nachkochen
Salz   6 St. — mit Salz und Butter ver-
                         rührt — auch nach Wunsch mit
gekochten Früchten — warm anzurichten oder kalt, in Scheiben
geschnitten und geröstet.

834. Gerstenwassergrütze [ca. 3 Portionen, à ca. 145 (15) Cal.
 Weizenwassergrütze. Einweichen 3—12 St., je nach
 Haferwassergrütze. Feinheit (801 a—d), mit etwas
 Reiswassergrütze. Wasser — Vorkochen 15—30 Min.

125	Gries oder	125 g	437	— Nachkochen mit dem übrigen
	gröbere Grützen			Wasser 2—6 St. oder mehr (803
1000	Wasser	1 Lit.		bis 809) — kann auch kalt ange-
5	Salz			richtet werden (866).

835. + Haferflockenwassergrütze [ca. 3 Portionen, à ca. 145 (15) Cal.
 Maisflockenwassergrütze.
 Reisflockenwassergrütze.

125	Flocken	125 g	437	Wie 831 zu kochen.
1000	Wasser	1 Lit.		
	Salz			

Kap. 94. Wassergrütze mit besonderen Geschmackzusätzen und in besonderen Anrichtungen.

Warm angerichtet:

836. Reiswassergrütze (für Fleischsuppen).

175	Reis	175 g	618	Grütze nach 834 gekocht, wird ver-
1000	Wasser	1 Lit.		mischt mit Zucker, Salz, Butter,
60	Rosinen	60 g	120	Rosinen (vorher für sich in etwas
40	Butter	40 g	300	Wasser aufgeweicht und gekocht)
	Salz	roh 1275	1038	in große oder mehrere kleine Näpfe

gefüllt und gestürzt — kann auch
(anstatt mit Rosinen) mit Tomatenpüree ($^{1}/_{12}$ Lit.) gerührt werden —
oder mit Tomaten (2 St., mürbe, frische, durchgestrichene).

837. Maisgriesgrütze — „Polenta" — zu Fleischspeisen.

Gr.			Cal.	
200	Maisgries	200 g	700	Nach 834 gekocht — mit Butter
1000	Wasser	1 Lit.		und Salz verrührt.
50	Butter	50 g	375	
	Salz	roh 1250	1075	

838. Reiswassergrütze mit Äpfeln [ca. 3 Portionen, à ca. 300 (15) Cal.

175	Reis (ganz)	175 g	618	Reis 12 St. eingeweicht (801d) mit
375	Äpfel	375 g	150	etwas Wasser — vorgekocht mit
1000	Wasser	1 Lit.		den zerkleinerten Äpfeln 30 Min.
40	Zucker	40 g	156	— nachgekocht 3—6 St. (803
	Salz	roh 1590 g	924	bis 809).

Schale von $1/2$ Zitrone
Zimt, gepulvert.

839. Grahamgrütze mit Früchten [ca. 3 Portionen, à ca. 270 (15) Cal.

130	Grahammehl	130 g	455	Nach 838 gekocht (die Früchte
1000	Wasser	1 Lit.		vorher 24—36 St. in etwas kaltem
65	Datteln oder			Wasser eingeweicht).
	Aprikosen	65 g	130	
	(getr.)			
60	Zucker	60 g	234	
		roh 1255 g	819	

840. Gerstenmehlgrütze mit Blaubeeren.

90	Gerstenmehl	90 g	312	Die Beeren gewaschen, in $3/4$ Lit.
80	Blaubeeren	80 g	160	Wasser 12 St. eingeweicht, werden
	(getr.)			in demselben Wasser 1 St. ge-
1000	Wasser	1 Lit.		kocht — durchgestrichen — wieder
70	Zucker	70 g	272	aufgekocht — mit dem 1 St. in
		roh 1240 g	744	$1/4$ Lit. Wasser eingeweichten und
				darin aufgekochten Mehl zusam-

mengerührt — 10 Min. vorgekocht, 2 St. nachgekocht — gesüßt.

841. Mehlgrütze in Rotwein (nach Hannemann)

[ca. 3 Portionen, à ca. 240 (11) Cal.

Gr.			Cal.	
125	Reismehl	125 g	440	Einweichen des Mehls 1 St. in etwas
1000	{Wasser	$^1/_2$ Lit.		Wasser — mit dem übrigen, mit
	{Rotwein	$^1/_2$ Lit.		Zimt aufgekochten Wasser ver-
75	Zucker	75 g	290	rührt und aufgekocht — nach-
	Zimt			gekocht 2 St. (803—809) — mit
				dem Wein verrührt — leise 15 Min.

weitergekocht — gesüßt — kann mit verhältnismäßig weniger
Wein gekocht werden — kann in entsprechender Weise gekocht
werden als: Weizenmehlsuppe mit Mehl 120 g

             Gerstenmehlsuppe ,,   ,, 120 g

             Hafermehlsuppe   ,,   ,, 120 g

— kann in entsprechender Weise gekocht werden mit Fruchtsäften
(süßen) anstatt Wein ($^1/_4$ Lit.).

      Kalt angerichtet:

842. Mehlflammeri mit Zitrone oder Apfelsine (Jaworska)

[ganze Portion ca. 1300 (4) Cal.

100	Mondamin	100 g	340	Mehl wird eingeweicht 1 St. —
	(Maizena)			vorgekocht 10 Min. — nach-
1000	Wasser	1 Lit.		gekocht 1—2 St. (803—809) mit
250	Zucker	250	970	einem, mit der Fruchtschale ab-
		roh 1350	1310	geriebenem, Stück Zucker — mit

Saft von 2 Zitronen   dem Fruchtsaft verrührt — in
  oder Apfelsinen   Form gegeben, abgekühlt — ge-
Schale von $^1/_4$ Zitrone   stürzt — kann auch mit anderen
  oder Apfelsine   Stärkemehlen gekocht werden.

843. Sagoflammeri mit Wein   [halbe Portion ca. 810 (5) Cal.

125	Sago	125 g	425	Sago wird eingeweicht 1 St. im
1000	{Wasser	$^1/_2$ Lit.		Wasser — mit dem Wein, der
	{Rotwein	$^1/_2$ Lit.		Schale, Zimt oder Vanille gekocht
100	Zucker	100	390	(10 Min.) — nachgekocht 2 St.
		roh 1225	815	(803—809) — in Form gegeben,

Schale von $^1/_2$ Zitrone   abgekühlt — gestürzt — mit
Zimt   1 St.   Rahm oder Eiersauce angerichtet
  oder   — kann in derselben Weise ge-
Vanille $^1/_6$ St.   kocht werden mit Weißwein, und
                      dann verrührt werden mit Kakao

(1 Eßl.) — auch mit Dotter (2 St.) — kann gekocht werden als:

      Sagoflammeri mit Fruchtsäften

mit Fruchtsäften anstatt Wein — auch mit Wein und Fruchtsaft
zu gleichen Teilen.

Bouillongrütze.

844. Bouillonreis   [ganze Portion ca. 750 (42) Cal.

Gr.			Cal.	
150	Reis	150 g	530	Reis wird eingeweicht 12 St. —
1000	Bouillon (sehr stark)	½ Lit.		mit dem Wasser und mit der Bouillon gekocht (25 Min.) —
	Wasser	½ Lit.		nachgekocht (803—809) ca. 4 St.
30	Butter	30 g	225	— mit Butter, Salz verrührt —
	Salz	1180 g	755	in eine Schale oder kleinere

Näpfe gebracht — gestürzt —
zu gebratenen, gekochten Fleischspeisen anzurichten — kann
mit einer gebräunten, zerschnittenen Zwiebel gekocht werden
— kann mit einigen feingeschnittenen, vorher gekochten Trüffelscheiben verrührt werden, oder do. Champignonscheiben — kann
mit Tomatenpüree (¹/₁₂ Lit.) verrührt werden (der Reis kann
dann mit 1 Möhre (oder mit Zwiebel) gekocht worden sein —
kann auch mit Maggiwürze versetzt werden;
— kann bereitet werden als:

Reis à la Milanaise — gleiche Portion mit

Butter	15 g
Mark	25 ,,
Parmesankäse	25 ,,
Zwiebel	1 kl.

845. Bouillonreis mit Wein — zu gekochten Hühnern, Fischen.

250	Reis	250 g	885	Wie 844 — der Reis wird im Wasser
1000	Bouillon	½ Lit.		aufgeweicht und mit der Bouillon
	Wasser	¼ Lit.		gekocht — der Wein erst nach
	Xeres	¼ Lit.		Fertigkochen eingerührt — kann
	Salz			dazu mit Butter (30 g) verrührt

werden — in derselben Weise —
für ähnliche Verwendung auch mit: Weizengries, Maisgries,
Tapioka.

Wassergrütze mit besonderen nährenden Zusätzen — von Rahm, Butter, Ei.

846. + Mehlwassergrütze mit Eiweiß.

Portion Mehlwassergrütze nach 831 und 832 wird mit Eiweiß
(2 St.) abgerührt — einfach oder zu Schnee geschlagen — kann
warm oder kalt angerichtet werden; letzteren Falls gesüßt und
mit etwas Gewürz gekocht.

847. + Wassergrütze mit Ei   [ca. 3 Portionen, à ca. 210 (10) Cal.

Gr.   Cal.

Gr.			Cal.
65	{ Weizenmehl	40 g	140
	{ Kartoffelmehl	25 g	85
1000	Wasser	1 Lit.	
125	Rahm	$^1/_8$ Lit.	210
30	Zucker	30 g	117
90	Ei	2 St.	·140
	Salz	roh 1310	692

Einweichen — Vorkochen — Nachkochen wie 831 — darauf mit dem, mit dem Zucker und dem Rahm geschlagenen Ei verrührt — a u c h m i t   a n d e r e n   Mehlen zu bereiten.

848. Wassergrütze mit Butter   [ca. 3 Portionen, à ca. 380 (15) Cal.

100	Weizenmehl	100 g	350
0 0	Wasser	1 Lit.	
100	Butter	100 g	750
15	Dotter	1 St.	54
	Salz	1215	1154

Einweichen — Vorkochen — Nachkochen wie 831 — darauf mit Butter und Dotter verrührt — auch mit anderen Mehlen zu bereiten.

Breie und Grützen in Wasser gekocht mit dickem Rahm verrührt.

849. + Wasserrahmgrützen — und Breie.

Diese Speisen bilden den Übergang von den in Kap. 93 angegebenen, zu den in Kap. 96 angegebenen Speisen — indem sie, obgleich in Wasser gekocht, denselben Nährwert bekommen, wie die in ganzer Milch gekochten, und zwar durch das spätere Einrühren von Rahm; bei höherem Wohlgeschmack.

850. + Sagowasserrahmgrütze   [ca. 3 Portionen, à ca. 337 (15) Cal.

125	Sago	125 g	424
650	Wasser	$^2/_3$ Lit.	
5	Salz	5 g	
350	Rahm (gew.)	$^1/_3$ Lit.	588
		roh 1130 g	1012

Einweichen 1 St. (801a) mit etwas Wasser — Vorkochen 15 Min. mit übrigem Wasser — Nachkochen 1—2 St. (803—809) — der Rahm wird (roh) eingerührt — eben vor Anrichten.

S a g o w a s s e r r a h m b r e i ebenso gekocht mit:

50	Sago	50 g	175

— in derselben Weise mit T a p i o k a   u n d   M a i z e n a.

851. + Reismehlwasserrahmgrütze   [ca. 3 Portionen, à ca. 340 (25) Cal.

125	Reismehl	125 g	443
650	Wasser	$^2/_3$ Lit.	
	Salz		
350	Rahm (gew.)	$^1/_3$ Lit.	588
		roh 1130 g	1031

Einweichen 1 St. (801a) mit etwas Wasser — Vorkochen 15 Min. mit übrigem Wasser — Nachkochen 2—3 St. (803—809) — Rahm (roh) eingerührt, eben vor Anrichten.

Reismehlwasserrahmbrei ebenso mit:

50	Reismehl	50 g	175

— auch mit a n d e r e n   M e h l e n.

852. **Weizengrieswasserrahmgrütze**   [ca. 3 Portionen, à ca. 350 (32) Cal.

Gr.			Cal.	
125	Weizengries	125 g	437	Einweichen 3 St. (801 b) — Vor-
650	Wasser	$^2/_3$ Lit.		kochen 20 Min. — Nachkochen
	Salz			ca. 3 St. (803—809) — Rahm,
350	Rahm (gew.)	$^1/_3$ Lit.	588	roh, eben vor Anrichten ein-
				gerührt.

Weizengrieswasserrahmbrei ebenso mit:

50	Gries	50 g	175	

— kann auch mit Gerstengries gekocht werden;

— auch mit gröberen Grützen bei entsprechend verlängerten
Zeiten für Einweichen usw.

853. **Reiswasserrahmgrütze**   [ca. 3 Portionen, à ca. 350 (32) Cal.

125	Reis, ganzer	125 g	437	Einweichen 12 St. — Vorkochen
650	Wasser	$^2/_3$ Lit.		30 Min. — Nachkochen 4—6 St.
	Salz			(803—809) — Rahm vor An-
350	Rahm (gew.)	$^1/_3$ Lit.	588	richten eingerührt.

Reiswasserrahmbrei ebenso mit:

50	Reis, ganzem	50 g	175	

Klasse II.

Breie und Grützen in Milch gekocht.

Kap. 95.   **Breie und Grützen in Buttermilch und Dickemilch
gekocht.**

854. **Buttermilchsuppe**   [ca. 3 Portionen, à ca. 300 (58) Cal.

35	Reismehl	35 g	124	Das Mehl wird eingeweicht 1 St.
1000	Buttermilch	1 Lit.	350	(801) — vorgekocht 10 Min. in der
80	Zucker	80 g	312	Milch — nachgekocht 2 St. (803
35	Rosinen	35 g	70	bis 809) — ein Dotter kann ein-
15	Dotter	1 St.	54	gerührt werden (vorher mit dem
	roh	1165 g	910	Zucker verrührt).

Dickemilchsuppe in ganz derselben Weise mit glatt geschlagener
dicker Milch von 1 Lit.;

— kann bereitet werden (bei stärkerer Säure) mit doppeltkohlensaurem Natron nach Bedarf und Zitronenschale von $^1/_2$ Zitr.;

— kann gekocht werden mit Mandeln (süßen, gehackten, in
einem Beutel), 10 g;

— kann angerichtet werden mit Eiweiß (1 St.) zu Schnee geschlagen oder Rahm ($^1/_8$ Lit.) zu Schnee geschlagen.

855. Buttermilchbrei (dünner) [ca. 3 Portionen, à ca. 200 (56) Cal.

Gr.			Cal.
50	Graupen	50 g	175
1000	Buttermilch	1 Lit.	350
20	Zucker	20 g	78
		roh 1070 g	603

Die Graupen werden eingeweicht 12 St. in etwas Wasser — vorgekocht in der Milch 30 Min. — nachgekocht 4—6 St. (803—809).

Dickemilchbrei (dünner) ebenso mit dicker Milch von 1 Lit.

856. + Buttermilchgrütze [ca. 3 Portionen, à ca. 260 (65) Cal.

125	Gerstengries 125 g	438
1000	Buttermilch 1 Lit.	350
	Salz	

Einweichen ca. 3 St. in etwas Wasser — Vorkochen 15 Min. in der Milch — Nachkochen ca. 2 St. (803—809);

— auch mit **Buchweizengries** — kann abgerührt werden mit:

108	Dotter	2 St.	108
125	Rahm (Schlag-) $^1/_8$ Lit.		375

Kap. 96. Milchbrei — Milchgrütze.

Mit Stärkemehlen:

857. + Sagomilchbrei,
Tapiokamilchbrei,
Sagomehlmilchbrei,
Maizenamilchbrei,
Kartoffelmehlmilchbrei,
ca. 3 Portionen;
mit ganzer Milch à ca. 275 (50) Cal.
mit abger. Milch à ca. 185 (46) Cal.

Sagomilchgrütze,
Tapiokamilchgrütze,
Sagomehlmilchgrütze,
Maizenamilchgrütze,
Kartoffelmehlmilchgrütze,

à ca. 360 (50) Cal.
„ „ 275 (48) „

Gr.			Cal.
50	Mehl od. Grütze 50 g		175
1000	Milch (ganze) 1 Lit.		650
125	Mehl od. Grütze 125 g		437
1000	Milch 1 Lit.		650

— wird in ganz oder halbabgerahmter oder ganzer Milch gekocht mit Einweichen in Wasser ca. 1 St. — Vorkochen in der Milch ca. 15 Min. — Nachkochen (803—809) ca. 2—3 St.

Mit Mehlen:

858.

+ **Reismehlmilchbrei,**
Hafermehlmilchbrei,
Roggenmehlmilchbrei,
Gerstenmehlmilchbrei,
ca. 3 Portionen;
mit ganzer Milch à ca. 275
(56) Cal.
mit abger. Milch à ca. 185
(52) Cal.

Reismehlmilchgrütze,
Hafermehlmilchgrütze,
Roggenmehlmilchgrütze,
Gerstenmehlmilchgrütze,

à ca. 360 (65) Cal.
„ „ 275 (50) Cal.

Gr.			Cal.	Gr.			Cal.
50	Mehl	50 g	175	125	Mehl	125 g	437
1000	Milch (ganze)	1 Lit.	650	1000	Milch	1 Lit.	650

— Einweichen in etwas Wasser 1 St. — Vorkochen ca. 15 Min. in Milch — Nachkochen 2—3 St. (803—809);
ebenso:

	Weizenmehlmilchbrei,				**Weizenmehlmilchgrütze,**		
40	Mehl	40 g	140	120	Mehl•	120 g	420

Mit Griesen und Grützen:

859.

Weizengriesmilchbrei,
Gerstengriesmilchbrei,
Hafergriesmilchbrei,
Buchweizengriesmilchbrei,
Reisgriesmilchbrei,
ca. 3 Portionen;
mit ganzer Milch à ca. 275
(56) Cal.
mit abger. Milch à ca. 185
(52) Cal.

Weizengriesmilchgrütze,
Gerstengriesmilchgrütze,
Hafergriesmilchgrütze,
Buchweizengriesmilchgrütze,
Reisgriesmilchgrütze,

à ca. 360 (65) Cal.
„ „ 275 (50) „

50	Gries od. Grütze	50 g	175	125	Gries od. Grütze	125 g	437
1000	Milch (ganze)	1 Lit.	650	1000	Milch	1 Lit.	650

— Einweichen in etwas Wasser 3—6 St. (801) — Vorkochen in der Milch in 20 Min. — Nachkochen 3—4 St. (803—809).

Mit ganzen Körnern:

860.

Reismilchbrei,
Graupenmilchbrei,
ca. 3 Portionen;
mit ganzer Milch à ca. 280
(57) Cal.
mit abger. Milch à ca. 200
(53) Cal.

Reismilchgrütze,
Graupenmilchgrütze,

à ca. 420 (70) Cal.
„ „ 330 (67) „

60	Grütze	60 g	210	175	Grütze	175 g	610
1000	Milch (ganze)	1 Lit.	650	1000	Milch	1 Lit.	650

— Einweichen ca. 12 St. in etwas Wasser (801) — Vorkochen 25—30 Min. in der Milch — Nachkochen 4—6 St. (803—809).

Mit Flocken:

861.	+ **Maisflockenmilchbrei,**			**Maisflockenmilchgrütze,**	
	Reisflockenmilchbrei,			**Reisflockenmilchgrütze,**	
	Haferflockenmilchbrei,			**Haferflockenmilchgrütze,**	
	ca. 3 Portionen;				
	mit ganzer Milch à ca. 275			à ca. 360 (65) Cal.	
	(56) Cal.			„ „ 275 (50) „	
	mit abger. Milch à ca. 185				

Gr.			Cal.	Gr.			Cal.
		(52) Cal.					
50	Flocken	50 g	175	125	Flocken	125 g	437
1000	Milch (ganze)	1 Lit.	650	1000	Milch	1 Lit.	650

— Bereitung nach 831 — mit Einweichen in etwas Wasser —
und Kochen in der Milch.

Kap. 97. Milchbreie und Grützen mit verschiedenen Zusätzen — von Ei, Butter.

862. + **Schneegrütze — oder Brei.**

Portion Brei oder Grütze nach 857—861 wird mit Eiweiß
(2 St., 60 g) stark geschlagen — gewärmt und angerichtet — auch
ohne Eiweißzusatz; die Speise wird dann sehr lange Zeit (ca.
1 Stunde) stark geschlagen — und kann dann auch kalt angerichtet
werden; mit Fruchtsaft oder Sauce.

863. **Milcheiergrütze** (in Milch gekocht)

[ca. 3 Portionen, à ca. 350 (60) Cal.

25	Weizenmehl	25 g	88	Einweichen 1 St. in etwas des
40	Kartoffelmehl	40 g	140	Wassers — Vorkochen 10 Min. —
1000	Milch	1 Lit.	650	Nachkochen 1 St. — die fertige
45	Ei	1 St.	70	Speise mit dem, mit dem Zucker
30	Zucker	30 g	117	glatt gerührten, Ei verrührt —
	Salz	roh 1140 g	1065	das für sich zu Schnee geschlagene

Eiweiß kann auch erst zuletzt eingerührt werden.

864. **Milchbuttergrütze** („Sammetgrütze") — in Milch gekocht.

Buttergrütze wird wie 848, aber in Milch gekocht anstatt
in Wasser und mit Butter (50 g) abgerührt.

865. **Durchgeseihter Milchbrei und Milchgrütze.**

Die nach 850—861 gekochten Speisen werden durch ein
recht feines Sieb gestrichen — und wieder erwärmt, angerichtet.

Kalte Milchgrützen — „Flammeri" u. dgl.

866. Kalte Sagomilchgrütze.
Kalte Maizenamilchgrütze.
Kalte Weizengriesmilchgrütze.
Kalte Reismehlmilchgrütze.
Kalte Reismilchgrütze.
Zu einer Portion gekocht aus:

Gr.			Cal.
125	Grütze	125 g	
1000	Milch	1 Lit.	

    wird mitgekocht:

	Kaneel	1 St.
	Schale von	$^1/_2$ Zitrone
	Vanille	$^1/_6$ St. oder
10	Mandeln	10 g (im Beutel)
50	Zucker	50 g
40	Korinthen od.	
	Sultanarosinen 40 g	

Die Grütze wird nach 850—861 gekocht, indem die Milch vorher mit verschiedenem Gewürz, Kaneel, Zitronenschale, Vanille, Kardamome, Mandeln usw. aufgekocht ist — dann wird Zucker, Salz nach Fertigkochen eingerührt — die Grütze in eine Schale gedrückt — abgekühlt — gestürzt — mit Fruchtsauce oder Fruchtkompott angerichtet.

— auch gerührt mit Wein, rot, weiß, ca. 4 Eßl. oder Arrak ca. 2 Eßl. (auch mit Zitronensaft 3 Eßl. und dann Zucker bis 100 g) — auch mit Dotter 1—2 St.

Kap. 98. Verschiedene andere Reisspeisen.

867. Reis naturell — „Curryreis".

125	Reis, ganzer 125 g	442
1000	Wasser ca. 1 Lit.	
	Salz	

Der Reis (am besten japanischer unpolierter, oder ostindischer, oder Patna) wird gewaschen, abgebrüht — 12 St. in Wasser aufgeweicht (soviel wie er nach und nach in sich aufsaugt) — in reichlich kochendes (gesalzenes) Wasser gestreut — gekocht 20—30 Min., so daß die Körner ganz bleiben — nachdem das Wasser abgeseiht, mit kaltem, leicht gesalzenem Wasser übergossen und geschüttelt, bis sich die Körner voneinander ablösen — auf flache Schüssel gelegt, in mittelwarmen Ofen gesetzt und wiederholt gelockert, bis abgedampft — der Reis kann auch in Bouillon gekocht werden — wird für verschiedene Fisch- und Fleischspeisen (Huhn, Truthahn, gekocht, u. dgl.) mit Currysauce oder anderer Bouillonsauce (Bechamel usw.) angerichtet — auch gereicht zu Fleischsuppen, kalte Schalen (in Schale gegeben und gestürzt).

868. Reis auf japanische Art — Bircher.

Der Reis wird gewaschen, mit etwas Salz und doppelt so hoch Wasser als Reis in einem Kochgefäß aufs Feuer gebracht. Fängt er an zu kochen, gibt man einen Asbestteller unter das Gefäß und läßt den Reis langsam weich werden, ohne darin zu rühren. Wenn nach $1/2$ Stunde das Wasser eingekocht ist, lockert man den Reis vorsichtig mit einer Gabel und stellt ihn zum Kaltwerden beiseite. Einige Minuten vor dem Essen läßt man frische Butter zergehen (auf $1/2$ kg Reis ungefähr 60 g Butter), gibt den Reis hinein und läßt ihn unter beständigem Wenden heiß werden — nach Belieben streut man beim Anrichten feingehackte Petersilie [oder Schnittlauch] darüber, auch kann Tomatensauce dazu gereicht werden (oder Parmesankäse, gerieben). .

869. Braungerösteter Reis.

Reis ($1/4$ kg) wird im Ofen hellbraun geröstet (oder auf trockener, offener Pfanne), in einen Kochtopf gebracht — mit Wasser übergossen (1 Lit.), mit Salz (1 Tl.) — unter Deckel auf Wasserbad gekocht, bis das Wasser verdampft (ca. 1 St.) — mit Fruchtsaft, Fruchtsauce, Fruchtkompott angerichtet, oder mit Rahm.

870. Reis mit Tomaten.

Reisportion nach 867 (ganz, trocken) wird mit Butter (35 g) und Tomatenpüree ($1/12$ Lit.) oder mit zwei weichen, rohen, durchgestrichenen Tomaten verrührt.

871. Malteserreis (Brandenburg).

Reisportion von $1/8$ kg Reis nach 867 gekocht, wird in einer Glasschale übergossen mit Saft von $1/2$ Zitrone und von 2 Apfelsinen, gesüßt mit Zucker (ca. 50 g) — mit daraufgelegten Apfelsinenschnitten angerichtet (von 2 St.).

872. + Pompadourreis (Brandenburg) [ganze Portion ca. 2300 (270) Cal.

Gr.			Cal.	
150	Reis	150 g	530	Reis wird nach 860 zu steifer
1000	Milch	1 Lit.	650	Grütze verkocht (so daß die Kör-
250	Rahm(Schlag-)	$1/4$ Lit.	750	ner ganz bleiben) — der Quark
125	Quark von			mit Rahm glatt verquirlt, wird
	ganzer Milch	125 g	193	damit verrührt — in eine Schale
50	Zucker	50 g	195	gegeben — mit Früchten belegt
	roh	1575 g	2318	(frische in Scheiben oder zu Kom-

pott verkochte) — kann mit etwas in wenig Wasser klargekochtem Agar-Agar gesteift werden — und kann dann gestürzt werden.

16*

873. Reis in Form oder Rand

[ganze Portion ca. 2100 (260) Cal.

Gr.			Cal.
250	Reis	250 g	885
1000	Milch	1 Lit.	650
60	Butter	60 g	450
90	Ei	2 St.	140
	Salz	roh 1400 g	2125
	Muskatnuß,		
	gest. (wenig)		

Grütze nach 859 und 860 gekocht, wird mit Butter und Ei verrührt — in kleine Näpfe oder in eine Randform gegeben — gestürzt — zu Fleischsuppen, Bouillon, Fisch- oder Fleischspeisen, mit einer Bouillonsauce — kann mit (vorher weichgekochten) Rosinen (40 g) verrührt werden.

874. Reisspeisen mit Früchten.

Reisgrütze nach 859 und 860 in Milch oder Wasser gekocht — oder nach 853 gekocht — wird abgekühlt in eine Glasschale gebracht, in Schichten abwechselnd mit Fruchtkompott oder Fruchtpüree — Früchte oben — und nach Wunsch Rahmschnee darüber. Als Frucht verwendbar: Apfelpüree, oder Birnenpüree, oder Aprikosenpüree, süß, gekocht — oder andere süßgekochte Früchte — auch Marmeladen und Gelees.

875. + Reiseiweißgelee — Fromage — „Bavaroise"

[ganze Portion ca. 1980 (365) Cal.

			Cal.
250	Reis	250 g	885
1000	Wasser	½ Lit.	
	Milch	½ Lit.	375
125	Zucker	125 g	487
300	Eiweiß	10 St.	160
125	Xeres	125 g	
20	Gelatine	10 Bl.	80
		roh 1820 g	1987

Der Reis wird mit Milch und Wasser zu Grütze gekocht, nach 859, 860 (oder mit Wasser und Rahm nach 853) — abgekühlt — mit Zucker und der in Wasser aufgeweichten Gelatine verrührt, auch mit dem Wein und sonstigem Gewürz — zuletzt mit dem Eiweiß als steifer Schnee — stark gerührt — kalt angerichtet.

876. Reisäpfelrahmschneegelee

[ganze Portion ca. 2700 (255) Cal.

			Cal.
150	Reis	150 g	530
1000	Milch	1 Lit.	650
	(oder Wasser)		
125	Rahm(Schlag-)	⅛ Lit.	375
375	Äpfel	375 g	150
250	Zucker	250 g	975
	Zimt	1 St.	
	Schale von	½ Zitr.	
60	Wein	1/16 Lit.	
	oder		
	Maraschino	2 Eßl.	
12	Gelatine (6 Bl.)	12 g	48
		roh 1972 g	2728

Reis, Äpfel mit Milch oder Wasser wird mit Zimt, Zitronenschale zu Grütze gekocht (838) — zum Abkühlen mit dem Wein und der aufgelösten Gelatine ganz glatt gerührt — dann mit dem zu steifem Schnee geschlagenen Rahm verrührt — in Glasschale gegeben — stark abgekühlt — für Äpfel auch andere Früchte verwendbar — kann außerdem mit Butter (30 g) verrührt werden.

Kann bereitet werden als:

Reisweinrahmschneegelee.

Gr.			Cal.
125	Xeres	$^1/_8$ Lit.	
50	Mandeln (gehackte)		285
	Vanille		
80	Zucker		312
	Zitronenschale		

Ohne Früchte (ohne Butter) — die Grütze wird mit Vanille und Zitronenschale (anstatt Zimt) gekocht — kann mit Fruchtsauce gereicht werden.

877. Reispudding mit Äpfeln

[ganze Portion ca. 3000 (450) Cal.

150	Reis	150 g	525
1000	Milch (oder		
	Rahm)	1 Lit.	650
450	Ei	10 St.	700
60	Butter	60 g	450
125	Zucker	125 g	475
40	Mandeln	40 g	228
	roh	1825 g	3028
	Äpfelkompott		
	oder Mus		

Reis wird mit Milch (oder Rahm) zu steifer Grütze, mit den Mandeln (in einem kleinen Beutel) gekocht — mit Zucker, Butter, Dottern — zuletzt mit dem Eiweiß (zu steifem Schnee geschlagen) verrührt — in eine mit Butter gut ausgestrichene Puddingform gegeben, schichtenweise mit der Frucht (gekochte) — Reis oben — auf Wasserbad gar gekocht — Cremesauce dazu gereicht.

878. Gefrorener Reis mit Vanille (Hagdahl)

[ganze Portion ca. 3050 (130) Cal.

250	Reis (ganzer		
	oder Flocken)	250 g	885
1000	{Wasser	$^1/_2$ Lit.	
	{Schlagrahm	$^1/_2$ Lit.	1500
180	Zucker	180 g	700
	Vanille roh	1430 g	3085

Reis wird mit Wasser zu Grütze gekocht (sehr steif nach 834, 835) — mit dem Rahm und Zucker verrührt und mit Vanille — gefroren — mit Fruchtsaft oder Vanilleeiercreme angerichtet.

879. Reisrahmschnee-Eis mit Früchten

[ganze Portion ca. 4800 (275) Cal.

125	Reis	$^1/_8$ kg	440
1000	Milch	1 Lit.	650
250	Zucker	$^1/_4$ kg	975
750	Schlagrahm	$^3/_4$ Lit.	2250
	Vanille	1 St.	
60	Mandeln, süße	60 g	340
30	„ bittere	30 g	170
	Früchte		
	(Erdbeeren, Kirschen usw.)		

Reis wird mit der Milch nach 857 zu Grütze gekocht, mit den Mandeln (gehackt, in einem nach dem Kochen zu entfernenden Beutelchen) und der Vanille — wird mit dem Zucker verrührt — erkaltet, mit dem Rahm (zu steifem Schnee geschlagen) verrührt — ca. 3 St. gefroren — in eine andere Gefrierbüchse gegeben, mit Früchten in der Mitte — wieder fertig gefroren.

II. Hauptabteilung.

Stärkemehl-, Mehl-, Grützespeisen mit Teigbereitung.

Klasse III.

Teigware.

Kap. 99. Allgemeines.

Teigware ist: durch einfaches Trocknen (ohne Backen) haltbar gemachter Teig — für weitere Bearbeitung in der Küche bestimmt.

Zu denselben werden besonders kleberreiche Mehle verwendet — oder gewöhnliche, und dann mit Aleuronat vermischte Mehle (wie Reismehl, Maismehl u. dgl.) — die mit wenig warmen Wasser zu sehr steifem Teig geknetet, mittels eigener Apparate (Pressen, Spritzen) als N u d e l n in Stern-, Kreuz-, Ring-, Fadenform, als M a k k a r o n i in Rohr- oder Bandform gebracht und zuletzt getrocknet werden.

Wird E i e r t e i g w a r e genannt, wenn der Teig mit Ei versetzt ist (1—2 St. auf $^1/_2$ kg Mehl).

880. Alte italienische Makkaronivorschrift.

Gr.   Cal.

Weizenmehl	50 kg		Was alles zu einem steifen Teig
Wasser	15 Lit.		gut zusammengeknetet wird.
Kochsalzlösung	$^1/_4$ Lit.		
Eiweiß	$^1/_2$— 1 Lit.		
Gelatine	15—20 Bl.		

881. Nudelteig — hausgemacht.

1000	Weizenmehl	$^1/_2$ kg	Das Mehl wird mit Ei und Butter
450	Ei	5 St.	(in kleine Stücke zerteilt) zu einem
100	Butter	50 g	glatten Teig verarbeitet — der
	Salz, wenig		$^1/_4$ St. ruht — und dann, in 4 Teile
			geteilt, dünn ausgerollt, zu Ster-

nen, Ringen usw. ausgestochen (als Nudeln) oder in zentimeterbreite Bänder geschnitten wird (als Bandmakkaroni) — bei leichter Wärme getrocknet — in verschiedener Weise verwendet.

882. Bandmakkaroni — hausgemacht.

1000	Weizenmehl	$^1/_2$ kg	Mehl und Dotter werden gut zu-
60	Dotter	2 St.	sammengeknetet, zu sehr steifem
			Teig (Wasser nach Bedarf) —

dünn ausgerollt — in schmale Bänder zerschnitten — die an der Luft getrocknet werden (zweimal 24 Stunden) — wie gewöhnliche Makkaroni verwendet; mit Butter angerührt, mit Käse usw.

Verschiedene Verwendungen von Nudeln und Makkaroni.

883. + Makkaroni, naturell.

			Gr.	Cal.
1000	Makkaroni (oder Nudeln)	¹/₈ kg	125	446	I. werden im gesalzenen Wasser ¹/₂ St. gekocht — 1—1¹/₂ St. (803—809) nachgekocht;
8000	Wasser	1 Lit.	1000		II. oder in Dampf gekocht nach Einweichen in etwas Wasser.
	Salz·	1 Tl.			

884. Makkaroni mit Butter.

| 1000 | Makkaroni (Nudeln) | 125 | 446 | Makkaroni nach 883 garge- |
| 160 | Butter | 20 | 150 | kocht und gut abgelaufen, |

werden in erwärmter Schüssel mit der geschmolzenen Butter umgewendet — als Beilage zu Fleischspeisen; auch mit Käse (Parmesan u. a.), gerieben (1 Eßl.).

885. Makkaroni in brauner Sauce.

| 1000 | Makkaroni | ¹/₈ kg | 125 | 446 | Makkaroni nach 883 gekocht, |
| 1000 | Sauce | ¹/₈ Lit. | 125 | | recht trocken abgedampft, |

wird mit der Sauce (537, 560 oder ähnliche) umgerührt.

Makkaroni mit Ei und Rahm (Rahm ¹/₄ Lit., Dotter 3 St.).

Makkaroni mit Tomaten (Tomatenpüree ¹/₈ Lit., Butter 30 g) — auch mit geriebenem Käse anzurichten — Makkaroni kann auch mit feingehacktem, magerem (gewöhnlichem oder gesalzenem oder geräuchertem) Fleisch und Butter oder mit Fisch gemischt werden — letzterenfalls mit einer weißen Fischsauce.

886. + Makkaroni-(Nudel-)Auflauf I [ganze Portion ca. 1050 (170) Cal.

1000	Makkaroni (Nudeln)		125	446	Dotter, Rahm, Zucker, Salz
1800	Ei	5 St.	225	350	werden verrührt — mit den
1000	Rahm (gew.)	¹/₈ Lit.	125	210	nach 883 gekochten und
120	Zucker		15	58	trocken abgedampften Mak-
	Salz		roh 490	1064	karoni (Nudeln) vermischt

— zuletzt das Eiweiß, zu steifem Schnee geschlagen, eingerührt — die Masse schnell in Form gegeben — und in den Ofen gesetzt — und gebacken. — Der Teig kann auch auf möglichst magerer Pfanne bei leichtester Wärme gebraten oder auf Wasserbad gebacken werden — kann mit geriebenem Käse, mit Tomatensauce angerichtet werden.

887. Makkaroni-(Nudel-)Auflauf II   [ganze Portion ca. 1950 (200) Cal.

			Gr.	Cal.
1000	Makkaroni (Nudeln)		125	446
1440	Ei	4 St.	180	280
4000	Rahm (gew.) $^1/_2$ Lit.		500	840
480	Zucker		60	284
240	Mandeln		30	170
	Schale von	roh	895	1970
	$^1/_2$ Zitrone			
	Salz			

Makkaroni werden im Rahm gargekocht und abgekühlt — dann mit den glatt gerührten Dottern, mit Zucker, Mandeln, Zitrone verrührt — zuletzt mit dem Eiweiß als steifer Schnee — wie nach 886 — in den Teig kann auch eingerührt werden: Schinken, geräuchert, gehackt; Fleisch anderer Art oder Fisch; auch Käse, gerieben; dann mit Salz, ohne Zucker und Mandeln — kann auch in einer Randform gekocht oder gebacken werden.

888. Makkaroni (Nudeln) in Randform   [ganze Portion ca. 1350 (145) Cal.

1000	Makkaroni (Nudeln)		125	446
1440	Ei	4 St.	180	280
480	Rahm (fett) $^1/_{16}$ Lit.		60	105
600	Butter		75	562
	Zucker \} wenig	roh	440	1393
	Salz /			

Makkaroni (Nudeln) werden nach 883 gekocht — gut trocken abgedampft, mit den übrigen Zutaten verrührt — in eine gut gebutterte und mit gestoßenem Zwieback ausgestreute Randform gegeben — im warmen Ofen gebacken, reichlich $^1/_2$ St. — gestürzt — mit Ragout von Fleisch (Huhn in Champignons u. dgl. oder Fisch) gefüllt.

889. Makkaroni-(Nudel-)Pudding   [ganze Portion ca. 2400 (310) Cal.

1000	Makkaroni		125	446
8000	Milch	1 Lit.	1000	650
2160	Ei	6 St.	270	420
1000	Butter		125	937
80	Zucker		10	39
	Salz (wenig)			
		roh	1530	2492

Makkaroni, in Stücke gebrochen, wird in der Milch gargekocht (soll ganz bleiben) und abgedampft — die Butter wird eingerührt, mit den Dottern und dem Zucker — zuletzt die zu hartem Schnee geschlagenen Eiweiße — wird 2 St. in einer gebutterten und ausgestreuten Form gekocht — mit geschmolzener Butter anzurichten, in welcher etwas Mehl, Bouillon, geriebener Parmesankäse ausgerührt werden kann.

890. Makkaronisalat I.

Makkaroni (125 g), nach 883 gargekocht (ganz geblieben) und gut abgedampft, werden mit Tomatenpüree (1 Eßl., ca. 15 g) und Salatöl (2 Eßl., 30 g) verrührt.

Makkaronisalat II.

Makkaroni nach 883 I werden mit einer Mayonnaise gerührt — und mit gekochtem, feingehacktem Schinken oder Rinderzunge.

Makkaronisalat III.

Makkaroni nach 883 I werden mit Schlagrahm ($^1/_8$ Lit.) und Meerrettig (gerieben, 2 große Eßl. voll) verrührt — und mit wenig Zucker und Salz.

Klasse IV.

Brot aus gekneteten Teigen.

I. Einfache Teige.

Kap. 100. Teigbereitung mit Lockerung durch besondere Lockerungsmittel — Hefeteig usw.

891. Allgemeine Regeln für Brotteigbereitung mit Hebemitteln (Brotteige).

Das Mehl soll gut und trocken sein; feinkörniges (griffiges) Mehl das beste. Es soll immer gleich vor Verwendung gesiebt werden — und leicht erwärmt sein (Mehlsieb Fig. 26).

Die Flüssigkeiten (Wasser, Milch, Buttermilch) sollen rein und frisch und in der Regel vorher lauwarm gemacht sein.

Die Hefe — Preßhefe die beste — soll frisch sein, von graugelblicher Farbe, zusammenhängend (nicht bröckelnd) — von leicht frischsäuerlichem, prickelndem, fruchtartigem Geruch. Das Lockerungsvermögen kann geprüft werden, indem man die Hefe mit etwas Wasser und Zucker übergossen, bei leichter Wärme stehen läßt. Es sollen sich dann im Verlaufe weniger Stunden Zeichen der Gärung einstellen. Die Hefe kann für einige Tage an kühler Stelle in etwas kaltem Wasser aufbewahrt werden (von solcher Hefe ist dann in der Regel für gleichen Zweck größere Menge zu nehmen).

Die Hefe löst sich am besten, wenn sie, bevor sie in den Teig gemischt wird, mit etwas Salz oder Zucker vermischt wird — wobei sie ganz flüssig wird. Um besonders schnelle Gärung zu erreichen, soll man die Hefe mit etwas Zucker, etwas Mehl und Milch verrühren, die Mischung warm stellen, in 10—15 Min. gären lassen und dann das Gemisch in den Teig geben.

Bierhefe läßt sich verwenden, wo der Teig nur einmal aufgehen soll (ca. 1 Eßl. dickfließender Hefe auf $^1/_2$ kg Mehl).

Bei der Teigbereitung sollen alle Ingredienzien den rechten, gleichartigen Wärmegrad haben — etwas lau.

Alle Teige werden am leichtesten und feinsten, wenn sie mehrere Male umgeknetet — ausgewirkt — und jedesmal wieder zum Aufgehen gebracht werden (immer bis auf ungefähr doppelten Umfang).

Die im folgenden angegebenen Gewichte und Maße haben in der Regel für das frei auf Blech zu verbackende Brot Gültigkeit. Für Brot in Form zu backen kann durchschnittlich ein Viertel bis ein Drittel mehr Flüssigkeit genommen werden.

Die Gewicht- und Maßangaben für Mehl und Flüssigkeit sind nicht für jeden Fall buchstäblich zu nehmen. Das Mehl vermag nach Umständen sehr verschiedene Flüssigkeitsmengen aufzunehmen.

892. Teigbereitung erster Art — warme.

Das Mehl wird leicht erwärmt in eine flache Schüssel gebracht; Flüssigkeit (Wasser, Milch usw.) von ca. 35° C wird in eine in der Mitte des Mehles gemachte Vertiefung gegossen, zusammen mit der (in Zucker oder Salz) aufgelösten Hefe. Nach und nach wird, von der Mitte her, das Ganze zusammengerührt. Erst wenn es zu etwas festerem Teig geworden ist, wird dieser mit den Händen bearbeitet, auf ein Brett gelegt; mit etwas Mehl weiter geknetet, bis der Teig sich von den Fingern leicht abhebt und ganz gleichmäßig ist. Der Teig wird dann 4—5 St. warm gestellt — oder, wenn er am Vorabend bereitet, stellt man ihn in eine (vorher mittels eines eingestellten Kessels mit heißem Wasser erwärmte) Kochkiste.

Wenn der Teig sich auf doppelten Umfang gehoben, wird er leicht umgeknetet, und so 1—2 Male; wird dann in einen oder mehrere Laibe geformt — die wiederum zum Aufgehen hingestellt, und dann schnell in den Ofen gebracht werden — um nach Regel 897 gebacken zu werden.

893. Teigbereitung zweiter Art — kalte (sehr allgemein verwendbar).

Der Teig wird abends bereitet, in derselben Weise wie nach erster Art. Die Flüssigkeit darf nur leicht lau sein. Der fertige Teig wird in ein dünnwandiges Gefäß oder in eine Serviette eingebunden (nicht dichter, als daß Platz für das Aufgehen vorhanden ist), in einen geräumigen Behälter mit kaltem Wasser versenkt, wo er über Nacht bleibt — an etwas kühler Stelle. Es soll dann der Teig bis auf doppelten Umfang aufgegangen sein. Der Teig wird dann auf mehlbestreutem Brett wieder leicht geknetet, in Laibe geformt, die an warmer Stelle zum Aufgehen gestellt und dann schnell in den Ofen gebracht werden.

894. Teigbereitung dritter Art — mit Vorteig (sehr gut).

Ungefähr ein Viertel des Mehles wird mit der Hefe (in Salz oder Zucker gelöst) und mit der Flüssigkeit zu Teig gemacht — zum Aufgehen hingestellt, 4—6 Stunden am warmen Ort — dann mit dem übrigen Mehl zu Teig gemacht — wonach zum Aufgehen bis auf doppelten Umfang hingestellt, ca. 1 Stunde — umgeknetet — geformt — wieder zum Aufgehen gestellt — schnell in den Ofen gebracht.

895. Teigbereitung vierter Art — mit Backpulver.

Das Pulver wird mit etwas Wasser ausgerührt und mit dem vorher in gewöhnlicher Weise (I und II, aber ohne Hefe) bereiteten Teig vermischt und sorgfältig verknetet — wonach die Brote mit leichter Hand geformt und gleich in den (recht heißen) Ofen gebracht werden. (Bei Teigen, die schnell fertig zu machen sind, ist eine vorherige genaue Vermischung des Pulvers mit dem trockenen Mehl zweckmäßig.)

Alle die zu verwendenden Teile müssen kalt sein, und der Teig ist an kühlem Ort zu bereiten; auch das Backblech oder die Form sollen kalt sein — mit kalter Butter bestrichen.

Backpulver 30 g ist als Regel das für $^1/_2$ kg Mehl passende (kann aber je nach dem Mehl in sehr verschiedener Menge zu nehmen sein).

Hausgemachte Backpulver.

I. Cremor tartari	. . 100 T.		II. Cremor tartari	. . 100 T.
Sodapulver	. . . . 50 ,,		Sodapulver	. . . . 50 ,,
Hirschhornsalz	. . 8 ,,		Weizenmehl, feines	20 ..
Reismehl	. . . . . 8 ,,			

III. Weinsteinsäure . . . 50 T.
Sodapulver . . . . . 50 ,,
Reismehl . . . . . . 100 ,,
(3 kleine Teelöffel zu $^1/_2$ kg Mehl).

Die Bestandteile sind sorgfältig zu vermischen und kleinzumachen. In Blechdose aufzubewahren.

896. Teigbereitung fünfter Art — auf der Teigmaschine.

Bei Teigbereitung erster und zweiter Art kann die Mischung in der Maschine geschehen. Erst wird die Flüssigkeit aufgefüllt, dann das Mehl und die Hefe (mit Salz aufgelöst) dazugetan — dann die Maschine 3—5 Min. in Bewegung gehalten — wonach der Teig übrigens, wie oben, fertiggestellt wird.

897. Regeln für das Backen.

Der Ofen soll gut warm sein; die Backbleche oder Formen immer kalt, mit Butter ausgestrichen. Stärkere Unterwärme, bis das Brot gut aufgegangen ist — wonach Oberwärme allmählich zu steigern, Unterwärme abzuschwächen ist. Wenn das Brot zu stark bräunt, kann ein Stück Papier oder eine ganz dünne, gebogene Blechplatte übergelegt werden. Backzeit von der Größe der Laibe ganz abhängig: Rundstücke $^1/_4$ St., Brot aus $^1/_2$ kg Mehl ca. $^3/_4$ St. usw. Die Ofentür ist während des Backens möglichst wenig zu öffnen.

Die angeführten Backzeiten dürfen nie genau genommen werden; denn sie sind, nach Art des Ofens und dem Wärmegrad desselben, sehr verschieden.

Zeichen dafür, daß das Brot gar gebacken, ist: daß es, bei leichtem Klopfen an der Unterseite einen hohl klingenden Ton gibt — oder:

daß beim Durchstechen mit einem glatten spitzen Hölzchen kein Teig daran hängen bleibt.

Nach dem Backen wird das Brot einige Minuten auf dem Blech oder in der Form belassen — wird dann schräge gegen irgendeinen Gegenstand aufgestellt, so daß es auch an der Unterfläche abkühlen kann.

Zwischen dichtgestellte Brote wird etwas Butter gestrichen. Eben vor Entfernung aus dem Ofen kann das Brot mit einer Mischung von etwas Ei mit Wasser leicht bestrichen werden.

Kap. 101. Brot aus Wasserteig.

898. Grahambrot, reines, echtes — ohne besonderes Lockerungsmittel.

Gr.			Cal.	
1000	Weizenschrotmehl	1 kg	3500	Das Mehl, zu kalter Jahreszeit
666	Wasser	ca. ²/₃ Lit.		leicht angewärmt, wird in einem

Haufen auf eine Holzplatte gebracht — das Wasser (ca. 25° C) in eine Vertiefung in die Mitte gegossen — allmählich mit dem Mehl zusammengerührt, zu einem festen Teig, der anhaltend (¹/₂—1 St.) zu kneten ist, bis er sich von Hand und Platte abhebt. — Der Teig wird in recht flache (ca. 3—4 cm dicke) Laibe von ¹/₂—1 kg Gewicht geformt; oder kleinere — oberflächlich quer eingeschnitten oder abgeprickelt — und in heißem Ofen gebacken (ca. 1¹/₂—2 St.).

Das Verhältnis zwischen Wasser und Mehl läßt sich nur annähernd angeben — der Teig soll recht fest sein.

Anstatt Weizenschrotmehl kann ein Gemisch von Weizenkleie (1 T.) mit Weizenmehl (5—8 T.) genommen werden — es darf auch Hefe (40 g) zu derselben Portion genommen werden.

899. Grahambrot, gemischtes — mit **Hefe**

[ganze Portion ca. 1750 (180) Cal.

			Gr.	Cal.	
1000	{Grahammehl		375	1312	Teigbereitung nach 891—896
	{Weizenmehl		125	437	— Backen nach 897.
750	Wasser	³/₈ Lit.	375		
40	Hefe		20		
20	Zucker	1 Eßl. gestr.	10	39	
	Salz		Teig 905	1788	

900. + **Gemischtes Roggen-Weizenbrot.**

1000	{Roggenmehl, feines		375}	1750	Teigbereitung nach 891—895
	{Weizenmehl		125}		— Backen nach 897.
750	Wasser	³/₈ Lit.	375		
	Zucker				
	Salz	1 kl. Tl.			
50	Hefe		25		

901. + Weizenbrot, einfaches.

			Gr.	Cal.	
1000	Mehl, feines	½ kg	500	1750	Teigbereitung nach 891—896
750	Wasser	³/₈ Lit.	375		— Backen nach 897.
30	Hefe		15		
	Salz	½ Tl.			

902. + Weizenbrot, etwas feineres   [ganze Portion ca. 1900 (190) Cal.

			Gr.	Cal.	
1000	Mehl, feinstes	½ kg	500	1750	Teigbereitung nach 891—896
500	Wasser	¼ Lit.	250		— Backen nach 898. —
50	Hefe		25		Dieser Teig ist außer für
60	Zucker	3 Eßl.	30	117	größeres Brot, auch verwend-
90	Ei	1 St.	45	70	bar für Brötchen verschie-
			850	1931	dener Form und Art.

Kap. 102. Brot aus Milchteig.

903. Gemischtes Roggen-Weizenbrot — grobes

[ganze Portion ca. 1900 (225) Cal.

1000	{Roggenmehl, grobes	250}		1750	Teigbereitung durch einfaches
	{Weizenmehl, grobes	250}			Zusammenkneten der Be-
600	Milch, reichl.	¼ Lit.	300	195	standteile — Aufgehen 1 St.
80	Hefe		40		— Backen ca. 1 St. (in Form);

Grahambrot (gemischtes) nach 900 kann auch mit Milch anstatt
Wasser gemacht werden.

904. + Roggenbrot aus feinem Mehl [ganze Portion ca. 1850 (200) Cal.

1000	Roggenmehl, feines		500	1750	Teigbereitung: am besten
500	Milch, halbabger.	¼ Lit.	250	125	warme (892) oder mit Vor-
40-50	Hefe		20—25		teig (894) — Backen nach
	Salz	½ Tl.			897 (in einem Laibe) —
					kann auch bereitet werden als

Gemischtes feines Roggen-Weizenbrot mit

1000	{Roggenmehl, fein	250
	{Weizenmehl	250, oder in jedem anderen Verhältnis —

wie Roggenmehl 375, Weizenmehl 125 usw. — kann auch mit
Wasser bereitet werden — dann nach Wunsch mit etwas feingestoßenem Kümmel — auch mit halbfetter Milch.

905. + Weizenbrot   [ganze Portion ca. 1950 (225) Cal.

			Gr.	Cal.	
1000	Mehl, feinstes		500	1750	Teigbereitung 891—896 —
750	Milch, ganze	³/₈ Lit.	375	200	Backen 897 — derselbe Teig
30	Hefe	1 Tl.	15		kann, wie für großes Brot,
10	Zucker		5	19	auch für Brötchen verschie-
	Salz	1 Tl.	5		dener Form, wie Semmeln
					usw., verwendet werden —
					auch mit halbfetter Milch.

906. Brot aus Teigen mit Buttermilch oder dicker Milch.

Buttermilch oder verquirlte dicke Milch (27—28) kann in denselben Mengen wie gewöhnliche Milch verwendet werden — zu den meisten der angegebenen Teige.

In der Regel werden die Teige damit etwas leichter (besonders für Zwiebäcke geeignet).

Brot mit Fruchtzusätzen.

907. Grahambrot mit Aprikosen (Feyring)

[ganze Portion ca. 1900 (200) Cal.

		Gr.	Cal.	
1000	Grahammehl	500	1750	Der Teig wird nach 898 mit
320	Milch, ganze $^1/_6$ Lit.	160	104	Milch und Hefe bereitet —
320	Aprikosenpüree	160	ca. 75	zuletzt die Fruchtmasse ein-
70	Hefe	35		gemischt — recht kühl zum
				Aufgehen 12 St. gestellt —

in Laibe geformt, gebacken (auf Blech oder in Form).

908. Fruchtbrot nach Jaworska.

1000	Weizenmehl	500*)	In der Mitte des Mehles wird
750	Pflaumen, getr.	375	mit einem Teil desselben und
1000	Äpfel „	500	mit der in etwas des Frucht-
80	Zucker ca.	40	saftes aufgelösten Hefe ein
	Zimt, gestoßen 1 Tl.		Vorteig bereitet — welcher
70	Hefe	35	zugedeckt bei schwacher
			Wärme 2—3 St. aufgeht;

wonach mit dem übrigen Mehl und dem übrigen Fruchtsaft ein fester Teig gemacht wird, der endlich mit der Früchtemischung zusammengeknetet wird — und bei ganz schwacher Wärme $^1/_2$ St. aufgeht, nachdem er in eine gut gebutterte Form gegeben — und dann gebacken.

Die Früchtemischung: Die Früchte werden 24 St. in kaltem Wasser eingeweicht — in demselben Wasser weichgekocht — am besten mit Nachkochen (802—809) in wenigstens 2 St. Der Saft wird für sich eingekocht, bis auf die Hälfte. Die Früchte werden feingehackt, durch ein Sieb getrieben und, wie oben genannt, verwendet, mit dem Fruchtsaft. — Birnen oder Aprikosen (getr.) können anstatt Äpfeln verwendet werden — auch folgende Mischung verwendbar: Pflaumen $^1/_4$ kg, Äpfel oder Birnen $^1/_4$ kg, Rosinen $^1/_4$ kg, Feigen $^1/_8$ kg.

*) Gelingt eher mit $^3/_4$ kg 750 Mehl.

II. Verfeinerte Teige.

Kap. 103. Allgemeines über Teigbereitung — bei zusammengesetzten Teigen — für verfeinertes Brot und Backwerk.

909. **Die Butter** soll immer erstmal weich gemacht sein (nicht geschmolzen) und darf gern ausgewaschen werden.

Margarine kann anstatt Butter verwendet werden — weniger gut für kleinere, längere Zeit aufzuhebende Backware, indem dann gern ein eigener Beigeschmack hervortritt.

Laureol oder Kokosbutter kann verwendet werden.

Palmin ebenso für verschiedene Teige (1 kg = $1^1/_4$ kg Margarine).

Vega, Sana wird auch verwendet.

Rosinen sind vorher abzubrühen und wieder abzutrocknen, bevor sie in den Teig gegeben werden (oder auch vorher ganz oder halb gar zu kochen oder zu dämpfen).

Mandeln werden in scharf kochendem Wasser abgebrüht, geschält und in kaltem Wasser abgespült, wieder abgetrocknet, bevor sie zerschnitten, zerhackt werden.

Nüsse dürfen als billigerer Ersatz für Mandeln verwendet werden; sollen in einigen Stunden in kaltem Wasser oder in Milch eingeweicht und geschält werden (sind auch geschält zu haben).

Beim Stoßen von Mandeln (oder Nüssen) ist ein wenig Wasser oder Eiweiß in den Mörser zu geben. Das Zermahlen derselben mittels einer Maschine ist zweckmäßig.

Eier sollen frisch sein.

Zucker soll ganz feiner sein (Staubzucker für besonders feine Teige).

Vanille in Stangen oder als Vanillezucker.

Gewürz anderer Art wird am besten feinstens pulverisiert verwendet.

910. Teigbereitung erster Art, warm.

Nach 892 — aber so, daß:

1. Eier und feineres Gewürz (Zimt, Kardamome usw.) mit der Milch vermischt werden, bevor diese in den Teig gegeben wird — und indem

2. die anderen größeren Zutaten, wie Butter, Zucker, Rosinen u. dgl., sowie Mandeln, Zitronat u. dgl., erst in den Teig eingemischt werden, nachdem er das erstemal aufgegangen.

911. Teigbereitung zweiter Art, kalt.

Hier dürfen gleich alle Teile miteinander zusammengearbeitet werden, erst das Mehl mit der Milch, der Hefe und den Eiern, dann mit dem Zucker und dem sonstigen Gewürz und der Butter, und zuletzt mit dem übrigen (Rosinen, Zitronat u. dgl.) — wonach der Teig fertiggemacht wird nach 893.

912. Teigbereitung dritter Art, mit Vorteig.

Besonders für zusammengesetztere, weichere Teige verwendbar — ausgeführt nach 894, aber so, daß nach gewöhnlicher Bereitung des Vorteiges (mit Mehl, Flüssigkeit, Hefe) und Aufgehen desselben, gleich die ganze übrige Mehlmenge, und erst nach und nach die anderen Zutaten damit zusammengearbeitet werden — wonach Aufgehen ca. 1 St. — bis zum doppelten Umfang.

913. Teigbereitung vierter Art, mit Backpulver.

Bereitung nach 895, aber so, daß die Butter weich gerührt und dann mit den Eiern, Gewürzen und der Milch verrührt, mit dem Mehl zusammengeknetet wird — und zu allerletzt das mit etwas Mehl zusammengerührte Backpulver hinzugesetzt.

914. Teigbereitung fünfter Art, mit der Maschine.

Bei der Bereitung zusammengesetzter Teige nach 910 und 911 in der Maschine (Fig. 27) wird erst die Flüssigkeit eingegossen, dann das Mehl und die Hefe (im Salz aufgelöst) — ferner die Eier, vorher mit dem Zucker geschlagen, und die Butter, weich gerührt — endlich die Rosinen, Zitronat und was sonst darin soll — wonach die Maschine 5 Min. in Gang gehalten wird — und der Teig in gewöhnlicher Weise fertig gemacht wird.

915. Teigbereitung sechster Art — für besonders weiche und lose Teige.

Die Eier werden mit dem Zucker gerührt, mit der ganz weichen Butter und der aufgelösten Hefe. Das Mehl wird aus feinem Sieb (Fig. 26) daraufgeschüttet — und die übrigen Zutaten werden daraufgelegt, wonach der Teig gemischt wird durch Umwenden mittels eines flachen, breiten Messers (Fig. 28) — am liebsten ganz ohne Verwendung der Hände — bis alles gut miteinander vermischt ist.

Kap. 104. Verfeinertes Brot
— mit weniger als 5% Fett im Teige.

Einfacher verfeinert:

916a. Weißbrot, mit Ei
[ganze Portion ca. 2250 (265) Cal.

			Gr.	Cal.
1000	Mehl	$1/_2$ kg	500	1750
500	Milch	$1/_4$ Lit.	250	162
180	Ei	2 St.	90	140
125	Zucker		60	234
80-100	Hefe		40—50	
	Salz		Teig 950	2286

Stärker verfeinert:

916b. Weißbrot, mit Ei
[ganze Portion ca. 3000 (440) Cal.

			Gr.	Cal.
1000	Mehl	$1/_2$ kg	500	1750
250	Milch	$1/_8$ Lit.	125	80
900	Ei	10 St.	450	700
250	Zucker	$1/_8$ kg	125	468
100	Hefe		50	
	Salz		Teig 1250	2998

— Teigbereitung nach 910, 911, 912 (914).
— Backen nach allgemeine Regeln (897).

917a. Weißbrot, mit Ei und Butter
[ganze Portion ca. 2300 (240) Cal.

			Gr.	Cal.
1000	Mehl	1/2 kg	500	1750
500	Milch	1/4 Lit.	250	162
90	Ei	1 St	45	70
30	Butter		15	112
125	Zucker		60	234
100	Hefe		50	
	Salz	Teig	920	2328

917b. Weißbrot, mit Ei und Butter
[ganze Portion ca. 2600 (270) Cal.

			Gr.	Cal.
1000	Mehl	1/2 kg	500	1750
250	Milch	1/8 Lit.	125	80
270	Ei	3 St	135	210
50	Butter		25	180
200	Zucker		100	390
100	Hefe		50	
	Salz	Teig	935	2610

— Teigbereitung nach 910, 911, 912 (914).
— Backen nach 897.

918a. Weißbrot, mit Butter
[ganze Portion ca. 2300 (210) Cal.

			Gr.	Cal.
1000	Mehl	1/2 kg	500	1750
500	Milch	1/4 Lit.	250	162
50	Butter		25	180
125	Zucker		60	234
100	Hefe		50	
	Salz	Teig	885	2326

918b. Weißbrot, mit Butter
[ganze Portion ca. 2600 (210) Cal.

			Gr.	Cal.
1000	Mehl	1/2 kg	500	1750
500	Milch	1/4 Lit.	250	162
80	Butter		40	300
200	Zucker		100	390
100	Hefe		50	
	Salz	Teig	940	2602

— Teigbereitung nach 910, 911, 912 (914).
— Backen nach 897.

919. Zu den Teigen 916—918 a und b: Es darf überall ganz oder halb abgerahmte Milch verwendet werden. Ei und Butter können auch in anderen, zwischen den oben angegebenen Verhältnissen liegenden, Mengen genommen werden — auch in noch etwas höheren Mengen (ohne daß dabei der Charakter als Brot verloren ginge).

Verfeinerung verschiedener anderer Art außerdem erreichbar auf 1/2 kg, 500 Mehl mit:

Zucker, etwas mehr, entweder in den Teigen (bis über 200 g) oder vor dem Backen auf die Backware gestreut.

Rosinen, gewöhnliche, oder Sultana — 40—80 g
Korinthen — do.
Zimt, gestoßen — 1 Msp.—1/2 Tl.
Kardamome, do. — do.
Vanille — 1/8—1/4 Stange
Zitronenöl — 2—6 Tr.
Zitronenschale auf Zucker abgerieben — von 1/4—1/2 Zitrone
Mandeln, gehackt — 15—30 g
oder gestoßen (im Teig oder auf dem Brot).

Verwendung der Teige 916, 917, 918a und b — für:

Brot auf Blechen (doch nicht Teig 916b).
Brot in Form gebacken.
Semmel, Brötchen ebenso.
Hörnchen u. dgl., besonders Teige 917b und 918b.
Kringel u. dgl.,   do.   do.
Savarin, einfachen,   do.   do.

Klasse V.

Backwerk

aus Teigen mit Hefe (Backpulver) u. dgl. — mit 5% Fett im Teige und mehr.

Kap. 105. Teige mit Ei und Butter.

920. Kringel   [ganze Portion ca. 3300 (290) Cal.

			Gr.	Cal.	
1000	Mehl	$\frac{1}{2}$ kg	500	1750	Teigbereitung nach 909—914
500	Milch	$\frac{1}{4}$ Lit.	250	162	und 919 — auf Blech gebak-
270	Ei	3 St.	135	250	ken (897) ca. $\frac{3}{4}$ St — kann
200	Butter		100	750	auch in anderer Gestalt ge-
200	Zucker		100	390	backen werden, als kleineres
80	Rosinen		40	80	Backwerk, Stolle (Christ-
20	Zitronat		10		stolle usw.), Napfkuchen usw.
	Zitronenöl	6 Tr.			
	Kardamome	1 Msp.			
	Salz				
120	Hefe		60		
		Teig	1195	3342	

921. Fastnachtskringel   [ganze Portion ca. 2400 (260) Cal.

			Gr.	Cal.	
1000	Mehl	$\frac{1}{2}$ kg	500	1750	Teigbereitung nach 910 und
500	Milch	$\frac{1}{4}$ Lit.	250	162	911 (914) mit zweimaligem
100	Butter		50	375	Aufgehen — der Teig wird in
180	Ei	2 St.	90	140	dünne Wurstform gerollt, ab-
	Zucker, Salz, wenig				geschnitten und zu Kringeln
50	Hefe		25		geformt — nach Aufgehen
		Teig	915	2427	auf mehlbestäubtem Blech
					gebacken (ca. 20 Min.).

922. Napfkuchen, einfacher — nach Heyl

[ganze Portion ca. 4400 (290) Cal.

			Gr.	Cal.	
1000	Mehl	1/2 kg	500	1750	Teigbereitung nach 912 (mit
500	Milch	1/4 Lit.	250	162	Vorteig) — der Teig muß
130	Rinderfett		65	562	nach Mischung sehr stark
130	Butter		65	562	geschlagen werden (mit der
270	Ei	3 St.	135	210	Backkelle), bis er Blasen
400	Zucker		200	780	wirft — dann in der butter-
250	Rosinen		125	250	bestrichenen Form aufgehen
	Zitronenschale} von				— gebacken bei 125° C, eine
	Zitronensaft }1/2 Zitr.				gute Stunde — in der Form
50	Mandeln		25	142	erkalten lassen — anstatt
60	Hefe		30		Hefe auch mit Backpulver
		Teig	1395	4418	(20 g).

---

923. Brioche I (echt franz.).

[ganze Portion ca. 2800 (390) Cal.

			Gr.	Cal.
1000	Mehl	1/2 kg	500	1750
150	Butter		75	562
630	Ei	7 St.	315	490
250	Wasser	1/8 Lit.	125	
	Zucker (wenig)			
50	Hefe		25	
	Salz	Teig	1040	2802

÷ Brioche II

[ganze Portion ca. 3900 (270) Cal.

			Gr.	Cal.
1000	Mehl	1/2 kg	500	1750
500	Butter	1/4 kg	250	1875
360	Ei	4 St.	180	280
250	Wasser	1/8 Lit.	125	
	Zucker (wenig)			
100	Hefe		50	
	Salz	Teig	1105	4905

÷ Brioche III.

[ganze Portion ca. 6000 (300) Cal.

			Gr.	Cal.	
1000	Mehl	1/2 kg	500	1750	Teigbereitung nach 912 (mit
1000	Butter	1/2 kg	500	3750	Vorteig) — der Vorteig wird
450	Ei	5 St.	225	350	mit einem Drittel des Mehles
250	Wasser	1/8 Lit.	125		bereitet (sehr locker), mit
180	Zucker		40	156	etwas vom Wasser, mit der
00	Hefe		50		Hefe (etwas Zucker). Das
		Teig	1440	6006	übrige wird später zu einem

sehr weichen Teig gemacht
(stark bearbeitet) — sehr sorgfältig mit dem Vorteig vermischt —
zum Aufgehen gestellt (kühl, 4—5 St.) der Teig wird in große
und ganz kleine Wecken geformt — die kleinen oben auf die
großen angebracht — auf dem Blech zum Aufgehen hingestellt —
mit glatt gerührtem Dotter bestrichen — in heißem Ofen gebacken (30—40 Min.) — wird auch in kleinen Formen gebacken.

17*

924. ÷ **Gugelhupf I** (Hagdahl)   [ganze Portion ca. 3800 (350) Cal.

			Gr.	Cal.
1000	Mehl	½ kg	500	1750
250	Butter	⅛ kg	125	935
540	Ei	6 St.	270	420
500	Rahm (gew.)	¼ Lit.	250	420
150	Zucker		75	292
	Salz, Gewürz			
70	Hefe		35	
		roh	1255	3817

Die Butter wird mit dem Zucker weiß gerührt — dann allmählich mit den Dottern, der Hefe und dem Rahm verrührt — danach mit dem Mehl und Salz, ganz allmählich, in kleinen Portionen — sehr lange gerührt — bis sich der Teig vom Löffel löst — und dann noch einige Minuten — zuletzt werden die Eiweiße als steifer Schnee eingerührt — in Form, halb gefüllt, zum Aufgehen gestellt — in nicht zu heißem Ofen zu backen.

925. ÷ **Gugelhupf II** (Naumann)   [ganze Portion ca. 4250 (200) Cal.

1000	Mehl	½ kg	500	1750
500	Butter	¼ kg	250	1875
250	Rahm (gew.)	⅛ Lit.	125	420
125	Zucker		60	234
30	Hefe		30	
	Salz	Teig	965	4279

Butter, Zucker, Salz werden schäumig gerührt — das Mehl (feinstes) wird darauf ausgesiebt, damit verrührt mit der Hefe und dem Rahm und gewürzt — sehr stark geschlagen, so daß der Teig Blasen wirft — kann dann noch mit Mandeln und kandierter Zitronenschale (80 g von jedem) oder mit Korinthen, Rosinen (60 g) verrührt werden.

Der Teig wird in eine gebutterte und ausgestreute Form gebracht (ca. halb voll) — zum Aufgehen gestellt — mit Butter leicht bestrichen — im Ofen gebacken (ca. 1 St.) — gestürzt — mit Zucker bestreut — kann mit eingestochenen, geschnittenen Mandeln verziert werden.

926. ÷ **Feines Brot** zum Kaffee   [ganze Portion ca. 3650 (300) Cal.

1000	Mehl	½ kg	500	1750
250	Butter	⅛ kg	125	935
360	Ei	4 St.	180	280
250	Zucker	⅛ kg	125	585
360	Milch	³⁄₁₆ Lit.	180	120
80	Hefe		40	
	Salz, Gewürz	Teig	1150	3670

Das Mehl wird mit der Milch und den Eiern zu Teig verarbeitet — mit Zucker und dann mit der Butter und Hefe vermischt — zum Aufgehen (kühl) gestellt — in Form im Ofen gebacken.

927. ÷ Savarin I
[ganze Portion ca. 3450 (330) Cal.

			Gr.	Cal.
1000	Mehl	½ kg	500	1750
250	Butter	⅛ kg	125	900
450	Ei	5 St.	225	350
500	Milch	¼ Lit.	250	162
150	Zucker		75	292
100	Hefe		50	
		Teig	1220	3454

÷ Savarin II
[ganze Portion ca. 4950 (450) Cal.

			Gr.	Cal.
1000	Mehl	½ kg	500	1750
500	Butter	¼ kg	250	1875
720	Ei	8 St.	360	560
150	Dotter	5 St.	75	270
400	Milch	⅕ Lit.	200	125
125	Rahm (gew.)	¹⁄₁₆ Lit.	60	105
160	Zucker		80	312
100	Hefe		50	
		Teig	1575	4997

÷ Savarin III

			Gr.	Cal.
1000	Mehl	½ kg	500	1750
1000	Butter	½ kg	500	3750
770	Ei	9 St.	385	630
250	Rahm (gew.)	⅛ Lit.	125	210
100	Hefe		50	
50	Zucker		25	
	Salz	Teig	1585	6530

[ganze Portion ca. 6500 (410) Cal.

Teigbereitung nach 912, mit Vorteig, oder, nach Escoffier, so: das Mehl wird in eine Schüssel gesiebt — mit Salz und Rahm (oder Milch) gut vermischt und geknetet, und mit der Hefe (im Rahm verrührt) — der Teig wird zum Aufgehen auf recht warmer Stelle hingestellt, gut zugedeckt (nachdem die Butter in kleinen Stücken daraufgelegt ist) — bis der Teig bis auf das Doppelte gestiegen ist — dann die Butter eingeknetet, und der Teig sehr stark geschlagen, bis ganz zähe — dann erst wird der Zucker eingeknetet.

Das Backen geschieht in einer mit Butter gut ausgestrichenen Randform oder in Form von anderer Gestalt — die nur bis ²⁄₃—½ gefüllt wird — wonach aufgehen lassen, bevor in den Ofen gebracht; nicht zu heiß — ca. 40 Min.

Das Anrichten. Der Savarin wird gestürzt — noch warm übergossen und durchtränkt mit einem warmen Zuckersirup, der in verschiedenster Weise gewürzt sein kann (etwas Likör, oder Wein, oder Fruchtsaft, gemischt) — abgekühlt angerichtet mit Fruchtkompott, Rahmschnee usw.

Savarin IV

läßt sich aus viel einfacheren (gesünderen) Teigen bereiten — z. B. die Hefeteige 916 b, 917 a und b und ähnliche — ebenso angerichtet.

928. Baba

wie Savarin — zur selben Portion mit noch:

Rosinen   100 g   werden erst mit dem Zucker eingeknetet —
Korinthen 100 g   auch mit etwas kandierter Zitronenschale
(Zitronat).

Kap. 106. Backwerk aus Hefeteigen mit Butter.

929. Kleine Kümmelbretzel   [ganze Portion ca. 2250 (200) Cal.

			Gr.	Cal.
1000	Mehl	¹/₂ kg	500	1750
100	Butter		50	375
500	Milch	¹/₄ Lit.	250	162
50	Hefe		25	
	Salz, Kümmel		Teig 825	2287
	(ganzer)			

Teigbereitung nach 910—911 — der fertige Teig wird in dünne Wurstform ausgerollt — abgeschnitten — zu kleinen Kringeln geformt — die einen Augenblick in kochendes Wasser getaucht, dann auf bestrichenem Blech gelegt — mit geschlagenem Ei bestrichen — mit ganzem Kümmel bestreut — hellbraun im Ofen gebacken werden — gewöhnlicher Weißbrotteig kann auch so verwendet werden.

930. Kringel   [ganze Portion 2850 (210) Cal.

1000	Mehl	¹/₂ kg	500	1750
150	Butter		75	452
200	Zucker		100	390
120	Rosinen		60	120
500	Milch	¹/₄ Lit.	250	162
50	Zitronat		25	
	Kardamome usw.			
80	Hefe		40	
			Teig 1050	2874

Teigbereitung nach 910—914 — Backen im Ofen auf Blech oder in der Form als Kringel, Wecken, Stolle, Napfkuchen (auch mit halb Weizen-, halb Kartoffelmehl) — auch mit verschiedenen größeren Buttermengen und Gewürzen und mit anderen Zutaten zu bereiten.

931. ÷ **Stolle** — nach Hannemann [ganze Portion ca. 3450 (225) Cal.

			Gr.	Cal.	
1000	Mehl	1/2 kg	500	1750	Teigbereitung nach 912 —
250	Butter	1/8 kg	125	937	mit Vorteig aus der halben
500	Milch	1/4 Lit.	250	162	Milch, ein Fünftel des Mehls
200	Zucker	1/10 kg	100	390	und der Hefe — das übrige
125	Rosinen		60	120	Mehl mit dem Zucker, der
125	Korinthen		60	120	Zitronenschale, dem Salz
60	Zitronat		30		vermischt, mit Milch, Butter
70	Hefe		35		(oder Sana) flüssig, in dem
	Zitronengelb	Teig	1160	3479	Vorteig zu einem Teig gut

durchknetet — zuletzt die
Rosinen und Korinthen darunter gearbeitet — der Teig zum Aufgehen hingestellt — dann auf butterbestrichenes, mehlbestaubtes
Blech lang gelegt, dreifingerdick ausgerollt, mit Butter bepinselt,
mit den Längsseiten übereinandergeklappt — nochmals aufgegangen, in gut durchheiztem Ofen gebacken (1 St.) — herausgenommen, heiß mit Butter bepinselt — dick mit Puderzucker
bestreut — anstatt der Rosinen auch süße Mandeln (125 g).

932. ÷ **Butterhörnchen** [ganze Portion ca. 3900 (210) Cal.

				Cal.	
1000	Mehl	1/2 kg	500	1750	Teigbereitung nach 911. —
500	Butter	1/4 kg	250	1875	Der Teig wird dünn aus-
500	Milch	1/4 Lit.	250	162	gerollt, in dreickige Stücke
100	Zucker		50	195	geschnitten, die aufgerollt
	Salz				und in Gestalt von Hörnchen
80	Hefe		40		umgebogen werden — auf
		Teig	1090	3982	Blech im Ofen gebacken —

auch zu verwenden als:
Wecken, Brötchen usw. — kann auch mit weniger und mit
noch mehr Butter (bis 375 g pro 1/2 kg Mehl) bereitet werden —
letzterenfalls mit etwas mehr Hefe.

Klasse VI.

Kuchen — gerührte Teige.

Kap. 107. Allgemeine Regeln für Bereitung gerührter Teige.

933. Weil es bei diesen Teigen gewöhnlich an Hefe fehlt (wovon,
während der Teigbereitung und des Backens, Aufblähung und Porosität
zuwege gebracht wird, durch Entwicklung von Kohlensäure und Alkohol)
— oder an Backpulver (was während des Backens durch abgespaltene
Kohlensäure aufbläht) muß die Leichtigkeit, die Porosität auf anderem
Wege erreicht werden.

Es soll einerseits

1. dem Teige eine besondere Zähigkeit verschafft werden, was meistens durch reichliche Einmischung von Ei oder Butter, auch durch teilweises Abbacken des Mehles mit Butter geschieht; aber es soll andererseits

2. durch genügend reichliche Einmischung von Luft (gewöhnlicher athmosphärischer Luft) eine Aufblähung hervorgebracht werden. Daß der Teig in der Beziehung genug hat, ersieht man daraus, daß derselbe, ganz weiß wird.

Für solchen Zweck soll nun erstens das Mehl das leichteste, feinste sein — und es soll notwendigerweise frisch durchgesiebt sein, bevor es in den Teig kommt; der Zucker soll auch sehr fein sein, Staubzucker. Das Rühren des Teiges soll sehr anhaltend sein.

934. Teigrühren, erste Art — für gewöhnlichen gerührten Teig.

Butter, Zucker werden weiß gerührt (wenigstens 20 Min.) — dann werden die Eier eingerührt — ein Ei aufs Mal — bis die Masse ganz weiß ist — dann nach und nach das Gewürz und das Mehl — $^1/_2$—1 St. und mehr — zuletzt die übrigen Zutaten.

935. Teigrühren, zweite Art — für soufflierten Teig.

Wie 934 — nur so, daß von den Eiern anfangs nur die Dotter und erst zu allerletzt die Eiweiße als steifer Schnee eingerührt werden.

936. Teigrühren, dritte Art — abgebrannter, gerührter Teig.

Mit der Butter und ebensoviel von dem Mehl wird eine Einbrenne bereitet (469, 11. b) — die dann mit den übrigen Teilen vereinigt wird — mit den Eiern entweder ganz, oder geteilt in Dotter und Eierschnee.

937. Das Backen geschieht auf Blech oder in Form (gut gebuttert) — besonders die soufflierten Teige sind sofort in den Ofen zu bringen.

Kap. 108. Biskuit — Zuckerbrot.

1. Mit Eiweiß allein.

938. + **Geduldzeltchen** — nach Jaworska.

			Gr.	Cal.	
1000	Mehl		85	297	Eiweiß zu steifem Schnee ge-
1600	Zucker		140	546	schlagen, wird mit dem
700	Eiweiß	2 St.	60	32	Zucker und dem Mehl ver-
		Teig	285	875	mischt — man formt mit

dem Löffel runde Busserln, legt sie auf ein mit weißem Wachs bestrichenes Blech — läßt sie 2 St. am warmen Orte stehen, damit sie austrocknen — und backt sie in einer mäßig warmen Röhre.

939. Silberkuchen [ganze Portion ca. 2400 (170) Cal.

		Gr.	Cal.
1000	{Mehl (Weizen-)	125	437
	{Kartoffelmehl	125	437
360	Butter	90	680
800	Staubzucker	200	780
720	Eiweiß 6 St.	180	96
	Vanille, gest. ½ St.		
250	Wasser 4 Eßl.	60	
	Teig	780	2430

Die Butter wird weiß gerührt, dann mit dem Zucker verrührt (20 Min.); weitere 10 Min. mit dem Wasser und dem Mehl — zuletzt mit den Eiweißen (als steifer Schnee) — in Form gegeben, gleich in den recht heißen Ofen gebracht. — Das Einmischen des Eierschnees hat am besten mittels eines flachen, breiten Messers zu geschehen.

2. Mit ganzem Ei.

940. + Zitronenbrot

[ganze Portion ca. 990 (70) Cal.

		Gr.	Cal.
1000	Mehl	125	437
1000	Zucker	125	487
360	Ei 1 St.	45	70
	Zitronenschale		
	Vanille Teig 295		994

941. + Doktor(Kuchen)torte (Dr. Caroline Steen)

[ganze Portion 2050 (210) Cal.

		Gr.	Cal.
1000	Mehl	200	700
1250	Zucker	250	975
1350	Ei 6 St.	270	420
	Gewürz		
	Teig	720	2095

942. + Schwamm(Kuchen)torte („Sponge cake")

[ganze Portion ca. 1750 (190) Cal.

		Gr.	Cal.
1000	Mehl	135	472
1660	Zucker	225	877
2000	Ei 6 St.	270	420
	Gewürz Teig 630		1769

Für 940, 941, 942: Teigbereitung nach 934 — Backen nach allgemeinen Regeln (940 dünn ausgerollt — in kleine Kuchen ausgestochen, 941, 942 in Form).

943. + Biskuittorte
[ganze Portion ca. 1300 (110) Cal.

		Gr.	Cal.
1000	Mehl	125	437
1400	Zucker	175	681
1040	Ei 3 St.	130	210
	Teig 430		1328

944. + Biskuittorte
[ganze Portion ca. 1800 (180) Cal.

		Gr.	Cal.
1000	Mehl (Kartoffel-)	125	437
2000	Zucker	250	975
2160	Ei 6 St.	270	420
	Teig 745		1832

945.　+ Biskuit(Zucker)zeltchen　[ganze Portion ca. 1400 (210) Cal.

		Gr.	Cal.
1000	Mehl	125	437
1000	Zucker	125	487
2520	Ei　7 St.	315	490
	Teig 565		1414

Für 943—944—945: Teigbereitung 935 — Backen nach allgemeinen Regeln.

946.　Sachertorte (nach Heyl)
[ganze Portion ca. 1750 (140) Cal.

		Gr.	Cal.
1000	Mehl	70	245
2500	Chokolade	175	815
1570	Zucker	110	429
2140	Dotter　4 St.	60	216
	Eiweiß　3 St.	90	48
	Teig 505		1753

Vanillezucker　1 Eßl.
Zitronenzucker 1 Eßl.
Schokoladenglasur
Butter zur Form
— Teigbereitung nach 935.
— Backen in Form.

947.　Rahmkuchen (Hagdahl)
[ganze Portion ca. 1400 (180) Cal.

		Gr.	Cal.
1000	Mehl	100	350
500	Zucker	50	195
2250	Ei　5 St.	225	350
2500	Rahm, fett $^1/_4$ Lit.	250	535
	Zitronenschale		
	Teig 625		1430

Rahm (als steifer Schnee) wird mit den Dottern verrührt, dann mit den Eiweißen (als steifer Schnee) — zuletzt mit dem Mehl — wird in kleinen, mit Butter ausgestrichenen und mit Mehl ausgestreuten Formen gebacken.

948.　+ Tütchen oder Hohlhippen　[ganze Portion ca. 1950 (230) Cal.

			Cal.
1000	Mehl	125	125
2000	Zucker	250	974
2680	Ei　8 St.	360	560
	Vanillezucker 1 Eßl.		
	Teig 735		1971

Ei und Zucker werden 1 St. gerührt und dann mit dem Mehl — in dünner Lage auf ein fettbestrichenes Blech ausgebreitet — in heißem Ofen einige Minuten gebacken — in viereckige Stücke geschnitten — noch warm zu Tütchen aufgerollt — mit Rahmschnee gefüllt anzurichten — und mit Marmelade u. dgl.

949.　+ Süßes Teebrot　[ganze Portion ca. 2100 (230) Cal.

			Cal.
1000	Mehl	150	525
2000	Zucker	300	1170
1800	Ei　6 St.	270	420
	Saft und Schale		
	von 1 Zitrone		
	Rosenwasser 1 Eßl.		
	Mandeln, gerieb.	50	285
	Teig 770		2115

Teigbereitung 935 — Backen nach den allgemeinen Regeln.

Kap. 109. Honig- und Sirupskuchen.

Die Teige werden nach Regeln 933—935 abgerührt — diese Teige können ihres hohen Zuckergehaltes nicht recht zähe werden. Daher genügt meistens nicht einfaches Lufteinrühren — es muß dazu gewöhnlich ein luftabspaltendes Pulver — gewöhnlich Hirschhornsalz oder Backpulver — in den Teig gemischt werden.

a) Ohne luftabgebendes Lockerungsmittel.

950. Grahammehl-Honigkuchen nach Jaworska (Lebkuchen mit Weizenschrotmehl)   [ganze Portion ca. 900 (90) Cal.

			Gr.	Cal.
1000	Weizenschrotmehl		60	210
1660	Zucker		100	390
750	Honig		45	135
2250	Ei	3 St.	135	210
		Teig	340	945

Staubzucker wird mit den Dottern ¹/₂ St. lang abgerührt — Honig und Mehl, zuletzt die zu Schnee geschlagenen Eiweiße hinzugegeben und alles gut untermischt — die Masse in eine mit Butter bestrichene Zwiebackform gegossen und in einer ziemlich heißen Röhre gebacken — sodann herausgenommen, etwas erkaltet mit scharfem Messer in schiefe Vierecke oder Schnitten geteilt — und in der Röhre noch einmal schön braun geröstet.

951. Italienischer Lebkuchen nach Jaworska

[ganze Portion ca. 3100 (310) Cal.

			Gr.	Cal.
1000	Weizenschrotmehl		200	700
1250	Milchzucker		250	975
500	Manna, reinstes		100	390
625	Honig		125	375
2250	Ei	10 St.	450	700
		Teig	1125	3140

Die Dotter werden mit dem Milchzucker weiß gerührt — Manna mit Honig erwärmt und aufgelöst — nach Erkalten mit der Dottermasse verrührt — zuletzt mit dem Eiweiß, zu Schaum geschlagen und mit dem Mehl — die Masse tüchtig umgerührt — in eine mit Butter bestrichene Form gegossen — und gebacken — an kühlem Ort gestellt — in längliche Stücke geschnitten — in der Röhre leicht gebacken.

b) Mit luftabgebenden Lockerungsmitteln.

952. Roggenmehl-Honigkuchen — „französische" — nach Hagdahl

[ganze Portion ca. 1600 (90) Cal.

		Gr.	Cal.
1000	Roggenmehl	250	875
500	Honig	125	375
500	Sirup	125	375
60	{Potasche	12	
	}Hirschhornsalz	3	
	Teig	515	1625

Honig und Sirup werden miteinander gekocht — Potasche, Hirschhornsalz in etwas Wasser aufgelöst, darin gemischt — mit dem Mehl zu Teig verrührt — der gut und lange verarbeitet wird — und 8 Tage ruhen soll — wird in kleinen Kuchen auf Blech gebacken.

953. Christiansfelder Sirupskuchen — einfache

[ganze Portion ca. 1900 (120) Cal.

1000	Mehl	250	875
500	Weißbrot oder Graubrotteig	125	ca. 280
1000	Sirup	250	750
	Teig	625	1905

Der Sirup wird erwärmt — mit dem Mehl verrührt — mit dem Teig (904, 905) gut verknetet — dünn ausgerollt auf ein mit Butter leicht bestrichenes Blech gebracht — mit Eiweiß (in Wasser stark verdünnt) bepinselt — mit einer Gabel geprickelt — in ziemlich warmen Ofen gebacken — in Vierecke zerschnitten ($^1/_2$ Mandel auf jedes Stück gelegt).

954. Sirupskuchen, gewürzter (B. Thörrestrup)

[ganze Portion ca. 1900 (130) Cal.

1000	Mehl		250	875
1000	Sirup		250	750
180	Puderzucker		45	175
360	Ei	2 St.	90	140
60	Ingwer (gestoßen)		15	
100	Pomeranzenschale		25	
80	Zitronat		20	
40	Hirschhornsalz		10	
	Teig		705	1940

Dotter wird mit Zucker weiß gerührt — nach und nach mit dem übrigen, zuletzt mit den Eiweißen (als steifer Schnee) verrührt — gebacken bei mäßiger Wärme in 1 St. in einer mit Butter gut ausgestrichenen Form — herausgenommen — glaciert mit einem mit Zucker (15 g) verrührten Eiweiß (für längere Zeit haltbar — eignet sich für Verzehrung in mit Butter bestrichenen Scheiben).

955. Englische Pfefferkuchen nach „Hemmets Kokbok"
[ganze Portion ca. 2100 (100) Cal.

			Gr.	Cal.
1000	Mehl		250	875
500	Sirup		125	375
500	Zucker		125	487
500	Schlagrahm	$^1/_8$ Lit.	125	375
	Ingwer	$^1/_2$ Eßl.		
	Zitronenöl	$^1/_4$ Tl.		
	Sodapulver	$^1/_2$ Eßl.		
	Teig		625	2112

Der Sirup wird hell gerührt — mit Zucker, Sodapulver, Gewürz und dem Rahm (zu steifem Schnee geschlagen) verrührt — zuletzt mit dem Mehl — ausgerollt (nicht zu dünn), in runde Kuchen ausgestochen (die mit Wasser leicht überpinselt werden), bei mäßiger Wärme gebacken.

956. Honigkuchen, einfache.

Nach 951 zu bereiten, mit Honig für Sirup.

957. Echte Christiansfelder Honigkuchen
[ganze Portion ca. 4400 (250) Cal.

			Gr.	Cal.
1000	Mehl		500	1750
1000	Honig		500	1500
500	Puderzucker		250	975
270	Ei	3 St.	135	210
	Zimt, Ingwer			
	Nelken, gestoßen oder			
	gehackt von jed. $^1/_2$ Tl.			
	Hirschhornsalz $^1/_2$ Tl.			
	Teig		1385	4435

Der Honig wird mit dem Zucker gekocht — das Mehl und die Eier (eins aufs Mal) damit verrührt — dann das Gewürz und Hirschhornsalz — wird stark gerührt bis blasig — in ausgestrichene Form gebracht — mit Zitronat und Mandeln belegt, bei mittlerer Wärme 2 St. gebacken — herausgenommen.

958. Honigkuchen, gewürzte (B. Thörrestrup) — mit Butter und Ei
[ganze Portion ca. 2500 (190) Cal.

			Gr.	Cal.
1000	Mehl		250	875
800	Honig		200	600
200	Zucker		50	195
200	Butter*)		50	375
540	Ei	3 St.	135	210
200	Mandeln		50	285
	Zimt, wenig			
	Nelken, wenig			
	Pomeranzenschale		10	
	Teig		745	2540

Honig, Zucker, Butter (weich gerührt) und Gewürz werden miteinander in einem Kochtopf auf dem Feuer verrührt — etwas erkaltet, mit dem Mehl und den Eiern zu Teig verrührt — in mit Butter ausgestrichener Form reichlich 1 St. gebacken.

*) Butter kann weggelassen werden.

Kap. 110. Kuchen aus fetten und fettesten Teigen mit Ei und Butter; mit Butter allein.

959. Die Regeln für Bereitung dieser Teige sind dieselben wie für andere gerührte Teige (933—936). Wegen des hohen Fettgehaltes (der Schwere) mancher dieser Teige kann es geboten sein, neben dem sehr sorgfältigen, lange anhaltenden Rühren auch noch ein chemisches, luftabgebendes Lockerungsmittel zu verwenden (15—25 g Backpulver auf $1/_2$ kg Mehl usw.).

960. Natron(Soda)kuchen
[ganze Portion ca. 2350 (160) Cal.

			Gr.	Cal.
1000	Mehl		250	875
360	Ei	2 St.	90	140
300	Butter		75	561
500	Rahm, fett $1/_8$ Lit.		125	210
400	Zucker		100	390
100	Mandeln		25	142
100	Korinthen		25	50
	Schale von $1/_2$ Zitr.			
60	Backpulver		15	
		Teig 705		2368

Teigbereitung nach 934 — in Form gebacken.

961. Brauner Kuchen
[ganze Portion ca. 2700 (130) Cal.

			Gr.	Cal.
1000	Mehl		250	875
180	Ei	1 St.	45	70
500	Butter		125	937
500	Milch	$1/_8$ Lit.	125	81
500	Zucker		125	487
500	Korinthen		125	250
	Kardamome $1/_2$ Tl.			
	Nelken	$1/_2$ Tl.		
	Zimt	$1/_2$ Tl.		
	Sodapulver $1/_2$ Tl.			
		Teig 795		2700

962. Kleine Zuckerbretzeln
[ganze Portion ca. 1450 (110) Cal.

			Gr.	Cal.
1000	Mehl		250	875
180	Ei	1 St.	45	70
260	Butter		65	487
125	Rahm, fett	2 Eßl.	30	64
	Zitronenöl	4 Tr.		
	Kardamome	$1/_4$ Tl.		
	Vanille			
12	Hirschhornsalz $1/_2$ Tl.		3	
		Teig 393		1496

Teig gerührt nach 934 — wird in dünne Würste ausgerollt — die flach gedrückt, zu kleinen Bretzeln geformt mit in Wasser verquirltem Eiweiß bestrichen und in feingestoßenem Zucker umgewendet werden (auch ein wenig feingehackte Mandeln) — hell gebacken.

963. Napfkuchen (ohne Hefe)
[ganze Portion ca. 1500 (120) Cal.

			Gr.	Cal.
1000	Mehl		250	875
360	Ei	2 St.	90	140
250	Butter		60	450
250	Milch	$1/_{16}$ Lit.	60	40
40	Backpulver		10	
	Zucker, wenig			
	Vanille	Teig 470		1505

Teig gerührt nach 934 (sehr lange) — in nur $3/_4$ gefüllter Form gebacken (in ein Wasserbad mit kochendem Wasser gestellt) im Ofen (ca. $1 1/_2$ St.).

964. Sandtorte I
[ganze Portion ca. 3000 (225) Cal.

			Gr.	Cal.
1000	{Mehl		250	875
	{Kartoffelmehl		125	437
360	Ei	3 St.	135	210
333	Butter		125	937
333	Zucker		125	500
333	Milch	$^1/_8$ Lit.	125	80
	Kardamome; Teig 885			3039

(Msp.)
Schale von 1 Zitr.
Backpulver

965. Sandtorte II
[ganze Portion ca. 4150 (210) Cal.

			Gr.	Cal.
1000	Mehl		250	875
900	Ei	5 St.	225	350
1000	Butter		250	1874
1000	Zucker		250	1000
60	Mandeln		15	85
	Vanille	Teig 990		4184

Für 964—965: Teigbereitung nach 935 — gebacken in Form ca. 1$^1/_2$ St.

966. Sandtorte III, norwegische   [ganze Portion ca. 3900 (160) Cal.

1000	Kartoffelmehl		250	875
360	Ei	2 St.	90	140
250	Eiweiß	2 St.	60	32
1000	Butter		250	1875
1000	Zucker		250	1000
	Schale von	Teig 900		3922
	$^1/_2$ Zitr.			
	Vanillezucker $^3/_4$ Tl.			

Teigbereitung nach 934 (wenigstens 1 St. zu rühren) — gebacken in Form ca. 1 St.

967. Kleine Kuchen:

I. Vanillekränzchen
[ganze Portion ca. 2950 (125) Cal.

1000	Mohl	250	875
650	Butter	160	1200
650	Zucker	160	624
200	Mandeln	50	285
	Rosenwasser	620	2984
	$^1/_2$ Eßl.		

Vanille $^1/_3$ St.
Hirschhornsalz 1 Tl.
(knapp)
Wasser nach Bedarf

II. Vierspezies-Kuchen
[ganze Portion ca. 3400 (130) Cal.

1000	Mehl		250	875
760	Butter		190	1425
1000	Zucker		250	1000
360	Ei	2 St.	90	140
		Teig 780		3440

Teigbereitung nach 934 oder 935 — auf Blech gebacken in verschiedener Form, als Kränzchen oder rund ausgestochene, flache Kuchen.

968. Tante Harriets Dienstagskuchen [ganze Portion ca. 4250 (220) Cal.

			Gr.	Cal.
1000	Mehl		250	875
1000	Ei	5 St.	250*)	350
1000	Butter		250	1875
1000	Zucker		250	975
120	Korinthen		30	60
100	Mandeln (gerieb.)		25	142
		Teig	1055	4277

Teigbereitung nach 935 — in Form gebacken ca. 1 St. (bei überwiegender Oberwärme) — kann ohne Mandeln gemacht werden — kann mit Einlage von Aprikosen-, Zwetschenkompott oder Orangemarmelade gemacht werden — Margarine kann für Butter verwendet werden.

969. Mürbeteig I [ganze Portion ca. 2500 (135) Cal.

1000	Mehl		250	875
500	Butter		125	937
600	Zucker		150	585
360	Ei	2 St.	90	140
		Teig	615	2537

Teig gerührt nach 934 — mit Kneten zuletzt — ca. $^1/_2$ cm dick ausgerollt und gebacken — verwendbar zum Einbacken von Frucht (Pasteten) — zu Tortenböden usw. — kann süßer gemacht werden — auch gesalzen, für Verwendung wie 970.

970. Mürbeteig II [ganze Portion ca. 2550 (150) Cal.

1000	Mehl		250	875
760	Butter		190	1425
20	Zucker	1 Tl.	5	20
360	Ei	2 St.	90	140
60	Dotter	1 St.	15	54
180	Rahm	3 Eßl.	45	76
	Salz	Teig	595	2590

Teigbereitung und Backen wie 969 — verwendbar für Einbacken von Fisch- und Fleischzubereitungen, Farcen usw. (Pasteten usw.) — auch süß zu bereiten, für Verwendung wie 969.

971. Butterteig (Blätterteig) **I** — gewöhnliche, französische Vorschrift [ganze Portion ca. 5500 (180) Cal.

1000	Mehl		500	1750
1000	Butter		500	3750
	Wasser	$^1/_4$ Lit.	250	
	Cognac, Salz			

Das Mehl wird auf eine Holzplatte gesiebt — in die Mitte desselben wird das Wasser gegossen, mit Cognac und dem Salz — wird vermischt und geknetet, bis der Teig die Finger und die Platte losläßt. Der Teig wird dann zusammengeschoben und zu einer Dicke von ca. 3 cm flachgedrückt. — Die Butter (von derselben Weichheit wie der Teig) wird in Stücke zerteilt, auf den zu einer viereckigen, ca. 30 cm großen Platte ausgerollten Teig gelegt — die Platte wird einmal zusammengeklappt — die Ränder sorgfältig aneinander-

---

*) Mit der Schale gewogen.

gedrückt — und zu einer Länge von ca. 1 m ausgerollt — in
3 Teile zusammengeklappt — hat somit „eine Tour" bekommen
— soll dann 10 Min. ruhen — wieder zu gleicher Größe (1 m) ausgerollt, wieder dreifach zusammengeklappt (2. Tour) — soll
wieder ruhen — dann eine 3. Tour — und nach Wunsch auch
4., 5., 6. Tour — jedesmal mit Ruhezeit — zuletzt in, für verschiedenem Zweck, gewünschte Dicke ausgerollt, ausgeschnitten
und gebacken (ca. $^1/_4$ St. bei guter Unterwärme). Die ganze
Bearbeitung ist kühl zu halten — das Ausrollen muß — besonders
die ersten Male — sehr vorsichtig geschehen — man kann auch
von Anfang an ein Drittel der Butter in den Teig mit einkneten.

972. Blätterteig II, weniger fett [ganze Portion ca. 1800 (100) Cal.

			Gr.	Cal.
1000	Mehl		250	875
360	Butter		90	675
500	Milch	$^1/_8$ Lit.	125	81
200	Zucker		50	195
	Hefe	Teig 515		1826
	Kardamome			
	Salz usw.			

Teigbereitung ganz nach 971 —
wird ca. $^1/_2$ cm dick ausgerollt —
in verschiedene Formen geschnitten und gelegt — mit Ei bestrichen, mit Zucker, Mandeln
usw. bestreut — zum Aufgehen
gestellt — auf Blech im Ofen
gebacken.

973. Abgebrannter Kuchenteig I für verschiedenes Gebäck

[ganze Portion ca. 1650 (230) Cal.

1000	Mehl		250	875
160	Butter		40	300
100	Zucker		25	97
900	Ei	6 St.	225	420
2000	Wasser	$^1/_2$ Lit.	500	
	Zucker, Salz	Teig 940		1692

Teigbereitung nach 936 — der
Teig wird $^1/_2$—1 cm dick ausgerollt, ausgeschnitten, mit starker Unterwärme auf mit Butter
bestrichenem Blech gebacken —
oder in Gestalt kleiner Klöße
mit dem Löffel abgesetzt —
oder in kleine Formen — Backzeit ca. 20—25 Min.

974. Abgebrannter Kuchenteig II [ganze Portion ca. 3150 (230) Cal.

1000	Mehl		250	875
1000	Butter		250	1875
1080	Ei	6 St.	270	420
1300	Wasser	$^3/_8$ Lit.	375	
	Zucker oder Salz		1145	3170

Teigbereitung, Backen, Verwendung wie 973.

Kap. 111. Mandelteig; und damit bereitete Kuchen.

975. Mandelmasse „Marzipan" I, gestoßen

[ganze Portion ca. 2400 (210) Cal.

		Gr.	Cal.
1000	Mandeln*)	250	1425
1000	Zucker	250	975
250	Eiweiß 2 St.	60	32
	Gewürz	560	2432

Die Mandeln (ausgesuchte) werden abgebrüht oder 24 St. in kaltes Wasser gelegt — abgezogen — im Mörser ganz fein gestoßen, langsam, unter Zusatz der Eiweiße und dem Gewürz (Vanille-, Rosenwasser-, Zitronengeschmack usw.) und dem Zucker (feiner, weißer), der sorgfältig eingearbeitet wird — verwendet für Kuchenteige, zum Backen usw.

Mandelmasse „Marzipan„ II, geröstet

[ganze Portion ca. 2400 (196) Cal.

		Gr.	Cal.
1000	Mandeln	250	1425
125	Eiweiß 1 St.	30	16
1000	Zucker	250	975
		530	2416

Die Mandeln werden gestoßen (975), mit den Eiweißen und dem Zucker — auf einer Pfanne bei sehr schwacher Wärme (ausgeglühte Röhren mit Asche bedeckt) unter fortwährendem Umwenden gebacken — ohne braun zu werden — bis die Masse fest geworden — und nicht mehr klebrig ist — dann verschiedentlich verwendet.

976. Makronen I, bittere
[ganze Portion 3400 (250) Cal.

		Gr.	Cal.
1000	Mandeln (davon bittere 75 g)	250	1425
2000	Zucker	500	1950
600	Eiweiß 5 St.	150	80
		900	3455

Makronen II, süße
[ganze Portion 2250 (235) Cal.

		Gr.	Cal.
1000	Mandeln (bittere 10 g)	250	1425
800	Zucker	200	780
480	Eiweiß 4 St.	120	64
		570	2269

Teigbereitung nach 975 — wird in kleinen Kuchen auf Blech gebacken.

977. Mandelteig I
[ganze Portion 8150 (1010) Cal.

		Gr.	Cal.
1000	Weißbrot	250 ca.	625
2600	Mandeln	650	3705
2500	Zucker	625	2437
3960	Ei 20 St.	990	1400
		2515	8167

Mandelteig II
[ganze Portion 8950 (1240) Cal.

		Gr.	Cal.
1000	Mehl	250	875
2500	Mandeln	625	3562
2500	Zucker	625	2437
5400	Ei 30 St.	1350	2100
		2850	8974

*) Bis ca. $^1/_5$ können bittere sein.

÷ **Französische Mandelmasse** — Hampel

[ganze Portion ca. 4150 (320) Cal.

			Gr.	Cal.
1000	Mandeln		150	855
1200	Zucker		180	702
1660	Butter		250	1875
2400	Ei	8 St.	360	560
400	Mehl		60	190
			1000	4182

Die Mandelmasse wird nach 975 bereitet mit Einkneten von Mehl und Butter — zuletzt mit den Eiweißen, als steifer Schnee — fingerdick ausgerollt, gebacken — in Stücke zerteilt — die, mit Fruchtmarmelade dazwischen, aufeinander gelegt werden — und glaciert werden können — verwendet als Teekonfekt, zu Eis usw.

978. ÷ **Judenkuchen** nach Hagdahl   [ganze Portion ca. 3000 (125) Cal.

1000	Mehl	250	875
700	Butter	175	1307
500	Zucker	125	487
290	Mandeln: süße	50	285
	bittere	10	57
	Zimt Teig 610		3011

Der Teig wird nach 934 gerührt, mit den Mandeln (nach 975 vorbereitet) — dünn ausgerollt, zu runden Kuchen ausgestochen — auf Blech gebacken (12—15 Min.).

Schale von $^{1}/_{2}$ Zitr.
Kardamome
Hirschhornsalz 1 Tl.

979. ÷ **Linzermasse I**
[ganze Portion ca. 5400 (360) Cal.

1000	Mehl	250	875
1000	Zucker	250	975
1000	Butter	250	1875
1000	Mandeln	250	1425
720	Ei 4 St.	180	280
		1180	5430

Linzermasse II
[ganze Portion ca. 7150 (450) Cal.

		Gr.	Cal.
1000	Mehl	250	875
1200	Zucker	300	1170
1600	Butter	400	3000
1200	Mandeln	300	1710
1080	Ei 6 St.	270	420
		1520	7175

Klasse VII.

Brot und Kuchen, zweimal gebacken u. dgl.

Kap. 112. Zwieback — Schnitte — Teebrot — Kakes.

980. Teigbereitung nach gewöhnlichen Regeln (Kap. 100, 103). Der Teig wird in kleinen Wecken auf das Blech gesetzt, zum Aufgehen an warmen Ort $^{3}/_{4}$ St. gestellt — in heißem Ofen gebacken — abgekühlt, mit einem scharfen Messer durchgeschnitten — wieder in den Ofen gebracht — bei schwacher Wärme getrocknet (ca. 1 St.).

18*

981. Weizenschrotmehlschnitte nach Jaworska

[ganze Portion ca. 2850 (160) Cal.

		Gr.	Cal.
1000	Weizenschrotmehl 250		875
1000	Zucker	250	975
800	Milchzucker	200	800
540	Ei 3 St.	135	210
	Teig	835	2860

Teig wird nach 935 gemacht — wird in dünner Lage in einer mit Butter ausgestrichenen Zwiebackform in mäßig heißer Röhre $^1/_4$—$^1/_2$ St. gebacken — erkaltet, in Schnitte zerlegt — auf trockenem Blech in der Röhre geröstet — die Masse kann auch ziemlich dünn auf ein Blech gestrichen werden, und nach dem Backen in schiefe Vierecke geschnitten und geröstet werden.

982. + Zwiebacke oder Schnitte aus Weizenmehl, magere, „Gesundheitszwieback" (Jaworska) [ganze Portion ca. 1300 (150) Cal.

1000	Mehl		250	875
80	Butter		20	150
360	Ei	2 St.	90	140
80	Zucker		20	78
500	Milch	$^1/_8$ Lit.	125	81
	Salz			
60	Hefe		15	
	Teig		520	1324

Vorteig wird bereitet mit einem Viertel des Mehles, mit der Hefe und der Milch — nach Aufgehen desselben wird die erweichte Butter, mit Zucker, Dottern, dem übrigen Mehl und der Milch zu Teig verknetet — zuletzt die zu steifem Schnee geschlagenen Eiweiße eingemischt — und gut geknetet — an warmen Ort gestellt ($^3/_4$ St.), um aufzugehen — ein längliches Laibchen wird daraus geformt, welches nach Aufgehen mit Milch bestrichen, in Zwiebackform gelb gebacken wird — am 2. Tage mit scharfem Messer in Schnitte zerlegt — mit Zucker auf beiden Seiten bestreut; auf Backblech ausgebreitet, in ziemlich heißer Röhre geröstet — kann einige Wochen aufbewahrt werden.

983. Zwiebacke I, fettere

[ganze Portion ca. 1750 (120) Cal.

1000	Mehl	250	875
250	Butter	60	450
180	Ei 1 St.	45	70
500	Rahm, gew. $^1/_8$ Lit. 125		210
180	Zucker	45	170
	Kardamome Teig 525		1775
	Salz		
	Backpulver 1 Tl.		

984. Zwiebacke II, fetteste

[ganze Portion ca. 2200 (150) Cal.

			Gr.	Cal.
.000	Mehl		250	875
500	Butter		125	937
360	Ei	2 St.	90	140
250	Milch	$^1/_{12}$ Lit.	80	54
200	Zucker		50	195
	Salz	Teig 595		2201
	Backpulver 1 Tl.		

Teigbereitung nach 895 und 913 — auf Blech als Wecken gebacken, in Zwiebacke geschnitten und geröstet (980).

985. + Braune Teebrötchen

		Gr.	Cal.
1000	Mehl	250	875
360	Ei 2 St.	90	140
250	Eiweiß 2 St.	60	32
300	Zucker	75	290
	Zimt 1 Tl. Teig 475		1337

Hirschhornsalz 1 Tl.
Schale v. ¹/₂ Zitr.

[ganze Portion ca. 1300 (160) Cal.

Eier, Zucker werden mit dem Gewürz, mit dem Mehl und zuletzt mit den Eiweißen in steifem Schnee zu Teig verarbeitet — in flacher, ausgestrichener Form in fingerdicker Lage gebacken — gekühlt — geschnitten (in längliche Vierecke) — geröstet.

986. + Biskuitzwieback

1000	Mehl, feinstes	250	875
720	Ei 4 St.	180	280
1000	Staubzucker	250	975
	Kaneel, Teig 680		2130

gestoßen
Hirschhornsalz, wenig;
  oder Backpulver

[ganze Portion ca. 2150 (180) Cal.

Teigbereitung und Backen nach 934 u. 937 — in recht dünner Lage — abgekühlt, in Vierecke zerschnitten — und bei sehr schwacher Wärme im Ofen getrocknet.

987. + Schweizer Zwieback nach Jaworska

[ganze Portion ca. 1000 (90) Cal.

1000	Mehl		100	350
150	Dotter	1 St.	15	54
900	Eiweiß	3 St.	90	48
1500	Zucker		150	585
		Teig 355		1037

Die Eiweiße mit Zucker zu steifem Schnee geschlagen, werden mit dem Dotter und Mehl verrührt (gestoßener Anis nach Wunsch) — gut vermischt — der Teig dann auf ein gebuttertes Blech gestrichen — mit Zucker bestreut — halb gebacken — zerschnitten — fertig gebacken.

Kakes und desgleichen.

988. Roggenkakes (schwedisches „Knäckebröd")

[ganze Portion ca. 1300 (110) Cal.

1000	{ Roggenmehl, feines		200	700
	{ Weizenmehl		50	175
200	Butter		50	375
180	Ei	1 St.	45	70
250	Wasser	4 Eßl.	60	
	Kümmel		5	
	Salz	Teig 410		1320

Hirschhornsalz
  1 Tl.

Alle Zutaten werden miteinander zu Teig geknetet — zuletzt mit Ei und Zucker — soll ¹/₂ St. ruhen an kühler Stelle — wird sehr dünn ausgerollt — mit einem Glas zu runden Kuchen ausgestochen — geprickelt — auf gut ausgestrichenem Blech 20 bis 30 Min. gebacken — aus grobem Roggenmehl (ganz oder teilweise) ebenso.

989. Graham-Kakes oder -Rollen (E. Hansen)

[ganze Portion ca. 1200 (110) Cal.

		Gr.	Cal.
1000	{ Weizenschrotmehl	125	437
	{ Weizenmehl, feines	125	437
800	Rahm ¹/₅ Lit.	200	336
	Salz Teig	450	1210

Mehl, Rahm, Salz werden gut verknetet; der Teig 4—5 mal zerteilt und wieder zusammengeschlagen — dünn ausgerollt — rund ausgestochen und geprickelt — bei mäßiger Hitze hell gebacken (gute ¹/₂ St.) — für **Rollen** wird der Teig in Würste von ca. 2 cm Durchmesser ausgerollt — in ca. 8 cm lange Stücke zerschnitten — an drei Stellen abgeritzt — hell gebacken.

990. Weizenkakes, magere

[ganze Portion ca. 1300 (138) Cal.

1000	Mehl		250	875
360	Ei	2 St.	90	140
100	Butter		25	187
120	Zucker		30	117
250	Wasser ¹/₁₆ Lit.		60	
	Hirsch- Teig		455	1319
	hornsalz ¹/₂—1 Tl.			

Der Teig wird stark gerührt — dann dünn ausgerollt — in runde oder viereckige Stücke geteilt — geprickelt — bei schwacher Wärme gebacken.

991. Weizenkakes, recht fette
[ganze Portion ca. 1650 (110) Cal.

1000	{ Weizenmehl	175	610
	{ Kartoffelmehl	75	255
180	Ei 1 St.	45	70
300	Butter	75	560
240	Zucker	60	234
320	Wasser ca. ¹/₁₂ Lit.	80	
	Hirschhornsalz		
	¹/₂—1 Tl. Teig 310	1729	

Teigbereitung und Backen wie 990.

992. Weizenkakes, sehr fette
[ganze Portion ca. 2600 (100) Cal.

		Gr.	Cal.
1000	Mehl	250	875
700	Butter	175	1310
250	Zucker	60	234
500	Rahm ¹/₈ Lit.	125	210
	(gew.)		
	Hirschhornsalz		
	¹/₂—1 Tl. Teig 610	2629	

993. Gerstenmehlkakes

[ganze Portion ca. 1250 (160) Cal.

1000	{ Gerstenmehl	125	437
	{ Kartoffelmehl	125	425
180	Ei 1 St.	45	70
120	Zucker	30	117
500	Rahm ¹/₈ Lit.	125	210
	(gew.) Teig 450	1259	

Teigbereitung nach 934 — Backen nach 988.

994. Haferkakes nach Forward   [ganze Portion ca. 1800 (90) Cal.

		Gr.	Cal.
1000	Hafermehl	250	875
500	Butter	125	937
	Doppeltkohlen-		
	saures Natr. $^1/_2$ Tl.		
500	Wasser, ca. $^1/_8$ Lit.	125	
	Salz Teig	500	1812

Das Mehl wird mit der Butter, mit Salz, Natron und Wasser geknetet — der Teig ganz dünn ausgerollt — ausgestochen und geprickelt — in heißem Ofen (oder auf Rost) gebacken.

Kap. 113. Verschiedene Verwendungen von Brot und Kuchen.

995. Brotwasser — Heyl.

Schwarzbrot	125	
oder Graubrot		
Zucker	20	78
Wasser 1 Lit.	1000	
Salz, Cognac oder		
Zitronensaft		

Das Brot wird dunkelbraun gebacken — kleingeschnitten — mit kochendem Wasser übergossen — erkaltet, durch ein feines Haarsieb geseiht — mit Cognac oder Saft, Salz, Zucker abgeschmeckt — kalt verabreicht — man kann auch einen gebratenen Apfel und ein Stückchen Apfelsinenschale zum Anrichten mit in das Brotwasser legen.

996. Verschiedene Brotverwendungen im vorhergehenden und folgenden:

Milchsuppe und Sauce mit Brot abgerührt . 22, 23, 24
Rahmsauce mit Brot 47
Eieromelett, Eierkuchen mit Brot 328, 333, 341
Fleischsuppe mit Broteinlage 464
Fleischsuppe mit Brot abgerührt 469, 492
Fleischbrühsauce mit Brot abgerührt 565
Fleisch-Fischfarcen mit Brot 683, 691, 693
Gemüsesuppe mit Brot abgerührt 1233, 1242
Gemüse mit Brot abgerührt 1323
Gemüse-Teige(-Farcen) mit Brot 1369, 1377, 1380
                                          1384, 1387
Fruchtsuppen, Sauce mit Brot 1539
Fruchtfarcen mit Brot. 1647, 1648, 1650
                                          1655, 1659, 1661
Biersuppen mit Brot . . . . Kap. 190
Weinsuppe mit Brot abgerührt 1881

997.　Röstbrot, allgemeine Regeln

Vollkommen gutes Rösten von Brot ist keine leichte Sache (ist aber diätetisch sehr wichtig). Es soll die rechte Trockenheit erreicht haben, so daß die Speichelaufsaugung beim Kauen begünstigt werde. — Es soll die rechte gelbbraune Farbe haben, als eine sehr wichtige Eigenschaft — nämlich als Zeichen einer guten Umbildung von Stärke in Dextrin (und Karamel).

Dies läßt sich erreichen, wenn von Anfang an nur schwache Wärme gegeben wird, die das Brot ganz durchdringen kann, bevor sich die dichtende Kruste bildet — und erst später die stärkere Wärme, bei der die gelbbraune Färbung zustande kommt.

Das verwendete Brot soll immer altbacken sein (1—2 Tage).

998.　+ Trocken geröstetes Brot = „Toast".

Das Brot (gewöhnlich Weißbrot) wird in $^3/_4$—1 cm dicke Scheiben geschnitten (die Rinde kann bleiben oder abgeschnitten werden) und wird dann

1. auf eine Gabel gesteckt und unter fortwährendem Wenden über eine Flamme gehalten (Gas- oder über ausgeglühte Kohlen), bis das Brot an beiden Flächen gleichmäßige gelbe Farbe bekommen; oder

2. wird zwischen den Stäben des Rostes (Fig. 29) angebracht, in derselben Weise gelb geröstet; oder

3. wird auf ein Blech oder eine Pfanne gelegt — die in einem heißen Backofen gestellt wird; oder

4. auf eigenen Röstplatten geröstet (bestehend aus einer Asbestplatte mit Drahtgeflecht überzogen; Fig. 30).

Das Röstbrot ist immer eben vor Gebrauch zuzubereiten. Die Scheiben dürfen nach dem Rösten nicht aneinander gelegt werden; am besten jede für sich in eigenes Gestell gesteckt werden.

999.　÷ Fett geröstetes Brot.

Nachdem die Brotscheiben halb fertig geröstet sind, werden sie mit Butter bestrichen (jedenfalls möglichst dünn) und fertig geröstet.

1000.　+ Brotwürfelchen, trocken geröstete.

Das Brot wird kleinwürfelig zerschnitten (gewöhnlich ohne Rinde) — auf ein Blech oder eine Pfanne gelegt und in der Röhre langsam trocken und hellbraun geröstet — oder auf der Asbeströstplatte (Fig. 39).

1001.　+ Brotwürfelchen, mit Zucker geröstete, „glacierte Brotkroutons".

Weißbrotschnitte werden in verschiedene Formen ausgestochen oder zerschnitten (viereckig, rund, oval), mit Zucker dicht bestreut und mit heißem Gratineisen glaciert — oder in heißer Röhre auf trockener Pfanne gebacken.

1002. ÷ **Gebackene Brotwürfelchen** (in Zucker und Butter).

Zucker wird auf einer Pfanne zu flüssigem, hellen Karamel gebräunt und Butter (möglichst wenig, 1 Tl. auf 1 Eßl. Zucker) eingerührt. Brotwürfelchen darauf gegeben und fleißig gewendet (mit breitem Messer) — bei schwacher Wärme, bis spröde und hellbraun geworden.

1003. Brot in Rahm gebacken = einfache „arme Ritter".

Brotscheiben oder weiche Zwiebacke werden etwas angeröstet — in Rahm (oder Milch) getunkt, mit welcher Ei oder Eidotter verkleppert worden ist; auf einer mit Butter bestrichenen Pfanne oder Platte in einen heißen Backofen gestellt — und gebacken, bis sie oberflächlich trocken sind (auch auf dem Rost zu rösten).

1004. Kalte Zwiebackspeise — nach Heyl.

Zwiebäcke werden leicht aufgeweicht in einem Gemisch von Rotwein, Wasser, Zucker, etwas Vanille (eine Nelke), Zitronenzucker usw. — werden mit ganzer frischer Frucht belegt, oder mit Fruchtkompott — auf Eis gestellt — ca. 3 St. — mit etwas Fruchtsaft übergossen — mit Rahm oder Rahmschnee angerichtet.

1005. ÷ **Brotfarce** — „Panade".

			Gr.	Cal.	
1000	Weißbrot		125	312	Die Rinde wird abgeraspelt —
480	Butter		60	450	das Brot einige Stunden in
1800	Ei	5 St.	225	350	Milch eingeweicht und aus-
	Salz, wenig				gedrückt — mit der ge-
	Muskat		Teig 410	1112	schmolzenen Butter abge-
	Zucker				backen (oder lieber nur ab-
	Milch				gerührt) die Masse, er-
					kaltet, mit den Eiern — eins

für eins — gut und lange verrührt — kann mit noch anderen Zutaten bereitet werden, wie: Korinthen, Mandeln, Kardamome, Vanillezucker usw. — einfacher auch mit Wasser für Milch.

1006. + Auflauf mit Brotschnitten — Jaworska

[ganze Portion ca. 1050 (180) Cal.

			Gr.	Cal.
1000	Weißbrot		250	625
250	Milch	$^1/_{16}$ Lit.	60	40
250	Rahm	3—4 Eßl.	60	100
300	Dotter	5 St.	75	270
360	Eiweiß	3 St.	90	48
	Zimt.	1 Msp.		
120	Rosinen		30	
	(Sultana)		Teig 565	1083

Die Brotschnitten werden in der mit den 2 Dottern verquirlten Milch eingeweicht — die Butter nach und nach mit den 3 Dottern angerührt, und dem Rahm, Zimt und den Rosinen — zuletzt mit den zu steifem Schnee geschlagenen Eiweißen — abwechselnd schichtenweise in eine gebutterte Form gelegt — $^1/_2$ bis $^3/_4$ St. bei mäßiger Wärme gebacken — gestürzt — mit Rahmschnee belegt anzurichten — oder mit einer Fruchtsauce.

1007. Weißbrot- oder Zwiebackpudding

[ganze Portion ca. 1950 (160) Cal.

			Gr.	Cal.
1000	Weißbrot (Zwieback)		250	625
400	Brot		100	750
540	Ei	3 St.	135	210
200	Zucker		50	195
200	Sultanarosinen		50	100
	Schale von $^1/_2$ Zitrone			
	Salz		Teig 710	1960

Scheiben von altgebackenem Brot (oder Zwiebäcke) werden mit Butter bestrichen, dicht aufeinander in eine Puddingform gepackt, mit Rosinen dazwischen — Milch mit Eiern, Salz und anderem Gewürz verquirlt, wird darauf gegossen — nachdem es 1 St. unter leichtem Druck gestanden, wird der Pudding ca. 1 St. zugedeckt, auf Wasserbad gekocht — Korinthen, Zitronat können anstatt der Rosinen verwandt werden — mit Rotweinsauce, Eiersauce anzurichten.

Klasse VIII.

Mehlspeisen in Fett gekocht oder gebraten.

Kap. 114. Backwerk in Fett gekocht — Friture.

1008. Allgemeines.

Das Kochen von Mehlspeisen in Fett geschieht nach den 615—617 angegebenen allgemeinen Regeln. Gewöhnlich ist das Kochen 2. Grades das beste. Besonders anzuempfehlen dürfte sein ein Gemisch von Schweinefett mit Rinderfett. Die Abfettung mittels Löschpapier soll hier eine besonders sorgfältige sein. (Eigenes Friturekochgefäß mit Einsatz vgl. Fig. 16.)

1009. ÷ Räderkuchen I

[ganze Portion ca. 1900 (116) Cal.

			Gr.	Cal.
1000	Mehl		250	875
250	Butter		60	450
500	Zucker		125	487
60	Rahm, fett	1 Eßl.	15	32
180	Ei	1 St.	45	70
	Schale von ½ Zitrone			
	Kardamome		Teig 495	1914

Der Teig wird mit dem Mehl und dem Rahm und den Eiern gerührt und geknetet, lange und genau — wird sehr dünn ausgerollt — in längliche Streifen (ca. 4 cm) zerschnitten, mit einem Kuchenrädchen — und dann diese quer (in ca. 10 cm lange Stücke), wonach die Stücke längs der Mitte der halben Länge nach durchschnitten werden und das eine Ende durch die Spalte gezogen wird — ein- oder zweimal — werden dann in Fett hellbraun gebacken und — entfettet.

1010. Räderkuchen II

[ganze Portion ca. 1600 (162) Cal.

			Gr.	Cal.
1000	Mehl		250	875
125	Butter		30	225
250	Zucker		60	234
125	Rahm, gew.	2 Eßl.	30	50
360	Ei	2 St.	90	140
125	Dotter	2 St.	30	108
	Zitronenschale		Teig 490	1632
	Kardamome usw.			

1011. Pasteten (kleine) — Kroustaden

[ganze Portion ca. 1200 (132) Cal.

			Gr.	Cal.
1000	Mehl		250	875
180	Ei	1 St.	45	70
20	Zucker	1 Tl.	5	19
60	Öl	1 Eßl.	15	135
	Salz	½ Tl.		
1000	Milch ca. ⅛ Lit.		125	81
	Bier, leichtes ⅛ Lit.		125	37
			Teig 565	1217

Teig wird ½ St. vor Gebrauch angerührt — in einer (1 Lit. fassende) Kasserolle wird Backfett (mit dem Backeisen darin) erhitzt — bis der dabei erzeugte zischende Laut aufgehört — der Teig wird in eine Schüssel gegeben (so tiefe, daß das Eisen beim Eintunken den Boden nicht berührt) — das Eisen aus dem Fett gehoben, wird an einem feuchten Tuch abgestrichen — schnell in den Teig getunkt und mit daran haftender Schicht von Teig in das Fett 1 Min. (reichlich) gehalten, bis hellbraun gebacken; mit einer Nadel abgehoben — umgekehrt auf Löschpapier gelegt.

1012. Frituretteig I

[ganze Portion ca. 1150 (118) Cal.

			Gr.	Cal.
1000	Mehl		250	875
250	Eiweiß	2 St.	60	32
125	Öl	2 Eßl.	30	270
500	Wasser	⅛ Lit.	125	
	Salz		Teig 465	1177

Frituretteig II

[ganze Portion ca. 1550 (234) Cal.

			Gr.	Cal.
1000	Mehl		250	875
1080	Ei	6 St.	270	420
120	Öl	2 Eßl.	30	270
60	Weißwein	1 Eßl.	15	
	Salz		Teig 565	1565

Auch mit weniger Eiern zu bereiten, bis nur 2 St. — Teige in gewöhnlicher Weise angerührt — werden verwendet als Hülle für Risolles, Croquettes, Boulettes u. dgl. mit Füllung von Fischfleischsalpicons; für Beignets mit Früchten; zum Einbacken von ganzen Äpfeln usw.

1013. ÷ **Schneebälle** — B. Thörrestrup. [ganze Portion 2750 (324) Cal.

			Gr.	Cal.
1000	Mehl		250	875
500	Butter		125	937
1000	Rahm, gew.	¹/₄ Lit.	250	420
1440	Ei	8 St.	360	560
	Mandeln	6 St.		
	Teig		985	2792

Mehl und Butter werden abgebrannt — die Masse mit dem Rahm verrührt (nach Bedarf auch etwas mehr) zu einem recht festen Teig — der nach Abkühlung mit den Eiern abgerührt wird (eins aufs Mal) — wird in Gestalt großer Klöße ausgestochen, in Fett gekocht.

Kap. 115. Mehlspeisen auf der Pfanne gebraten.

1014. ÷ **Plinsen** — „Pannequets“ — spröde, einfache [ganze Portion ca. 1300 (118) Cal.

			Gr.	Cal.
1000	Mehl		250	875
2000	Bier, leichtes	¹/₂ Lit.	500	ca. 150
240	Eiweiß	2 St.	60	32
120	Öl	2 Eßl.	30	270
	Salz } wenig			
	Zucker }	Teig	840	1327

Die verschiedenen Dinge werden miteinander glatt verrührt — mit den Eiweißen als Schnee (Milch kann anstatt Öl verwendet werden) — der Teig wird in dünner Schicht auf einer möglichst wenig fetten Pfanne auf beiden Seiten spröde, hellbraun gebacken — Backfett oder auch Butter (ausgewaschene) verwendbar für die Pfanne — Ei (1 St.) kann auch noch in den Teig gemischt werden — anderes Gewürz, Kardamome, Zitronenöl usw., auch verwendbar.

1015. ÷ **Plinsen** — einfache — mit Hefe [ganze Portion ca. 1250 (194) Cal.

			Gr.	Cal.
1000	Mehl		250	875
360	Ei	2 St.	90	140
1500	Milch	³/₈ Lit.	375	243
80	Hefe		20	
	oder			
	Backpulver		25	
	Salz			
	Teig		760	1258

Teig — mit den Eiweißen als Schnee zuletzt — gerührt — Backen wie 1014.

1016. ÷ **Plinsen, feinere** [ganze Portion ca. 1700 (250) Cal.

			Gr.	Cal.
1000	Mehl		250	875
2500	Milch	⁵/₈ Lit.	625	405
240	Bier, leicht	¹/₁₆ Lit.	60	15
100	Butter		25	187
540	Ei	3 St.	135	210
	Salz		Teig 1095	1722
	Zucker			
	Kardamom			
	Zitronenöl			

Mehl, Bier, etwas Milch, Salz, Zucker werden mit den Dottern und der erweichten Butter verrührt (¹/₄ St.) — dann mit der übrigen Milch — 1 St. später die zu Schnee geschlagenen Eiweiße — sofort zu verbacken — auch Plinsen, feinere — mit Mehl — mit Milch 625,

Hefe 10 oder Backpulver 12 — und mit den ganz eingerührten Eiern

1017. ∴ **Russische Mehleierkuchen** — abgebackene

[ganze Portion ca. 2450 (230) Cal.

			Gr.	Cal
1000	Mehl		125	437
1000	Butter		125	937
2000	Rahm	¼ Lit.	250	420
2000	Wasser	¼ Lit.	250	
2160	Ei	6 St.	270	420
320	Zucker		40	156
160	Mandeln		20	114
		Teig	1080	2484

Butter wird mit Mehl abgebacken und mit Wasser abgerührt — erkaltet, mit Dottern ganz allmählich verrührt, zuletzt mit dem Rahm und mit den Eiweißen als Schnee — zu zwei, ca. 1 cm dicken Kuchen hellgelb gebacken — aufeinandergelegt, mit Marmelade oder Früchtekompott dazwischen angerichtet — obenauf mit Zucker bestreut.

1018. ∴ **Setzeierpfannekuchen**   [ganze Portion ca. 1250 (222) Cal.

1000	Mehl		250	875
2000	Buttermilch	½ Lit.	500	175
540	Ei	3 St.	135	210
	Zucker, Salz			
	Zitronenöl			
	doppeltkohlens. Natron			
	1 Tl.	Teig	885	1260

Der Teig wird gerührt, erst mit den Dottern, dann mit den Eiweißen als Schnee (auch mit nur 2 Eiern) — die Setzeierpfanne wird gewärmt — in jeder Vertiefung wird etwas Butter heiß gemacht, eine Portion des Teiges mit einem Löffel daraufgelegt — erst auf der einen, dann auf der anderen Seite braun gebraten — vor dem Umwenden kann eine kleine Portion Fruchtmarmelade oder Kompott eingelegt werden.

1019. **Griesplätzchen**   [ganze Portion ca. 490 (90) Cal.

1000	Grütze	¼ Lit.	250	ca. 350
40	Mehl		10	35
180	Ei	1 St.	45	70
40	Zucker		10	39
		Teig	315	494
	Butter oder Backfett			

Die mit Milch und Gries gekochte Grütze (nach 849 bis 853, 857—861) wird kalt mit dem Mehl und Ei und Zucker verrührt und sofort auf einer Pfanne (in Butter oder Backfett) kleine Plätzchen daraus gebacken — mit Zucker bestreut, angerichtet.

Klasse IX.

Mehl-, Gries-, Brot-Auflauf oder Soufflee — in Form gebacken.

Kap. 116. Auflauf — von gerührten und abgebrannten Teigen.

1020. Bereitung des gerührten Teiges.

Mehl (Gries) und Milch (oder Wasser) werden zu Grütze gekocht nach Kap. 90. Die Grütze wird nach Erkalten mit den Dottern und den übrigen Zutaten (nicht zu stark) verrührt — zuletzt mit leichter Hand die zu Schnee geschlagenen Eiweiße eingerührt — wonach die Masse sofort in die mit Butter ausgestrichene Form und in den Ofen gebracht wird — um gebacken zu werden (es ist zweckmäßig, die Form in eine Pfanne mit kochendem Wasser zu setzen).

Zum Backen soll der Ofen gut heiß sein — mit mehr Unterwärme anfangs — mehr Oberwärme später.

1021. + Mehlvanilleauflauf   [ganze Portion ca. 1250 (180) Cal.

			Gr.	Cal.	
1000	Mehl		100	350	Die aus Mehl und Milch
5000	Milch	1/2 Lit.	500	325	gekochte Grütze (Kap. 90)
1350	Ei	3 St.	135	210	wird nach Erkalten gerührt
1000	Zucker		100	390	und gebacken, nach 1020 —
	Vanillezucker	Teig 835		1275	verschiedene Geschmacks-
	2 Eßl.				zusätze (Zitronensaft und
					-schale, Zimt) sind auch
					anzuwenden.

1022. + Maismehlauflauf   [ganze Portion ca. 1300 (210) Cal.

				Cal.	
1000	Mehl		100	350	Die aus Mehl, Wasser, Milch
1000	Wasser	6 Eßl. ca.	100		gekochte Grütze wird nach
4000	Milch, reichl.	3/8 Lit.	400	243	1020 zu Teig verrührt und
2250	Ei	5 St.	225	350	gebacken — auch mit ver-
1000	Zucker		100	390	schiedenen anderen Mehl-
	Gewürz	Teig 925		1333	sorten.

1023. Mehlauflauf mit Kakao   [ganze Portion ca. 1350 (220) Cal.

				Cal.	
1000	Mehl		100	350	Die Dotter mit Zucker und
350	Kakao		35	164	Gewürz weiß gerührt, werden
1000	Zucker		100	390	mit dem Mehl stark zu-
900	Dotter	6 St.	90	324	sammengeschlagen und mit
2700	Eiweiß	9 St.	270	144	dem Kakao — zuletzt mit
	Gewürz	Teig 595		1372	dem Eiweißschnee verrührt
					usw. (ca. 30 Min. gebacken).

1024. + Tapiokaauflauf   [ganze Portion ca. 1350 (532) Cal.

			Gr.	Cal.
1000	Tapioka		100	350
5000	Milch	½ Lit.	500	325
750	Zucker		75	295
2700	Ei	6 St.	270	420
	Butter, Gewürz		Teig 945	1390

Die aus Tapioka und Milch gekochte Grütze wird zu Teig verarbeitet nach 1020 — kann auch mit etwas weich gerührter Butter verrührt werden — verschiedenes Gewürz kann verwendet werden — die Form kann vor Einfüllen des Teiges mit Karamelzucker überzogen werden (223).

Reisauflauf
Weizengriesauflauf } ebenso (mit Gries).
Maisauflauf

1025. + Reisauflauf mit Rahm (Seignobos)
                    [ganze Portion ca. 1400 (270) Cal.

1000	Reis		200	700
2500	Milch	½ Lit.	500	325
1350	Ei	3 St.	270	420
	Zucker, Gewürz			
	Schlagrahm		Teig 485	722

Der mit der Milch gargekochte Reis wird gesüßt und gewürzt — halb kalt gerührt — dann mit den geschlagenen Dottern und dem Eiweißschnee verrührt — in Form gelegt in abwechselnden Schichten mit zu sehr steifem Schnee geschlagenen Rahm — 25—30 Min. gebacken.

1026. Kalter Reisauflauf mit Kaffee — Seignobos
                    [ganze Portion ca. 1300 (200) Cal.

1000	Reis		100	355
3750	Milch	³⁄₈ Lit.	375	243
1000	Zucker		100	390
2250	Ei	5 St.	225	350
	Vanille			
1000	Kaffee, stark		100	
	(auch Rum,		Teig 900	1338
	Kaffee)			

Der Reis in der stark gesüßten und mit Vanille gewürzten Milch gekocht, wird mit den Dottern und dem Kaffee verrührt — zuletzt mit dem Eierschnee — in Form gebacken — kalt angerichtet, mit einer Vanillecreme darübergegossen.

1027. Brotauflauf (Hampel)   [ganze Portion ca. 1450 (220) Cal.

1000	Brot		100	250
600	Butter		60	450
3600	Ei	8 St.	360	560
600	Zucker		60	234
	Milch		Teig 580	1494

Das mit Milch aufgeweichte und ausgedrückte Brot wird mit Zucker, Dotter, Butter — zuletzt mit dem Eiweißschnee verrührt — in Form gebacken.

Auflauf mit abgebranntem Teig:

1028. Bereitung des abgebrannten Teiges.

Milch (oder Rahm) wird mit der Butter (wo solche zur Verwendung kommt) gekocht — das Mehl (oder Gries oder aufgeweichtes Brot) wird damit vermischt und auf schwacher Wärme gekocht, bis sich die Masse vom Löffel und Geschirr loslöst — dann werden nach Erkalten der Masse die Dotter eingerührt und übrige Zutaten, die Eiweiße als steifer Schnee zuletzt — sofort in Form in den Ofen gebracht und gebacken.

1029. Mehlauflauf nach Naumann   [ganze Portion ca. 2000 (265) Cal.

			Gr.	Cal.
1000	Mehl		100	350
600	Butter		60	450
2500	Milch	1/4 Lit.	250	162
3600	Ei	8 St.	360	560
1200	Zucker		120	468
	Gewürz	Teig	890	1990

Das Mehl wird mit Butter und Milch abgebacken — der Teig übrigens nach 1028 bereitet — als Gewürz: Vanille, verschiedene Früchte, Fruchtsäfte.

Griesauflauf (Weizengries, Sago usw.),
Brotauflauf (mit Brotkrume oder Zwieback) ebenso.

Für Milch kann in allen diesen Aufläufen auch **Fruchtsaft** genommen werden, mit Wasser verdünnt.

1030.   ÷ Brotauflauf   [ganze Portion ca. 1950 (155) Cal.

			Gr.	Cal.
1000	Brot		125	312
800	Butter		100	750
800	Zucker		100	390
1800	Ei	5 St.	225	350
600	Rosinen		75	150
		Teig	625	1952

Das in Milch aufgeweichte und ausgedrückte Brot wird mit der Butter abgebrannt — mit Dottern, Zucker, Gewürz verrührt (und nach Bedarf mit der Milch) — zuletzt mit dem Eiweißschnee — sofort in Form gebacken.

Klasse XI.

Omeletten in der Form oder Pudding.

Kap. 117. Mehl-, Gries-Omelette und Pudding von gerührtem Teig.

1031. + **Weizengriesomelette,** „Gateau de Semoule" nach Gouffé

			Gr.	Cal.
1000	Weizengries		200	700
3750	Milch	$^3/_4$ Lit.	750	486
50	Butter		10	75
100	Zucker		20	76
450	Ei	2 St.	90	140
	Gewürz	Teig	1070	1477

[ganze Portion ca. 146 (232) Cal.

Die aus Milch mit Gries (nach Kap. 90) gekochte Grütze wird abgekühlt, mit Butter, Zucker und mit 2 Eiern verrührt — in stark gebutterter Form gebacken — kann gestürzt werden.

1032. **Reisomelette,** „Gateau de Ris" nach Gouffé

1000	Reis		100	355
5000	Milch	$^1/_2$ Lit.	500	324
750	Zucker		75	292
150	Butter		15	112
450	Ei	1 St.	45	70
		Teig	735	1151

[ganze Portion ca. 1150 (135) Cal.

Teig wird bereitet und gebacken wie 1031 — auch mit anderen Grützen — kann auch gestürzt werden.

1033. **Mehlpudding**

1000	Mehl		100	350
5000	Milch	$^1/_2$ Lit.	500	324
2700	Ei	6 St.	270	420
750	Zucker		75	292
	Salz, Zitrone,	Teig	945	1386
	Mandeln usw.			

[ganze Portion ca. 1350 (250) Cal.

Die Zutaten werden zu weichem Teig stark zusammengerührt — in stark gebutterter Form auf Wasserbad gekocht — gestürzt — mit verschiedenen Mehlen zu bereiten.

1034. **Yorkshire Pudding** nach Beeton

1000	Mehl		100	350
5500	Milch reichl.	$^1/_2$ Lit.	550	357
2250	Ei	5 St.	225	350
	Salz	Teig	875	1057

[ganze Portion ca. 1050 (230) Cal.

Das Mehl wird allmählich mit etwas der Milch verrührt zu einer glatten, steifen Masse — dann mit der, mit den Eiern verquirlten, übrigen Milch stark abgerührt — in eine inwendig mit Jus („beef dripping") ausgestrichene, niedrige Blechform gebracht — 1 Stunde im Ofen gebacken — dann noch $^1/_2$ St. unter einem zum Rösten aufgehängten Braten gestellt, um etwas von dem abfließenden Saft aufzufangen — kann auch einfach mit etwas Bratenjus übergossen werden. Aus der Form herausgenommen, in Würfel zerteilt — auf warmer Schüssel zu Rinderbraten (Rostbraten) gereicht.

Kap. 118. Mehl-, Gries-Pudding mit souffliertem Teig — gerührt oder abgebrannt.

1035.   + **Weizengriespudding,** mager [ganze Portion ca. 1200 (159) Cal.

			Gr.	Cal.
1000	Gries		100	350
5000	Milch	½ Lit.	500	325
900	Ei	2 St.	90	140
1000	Zucker		100	390
	Salz, Gewürz,			
	Apfelsinenschale	Teig	790	1205

Teigbereitung nach 1020 — die Masse in eine mit Butter gut ausgestrichene, mit gestoßenem Zwieback gut ausgestreute Puddingform gebracht — auf Wasserbad gekocht nach 714 (oder im Ofen gebacken (ca. 1½ St.);

     ebenso:

Sagopudding (Tapiokapudding).

Maispudding (Maisflockenpudding).

Reispudding.

1036. Weizengriespudding, etwas fett [ganze Portion ca. 1400 (188) Cal.

			Gr.	Cal.
1000	Gries (fein)		100	350
3750	Milch	³/₈ Lit.	375	243
200	Butter		20	150
1800	Ei	4 St.	180	280
1000	Zucker		100	390
		Teig	775	1413

Wie 1035 — auch mit anderen Griesen und feineren Grützen.

1037. Griespudding, recht fett   [ganze Portion ca. 1400 (177) Cal.

			Gr.	Cal.
1000	Gries		100	350
3000	Milch	reichl. ¼ Lit.	300	202
500	Butter		50	375
1800	Ei	4 St.	180	280
500	Zucker		50	195
		Teig	680	1402

Wie 1035 — kann auch in Form gebacken werden — mit Weizengries, Tapioka, ferner Maisgries — feiner Reisgrütze zu bereiten — auch mit Rahm für Milch — auch mit nur 2 Eiern.

1038. Weizengriespudding, fett   [ganze Portion ca. 1700 (225) Cal.

			Gr.	Cal.
1000	Gries		100	354
3000	Milch	reichl. ¼ Lit.	300	202
700	Butter		70	525
2700	Ei	6 St.	270	420
600	Zucker		60	234
	Zitrone	Teig	800	1731
	Salz			

Der Teig wird nach 1035 bereitet und gekocht — auch mit Reis, Tapioka, Sago, Mais.

1039. ÷ **Reispudding,** sehr fett   [ganze Portion ca. 2000 (340) Cal.

			Gr.	Cal.
1000	Reis		100	355
5000	Milch	1/2 Lit.	500	324
800	Butter		80	600
4500	Ei	10 St.	450	700
		Teig	1130	1979

Zitronenschale, Zimt,
Vanille oder anderes
Gewürz (Mandeln usw.)

Der Teig wird nach 1035 bereitet — und gekocht, — auch mit anderen Grützen.

1040. ÷ **Mehlpudding,** äußerst fett, „Pudding leger, dit Mousseline" nach Gouffé [ganze Portion ca. 2450 (290) Cal.

			Gr.	Cal.
1000	Mehl		100	350
1000	Butter		100	750
1500	Zucker		150	585
1800	Dotter	12 St.	180	648
3000	Eiweiß	10 St.	300	160
		Teig	830	2493

Mehl, Butter, Zucker, Dotter werden miteinander auf Wasserbad verkocht — dann die Eiweiße zu steifem Schnee geschlagen eingerührt — in einer gebutterten und mit Zucker ausgestreuten Form auf Wasserbad gekocht.

Mehl-, Gries-Pudding mit abgebackenem Teig:

1041. ÷ **Abgebrannter Mehlpudding** — nach Hannemann
[ganze Portion ca. 1800 (190) Cal.

			Gr.	Cal.
1000	Mehl		100	350
800	Butter		80	600
800	Zucker		80	312
2000	Milch (knapp)	1/4 Lit.	200	160
2250	Ei	5 St.	225	350
100	Mandeln, bittere	6 St.	10	57
	Zitronengelb v. 1/2 Zitr.			
		Teig	695	1829

Milch und Mehl glattgequirlt, werden in die zerlassene Butter gerührt — und zu festem Kloß abgebrannt — Gelbeier mit dem Zucker schäumig gerührt, die Mandeln (gerieben) und Zitronenschale hineingegeben — die Hälfte des lauwarmen Kloßteiges mit der Hälfte des Eiweißes (als Schnee) gut unterrührt — dann der übrige Kloßteig und schließlich der übrige Eiweißschnee unterzogen — der Teig in ausgestrichene Form gefüllt, 1 1/2 St. in Wasserbad gekocht — kann durch Vanille, süße Mandeln, in Würfel geschnittene Äpfel (100 g) verändert werden.

1042. ÷ **Prinzeßpudding**   [ganze Portion ca. 2500 (340) Cal.

		Gr.	Cal.
1000	Mehl	125	437
800	Butter	100	750
800	Zucker	100	390
3600	Ei 10 St.	450	700
3000	Milch ³/₈ Lit.	375	243
	Vanille, Kardamome		
	Salz Teig	1150	2520

Das Mehl (Weizen-, Reis-, Sago- oder auch sehr feine Griese) wird mit der Butter abgebrannt — etwas abgekühlt, mit den, mit dem Zucker weiß gerührten, Dottern, der Milch und den Gewürzen lange Zeit abgerührt — zuletzt mit den Eiweißen als steifer Schnee — in Form auf Wasserbad gekocht (reichlich 2 St.) — gestürzt — auch mit weniger Ei.

1043. ÷ **Schwäbischer Neunlothpudding**

ebenso — doch aber indem nur die Hälfte der Butter mit dem Mehl abgebrannt wird — während die übrige Butter mit den Dottern und dem Zucker abgerührt wird — und indem nur zu derselben Portion 2 Eier genommen werden — soll sehr stark und stetig 2 St. kochen.

1044. ÷ **Mehlpudding mit Kakao** — nach Hannemann

[ganze Portion ca. 1800 (218) Cal.

1000	Mehl		100	350
2000	Milch			
	(knapp)	¹/₄ Lit.	200	160
400	Butter		40	300
2250	Ei	5 St.	225	350
400	Kakao		40	188
1250	Zucker		125	485
		Teig	730	1833

Bereitung nach 1041 — mit Kakao, mit Zucker und Dottern verrührt.

Kap. 119. Brotpudding.

a) mit gerührtem Teig:

1045. + **Weißbrotpudding mit saurer Sahne,** mager, nach Guldberg

[ganze Portion ca. 1300 (210) Cal.

1000	Weißbrot		200	500
500	Rahm	¹/₁₀ Lit.	100	168
1350	Ei	6 St.	270	420
200	Zucker		40	156
250	Korinthen		50	100
	Gewürz	Teig	660	1344

Der Rahm wird mit den Eiern, mit Zucker, Zimt, Zitronenschale und der Brotkrume (feingerieben), zuletzt mit den (vorher eingeweichten und gedämpften) Korinthen zusammengerührt — in Form auf Wasserbad gekocht — kann auch mit süßem Rahm bereitet werden — kann auch im Ofen gebacken werden.

1046. ÷ **Brotpudding**

[ganze Portion ca. 1500 (200) Cal.

			Gr.	Cal.
1000	Weißbrot		100	250
3750	Milch	³/₈ Lit.	375	243
2250	Ei	5 St.	225	350
800	Butter		80	600
500	Korinthen		50	100
	Gewürz		Teig 830	1543

Butter wird weich gerührt, mit Zucker, Gewürz vermischt, und mit dem in der Milch aufgeweichten Brot sorgfältig zusammengerührt — dann mit den Korinthen (aufgeweicht und gedämpft), zuletzt mit den glatt gerührten Eiern — in Form auf Wasserbad gekocht.

1047. ÷ **Schwarzbrotpudding** — nach Hannemann

[ganze Portion ca. 1150 (85) Cal.

			Gr.	Cal.
1000	Schwarzbrot		100	238
450	Milch		45	29
600	Butter (oder Sanin)		60	450
900	Ei	2 St.	90	140
800	Zucker		80	312
	Zimt, Zitronenschale			
	Salz, Arrak (1 Tl.)		Teig 375	1169

Die Butter, schäumig gerührt, wird mit den Eiern und Zucker ca. ¹/₂ St. verrührt — und mit dem Gewürz — zuletzt abwechselnd das Brot (3 Tage alt, gerieben) und die Milch eingerührt — in Form ca. 1 St. gekocht — mit Weinschaumsauce oder warmem Apfelmus angerichtet.

b) mit Auflauf-Teig:

1048. Grahambrotpudding — Starker [ganze Portion ca. 1700 (210) Cal.

			Gr.	Cal.
1000	Brot		125	312
120	Butter		15	112
480	Zucker		60	234
800	Zwetschen		100	200
2000	Rahm	¹/₄ Lit.	250	420
2160	Ei	6 St.	270	420
			Teig 820	1698

Das Brot, geröstet und gerieben, wird mit dem Rahm (süß oder halb sauer), den Dottern, Zucker, Zwetschen (eingeweicht, gargekocht, von den Steinen befreit) und Butter (geschmolzen) verrührt — zuletzt mit den Eiweißen in Schnee — in einer gut gebutterten und ausgestreuten Form auf Wasserbad gekocht (ca. 1¹/₂ St.).

1049. ÷ **Weißbrotpudding** — nach Heyl [ganze Portion ca. 1950 (190) Cal.

			Gr.	Cal.
1000	Weißbrot		125	312
2000	Milch	¹/₄ Lit.	250	162
800	Butter		100	750
800	Zucker		100	390
1800	Ei	5 St.	225	350
			Teig 800	1962

Die Butter wird mit den Dottern schäumig gerührt, mit dem Zucker und dem in Milch aufgeweichten Brot und dem Gewürz — zuletzt mit den Eiweißen in Schnee — gekocht in einer mit Butter ausgestrichenen, mit Zwieback ausgestreuten Form auf Wasserbad im Ofen (ca. 1 St.).

1050. ÷ Weißbrotpudding   [ganze Portion ca. 1050 (100) Cal.

		Gr.	Cal.
1000	Weißbrot	100	250
500	Butter	50	375
1350	Ei 3 St.	135	210
500	Zucker	50	195
300	Korinthen	30	60
	Mandeln, Zitronenschale		
	Rum nach Geschmack		

Teig 365 1090

Bereitung ganz wie 1049 (die Korinthen vorher aufgeweicht und weich gedämpft).

Kap. 120. Einige besondere Arten von Pudding.

a) mit Hefeteig:

1051. Hefenpudding — nach Hannemann
[ganze Portion ca. 2900 (200) Cal.

			Gr.	Cal.
1000	Mehl		440	1540
225	Butter geschmolz.		100	750
225	Zucker		100	390
200	Ei	2 St.	90	140
1000	Milch knapp ¹/₂ Lit.		440	286
280	Korinthen oder Rosinen		125	310
100	Hefe		40	

Teig 1235 2945

Muskatblüten 1 Msp.

Die Hefe wird in der Milch aufgelöst, alle Zutaten damit zusammengerührt, tüchtig geschlagen und in die vorgerichtete Form gefüllt — man läßt den Teig gut aufgehen — die Form geschlossen, in lauwarmes Wasser gesetzt, langsam zum Kochen kommen — 2 St. gekocht — mit geschmolzener Butter und Zucker oder Fruchtsauce oder gekochtem, gebackenem Obst.

1052. Hefenpudding — nach Heyl   [ganze Portion ca. 2950 (280) Cal.

			Gr.	Cal.
1000	Mehl		500	1750
360	Milch	³/₁₆ Lit.	180	40
65	Butter		32	455
270	Ei	3 St.	135	210
100	Zucker		50	195
250	Korinthen		125	250
50	Sultana		25	50
25	Zitronat klein gewiegt		12	
	Zitronenzucker 1 Eßl.			
	Zimt	¹/₄ Tl.		
	Nelke, Salz			
50	Hefe		25	

Teig 1084 2950

Hefe mit lauwarmer Milch und ein Viertel des Mehles werden zu Hefestück bereitet — mit der zu Sahne gerührten Butter werden alle Zutaten verrührt — das aufgegangene Hefestück und das übrige Mehl damit tüchtig verschlagen und in ausgestrichener und ausgestreuter Blechform gefüllt — nachdem ¹/₂ St. aufgegangen, fest verschlossen auf Wasserbad 1¹/₄ St. gekocht — mit Fruchtsauce angerichtet.

b) ÷ englischer Pudding (Talgpudding „Plumpudding"):

1053. Einfacher Christpudding für Kinder — nach Beeton

[ganze Portion ca. 3250 (180) Cal.

			Gr.	Cal.
1000	{Mehl		200	700
	{Brotkrume		200	700
375	Talg		150	1120
225	Ei	2 St.	90	140
	Milch			
375	Rosinen		150	300
375	Korinthen		150	300
	Kand. Schale		30	
	Allerlei	Teig	970	3260
	Salz			

Der Talg wird fein gehackt — mit den abgespülten und entsteinten Rosinen und den Korinthen und den übrigen trockenen Zutaten vermischt — mit dem geschlagenen Ei und so viel Milch als nötig, um den Teig zusammenhängend zu machen — die Masse wird in ein Tuch eingebunden, in ein Gefäß mit kochendes Wasser gebracht — in 4 St. gekocht — mit einem Christdornzweig verziert, angerichtet.

1054. Christ-Plumpudding — nach Beeton

[ganze Portion ca. 4050 (150) Cal.

1000	Brotkrume		200	700
1000	Talg		200	1500
900	Ei	4 St.	180	280
2000	Rosinen		400	800
2000	Korinthen		400	800
650	Kand. Schale, gemischt		130	
	Brandy	Teig	1510	4080

Bereitet wie 1053.

1055. Plumpudding, „John Bulls own" — Beeton

[ganze Portion ca. 9950 (64) Cal.

1000	{Mehl		225	1575
	{Brotkrume		225	
1000	Talg		450	3375
1000	Zucker		450	1755
1000	Rosinen		450	900
1000	Korinthen		450	900
1000	Sultana		450	900
1000	Kand. Schale, gemischt		450	
	Salz, Allerlei			
800	Ei	8 St.	360	560
400	Brandy	1/4 Lit.	180	
	(reichl.)	Teig	3090	9965

Der Talg wird feingehackt — die Rosinen gewaschen und entsteint — und abgetrocknet, mit den Korinthen; die Schale gehackt, die Brotkrume fein gerieben und durchgesiebt — Mischung bereitet, erst Mehl, Salz, Gewürz, dann Rosinen, Schale, Brotkrume, Sultana, Korinthen — die mit Brandy verquirlten Eier dazugeschlagen und damit 75 Min. gerührt, bis vollkommen vermischt — in gut ausgestrichener Form gegeben — wird in ein abgebrühtes, innen mit Mehl ausgestreutes Tuch gebunden, in einen Kochtopf gehängt — 13 St. gekocht.

Klasse XII.

Mehl-, Gries-, Brot-Klöße.

Kap. 121. Klöße aus gerührten Teigen.

Allgemeine Regeln für die Teigbereitung vgl. 933.

1056.   + Mehlklöße, magere   [ganze Portion ca. 620 (110) Cal.

			Gr.	Cal.
1000	Mehl		100	350
900	Ei	2 St.	90	140
2000	Milch	$^1/_5$ Lit.	200	130
	Gewürz	Teig	390	620

Mehl und Milch werden zu einem steifen Brei gekocht — der mit den Eiern gerührt wird — und zu Klößen abgestochen wird, die in Salzwasser ca. 15 Min. gekocht werden — etwas gehackter Speck kann in den Teig gemischt werden.

1057. Feste Mehlklöße — zu Suppen, mit gekochten Früchten
[ganze Portion ca. 800 (70) Cal.

1000	Mehl		150	525
200	Butter		30	225
800	Milch (oder			
	Wasser	$^1/_8$ Lit.	125	80
	Salz usw.	Teig	305	830

Milch (oder Wasser) und Butter werden zusammen gekocht — damit das Mehl und Salz schnell verrührt — der Teig gleich in kleinen Klößen abgestochen, in gesalzenem Wasser (ca. 6 Min.) gekocht.

1058. + Mehlklöße, magere   [ganze Portion ca. 1300 (300) Cal.

1000	Mehl		125	437
6000	Milch		750	486
2200	Ei	6 St.	275	420
	Zucker, Salz (wenig)			
	Gewürz	Teig	1150	1343

Das Mehl wird — nach Einweichen in etwas von der Milch — nach 802—809 gekocht, mit der übrigen Milch — die Masse abgekühlt, mit den Eiern, eins aufs Mal, verrührt, lange Zeit, sorgfältig, und mit dem Gewürz (Muskat, Zitronenöl usw.) — in Salzwasser gekocht — auch mit Zusatz von etwas Butter.

Maizena-, Reismehl-, Weizenmehlklöße ebenso.

1059. Kartoffelmehlklöße   [ganze Portion ca. 1400 (270) Cal.

1000	Kartoffelmehl		100	350
6000	Milch	$^6/_{10}$ Lit.	600	405
2750	Ei	6 St.	275	420
800	Butter		30	225
		Teig	1030	1400

Bereitung wie 1058 — mit der Butter, mit den Eiern verrührt.

1060. Mehlklöße mit Zwieback

[ganze Portion ca. 950 (90) Cal.

			Gr.	Cal.
1000	Kartoffelmehl		100	350
750	Zwieback		75	262
450	Ei	1 St.	45	70
300	Butter		30	225
1250	Milch	¹/₈ Lit.	125	81
	Mandeln	4 St.		
	Salz, Zucker		Teig 375	988

Der Zwieback aufgeweicht und mit der Milch glatt gerührt — wird mit Ei, Butter (geschmolzen), Gewürz, zuletzt mit dem Mehl verrührt — in kleinen Klößen abgestochen, gekocht — zu gekochter Frucht angerichtet.

1061. Mehlklöße mit Kartoffeln nach Hannemann

[ganze Portion ca. 500 (60) Cal.

1000	Weizenmehl		100	350
500	Kartoffeln		50	45
60	Butter (Sana)		6	45
	Salz, Petersilie			
1500	Milch			
	(knapp) ¹/₆ Lit.		150	97
			Teig 306	537

In der kochenden Milch werden die geriebenen, gekochten Kartoffeln, Sana, Salz verrührt und aufgekocht — kochend über das Mehl in einer Schüssel gegossen — recht schnell zu einem Teige verrührt — daraus 6 runde

Klöße geformt und 6 Min. in Salzwasser gargekocht — vortrefflich zu Sauerbraten, Sauerkohl usw.

1062. Griesklöße

[ganze Portion ca. 600 (110) Cal.

1000	Gries		100	350
900	Ei	2 St.	90	140
2000	Milch			
	(knapp) ¹/₄ Lit.		200	130
	Gewürz		Teig 390	620

Gries (Weizen-, Tapioka-, Reis-, Mais-) und Milch werden zu Grütze gekocht — etwas erkaltet, mit den Eiern verrührt — zu Klößen in Salzwasser gekocht — der

Gries kann auch in Bouillon gekocht werden.

1063. Weizengriesklöße

[ganze Portion ca. 850 (80) Cal.

1000	Gries (fein)		100	350
400	Butter		40	300
200	Zucker		20	78
900	Ei	2 St.	90	140
	Wasser		Teig 250	873

Gries wird in Wasser eingeweicht und gargekocht — die fertige Grütze mit den übrigen Zutaten gut verrührt — zu Klößen gekocht.

1064. Reisklöße — nach Naumann

[ganze Portion ca. 600 (50) Cal.

1000	Reis (ganzer)		100	355
150	Butter		15	112
900	Ei	2 St.	90	140
2500	Bouillon oder			
	Wasser	¹/₄ Lit.	250	
	Gewürz		Teig 455	607
	(Salz usw.)			

Reis und Wasser (oder Bouillon) werden zusammen gekocht, so daß der Reis ganz bleibt — etwas erkaltet, mit der mit Ei, Salz, Gewürz schäumig gerührten Butter verrührt — zu Klößen gekocht.

1065. Mehlklöße aus Hefenteig — nach Heyl

[ganze Portion ca. 1150 (110) Cal.

			Gr.	Cal.
1000	Mehl		250	874
60	Butter		15	112
60	Zucker		15	56
180	Ei	1 St.	45	70
400	Milch	$^1/_{10}$ Lit.	100	60
60	Hefe		15	
	Salz	Teig	440	1172

Das mit dem vierten Teil Mehl und der in Milch aufgelösten Hefe gerührte, aufgegangene Hefestück wird mit den übrigen Zutaten blasig geschlagen — daraus apfelgroß geformte Klöße läßt man auf mehlbestreutem Brett aufgehen. — In größerem Topf mit kochendem Salzwasser (reichlich) werden die Klöße 5 Min. gekocht auf der einen, und 5 Min. auf der anderen Seite — nachdem gargekocht, werden sie mit zwei Gabeln etwas aufgerissen — nach Belieben mit brauner Butter übergossen — zu Obst. — Auch so, daß der Kochtopf mit Salzwasser, mit einem weißen Tuch überbunden wird — die Klöße daraufgelegt und im Dampf gekocht — oder auch in einem Dampfkochtopf gekocht werden.

1066. + Brotklöße, magere

[ganze Portion ca. 400 (60) Cal.

			Gr.	Cal.
1000	Weißbrot		125	310
360	Ei	1 St.	45	70
500	Milch	$^1/_{16}$ Lit.	60	40
	Salz	Teig	230	420
	Muskatnuß			

Das Brot (ohne Rinde — kann vorher geröstet werden) oder Zwieback wird in der Milch aufgeweicht — mit Ei verrührt, durchgestrichen, mit Gewürz vermischt — zu Klößen in Salzwasser gekocht.

1067. Brotklöße, fette

[ganze Portion ca. 650 (50) Cal.

			Gr.	Cal.
1000	Weißbrot		100	250
500	Butter		50	375
450	Ei	1 St.	45	70
	Salz usw.		195	695

Die Butter wird weiß gerührt und dann verrührt mit dem glatt gerührten Ei, Gewürz und dem mit etwas Wasser oder Milch aufgeweichten, abgepreßten, glatt gerührten und auf Wasserbad etwas abgedampften Brot — sofort in kleine Klöße abgestochen, in Bouillon gekocht — auch mit weniger Butter.

1068. Brotklöße mit Mehl

[ganze Portion ca. 700 (75) Cal.

			Gr.	Cal.
1000	Weißbrot		100	250
500	Mehl		50	175
450	Ei	1 St.	45	70
250	Butter		25	187
600	Milch oder			
	Rahm bis	$^1/_{16}$ Lit.	60	40
		Teig	280	722

Das Brot in der Milch (oder Rahm) aufgeweicht, ausgedrückt, verrührt und durchgestrichen, wird mit der Butter, mit Ei, Mehl, Salz, Gewürz zusammengerührt — und nach Bedarf mit etwas der ausgedrückten Milch — zu Klößen gekocht.

1069. Bayrische Knödel — nach Naumann

[ganze Portion ca. 550 (60) Cal.

			Gr.	Cal.
1000	Weißbrot		100	250
100	Mehl		10	35
250	Butter		25	187
450	Ei	1 St.	45	70
600	Bouillon oder			
	Milch	$^1/_{16}$ Lit.	60	40
	Schnittlauch		25	
	Salz, Muskat usw.			
		Teig	265	582

Das Brot in Würfeln, wird mit der Flüssigkeit übergossen (wenn Bouillon, dann gewöhnliche oder mit Schinken gekocht) und $^1/_2$ St. hingestellt — dann verrührt mit der schäumig gerührten Butter, mit dem Mehl, Ei, Gewürz, Schnittlauch — zu recht großen Klößen gekocht.

Kap. 122. Klöße von abgebrannten Teigen, von Mehl, Gries, Brot.

1070. Mehlklöße, feine, abgebrannte — nach Hannemann

[ganze Portion ca. 1900 (260) Cal.

			Gr.	Cal.
1000	Mehl		250	775
200	Butter		50	375
80	Zucker		20	78
2000	Milch	$^1/_2$ Lit.	500	325
720	Eier	4 St.	180	280
80	Semmel, gerieben		20	70
	Salz			
	Zitronenschale oder			
	Mandeln, bitt.	4 St.		
		Teig	1070	1903

Butter (oder Sana) wird geschmolzen, mit dem Mehl und der Milch vermischt, zu festem Kloß abgebrannt — wird erkaltet, nach und nach verrührt mit Ei, Semmel, Zucker und Mandeln (gerieben) — in kleine Klöße abgestochen, in Wasser 4 Min. gekocht.

1071. Reismehlklöße, abgebrannte — B. Thörrestrup

[ganze Portion ca. 800 (110) Cal.

			Gr.	Cal.
1000	Reismehl		100	355
200	Weizenmehl		20	70
250	Butter		25	187
900	Ei	2 St.	90	140
1250	Milch	ca. $^1/_8$ Lit.	125	81
	Salz, Muskat			
	Zucker, Zitronenöl			
		Teig	360	833

Mehl, Butter, Milch werden miteinander gekocht — erkaltet, mit den Eiern allmählich verrührt — zu Klößen abgestochen und gekocht.

1072. Mehlklöße, abgebrannte — nach Nimb

[ganze Portion ca. 1300 (100) Cal.

		Gr.	Cal.
1000	Mehl (feinstes Weizen-)	100	350
1000	Butter	100	750
1350	Ei 3 St.	135	210
2000	Wasser (knapp) ¼ Lit.	200	
	Salz		
		Teig 535	1310
	Zucker (wenig)		
	Muskat		

Mehl, Butter werden abgebrannt, mit Wasser abgerührt, weiter gebacken zu festem Kloß — erkaltet, allmählich verrührt mit Ei, Salz, Zucker, Gewürz — zu Fleisch- und Fruchtsuppen.

1073. + Grieskpöße, in Milch abgebrannte — magere

[ganze Portion ca. 650 (130) Cal.

1000	Gries (fein)	100	350
2000	Milch knapp ¼ Lit.	200	130
1350	Ei 3 St.	135	210
		Teig 435	690

Gries und Milch werden zu festem Kloß verkocht — erkaltet, mit Ei verrührt — in Salzwasser gekocht.

1074. Brotklöße, abgebrannte   [ganze Portion ca. 900 (80) Cal.

1000	Weißbrot	100	250
200	Mehl	20	70
900	Ei 2 St.	90	140
600	Butter	60	450
	Wasser oder Milch		
	Salz, Muskat		
	Mandeln 2 St.		
	(bittere)	Teig 270	910

Das in etwas Wasser (oder Milch) aufgeweichte und ausgedrückte Brot wird mit der Butter zu festem Kloß abgebrannt — erkaltet, mit den übrigen Zutaten verrührt — zu Klößen gekocht.

Fünfte Nahrungsmittelgruppe.

Hülsenfrüchte (Leguminosen).

Kap. 123. Allgemeines über Hülsenfrüchte.

Die Hülsenfrüchte — womit hier die trockenen Früchte der Linsen, Bohnen, Erbsen gemeint sind — zeichnen sich besonders durch ihren sehr hohen Gehalt an Eiweißstoffen aus. In dieser Beziehung erreichen sie oder übertreffen sie die mit diesen Stoffen reichlichst versehenen, tierischen Nahrungsmittel: das Fleisch und die Fleischware.

Daneben enthalten sie bedeutende Mengen von Kohlenhydraten und ganz wenig Fettstoffe.

Unter den Eiweißstoffen ist ein eigener Eiweißstoff vorherrschend, Legumin genannt — neben Lezithin (1%), und recht reichliche Purinstoffe.

Die Kohlenhydrate haben nichts Besonderes in bezug auf Art und Zusammensetzung. Die Stärke der Leguminosen scheint an sich etwas schwerer verdaulich zu sein als die der Getreidearten, indem sie der Umbildung in Dextrin usw. einen etwas höheren Widerstand entgegenstellen soll.

Die Fettstoffe sind Pflanzenstoffe gewöhnlicher Art. An Salzen sind die Hülsenfrüchte meistens reicher als die Getreidearten, mit verhältnismäßig viel Eisen (besonders in den Linsen) — und reichlich Kali und Kalk, verhältnismäßig weniger Phosphorsäure.

Durch Versuche ist es nachgewiesen, daß die Hülsenfrüchte in feinzerteiltem Zustande von den Schalen befreit und fein gemahlen, eine bedeutend höhere Leichtverdaulichkeit erreichen. Es scheint überhaupt so, daß der Ruf der Hülsenfrüchte für Schwerverdaulichkeit nicht so sehr darauf zurückzuführen sein dürfte, daß die Nahrungsstoffe derselben an sich schwerer verdaulich sind, sondern vielmehr darauf, daß die Stoffe so dicht eingeschlossen sind (vgl. Kap. 86) — wonach also bei den Hülsenfrüchten eine in vollkommenster Weise durchgeführte, einleitende Zubereitung von ganz besonderer Bedeutung wird, nämlich: das Feinmahlen (Schälen), Aufweichen, die Wärmeeinwirkung.

Die Hülsenfrüchte bestehen aus einer äußeren, besonders schwerverdaulichen Schale, und einem inneren, verhältnismäßig leichter verdaulichen Mehlkern, mit einem Keim.

Von Erbsen finden Verwendung besonders die gelben, teils ganz, teils geschält und auch getrocknete grüne.

Von Bohnen werden verschiedene Sorten verwendet: weiße, teils größere, flachere (Limabohnen), teils kleinere, rundliche, und braune (holländische usw.); außerdem auch grüne (getrocknete) Flageolets.

Von Linsen werden verwendet: rote, teils kleinere (egyptische), teils größere (russische usw.) — und graue, an Größe den großen roten gleich.

Gewöhnlich kommen die Hülsenfrüchte ganz zum Verkauf; es werden aber auch verschiedene Arten von

Erbsenmehl, Bohnenmehl, Linsenmehl

dargestellt; entweder als einfache oder gemischte Leguminosenmehle (von Knorr, Hartenstein u. a.) — in bezug auf deren Zubereitung auf die gewöhnlich mitgegebenen Anweisungen zu verweisen ist.

Kap. 124. Zubereitung. — Allgemeines.

1101. Das Aufweichen.

Die Hülsenfrüchte sind immer gut aufzuweichen, bevor sie gekocht werden; sie werden dazu in kaltem (weichem, nicht kalkhaltigem) Wasser hingestellt, soviel wie sie nach und nach aufzusaugen vermögen (es wird ungefähr 1 Lit. Wasser auf $1/_2$ kg Hülsenfrüchte werden) — und können von 12—48 Stunden stehen bleiben. Sehr zweckmäßig ist ein Zusatz von doppeltkohlensaurem Natron zu dem Wasser.

1102. Das Kochen

geschieht in demselben Wasser, am besten in einem gut emaillierten oder irdenen Kochgefäß, und bei Zusatz von kochendem Wasser, wenn nötig. Das Kochwasser soll immer weich (nicht kalkhaltig) sein.

Salz darf gewöhnlich erst etwas später, während des Kochens, hinzugegeben werden.

Das Kochen geschieht übrigens in zwei Weisen.

1. Weise: Nach dem Aufweichen werden die Hülsenfrüchte mit recht reichlich kaltem Wasser aufs Feuer gesetzt — und bei Zusatz von doppeltkohlensaurem Natron (wenn es nicht bereits beim Aufweichen zugesetzt war) in 10—15—30 Min. gekocht, wonach das Wasser abgegossen und neues, kochendes Wasser (oder Bouillon) aufgegossen wird — worin dann das Kochen bis auf völliges Garsein zu Ende geführt wird.

2. Weise: Nach dem Aufweichen werden die Hülsenfrüchte ca. $1/_2$ Stunde in dem Aufweichwasser (mit Soda) vorgekocht — dann (nach 802—809) zum Nachkochen hingestellt, wenigstens 3 Stunden — auch 4—5—6 Stunden — in der Kochkiste, in Papiereinpackung usw. — auch auf der Herdseite — wo dann Gelegenheit gegeben für wieder-

holtes Umrühren, und wobei auch Zusatz von kochendem Wasser nötig werden kann. Zuletzt soll aber das Wasser ungefähr ganz weggekocht sein.

Beim Kochen können verschiedene Kräuter und Gemüse hinzugegeben werden — zu Linsen paßt besonders das Grüne vom Porree, wie auch zu Bohnen; während Mohrrüben für Erbsen und auch für Bohnen passen, Reis und Tomaten sind auch verwendbar und Maggigewürz.

Nach dem Kochen sind die Schalen möglichst genau zu entfernen — vor allem, wenn man die Hülsenfrüchte ganz verwenden will (von den Linsen sind indessen die Schalen kaum zu entfernen). Sonst sind die Hülsenfrüchte in der Regel nach Entfernung der Schalen in Püreeform zu bringen, indem man sie entweder durch ein Sieb (Fig. 19) treibt oder mehrmals durch eine Fleischmaschine gehen läßt.

Klasse I.

Kap. 125. Hülsenfruchtsuppen und Saucen*).

1103. Linsenpüreesuppe [ganze Portion ca. 1850 (470) Cal.

			Gr.	Cal.
1000	Linsen, rote	$^1/_2$ kg	500	1600
5000	Wasser	$2^1/_2$ Lit.	2500	
200	{Gemüse {Kräuter	ca.	100	40
250	Rahm	$^1/_8$ Lit.	125	210
	Salz	roh	3225	1850
	Gemüsebrühe			

Die Linsen werden aufgeweicht und gekocht (nach 1101—1102) — abgetropft — durchgestrichen, mit der abgeseihten oder anderer Gemüsesuppe bis auf passende Suppenkonsistenz verrührt — wonach aufgekocht und mit dem Rahm abgerührt wird. — Bei dem ersten Kochen kann hinzugegeben werden: Mohrrüben, Pastinak, Porree, Zwiebel, Sellerie, Petersilie nach Wunsch. Diese Zusätze können entweder mit den Hülsenfrüchten durchgestrichen werden, oder, vorher herausgenommen und in der fertigen Suppe, zerschnitten, mit angerichtet werden. Die Suppe kann auch mit etwas Tomatenpüree verrührt werden (ca. 250 auf 1000); zuletzt auch mit etwas kalter Butter — mit geröstetem Brot, verschiedenen Klößen anzurichten.

Braune Bohnensuppe,

Weiße Bohnensuppe,

Gelbe Erbsensuppe ganz ebenso.

---

*) Bei allen Vorschriften von Hülsenfruchtspeisen wird im Calorienwerte ein Abzug zu machen sein, überall wo die Hülsenfrüchte durch Sieb gestrichen werden (5—10 %).

1104. Bohnenpüreesuppe mit Krebsbutter — nach Heyl

[ganze Portion ca. 3200 (450) Cal.

		Gr.	Cal.	
1000	Weiße Bohnen ½ kg	500	1600	Die Bohnen eingeweicht (1101)
7000	Wasser 3½ Lit.	3500		und gekocht (1102, 1.—2. Art),
200	Butter	100	750	werden durchgestrichen, mit
200	Krebsbutter	100	750	der Butter und Krebsbutter
150	Rahm 5 Eßl.	75	126	gekocht — mit Brühe auf-
	Porree, gehackt 4 Eßl.			gefüllt, bis auf Suppenkon-
	Pfeffer, wenig	roh 4275	3226	sistenz — mit dem Rahm
	Salz			abgerührt — mit Salz und
	Brühe			Pfeffer gewürzt.

1105. Bohnenpüreesuppe — nach Heyl   [ganze Portion 2450 (470) Cal.

			Gr.	Cal.	
1000	Weiße Bohnen	½ kg	500	1600	Die Bohnen aufgeweicht
5000	Wasser	2½ Lit.	2500		(1101), mit einem Teil des
1250	Tomatenpüree	⅝ Lit.	625	137	Wassers gekocht (1102), mit
200	Butter		100	750	Natron und Zwiebel, werden
10	Zwiebel		5		durchgestrichen — mit But-
25	Fleischextrakt		12		ter (75 g) aufgekocht, mit
	Salz		roh 3742	2487	dem übrigen Wasser (ko-

chend) aufgefüllt — nach
Wunsch mit Fleischextrakt versetzt — ½ St. gekocht, gesalzen
— noch einmal durchgestrichen — mit Butter (25 g) verrührt —
mit geröstetem Brot anzurichten.

1106. Suppe von getrockneten grünen Erbsen — nach Forward

[ganze Portion ca. 2500 (470) Cal.

			Gr.	Cal.	
1000	Erbsen	½ kg	500	1600	Die Erbsen aufgeweicht (1101)
300	Spinat		150	50	und gekocht (1102) mit 1 Lit.
300	Salat		150	50	Wasser, Salz (Soda), werden
200	Butter		100	750	durchgestrichen — Spinat
20	Mehl	1 Eßl.	10	35	und Salat (vorher weichge-
6000	Wasser	3 Lit.	3000		kocht und zerschnitten) wer-
	Gewürz		roh 3910	2505	den hinzugegeben mit 2 Lit.

Wasser — fertig gekocht —
mit Mehl, Butter. Salz, Pfeffer, wenig Zucker verrührt — noch
20 Min. gekocht — auch mit anderen Gemüsen (Möhren, Zwiebel usw.).

1107. Gelbe Erbsensuppe.

			Gr.	Cal.	
1000	Erbsen	½ kg	500	1600	Die Erbsen (geschälte) werden
6000	{ Wasser ca. 1 Lit.		1000		aufgeweicht (1101), im Was-
	{ Brühe ca. 2 Lit.		2000		ser gekocht (1102, 2. Art),
	Wurzelwerk				durchgestrichen, mit der
	Gewürz				Brühe (Fleisch- oder Ge-
					müsebrühe) aufgegossen —

mit derselben wenigstens ½ St. gekocht — die Wurzeln weichgekocht, zerschnitten, werden in der Suppe angerichtet.

Die Brühe entweder:

1. Kräuter- oder Gemüsebrühe, kräftig, gekocht auf Mischung verschiedener Kräuter und Wurzeln;

2. magere Fleischbrühe nach Kap. 40—41 gekocht — oder auf magerer Fleischwurst;

3. fettere Fleischbrühe, gesalzene, gekocht auf 1 bis $1^1/_2$ kg schwach gesalzenem, magerem Schweinespeck, Rollwurst und etwas Rinderhesse zu 2 Lit. Brühe — mit Pastinak, Sellerie, Möhren, etwas Zwiebel; nach Wunsch etwas Thymian — auch mit geröstetem Brot anzurichten.

1108. Erbsensuppe mit Schweineohren — Heyl.

			Gr.	Cal.	
1000	Erbsen	$^1/_2$ kg	500	1600	Die Schweineohren (oder
6000	Wasser	3 Lit.	3000		Schnauzen, gepöckelt, nach
400	Kartoffeln		200	180	Wunsch etwas gewässert)
250	Suppengrün		125	45	werden mit den Erbsen (ent-
	Majoran				hülste), dem Suppengrün und
	Pfeffer, weiß, Msp.				dem Wasser in irdenem Topf
	Salz, wenn nötig				langsam $2^1/_2$ St. gekocht,
	Schweineohren	$^1/_2$ kg	500		fest verschlossen. Das Fleisch

herausgenommen, in kleine Stücke zerschnitten, wird mit den Kartoffeln, Majoran, Pfeffer (Salz nach Geschmack) in der Suppe noch eine Stunde gekocht — wenn ungehülste Erbsen verwendet sind, werden die Hülsen derselben zuletzt abgeschöpft.

Erbsenpüreesuppe

ebenso, durchgestrichen vor dem zweiten Kochen.

Hülsenfruchtsaucen.

1109. Linsensauce — nach Elisabeth Hansen.

Die Linsen werden aufgeweicht, gekocht (1101—1102) — mit so viel Gemüse- oder Fleischbrühe abgerührt, daß die Sauce passende Konsistenz erhält — einige Tropfen Zwiebelsaft und etwas Nußbutter wird damit abgerührt und aufgekocht — auch mit gewöhnlicher Butter.

1110. Linsensauce nach Anna Poulsen.

Linsen, rote (egyptische), mit wenig Wasser weichgekocht (1101—1102) und mit Zwiebel und Tomatenextrakt, werden durchgestrichen, mit etwas Currypulver oder Paprika verrührt — noch einmal durchgestrichen — aufgekocht — zu verschiedenen Hülsenfruchtspeisen angerichtet.

Klasse II.

Hülsenfrüchte ganz.

Dazu sind entweder enthülste Hülsenfrüchte zu verwenden, oder sie sind, wenn möglich, während der Bereitung von den Hülsen zu befreien.

Kap. 126. Linsen, Bohnen.

1111. Linsen, Bohnen, naturell.

Die Hülsenfrüchte werden aufgeweicht, weichgekocht (1101 bis 1102) — sehr gut abgetropft — auf Dampf oder an der Herdseite trocken gedämpft — mit Butter verrührt (100—200 g auf 1000) — können mit etwas Zitronensaft angesäuert werden.

1112. Linsen, Bohnen, Erbsen in Sauce.

Die aufgeweichten, weichgekochten, gut abgetropften Hülsenfrüchte (1000 g) werden mit einer Sauce (ca. 1 Lit.) zusammengerührt und aufgekocht — zu weißen Bohnen: eine helle, sämige Sauce (mit Hülsenfruchtbrühe oder Gemüse- oder Fleischbrühe aufgegossen) — zu Linsen, Erbsen: eine braune, sämige Sauce — es kann mit etwas Zitronensaft angesäuert werden — es kann mit etwas Tomate (oder Essig), etwas Maggigewürz oder Lahmanns Nährsalz gewürzt werden; wenig Pfeffer — die Sauce kann mit etwas Fleischextrakt kräftiger gemacht werden.

1113. Weiße, braune Bohnen mit Möhren.

Die Bohnen fertiggekocht (1101—1102), werden mit ungefähr der gleichen Menge weichgekochter, in Scheiben zerschnittener Möhren vermischt, in etwas von der Brühe oder anderer Gemüsebrühe aufgekocht — mit wenig Sagomehl sämig gemacht, und mit etwas Butter — auch mit teilweise Kartoffeln herzustellen.

1114. Weiße Bohnen mit Äpfeln — Starker

[ganze Portion ca. 2050 (450) Cal.

		Gr.	Cal.	
1000	Weiße Bohnen $^1/_2$ kg	500	1600	Die Bohnen aufgeweicht, gar-
800	Äpfel	400	160	gekocht (1101—1102), wer-
160	Zucker	80	312	den (ganz geblieben) kurz
	Salz, Butter	980	2072	vor Anrichten mit den zu
	Wasser			Mus verkochten Äpfeln zu-
				sammengerührt, aufgekocht

— mit Salz und etwas Butter abgerührt.

1115. Weiße Bohnen, gebacken — nach Anna Poulsen

[ganze Portion ca. 1650 (460) Cal.

			Gr.	Cal.	
1000	Bohnen	$^1/_2$ kg	500	1600	Die Bohnen, fertiggekocht,
500	Tomatenpüree	$^1/_4$ Lit.	250	ca. 55	werden mit dem Tomaten-
	oder Tomaten roh				püree und der Butter ver-
	Butter, wenig				rührt (oder mit frischen To-
					maten in Scheiben ver-

mischt), in ein irdenes Gefäß gebracht — 1 St. im Ofen gebacken.

1116. Linsen mit Zwetschen — nach Anna Poulsen.

1000	Linsen	$^1/_2$ kg	500	1600	Die Linsen werden mit den
500	Zwetschen	$^1/_4$ kg	250	500	Zwetschen (getrockneten)
	Butter, wenig				aufgeweicht und weich ge-
	Salz				kocht — mit etwas Butter
					verrührt, gesalzen.

1117. Egyptische Linsen mit Paprika — nach Anna Poulsen.

1000	Linsen	$^1/_2$ kg	500	1600	Die Linsen aufgeweicht, wer-
1000	Kartoffeln	$^1/_2$ kg	500	450	den mit den Kartoffeln (ge-
1000	Kräuterbrühe	$^1/_2$ Lit.	500		kocht, gerieben) und der
	Zwiebel, span.	2 St.			Brühe angerührt und ge-
	Tomaten	2 St.			kocht, mit Zusatz von Zwie-
	Paprika				bel, Knoblauch, Salz — zu-
	Knoblauch				letzt werden die Tomaten,
	Öl, Salz, wenig				zerschnitten, Öl oder Butter
	Butter				eingerührt — und Paprika.

1118. Linsen mit Reis und Curry — nach Anna Poulsen

[ganze Portion 2750 (520) Cal.

1000	Linsen	$^1/_2$ kg	500	1600	Die Linsen (egyptische) auf-
500	Reis	$^1/_4$ kg	250	885	geweicht, mit dem (abge-
120	Tomatenpüree	4 Eßl.	60	13	brühten) Reis, Zwiebel, To-
1000	Wasser	$^1/_2$ Lit.	500		matenpüree, Salz, Wasser
60	Öl	2 Eßl.	30	270	verrührt, werden auf Wasser-
	Curry	1 Tl.	1340	2768	bad weichgekocht (bei häu-
	Salz				figem Umrühren) — zuletzt
					das Öl und Curry und Salz
					dazugegeben.

Klasse III.
Püree und Teige oder Farcen von Hülsenfrüchten.
Kap. 127. Allgemeines.

1119. Mischungen.

Die verschiedenen Hülsenfrüchte verwendbar, einzelne Sorte oder gemischt; letzteres von Vorteil für den Geschmack. Die Linsen werden am meisten gebraucht, und in den Mischungen gewöhnlich als Hauptbestandteil. Es sind folgende Mischungen allgemeiner verwendbar:

Linsen 3—4 T. zu 1 oder 2 T. weißen Bohnen — auch das entgegengesetzte Verhältnis kommt vor; oder

Linsen, braune, weiße Bohnen in gleichen Mengen;

braune Bohnen 3 T., weiße Bohnen 1—2 T. (entweder gewöhnliche weiße oder Limabohnen);

gelbe Erbsen, grüne (getr.) Erbsen werden gewöhnlich für sich verwendet.

1120. Hülsenfruchtpüree oder Mus; allgemeines.

Die Hülsenfrüchte (die Erbsen enthülst) werden aufgeweicht (1101), in Wasser gekocht (so viel, daß das Wasser die Früchte eben deckt) — wiederholt umgerührt, bis sie zu einem möglichst glatten Brei verkocht sind — dann nach 802—809 fertig gekocht. ein oder mehrere Male durch Sieb gestrichen — für zusammengesetzte Pürees oder Farcen weiter verwendet.

1121. Gelbe-Erbsenpüree   [ganze Portion ca. 1950 (440) Cal.

			Gr.	Cal.	
1000	Erbsen	¹/₂ kg	500	1600	Die Erbsen nach 1120 ge-
4000	Wasser	ca. 2 Lit.	2000		kocht und durchgestrichen,
100	Butter		50	375	werden mit der Butter ver-
	Zwiebel, Salz				rührt — es kann, anstatt

Wasser, mit Gemüsebrühe oder Fleischbrühe oder Konsommee gekocht werden — wird auch gleich von Anfang an mit der Butter gekocht — es können gleich anfangs verschiedene Kräuter und Gemüse mitgekocht werden (Suppengrün, Spinat, Möhren, Zwiebel, Bouquet usw.).

Püree von grünen getrockneten Erbsen, Linsen, Bohnen ganz ebenso — entweder für sich anzurichten (mit gerösteten Brotschnitten) oder zu Fleischspeisen (besonders zu gesalzenen, geräucherten).

1122. Farcebereitung (s. auch Kap. 79).

Hülsenfruchtpüree nach 1120 wird zu Farce bereitet mit folgenden Zusätzen:

mehligen Stoffen, besonders Reis, Mais, Hafer, Brotrinde, Zwieback, Weizenbrot (abgeraspeltes).

Empfehlenswerte Zusätze sind:

Gemüse und Kräuter, weichgekocht, besonders Möhren, Petersilie, Spinat, von ein Viertel bis zur Hälfte des Gewichtes;

Früchte werden gleichfalls verwandt, wie: Tomate usw.; in der spezielleren vegetarischen Küche mit Vorliebe: Nüsse, geschält, feingemahlen — auch als Granola;

Wasser, Gemüsebrühe, Bouillon, Milch, Rahm werden zum Einrühren genommen (einzeln oder gemischt) für passende Konsistenz;

Eierzusatz sehr geeignet; die Eier werden entweder ganz eingerührt, 2—6 St. auf jedes $\frac{1}{2}$ kg Hülsenfruchtmasse; besonders anzuempfehlen ist: das Soufflieren des Teiges, wobei die Dotter erst für sich eingerührt werden, dann zuletzt die Eiweiße als steifer Schnee; weniger als 4 Eiweiße auf $\frac{1}{2}$ kg Hülsenfruchtmasse gibt jedoch keine deutliche soufflierende Wirkung — bis auf doppelte Menge verwendbar;

verschiedener Fettstoffzusatz wird gebraucht; Butter, Palmin usw.;

verschiedener Gewürzzusatz erwünscht (jedoch so sparsam wie möglich bei stärkeren Gewürzen): besonders Salz und Zwiebel, Maggigewürz Selleriesalz, Lahmanns Nährsalz; und auch Allerlei, Muskatnuß, Thymian; äußerst sparsam Pfeffer.

Durch derartige Zusätze kann der Hülsenfruchtfarce Abwechslung gegeben werden (was auch sehr nötig ist).

Die Mischung geschieht allmählich; erst wird Brot, Mehl u. dgl. eingemischt, und Gemüse und Nüsse; dann nach und nach die Flüssigkeit, zu recht steifem Teig — endlich die Eier, ganz oder geteilt.

Je längere Zeit gerührt wird, und je öfter die Farce durchgestrichen wird, um so feiner wird sie.

Kap. 128. Farcen mit gewöhnlichem gerührten Teig.

I. Ganz einfache Farcen:

1123. Linsenfarce (Linsenbraten).

Linsen, graue oder rote (nach 1101—1102—1120), zu Püree verarbeitet, werden mit Gemüsebrühe verrührt, ca. $\frac{1}{8}$ Lit. auf $\frac{1}{2}$ kg, und Rahm ebensoviel, und etwas Zwiebel — oder mit Tomatenbrühe oder Bouillon, oder mit einer dünnsämigen braunen Sauce — wird leicht gewürzt — etwas Brotkrume oder gestoßene Brotrinde kann eingemischt werden. Die Masse wird in längliche Brotform gebracht und auf der Pfanne im Ofen gebacken.

II. Mit Zusatz von Mehlstoffen:

1124. Bohnenbraten — nach Elisab. Hansen

[ganze Portion ca. 3250 (600) Cal.

			Gr.	Cal.	
1000	Braune Bohnen	$^1/_2$ kg	500	1600	Bohnen nach 1101—1102 und
300	Reis, gedämpft		150	530	1120 zubereitet, werden(nach
650	Maisflocken, geröstet		325	1135	1122) mit dem Reis und den
	Salz, Muskat				Maisflocken, dem Gewürz
	Zwiebel				und der nötigen Flüssigkeit
					zurechtgemacht — wie 1123

geformt und gebacken (auch in einer Form).

1125. Linsenklops [ganze Portion ca. 2600 (580) Cal.

1000	Linsen, graue	$^1/_2$ kg	500	1600	Linsen nach 1101—1102 und
500	Reisbrei		250	375	1120—1122 zubereitet, wer-
500	Brot		250	625	den zu steifem Teig ver-
					arbeitet, mit dem Reisbrei

und dem Brot (aufgeweicht und ausgedrückt) — in flache Klops
(Kuchen) geformt — auf der Pfanne in Palmin gebraten, oder
im Ofen gebacken.

1126. Linsenklops — nach Elisab. Hansen

[ganze Portion ca. 2400 (510) Cal.

1000	Linsen	$^1/_4$ kg	250	800	Linsen und Bohnen nach 1101
1000	Bohnen (Lima)	$^1/_4$ kg	250	800	—1102 und 1120 zubereitet,
1000	Reis, gedämpft	$^1/_4$ kg	250	800	werden zu steifem Teig ver-
					arbeitet mit dem Reis —

in runde Kuchen (ca. 1 cm dick) geformt — die auf der mit Salz
gestrichenen Pfanne gebraten oder auf dem Blech im Ofen gebacken werden — etwas abgekühlt, werden sie (zugedeckt) in
etwas Rahm und Palmin aufgewärmt — und mit gebratenen
Zwiebeln und einer kräftigen braunen Sauce (Gemüsesauce)
angerichtet.

III. Mit Zusatz von Kräutern und Gemüsen:

1127. Gelbe-Erbsenbraten — nach Elisab. Hansen

[ganze Portion ca. 1800 (470) Cal.

1000	Erbsen, gelbe				Die Erbsen aufgeweicht und
	(enthülste)	$^1/_2$ kg	500	1600	gekocht mit Porree (1101
200	Porree	2 St.	100	35	—1102) und durchgestri-
250	Rahm	ca. $^1/_8$ Lit.	125	210	chen (1120), werden mit Salz,
	Palmin				Palmin, Rahm glatt geschla-
	Salz				gen — die Masse in einer
					Blechform 1 St. gebacken —

mit Kartoffeln und Sauce anzurichten — auch mit anderen
Gemüsen zu bereiten.

1128. Linsenklops   [ganze Portion ca. 1600 (460) Cal.

			Gr.	Cal.
1000	Linsen	$^1/_2$ kg	500	1600
250	Möhren	$^1/_8$ kg	125	43
	Petersilie, gehackt			
	Kerbel, gehackt			
250	Brühe	$^1/_8$ Lit.	125	
	Salz, and. Gewürz			

Die Linsen weichgekocht mit den Möhren, werden mit den Kräutern und der Brühe (Gemüsebrühe) durchgestrichen — als flache Klops auf der Pfanne gebraten oder in einer Form (gew. oder Randform) gebacken — auch mit verschiedenen anderen Gemüsen zu bereiten.

IV. Mit Zusatz von Nüssen:

1129. Weiße-Bohnenpastete — nach Elisab. Hansen

[ganze Portion ca. 2700 (560) Cal.

			Gr.	Cal.
1000	Bohnen, weiße	$^1/_2$ kg	500	1600
250	Nüsse (gemahlen)		125	855
160	Zwieback		80	280
	Zwiebel, Salz			
	Bohnenbrühe			

Die Bohnen nach 1101—1102 und 1120 zubereitet, werden gut zusammengerührt mit der Nußmasse, dem Zwieback und der notwendigen Bohnenbrühe (oder Gemüsebrühe) und Gewürz — in gebutterter Form im Ofen ca. 1 St. gebacken.

1130. Erbsenklops — J. Olsen   [ganze Portion ca. 2950 (600) Cal.

			Gr.	Cal.
1000	Erbsen, grüne	$^1/_2$ kg	500	1600
250	Nüsse, gerieb.		125	855
500	Reisbrei		250	375
40	Butter	1 Eßl.	20	150
	Rahm, wenig	roh	895	2985
	Zwiebel, Salz			

Erbsen nach 1101—1102 und 1120 zubereitet, werden mit dem Reisbrei, den Nüssen, der Butter, dem Rahm und dem Gewürz zu Teig gemacht — als Klops auf der Pfanne gebraten (1126).

1131. Weiße-Bohnenklops — nach J. Olsen

[ganze Portion ca. 3500 (560) Cal.

			Gr.	Cal.
1000	Bohnen, weiße	$^1/_2$ kg	500	1600
500	Nüsse, gerieb.	$^1/_4$ kg	250	1700
500	Kartoffeln	$^1/_4$ kg	250	225
	Gewürz			
	Brühe			

Bohnen nach 1101—1102 und 1120 werden zu Farce gerührt nach 1122, mit den Nüssen und den weichgekochten, feingestoßenen Kartoffeln — mit Gewürz und Brühe, wenn nötig — sehr sorgfältig gemischt, als Klops gebraten oder im Ofen gebacken.

1132. Linsenbraten — nach J. Olsen.

		Gr.	Cal.
1000	Linsen, graue ¹/₂ kg	500	1600
500	Granola	250	
	Zwiebel		
	Salz		
	Tomaten- oder		
	Gemüsebrühe oder		
	braune Sauce		

Linsen nach 1101—1102 und 1120 zubereitet, werden mit Granola und Gewürz vermischt — und mit der nötigen Flüssigkeit angerührt, zu steifem Teig — zu länglichem Laib geformt oder in Form gegeben, mit Butter bestrichen, im Ofen gebacken, 1¹/₂—2¹/₂ St., bis leicht braun.

1133. Bohnenbraten — Elisab. Hansen.

		Gr.	Cal.
1000	Bohnen, braune ¹/₂ kg	500	1600
250	Nüsse	125	855
500	Granola	250	
400	Reis, gedämpft	200	710
	Brühe		
	Rahm, Salz		

Bohnen nach 1101—1102 und 1120 zubereitet, werden nach 1122 mit Nüssen (gerieben), Granola, Reis und der nötigen Flüssigkeit zu einem steifen Brei angerührt — auf eine emaillierte Bratpfanne gelegt oder in eine Form gefüllt — auf der Oberfläche dicht mit Petersilie gespickt — mit etwas Rahm übergossen, im Ofen gebacken (ca. 1¹/₂ St.).

1134. Linsenbraten — Elisab. Hansen.

			Gr.	Cal.
1000	Linsen	¹/₂ kg	500	1600
250	Limabohnen	¹/₈ kg	125	400
500	Nüsse	¹/₄ kg	250	1425
300	Granola		150	
	Zwiebelsaft			
	Salz, Brühe, Rahm			

Linsen, Bohnen nach 1101 bis 1102 gekocht, werden mit den geriebenen Nüssen Granola und Brühe zu einem festen Teig geknetet — in eine Form gegeben — der Länge nach und quer oberflächlich eingeschnitten, mit etwas Rahm übergossen, im Ofen gebacken (ca. 1¹/₂ St.).

Linsenklops

ebenso, mit Zusatz von

Haferbrei	¹/₂ kg	500 ca. 500

Der feste Teig wird in flachen Kuchen (Klops) nach 1126 verwendet.

1135. Leguminosenpudding — nach Anna Poulsen

[ganze Portion ca. 5450 (990) Cal.

			Gr.	Cal.	
1000	Linsen	$^1/_2$ kg	500	1600	Die Linsen nach 1101—1102
1000	Nüsse	$^1/_2$ kg	500	2850	und 1120 zubereitet, werden
1000	Gelbe-				zu Teig gemacht, mit den
	Erbsenpüree	$^1/_2$ kg	500 ca.	1000	Nüssen (gerieben), dem Erb-
	Salz, wenig				senpüree, Salz und Brühe,

wenn nötig — in Form in heißem Ofen gebacken (ca. $^1/_2$ St.) — entweder warm anzurichten oder kalt zu Butterbrot (in Scheiben).

V. Mit Eierzusatz:

Anm.: Die in den folgenden Nummern 1136—46 angegebenen Hülsenfruchtspeisen sind auch alle vorteilhaft mit souffliertem Teig zu bereiten — indem die Dottern erst allein eingerührt, später die Eiweiße als Schnee hinzugegeben werden (doch nie weniger als 4 Eiweiß auf $^1/_2$ kg Hülsenfruchtmasse).

1136. Hülsenfruchtkroketten — aus Linsen, weißen Bohnen, gelben, grünen Erbsen

[ganze Portion ca. 1950 (570) Cal.

1000	Hülsenfrüchte $^1/_2$ kg 500		1600	Hülsenfrüchte werden nach
360-450	Ei 4—6 St. 180-270		280-420	1101—1102 gekocht, die
	Brot, gerieben			Hälfte wird durchgestrichen
	Zwiebel, Salz			(1120) — andere Hälfte mit
	Petersilie			einem Löffel entzweigedrückt

— beide Massen werden zu Teig gemacht, mit Ei, Petersilie, Gewürz — in Kroketten (längliche Stücke) geformt, die in geschlagenem Ei und gestoßenem Zwieback umgekehrt, auf der Pfanne braun gebraten werden — können auch in Fett gekocht werden (Kap. 69).

VI. Mit Ei- und Mehlstoffen (Mais, Reis) oder Brot (Zwieback).

1137. Linsenklops

[ganze Portion ca. 3000 (750) Cal.

1000	Linsen	$^1/_2$ kg	500	1600	Linsen und Bohnen nach 1101
350	Bohnen, weiße		175	560	—1102 und 1120 zubereitet,
250	Zwieback		125	437	werden mit Zwieback, Ei
360	Ei	4 St.	180	210	(auch mehrere, als ange-
250	Rahm	bis $^1/_8$ Lit.	125	210	geben), Rahm, Gewürz — zu
	Salz, Zwiebelsaft		roh 1105	3017	Teig verarbeitet, der stark ge-

rührt wird (vgl. 1122) — als Klops auf (mit Salz ausgestrichener, oder sehr sparsam mit Fett oder Butter versehenen) Pfanne gebraten.

Bohnenklops ebenso.

1138. Erbsen in Randform — nach L. Nielsen

[ganze Portion ca. 2250 (570) Cal..

			Gr.	Cal.
1000	Erbsen, gelbe	½ kg	500	1600
350	Weißbrot		175	435
20	Mehl	1 Eßl.	10	35
270	Ei	3 St.	135	210
	Salz, Porree		roh 820	2280
	Zitronensaft von 1 Zitr.			

Erbsen nach 1101—1102 und 1120 zubereitet, werden mit Brot, Mehl, Ei und Gewürz zu einer Farce gerührt (1122) — die in eine mit Butter ausgestrichene Form gebracht, mit Streifen von weichgekochtem Porree gespickt, im Ofen gebacken oder im Wasserbad gekocht wird — mit geschmolzener Butter anzurichten.

1139. Linsenbraten — nach J. Olsen   [ganze Portion ca. 3800 (690) Cal.

1000	Linsen	½ kg	500	1600
1000	Maisflocken	½ kg	500	1750
180	Ei	2 St.	90	140
250	Rahm	⅛ Lit.	125	210
30	Butter	1 Eßl.	15	112
	Zwiebel, Salz		roh 1230	3812

Linsen nach 1101—1102 und 1120 zubereitet, werden mit den (gerösteten und aufgeweichten) Maisflocken und den übrigen Zutaten vermischt (1122) — und weiter verwendet nach 1132.

VII. Mit Ei und Kräutern oder Gemüsen:

1140. Bohnenpastete   [ganze Portion ca. 2050 (570) Cal.

1000	Bohnen, grüne	½ kg	500	1600
120	Dotter	4 St.	60	216
250	Rahm	ca. ⅛ Lit.	125	210
250	Spinat	ca. ⅛ Lit.	125	50
	Salz		roh 810	2076
	Pfeffer			

Bohnen (mehlige „Flageolets") nach 1101—1102 und 1120 mit Salz und etwas Pfeffer zubereitet, werden zu Teig gerührt mit den im Rahm ausgerührten Dottern und dem Spinat (gekocht, durchgestrichen) — in Form 1 St. gekocht oder gebacken.

1141. Linsenfarce (für gefüllten Weißkohl, gefüllte Zwiebel u. dgl.) — nach Anna Poulsen   [ganze Portion ca. 2100 (540) Cal.

000	Linsen	½ kg	500	1600
	Zwiebel	2—3 St.		
	Petersilie	ca. 2 Eßl.		
360	Rahm, knapp	⅕ Lit.	180	310
180-360	Ei	2—4 St.	90-180	140-280
			770-860	2050-2190

Linsen nach 1101—1102 gekocht, werden mit den weichgekochten, feingehackten Zwiebeln (spanische), der Petersilie (gehackt), mit Salz und Eiern zu einem festen Teig gemacht (1122) — der als Fülle für Weißkohl, großen spanischen Zwiebeln oder sonstwie verwendet wird.

1142. Hülsenfruchtbraten mit Möhren [ganze Portion ca. 3050 (880) Cal.

			Gr.	Cal.
1000	Linsen	1/4 kg	250	800
	Bohnen, braune	1/4 kg	250	800
	Bohnen, weiß	1/4 kg	250	800
333	Möhren	1/4 kg	250	92
480	Ei	8 St.	360	560
	Brühe oder	roh 1360		3052
	Rahm			

Die Hülsenfrüchte nach 1101 bis 1102 und 1120 zubereitet, werden mit den gekochten und zu Püree verarbeiteten Möhren zusammengerührt, und mit der Brühe (Gemüse-, Fleischbrühe) zu einem recht steifen Teig — der in Blechform gebacken wird oder als länglicher Laib auf Blech im Ofen.

1143. Linsenkroketten — Forward [ganze Portion ca. 2650 (580) Cal.

1000	Linsen, rote	1/2 kg	500	1600
400	Brotkrume	1/5 kg	200	700
50	Sago		25	85
400	Möhren	1/5 kg	200	70
300	Pastinak	gekocht	150	53
100	Zwiebel		50	25
180	Ei	2 St.	90	140
	Petersilie	roh 1215		2673
	Knoblauch			
	Pfeffer, Salz			

Linsen nach 1101—1102 und 1120, werden mit Sago, Wurzeln und Gewürz zusammengekocht — Brot und Eier werden zu Teig geknetet und mit der ersten Masse vermischt — zu Kroketten geformt, in gestoßenem Zwieback und geschlagenem Ei umgekehrt, in Fett gekocht (Kap. 69).

1144. Linsenbraten [ganze Portion ca. 2900 (620) Cal.

1000	Linsen	1/2 kg	500	1600
500	Zwieback	1/4 kg	250	875
500	Kartoffeln	1/4 kg	250	225
270	Ei	3 St.	135	210
	Rahm	roh 1135		2910
	Zwiebel, Salz			

Linsen nach 1101—1102 und 1120 gekocht, werden mit den gekochten, zerstoßenen Kartoffeln und den übrigen Zutaten zu festem Teig verarbeitet — wie in 1132 verwendet.

VIII. Mit Ei und Früchten (Nüssen, Tomaten):

1145. Bohnenklops [ganze Portion ca. 3300 (690) Cal.

1000	Bohnen	1/2 kg	500	1600
250	Nüsse	1/8 kg	125	710
300	Zwieback		150	525
300	Ei	4 St.	180	280
250	Rahm	1/8 Lit.	125	210
	Zwiebel	roh 1080		3325

Die Bohnen nach 1101—1102 und 1120 gekocht, werden mit den geriebenen Nüssen, dem Zwieback, Eiern, Gewürz und der nötigen Flüssigkeit (Rahm oder Milch oder Brühe) zu Teig gemacht — der in Scheiben (Klops) auf der Pfanne gebraten oder im Ofen auf Blech gebacken wird.

Linsenklops ebenso — oder aus Mischung von Linsen und Bohnen zu gleichen Teilen — oder in anderem Verhältnis.

1146. Erbsenklops — nach J. Olsen [ganze Portion ca. 2050 (520) Cal.

			Gr.	Cal.
1000	Erbsen	½ kg	500	1600
250	Tomatenpüree	⅛ Lit.	125	ca. 27
50	Reismehl		25	87
250	Rahm	⅛ Lit.	125	210
180	Ei	2 St.	90	140
	Salz, Zwiebel		roh 865	2064

Erbsen (grüne, getrocknete) nach 1101—1102 und 1120 gekocht, werden mit Tomatenpüree (steifem), Reismehl, Rahm und Ei zu einer Farce angerührt — aus welcher Klopse gebraten werden.

Kap. 129. Hülsenfruchtfarcen mit Eiersoufflee-Teig.

Die Verwendung der soufflierten Teige bei Hülsenfruchtfarcen ist immer eine vorteilhafte (wenigstens 4 St. Eiweiß auf ½ kg Hülsenfruchtmasse).

1147. Erbsengratin   [ganze Portion ca. 2250 (560) Cal.

			Gr.	Cal.
1000	Erbsen	½ kg	500	1600
250	Möhren	⅛ kg	125	45
60	Kartoffelmehl		30	105
60	Palmin		30	225
360	Ei	4 St.	180	280
			roh 865	2255

Püree von gelben (enthülsten) Erbsen (nach 1101—1102 und 1120) wird (nach 1122) gut verrührt mit weichgekochten Möhren, Mehl, Palmin, Dotter — zuletzt mit den Eiweißen als steifer

Schnee — in Form gegeben, mit gestoßenem Zwieback bestreut und etwas Butter belegt, im Ofen gebacken.

1148. Linsenauflauf   [ganze Portion ca. 2050 (560) Cal.

			Gr.	Cal.
1000	Linsen	½ kg	500	1600
360	Ei	4 St.	180	280
250	Rahm	⅛ Lit.	125	210
	Brühe			
	Salz			

Püree von Linsen nach 1101 bis 1102 und 1120, wird mit Rahm und Dottern gut verrührt — zuletzt leicht mit den Eiweißen in steifem Schnee — in gut gebutterter

Form im Ofen gebacken — ca. 1 St.

Bohnenauflauf mit weißen oder braunen Bohnen ebenso.

1149. Bohnenklops aus Auflaufteig   [ganze Portion ca. 2050 (600) Cal.

			Gr.	Cal.
1000	Limabohnen	½ kg	500	1600
250	Rahm	⅛ Lit.	125	210
360	Ei	4 St.	180	280
	Zwieback, wenig		125	438
	Salz		roh 930	2528

Püree von Bohnen nach 1101 bis 1102 und 1120, wird 10 Min. gerührt mit Rahm, Dottern, Salz, gestoßenem Zwieback — zuletzt mit den Eiweißen als Schnee — in

Scheiben (Klops) auf trockener (mit Salz gestrichener oder schwach angefetteter) Pfanne gebraten oder auf Blech im Ofen gebacken — auch mit gerösteten Maisflocken (125 g), anstatt Zwieback.

1150. : Erbsenpudding — nach Anna Poulsen

[ganze Portion ca. 2500 (340) Cal.

			Gr.	Cal.
1000	Erbsen	$^1/_4$ kg	250	800
1000	Möhren	$^1/_4$ kg	250	90
700	Butter		175	1310
72）	Ei	4 St.	180	280
	Zwieback, wenig			
60	Kartoffelmehl 1 Eßl.		15	52
	Salz		roh 870	2532

Püree von Erbsen (gelben, enthülsten) nach 1101—1102 und 1120, wird mit den weichgekochten Möhren, mit Butter, Dotter und Mehl gut verrührt (wenig gestoßenen Zwieback, um eine etwas weiche Konsistenz zu bekommen) — wird in gebutterter Form gekocht — oder im Ofen gebacken. — Warm anzurichten — doch auch kalt in Scheiben auf Butterbrot verwendbar.

Kap. 130. Einige besondere Hülsenfruchtspeisen.

1151. Linsenfarce in Custard (Eierstich).

Linsenbraten, Linsenklops (kalt) in Würfel oder Scheiben zerschnitten, werden lose aufeinander in eine mit Butter ausgestrichene Form gelegt, mit etwas gehackter Zwiebel dazwischen. Darauf wird eine Eiermischung gegeben (nach 216). Die Form wird in den Ofen gebracht, ca. 1 St. gebacken (nach 215).

Mit **Bohnenfarce** ebenso.

1152. Bohnenwurst — nach Elisab. Hansen

[ganze Portion ca. 3750 (790) Cal.

				Cal.
1000	{ Bohnen, braune	$^1/_2$ kg	500	1600
	{ Linsen	$^1/_4$ kg	250	800
430	Maisflocken		325	1137
40	Palmin	2 Eßl.	30	225
	Zwiebel		roh 1105	3752
	Thymian, Salz			

Ein (nach 1101—1102, 1120 bereitetes) Bohnen-Linsen-püree wird mit den gerösteten Maisflocken vermischt zu festem Teig — wird in mehreren Stücken, in Wurstform gebracht, in ein Linnenstück eingenäht (nicht zu stramm) — in Wasser, oder besser in Dampf gargekocht (ca. $^3/_4$ St.) — bis kalt, unter eine Presse gelegt — kalt zu Butterbrot gegeben — oder in Scheiben auf einer trockenen Pfanne aufgewärmt.

Linsenwurst ebenso; mit Linsen 1000, Limabohnen 400, Granola oder gestoßenem Zwieback 300, geriebenen Nüssen 250 und ein wenig geschmolzenem Palmin, Haferbrei 1 Eßl., wenig feingewiegten Thymian, gestoßenen Nelken, Zwiebelsaft, Salz — und wenn vorhanden: etwas gedämpften Reis.

1153. Rollwurst — nach J. Olsen.

Linsen (graue) nach 1101—1102 und 1120 zu Püree gekocht mit Gewürz (geriebener Zwiebel, Allerlei, Thymian, Salz), werden mit gestoßenem Zwieback gerührt, zu einem festen Teig. Dieser wird in recht dünner Schicht auf ein Stück Linnen ausgebreitet — darauf eine dünne Schicht Reisbrei — wird zu einer dicken Wurst aufgerollt, die in das Linnenstück eingenäht wird. — Nach 1—2 St. Kochen wird die Wurst in eine Presse gelegt. — In Scheiben zu Butterbrot gegeben, oder auf einer Pfanne erwärmt, verwendet.

1154. ÷ **Hülsenfruchtpastete, kalt** — nach Anna Poulsen

[ganze Portion ca. 5250 (800) Cal.

			Gr.	Cal.	
1000	Linsen	$^1/_2$ kg	500	1600	Linsen zu Püree verarbeitet,
500	Pflanzenbutter	$^1/_4$ kg	250	1875	nach 1101—1102 und 1120,
1080	Ei	12 St.	540	940	werden mit der geschmol-
1000	Rahm	$^1/_2$ Lit.	500	840	zenen Pflanzenbutter abge-
	Thymian, Salz		roh 1790	5255	rührt und mit den übrigen
	Nelke, Pfeffer				Zutaten — in einer Pasteten-
	Zwiebel, gehackt				schüssel gebacken. Wird

kalt, in Scheiben, zu Butterbrot gegeben, mit etwas Jus und saurer Gurke belegt — auch zu bereiten mit der Hälfte Kastanien — kann mit gehackten Champignons oder Trüffeln verfeinert werden.

1155. ÷ **Hülsenfruchtfarce als Gänsebraten** — Emma Benzon.

Eine recht steife Farce aus Linsen, Bohnen (oder Nüssen) wird in schmale, längliche Laibe geformt, in heißem Palmin auf eine Pfanne gelegt — daneben und dazwischen legt man Zwetschen und Äpfel, die dann im Ofen mitgebraten werden, bei wiederholtem Übergießen mit dem Palmin und mit heißer Gemüsebrühe. Anzurichten mit einer braunen Sauce, mit Rahm und etwas Butter zurechtgemacht — und mit Rotkohl oder Kartoffeln.

÷ **Hülsenfruchtfarce als Lammbraten**

ganz ähnlich, die Laibe werden mit Petersilie und etwas Butter gut gespickt (ohne Zwetschen und Äpfel).

1156. Gefüllte Linsenpastete — nach Elisab. Hansen

[ganze Portion ca. 2850 (620) Cal.

			Gr.	Cal.
1000	Linsen	1/2 kg	500	1600
300	Maisflocken		150	525
500	Tomatenpüree	1/4 Lit.	250	55
250	Rahm	1/8 Lit.	125	210
60	Palmin	2 Eßl.	30	225
360	Ei	4 St.	180	280
	Salz, Zwiebelsaft	roh	1235	2895
	Äpfel, Zwetschen			

Linsen werden gekocht und durchgestrichen nach 1101 bis 1102 und 1120 und zu einer weichen Farce angerührt mit den gerösteten Maisflocken, Palmin, Eiern und Gewürz. In eine mit Butter ausgestrichene und mit Zwieback ausgestreute Form wird eine Schichte der Farce gelegt — darauf eine Schicht von gekochten, entsteinten Zwetschen und Äpfeln, in Stücke geschnitten — und wieder eine Schicht der Farce — die auf der Oberfläche mit Rahm bestrichen wird — bei guter Wärme im Ofen zu backen (ca. 3/4 St.) — auch andere Linsenfarcen wie z. B. nach 1134 verwendbar.

1157. ÷ **Linsenragout** — nach Starker.

Linsen	1/2 kg	500	1600
Salzgurken	2 St.		
Sardellen	6 St.		
Kapern			
Steinpilze	1/2 Lit.		
oder			
Champignons			
Zitronensaft			
Soya, Nährsalz			
Zwiebel, Petersilie			

Die Linsen werden weichgekocht, drei Viertel derselben werden durchgestrichen mit den würflig geschnittenen Salzgurken, gewiegten Sardellen, Schwämmen und Kapern (gehackt) vermischt und zusammen gekocht mit den Gewürzen. Entweder so als Ragout anzurichten oder als Fülle für Pasteten oder Zwiebeln usw. zu verwenden — auch in Muscheln, gratiniert, mit geriebener Semmel, Butter darauf — in 1/4 St. im heißen Ofen gebacken.

1158. Hülsenfruchtspeisen in Sauce.

Klöße oder Klops von braunen Bohnen werden in einer Selleriesauce erwärmt und angerichtet.

Linsenklöße mit Brotklößen und Gemüseklops oder Klößen werden in einer Sauce angerichtet — aus Gemüsebrühe (1000) mit Tomatenpüree (250), Rahm (125), Nährsalz, Salz, Allerlei, etwas Weizenmehl zum Sämigmachen und ein wenig Butter — auch mit geriebenem Meerrettig für Tomatenpüree.

Vegetarisches Frikassee. Linsenbraten in Würfeln oder Klops aus verschiedener Hülsenfruchtfarce, in Scheiben, und Maisflockenklöße werden in einer weißen sämigen Sauce mit gemischten, gekochten Gemüsen (Möhren, Sellerie, Schoten usw.) und gehackter Petersilie aufgewärmt und angerichtet.

Hülsenfruchtklops in Scheiben geschnitten, werden in einer Currysauce aufgewärmt und angerichtet — mit Reis.

Linsen-Bohnenklops in Würfeln, werden in einer sämigen braunen Sauce aufgewärmt und angerichtet.

Sechste Nahrungsmittelgruppe.

Gemüse.

Kap. 131. Allgemeines.

Was hier nach Bedeutung, Verwendung, Zubereitung in der Küche unter dem Sammelnamen: Gemüse besprochen werden soll, ist sehr verschiedenes.

Es sind auch verschiedene Pflanzenteile, die wir Gemüse nennen.

Einmal die Wurzel, entweder von länglicher Gestalt, wie die Möhre, die rote Rübe (Bete), die Pastinake, Bodtfeldtsche-, Teltow-Rübe; stangenförmig, wie die Schwarzwurzel (Scorzonera); knollig, wie die Sellerie, Rettich, Radieschen, Oberkohlrübe (keine echte Wurzel); zwiebelförmig, wie die rote Zwiebel, die spanische Zwiebel, der Porree; auch wie Wurzelknollen, eigentümliche Anhänge an Faserwurzeln, wie Kartoffeln, Erdartischocke, Batate, Stachys.

Es ist die ganze Pflanze als Sprosse, unter der Erde, wie der gewöhnliche Spargel, über der Erde und grün geworden, wie der grüne Spargel. Es sind die frisch entwickelten ganzen Pflänzchen, wie Spinat, Kresse, Sauerampfer, Salat, letzterer nach Umpflanzung in Gestalt großer Blattköpfe. Es sind große Blattstiele, wie Rhabarber; es sind ganz ausgewachsene Blätter, lose, wie Grünkohl, in kleinen Köpfen, wie Rosenkohl, in großen Köpfen, wie Weißkohl, Spitzkohl, Savoykohl; unentwickelte Blumen, wie die Artischocke, von der wir den Fruchtboden verspeisen und die innere weiche Schicht der Blumenblätter; es ist der ganze unentwickelte Blütenstand, wie Blumenkohl, es sind ganze Schoten, wie die Wachsbohne, die Schneidebohne, die Perlbohne; es ist der Same aus frischen grünen Schoten, wie die grüne Gartenerbse.

Es herrscht somit die größte Verschiedenheit.

Zusammensetzung.

Bezeichnend für die Gemüse ist der hohe Wassergehalt, bei vielen derselben bis 90% Wasser; oder noch mehr bei einzelnen, wie beim Spargel und Salatpflanzen, bis zu 94%; bei einigen weniger, bei dem Sellerie und der Pastinake (84%), Teltow-Rübe (81%), Grünkohl (80%), Gartenerbse, Stachys (gegen 80%), Kartoffel („nur" 75%).

Für die **Eiweißstoffe** der Gemüse ist uns kein besonderer physiologischer Charakter bekannt; ihre Menge ist sehr gering, gewöhnlich nur 1—2%; bei einigen etwas mehr, bei Stachys, Kohlrabi, Schneidebohnen bis zu 3%, oder bei der Teltow-Rübe, Savoy-Grünkohl bis 3,5%; nur ganz vereinzelt gibt es mehr, bei Spinat 3,2%, Grünkohl 4%, Rosenkohl 4,8%, am höchsten bei der Gartenerbse mit 6,5%.

Es sind nirgends erhebliche Quantitäten; wobei außerdem zu beachten ist, daß der Stickstoff, nach dem obige Eiweißwerte berechnet sind, zum Teil in sogenannten Amidoverbindungen vorkommt, also nicht in echten Eiweißstoffen.

An **Fettstoffen** gibt es nur sehr wenig — meistens nur 0,1—0,3%; bis 0,5 bei Sellerie, Pastinake, Gartenerbse, Rosenkohl, Spinat, bis 0,7% bei Savoykohl, bis 0,9% bei Grünkohl. Besten Falls: Kleinigkeiten.

Die **Kohlenhydrate** sind in den Gemüsen meistens auch nur in kleinen Mengen da; 10% ist schon etwas relativ Bedeutendes, bei verschiedenen Wurzeln, Möhren, Sellerie, Teltow-Rübe; 11% bei dem Grünkohl, 12% bei der Gartenerbse, 16% beim Stachys, bei der Erdartischocke — endlich ganze 20% bei der Kartoffel.

Ein Teil dieser Kohlehydrate ist Zucker, z. B. im Weißkohl 2%, in den Möhren 6%.

Die Kartoffeln werden bekanntermaßen süß beim Frieren, was darauf beruht, daß sich ein Teil der Stärke in Zucker umbildet. Diese Süßigkeit läßt sich herabsetzen oder entfernen, indem die Kartoffeln einige Tage an warmer Stelle gelagert werden. Dabei verschwindet der Zucker, indem er sich, durch eine Art von Atmung, teilweise in Kohlensäure umbildet.

Wenn Grünkohl friert, wird er auch reicher an Zucker.

Salze (Aschenbestandteile) enthalten die Gemüse in verhältnismäßig großen Mengen, nämlich ca. 1%, was viel ist im Verhältnis zu dem ganzen Inhalt an festen Nahrungsstoffen. Nur wenige enthalten etwas mehr, nämlich Teltow-Rübe, Grün-, Rosen-, Savoykohl, und Spinat am meisten, bis zu 2%.

Die sich durch besonders großen Eisengehalt auszeichnenden Gemüse sind oben genannt (S. 210).

An **phosphorsauren Salzen** sind verhältnismäßig reich: Spinat, Möhre, Sellerie, Savoykohl; noch reicher: Weißkohl, Kartoffeln, Blumenkohl, Kohlrabi; am reichsten: Gartenerbse, Artischocke.

Unter den **Extraktivstoffen**, an denen die Gemüse im ganzen nicht reich sind, gibt es meistens sehr wenig oder nichts von den sogenannten **Purinstoffen** oder **harnsäurebildenden Stoffen**. Spargel und Tomate werden als die in der Richtung am reichsten ausgestatteten genannt.

Nährwert.

Durch Nährwert zeichnen die Gemüse sich also nicht eben besonders aus; weswegen es auch ganz natürlich und richtig ist, wenn die Küche dieselben gewöhnlich in Verbindung mit Fettstoffen anrichtet oder zubereitet; unter Zugabe also von konzentrierten Nahrungsstoffen, oder auch mit Zucker, einem anderen Stoff von hohem Nährwert.

Die Gemüse wirken in der Kost mehr als Verdünnungsmittel für die kräftigeren Nahrungsbestandteile, mit welchen sie gegeben werden. Sie wirken als Sättigungsmittel, gleichsam als Gegengewicht gegen zu hohen Fleischgenuß.

Für die Abwechslung, für die Schmackhaftigkeit in der Kost, haben die Gemüse einen sehr hohen Wert, ihres Inhaltes wegen an verschiedenen Geschmackstoffen und Salzen — und wirken somit eigentlich mehr als Genußmittel, denn als Nahrungsmittel. Verschiedene grüne Kräuter, wie z. B. die Petersilie, sind nur Genußmittel, nur Gewürz.

Als eine ganz ausgezeichnete und außerordentlich nützliche Haupteigenschaft der Gemüse wird die stuhlfördernde Wirkung ganz besonders hervorzuheben sein. Die diätetische, die ausschließlich durch Regulierung von Speise und Trank durchgeführte Behandlung der in unseren Tagen so sehr allgemein vorkommenden habituellen Stuhlverstopfung ist entschieden die beste — und in der Diät gegen dieses Leiden sind, meiner Erfahrung nach, die Gemüse das Wichtigste.

Verdaulichkeit.

Was oben Kap. 86—87 über die pflanzlichen Nahrungsmittel über die Verdaulichkeit gesagt ist, wird auch für die Gemüse Geltung haben müssen; für einen großen Teil derselben sogar ganz besonders.

Für den Genuß in rohem Zustande sind überhaupt nur sehr wenige Gemüse geeignet, nämlich nur feinste jüngste Salatblätter u. dgl. — und dies doch immerhin nur für kräftigere Verdauungswerkzeuge.

1201. Zubereitung.

In der Regel sind die Gemüse einer Zubereitung bedürftig, und zwar sehr allgemein einer recht eingreifenden und sorgfältigen, damit die Holzfasergehäuse, welche die Nahrungsstoffe mehr oder weniger dicht und fest — oftmals sehr dicht und fest — umschließen, zersprengt werden, um selbigen Nahrungsstoffen den Weg zur Verdauung erst zu eröffnen.

1202. Das Reinmachen

ist sehr genau durchzuführen. Alle trockenen, verwelkten, mehr oder weniger schadhaften oder verdorbenen, außerdem alle gröberen äußeren Teile sind zu entfernen, wie Deckblätter, Hülsen und Schalen, Rippen u. dgl. Danach folgt ein gründliches Abspülen und Abwaschen in Wasser, um fremde anhängende Teile, wie Erde, Sand, kleine Lebewesen, zu entfernen. Wurzeln werden abgebürstet und geschrappt. Helle Wurzelgewächse, wie Kartoffeln, Schwarzwurzeln, sollen im Spülwasser liegen bleiben, bis sie gekocht werden. Unfrische, außen etwas eingetrocknete oder weich gewordene Gemüse werden vorteilhaft einige Stunden vor dem Abputzen in kaltes Wasser gestellt.

1203. Feinzerteilung

ist oftmals wünschenswert oder nötig, indem die Gemüse entweder in dünne Scheiben oder Streifen (Filets) geschnitten werden — oder gewiegt, zerstoßen, zermahlen werden.

1204. Wärmeeinwirkung

bildet auch bei den Gemüsen den wichtigsten Teil der Zubereitung — wenngleich hier das auf diesem Wege zu Erreichende weniger in chemischen, als in mechanischen Veränderungen und Umbildungen besteht, nämlich: vorbereitende Sprengung des festen Zusammenhanges der Pflanzenteile und Erweichen und Mürbemachen, Bedingungen für höchste Zugänglichkeit für das Kauen und für die übrige Verdauungstätigkeit.

Hauptformen der zu Verwendung kommenden Wärmeeinwirkungen sind: Kochen in Wasser, Dampf, Fett; Backen, und seltener Braten.

1205. Das Kochen der Gemüse in Wasser.

Man hat bisher meistens die Gemüse in Wasser gekocht, und zwar sehr allgemein in reichlichem Wasser — um dann das Kochwasser (die Gemüsebrühe) wegzugießen.

Das ist der reine Unsinn, und zwar noch unsinniger, als wenn die Hausfrau nach dem Fleischsuppekochen die Brühe weggießen würde, um nur das Kochfleisch zu verwenden. Denn die Gemüse enthalten wahrlich so wenig Nahrungsstoffe, Geschmacksstoffe und Salze, daß sie nicht die geringsten Verluste daran vertragen. Es hat sich aber bei den in dieser Hinsicht angestellten Versuchen gezeigt, daß verhältnismäßig ganz bedeutende Mengen von Nährstoffen, sowohl wie Salzen ins Kochwasser übertreten und beim Weggießen der Brühe in ganz unverantwortlicher Weise vergeudet werden. Nicht ohne Grund wird Gewicht darauf zu legen sein, daß besonders einem Verlust an Pflanzensalzen vorzubeugen ist.

Das Kochen in Wasser wird jedenfalls in der Regel so auszuführen sein, daß die Gemüse in kochendes Wasser gebracht, aufs Feuer gestellt werden — und mit möglichst wenig Wasser — und daß bei möglichst dichtem Verschluß gekocht wird. Und es sind, um das vollkommenste Garsein — höchste Leichtverdaulichkeit — zu erreichen, mit Vorliebe die in Kap. 90 (S. 222 u. f.) angegebenen Methoden für das Dauerkochen mit kürzerem Vorkochen, lange dauerndem Nachkochen in Gebrauch zu ziehen.

Das Garkochen in Wasser wird — besonders bei hartem Wasser (Kap. 180) — durch Zusatz von doppeltkohlensaurem Natron zum Kochwasser bedeutend erleichtert. Besonders wird dies bei gröberen Gemüsen, und ganz besonders bei den Blattkohlsorten, anzuempfehlen sein.

1206. Kochen in Dampf

ist entschieden die bessere Methode. Es ist dafür ein eigener Dampf-
kochapparat verwendbar oder verschiedene andere Kochapparate —
vgl. Nr. 412 und Fig. 1 — wo auch nachzulesen ist, wie das Dampfkochen überhaupt durchzuführen wäre.

1207. Backen von Gemüsen im Ofen ist eine ausgezeichnete Methode,
wo sie paßt — nämlich bei Gemüsen mit dichterer Schale, wie Kartoffeln, rote Rüben.

Die Gemüse werden dazu, sehr sorgfältig abgespült, gebürstet und
gut abgetrocknet, auf einem Blech in einen Backofen gebracht, bei hoher
Anfangswärme, und danach bei länger dauernder schwächerer Wärme.

1208. Kochen in Fett — Friture.

Auf die Hauptregel „Fett zum Essen besser, denn Fett im Essen“
ist auch bei den Gemüsen sehr viel Rücksicht zu nehmen (Kap. 86,
Schluß, S. 215 u. f.). Das Kochen von Gemüsen in Fett kann niemals
ein gesundes Resultat geben. Denn die Gemüse vermögen nicht sich
bei der Einwirkung des heißen Fettes an der Oberfläche zu einem ab-
schließenden Schorf zusammenzuziehen. Es wird hier immer ein tieferes
Eindringen von Fett zustande kommen.

Friture mit Panade ist noch ungünstiger.

1209. Das Braten oder Schwitzen der Gemüse in Fett („sauter“) streitet
auch gegen die Regel vom Nichtverfetten — vermag aber den Gemüsen
einen volleren Geschmack, einen im ganzen höheren Wohlgeschmack
zu verleihen. Es wird gewöhnlich an kleingeschnittenen Gemüsen ausgeführt, die auf der Pfanne, in etwas vorher geschmolzene Butter
gelegt, gekocht oder gebraten werden — wobei natürlicherweise die
Durchfettung eine um so tiefer gehende wird, je mehr Fettstoff genommen
und je länger gebraten wird.

Das Bräunen der Gemüse mit Zucker wird mit oder ohne
Butter (Fett) bei gewissen Gemüsen gebraucht, besonders bei verschiedenen Rüben, die einen eigenen scharfen Beigeschmack haben,
der verdeckt zu werden bedürftig ist.

Gegen das Bräunen mit Zucker allein ist nichts einzuwenden.
Der Zucker wird mit etwas Wasser oder Gemüsebrühe auf der Pfanne gebräunt (oder mit Fleischbrühe); und darin werden dann die kleingeschnittenen Gemüse umgekehrt, bis die Flüssigkeit meistens verdampft ist
und die Gemüsestücke gleichmäßig mit einer braunen Glasur überzogen sind.

1210. Das Ansämen mit Mehl (Mehlschwitze).

Das Mehl wird mit Wasser oder Brühe glatt gerührt, die gargekochten Gemüse damit kurz zusammengekocht. Dies geht noch an,
obgleich dabei das Mehl halb roh bleibt. Schlimmer ist es schon, wenn

außerdem mit Zusatz von mehr oder weniger Fettstoff (Butter od. a.)
gekocht wird — am schlimmsten, wenn das Mehl von Anfang an mit
der Butter zu Mehlschwitze oder Einbrenne verarbeitet wird.

1211. Verwendbarkeit im allgemeinen.

Die Gemüse sind der Abwechslung in der Küche sehr dienlich,
auch weil sie sich für sehr viele verschiedenartige Zubereitungen und
Anrichtungen eignen. Sie sind verwendbar für:

Gemüse (Kräuter-)suppen und Saucen, die oftmals für
Fleischbrühesuppen und Saucen sehr günstigen Ersatz zu bieten vermögen.

Gemüse, naturell, in Wasser oder Dampf gargekocht oder gebacken — nur mit abgerührter Butter anzurichten, was besonders gesund ist; auch in geschmolzener, nach Wunsch mit etwas
Brühe angerührter Butter umgekehrt, kurz vor dem Anrichten. Empfehlenswert ist auch das Sämigmachen mit noch etwas
Rahm (oder Milch) und Ei, besonders Dotter, während ein Mehlzusatz
schon weniger gut ist.

Gemüse in Mayonnaise finden auch Verwendung, was auch
noch ganz gut sein kann, wenn die Mayonnaise echt (ohne Mehl bereitet) ist und die Mischung frisch zubereitet ist, so daß das Fett keine
Zeit zum tieferen Eindringen bekommt.

Zu Teigen oder Farcen sind auch verschiedene Gemüse verwendbar — für Klöße, Klopse, Puddings, auch für Omeletten;
in verschiedensten Mischungen, die immer so einfach und so wenig fett-
vermischt wie möglich zu bereiten sind.

1212. Gemüse in Püree.

Die Bereitung der Gemüse zu Püree oder Mus wird sehr viel getrieben und anempfohlen, überall, wo auf Schwächezustände
im Magen und besonders im Darm irgendwelche Rücksicht zu
nehmen ist. Die Anempfehlung dürfte Berechtigung haben, wo sich
nicht darauf rechnen läßt, daß die Gemüse durch geeignete Zubereitung
genügende Weichheit erlangt haben und im Munde vollkommen zerquetscht werden. Wo darauf sicher zu rechnen ist, wird es viel besser
sein, die Gemüse ganz in den Mund zu bekommen — um sie dann da,
durch das Zerteilen mittels der vereinten Wirkung des Kauens und
des Durchfeuchtens mittels des Speichels, durch Umbildung der Stärke
in Zucker für die übrige Verdauung in bester Weise vorzubereiten.

1213. Das Würzen.

Ein Zusatz von Salz wird dafür in der Regel ganz notwendig sein —
bei den meisten Gemüsen wird damit aber auch das in der Beziehung
Nötige getan sein; besonders wenn bei dem Dampfkochen der Gemüse
dieselben ihre natürlichen Geschmackstoffe möglichst haben behalten
dürfen. Zucker — gewöhnlich in kleinen Mengen — paßt doch auch

gut für verschiedene Gemüse — und gibt dann einen gewissen, nicht zu verachtenden Zuschlag zum Nährwert.

Maggi-Würze, eine kondensierte Abkochung von Kräutern und Gemüsen, ist ein besonders anempfehlenswertes Gewürz; Sellerie-salz ebenso (Kap. 183).

Muskatnuß, Muskatblüte, Estragon, Basilikum, Küm-mel, Ingwer, Kapern, Rosmarin, Dill sind alles Gewürze leich-terer Art, die mit Mäßigkeit verwendet, anzuempfehlen sind (Kap. 183).

1214. Aufbewahrung der Gemüse.

Viele Gemüse werden sehr schnell trocken, schlaff, verwelkt — und verlieren damit die volle Verwendbarkeit in der Küche — besonders schnell unsere gewöhnlichen Sommergemüse: grüne Kräuter, grüne Erbsen (Schoten), Bohnen, Spargel u. dgl.

Die Wurzelgewächse halten sich weit besser und werden somit, weil sie sich für den Winter aufbewahren lassen, auch zu unseren ge-wöhnlichsten Wintergemüsen, besonders die Kartoffel, Möhre, Porree, Petersilien-, Pastinakwurzel, Schwarzwurzel, rote Rübe. Und doch sind auch diese Wintergemüse am besten in frisch ausgegrabenem Zustande; entweder direkt aus der Erde oder aus dem Sand oder der Erdgrube, worin sie eingelegt sind.

Die Blattkohlsorten lassen sich auch sehr gut aufbewahren (in trockener, kühler Luft).

1215. Das Einkochen der Gemüse

geschieht in luftdichten Behältern (hermetischem Verschluß), indem der Inhalt so durchhitzt worden ist, daß alle vorhandenen Kleinwesen und Keime abgetötet sind, so daß er vor Verderben bewahrt ist. Solche hermetisch aufbewahrte Gemüse dürften sich in bezug auf Allgemeinverwendbarkeit kaum von anderen, entsprechend stark durch-gekochten Gemüsen unterscheiden.

1216. Salzen der Gemüse.

Für das Salzen werden die Gemüse, wie andere Eßware, schichten-weise mit Salz dazwischen eingelegt (weniger günstig in einer vorher bereiteten Salzlake). Das Salzen hat auf die Gemüse überhaupt keinen günstigen Einfluß; sie werden leicht hart, verlieren an Geschmack und Nährwert, indem die entsprechenden Stoffe in die Lake übertreten.

1217. Das Einlegen der Gemüse mit wenig Salz.

Sauerkraut ist eine in gewissen Ländern sehr beliebte Konserve, die aus feingehobeltem Weißkohl bereitet wird, der mit nur wenig Salz (ca. 20—35 auf 1000) versetzt, dicht zusammengedrückt in Holz-gefäßen an lauem Ort hingestellt wird, wobei eine Gärung (haupt-sächlich Milchsäuregärung) zustande kommt.

Wenn die Gärung eine leichtere gewesen, ohne allzu starke Säure-
bildung, dürfte der Kohl gewiß an Verdaulichkeit gewonnen haben.

Einkochen in Essig wird seltener gebraucht — und ist auch
kaum anzuempfehlen.

Rote Rüben kann man — anstatt mit Essig — sauer bereiten,
mit Zitronensaft oder Fruchtsaft.

1218. Das Trocknen der Gemüse wird in verschiedener Weise durchgeführt, oftmals erst, nachdem sie vorher gedämpft worden sind.
Letzterenfalls werden sie auch am verwendbarsten; ganz gut können
sie nie sein, außer für vollkräftige Verdauungsorgane. Jedenfalls ist
ein lange dauerndes Aufweichen (24—36 St.) in kaltem Wasser notwendig mit darauffolgendem, außerordentlich sorgfältig durchgeführtem
Garkochen (kurzes Vorkochen, langes Nachkochen) — und gewiß
immer am liebsten mit etwas doppeltkohlensaures Natron im Kochwasser.

1219. Diätetische Stufenleiter.

Eine Übersicht über die allgemeine hygienisch-diätetische Verwendbarkeit der Gemüse erhalten wir am besten, indem wir sie auf
verschiedene Rangstufen verteilen:

1. Ranges werden: junge grüne Kräuter, wie Spinat, Salat,
Sauerrampfer und die gewöhnlichen Sommergemüse, wie Spargel
(besonders die Köpfe), grüne Erbsen (Schoten), grüne Bohnen, Wachsbohnen, Perlbohnen, Artischocke (eßbare Teile), Blumenkohl, Porree,
wenn sie jung sind und frisch.

2. Ranges werden: die Wurzelgewächse, die mehlige Kartoffel,
Erdartischocke, Stachys, der ersten Gruppe noch sehr nahestehend;
außerdem Möhre, Pastinak, Petersilienwurzel, Sellerie, Rübe (ganz
junge Teltow-Rüben gewiß auch der ersten Gruppe sehr nahestehend),
Kohlrabi, Zwiebel.

Bei diesen Gemüsen 2. Ranges wird schon ganz besonders darauf
zu achten sein, daß sie ganz jung und mürbe sind, möglichst wenig
holzig. Gegen Frühjahr werden sie in der Beziehung schlechter. Auch
ist hier auf besonders gut und gründlich durchgeführte Wärmeeinwirkung
Gewicht zu legen — für den Zweck der vollkommensten Mürbigkeit.

Schneidebohnen, so wie sie gewöhnlich im Handel vorkommen,
groß, ganz ausgewachsen, sind sehr niedrigen Ranges.

3. Ranges werden: die Blattkohlarten, weil sie sehr dichte
und feste Textur haben und einen besonders hohen Gehalt an blähenden
Stoffen. Daher ist auch eine mit äußerster Sorgfalt und Gründlichkeit
durchgeführte Wärmebeeinflussung nötig — am besten mit zweimal
Wasser oder mit einmal Wasser und dann mit Dampf.

Klasse I.

Kräuter-Gemüsesuppen.

Kap. 132. Klare Kräuter-Gemüsesuppen — Grundsuppen.

1220. Allgemeine Regeln für das Kochen der Brühe.

Die Gemüse werden — 1202 gemäß — gereinigt, entzweigeschnitten (in Würfeln, Streifen) oder gehackt, werden mit kaltem Wasser aufs Feuer gesetzt, mit Salz. Man darf durchschnittlich 1 Lit. Wasser rechnen auf $^1/_2$ kg Gemüse und 1 Tl. Salz. Darin werden die Gemüse entweder

1. auf gewöhnlichem offenen Feuer gut zugedeckt in 2—3 Stunden bei schwacher Wärme gargekocht; oder

2. werden so nur $^1/_2$ Stunde Zeit gekocht, um dann Nachzukochen (vgl. in der Beziehung die verschiedenen Methoden 802—809) 2, 3, 4 Stunden oder mehr.

Mischungen verschiedener Kräuter und Gemüse (in den verschiedensten Verhältnissen und je nachdem was vorhanden ist) sind besonders anzuempfehlen — doch so, daß gewisse Arten von Gemüse, die einen schärferen Geschmack besitzen, nur in vorsichtigeren Mengen zur Verwendung kommen (wie Kerbel, Rüben, Grünkohl, Zwiebel u. dgl.).

Die Verwendung von Suppengrün (Sellerieblätter, Porreegrün, Petersilie u. dgl.) ist überall von Vorteil; auch kann als Würze etwas Zucker und immer Salz verwendet werden. Zur Verbesserung schwacher Suppen eignet sich die Maggi-Würze vorzüglich; auch kann Lahmanns Nährsalz verwendet werden, was zugleich eine gute Farbe gibt.

NB.: Die Portionen in folgenden angegebenen Kochrezepten sind so berechnet, daß sie nach Wegkochen auf ursprüngliche Menge Flüssigkeit aufzufüllen sind — in allen Vorschriften sind die Gemüse in Nettogewicht (nach Reinmachen und Putzen)*) angegeben; durchschnittlich läßt sich berechnen auf:

1 Lit. 1000 Kräuterbrühe — ca. $^1/_8$ kg Kräuter (netto),
1 „ 1000 Gemüsebrühe — „ $^1/_2$ „ Gemüse („).

a) Klare Suppe von Kräutern, Gemüsen, naturell:

1221. Klare süße Sauerrampfersuppe.

<table>
<tr><td></td><td></td><td></td><td>Gr.</td><td></td></tr>
<tr><td>250</td><td>Sauerrampfer</td><td>$^1/_4$ kg</td><td>250</td><td rowspan="6">Sauerrampfer nach 1202 vorbereitet, wird gekocht nach 1220, mit Wasser, Salz, Zucker, Zitronenschale. Die Brühe wird abgeseiht, mit gerösteten Brotwürfeln angerichtet.</td></tr>
<tr><td>1000</td><td>Wasser</td><td>1 Lit.</td><td>1000</td></tr>
<tr><td>40—50</td><td>Zucker</td><td></td><td>40—50</td></tr>
<tr><td></td><td>Tapioka</td><td></td><td>25—30</td></tr>
<tr><td>25—30</td><td>Zitronenschale</td><td></td><td></td></tr>
</table>

---

*) Rohgewicht durchschnittlich 125 zu nehmen für 100 rein.

1222. Klare Kräutersuppe.

		Gr.
	Spinat	25
100	Salat	25
	Kerbel	25
	Sauerrampfer	25
10	Butter	10
1000	Wasser 1 Lit.	1000

Die Kräuter werden gewiegt, mit $^{1}/_{2}$ Lit. Wasser nach 1220 gekocht; auf 1 Lit. aufgefüllt, aufgekocht — die Suppe abgeseiht, klar verwendet — auch verwendbar mit den Kräutern in der Suppe — und mit den Kräutern durchgestrichen, mit der Suppe aufgekocht — auch andere Kräutermischungen verwendbar; ohne Kerbel mit 50 Spinat, oder Sauerrampfer mit 50 Salat usw.

1223. Klare Suppe mit Sommergemüsen.

	Schotenkerne
500	Spargel — zusammen bis $^{1}/_{2}$ kg
	Blumenkohl
1000	Wasser 1 Lit.

Die Brühe wird nach 1220 mit den Gemüsen (verschiedene Mischung) gekocht — abgeseiht — verschiedentlich anzurichten, wie in 1222 genannt.

1224. Klare Wurzelsuppe.

125	Möhre	$^{1}/_{8}$ kg
125	Rübe	$^{1}/_{8}$ kg
125	Sellerie	$^{1}/_{8}$ kg
50	Pastinak	50
50	Petersilienwurzel	50
25	Zwiebel	25
1000	Wasser	1 Lit.

Nach 1220 gekocht — die abgeseihte Suppe verschieden verwendet (1222) — kann gekocht werden als Potage du Couvent (Seignobos) mit Möhre, Rübe, gleiche Mengen, wenig Pastinak, etwas mehr Sellerie, ganz wenig Zwiebel — mit einer Bohnenbrühe — die abgeseihte klare Brühe mit Tapioka gekocht, mit etwas Butter abgerührt.

1225. Gemischte klare Suppen können gekocht werden auf einer Mischung von Möhren, Petersilienwurzel, Schwarzwurzel, Sellerie, Porree, Zwiebel, Kartoffel, Salat, Spinat, Weißkohl, Äpfel („Viktoriasuppe nach Bircher) oder mit Möhren, Petersilienwurzel, Pastinak, Sellerie, Porree, rote Zwiebel, Kartoffel, Erdartischocke, rote Rübe, Radieschen, Kohlrabi, Salat, Spargel — auch mit Schotenkernen und Erbsenschoten (nach Anna Poulsen) — nach 1220, mit ca. $^{1}/_{2}$ kg 500 Gemüse auf 1 Lit. 1000 Wasser.

b) Klare Suppen mit gebratenen — geschwitzten — Gemüsen:

1226. Helle klare Suppe.

Diese Suppen werden mit ähnlichen Mischungen gekocht wie in 1221—1225 — so aber, daß die Kräuter und Gemüse vorher mit Butter gedämpft oder geschwitzt werden (Butter bis 100 auf 1000 Gemüse).

1227. Braune klare Suppe.

Brühe nach 1221—1226 gekocht, wird mit etwas Lahmanns Nährsalz passend bräunlich gefärbt.

1228. Klare Suppe mit Maggi-Würze wird bereitet durch Auflösen von 2 Tl. Maggi-Würze in 1 Lit. 1000 kochendem Wasser.

1229. Kräuter-Gemüse-Konsommee.

Die 1221—1226 angegebenen Brühen werden, anstatt mit Wasser, mit einer Kräutergemüsebrühe oder Bohnenbrühe gekocht.

1230. Kräutergemüsejus (Gelee, Aspik).

Kräutergemüsekonsommee 1229 wird gesteift mit Gelatine, 3 Blätter (6) auf 250 Brühe oder mit Agar-Agar 10—15 auf 1000.

Kap. 133. Kräutergemüsesuppen. Klare, mit verschiedenen Einlagen und angesämt.

a) Klare Suppen, mit Gemüse naturell:

1231. + Kräutersuppe mit Reis — Gouffé

[ca. 4 Portionen, à ca. 140 (7) Cal.

		Gr.	Cal.	
100	Sauerrampfer	50	18	Die Kräuter werden feingewiegt,
	Salat	50	18	mit etwas Wasser 10 Min. ge-
	Kerbel	50	18	dämpft — dann mit dem übrigen
1000	Wasser	1500		Wasser gekocht — der Reis (auf-
40	Reis	60	210	geweicht nach 801) wird hinein-
25	Butter	40	300	gegeben — $^1/_2$ St. mitgekocht —
	Salz	1750	564	beim Anrichten mit der Butter
	Pfeffer			abgerührt (besser ist es, die Suppe,

nachdem sie die $^1/_2$ St. gekocht hat, noch für einige Zeit nachzukochen (802—809) — mit gekochtem Makkaroni oder Nudeln für Reis zu bereiten — auch mit reichlichen Kräutern.

1232. + Spinatsuppe mit Haferbrei (nach Elisab. Hansen)

[ca. 4 Portionen, à ca. 130 (15) Cal.

200	Spinat	200	66	Spinat, geputzt, wird mit etwas
1000	Wasser / Gemüsebrühe	1 Lit.		Wasser 5 Min. gedämpft — ab- getropft — einige Male durch die
ca. 250	Haferbrei	ca. $^1/_4$ kg	ca. 250	Maschine gestrichen und fein
125	Rahm	$^1/_8$ Lit.	210	gewiegt — die Spinatbrühe wird
		1575	526	mit der Gemüsebrühe bis auf

1 Lit. aufgefüllt — mit dem Haferbrei verrührt, aufgekocht — durchgestrichen — unter Aufkochen mit dem Spinat verrührt — vom Feuer genommen, mit dem Rahm abgerührt — mit geröstetem Brot anzurichten.

1233. Französische Kerbelsuppe mit Brot — Seignobos.

In ein glaziertes irdenes Kochgeschirr wird eine Schichte Butter gelegt — darauf eine Schicht von Brotscheiben (altbacken) und eine Schicht feingewiegten Kerbel — und so wird das Geschirr in wechselnden Schichten beinahe angefüllt — Salz daraufgestreut und kochendes Wasser aufgegossen, bis es eben darüber steht — wird dicht zugedeckt, bei leichter Wärme ca. 1 St. im Ofen gekocht.

b) Klare Suppen, mit geschwitzten Gemüsen:

1234. Gemischte Gemüsesuppe.

Mischung verschiedener Gemüse und Kräuter, wie Spinat, Schotenkerne, Blumenkohl, Kohlrabi, Teltowrübe, Sellerie, Zwiebel, Porree, Kartoffeln, Rosenkohl, Weißkohl usw., $^1/_2$ kg, 500 im ganzen, werden mit etwas Butter gekocht (50—100), mit Mehl bestäubt — danach mit Wasser gekocht, 1 Lit., 1000, in 2—3 St.; auch mit etwas Salz und Gewürz (Muskat usw.).

1235. Juliennesuppe, „Julienne maigre", Gouffé

[ca. 4 Portionen, à ca. 150 (8) Cal.

Gr.			Cal.	
250	Möhre	125	100	Die Gemüse in feine Streifen zer-
	Rübe	125		schnitten, werden in der Butter
100	Porree	50	50	hellgelb geschwitzt — Wasser
	Zwiebel	50		daraufgegossen — 3 St. gekocht
25	Bleichsellerie	25	4	bei schwacher Wärme (oder nach
25	Weißkohl	25	7	kurzem Vorkochen mit andauern-
	Salat	10		dem Nachkochen, 802 usw.) —
25	Sauerrampfer	10	9	erst mit dem Wasser werden die
	Kerbel	5		Kräuter, zerschnitten, hinzugefügt
60	Butter	60	450	— kann auf Brot in der Schüssel an-
1000	Wasser	1 Lit.		gerichtet werden — vielleicht besser
		1485	620	mit weniger Rübe und Zwiebel, anstatt dessen mit mehr Sellerie.

1236. Porreesuppe, „Soupe à la bonne femme" — nach Escoffier

[ca. 4 Portionen, à ca. 180 (11) Cal.

		Gr.	Cal.	
300	Porree	3 St.	300	150	Porree (nur das Weiße), zer-
50	Butter		50	375	schnitten, wird mit 25 g
1000	Wasser	1 Lit.	1000		Butter gedämpft — mit dem
250	Kartoffeln		250	225	Wasser und den in dünne
	Salz		1600	750	Scheiben geschnittenen Kartoffeln gekocht, und mit

Salz — fertig gekocht nach 1220 — mit der übrigen Butter verrührt — auf Brot in der Suppenschüssel angerichtet.

1237. Französische Kohlsuppe.

Ein Weißkohlkopf wird mit einigen Möhren und Rüben, wenig Zwiebel, Blumenkohl, Sellerie, Porree, Petersilie, Suppengemüse und etwas Butter in Wasser gekocht, wie 1236.

1238. Über das Sämigmachen oder Legieren von Kräuter-Gemüsesuppen.

Es gilt das Kap. 46, 47, 48, S. 107—112 Gesagte — doch so, daß als Flüssigkeit anstatt Fleischbrühe eine kräftige Kräuter-Gemüsebrühe zur Verwendung kommt.

c) mit Rahm, Butter, Ei legiert, oder angesämt:

1239. Kräutersuppe [ca. 4 Portionen, à ca. 165 (15) Cal.

Gr.			Cal.
150	Sauerrampfer	150	50
75	Kerbel	75	25
25	Salat	25	5
50	Butter	50	375
1000	Wasser	1 Lit.	
180	Dotter	4 St.	216
		1480	671

Die Kräuter werden feingewiegt, mit der halben Portion Butter gekocht, dann mit dem Wasser und Salz — die Suppe wird mit der übrigen Butter und den Dottern abgerührt — auf Brot in der Suppenschüssel angerichtet — kann auch ohne Salat gekocht werden — kann auch gekocht werden mit gleichen Teilen Sauerrampfer, Kerbel, Spinat, Löwenzahn, Petersilie, wenig Zwiebel — kann abgerührt werden mit einer Liaison aus Rahm oder Milch und Dotter — kann abgekocht werden mit Reis (30—40 g).

1240. Wurzelsuppe, „Soupe à la fermière" — Gouffé [ca. 4 Portionen, à ca. 270 (9) Cal.

125	{ Möhre	60 }	40	
	{ Rübe	60 }		
50	{ Porree	25	10	
	{ Weißkohl	25	7	
10	Zwiebel	10	5	
80	Butter	80	600	
1000	Bohnenbrühe	1 Lit.		
200	Rahm, fett	$^1/_5$ Lit.	420	
		1465	1082	

Die Gemüse, fein zerschnitten, werden mit der halben Portion Butter gekocht — dann mit der Brühe (mit 100 g weißen Bohnen gekocht) — nach 1220 — mit Rahm und Butter abgerührt — mit einigen der garen weißen Bohnen (ganze) angerichtet — und einigen Kerbelblättern — solche Wurzelsuppe kann auch mit der in 1224 angegebenen Mischung von Wurzeln gekocht werden.

1241. Porreesuppe.

Die Suppe nach 1236 gekocht, kann auch mit Milch 200, mit 3 (oder mehreren) Dottern abgerührt, sämig gemacht werden — auf Brotschnitte in der Suppenschüssel angerichtet.

Andere mit Ei abgerührte Suppen sind auch nach 470—476 zu bereiten, mit einer Kräuter-Gemüsebrühe anstatt Fleischbrühe.

d) legiert mit Brot, Mehl:

1242. Salatsuppe mit Brot legiert — nach Seignobos

[ca. 4 Portionen, à ca. 285 (24) Cal.

			Gr.	Cal.	
200	Salat	2 Köpfe	200	70	Salat wird mit Zwiebel ge-
20	Zwiebel	1 St.	20	10	wiegt, mit der Butter ge-
15	Petersilie	1 Eßl.	15	5	dämpft — mit dem Wasser
60	Butter		60	450	gekocht (nach 1220), mit
125	Brot		125	312	dem Brot (nach 492, mit
1000	Wasser	1 Lit.	1000		Gemüsebrühe vorbereitet)
100	Schotenkerne		100	80	abgerührt und verkocht —
100	Spargel (grüne)		100	20	und mit den vorher gar-
125	Rahm	1/8 Lit.	125	210	gekochten Schotenkernen
			1745	1157	und Spargel — vor Anrichten mit Rahm abgerührt.

Sauerrampfersuppe, Spinatsuppe — ebenso.

1243. Kräutersuppe mit Mehl legiert — Gouffé

[ca. 4 Portionen, à ca. 150 (21) Cal.

Gr.			Cal.	
100	Sauerrampfer	100	33	Die Kräuter werden gewiegt, in
25	Kerbel	25	8	der Butter mit Mehl gekocht,
50	Salat	50	10	5 Min. — dann mit dem Wasser,
25	Butter	25	187	nach 1220 — mit den in etwas
20	Mehl	20	70	Suppe glatt gerührten Eiern ab-
1000	Wasser	1 Lit.		gerührt — auf Brot gegossen, in
90	Ei	2 St.	140	der Suppenschüssel angerichtet
60	Brot	60	150	— kann mit etwas Fleischbrühe
	Salz	1370	598	oder Maggigewürz (ca. 1 Tl.)
	Pfeffer			verstärkt werden.

1244. Zwiebelsuppe — nach Gouffé [ca. 4 Portionen, à ca. 200 (9) Cal.

Gr.		g	Cal.	
200	Zwiebel	200	100	Die Zwiebel in dünnen Scheiben,
60	Butter	60	450	wird 10 Min. in etwas Wasser
30	Mehl	30	105	gekocht, das abgegossen wird —
1000	Wasser	1 Lit.		dann mit der halben Portion
60	Brot	60	150	Butter hellgelb geröstet — mit
	Salz	1350	805	dem Mehl verrührt — mit dem
	Pfeffer			Wasser gekocht (1220) — mit

der übrigen Butter abgerührt —
in der Schüssel auf Brot gegossen — kann auch mit 2 Eiern oder
Dottern abgerührt werden.

1245. :- Kerbelsuppe mit abgebranntem Mehl

[ca. 4 Portionen, à ca. 110 (9) Cal.

250	Kerbel	1 Teller	83	Butter, Mehl werden miteinander
25	Butter	25	187	abgebrannt, mit dem feinge-
30	Mehl	30	105	wiegten Kerbel verrührt und mit
20	Zwiebel	1 St.	10	der Brühe — nach 1220 fertig-
1000	Gemüsebrühe	1 Lit.		gekocht — mit Spargel und
100	Spargel	100	20	Möhren, weichgekocht, in Schei-
100	Möhren	100	37	ben geschnitten, angerichtet —
		1525	442	auch mit pochierten Eiern.

Kräuter-Gemüsesuppen, legiert, können auch bereitet werden:
    mit Mehl legiert nach 481—482,
    mit Grützeabkochung nach 489,
    mit präparierten Mehlstoffen nach 490,
    mit Panade nach 492,
alle mit Kräuter-Gemüsebrühe anstatt Fleischbrühe.

Kap. 134. Kräuter-Gemüse-Püreesuppen.

a) mit geschwitzten Gemüsen, ohne Legierung:

1246. Kressepüreesuppe, „Potage de santé" genannt — Seignobos

[ca. 4 Portionen, à ca. 70 (6) Cal.

125	Kresse	125	44	Die Kresse wird sehr fein gewiegt
25	Butter	25	187	(nur die feinsten Blätter) —
60	Kartoffel	60	54	mit der Butter geschwitzt und
1000	Wasser	1 Lit.		ganz wenig Brot — dann mit
	Brot	1210	285	dem Wasser und Salz (1220) —

durchgestrichen (feines Sieb) —
mit geröstetem Brot angerichtet.

Kräuterpüreesuppe auch mit verschiedenen anderen gemischten
Kräutern — auch nach 497 mit Kräuterbrühe.

1247. Kartoffelpüreesuppe — nach Hannemann

[ca. 4 Portionen, à ca. 180 (8) Cal.

Gr.			Cal.
375	Kartoffeln	½ Lit.	335
50	Sellerie	50	25
50	Petersilienwurzel	50	25
20	Zwiebel	1 St.	10
	Butter oder		
40	Fett	40	300
10	Mehl	10	35
1000	Wasser	1 Lit.	
	Petersilie		
	Selleriegrün	gewiegt,	
	Majoran	wenig	
	Maggigewürz		
		1545	730

Butter, Mehl werden miteinander geschmolzen, Kartoffel, Wurzeln kleingeschnitten, darin umgekehrt, mit Mehl bestäubt — mit Gewürz nach 1220 gekocht, mit Wasser — durchgestrichen — kann auch mit weniger Wasser gekocht und dann mit entsprechender Menge Milch aufgefüllt werden, oder Rahm — kann mit Dotter abgerührt werden — auch mit Maggi-Würze abgeschmeckt werden.

Potage Pamentier — nach 500, mit Kräutergemüsesuppe.

Kartoffelporreesuppe kann in ähnlicher Weise bereitet werden — mit Kartoffeln und Porree, 250 g von jedem.

1248. Wurzelpüreesuppe
wird mit Wurzelmischung nach 1240 gekocht, in Wasser — die Wurzeln können vorher mit Butter (25—50 g) gekocht werden — durchgestrichen — kann mit etwas Reismehl oder Rahm sämig gemacht werden — kann auch gekocht werden mit anderen Wurzelmischungen (Möhren 250, Botfeldt-Rübe 250, Porree 40, Zwiebel 10, Selleriegrün 5, etwas Petersilie, gewiegt) — auch mit Kräuterbrühe für Wasser.

Potage Crecy kann nach 499 gekocht werden, mit Kräutergemüsebrühe.

b) mit Gemüsen naturell und verschiedentlich legiert:

1. mit Rahm, Butter legiert:

1249. + Schotenpüreesuppe, Potage St. Germain — nach Seignobos

[ca. 5 Portionen, à ca. 180 (22) Cal.

Gr.			Cal.
375	Schotenkerne	375	310
1000	Wasser	1000	
250	Rahm	¼ Lit.	420
25	Butter ca.	25	187
	Zucker, wenig		
	Kerbel	1600	917

Die Schotenkerne werden mit Wasser und Salz nach 1220 gekocht — durch feines Sieb gestrichen — leicht gesüßt — vor Anrichten mit Rahm abgerührt und mit der Butter (nach und nach in kleinen Stücken) — wird gut gerührt — Kerbel in feinen Blättern eingerührt — und einige Erbsen (ganz geblieben) — kann mit etwas Tapioka abgekocht werden — mit Brotwürfeln anzurichten.

Gemüsepüreesuppe kann auch bereitet werden nach 498, mit Gemüsesuppe.

1250. Kartoffel-Schoten-Püreesuppe

wie 1249 mit Kartoffeln 250, Schotenkerne 125 und ein wenig Porree.

Kartoffel-Porreepüreesuppe wird nach 1249 gekocht mit gleichen Mengen Kartoffeln und Porree.

1251. Kartoffelpüreesuppe mit Rotkohl — nach Seignobos

[ca. 5 Portionen, à ca. 135 (11) Cal.

			Gr.	Cal.	
250	Kartoffeln	1/4 kg	250	225	Die Kartoffeln werden im
125	Porree	1 St.	125	62	Wasser gekocht, mit Porree
75	Rübe	1 kleine	75	30	und Rübe (1220) — letztere
250	Rotkohl	1 Kopf	250	70	wird herausgenommen, in
40	Butter		40	300	Scheiben geschnitten — das
30	Essig	2 Eßl.	30		übrige wird durchgestrichen
1000	Wasser	1 Lit.	1000		— Rotkohl in Streifen ge-
			1870	687	schnitten, weich gekocht und

die mit Essig geschmolzene Butter damit vermischt und aufgekocht.

2. mit Ei legiert:

NB.: Die meisten Kräuter- und Gemüsesuppen, besonders die klaren, werden vorteilhaft mit Dotter legiert (2—6 St.), außer der übrigen Legierung.

1252. + Schotenpüreesuppe

wie 1249 wird mit 2 Dottern legiert; anstatt mit Rahm und Butter.

1253. | Selleriepüreesuppe   [ca. 4 Portionen, à ca. 175 (14) Cal.

Gr.				Cal.	
500	Sellerie	1/2 kg		290	Sellerie wird mit Wasser, Salz,
1000	Wasser	1 Lit.			Zucker, geriebenem Brot nach
	Suppengemüse				1220 gekocht — durchgestrichen
5	Zucker	1 Tl.		20	— beim Anrichten mit Rahm,
30	Dotter	2 St.		108	Butter, Dotter gerührt — auch
30	Rahm	2 Eßl.		50	mit Butter, die aber gut weg-
15	Butter	1 Eßl.		112	bleiben kann.
50	Brot	3 Eßl.		125	
		1630		705	

Jürgensen, Kochlehrbuch.   22

3. mit Grütze legiert:

1254. Kerbelpüreesuppe — nach Elisab. Hansen

[ca. 5 Portionen, à ca. 100 (15) Cal.

Gr.			Cal.
125	Kerbel	125	40
1000	Kräutersuppe	1 Lit.	
500	Haferbrei	$^1/_2$ Lit.	400
50	Möhren	50	18
50	Kartoffeln	50	45
		1725	503

Die Gemüsesuppe wird mit dem Haferbrei gekocht und glatt gerührt, gekocht — mit ganz feingewiegtem Kerbel gerührt — mit den Wurzeln (gargekocht und in Scheiben zerschnitten) aufgekocht — kann mit Ei und geröstetem Brot angerichtet werden.

1255. + Selleriepüreesuppe — nach Elisab. Hansen

[ca. 5 Portionen, à ca. 60 (12) Cal.

375	Sellerie	$^3/_8$ kg	215
1000	Kräuterbrühe	1 Lit.	
125	Haferbrei	$^1/_8$ kg	90

Sellerie in Dampf oder wenig Wasser sehr weich gekocht, wird durchgestrichen — mit der Brühe verrührt und mit dem Brei; und aufgekocht — auch neben oder anstatt dem Brei mit Dotter zuzubereiten.

1256. Grünkohlsuppe   [ca. 4 Portionen, à ca. 260 (7) Cal.

250	Kohl	$^1/_4$ kg	182
60	Olivenöl	60	540
	oder Butter		
50	Hafergrütze	50	ca. 190
5	Zucker	1 Tl.	19
125	Kartoffeln	$^1/_8$ kg	112
1000	Wasser	1 Lit.	
		1490	1043

Kohl, feingewiegt, Öl, Hafergrütze (vorher nach 801 aufgeweicht), Kartoffeln in Scheiben, Zwiebel, feingewiegt, wird mit dem Wasser gekocht (1220) — durchgestrichen, ohne die Kartoffeln — mit Zucker aufgekocht — auf die Kartoffeln in die Suppenschüssel gegossen.

4. mit Mehl legiert — einfach abgerührt:

1257. Kräuterpüreesuppe wird mit denselben Kräutern gekocht wie 1239 — dann mit Mehl abgerührt — nach 469, 6. — und durchgestrichen.

1258. Erdartischockenpüreesuppe — nach Elisab. Hansen
[ca. 5 Portionen, à ca. 150 (16) Cal.

Gr.			Cal.
500	Erdartischocke ½ kg		350
125	Porree	⅛ kg	62
1000	Wasser	1 Lit.	
20	Mehl	20	70
50	Mysost	50	188
60	Rahm	1/16 Lit.	105
	Salz	1755	775

Erdartischocke und Porree werden nach 1220 gekocht in Wasser (oder Kartoffelbrühe, wenn vorhanden), — durchgestrichen — 10 Min. gekocht mit Mehl und Mysost (norwegischem Molkenkäse, vgl. S. 16), vorher mit dem Rahm glatt gerührt, und Salz — angerichtet mit etwas Erdartischocken- und Porreescheiben.

5. legiert mit Mehlschwitze oder Einbrenne:

1259. ÷ Sauerampferpüreesuppe — nach Hannemann
[ca. 4 Portionen, à ca. 160 (12) Cal.

100	Sauerampfer	100	35
30	Mehl	30	105
50	Butter	50	375
125	Milch		
	oder Rahm	⅛ Lit.	80
15	Dotter	1 St.	
1000	Wasser	1000	54
	Maggigewürz	1 Tl.	
	Pfeffer, Salz		
	Zucker, Zitronensäure		
		1320	649

Sauerampfer nach 1220 mit dem Wasser gekocht, wird durchgestrichen — Butter, Mehl wird abgebrannt, mit Dotter, Milch, Gewürz glatt gerührt und mit der Püreesuppe verrührt und aufgekocht — angerichtet mit in Scheiben geschnittenen, hartgekochtem Ei — mit kleinen Würsten — mit geröstetem Brot.

1260. ÷ Schotenpüreesuppe wird nach 1249 gekocht, mit Schoten 300 — verrührt mit Mehl 16, Butter 20 abgebrannt — mit etwas Maggigewürz nach Wunsch und feingewiegter Petersilie — zuletzt mit 40 kalter Butter.

1261. ÷ Blumenkohlpüreesuppe [ca. 5 Portionen, à ca. 125 (12) Cal.

300	Kohl	300	90
200	Kartoffeln	200	180
ca.	{Wasser, knapp	1 Lit.	
1000	{Milch, knapp	⅛ Lit.	80
30	Mehl	30	105
25	Butter	25	187
	Rahm	1555	642

Die Gemüse werden nach 1220 mit dem Wasser gekocht — und durchgestrichen — Mehl und Butter (abgebacken) wird mit der Milch verrührt und damit abgerührt — und nochmals durchgestrichen — nach Wunsch mit Rahm und etwas Butter verrührt — angerichtet mit etwas von dem ganz gebliebenen Blumenkohl, in kleine Köpfe geteilt.

Kap. 135. Kräuter-Gemüsesuppen mit Milch gekocht — französische Fastensuppen.

Die dafür zu verwendende Milch kann sein: Vollmilch oder abgerahmte Milch — oder Mischungen von Vollmilch und Wasser.

a) mit zerschnittenen Gemüsen, in Butter geschwitzt:

1262. Endiviensuppe, „Soupe à l'Ardennoise" — Escoffier

[ca. 4 Portionen, à ca. 330 (40) Cal.

Gr.			Cal.
300	Endivie	300	57
50	Kartoffeln	1 St.	45
50	Porree	1 St. groß	25
	(das Weiße)		
75	Butter	75	560
1000	Milch	1 Lit.	650
		1475	1337

Die Gemüse, feingeschnitten, werden mit der halben Portion Butter gekocht — mit der kochenden Milch verrührt — darin gargekocht nach 1220—22 — mit Salz und der übrigen Butter abgerührt, mit Brotschnitten angerichtet.

1263. Gemüsesuppe, Soupe à la Grandmère — Escoffier

[ca. 4 Portionen, à ca. 215 (25) Cal.

125	{Sellerie	60	34
	{Rübe	60	24
125	{Porree	60	20
	{Weißkohl	60	16
30	Zwiebel	30	15
60	Kartoffeln	60	54
50	Butter	50	375
1000	{Wasser	½ Lit.	
	{Milch	½ Lit.	325
	Salz	1390	863

Die Gemüse, grob gehackt, werden mit der Butter und ganz wenig Wasser und mit Salz gedämpft — mit der Milchwassermischung fertig gekocht — kann mit etwas mehr Butter abgerührt werden — anzurichten mit feinen gargedämpften Salatblättern oder Spinat, und mit gargekochten Makkaroni oder Nudeln — auch mit weniger Butter zu bereiten.

1264. Wurzelsuppe, Soupe à la Brabançonne — Escoffier

[ca. 4 Portionen, à ca. 240 (39) Cal.

125	{Möhre	60	
	{Rübe	60	
80	{Porree	40	80
	{Zwiebel	40	
25	Butter	25	187
1000	Milch	1 Lit.	650
200	Endivie	200	40
		1430	957

Wird wie 1263 bereitet, mit feingeschnittenen Gemüsen (mit reiner Milch) — mit Endiviensalat als Einlage, kleingeschnitten, in etwas Butter gedämpft — auch mit mehr Gemüse — bis mehr als das Doppelte.

1265. Wurzelsuppe, Soupe à la Dauphinoise — Escoffier

[ca. 4 Portionen, à ca. 285 (45) Cal.

Gr.			Cal.	
250	Weiße Rübe	125	50	Die Gemüse, gehackt, werden wie
	Kartoffel	125	112	in 1263 bereitet und in der Milch
125	Kürbis	125	37	gekocht — angerichtet mit eini-
40	Butter	40	300	gen feinen Porreeblättern, oder
1000	Milch	1 Lit.	650	Kerbelblättern, und mit Mak-
	(Wasser)	1415	1149	karoni (vorher gargekocht).

1266. Kartoffelsuppe, Soupe à la Franc-Comptoise — Escoffier

[ca. 4 Portionen, à ca. 290 (45) Cal.

300	Kartoffel	150	135	Bereitet wie 1263 — mit reiner
	Rübe	150	50	Milch — mit Makkaroni anzu-
125	Salat	60	10	richten und mit einigen Kerbel-
	Sauerampfer	60	16	blättern.
40	Butter	40	300	
1000	Milch	1 Lit.	650	
		1465	1161	

b) mit Gemüsen in Püree:

NB.: Alle die vorhergehenden Nummern 1262—66 können auch durch Durchstreichen zu Püreesuppen gemacht werden.

1267. + Kräuterpüreesuppe nach Hidde

[ca. 4 Portionen, à ca. 205 (45) Cal.

200	Salat	100	20	Die Kräuter werden mit etwas
	Spinat	100	33	Wasser ganz gar gedämpft —
	Selleriegrün	10		durchgestrichen — mit der Milch
40	Portulak	10		gekocht — mit Dotter abgerührt.
	Basilikum	10	16	
	Estragon	10		
1000	Milch	1 Lit.	650	
30	Dotter	2 St.	108	
	Salz	1270	827	

Sauerampferpüreesuppe in entsprechender Weise — kann mit Butter und wenig Mehl legiert werden.

1268. + **Kartoffelpüreesuppe,** Potage Argenteuil — Seignobos
[ca. 4 Portionen, à ca. 260 (30) Cal.

Gr.			Cal.	
250	Kartoffeln	1/4 kg	225	Die Kartoffeln in Dampf mit den
1000	{Wasser	1/2 Lit.		Spargeln (grünen) gargekocht,
	Milch	ca. 1/2 Lit.	324	werden zerstoßen und durch-
50	Butter	50	375	gestrichen — mit der kochenden
125	Spargel	125	25	Milch und Wasser und Salz ge-
30	Dotter	1—2 St.	108	rührt und gekocht — mit der
	Salz	1455	1057	Butter verrührt — mit Dotter

abgerührt — mit etwas von den Spargeln in Stücken anzurichten.

Kartoffelpüreesuppe mit Kresse — ebenso zubereitet mit Kresse, ohne Spargel — und mit feinen Kerbelblättern angerichtet.

1269. + **Schwarzwurzelpüreesuppe** [ca. 4 Portionen, à ca. 335 (50) Cal.

500	Schwarzwurzel	1/2 kg	290	Die Wurzeln feingeschnitten, mit
25	Butter	25	187	Butter und Salz weich gedämpft,
1000	Milch	1 Lit.	650	werden mit der Milch gekocht
125	Rahm	1/8 Lit.	210	(1220) — durchgestrichen — mit
15	Kerbel	1 Eßl.	5	dem Rahm abgerührt — und mit
20	Petersilie	1 Eßl.	7	Kerbel und Petersilie, feinge-
		1685	1349	wiegt — ebenso mit: Möhren,

Kohlrabi, Sellerie, Teltow- rübe oder Mischungen derselben.

Klasse II.

Kräuter-Gemüsesaucen.

Vgl. in der Beziehung das in den Kap. 46, 50, 51, 56 über Fleisch- und Fischbrühesaucen Dargestellte — siehe auch über Saucengewürz und -farben Kap. 52.

Kap. 136. Klare Kräuter-Gemüsesaucen.

1270. **Klare Kräuter-Gemüsesaucen, gewürzt,** werden nach 510, 511, 512 mit Kräutergemüsekonsommee (1229) bereitet.

Braune Kräuter-Gemüsesauce wird aus Kräutergemüse- konsommee bereitet mit Zusatz von Lahmanns Nährsalz.

Italienische Sauce ebenso nach 513.

1271. Sauce Bordelaise.

			Gr.	
1000	Konsommee 1229 $^{1}/_{4}$ Lit.		250	Die Zwiebel wird mit der Butter
200	Rotwein	$^{1}/_{16}$ Lit.	60	gebraten — mit Rotwein und
160	Butter		40	Konsommee aufgefüllt — mit
20	Sagomehl	1 Tl.	5	Champignons in feinen Scheiben
	Ochsenmark			gekocht — zuletzt mit der
80	Champignons	1 Eßl.	20	Petersilie und dem Mark in
	Paprika, Zwiebel			Scheiben — kann mit Sagomehl
				legiert werden.

1272. Klare Kräuter-Gemüsesaucen mit Einlage.

Zu bereiten mit Kräutergemüsekonsommee (1229) nach 515.

Sauce ravigote.

Petersilie, Kerbel, Sauerampfer, Bertramblätter zu gleichen Teilen, werden feingewiegt, mit Gemüsebrühe gekocht, zu einer dicken Sauce — mit Wein gewürzt — vor Anrichten mit etwas Olivenöl und Zitronensaft abgerührt.

Kap. 137. Legierte Kräuter-Gemüsesaucen.

1273. Saucen mit Rahm, Butter legiert.

Zu bereiten nach 516, 517, 519 mit Konsommee 1229.

Sauce maitre d'Hotel ebenso nach 518.

1274. Saucen mit Ei legiert:

+ **Sauce poulette** mit Konsommee 1229 nach 521.

Helle Sauce ,, ,, 1229 ,, 522.

Sauce bearnaise ,, ,, 1229 ,, 524.

1275. + Holländische Sauce nach Elisab. Hansen.

Gr			Cal.	
1000	Konsommee 1229 $^{1}/_{4}$ Lit.			Die Dotter steif gerührt, werden
120	Dotter	2 St.	104	allmählich mit der heißen Brühe
160	Rahm	3 Eßl.	77	verrührt — auf Wasserbad ge-
	Zitronensaft von $^{1}/_{4}$ Zitr.			stellt, bis eben kochend —
				vom Feuer genommen, mit
				Rahm und Zitronensaft gerührt.

1276. Saucen mit Mehl einfach abgerührt.

Weiße Sauce bereitet mit Konsommee 1229 nach 525, 526.

Braune Sauce.

Gr.			Cal.	
1000	Konsommee 1229	$^1/_2$ Lit.		
70	Mehl	35	122	
125	Rahm, fett	$^1/_{16}$ Lit.	133	

Die Brühe wird gekocht und mit dem in etwas Suppe glatt gerührten Mehl legiert — in 10 Min. leise gekocht — nachdem vom Feuer genommen, mit dem Rahm abgerührt und mit so viel Lahmanns Nährsalz, daß sie eine hübsche braune Farbe bekommt.

Saure Rahmsauce mit Konsommee 1229 nach 529 zu bereiten.

Saure Rahmsauce mit Tomate ebenso.

+ **Braune Sauce** mit Konsommee 1229 nach 530 zu bereiten.

Petersiliensauce mit Konsommee 1229 nach 526 — mit Zusatz von feingewiegter Petersilie (1—2 Eßl.).

1277. Saucen mit Mehl abgebacken.

÷ Sauce Velouté . . . . . nach 535}
    Sauce Bechamel . . . . „ 536} mit Konsommee 1229
÷ Sauce Espagnole . . . . „ 537} anstatt Fleischbrühe.

1278. Zusammengesetzte Saucen mit Sauce Velouté (1277).

Selleriesauce . . . . nach 538
Sauce mit Schwämmen, Kapern, Kräutern . . . . „ 538
Sauce allemande . . . . „ 539
Petersiliensauce . . . . „ 540
Meerrettichsauce . . . . „ 541
Currysauce . . . . „ 542
Sauce soubise . . . . „ 545
Sauce tomate . . . . „ 546

1279. Zusammengesetzte Saucen mit Sauce Bechamel (1277).

Sauce mit Champignons . . . . nach 547
Sauce Maintenon . . . . „ 549
Sauce soubise . . . . „ 545
Sauce à l'aurore . . . . „ 550

1280. Zusammengesetzte Saucen mit Sauce espagnole (1277).

Sauce espagnole mit Einlagen . . . . nach 551
Sauce bordelaise . . . . „ 553
Sauce Orly . . . . „ 560
Sauce soubise brune . . . . „ 545

Kap. 138. Kräuter-Gemüse-Püreesaucen.

Mit Konsommee 1229 zu bereiten:

1281. + **Brotpüreesauce** . . . . nach 565

     Kräuterpüreesauce . . . . „ 566

     Kerbelpüreesauce . . . . „ 1246 (etwas dicker)

     Artischockenpüreesauce . . . . . „ 567

     Erdartischockenpüreesauce . . . „ 567

     Wurzelpüreesauce . . . . „ 568—69

     Tomatenpüreesauce . . . . „ 571

     Kastanienpüreesauce . . . . . . „ 572

1282. Kartoffelpüreesauce nach Balzer.

Kartoffeln, gekochte, kalte, werden fein gerieben mit etwas Mehl und mit in Butter gebräunter Zwiebel — mit kochender Gemüsebrühe verrührt und aufgekocht — mit Zitronensaft gewürzt.

1283. Kräuter-Gemüsesaucen in Milch.

Werden wie die 1262—69 angegebenen Suppen bereitet — nur etwas dicker — die Püreesaucen können mit Dotter abgerührt werden (1—2 St. auf 250 Sauce).

Klasse III.

Kräuter-Gemüse gekocht.

Kap. 139. Gekochte Kräuter-Gemüse, naturell.

1284. Allgemeines über die Zubereitung von Kräutern und Gemüsen.

Reinmachen und Abputzen nach 1202.

Blanchieren. Die Kräuter und Gemüse werden in verschiedener Absicht blanchiert — teils um denselben die hübsche grüne Farbe zu erhalten, bei Spinat, grünen Bohnen, im ganzen bei grünen Gemüsen; und wird dann in der Weise ausgeführt, daß dieselben kurz aufgekocht werden, in reichlich Wasser, oder nur einmal mit scharf kochendem Wasser übergossen — und abgetropft werden; teils aber, um gewissen Gemüsen (Kohlrüben, Sellerie, Salaten) eine ihnen eigene Schärfe zu entziehen.

Ganz frische und junge Gemüse werden überhaupt nicht blanchiert. — Das Blanchieren ist im ganzen eine recht überflüssige Vornahme, es sei denn bei besonders alten Sachen (Wurzeln).

Das Blanchieren hat eine unvorteilhafte Seite, indem es manchmal den Gemüsen, ohne Notwendigkeit, etwas der Nahrungsstoffe und Geschmacksstoffe beraubt.

Das dabei verwendete Wasser wird gewöhnlich leicht gesalzen (ca. 7 g auf 1000 Wasser).

Frische. Die Kräuter und Gemüse, die für den Genuß in gekochtem Zustande bestimmt sind, sollen möglichst frisch sein — und sind sehr sorgfältig reinzumachen.

1285. Das Kochen.

Das Kochen in Dampf ist das beste, in eigenen Apparaten (412 und Fig. 1) oder mit ganz wenig Wasser in dicht verschlossenem Kochgeschirr. (Dämpfen vgl. Nr. 413.) Die Verwendung reichlicheren Kochwassers ist weniger erlaubt, wenn nicht die Brühe gleichzeitig genossen werden soll.

Im folgenden ist die gewöhnliche Voraussetzung die, daß in Dampf gekocht wird, und daß das Kochen jedenfalls auf schwachem Feuer und andauernd durchgeführt wird. Anstatt des Kochens in Dampf ist bei gewissen Wurzeln das Backen im Ofen sehr zu empfehlen.

Wird das Kochen in Wasser (mit Ansetzen in kochendem Wasser) vorgezogen, wird es jedenfalls durchzuführen sein mit: Dauerkochen — also mit Vorkochen, 15—30 Min. oder mehr, und Nachkochen, verschieden lange Zeit, nach der Art der Gemüse (vgl. 802—809).

Kräuter (Salat, Spinat, Sauerampfer, Kerbel u. dgl.) sollen am liebsten bis 2 St. in Dampf gekocht oder nachgekocht werden;

Sommergemüse, wie Schotenkerne, grüne Bohnen, Wachsbohnen, Perlbohnen, Blumenkohl, Porree, Spargel, Artischocken, ganz junge Schneidebohnen, 2—3 Stunden;

Wurzeln, die alle sehr sorgfältig zu putzen sind, wie Möhre, Pastinak, Botfeldt-, Teltowrübe, Sellerie, Rote Rübe, Kohlrabi über der Erde, sollen lieber noch länger kochen, bis 4 Stunden und mehr — mit Ausnahme von jungen Karotten, mehligen Kartoffeln, Erdartischocken, Stachys, die mit weniger vorlieb nehmen.

Alte holzige Gemüse, besonders Wurzeln, bedürfen einer unbestimmbar längeren Zeit, um mürbe zu werden.

Blattkohlarten, die sehr sorgfältig von äußeren gröberen Blättern zu befreien sind, wie Weiß-, Rot-, Savoy-, Grünkohl, haben sehr lange Zeit nötig für das völlige Garwerden, 4 Stunden und mehr. Gewisser eigener Geschmack- und Geruchstoffe wegen mag es vorteilhaft sein, Blattkohlarten zweimal zu kochen, beidemal in Wasser oder das zweitemal in Dampf.

Rosenkohl nimmt mit weniger vorlieb.

Spargel dürfte hier zu nennen sein als ein Gemüse, wo in Fällen besonders stark hervortretender Bitterkeit auch ein zweimaliges Kochen in Wasser anzuempfehlen wäre.

1286. Abtropfen.

Die Gemüse, besonders aber die Kräuter, sollen nach Kochen in Wasser sehr sorgfältig abgetropft werden — nach Kochen in Dampf wird es weniger notwendig. Die Kräuter dürfen außerdem nach Abtropfen in der Regel abgetrocknet werden, durch Abdrücken zwischen Tüchern, bevor sie gewiegt werden.

1287. Abdampfen.

Sollen die gekochten Kräuter und Gemüse völlig gut trocken werden, bevor sie weiter verwendet werden, kann man sie nach dem Abtropfen noch für einige Zeit in einen trockenen, warmen Ofen stellen.

Abdampfen der Kartoffeln ist besonders wünschenswert nach Kochen derselben in Wasser. Nachdem das Wasser sorgfältig abgegossen, wird das Kochgefäß mit einem Tuch bedeckt, oder mit einem nicht ganz dicht schließenden Deckel, einige Zeit zur Seite auf den warmen Herd gestellt, um gut abzudampfen.

1288. Zubereitung (Fertigmachen).

Kräuter und Gemüse werden in verschiedener Weise angerichtet: naturell, mit gerührter Butter, mit verschiedenen Saucen gestobt — zu denen verschiedene Flüssigkeit verwendet wird: Fleischbrühe Bouillon, Jus (oder Auflösung von Fleischextrakt, Liebig usw. ca. 1 Tl. auf 1 Lit.) — „au gras"; oder Kräutergemüseauszüge oder Brühen (oder Auflösung von Maggi-Würze, 2 Tl. zu $\frac{1}{4}$ Lit.), oder Milch, Rahm — „au maigre".

In allen Fällen, wo die verschiedenen Zubereitungen einer Verstärkung bedürftig sind im Geschmack, kann verwendet werden: Zusatz von Fleischextrakt oder Maggi-Würze, oder Selleriesalz oder Lahmanns Nährsalz. Nach Bedarf wird Salz überall verwendet, auch wo es nicht genannt ist. Zuckerzusatz (sparsam) macht sich in vielen Fällen.

Kap. 140. Kräuter-Gemüse, naturell gekocht und angerichtet.

I. Gemüse, gekocht, gebacken — mit gerührter Butter:

1289. Gebackene Kartoffeln I.

Kartoffeln werden gewaschen, gebürstet, getrocknet — auf Blech gelegt, in den heißen Ofen gebracht, $\frac{3}{4}$—1 St. gebacken — oftmals umgekehrt, bis sie gar sind — vor Anrichten wird ein kleines Loch in die Schale gerissen — auf einer Serviette angerichtet — gerührte oder kalte Butter dazu.

1290. Gebackene Kartoffeln II, „Pommes de terre rissolées".

Die Kartoffeln werden in Dampf gekocht — geschält — im Ofen auf Blech gebacken, wie 1289.

1291. Gebackene Kartoffeln III, ,,Pommes de terre en robe de chambre''.

Die Kartoffeln (besonders dünnschalige) werden 10—15 Min. in Dampf oder Wasser gekocht — das Wasser wird sorgfältig abgegossen — die Kartoffeln werden 7—8 Min. bei häufigem Umschütteln weiter gekocht (um nicht anzusetzen) — werden auf einer irdenen Schüssel im Ofen fertig gebacken.

Kartoffeln in Asche gebacken.

Kartoffeln nach 1289 vorbereitet, werden in heiße Asche gepackt, bis zum Garwerden.

1292. Spargel, naturell.

Werden in leicht gesalzenem Wasser (ca. 5 g Salz auf 1 Lit. Wasser) gekocht — auch in Dampf — in Bündel zusammen-gebunden, 8—10 St. — sehr sorgfältig geschält und abgespült — mit gerührter Butter oder verschiedenen Buttersaucen anzu-richten.

Porree, naturell,

Schwarzwurzeln, naturell — ebenso.

II. Gemüse — in englischer Art:

1293. + Spinat in englischer Art — ,,en branches''.

Spinat wird gewaschen, sorgfältig abgespült und von den ganz groben Teilen befreit (nach Wunsch blanchiert — mit reichlich kochendem Wasser) — sehr sorgfältig abgetropft — gargekocht in Dampf oder Wasser (mit Dauerkochen 802—809), mit Salz ca. 5 auf 1000 Wasser — abgetropft — zwischen Ser-vietten abgedrückt — zum völligen Trockenwerden noch einige Minuten in heißem Ofen gehalten — auf heißer Schüssel berg-artig angerichtet, mit einem Stück kalter Butter obenauf gelegt (ca. 100 zu 1000 Spinat).

Ähnlich:

Schotenkerne	englisch.
Grüne Bohnen (Haricots verts)	,,
Wachsbohnen	,,
Perlbohnen	,,
Strandkohl	,,
Rosenkohl	,,

III. Gemüse in Süß oder Sauer:

1294. Rotkohl in Fruchtsaft.

Rotkohl — mittelgroßer Kopf (ca. 1 kg, 1000) — wird in Streifen zerschnitten — mit Johannisbeer- oder Heidelbeersaft gekocht (ca. $^1/_4$ Lit., 250), in emailliertem Kochgefäß, wenigstens 2—3 St. — auch mit Dauerkochen (802—809) — beim Anrichten wird etwas Kirschensaft daraufgegossen — kann mit etwas Kartoffelmehl sämig gemacht werden — kann gekocht werden mit Rotwein, teilweise für Fruchtsaft.

1295. Rotkohl „à la Flamande".

Der Kohl wird in feine Streifen zerschnitten, mit etwas Salz, Pfeffer, Muskat gerührt — mit etwas Essig besprengt — in ein mit Butter stark ausgestrichenes Kochgeschirr gefüllt — auf schwachem Feuer gekocht — oder mit Vorkochen und Nachkochen (802—809) — etwas bevor fertig gekocht, werden einige Äpfel (Rainetten) in Vierteln hinzugegeben — und etwas Butter.

IV. + Gemüse in Jus:

1296. + Spinat in Jus   [ganze Portion ca. 300 (60) Cal.

			Gr.	Cal.	
1000	Spinat	$^1/_2$ kg	500	125	Der Spinat wird gekocht und
40	Butter		20	150	getrocknet — nach 1293 —
250	Brühe	ca. $^1/_8$ Lit.	125		feingewiegt, mit der Brühe
	(starke)				verrührt und gekocht —
					zuletzt auf dem Feuer mit

der Butter abgerührt — auch mit Milch oder Rahm für Brühe.

1297. + Grüne Bohnen in Jus   [ganze Portion ca. 350 (40) Cal.

			Gr.	Cal.	
1000	Bohnen	$^1/_2$ kg	500	200	Die Bohnen in Wasser oder
125	Brühe	$^1/_{16}$ Lit.	60		Dampf gargekocht, werden
50	Butter		25	187	mit der Brühe verrührt usw.,
					wie 1296.

Grüne Erbsen in Jus   ebenso.

1298. + Cardons in Jus

werden in starkem Jus weich gedämpft — werden in einem Haufen gelegt, auf der Schüssel, mit etwas der, mit Arrowroot, leicht legierten Brühe übergossen, angerichtet.

Salat in Jus — ebenso.

1299. + Kartoffeln in Jus, à la maitre d'Hôtel

[ganze Portion ca. 600 (40) Cal.

			Gr.	Cal.	
1000	Kartoffeln	$\frac{1}{2}$ kg	500	450	Die Kartoffeln werden ge-
500	Konsommee	$\frac{1}{4}$ Lit.	250		kocht (nach 802—809) —
50	Butter		25	187	in Scheiben geschnitten, mit
	Jus, Zitronensaft				dem Konsommee gekocht,
	Petersilie, gehackt				bis derselbe ungefähr weg-
					gedampft ist — vom Feuer

abgenommen, mit etwas Jus und Zitronensaft und der Petersilie
verrührt.

1300. Gemüse in Aspik.

Das Gemüse — einzelne Sorte oder mehrere gemischt —
weichgekocht, zerschnitten, wird in die gelatinisierende Flüssigkeit niedergelegt, in einer Form — kaltgestellt — gestürzt,
angerichtet. Man gebraucht für 1 kg 1000 Gemüse ca. 1 Lit.,
1000 Bouillon oder Gemüsebrühe (oder Maggigewürzlösung) mit
8—10 Blättern Gelatine oder mit Agar-Agar.

Kap. 141. Gemüse in Wasser gekocht — in verschiedenen Saucen angerichtet.

I. in einfachen, warmen Saucen:

1301. Spargel, ganz gekocht („en branches"), werden mit geschmolzener Butter übergossen angerichtet — und nach Wunsch mit
gehacktem Ei und Petersilie bestreut — auch mit brauner
Sauce, mit Sauce hollandaise 80, 81.

**Blumenkohl, Artischockenböden, Schwarzwurzel, grüne
Bohnen, Cardons** — ebenso.

II. in warmen, mit Mehl legierten Saucen:

1302. Blumenkohl
wird warm angerichtet in Sauce velouté, Bechamel, Rahmsauce.

Spargel, Kartoffeln und die übrigen bei 1301 genannten
Gemüse ebenso.

1303. Möhren
werden angerichtet in brauner Sauce (espagnole oder ähnliche).

Kohlrabi, Artischockenböden ebenso.

Kap. 142. Gemüse in kalten Saucen — Gemüsesalate.

1304. Gemüse in Ölsauce.

Die Sauce wird bereitet aus Mischung von Öl (3 T.), Essig oder Zitronensaft (1 T.), wenig Salz, Pfeffer — damit werden die Gemüse, (kleingeschnitten, gargekocht; oder dafür geeignete Sorten, auch roh), verrührt und eine kurze Zeit hingestellt.

1305. Gemüse in Rahmsauce.

Die Sauce wird bereitet aus frischem, fettem Rahm (3 T.), Zitronensaft oder Essig (1 T.), wenig Salz, Pfeffer, zusammengeschlagen — und darin die Gemüse umgekehrt — besonders dafür geeignet: grüner Salat, römischer Salat, Endiviensalat.

1306. Gemüse in gerührter Eiersauce.

Die Sauce wird bereitet aus hartgekochten Dottern, die zerstampft und durchgestrichen werden, mit etwas Senf, Öl, Essig (oder Zitronensaft), ganz wenig Pfeffer — darin werden die Gemüse umgerührt. Eignet sich besonders für Sellerie, gekocht oder roh, rote Rüben, gekocht oder gebacken.

1307. Gemüse in Mayonnaise.

Die Gemüse gekocht (auch roh), werden kleingeschnitten, mit einer Mayonnaise 90 oder Mousseline 95 umgerührt und kurze Zeit hingestellt.

1308. Salat von roten Rüben.

Die Rüben, geputzt, gekocht, in Dampf oder gebacken, werden geschält, in Scheiben geschnitten — in einem Gefäß hingestellt, in einer Mischung von Aprikosenbrühe (Saft von gekochten Aprikosen, abgegossen) 8 T. und Zitronensaft 1 T., vorher miteinander aufgekocht und heiß aufgegossen.

1309. Gemischte Salate.

Gemüsesalat à l'americaine. Tomate (roh) in Scheiben, Kartoffeln, Sellerie, gekocht in Würfeln, werden mit Sauce 1304 angerührt.

Salade italienne. Möhren, Rüben, Kartoffeln, grüne Bohnen, gekocht, zerschnitten, Schotenkerne, gekocht, Oliven, etwas Kapern, wenig Anschovis — mit Mayonnaise (wie 1307) gerührt.

Salade de legumes frais; wie der vorige — mit Spargel, Blumenkohl anstatt Anchovis und Kapern, in Sauce 1304, mit etwas gehackter Petersilie oder Kerbel.

Salade Parmentier. Kartoffeln, gekocht in Scheiben, in Mayonnaise mit etwas gehacktem Kerbel.

Zu allen diesen Salaten tut ein wenig roher Apfel, in kleinen Würfeln, gut.

— mit Butter gerührt — mit wenig oder keinem Mehl —

Kap. 143. Gemüse in Wasser gekocht — mit verschiedenen warmen, legierten Saucen bereitet.

I. Gemüse à la française:
— mit Butter gerührt; mit wenig oder keinem Mehl —

1310. Schotenkerne à la française [ganze Portion ca. 890 (120) Cal.

		Gr.	Cal.
1000	Schotenkerne	500	410
125	Butter	60	450
	Zucker, ganz wenig		
	Petersilie		
	Mehl		

Die Schotenkerne werden gekocht (1285), abgetropft, im Kochgefäß auf Wärme (zum Abdampfen) geschüttelt — vom Feuer genommen, vor Anrichten mit der Butter gerührt — nach Wunsch mit gehackter Petersilie (Gouffé meint, daß die Petersilie ein ganz unerlaubter Zusatz sei) — wird auch anstatt mit Butter allein, mit „Beurre manié" abgerührt, s.: mit Butter, kalt mit Mehl zusammengeknetet, im Verhältnis 100 Butter auf 20 Mehl.

1311. + Grüne Bohnen à la française [ganze Portion ca. 300 (40) Cal.

			Gr.	Cal.
1000	Grüne Bohnen	¹/₂ kg	500	200
30	Butter		15	112
10	Mehl		5	17
60	Brühe	2 Eßl.		
	Petersilie, gehackt 1 Eßl.			
	Salz, Pfeffer, Zitronensaft			

Die Bohnen, gekocht, gut abgetropft, werden (vom Feuer) mit dem mit Butter verkneteten Mehl, der Suppe und Gewürzen verrührt.

1312. + Asperges „en petits pois" — nach Gouffé
[ganze Portion ca. 500 (70) Cal.

			Gr.	Cal.
1000	Spargel	¹/₂ kg	500	100
250	Weiße Sauce	¹/₈ Lit.	125	ca. 100
10	Zucker		5	20
20	Butter		10	75
90	Dotter	3 St.	45	162
60	Rahm	2 Eßl.	30	60
	Salz		715	517
	Mehl			

Spargel (grüne) gekocht, in Stücke geschnitten (ca. 8 mm lang), werden mit der Sauce geschüttelt und gerührt — auch mit ganz wenig Mehl — Zucker und Salz — zuletzt werden die Dotter eingerührt mit Rahm und Butter.

1313. Möhren à la maitre d'Hôtel.

Die Möhren weichgekocht, abgetropft, in Scheiben, werden auf schwachem Feuer mit Butter gerührt und geschüttelt, mit wenig Zucker, gehackter Petersilie, Zitronensaft (Pfeffer) usw. — wenn nötig, mit etwas Brühe (Fleisch- oder Gemüsebrühe).

Kartoffeln à la maitre d'Hôtel — ebenso.

II. Gemüse mit abgerührter Mehl-Rahm- (Milch-)Legierung:

1314. + Blumenkohl   [ganze Portion ca. 300 (50) Cal.

			Gr.	Cal.	
1000	Kohl	$^1/_2$ kg	500	155	Der Kohl, in kleine Köpfe ge-
50	Mehl bis		25	87	teilt, wird gekocht in Wasser
90	Rahm	3 Eßl.	45	80	oder Dampf (1285) — ab-
500	Brühe bis	$^1/_4$ Lit.	250		getropft — das Mehl, mit
			820	322	etwas Brühe glatt gerührt,

wird mit der übrigen Brühe verkocht (ca. 20 Min.) — mit den Gemüsen zusammen aufgekocht — der Rahm zuletzt eingerührt — auch mit Milch anstatt Rahm — kann auch noch mit Dottern (1—2 St.) legiert werden.

Spinat, Salat, ganz oder gehackt,   **Pastinak,**

Spargel in Stücken,   **Mairübe,**

Perl-, Wachsbohnen,   **Erdartischocke, Kartoffel,**

Schneidebohnen,   **Sellerie** in Scheiben,

Möhren in Würfeln oder Scheiben,   **Grün-, Savoy-, Rosenkohl,**
          zerschnitten

werden in derselben Weise zubereitet.

III. Gemüse mit heller abgebackener Sauce (Mehlschwitze) legiert:
— à la Velouté —

1315. + Spinat.   [ganze Portion ca. 350 (60) Cal.

			Gr.	Cal.	
1000	Spinat	$^1/_2$ kg	500	165	Spinat wird vorbereitet, in
40	Butter		20	150	Dampf oder Wasser gekocht,
20	Mehl		10	35	sehr sorgfältig abgetropft
125	Brühe	$^1/_{16}$ Lit.	60		und getrocknet (1293), fein-
	Salz		590	350	gewiegt — das Mehl mit der
	Gewürz				halben Portion Butter hell
					abgebacken, mit der Brühe

gerührt und verkocht — wird mit dem Spinat zusammen aufgekocht — mit der übrigen Butter abgerührt.

Spinat mit Salat, zu gleichen Teilen,

Salat, Sauerampfer mit Spinat, oder Salat — ebenso.

1316. ÷ **Schotenkerne,** 1 kg 1000 werden in Dampf oder Wasser
　　　　Grüne Bohnen, 　　gekocht, abgetropft, mit weißer, abgebacke-
　　　　Blumenkohl. 　　　ner Sauce, $^1/_4$ Lit. 250 (mit Kräutergemüse-
　　　　　　　　　　　　　konsommee oder Bouillon abgerührt), aufgekocht — zuletzt mit etwas Butter verrührt.

　　　　Macedoine von Gemüsen: Möhren, weiße Rübe, Blumenkohl, Spargel, grüne Bohnen und Erbsen zu gleichen Teilen
— ebenso.

1317. **Sellerie, Pastinak,** 　　　**Weißkohl, Savoykohl,**
　　　　Möhre, Kartoffel, 　　　　**Grünkohl,**
　　　　Erdartischocke — in Stücken — wie 1316.

1318. **Rote Rüben nach russischer Art** — nach Hannemann
　　　　　　　　　　　　　　　　　[ganze Portion ca. 300 (30) Cal.

		Gr.	Cal.	
1000	Rote Rüben　$^1/_2$ kg	500	225	Die Rüben werden gut ge-
25	Fett oder Butter	12		putzt, in Dampf gekocht
60	Brühe　　　2 Eßl.	30		oder gebacken (in der Schale)
30	Rahm, sauer　1 Eßl.	15	24	geschält, in dünne Scheiben
5	Mehl	2	7	geschnitten oder gerieben —
5	Zwiebel, gehackt	2		Mehl und Butter (Fett) wer-
60	Weinessig,　　2 Eßl.	30		den abgebacken, mit der
	Kümmel, Salz, Nelke			Brühe verrührt, mit den Ge-
	Zucker, Maggigewürz			würzen gekocht — darin die
				Rüben gegeben, mit Zucker

und Essig verrührt — aufgekocht — mit dem Rahm und Maggi
abgerührt — und nach Wunsch mit etwas geriebenem Meerrettich (1 Eßl.).

IV. Gemüse in weißer Sauce
— à la Bechamel —

1319. **Schneidebohnen,** 　**Grüne Bohnen,** 　　Die Gemüse, ganz oder
　　　　Kartoffeln, 　　　　**Erdartischocken,** 　zerschnitten, werden gar-
　　　　Sellerie-, Savoy-, 　　　　　　　　　gekocht — dann mit
　　　　Grün-, Weißkohl. 　　　　　　　　　einer Sauce Bechamel
　　　　　　　　　　　　　　　　　　　　　(536).
　　　　— + mit **Bechamel 536 III.**

　　　　Verschiedene andere Gemüse ebenso.

V. Gemüse in brauner abgebackener Sauce — brauner Mehlschwitze
— à l'Espagnole —

1320. ÷ **Schwarzwurzel,** 　**Sellerie,** 　　Die Gemüse werden gargekocht,
　　　　Kartoffeln, 　　　**Rosenkohl.** 　mit einer braunen, abgebacke-
　　　　　　　　　　　　　　　　　nen Sauce aufgekocht.

　　　　Macedoine (Möhren, Kohlrabi, Spargel, Schoten, Petersilienwurzel, Morcheln zu gleichen Teilen — in Stücken) — ebenso.

VI. ÷ Gemüse gestobt à la poulette — mit abgebackener Mehlsauce, mit Dotter und Rahm — verrührt:

1321. Grüne Bohnen à la poulette — nach Gouffé

			Gr.	Cal.	[ganze Portion ca. 750 (80) Cal.
1000	Bohnen	½ kg	500	200	Die Bohnen gargekocht und
90	Butter		45	337	abgetropft, werden aufge-
30	Mehl		15	52	kocht in einer, mit dem Mehl
60	Dotter	2 St.	30	108	und der halben Portion But-
125	Rahm, gew.	¹/₁₆ Lit.	60	100	ter abgebackenen, und mit
250	Wasser bis	⅛ Lit.	125		dem Wasser und Salz 10 Min.
	Petersilie		775	797	gekochten, und mit den Dot-
	(gehackt)				tern, dem Rahm, der übrigen

Butter und der Petersilie abgerührten Sauce.

1322. Gemischte Gemüse à la poulette — nach Gouffé

					·[ganze Portion ca. 1200 (170) Cal.
	Möhren		200	75	Die Gemüse in kleinen Wür-
	Spargel		200	40	feln, werden in Dampf oder
ca. 1000	Schoten		200	165	Wasser gargekocht, jede Sorte
	Grüne Bohnen		200	80	für sich — abgetropft —
	Rüben		120	80	10 Min. in einer Sauce ge-
40	Zucker		40	156	kocht (aus Mehl und Butter
20	Mehl		20	70	abgebacken, mit der Bouillon
60	Dotter	4 St.	60	216	bereitet) — wird zuletzt (vom
200	Rahm, knapp ¼ Lit.		200	336	Feuer entfernt) mit Dottern
150	Bouillon, reichl. ⅛ Lit.		150		und Rahm abgerührt.
	Salz		1240	1218	

Schoten à la poulette,
Spargel à la poulette,
Möhren à la poulette — ebenso.

VII. + Gemüse mit Brot oder Gemüsen gestobt:

1323. + Schoten mit Brot gestobt [ganze Portion ca. 850 (190) Cal.

1000	Schoten	½ kg	500	415	Die Schoten werden in Dampf
250	Brot bis	⅛ kg	125	312	oder Wasser gargekocht —
500	Milch	¼ Lit.	250	162	das Brot, in der Milch auf-
	oder Bouillon		875	889	geweicht, ausgedrückt, wird
	Gewürz				in einem Kochgeschirr abge-

backen, bis ungefähr trocken
— und mit der abgedrückten Milch gut verkocht und glatt
gerührt — darin werden die Schoten aufgekocht — es kann auch
mit etwas Maggi-Würze gewürzt werden, oder mit Lahmanns
Nährsalz, oder Selleriesalz — auch mit etwas Fleischextrakt
— es kann auch noch mit etwas Rahm nachgerührt werden,
oder mit einem Dotter.

— **Andere Gemüse** ebenso.

1324. + Gemüse mit Gemüse gestobt.

Zum Stoben von Gemüsen kann auch verwendet werden ein dünnes Gemüsepüree (sehr glatt gerührt), mehrere Male durchgestrichen, mit etwas fetten Rahm abgerührt und nach Wunsch mit einem Dotter — auch mit etwas Butter — oder die Gemüse werden mit einer der in Kap. 138 angegebenen Gemüsepüreesaucen aufgekocht.

Kap. 144. Gemüse gekocht in Wasser mit Fettstoff.

I. Gemüse mit Milch oder Rahm gekocht:

1325. + Kartoffeln in Milch [ganze Portion ca. 750 (75) Cal.

			Gr.	Cal.	
1000	Kartoffeln	½ kg	500	450	Die Kartoffeln werden in
500	Milch	¼ Lit.	250	162	Dampf (1206) oder Wasser
40	Butter		20	150	(1205) gekocht — abgetropft,
	Salz (Wasser)				abgedampft — geschält, in

Scheiben geschnitten — mit der Milch 10 Min. gekocht, ganz leise — zuletzt mit der Butter, in kleinen Stücken, verrührt.

Kartoffeln in Milch à la maitre d'Hotel ebenso, mit Zugabe von Petersilie, gehackt, und Zitronensaft — andere Gemüse in ähnlicher Weise.

1326. Kartoffeln in Rahm [ganze Portion ca. 650 (50) Cal.

1000	Kartoffeln	½ kg	500	450	Kleine runde Kartoffeln gar-
250	Rahm II	⅛ Lit.	125	210	gedämpft oder gekocht, wer-
	Petersilie, gehackt				den geschält, mit dem auf
					70° C erwärmten Rahm ge-

schüttelt — mit Petersilie gerührt.

1327. Schwarzwurzel in Rahm [ganze Portion ca. 750 (50) Cal.

1000	Wurzeln	½ kg	500	290	Die Wurzeln gedämpft (1206)
500	Rahm	ca. ¼ Lit.	250	420	oder in Wasser gekocht
20	Butter		10	75	(1205), abgetropft, in Stücke
					geschnitten, werden mit Salz

und dem Rahm gekocht, bis dieser ungefähr weggekocht ist — wird zuletzt mit etwas rohem Rahm gerührt, oder mit etwas kalter Butter.

Kartoffeln, Möhren ebenso (sie können vorher mit Zucker, ohne Butter, glaciert worden sein, nach 1351).

II. Gemüse in abgebackener Sauce gekocht:

NB.: Es muß immer auf sehr schwacher Wärme (Wasserbad) gekocht
werden.

1328. ÷ **Spinat in weißer Sauce** — Gouffé.

Spinat (1000) blanchiert, abgetropft, gehackt, gesalzen,
wird mit Butter (60), Mehl (30) 5 Min. gekocht — mit Bouillon
(300) angerührt, 5 Min. gekocht — mit Butter (30) abgerührt
— ebenso („maigre") mit Milch für Bouillon.

Salat (gewöhnlicher oder Endiviensalat) ebenso.

1329. ÷ **Schwarzwurzel in Bechamel.**

Die Wurzeln werden in einer Bechamelsauce gargekocht —
vor Anrichten mit etwas Fett, Rahm abgerührt (Bechamelsauce
nach 536 I und II, mit Gemüsekonsommee nach 1277).

Kartoffeln ebenso.

+ **Schwarzwurzel** auch ebenso in Bechamel 536 III.

1330. Schoten in brauner Sauce — Seignobos.

Schoten werden in einer braunen Sauce (einer mit wenig
Mehl bereiteten Espagnole nach 537 und 1277) gargekocht.

Kartoffeln in brauner Sauce — Seignobos.

Ebenso in brauner Sauce gargekocht. Die Sauce kann
bereitet sein mit Brühe und Rotwein zu gleichen Teilen.

III. Gemüse gekocht, in Wasser mit Butter:

1331. Grüne Bohnen nach Hannemann

[ganze Portion ca. 450 (60) Cal.

			Gr.	Cal.	
1000	Bohnen	1/2 kg	500	205	Die Bohnen geschnitten, in
60	Butter		30	225	kochendem Wasser abge-
15	Mehl		7	24	brüht, werden in der Brühe
750	Brühe	3/8 Lit.	375		gargekocht mit 20 g Butter
	Zucker, wenig		912	454	—danach aufgekocht in einer
	Petersilie, gehackt				Sauce, bereitet aus der Brühe
	Maggigewürz				mit Maggi-Würze und dem
					Mehl, mit der übrigen Butter

abgebacken — zuletzt mit der Petersilie gerührt.

Schoten,

Spargel („en petits pois") — ebenso.

1332. Schoten mit Reis (Risi-Bisi) (ganze Portion ca. 1450 (150) Cal.

			Gr.	Cal.	
1000	Schoten	¹/₂ kg	500	410	Der Reis wird mit etwas der
160	Butter		80	600	Brühe und 40 g Butter weich-
250	Reis	¹/₈ kg	125	443	gekocht — die Erbsen wer-
2000	Brühe	1 Lit.	1000		den mit der übrigen Brühe

Petersilie, gehackt, 2 Eßl. — und der übrigen Butter gar-
Zucker, wenig — gekocht — beides vermischt,
mit Petersilie, Salz, Zucker
verrührt — kann auch noch mit etwas Tomatenpüree verrührt werden.

1333. Rotkohl à la Limousine — Escoffier.

Rotkohl, feingeschnitten, wird mit etwas Bouillon und
Fett (abgebratenem Schweinefett) und mit (geschälten und
kleingepflückten) Kastanien (20 St. auf einen mittelgroßen Kopf)
weichgekocht.

1334. Grünkohl — nach Hannemann [ganze Portion ca. 700 (80) Cal.

1000	Kohl	¹/₂ kg	500	365	Der abgestreifte Grünkohl mit
80	Butter		40	300	Salzwasser und 1 Tl. Soda
30	Weizengries		15	52	aufgekocht, abgetropft, mit
750	Brühe	³/₈ Lit.	375		kaltem Wasser überspült,
	Nelken	2 St.			abgedrückt, feingewiegt, wird
	Zwiebel		5	2	in einen Schmortopf getan
	Salz, Maggigewürz		935	719	mit heißgemachtem Fett
	Sodapulver				(Butter oder Sana oder

Schweinefett) und etwas
Brühe, mit Nelken und Zwiebel — und mit dem Gries darüber-
gestreut, 2 St. unter Nachgießen gargeschmort, bis kurz und
dick geworden — Zucker nach Geschmack hinzugefügt; Maggi-
würze erst beim Anrichten.

1335. Sauerkohl — nach Hannemann.

[ganze Portion ca. 400 (40) Cal.

1000	Sauerkohl	¹/₂ kg	500	140	Die Zwiebel feingehackt, mit
60	Schweinefett		30	225	dem Fett in irdenem Topf
20	Zucker		10	39	mehrmals aufgekocht und
	Kartoffel, roh				der gelockerte Sauerkohl,
	gerieben	¹/₂ St.			mit Wasser knapp über-
10	Zwiebel		5	2	gossen, wird zugedeckt, lang-
	Wasser				sam gargeschmort — zuletzt

die geriebene Kartoffel und
der Zucker damit durch-
gekocht;
— auch mit Zusatz von einigen Äpfeln (4 St.) in Scheiben; oder
mit Apfelmus untergerührt;

— kann auch mit etwas Weißwein oder Champagner gemischt
werden;

— auch **ungarisch**, auf Portion: 4 Eßl. sauren Rahm mit 5 g
Mehl, klargequirlt, mit dem Kohl gehörig durchgekocht
(dann ohne Kartoffel).

IV. Gemüse in Wasser gekocht, danach in Butter
= „halbsautiert" —

1336. ÷ **Spinat** — „halbsautiert"   [ganze Portion ca. 350 (60) Cal.

		Gr.	Cal.	
1000	Spinat ½ kg	500	165	Spinat in Dampf gekocht, ab-
30—50	Butter	15—25	110—187	getropft und getrocknet, wird
	Konsommee			feingewiegt, mit der im Koch-
	oder Jus			geschirr geschmolzenen But-
	Gewürz			ter (auch nach Wunsch mit
				Mehl leicht bestäubt) 15 bis

30 Min. gekocht — mit etwas Bouillon abgerührt — wieder
30 Min. gekocht — mit Brotkroutons anzurichten.

Salat ebenso (auch mit gebräunter Butter bereitet).

Sauerampfer ebenso.

— Können auch „au maigre" zubereitet werden — s.: mit
Milch oder Rahm anstatt Bouillon, oder mit Kräutergemüsebrühe.

1337. ÷ **Grüne Bohnen** — „halbsautiert"
[ganze Portion ca. 550 (60) Cal.

1000	Bohnen ½ kg	500	205	Bohnen (Perlbohnen, Haricots
100	Butter	50	375	verts u. dgl.) in Dampf oder
	Salz, Petersilie			Wasser gekocht und abge-
				tropft, werden mit der ge-

schmolzenen Butter 10—15 Min. gekocht (auch mit etwas
weniger) — und nach Bedarf mit Jus verrührt, und mit Petersilie und Gewürz (Zitronensaft, Zucker).

Schoten ebenso.

Haricots verts auch mit gebräunter Butter.

Asperges „en petits pois".

Spargel, kleingeschnitten, werden ebenso bereitet, aber
ohne Petersilie (nach Wunsch mit wenig Pfeffer) — und leicht
mit Mehl bestäubt — auch zuletzt mit Dottern (2 St. zu 1000)
legiert.

Möhren ebenso, mit Milch oder Rahm aufgegossen.

1338. ÷ Kartoffeln — „halbsautiert".

Kartoffeln gekocht, geschält, in Scheiben, werden in Butter gekocht oder braun gebraten (125 Butter zu 1000 Kartoffeln): „Bratkartoffeln".

— auch „à la maitre d'Hôtel" mit Petersilie, Zitronensaft;
— auch „à la matelote" — indem die gekochten Kartoffeln mit etwas Mehl bestäubt, mit einer Mischung von Bouillon und Rotwein gekocht werden;
— auch „à la provençale" — indem mit Öl anstatt Butter gekocht und mit wenig Knoblauch und Zitronensaft (oder Essig) gewürzt wird.

1339. ÷ Rosenkohl — „halbsautiert".

			Gr.	Cal.	
1000	Kohl	¹/₂ kg	500	225	Der Kohl in Dampf oder
80	Butter		40	300	Wasser gekocht, abgetropft,
	Petersilie, gehackt				wird in der Butter gekocht
					— mit der Petersilie ver-

rührt — zuletzt auch mit etwas Rahm (muß dann mit der Butter sehr trocken gedämpft sein).

Kap. 145. Gemüse in Butter gekocht — „sautiert".

1340. ÷ Spinat — sautiert.

			Gr.	Cal.	
1000	Spinat	¹/₂ kg	500	165	Der Spinat geputzt, blan-
150	Butter bis		75	560	chiert, wird mit der Butter
	Gewürz				auf lebhaftem Feuer gar-
					gekocht — bis gut abge-

dampft — kann dann mit etwas Bouillon oder Jus gerührt werden — oder mit etwas Rahmsauce oder Sauce velouté — oder „au maigre" mit Milch oder Rahm, oder Gemüsekonsommee — zuletzt auch mit etwas frischer Butter.

1341. ÷ Schoten „a la française" — nach Escoffier
[ganze Portion ca. 850 (125) Cal.

			Gr.	Cal.	
1000	Schoten	¹/₂ kg	500	410	Die Erbsen, mit Salat, Peter-
	Salat				silie, Kerbel, Zwiebel (zu
	Petersilie				einem Bukett zusammen-
150	Kerbel		75	25	gebunden), werden mit der
	Zwiebel				Butter und einigen Eßlöffeln
125	Butter		60	450	Wasser bei schwacher Wärme
	Salz, Zucker				langsam gargekocht — Bu-
	Wasser				kett herausgenommen — mit
					noch etwas Butter gerührt

— der Salat kann zerschnitten, beim Anrichten aufgelegt werden.

1342. ÷ Schoten à la bourgeoise — nach Catherine.

Wie 1341, ohne Bukett — mit Petersilie, gehackt — die zuletzt hinzugegebene Butter kann mit etwas Mehl geknetet sein („beurre manié").

Haricots verts à la bourgeoise ebenso.

1343. ÷ Spargel — sautiert.

Die Spargel blanchiert, abgetropft, in kurze Stücke zerschnitten, werden in Butter gekocht (75 g auf 1000 Spargel) — mit gehackter Petersilie bestreut, angerichtet.

1344. ÷ Möhren — sautiert.

Die Möhren blanchiert, in Scheiben, werden in der Butter (50 g zu 1000 Möhren), mit Salz, Zucker (wenig Pfeffer), nach Wunsch mit Petersilie, gekocht — mit Milch oder Rahm verrührt — auch mit etwas Butter.

1345. ÷ Weißkohl — sautiert.

Kohl blanchiert, abgetropft, in Streifen geschnitten, wird in Schweinefett oder Butter mehrere Stunden gedämpft — gesalzen (leicht gepfeffert) — mit etwas Bouillon angerührt — auch nach Wunsch mit etwas Tomatenpüree.

Kap. 146. Gemüse in Fett gekocht s.: „frites".

1346. ÷ Blumenkohl.

Der Kohl wird $^3/_4$ fertig gekocht — abgekühlt — in kleine Köpfe zerteilt — kann in Essig mit wenig Pfeffer und Salz mariniert werden — in einer kalten (steifen) weißen Sauce umgekehrt — in sehr heißem Fett gekocht (Kap. 69, S. 161) — auf Löschpapier oder einem Stück Zeug entfettet.

1347. ÷ Schwarzwurzel.

Wird gargekocht — in Stücke zerschnitten, in Frituretteig (1012) umgekehrt — in Fett hellgelb gekocht (Kap. 69, S. 161).

1348. ÷ Kartoffeln — in Fett gekocht, „Pommes de terre frites".

Die Kartoffeln geschält, in Scheiben (ca. $^1/_2$ cm dick), gut abgetrocknet, werden in Fett gekocht (Kap. 69).

1349. ÷ Pommes de terre pailles.

Die Kartoffeln geschält, in Streifen zerschnitten (bis 1 cm), abgespült, gut abgetrocknet, werden in heißem Fett im Friturekorb einige Minuten gekocht — abgetropft, etwas abgekühlt — kurz vor Anrichten wieder kurze Zeit in das heiße Friturefett gegeben — auf Papier oder Zeug entfettet — leicht gesalzen.

1350. ÷ **Pommes de terre soufflées.**

Die Kartoffeln werden geschält, in Scheiben geschnitten (genau 3 mm dick), abgespült, getrocknet — in ein mittelheißes Friturefett gebracht (in Korb), das allmählich heißer gemacht wird — wenn die Kartoffelstücke an die Oberfläche steigen, werden sie herausgenommen und im Korb abgetropft — dann wieder in das sehr heiße Friturefett gesenkt (um sich aufzublasen) — entfettet — leicht gesalzen.

Kap. 147. Gemüse (Wurzeln) mit Zucker (und Butter) gekocht — gebräunt, glaciert.

1351. Möhren.

Die Möhren werden in Stücke geschnitten oder in Scheiben — gut abgetrocknet — gargekocht (in Dampf oder Wasser) und gebräunt:

1. Zucker wird braun gekocht und mit etwas Fleisch- oder Gemüsebrühe aufgerührt, oder mit Wasser — darin werden die Möhren unter fleißigem Umschütteln gekocht, bis die Flüssigkeit eingekocht ist und die Stücke gleichmäßig braun glaciert worden sind — oder:

2. ÷ Zucker wird mit etwas Butter zusammen gebräunt — usw., wie oben.

Man rechnet: Zucker 100, Flüssigkeit 250 auf Gemüse 1000 — und wenn Butter verwendet wird, dann 30 davon.

Rüben, weiße, Botfeldt-, Teltowrüben, Zwiebel — ebenso.

Klasse IV.

Pürees.

Kap. 148. Kräuter-Gemüsepürees. — Allgemeines.

1352. Bereitungsregeln.

Die Kräuter oder Gemüse werden geputzt, sehr weich gekocht — entweder in Wasser (dem etwas Fett oder Butter zugesetzt werden kann) — und dann sehr gut abgetropft; oder viel besser in Dampf — dann sehr sorgfältig abgedampft und getrocknet — im Mörser ganz fein zerstampft (Fig. 17) oder in anderem Gefäß, mit Löffel oder Püreestöße (Fig. 19) — durch Sieb gestrichen (Fig. 18).

Das Püree soll möglichst trocken gehalten werden, wasserreichere Gemüse müssen von Anfang an sehr sorgfältig trocken gemacht werden — und es kann, um die nötige Konsistenz zu erreichen, notwendig werden, entweder etwas von einem mehligeren Gemüse (z. B. Kartoffeln) oder Mehlstoff (Reis u. dgl.) einzumischen.

Das Püree wird dann weiter verarbeitet mittels verschiedener Zusätze — wobei dauerndes Rühren vorteilhaft. Es kann abgerührt werden mit

— etwas kräftigem Jus;
— mit Milch oder Rahm (fett) — bis 250 auf 1000 Püree;
— mit etwas Butter (50 auf 1000), auch als beurre manié (mit $^1/_{10}$ Mehl);
— oder mit einer Sauce Bechamel — wonach das Püree noch einmal durchgestrichen werden kann.

Danach darf das Püree gern aufgekocht werden — und noch einmal durchgestrichen werden;

— kann zuletzt mit Dottern (4—6 St. auf 1000) abgerührt werden;
— und mit etwas kalter Butter (ca. 50 auf 1000);
— wird nach Geschmack gewürzt — mit Salz, Zucker, Muskatnuß, Maggi-Würze usw.

Kap. 149. Kräuter-Gemüsepürees. — Spezielles.

1353. Kräuterpüree (aus Spinat, Salat, Sauerampfer, Löwenzahn, Kerbel usw.) [ganze Portion ca. 600 (55) Cal.

			Gr.	Cal.	
1000	Kräuter	$^1/_2$ kg	500	125	Die Kräuter in Dampf ge-
250	Brühe	$^1/_8$ Lit.	125		kocht, getrocknet, gestoßen,
80	Butter		40	300	werden mit der Brühe ver-
250	Rahm bis	$^1/_8$ Lit.	125	210	kocht, bis diese weggekocht
			790	635	ist — werden mit Butter und

Rahm gerührt und gekocht

— durchgestrichen — zuletzt auch noch mit etwas Butter abgerührt.

Sauerampferpüree
auch einfach, nur mit etwas Butter (80 auf 1000) verrührt.

Salatpüree
kann bereitet werden aus dem weichgekochten, durchgestrichenen Salat mit ein Drittel eines feinen (mit fettem Rahm abgerührten) Kartoffelpürees.

1354. Gemüsepüree von Schoten, Spargel, Artischockenböden, grünen Bohnen, Blumenkohl, Strandkohl, Kardone usw.
[ganze Portion ca. 550 (70) Cal.

1000	Gemüse	$^1/_2$ kg	500	195	Die Gemüse in Dampf ge-
250	Brühe	$^1/_8$ Lit.	125		kocht, werden zerstoßen —
100	Butter		50	375	mit der Brühe gekocht —

durchgestrichen — eingekocht — mit etwas frischer Butter stark gerührt nochmals durchgestrichen — auch mit Rahm, mit etwas Mehl verquirlt, zu bereiten, anstatt mit Brühe — und dann

250	Rahm	$^1/_8$ Lit.	125	210	
80	Mehl		40	140	

1355. Schotenpüree à la St. Germain — Escoffier.

Die Erbsen werden in Wasser weichgekocht, mit Salz (10 auf 1000) und wenig Zucker — und etwas Salat und Petersilie — gut abgetropft — durchgestrichen — eingekocht — mit Butter (125 auf 1000) stark verrührt — zuletzt mit der, stark (zu Glace) eingekochten, Erbsenbrühe, nach Bedarf verrührt.

1356. Spargelpüree.

Die Spargel in Dampf gekocht, durchgestrichen, werden mit Bechamelsauce (zu ungefähr gleichen Teilen) verrührt — eingekocht, mit etwas Butter abgerührt.

Artischockenbödenpüree — ebenso.

1357. Selleriepüree — Escoffier.

Sellerie wird sehr weich gekocht — abgetropft — mit der halben Menge gekochter (mehliger) Kartoffeln durchgestrichen — auf lebhaftem Feuer eingekocht, mit Butter (100 auf 1000 Püree), mit Milch gerührt — und zuletzt, vom Feuer genommen, mit noch etwas Butter.

1358. Möhrenpüree — Escoffier.

Die Möhren — gehackt, in leicht gesalzenem Wasser ganz weich gekocht, mit etwas Zucker, ein wenig Butter und $1/_4$ Reis, werden durchgestrichen — auf lebhaftem Feuer eingekocht, mit Butter (200 auf 1000) — mit Milch oder Konsommee abgerührt.

1359. Rübenpüree — Escoffier.

Die Rüben („Navets") zerschnitten, in wenig Wasser mit etwas Butter, Salz, Zucker sehr weich gekocht — werden durchgestrichen — mit etwas feinem Kartoffelpüree gebunden, bis auf passende Püreekonsistenz.

1360. Erdartischockenpüree — Escoffier.

Erdartischocken geschält, gekocht (mit etwas Butter), werden durchgestrichen — mit Butter (100 auf 1000) eingekocht — mit etwas Kartoffelpüree verrührt — und zuletzt mit wenig frischer Butter.

1361. + Kartoffelpüree.

Die Kartoffeln — mehlige, rohe, geschälte — in Dampf gekocht, abgedampft, werden, noch ganz warm, zerstoßen — sehr lange Zeit, und stark allmählich gerührt mit Rahm oder Milch (60—125 bei 1000), mit Salz und wenig Zucker.

1362. Kartoffelschnee.

Die Kartoffeln (1000) gekocht, getrocknet, zerstoßen, wie in 1361, werden stark und dauernd mit Butter (200) gerührt und nach und nach mit Milch (250) — danach auf Wasserbad gut erwärmt (ohne zu kochen).

1363. Zwiebelpüree, „dit Soubise“ — nach Gouffé.

Spanische Zwiebeln werden blanchiert, mit wenig Konsommee (von Geflügel) auf leisem Feuer gekocht — danach mit der gleichen Menge Bechamelsauce — gut eingekocht — durchgestrichen — mit Butter und starkem Jus („Glace de volaille“) gerührt.

1364. Blattkohlpüree.

Wie 1354 zubereitet aus Grün-, Savoy-, Rosenkohl.

Klasse V.

Kräuter-Gemüse-Teige oder Farcen.

Kap. 150. Gerührte Teige.

1365. Allgemeine Zubereitungsregeln.

Die Teige — oder Farcen — werden bereitet aus Kräutern, Gemüsen, vorher gekocht, zerstoßen, durch gröberes Sieb gestrichen — dann mit den übrigen Zutaten verrührt — mit den Eiern ganz.

Die Teige oder Farcen werden verwendet für:

I. Klops, Frikandellen, Scheiben; diese werden auf ein Blech gesetzt, mit Rahm überstrichen — im Ofen gebacken — können in geschlagenem Ei und gestoßenem Zwieback umgekehrt werden — werden dann auf beiden Seiten auf der Pfanne gebraten, die entweder nur mit Salz oder mit wenig geschmolzener Butter (oder Palmin) abgestrichen ist — oder auf der etwas Butter, Bratfett oder Palmin geschmolzen worden ist.

II. Pudding oder Pie. Der Teig wird in eine erwärmte, mit Butter ausgestrichene und ausgestreute Form gegeben — und im Ofen gebacken oder auf Wasserbad gekocht.

1366. Spinatscheiben mit Reis   [ganze Portion ca. 640 (50) Cal.

		Gr.	Cal.	
1000	Spinat, gekocht	150	50	Spinat, gehackt, und Reis
1000	Reis, gekocht	150	525	(in möglichst wenig Wasser
270	Ei 1 St.	45	70	gekocht) werden zu Teig ver-
	Rahm, wenig			rührt nach 1365 — werden
		Teig 345	645	in Scheiben auf einem Blech
				im Ofen gebacken — (oder:
				÷ auf Pfanne gebraten)

1367. + Spinatpudding Gr. Cal. [ganze Portion ca. 700 (150) Cal.

			Gr.	Cal.	
1000	Spinat	$^1/_2$ kg	500	165	Spinat zu Püree verarbeitet,
450	Ei	5 St.	225	350	mit Ei und Rahm verrührt
250	Rahm	$^1/_8$ Lit.	125	210	(nach 1365) und stark ge-

schlagen, wird in einer Form
auf Wasserbad gekocht, oder in mit Butter gut ausgestrichenen
Form gebacken — ca. $^3/_4$ St. — auch mit mehreren Eiern.

1368. ÷ Schotenfrikandellen [ganze Portion ca. 700 (80) Cal.

			Gr.	Cal.	
1000	Schoten	$^1/_8$ kg	125	100	Die Schoten in Dampf ge-
400	Reis, gekocht		50	177	kocht, werden mit dem ge-
480	Nußkerne		60	342	kochten Reis, den Nüssen
80	Butter		10	75	(feingerieben), Butter, Rahm,
250	Rahm	2 Eßl.	30	50	Gewürz — und etwas Mehl,
	Gewürz		Teig 275	744	wenn nötig — zu Teig ge-

knetet — auf der Pfanne
gebraten.

1369. Blumenkohlfrikandellen.

Blumenkohl (1000) gekocht, zerstampft, gestoßener Zwieback
(500), Mehl (2 Eßl., 30), Ei (6 St., 270) und Butter (60) werden
zu einer Farce zusammengeknetet — im Ofen auf Blech gebacken, oder: ÷ auf Pfanne gebraten.

1370. + Gemüsepudding (oder Omelette) — in Schüssel

[ganze Portion ca. 1700 (425) Cal.

			Gr.	Cal.	
1000	Schoten	$^3/_8$ kg	375	310	Das Mehl wird mit der Milch
333	Mehl	$^1/_8$ kg	125	437	zu Brei gekocht — abgekühlt
1100	Ei	9 St.	405	630	— mit den weichgekochten
1333	Milch	$^1/_2$ Lit.	500	324	Schoten, Butter und Gewürz
	Gewürz		Teig 1405	1701	zu Teig gerührt — auf

Wasserbad in Puddingform
gekocht — oder in einer flachen Schüssel im Ofen, auf Wasserbad gebacken.

Spargelpudding,

Möhrenpudding,

Selleriepudding — ebenso.

1371. + Möhrenpudding, einfach [ganze Portion ca. 500 (80) Cal.

			Gr.	Cal.	
1000	Möhren	$^1/_2$ kg	500	185	Möhren gekocht, zerstampft,
180	Ei	2 St.	90	140	werden mit Ei und Rahm
250	Rahm	$^1/_8$ Lit.	125	210	gut verrührt, und mit der
250	Möhrenbrühe bis $^1/_8$ Lit.		125		Brühe, soviel wie nötig (bis
	Gewürz		Teig 840	535	$^1/_8$ Lit.) — in Form auf Was-

serbad gekocht — oder im
Ofen (auch auf Wasserbad) gebacken.

Erdartischockenpudding ebenso.

1372. Gemischte Wurzelfarce für Omeletten, gebackene oder gebratene Klops   [ganze Portion ca. 500 (70) Cal.

		Gr.	Cal	
1000	Pastinak	100	35	Die Wurzeln weichgekocht,
	Kartoffeln	50	45	zerstampft, werden mit den
	Sellerie	50	30	Eiern, dem Mehl, Butter
	Erdartischocken	50	35	und Gewürz verrührt —
360	Ei	2 St. 90	140	nach Bedarf mit Milch — in
160	Mehl	40	140	irdener Schüssel im Ofen
60	Butter	15	112	gebacken — oder auf Blech
	Gewürz	Teig ca. 395	537	im Ofen — oder: ÷ auf der
	Milch nach Bedarf			Pfanne in Fett gebraten.

1373. Kartoffelklöße   [ganze Portion ca. 1900 (160) Cal.

1000	Kartoffeln	$^1/_2$ kg	500	450	Die Butter weiß gerührt, wird
360	Ei	4 St.	180	280	mit den Eiern, Salz, Kar-
250	Butter		125	937	toffeln (in Dampf gekocht,
150	Mehl		75	260	trocken gedämpft, gerieben)
	Gewürz		Teig 880	1927	verrührt — in kleinen Klößen

in schwach gesalzenem Wasser oder Fleischbrühe gekocht — auch mit weniger Butter — auch mit weniger Ei.

Ähnlicher Teig verwendbar für:

Kartoffelfrikandellen — gebraten oder gebacken.

Kartoffelkroustaden (Elisab. Hansen).

Der Teig wird in flache Klöße geformt — auf denen in der Mitte eine Vertiefung gemacht wird — wonach die Ränder mit geschlagenem Ei gepinselt und mit gestoßenem Zwieback bestreut werden — auf Blech im Ofen gebacken (1365), werden die Kroustaden mit gekochten Schoten oder Spinat gefüllt, angerichtet.

Kartoffelomelette in der Schüssel.

Derselbe Teig mit etwas fetten Rahm angerührt, wird in Form gebacken — mit etwas geschmolzener Butter übergossen und mit geriebenem Käse bestreut, angerichtet.

1374. Weißkohlklops bereitet nach 1368.

Kap. 151. Soufflierte Teige für Puddings, Omeletten in der Schüssel, Aufläufe.

1375. Allgemeines.

Die Teige werden zusammengerührt aus den verschiedenen Bestandteilen, mit Ausnahme der Eiweiße, die zu allerletzt zu steifem Schnee geschlagen (3—4 Ei oder mehr auf 500 Gemüsepüree) eingerührt werden,

1376. Salatauflauf mit Käse — nach Escoffier

[ganze Portion ca. 1000 (290) Cal.

			Gr.	Cal.
1000	Salat	¹/₂ kg	500	100
125	Käse, gerieb.	¹/₁₆ kg	60	485
540	Ei	6 St.	270	420
	Gewürz			

Der Salat (gew. Kopfsalat oder Endivie) wird mit wenig Butter weich gedämpft — gewiegt, durchgestrichen — mit den Dottern und Käse zu Teig verrührt — zuletzt mit den Eiweißen als Schnee — im Ofen in kleinen Formen (irdenen oder papiernen) gebacken.

Spinatauflauf ebenso.

1377. + Spinatsoufflee — nach Anna Poulsen

[ganze Portion ca. 1100 (180) Cal.

1000	Spinat	¹/₂ kg	500	165
270	Ei	3 St.	135	210
60	Butter		30	225
400	Brot	¹/₂ kg	200	500
	Gewürz		Teig 865	1100

Der Teig wird nach 1375 gerührt — mit dem in Dampf gekochten und durchgestrichenen Kraut und dem erst mit den Dottern verrührten Brot — in Form gebacken.

1378. Spinatscheiben

[ganze Portion ca. 1100 (180) Cal.

1000	Spinat	¹/₂ kg	500	165
1250	Kartoffeln		625	560
270	Ei	3 St.	135	210
50	Butter		25	187
			Teig 1285	1122

Der Teig — mit Spinat und Kartoffeln in Dampf gekocht, getrocknet, durchgestrichen — nach 1375 gemacht, wird in Scheiben (Frikandellen) gebacken oder gebraten.

1379. ÷ Blumenkohlpudding mit abgebackenem, soufflierten Teig

[ganze Portion ca. 2400 (340) Cal.

1000	Blumenkohl	¹/₄ kg	250	77
500	Butter	¹/₈ kg	125	937
500	Mehl	¹/₈ kg	125	437
1620	Ei	9 St.	405	630
2000	Milch	¹/₂ Lit.	500	324
			Teig 1405	2405

Butter und Mehl werden abgebrannt, mit der Milch aufgefüllt und abgerührt — und dann mit dem Kohl (gewiegt), mit wenig Butter gedämpft — die Masse wird abgekühlt — mit den Dottern verrührt (1 aufs Mal), zuletzt mit dem Eiweißschnee — in Form (1 St.) gebacken — auch auf Wasserbad gekocht (ca. 2 St.).

Spinatpudding,

Spargelpudding,

Schotenpudding,

Möhrenpudding,

Selleriepudding — ebenso.

Alle die in 1353—54 angeführten

Kräuter-Gemüsepürees

können auch zu Souffleeteigen verrührt werden, nach 1375 —
mit Ei 8—12 St. zu 1000 Püree.

1380. **+ Erdartischockenomelette in der Schüssel** — nach J. Olsen
[ganze Portion ca. 950 (150) Cal.

		Gr.	Cal.	
1000	Erdartischocken ¹/₂ kg	500	350	Erdartischocken gekocht, zer-
250	Brotkrume ¹/₈ kg	125	312	stoßen, mit dem aufgeweich-
125	Rahm ¹/₁₆ Lit.	60	105	ten Brot verrührt, werden
270	Ei 3 St.	135	210	mit dem Rahm, Salz, Dot-
	Milch	Teig 820	977	tern zusammengeschlagen

(und mit Milch nach Be-
darf) — zuletzt mit dem Eiweißschnee — in Form gebacken.

Möhrenomelette,

Sellerieomelette — ebenso.

1381. Selleriescheiben.

Wie 1380, mit Zusatz von Kartoffeln, gekocht, zerstoßen
(bis 250 g) oder Mehl (bis 125 g) — auf der Pfanne gebraten.

1382. + Kartoffelauflauf.

1000	Kartoffelpüree ¹/₂ kg 500 ca.	450	Kartoffelpüree (1361, stark
270	Ei 3 St. 135	210	gerührt) wird mit den Eiern
			abgerührt nach 1375 — in

kleinen Formen (irdenen oder papiernen) gebacken.

Erdartischockenauflauf ebenso.

1383. Kartoffelpain, „Pain ou timbale de pommes de terre“ — nach
Seignobos [ganze Portion ca. 1600 (180) Cal.

1000	Kartoffelpüree ¹/₂ kg 500 ca.	450	Die weichgekochten, sorgfäl-
540	Ei 6 St. 270	420	tig ausgerührten (mehligen)
200	Butter ¹/₁₀ kg 100	750	Kartoffeln werden mit der
	Gewürz		Butter und 5 Dottern und
			einem ganzen Ei stark ver-

rührt — und mit Gewürz (Salz, Pfeffer, Muskat) — kurze Zeit
hingestellt — dann der Eiweißschnee eingerührt — in mit Butter
ausgestrichenen, mit Zwieback ausgestreuten Form gebacken,
auf Wasserbad — gestürzt — mit Tomatensauce übergossen,
angerichtet.

Kartoffelpain mit Käse

ebenso, mit Zusatz von geriebenem Käse (6 Eßl.).

1384. Englischer Kartoffelpudding   [ganze Portion ca. 1800 (225) Cal.

			Gr.	Cal.	
1000	Kartoffeln	$^1/_4$ kg	250	225	Kartoffeln gekocht, kalt ge-
200	Brotkrume		50	125	rieben, werden mit der in
500	Butter	$^1/_8$ kg	125	937	Milch aufgeweichten und aus-
1440	Ei	8 St.	360	660	gedrückten Brotkrume zu-
	Gewürz		Teig 785	1847	sammen gehackt — Butter

schäumig gerührt mit den Dottern, wird allmählich mit der ersten Masse vermischt — gewürzt (Salz, Muskat usw.) — und zuletzt mit dem steifen Eiweißschnee. — Die fertige Masse gleich in eine mit Butter ausgestrichene Serviette lose eingebunden, wird in ein Kochgeschirr mit reichlich kochendem Wasser gesenkt — ca. $^3/_4$ St. gekocht — beim Anrichten wird die Serviette entfernt, der Pudding auf eine Schüssel gelegt — oben kreuzförmig eingeschnitten, und gebräunte Butter darin gegossen — mit einem Ragout oder mit Zwetschenmus angerichtet.

1385. + Süßer Kartoffelkuchen   [ganze Portion ca. 1600 (160) Cal.

1000	Kartoffelpüree	$^1/_4$ kg	250	225	Zucker und Dotter werden
1000	Zucker	$^1/_4$ kg	250	974	lange gerührt — dann das
1080	Ei	6 St.	270	420	Püree eingerührt — und
	Zitronenschale				Gewürz — zuletzt der sehr
	und Saft von $^1/_2$ Zitrone				steife Eiweißschnee — in

irdener Schüssel im Ofen auf Wasserbad gebacken.

1386. Kartoffelkuchen (kalter)   [ganze Portion ca. 1400 (175) Cal.

1000	Kartoffeln	$^1/_4$ kg	250	225	Die Dotter werden mit dem
600	Zucker, feiner		150	585	Zucker glatt geschlagen —
1080	Ei	6 St.	270	420	mit den gestoßenen Mandeln
125	Mandeln		30	170	und gekochten, geriebenen
			Teig 700	1400	Kartoffeln, zuletzt mit dem

steifen Eiweißschnee zusammengerührt — in Form im Ofen gebacken.

1387. Grünkohlomelette in der Schüssel   [ganze Portion ca. 1300 (230) Cal.

1000	Grünkohl	$^1/_2$ kg	500	365	Der Kohl, sehr sorgfältig ge-
200	Rahm	$^1/_{10}$ Lit.	100	168	putzt, von gröberen Teilen
450	Brotkrume		225	562	befreit, wird in kochendes
270	Ei	3 St.	135	210	Salzwasser gegeben (mög-
1000	Grünkohl-				lichst wenig) — sehr gar
	brühe	$^1/_2$ Lit.	500		gekocht — abgetropft, fein-
	Salz		Teig 1460	1305	gewiegt — zerstoßen oder
	Zucker				durch Maschine genommen

— die aufgeweichte, mit Dotter, Rahm, Gewürz abgerührte Brotkrume wird mit dem Kohl vermischt — zuletzt mit dem Eiweißschnee (steifen) — in ausgestrichener, ausgestreuter Form (ca. $^3/_4$ St.) gebacken.

Kap. 152. Verwendungen und Anrichtungen von gestobten Kräutern und Gemüsen, von Pürees und Farcen.

1388. Croquetten, Rouletten, Bouletten.

Dafür werden verwendet:

Kräutergemüsezubereitungen (gestobte) 1314—23 usw.

Kräutergemüsepürees 1352—64 (steif gehalten).

Kräutergemüsefarcen nach 1366, 1668—74, 1378, 1381, 1382—83 u. ähnl.

— sie werden nach 764 verarbeitet;

— werden in Fett gekocht (Kap. 69) oder auf Blech im Ofen gebacken;

— nach Bedarf kann, um die Massen genügend steif zu machen, etwas (aufgeweichte und vor Erkalten der Masse hinzugegebene) Gelatine oder auch Mehl eingemischt werden.

1389. Füllsel für Pasteten, Kroustaden, Tarteletten.

Die gestobten Gemüse 1314—16, 1319—24, sowie Gemüsezubereitungen 1336, 1341 u. ähnl., werden warm in gut vorgewärmte Tarteletten, Pasteten (kleine oder große), „Vol-auvents" — u. dgl. nach Kap. 85 — gefüllt oder in kleine Formen von Steingut oder Metall.

1390. Kräuter-Gemüse in Gratin (in Muscheln oder Formen).

Kräuter-Gemüse, gestobt nach 1314—16, 1319—24 — Püree nach 1352—64, werden in Muscheln oder in kleine irdene Formen gefüllt, die vorher mit Butter ausgestrichen, mit Zwieback ausgestreut worden sind — obenauf mit Zwieback bestreut und mit etwas Butter belegt, in heißem Ofen gebacken, bis Oberfläche hübsch gelbbraun — es kann auch geriebener Käse (Parmesan u. a.) aufgestreut werden, besonders bei Blumenkohl-, Kartoffel-, Erdartischockengratin.

1391. Gemischtes Gratin mit Kartoffeln usw.

Von gekochten Kartoffeln in Scheiben oder zerstoßen, wird eine Schichte auf den Boden einer Form gelegt — darauf eine Schichte gekochten Fleisches, gehackt oder zerschnitten, oder bayerische Würste in Scheiben, oder gekochte Rinderzunge, oder etwas Fleisch- (oder Fisch-)ragout, oder Tomatenscheiben (roh), oder rote Rüben (gekocht, in Scheiben) — und so fort in wechselnden Schichten, bis die Form angefüllt ist — Kartoffeln zuletzt — dann noch eine dünne Schicht von gestoßenem Zwieback, mit etwas Butter belegt — wonach im Ofen gebacken.

1392. Kräutergemüse mit Ei:

— in Rührei 232—233;

— in Eierstich 226;

— in Eieromelette 328, 329, 335, 342.

24*

1393. Gemüsepudding (mit eingelegten Gemüsen).

Der Boden einer Puddingform wird mit einem Eierauflaufteig (1042 od. ähnl.) belegt — darauf eine Schicht gekochtes, kleingeschnittenes Gemüse (Schoten, Blumenkohl, Spargel) gelegt — eine neue Schichte von Teig — immer so, daß der Teig an die äußere Fläche der Form geht — usw., abwechselnd, bis die Form drei Viertel voll ist — Teig zuletzt — wird auf Wasserbad gekocht oder im Ofen gebacken (auch auf Wasserbad).

1394. Gemüsepudding mit Fleischfarce.

Wie 1393, mit Fleischfarce — und ebenso gekocht.

1395. Kartoffeln mit Tomatenpüree.

Ein Tomatenpüree wird mit etwas Schweinefett und wenig Paprika gekocht — darin werden Kartoffeln gegeben und gargekocht (bei dichtem Verschluß).

1396. ·: Gebratene Wurzelscheiben (nach Hindhede).

Möhren, Pastinakwurzeln, Selleriewurzeln, gargekocht, oder rote Rüben, gebacken, in Scheiben geschnitten, werden umgewendet erst in etwas mit wenig Salz in Wasser glatt gerührtem Mehl, dann in gestoßenem Zwieback, oder in geschlagenem Ei und Zwieback — dann in Palmin auf der Pfanne gebraten.

Kap. 153. Farcierte Gemüse.

1397. Gefüllter Weißkohl.

Ein Weißkohlkopf wird von den äußersten Blättern befreit, der Strunk wird mit dem Boden als Deckel abgeschnitten — der Kopf wird ausgehöhlt bis auf eine ca. 3 cm dicke äußere Wand — wird lose mit einer recht weichen Fleischfarce angefüllt — einige Kohlblätter werden daraufgelegt, und dann der Deckel — wonach der Kopf mit Bindfaden umbunden wird — um dann mit dem Deckel nach oben in Wasser (oder Gemüse- oder Fleischbrühe) in dicht verschlossenem Gefäß gekocht zu werden — kann auch durch Dauerkochen (802—809) gar gemacht werden — nach Entfernung des Bindfadens mit geschmolzener Butter anzurichten (auf einen mittelgroßen Kopf — ca. 2 kg — ist ungefähr $^3/_4$—1 kg Farce zu berechnen).

1398. Farcierter Weißkohl — französisch: „de la vielle cuisine française" — Seignobos.

Ein Weißkohlkopf wird gekocht, bis die äußeren Blätter sich abheben lassen — wird abgetropft und abgekühlt — die Blätter werden jedes für sich abgehoben — das „Herz" wird

herausgeschnitten und durch einen Kloß von Fleischfarce ersetzt — über den einige der abgehobenen Kohlblätter zurück-
geschlagen werden — darauf eine dünne Schicht von Fleischfarce, die wiederum mit einer Schicht Farce bedeckt wird — usw.,
bis der ganze Kopf wieder zusammengelegt ist — mit Bindfaden
umwunden, wird der Kopf in mit etwas Schweine- oder Rinderfett vermischtem Wasser gargekocht, bei dichtestem Verschluß,
mehrere Stunden — kann auch mittels Dauerkochen (802—809)
fertiggekocht werden — mit einer braunen Sauce (nachdem der
Bindfaden entfernt ist) anzurichten.

Farcierter Kopfsalat — ebenso.

1399. Kohlrollen (Dolmas).

Ein Kohlkopf wird in Blätter zerteilt — die halb gar gekocht
(und von den gröberen Rippen befreit) werden — 2 Blätter
werden aufeinander gelegt (mit den Hauptrippen in entgegen-
gesetzter Richtung) und auf denselben ein länglicher Kloß von
Fleischfarce gelegt — um den die Blätter zusammengerollt
werden — mit weichem Bindfaden umwickelt, werden die Rollen
dicht nebeneinander in ein Kochgeschirr eingepackt — mit
etwas Gemüse- oder Fleischbrühe übergossen (nach Wunsch
etwas Butter hinzugegeben) — auf schwacher Wärme bei dichtestem Verschluß (413) gekocht — auch mit Verwendung des
Dauerkochens (802—809) — aus der abgeseihten Brühe wird
Sauce bereitet.

Die Rollen können auch anfangs etwas braun gebraten werden, in etwas Butter.

Auf 500 Kohl wird ca. 250 Farce zu nehmen sein.

Hülsenfruchtfarce auch verwendbar (1141 od. ähnl.).

1400. Savoyer-(Wirsing-)kohlpudding.

Der Kohlkopf wird gekocht, in Blätter zerlegt — eine
Puddingform wird innen mit den Blättern ausgekleidet — in
die Mitte wird in wechselnden Lagen gehackter (geräucherter)
Schinken und der übrige, in Streifen zerschnittene Kohl gelegt —
Kohl zuletzt — etwas geschmolzene Butter daraufgegossen —
auf Wasserbad gekocht — oder im Ofen gebacken — gestürzt
mit einer Jussauce anzurichten.

Weißkohlpudding ebenso;
— auch mit einer aus Granola, geriebenen Nußkernen, Rahm,
Ei bereiteten Farce.

1401. Gefüllter Sellerie.

Die Selleriewurzel wird, nachdem ein Deckel abgeschnitten, ausgehöhlt und mit einer Farce gefüllt — der Deckel angebunden — nach 1397 gargekocht (auf 1000 Sellerie ungefähr 250 Farce zu rechnen).

1402. Sellerie mit Fleischklößen.

Sellerie in Stücke geschnitten, wird gargekocht — abgetropft — Fleischklöße werden in der Selleriebrühe durchgekocht — die abgeseihte Brühe wird mit Rahm und Dotter abgerührt — kann mit etwas Zitronensaft, Zucker, Muskat (etwas Fleischextrakt) gewürzt und auch mit wenig Mehl legiert werden — in der Sauce werden die Selleriestücke und Klöße wieder vorsichtig erwärmt.

1403. Gefüllte Zwiebeln.

Die Zwiebeln werden ganz nach 1401 vorbereitet — und nach 1399 fertiggestellt.

Siebente Nahrungsmittelgruppe.

Früchte.

Kap. 154. Allgemeines über Früchte.

Die Früchte bieten uns eine ganz erstaunliche Mannigfaltigkeit und äußere Verschiedenartigkeit dar, mit verschiedensten Farben und Formen, verschiedenstem Geschmack und Geruch (Aroma), und geben uns dadurch die schönste Abwechslung in unserer täglichen Kost.

Im Innern aber, in der chemischen Zusammensetzung, sind sie, trotz ihrer großen äußeren Unterschiede, von einer merkwürdig großen Gleichartigkeit — wenn man von einer einzigen Art von Früchten, den nußartigen, absieht.

Um der allgemeinen Gesundheitsmäßigkeit und diätetischen Verwendbarkeit der Früchte auf den Grund zu kommen, werden dieselben hauptsächlich in zwei Richtungen zu betrachten sein — nämlich in bezug auf chemischen Inhalt oder Zusammensetzung und in bezug auf Bau oder Textur.

In bezug auf den chemischen Inhalt ist für die Früchte bezeichnend: ihr Inhalt verschiedener Zuckerarten und vieler verschiedener Fruchtsäuren und aromatischen Stoffe.

Die Zuckerarten sind besonders Fruchtzucker und Traubenzucker. Es sind also eine hervorragende Leichtverdaulichkeit besitzende Kohlenhydrate (vgl. Kap. 86—87), durch welche der Nährwert der Früchte im wesentlichen bestimmt wird.

An Eiweißstoffen enthalten die Früchte daneben nur sehr wenig, und, mit Ausnahme der nußartigen Früchte, auch nur äußerst wenig Fettstoff.

Jedoch sind auch die Kohlenhydratmengen keine besonders großen, teilweise sogar sehr kleine.

Nämlich:

	Zucker %	Anderes Kohlenhydrat %	Kohlenhydrat im Ganzen %	Freie Säure %
Banane	16,2		5,4	21,6	
Feige	15,5			15,5	
Pflaume	14,7			14,7	0,8
Weintraube . . .	14,4	(Pektinstoffe) 1,0	15,4	0,7
Zwetsche	11,6	,, 4,0	15,8	0,9
Kirsche	11,2	,, 1,7	12,9	0,8
Aprikose	14,0		14,0	1,2
Pfirsich	9,3	,, 0,5	9,8	0,7
Apfel	8,9	,, 3,2	12,1	0,7
Stachelbeere . . .	8,6	,, 1,2	9,8	1,4
Birne	8,1	,, 3,4	11,5	0,2
Johannisbeere . .	6,7	,, 1,5	8,2	2,2
Erdbeere	6,6		6,6	1,1
Brombeere	5,8	,, 1,4	7,2	0,8
Apfelsine	5,7		5,7	1,4
Himbeere	5,4	,, 1,5	6,9	1,5
Tomate	3,5	0,5	4,0	0,5
Melone	3,5	2,9	6,4	
Kürbis	1,3	5,2	6,5	
Agurke	1,1	1,1	2,2	
Zitrone	0,4			5,4
Rhabarberstiele .	0,2	2,5	2,7	0,3

Wie man sieht, handelt es sich nirgends um hohe Werte, auch bei den reichsten nicht; bei den geringsten nur äußerst wenig: beinahe das reine Wasser (80—95%).

Es sind oben Werte angegeben für Pektinstoffe. Diese für die Früchte ganz eigenen Stoffe (auch die Rüben enthalten davon) können, ohne eigentlich zu den Kohlenhydraten gehörig, doch in bezug auf Nährwert mit letzteren zusammengerechnet werden. Unter den Kohlenhydraten dem Gummi am nächsten stehend, sind es Stoffe, die beim Kochen, besonders mit Zucker, gelatinierende Eigenschaft erhalten, wodurch gewisse gekochte Früchte oder Fruchtsäfte die Fähigkeit zum Steifwerden, zur Geleebildung haben.

An Stärke enthalten die meisten Früchte nur sehr wenig oder so gut wie nichts. Nur die kürbisartigen Früchte und die Banane enthalten Stärke in nennenswerten Mengen.

Der Zellulosegehalt wird später besprochen werden.

Fettstoff ist in den Früchten nur in ganz verschwindend kleinen Mengen enthalten — doch mit Ausschluß der nußartigen Früchte, in denen das Fett dann aber sehr reichlich vorhanden ist. Auch in bezug auf übrige chemische Zusammensetzung und die Textur, oder inneren Bau, bieten diese Früchte stark abweichende Verhältnisse dar:

	Wasser	Eiweiß	Fett	Kohlen-hydrat	Zellu-lose	Salze	Calorien
	%	%	%	%	%	%	%
Paranuß	6,0	15,0	68,0	4,0	3,0	4,0	710
Haselnuß	7,0	17,5	63,0	7,0	3,0	2,5	686
Wallnuß	7,5	17,0	58,0	13,0	3,0	1,5	662
Mandel, süß	6,5	21,0	53,0	13,0	4,0	2,5	635
Erdnuß	7,0	28,0	44,0	16,0	2,5	2,5	578
Oliven	30,0	5,0	52,0	11,0	11,0	2,0	474
Kastanien, echte . . .	7,0	11,0	7,0	69,0	3,0	3,0	393

In dieser Übersicht tritt auch:

die Olive auf, als eine sehr fetthaltige Steinfrucht, die für unsere Küche für gewöhnlich nur die Bedeutung einer Würze bekommt — die uns aber durch das Auspressen das Butterersatzmittel Olivenöl (S. 43) gibt, und

die Kastanie, obgleich es eine in der Zusammensetzung von den Nüssen sehr abweichende Frucht ist. Ich habe sie indessen mit den Nüssen zusammenstellen wollen, weil sie, wie diese, im Besitz eines so hohen Nährwertes ist; freilich nicht so sehr durch hohen Fettgehalt, sondern mehr durch hohen Gehalt an Kohlenhydraten.

Im Besitz eines in den meisten Fällen verhältnismäßig niedrigen Nährwertes, aber eines um so höheren Genußwertes, durch schönes Äußere und abwechselndem Geruch und Geschmack, erhalten die Früchte somit im ganzen einen weit höheren Wert als Genußmittel denn als Nahrungsmittel.

Der Genuß entsteht hauptsächlich durch den Geschmack der verschiedensten Fruchtsäuremischungen und das abwechselnde Aroma (Geruch und Geschmack), die verschiedensten Mischungen ätherischer Öle und ähnlicher aromatischer Stoffe.

Die drei wichtigsten Fruchtsäuren sind folgende: die Äpfelsäure, am reichlichsten in Äpfeln, Birnen, Pflaumen, Aprikosen, Kirschen, und in Verbindung mit der Zitronensäure in Johannisbeeren, Stachelbeeren, Erdbeeren, Himbeeren; überwiegend Zitronensäure in Zitronen, Apfelsinen, Preiselbeeren, Blaubeeren; die beiden vorgenannten Säuren (die nach den Früchten Namen erhalten, in denen sie zuerst chemisch nachgewiesen wurden) in Verbindung mit der Weinsäure in der Holunderbeere; letztgenannte Säure ganz vorherrschend in der Weintraube. Die Menge dieser Fruchtsäuremischungen in den verschiedenen Früchten ist eine sehr abweichende, wie aus oben angegebenen Zahlenwerten ersichtlich. Es ist dabei zu berücksichtigen, daß der saure Geschmack der Früchte nicht allein durch die Menge der vorhandenen freien Säure bestimmt wird, sondern auch durch den Grad, in welchem die Säure durch den daneben von der Natur mitgegebenen Zucker verdeckt wird. Indem die Früchte während der Reife und Nachreife deutlich süßer werden, nimmt währenddessen die Säuremenge wirklich ab, bei gleichzeitiger Bildung süßester Zuckerarten: des Frucht- und Traubenzuckers.

Salze kommen in den Früchten in nur ganz kleinen Mengen vor (0,1—0,75%). Das Kali ist besonders vorherrschend, mit Phosphorsäure und wenig Kieselsäure. Mehrere unserer gewöhnlichsten Früchte sind verhältnismäßig reich an Eisen, besonders Äpfel, Kirschen, Erdbeeren.

Bei allen Angaben über die chemische Zusammensetzung der Früchte wird es ausdrücklich hervorzuheben sein, daß dieselben eine sehr wechselnde ist, nach Pflanzenvarietät, nach Klima, Witterung, Erdboden, und nicht zum wenigsten nach Reifungs- und Nachreifungsgrad.

Die mild abführende Wirkung gewisser Früchte stellt eine sehr bedeutungsvolle Eigenschaft dar, nämlich der in unseren Tagen so allgemein vorkommenden Stuhlverstopfung (habituellen Obstipation) gegenüber — und ist wahrscheinlich hauptsächlich auf die Fruchtsäuren zurückzuführen, im Zusammenwirken mit dem Zucker und der Zellulose.

Die Textur oder der innere Bau der Früchte und die dadurch bestimmte Verdaulichkeit wäre der zweite Hauptgesichtspunkt bei Beurteilung der allgemeinen Gesundheitsmäßigkeit und Verwendbarkeit der Früchte.

Weil die Früchte verhältnismäßig wenig Zellulose enthalten, vor allem aber weil die Zellulose derselben eine besonders zarte ist, und weil die Früchte daneben sehr saftreich (wasserreich) sind, bekommt das meiste Fruchtfleisch eine ziemlich geringe Dichte und Festigkeit. Es gibt daher nicht wenige Früchte, die wegen der vollkommenen Sprödigkeit und Leichtzerteilbarkeit ihres Fleisches bereits im rohen Zustande vollkommene Leichtverdaulichkeit besitzen; wozu auch der Umstand beiträgt, daß unter den Kohlenhydraten in so vielen Fällen (neben der Zellulose) die Zuckerarten vorherrschen, besonders der Frucht- und Traubenzucker.

So behalten Früchte, wie die Banane — die zu dem diätetisch vollkommensten gehört —, weiche Sommerbirnen, Pflaumen (Reineclaude), Pfirsiche, Aprikosen, Melonen, vollreif, auch im rohen Zustande volle Allgemeinverwendbarkeit — für Gesunde, wie unter mancherlei Krankheit. Dies gilt für das Fruchtfleisch, wenn es (roh, ganz reif, oder auch gekocht, gebacken) im Munde völlig zergehen kann. Aber daneben gibt es in den Früchten andere Teile, die mehr oder weniger schwerverdaulich sind, oder ganz unverdaulich: wie Schalen, Hülsen, Häute, Steine, Kerne, Kerngehäuse usw.

Derartige besondere Teile können nun gewöhnlich, bei der Zubereitung oder während des Verspeisens, ausgeschaltet werden. Es gibt aber eine große Gruppe von Früchten (und darunter mehrere unserer am meisten verwendeten), in denen im Fruchtfleisch selber eine Menge ganz kleiner Kerne oder Steinchen zerstreut eingelagert sind; nämlich bei den Beeren, den echten wie den unechten. Diese Steinchen sind vom Fruchtfleische nicht trennbar. Um sie zu entfernen, muß der Fruchtsaft (durch ein Seihtuch) abgeseiht werden.

Unter verschiedenen Umständen, vor allem bei verschiedensten Verdauungsleiden, kann das Auftreten solcher kleiner, harter, teilweise spitziger Kleinkörper, die für Zerkleinerung und Auflösung sehr unzugänglich sind, im Magen und Darm besonders schädlich werden. Insofern bekommen solche kleinkernige Früchte, in ganzer Gestalt, eine beschränktere Verwendbarkeit.

Auch die nußartigen Früchte bleiben in diätetischer Beziehung, ihrer dichten, harten Textur wegen etwas eigenartiges. Durch Zermalmen und Mahlen kann man die Nüsse kleinmachen, sehr schwer aber ganz gleichmäßig fein zerteilen; man kann einen Teil des Nußinhaltes in Flüssigkeit, in Emulsion bringen, also in ganz fein zerteilter (leichtverdaulicher) Form (vgl. Mandelmilch Nr. 1515). Ganze Nußfrüchte aber sind nur durch äußerst gut durchgeführtes Kauen (auf welches aber nur ganz ausnahmsweise zu rechnen ist) in eine einigermaßen leichtverdauliche Form zu bringen. Als Regel werden die Nüsse als schwerverdaulich zu bezeichnen sein; was in Anbetracht des hohen Nährwertes der Nüsse zu bedauern ist.

Die getrockneten Früchte sind eigens zu besprechen. Es sind teilweise dieselben Früchte, mit denen wir sonst zu tun haben — nämlich:

Getrocknet	Wasser %	Freie Säure %	Zucker %	Anderes Kohlen-hydrat %	N-Gehalt Stoffe %	Salze %
Apfel	31,0	3,5	45,0	9,0	1,5	1,5
Birne	30,0	0,8	29,0	30,0	2,0	1,6
Zwetsche	29,0	2,0	36,0	11,0	2,0	1,5
Aprikose	32,0	2,5	30,0		3,0	1,4
Rosine	24,0	1,0	60,0		2,0	1,5
Korinthen	25,0	1,5	62,0	6,0	1,0	2,0
Feige	29,0	0,7	51,0	5,0	3,5	3,0
Dattel	18,0	1,0	47,0	25,0	2,0	2,0

Indem durch das Trocknen Wasser entfernt wird, werden die getrockneten Früchte natürlicherweise verhältnismäßig reicher an nährenden Bestandteilen. Es sind daher Nahrungsmittel von recht hohem Nährwert; aber dieser Umstand verliert teilweise seine Bedeutung, denn um verzehrt werden zu können, müssen sie erst, durch Aufweichen in Wasser wieder wasserreicher gemacht werden. Dazu kommt, daß das getrocknete Fruchtfleisch schwerlich bei der Zubereitung (Aufweichen und Kochen) die ursprüngliche spröde Konsistenz und den natürlichen Leichtverdaulichkeitsgrad wieder erreicht.

Die Datteln, eine Frucht, die wir nur im getrockneten Zustand kennen, haben dagegen, auch so, eine spröde Konsistenz behalten,

und eine so weiche Haut, daß sie sich allgemein auch für das Verzehren
in rohem (ungekochtem) Zustand eignen.

1501. Eine Übersicht über die Vielfältigkeit der Früchte erhalten wir,
trotz der großen Verschiedenartigkeit, indem wir sie auf gewisse Gruppen
verteilen.

I. Kürbisartige Früchte	II. Kernfrüchte	III. Steinfrüchte	IV. Kleinkernfrüchte		V. Nußartige Früchte
			echte Beeren	unechte Beeren	
Kürbis	Apfel	Kirsche	Erdbeere	Stachelbeere	Haselnuß
Agurke	Birne	Pflaume	Himbeere	Johannisbeere	Wallnuß
Melone	Quitte	Zwetsche	Brombeere		usw.
Tomate	—	Aprikose	Maulbeere	Blaubeere	—
—	Apfelsine	Pfirsiche	Feige	Preißelbeere	Kastanie
Banane	Zitrone	Dattel		Schwarze Johannisbeere	—
—				Holunderbeere	Olive
Rhabarberstiele*)					

Kap. 155. Zubereitung von Früchten.

1502. Die Verdaulichkeit im Verhältnis zur Zubereitung.

In dieser Beziehung verhalten sich die Früchte recht verschieden.
Im ganzen ist eine Zubereitung hier weit weniger erforderlich als bei
den anderen Gruppen der pflanzlichen Nahrungsmittel, weil das reine
Fruchtfleisch so mancher Früchte schon im natürlichen Zustande so vollkommen weich und mürbe ist; und die früher (Kap. 87, S. 213) genannte
lange Umbildungsreihe der Nährstoffe, während der Zubereitung und
der Verdauung, wird bei den Früchten in so vielen Fällen eine stark
abgekürzte — was im ganzen höhere natürliche Leichtverdaulichkeit bedeutet.

An Stärke, die den längsten Umbildungsweg vor sich hat bis auf
Zucker, enthalten die Früchte durchgängig sehr wenig (außer im Kürbis
und ähnlichen Früchten); an Dextrin und ähnlichen Stoffen, die auf
dem Umbildungswege auf Zucker schon gut vorgeschritten sind, enthalten sie teilweise nicht so wenig; an Rohrzucker, welcher eigentlich
keiner chemischen Umbildung, keiner eigentlichen Verdauung bedarf,
sondern nur gespalten werden soll, enthalten die Früchte teilweise recht
viel. Der Trauben- und Fruchtzucker, die Kohlenhydrate, die hier
am reichlichsten vertreten sind, sind gar keiner chemischen Umbildung
bedürftig, indem sie schon an sich der Aufsaugung zugänglich sind.

---

*) Obgleich diese Stiele eigentlich nicht den Früchten zuzuzählen sind,
werden dieselben doch hier eingereiht, weil sie sich in Bezug auf chemischen
Charakter und Verwendung in der Küche den Früchten anschließen.

1503. Sorgfältiges Reinmachen.

Weil es daher die, stellenweise vorkommenden, eigenen, harten Bestandteile sind, welche besondere Schwierigkeiten machen, wird manchmal den Früchten gegenüber ein sorgfältiges Reinmachen erforderlich; nämlich Abziehen äußerer Häute (mit oder ohne vorhergehendes Abbrühen), Entfernung von Schalen, Hülsen, Kernen usw.

1504. Wärmeeinwirkung.

Bei vielen Früchten, auch wo sie warm verzehrt werden sollen, ist gar kein eigentliches Kochen nötig, indem sie so weich sind, daß sie nur eines Anwärmens oder höchstens eines ganz kurzen Aufkochens bedürftig sind, um „gar" geworden zu sein — und alles Kochen von Früchten soll jedenfalls nur auf ganz sachter Wärme, sehr zweckmäßig auf Wasserbad, geschehen. Das Dauerkochen 802—809 wird hier auch verwendbar — gleichfalls das Kochen in Dampf.

Das Backen und Braten von Früchten ist oftmals anwendbar.

Das Kochen in Fett (Friture) — gewöhnlich mit panierten Früchten — wird auch geübt, ist aber keine gute Zubereitungsweise.

1505. Säuresättigung.

Eine solche kann wünschenswert werden, bei gewissen stärker sauren Früchten, während der Zubereitung, indem man sie einige Zeit in Wasser stehen läßt, worin etwas doppeltkohlensaures Natron aufgelöst ist. Die dafür nötige Menge läßt sich schwer genauer angeben, weil der Säuregehalt der Früchte so sehr verschieden ist. Durchschnittlich kann angegeben werden: 1 Teelöffel voll auf $^1/_2$ kg Früchte.

1506. Getrocknete Früchte.

Diese sollen immer, bevor sie gekocht werden, zum Aufweichen in kaltes Wasser gestellt werden, 12—24—36 Stunden lang — säurereichere Früchte mit doppeltkohlensaurem Natron — und in demselben Wasser gargekocht werden; am besten mit Dauerkochen.

1507. Früchte in Mus oder Püree.

Früchte in dieser Form werden häufig verwendet und anempfohlen. Bei den meisten Früchten besteht für eine derartige Zubereitung kein besonderes Bedürfnis, indem so sehr viele derselben schon roh so mürbe und weich sind, daß sie im Munde ganz glatt zerdrückt werden können.

1508. Das Würzen der Früchte.

Obgleich die Früchte selber in so wesentlichem Grade Gewürz oder Genußmittel darstellen, sind viele derselben doch eines Gewürzzusatzes bedürftig, und dann, wegen der natürlichen Säure, vornehmlich eines

Zuckerzusatzes. Indem so viele Früchte sich derartig für Zuckerung eignen, oftmals für starke Zuckerung, können die Früchte, die selber so geringen Nährwert besitzen, als Mittel für eine reichliche Nahrungszufuhr (Überernährung) dienen.

Für viele Früchte ist ein kleiner Nebengeschmack sehr vorteilhaft — z. B. von Kaneel oder Vanille. Ausgezeichnete, feine Geschmackswirkungen sind zu erreichen mittels des Paarens eines Fruchtgeschmackes mit einem anderen. In dieser Weise macht sich ein leichter Zitronengeschmack neben den meisten Früchten, besonders bei der Banane, der Birne, während Johannisbeerensaft (oder Gelee) sehr schön mit dem Apfel zusammenstimmt. Himbeere gut mit Pfirsich usw.

Klasse I.

Fruchtauszüge — Saftmischungen, Limonaden u. dgl.

Kap. 156. Fruchtauszüge mit Wasser, mit kalter Zubereitung.

1509. + Äpfelwasser.

			Gr.	
1000	Äpfel	1 großer	125	Der Apfel wird geschält, das
250	Zucker		30	Kerngehäuse ausgestochen — mit
2000	Wasser, kalt	¹/₄ Lit.	250	Zucker gefüllt — gebacken —
40	Zitronensaft	1 Tl.	5	mit dem Wasser zerquetscht,

20 Min. hingestellt — die Flüssigkeit durch ein Stück groben Zeuges geseiht — mit Zitronensaft gewürzt.

1510. Apfelsinenlimonade.

	Apfelsine	1 große		Die Apfelsine wird geschält, in
1000	Wasser	¹/₄ Lit.	250	Scheiben geschnitten — mit dem
60	Zucker	1 Eßl.	15	Wasser und der abgeschälten
	Apfelsinenschale			Schale 3—4 St. kalt hingestellt —

filtriert — gesüßt, gewürzt.

1511. Orangeade I.

Der Saft von einer Apfelsine wird mit klarem Zuckersirup gesüßt und in ein, mit feingestoßenem Ei angefülltes, Glas gegeben — es kann auch vorher ein leicht geschlagenes Ei mit dem Saft verkleppert werden.

1512. Orangeade II — Gouffé.

		Gr.
125	Apfelsinensaft und (-schale) von 2 St. ca.	120
60	Zitronensaft von 1 St. ca.	60
1000	Zuckersirup ca. ¹/₃ Lit.	350
	Wasser ca. ²/₃ Lit.	650

Die Schale der Apfelsinen wird einige Zeit mit dem Sirup hingestellt, der danach durch ein Stück dichten Zeuges geseiht wird — der Saft wird von den Apfelsinen und der Zitrone abgepreßt und durch Papier filtriert. — Der Sirup und der Saft werden mit dem Wasser vermischt.

1513. Zitronenlimonade.

100	Saft (u. Schale) von 1 St. ca.		50
1000	Wasser	¹/₂ Lit.	500
125	Zucker		60

Der Saft der Zitrone wird ausgedrückt und gesüßt, mit der feinzerschnittenen Schale ¹/₂ St. hingestellt — durch ein Linnenstück filtriert — mit Wasser (oder Mineralwasser) verdünnt.

1514. Kirschenwasser, „Eau de cerises" — Escoffier.

1000	Kirschen	¹/₂ kg	500
1000	Wasser	¹/₂ Lit.	500
360	Zucker		180
	„Kirsch"	2 Weingl.	

Die Früchte werden durchgestrichen, mit den herausgenommenen und zerstoßenen Kirschenkernen kalt 1 St. hingestellt — mit dem Wasser übergossen — durch Zeug filtriert — mit Eisstücken, dem „Kirsch" und dem Zucker 20 Min. kaltgestellt (soll auf der Zuckerwage ca. 9% zeigen).

Stachelbeerenwasser mit Himbeergeschmack.

Ebenso zuzubereiten — mit Stachelbeeren 750, Himbeeren 250 zu Wasser 1000.

Beerenlimonade verschiedener Art.

Ist aus anderen Beeren zu bereiten, nach ähnlichen Mischungsverhältnissen, mit Zucker nach Geschmack — mit Zitronensaft, Zitronensäure als Gewürz.

1515. Mandelmilch.

200	Mandeln, süße		100
100	Zucker		50
1000	Wasser	¹/₂ Lit.	500
	Orangenblütenwasser		

Die Mandeln werden abgebrüht, geschält — mit der halben Portion Zucker und wenig Wasser zerstoßen, ganz fein — das übrige Wasser (kalt oder lauwarm) aufgegossen — gut verrührt — mittels eines Stück starken Zeuges abgepreßt, nachdem die Mischung ¹/₄ St. gestanden — mit dem übrigen Zucker gesüßt.

Nußmilch ebenso, aus Hasel-, Wallnüssen.

Kap. 157. Fruchtauszüge mit Spiritus und Essig — kalt bereitet.

1516. Nektar, Äpfelgetränk mit Wein.

			Gr.	
1000	Äpfel		375	Die Äpfel (feine, aromatische)
1000	Weißwein	½ Fl.	375	werden zerschnitten — einige
133	Zucker		75	Stunden mit dem Wein hin-
	(oder mehr)			gestellt — die Flüssigkeit ab-
				gepreßt — gesüßt — nach Ge-

schmack mit mehr Wein (Weißwein, Champagner) oder mit Wasser vermischt — auch mit Pfirsich oder anderen aromatischen Früchten zu bereiten.

1517. Zitronenschalenextraktlimonade.

Apfelsinenschalenextraktlimonade (,,Maitrank'').

I. Die Schale von Zitronen oder Apfelsinen (8 St.), Spiritus vini (¼ Lit., 250), wird in festverschlossener Flasche 3—6Wochen hingestellt — filtriert.

II. Zucker 200, Wasser 1000 werden miteinander zu klarem Sirup verkocht.

Diese Portion Zuckersirup wird kochend mit einem kleinen Weinglas des Schalenextraktes verrührt. — Mit dieser Mischung wird Limonade bereitet durch Verdünnen mit Wasser oder Mineralwasser, nach Geschmack — kann auch mit mehr Zucker bereitet werden — kann mit Mischung von Zitrone und Apfelsine bereitet werden.

1518. Himbeerenspiritus (,,Alcool de framboises'') — Seignobos.

Himbeeren	1000	Die Beeren werden 8 Tage lang mit dem
Spiritus	1000	Spiritus stehen gelassen — zerstampft und
		filtriert — davon wird 1 Tl. genommen

auf 1 Glas Wasser — mit Zucker nach Geschmack — aus Erdbeeren oder anderen säuerlichen Früchten ebenso.

1519. Fruchtlikör.

Die Früchte werden mit der spiritushaltigen Flüssigkeit und den Gewürzen 4 Wochen lang hingestellt, bei wiederholtem Umrühren, an lauwarmer Stelle — filtriert, gesüßt — 8 Tage an die Sonne gestellt — filtriert — auf Flaschen gegeben. — Es können verwendet werden:

Erdbeeren, Himbeeren		an Gewürz: Kaneel, Gewürz-
Kirschen	1000	nelken, Vanille usw.
Zucker	1500	
Arrak, Cognac usw.	1000	

1520. Zitronen-, Apfelsinenschalenessig.

Schale, kleingeschnitten, nur das Gelbe, von Zitronen oder Apfelsinen (12 St.) wird mit Weinessig 1000 (1 Lit.) 14 Tage an die Sonne gestellt und filtriert — auf Flasche gegeben — mit Zuckerzusatz für Limonade verwendet.

1521. Himbeerenessig.

	Gr.	
Himbeeren	1250	Die Beeren werden zerstampft, mit dem
Weinessig	1000	Essig 5 Tage lang bei wiederholtem Um-
Zucker ca.	625	rühren hingestellt — mit einem Stück

Zeug ausgepreßt — mit dem Zucker 15 Min. lang gekocht — geklärt — auf Flaschen gegossen — für Limonaden verwendet — oder als Zusatz zu Fruchtsuppen oder anderen Fruchtspeisen.

Kirschenessig ebenso.

1522. Erdbeeressig.

Aus Beeren 1000, Weinessig 1000, Zucker 300 — ebenso.

Kap. 158. Fruchtauszüge, bereitet mit Aufguß kochenden Wassers, oder durch Aufkochen.

1523. Melonengetränk, „Eau de Melon" — Escoffier.

Melone, reines Fruchtfleisch 1000, wird durchgestrichen, mit kochendem Zuckersirup 1000 vermischt — gekühlt — geseiht — mit kohlensäurehaltigem Wasser vermischt (bis auf 9%, an der Zuckerwage) — kalt gestellt — mit Orangenblütenwasser gewürzt.

Ananasgetränk ebenso.

Mit gehacktem Ananas 750 — mit Kirschenlikör („Kirsch") oder anderem Likör gewürzt.

1524. + Apfelwasser — Hannemann.

Äpfel (4 große, ca. 500 g) werden abgespült, in dünne Scheiben zerschnitten — mit kochendem Wasser (ca. 1 Lit., 1000) übergossen — 1 Stunde hingestellt — die Flüssigkeit abfiltriert — nach Wunsch mit Zucker, Saccharin, Glyzerin zubereitet.

1525. **+ Äpfeltee — Humphrey.**

Ein feiner säurer Apfel, in Stücke zerschnitten, wird mit $^1/_4$ Lit. (250) Wasser gargekocht — die Flüssigkeit wird abgeseiht, gesüßt — kann mit etwas Zitronenschale gekocht werden — kalt zu geben.

1526. **Kirschengetränk** oder **Erdbeergetränk.**

	Gr.	
Beeren	350	Die Beeren abgespült, abgetropft, werden
Wasser	1000	mit dem Wasser (kochend) übergossen —
Zuckersirup (38°)		1—2 St. zugedeckt hingestellt — mit dem
$^3/_8$ Lit.	375	Sirup vermischt — glatt gerührt —
		2 St. hingestellt — durch feines Zeug

geseiht (ohne ausgedrückt zu werden) — unvermischt oder mit Wasser verdünnt verwendet.

1527. **Fruchtgetränk von getrockneten Früchten** — nach Hannemann.

Zwetschen	500	Die getrockneten Früchte werden in
oder		kaltem Wasser aufs Feuer gesetzt und
Kirschen	250	1—2 St. gut zugedeckt leise gekocht —
oder		mit Wasser nach Wunsch vermischt —
Hagebutten	125	die abgeseihte Flüssigkeit gesüßt — kann
Wasser	1000	auch gleich mit etwas Kaneel gekocht
Zucker		werden.

1528. **Blaubeerengetränk** von getrockneten Beeren — nach Hannemann.

Beeren	100	Die abgespülten, in Wasser 1 St. ge-
Zucker	40	weichten Beeren werden im Wasser 1 St.
Wasser	1000	gekocht — gesüßt — die durch ein Haar-
Rotwein 3 Eßl.	45	sieb geseihte Flüssigkeit mit dem Wein
Dotter 1 St.	15	vermischt, mit dem Dotter verrührt.
Kaneel		

Klasse II.

Fruchtsäfte und Fruchtsirupe.

Kap. 159. Abseihen, Auspressen, Abkochen.

1529. **Fruchtsaft, kalt (roh) abgeseiht.**

Die Früchte (nur frische und besonders saftreiche Früchte) werden zerdrückt — 24 St. kalt gestellt — der Saft wird durch ein abgebrühtes und wieder abgekühltes Stück dichten Zeuges abgeseiht, ganz ohne Auspressen.

In der Weise:

Apfelsinen-, Zitronensaft, kalt abgeseiht.
Kirschen-, Himbeerensaft, do.
Johannisbeeren-, Blaubeeren-, Holunderbeerensaft, do.
(Man bekommt in der Weise ca. $^3/_{16}$ Lit. von $^1/_2$ kg, 500 Früchte.)

1530. Fruchtsaft, kalt (roh) ausgepreßt.

Die Früchte werden zerdrückt, 24 St. hingestellt — mit einem Preßtuch ausgepreßt, oder in einer Saftpresse — hierzu auch die Fruchtreste aus 1529 verwendbar, und jede andere härtere, festere Fruchtsorte — in der Weise:

Apfelsinen-, Zitronensaft, kalt ausgepreßt.
Kirschensaft, do.
Erdbeeren-, Brombeeren-, Maulbeerensaft, do.
Johannisbeeren-, Stachelbeeren-, Blaubeeren-, Schwarze-Johannisbeeren-, Holunderbeerensaft, do.
(Man bekommt damit ca. $^1/_3$ Lit. Saft von $^1/_2$ kg, 500 Beeren.)

1531. Fruchtsaft von frischen Früchten, abgekocht und ausgepreßt.

Die Früchte (die verschiedensten verwendbar, wie auch die Abfälle von 1529 und 1530) werden weichgekocht — mit $^1/_2$ Lit., 500 Wasser auf 1 kg, 1000 Früchte — und zerstampft — der Saft mit einem Preßtuch ausgepreßt (wie 1530) — in der Weise:

Apfel-, Birnen-, Quittensaft, abgekocht, ausgepreßt.
Kirschen-, Zwetschen-, Aprikosen-, Pfirsichsaft, do.
Erdbeeren-, Himbeeren-, Brombeerensaft, do.
Johannisbeeren-, Blaubeeren-, Holunderbeerensaft, do. usw.

(Man bekommt hiermit ca. $^3/_8$ Lit. Saft von $^1/_2$ kg Früchten oder 750 von 1000.)

1532. Fruchtsaft von getrockneten Früchten, abgekocht, abgepreßt.

Die Früchte werden, nach sorgfältigem Abspülen, mit kaltem Wasser 24—18 St. aufgeweicht (mit oder ohne doppeltkohlensaurem Natron, nach 1505) — mit dem Wasser gekocht (im ganzen 1 Lit., 1000 auf $^1/_2$ kg, 500 Früchte), bis völlig weich gekocht — der Saft wird abgeseiht und ausgepreßt — wobei erhältlich ca. 625—750 g Saft —:

Kirschen-, Zwetschen-, Blaubeeren-, Holunderbeerensaft, von getrockneten Früchten abgekocht, ausgepreßt.

Fruchtsirupe:

1533. + Birnen-, Apfelsirup — naturell — eingekocht.

Birnen, süße, reife oder überreife (nicht mehlige), werden ungeschält in Stücke zerschnitten — die Blume, Kerne, Kerngehäuse sorgfältig entfernt — mit kaltem Wasser abgespült — in Wasser (250 auf 1000 Früchte) ganz weich gekocht — der Saft ausgepreßt — bei leiser Wärme eingekocht, bis auf einen fadenziehenden Sirup — bis auf dunkle Färbung.

Apfelsirup aus ganz reifen, süßen Äpfeln ebenso.

1534. + Apfelbutter, Birnenbutter.

Der Apfel- oder Birnensirup (1533) wird einige Zeit mit durchgestrichenem ungesüßten Apfel- oder Birnenmus gerührt (zum Bestreichen von Brotschnitten).

1535. Stachelbeerensirup und andere Fruchtsirupe.

Stachelbeerensaft (1 Lit., 1000, nach 1529—1531) oder anderer Fruchtsaft, wird mit Zucker (2 kg, 2000) verkocht — durch ein abgebrühtes, abgekühltes Tuch geseiht — geklärt — auch verschiedene Fruchtsaftmischungen verwendbar (z. B. $^1/_2$ Stachelbeeren-, $^1/_4$ Kirschen-, $^1/_4$ Himbeerensaft).

Alle anderen Fruchtsäfte nach 1529—1531 sind in dieser Weise zu verwenden.

Die Sirupe werden feiner bei kürzerem Kochen — die feinsten Sirupe bekommt man aus den Fruchtsäften 1529—1531, wenn sie mit einem schon vorher geklärten Zuckersirup bereitet werden.

Klasse III.

Fruchtsaftsuppen, -Saucen, -Grützen (oder Breie oder Flammeri).

Kap. 160. Fruchtsuppen.

I. kalte:

1536. Apfelsinenkaltschale.

			Gr.	Cal.	
500	Apfelsinensaft	$^1/_{10}$ Lit.	100	30	Der Saft (1530) filtriert, mit
250	Zucker		50	195	Wasser und Wein vermischt,
1000	{Weißwein} {Wasser}	$^1/_5$ Lit.	200		gesüßt, gewürzt — wird mit Apfelsinenschnitten oder
	Kaneel, wenig				anderen Früchten (Himbeeren, Erdbeeren, ganz)

angerichtet — mit anderen Fruchtsäften ebenso.

II. warme:

1537. + Klare Fruchtsuppe — Kirschensaftsuppe.

			Gr.	Cal.	
500	Beeren	½ kg	500	250	Die Beeren, zerstampft, wer-
1000	Wasser	1 Lit.	1000		den mit dem Wasser ge-
250	Zucker bis		250	974	kocht — geseiht — die

Suppe mit dem Gewürz aufgekocht, gesüßt — kann nach Geschmack mit Wasser verdünnt werden (auch mit weniger Frucht).

Quitten-, Apfel-, Birnen-, Zwetschen-, Rhabarbersuppe — ebenso.

1538. + Fruchtsuppe mit Dotter abgerührt.

Stachelbeersuppe.

500	Stachelbeeren	½ kg	500	165	Die Beeren (reife) werden mit
1000	Wasser	1 Lit.	1000		dem Wasser und Gewürz ge-
125	Zucker		125	487	kocht — der abgeseihte und
30—45	Dotter	2—3 St.	30—45	108—162	ausgepreßte Saft wird ge-
	Kaneel, Vanille				süßt — mit den glatt ge-
	Wein, Zitronenschale				rührten Dottern legiert, eben
					vor dem Anrichten.

**Melonen-, Tomatensuppe,
Rhabarber-, Apfel-, Birnen-, Pflaumen-, Aprikosensuppe,
Johannisbeerensuppe** usw. — ebenso — mit verschiedenem
Zuckerzusatz nach Säuregehalt;
— aus einzelner Fruchtsorte oder gemischten Früchten.

1539. + Fruchtsuppe mit Brot abgerührt.

Der Fruchtsaft (nach 1529—32) wird mit gleicher Menge Wasser verdünnt — aufgekocht, gesüßt, gewürzt — mit Brot abgerührt, 60 g (auf 1000 Suppe), nach 469 7. vorbereitet — damit 20 Min. leise gekocht — kann noch einmal durchgestrichen werden.

1540. Fruchtsuppe mit Mehl abgerührt.

Kirschensuppe.

Kirschensaft (1529—32) 350 bis 500 wird mit Wasser aufgefüllt, bis auf 1000 — aufgekocht — mit etwas in Wasser glatt gerührtem Mehl (25 auf 1000 Suppe) abgerührt, gesüßt, gekocht (das Mehl kann halb Weizen-, halb Kartoffel mehl sein).

**Erdbeeren-, Kirschen-, Hagebutten-, Johannisbeerensuppe,
Blaubeeren-, Preißelbeeren-, Holunderbeerensuppe** usw. — ebenso.

1541. ÷ Fruchtsuppe mit Mehlschwitze abgerührt.

Wird wie 1540 gekocht — zum Abrühren wird eine Mehlschwitze verwendet (aus 25 g Mehl, 20 g Butter auf 1000 Suppe),
die in die kochende Suppe eingerührt — und einige Zeit mit
derselben gekocht wird.

1542. Fruchtsuppe von getrockneten Früchten.

Kirschen-, Blaubeeren-, Apfel-, Hagebutten-, Holunderbeerensuppe.

Man berechnet dazu auf 1 Lit. 1000 fertiger Suppe ein
Drittel des Gewichtes an getrockneten Früchten. Diese werden
in kaltem Wasser lange Zeit aufgeweicht, mit dem Wasser gekocht — abgepreßt (nach 1532), gesüßt.

Kap. 161. Fruchtsaucen.

I. klare, (ohne Legierung):

1543. + Apfelsinensauce, kalt oder warm.

		Gr.	Cal.	
1000	Apfelsinensaft $^1/_4$ Lit.	250	75	Die Schale (von 3 Apfelsinen)
500	Zucker	125	487	wird mit dem Zucker ab-
1000	{Wasser / Rheinwein} $^1/_4$ Lit.	250		gerieben, davon ein Sirup

gekocht mit möglichst wenig Wasser — der mit dem
Apfelsinensaft durch ein Tuch geseiht, mit Wein vermischt und
mit Wasser (nach Geschmack) verdünnt wird — für warme Verwendung ganz vorsichtig auf Wasserbad erwärmt.

1544. + Kirschensaftsauce.

			ca. 240	
1000	Kirschensaft, süß $^1/_8$ Lit.	125	ca. 240	Saft, Wein, Wasser werden
1000	Rotwein $^1/_8$ Lit.	125		miteinander verrührt und
1000	Wasser $^1/_8$ Lit.	125		kalt verwendet — auch

für warme Verwendung,
leicht erwärmt — kann mit wenig Zitronensaft, Vanille usw.
gewürzt werden.

Himbeerensaftsauce ebenso.

Erdbeeren-, Johannisbeeren-, Stachelbeerensauce ebenso — auch
mit Weißwein für Rotwein (besonders bei hellen Früchten).

1545. + Kalte schäumende Fruchtsauce.

Kirschen-, Erdbeeren-, Himbeeren-, Johannisbeeren-, Preißelbeeren-, Holunderbeerensauce.

			Gr.	Cal.	
1000	Fruchtsaft	$^1/_4$ Lit.	250 ca.	75	Der Saft (nach 1529—31)
500	Zucker		125	487	sehr klar, wird mit dem
	Gewürz				Zucker 15—20 Min. stark

geschlagen — gewürzt — kann nach Wunsch mit Wasser verdünnt oder mit Wein stärker gemacht werden.

1546. Gemischte Fruchtgeleesauce, kalt — Escoffier.

1000	{Stachelbeerengelee	200	Die Gelees werden geschmolzen
	{Himbeerengelee	50	— in kaltem Gefäß mit den
1000	Kirschensaft	250	übrigen Zutaten verrührt —
	(nicht gesüßt)		auch mit den eingemachten, ent-
	Apfelsinensaft von 1 St.		steinten, einige Zeit mit etwas in
	Kirschen, ganze		Zucker und Kirschwasser (oder
	Ingwer, gestoßen, wenig		ähnlichem Likör), marinierten
			Kirschen.

1547. Sauce Cumberland — nach Gouffé.

500	Stachelbeerengelee		125	Die Charlotten werden mit ko-
1000	Portwein	$^1/_4$ Lit.	250	chendem Wasser abgebrüht und
	Charlotten	2 kleine		zerschnitten — mit den Schalen
	Zitronensaft			(gehackt) und dem Gelee, dem
	u. -schale von 1 St.			Saft, Wein, Gewürz gut ver-
	Apfelsinensaft			rührt — auch Johannisbeeren-
	u. -schale von 1 St.			oder Preiselbeerengelee ver-
	Pfeffer, wenig			wendbar, einzeln oder vermischt
	Senf	1 Tl.		— auch Rotwein oder Madeira

für Portwein — kalt zu größerem gebratenen, warmen Wild gereicht.

II. Abgerührte Fruchtsaftsaucen:

1548. + Fruchtsaftsauce mit Gelatine angesämt — nach Naumann
[pro Eßl. 15 g = ca. 18 Cal.

1000	{Fruchtsaft}	ca. $^1/_4$ Lit.	250	100	Die Gelatine aufgeweicht, wird
	{Wasser}				mit Zucker und Wasser (125
ca. 250	Zucker		ca. 60	234	bis 175) aufgekocht — der Saft
16	Gelatine	2 Bl.	4	16	(125 bis 175) wird mit den
	Zitronensaft				Eiweißen leicht geschlagen
	Eiweiß	1—2 St.			— damit gekocht, bis klar
					geworden — durch ein Tuch

geseiht — mit Zitronensaft gewürzt — gerührt, bis erkaltet — vor Anrichten wieder gut durchgerührt.

Kirschen-, Erdbeeren-, Himbeeren-, Johannisbeeren-, Blaubeeren-, Preiselbeeren-, Schwarze Johannisbeeren-, Holunderbeerensaft, einzelne Sorte oder gemischt, kann ebenso verwendet werden.

1549. + Fruchtsauce mit Dotter legiert [Eßlöffel 15 g = ca. 24 Cal.

		Gr.	Cal.	
1000	Fruchtsaft ca. ¹/₄ Lit.	250	100	Die Dotter werden mit dem
60—120	Dotter 1—2 St.	15—30	54—108	Zucker geschlagen — mit
1000	Zucker bis	250	970	etwas Fruchtsaft (warm) ver-
1000	Wasser ca. ¹/₄ Lit.	250		rührt — dann mit dem üb-

rigen Saft — aufgekocht — gesüßt.

Fruchtsaucen mit Mehl abgerührt.

Nach 1540—1541, mit etwas mehr Mehl oder Mehlschwitze.

+ Fruchtsaucen mit Brot abgerührt.

Wie 1539, mit etwas reichlicher Brot.

Kap. 162. Fruchtsaftgrütze oder Flammeri.

1550. Rhabarbersaftgrütze — mit Mehl legiert

[ganze Portion ca. 2300 Cal.

1000	Rhabarberstiele 1 kg	1000	ca. 200	Die Stiele werden geschält,
1000	Wasser 1 Lit.	1000		zerschnitten — mit dem
500	Zucker ca. ¹/₂ kg	500	1950	Wasser und Gewürz weich-
50	Sagomehl	50	170	gekocht — der abgeseihte
[250	Johannis- fertig ca.	1500	2320	Saft (es soll im ganzen 1 Lit.
	beerensaft ca. ¹/₄ Lit.	250	ca. 100]	werden) wird gesüßt — mit

Johannisbeerensaft nach Geschmack vermischt — mit dem, mit etwas Wasser oder Saft glatt gerührten Mehl verrührt und einige Minuten gekocht — auch mit Kartoffelmehl zu bereiten.

1551. Rote Grütze, „Rödgröd" — mit Mehl legiert

[ganze Portion ca. 2300 Cal.

1000	{Fruchtsaft} 1 Lit.	500	ca. 200	Der Saft (1529—32) wird mit
	{Wasser}	500		dem Wasser (¹/₃ bis ¹/₂ Saft)
50	Sagomehl	50	170	gekocht — kochend mit dem
500	Zucker bis ¹/₂ kg	500	1940	glatt gerührten Mehl ver-
	fertig ca.	1550	2310	quirlt und unter Umrühren

8—10 Min. gekocht — auch mit Kartoffelmehl 60 g.

Verschiedene Fruchtsaftmischungen werden verwendet:

Johannisbeerensaft	$^1/_2$	Johannisbeerensaft	$^2/_3$
Kirschensaft	$^1/_4$	Himbeerensaft	$^1/_3$
Himbeerensaft	$^1/_2$	oder $^1/_2$ zu $^1/_2$	

Johannisbeerensaft
Schwarze-Johannisbeerensaft $\}$ zu gleichen Teilen.
Kirschensaft

oder Holunderbeeren-, Johannisbeerensaft für sich.

Verschiedenes Gewürz kann mitgekocht werden: Kaneel, Vanille, Zitronenschale — auch Mandeln, abgebrüht, halbe oder gehackt.

1552.　+ **Rote Grütze mit Gelatine** steif gemacht.

Ganz nach 1551 — aber anstatt Mehl Gelatine, 10—12 Bl. (20—24 g) auf 1 Lit., 1000 Saft.

Rote Grütze mit Agar-Agar.

Agar-Agar (10—15 g auf 1 Lit., 1000 Saft) wird abgespült — aufgeweicht — mit dem übrigen aufgekocht.

1553. **Himbeerenflammeri mit Wein,** „Pain de framboise au Vin — nach Urbain Dubois　　　　　[ganze Portion ca. 2350 Cal.

		Gr.	Cal.	Saft und Wein werden mit
1000	{Himbeerensaft $^1/_2$ Lit.	500	ca. 200	dem Zucker gekocht — ko-
	{Rotwein $^1/_2$ Lit.	500		chend mit dem glatt ge-
200	Mehl	200	700	rührten Mehl verrührt —
375	Zucker	ca. 375	1460	aufgekocht — in Glasschale
	fertig ca.	1575	2360	gegeben, gekühlt — gestürzt,

mit Rahmschnee gereicht.

Klasse IV.

Fruchtpüree-Suppen, -Saucen, -Grützen (Flammeri).

Kap. 163.　Fruchtpüree — Fruchtpüreesuppen.

1554. Fruchtpüreebereitung.

Die Früchte (geschält, von Kernen usw. befreit) werden zerstampft und durch Püreesieb (Fig. 18—19) gestrichen, mit Holzlöffel oder Stößer (Fig. 20).

Die Früchte können, wenn genügend weich und saftig, in rohem Zustande genommen werden — müssen sonst erst weich gekocht oder gedämpft werden.

Getrocknete Früchte müssen vorher sehr lange Zeit (24 bis 48 Stunden) aufgeweicht werden — und müssen sehr gar gekocht werden (auch nach 802—809).

I. kalte Suppen:

1555. + Pfirsichpüreekaltschale.

			Gr.	Cal.
1000	Pfirsich	¹/₄ kg	250	117
1000	Wasser	¹/₄ Lit.	250	
200	Zucker	ca. 50		195

Die Pfirsiche (frisch) werden abgebrüht und geschält — die halbe Portion in Scheiben geschnitten, die andere halbe mit dem Wasser aufgekocht, durchgestrichen — gesüßt — auf die Fruchtschnitte in die Suppenschüssel gegossen — stark gekühlt anzurichten.

**Aprikosenpüreekaltschale,
Pflaumenpüreekaltschale** — ebenso.

1556. Erdbeerenpüreekaltschale.

500	Erdbeeren	¹/₈ kg	125	44
1000	Wasser	¹/₄ Lit.	250	
160	Zucker		40	156
	Gewürz			

Die Beeren werden mit dem Wasser zerstampft und durchgestrichen (durch feines Sieb) — gesüßt, gewürzt, kalt gestellt — mit einigen ganz gebliebenen Beeren angerichtet.

Himbeeren-, Brombeeren-, Maulbeeren-, Blaubeeren-, Schwarze-Johannisbeerenkaltschale — ebenso — mit verschiedener Zuckermenge, nach Geschmack.

II. warme Suppen:

1557. + Kürbispüreesuppe — nach Gouffé

[ganze Portion ca. 1250 Cal.

1000	Kürbis		1000	300
40	Butter		40	300
35	Zucker		35	165
1000	{Wasser	¹/₄ Lit.	250	485
	{Milch	³/₄ Lit.	750	
	Salz			

Der Kürbis wird geschält, zerschnitten, mit Wasser, Butter, Salz, Zucker 2 St. gekocht — durchgestrichen — mit der kochenden Milch verrührt — aufgekocht — warm angerichtet in der Suppenschüssel auf Brotschnitte.

1558. Erdbeerenpüreesuppe I, warm, nach 1556 — aufgekocht.

Erdbeerenpüreesuppe II.

300	Erdbeeren	ca. 300		105
1000	{Weißwein	¹/₂ Lit.	500	
	{Wasser	¹/₂ Lit.	500	
150	Zucker		150	585

Die Beeren werden mit der halben Portion Wein weichgekocht — durchgestrichen — mit dem Wasser, Zucker, dem übrigen Wein verrührt

— aufgekocht — mit geröstetem Brot angerichtet.

1559. + Hagebuttenpüreesuppe — nach Johanne Ottosen.

750 Hagebutten 1 Lit.   Die Hagebutten (sehr reife) werden ab-
1000 Wasser 1 Lit.   gespült, mit kochendem Wasser aufs
Feuer gebracht — kürzere Zeit gekocht — 2—3 St. nachgekocht (802—809) — durchgestrichen — mit Zucker und Wasser vermischt, bis auf passende Konsistenz und aufgekocht — eingemachte Hagebutten werden beim Anrichten dazugegeben — mit Rahmschnee gereicht.

1560. + Tomatenpüreesuppe mit Brot abgerührt
[ganze Portion ca. 400 (60) Cal.

			Gr.	Cal.	
165	Tomatenpüree		125	27	Das Tomatenpüree wird mit
1000	Wasser	³/₄ Lit.	750		dem Wasser und dem (nach
65	Zwieback		50	175	469, 7 oder 492) vorbereiteten
20	Butter		15	112	Zwieback gekocht und durch
40	Dotter	2 St.	30	108	gestrichen — mit Butter und

Salz, Zucker, wenig Zucker verrührt — vom
Zitronensaft 1 Eßl. Feuer entfernt, mit den Dottern abgerührt — zuletzt mit dem Zitronensaft.

1561. + Apfelpüreesuppe mit Dotter legiert
[ganze Portion ca. 800 (60) Cal.

650	Äpfel		650	325	Die Äpfel werden im Wasser
1000	Wasser	1 Lit.	1000		weichgekocht — glatt ge-
30	Dotter	2 St.	30	108	schlagen, durchgestrichen —
100	Zucker		100	390	mit den mit Zucker ge-

schlagenen Dottern verrührt — mit Zwieback o. dgl. angerichtet.

1562. Stachelbeerenpüreesuppe mit Dotter legiert
[ganze Portion ca. 700 Cal.

800	Beeren		800 ca.	280	Die Beeren (reife, süße) wer-
1000	Wasser	1 Lit.	1000		den mit ¹/₄ des Wassers ge-
15	Dotter	1 St.	15	54	kocht, durchgestrichen mit
100	Zucker		100	390	dem übrigen Wasser — mit

dem Zucker aufgekocht — mit dem Dotter abgerührt.

1563. Rhabarberpüreesuppe mit Mehl legiert — Nimb
[ganze Portion ca. 750 Cal.

350	Stiele, geschält		350 ca.	70	Die Stiele werden mit Wasser
1000	Wasser	1 Lit.	1000		und Gewürz gekocht —
150	Zucker		150	585	durchgestrichen — aufge-
30	Sagomehl		30	100	kocht, mit Mehl verrührt —

Wein, wenig gesüßt — mit Wein versetzt.
Kaneel, Zitronenschale

1564. Birnenpüreesuppe mit Mehl legiert　　[ganze Portion ca. 1000 Cal.

			Gr.	Cal.	
600	Birnen		600 ca.	300	Birnen, Wasser, Zitronen-
1000	Wasser	1 Lit.	1000		schale, Kaneel werden ge-
150	Zucker		150	585	kocht (das Gewürz heraus-
15	Reismehl oder				genommen) und zerstampft
	Sagomehl		15	50	— und durchgestrichen —
45	Rahm	3 Eßl.	45	75	mit dem Mehl verquirlt —
	Kaneel, Weißwein				gesüßt, aufgekocht — kann
	Zitronenschale				nach Wunsch mit mehr oder
					weniger Weißwein gekocht

werden — kann auch noch mit 1 Dotter abgerührt werden, oder
mit Rahm (3—4 Eßl.).

1565. Pflaumenpüreesuppe mit Mehl legiert

[ganze Portion ca. 1150 Cal.

400	Pflaumen		400	140	Früchte werden mit Wasser
1000	Wasser	1 Lit.	1000		gekocht — durchgestrichen
15	Kartoffelmehl		15	50	— mit dem Mehl verrührt
250	Zucker		250	975	— gesüßt — aufgekocht.

**Kirschen-, Reineclauden-, Zwetschen-, Aprikosen-, Pfirsich-
püreesuppe** — ebenso.

1566. Erdbeerpüreesuppe mit Mehl legiert

[ganze Portion ca. 700 Cal.

600	Erdbeeren	600	210	Die Früchte werden in Wasser
1000	Wasser	1000		15 Min. gekocht — durch-
100	Zucker	100	390	gestrichen — mit dem Zucker
30	Sagomehl	30	100	und dem Mehl abgerührt
				und verkocht.

Beerenpüreesuppe von anderen Beeren — ebenso.

Kap. 164.　Fruchtpüreesaucen.

1567. Kalte Erdbeerpüreesauce, naturell, leicht gewürzt.

1000	Beeren	$^1/_2$ kg	500 ca.	125	Die Beeren (frische) werden
500	Zuckersirup	$^1/_4$ Lit.	250 ca.	200	durchgestrichen — mit dem
	(30%)				Sirup und dem Gewürz ab-
500	Weißwein bis	$^1/_4$ Lit.	250		gerührt — und nach Wunsch
	Gewürz, Zitronenschale				mit Wein — kalt gestellt.
	Kaneel, Vanille usw.				

**Kalte Himbeeren-, Aprikosen-, Pfirsich-, Johannisbeeren-,
Stachelbeerenpüreesauce** — ebenso.

Von einer einzelnen Fruchtsorte oder mehreren vermischt — rotes Fruchtpüree kann mit Rotwein versetzt werden — anstatt Wein sind auch verschiedene Liköre (Maraschino, Curacao u. dgl.) verwendbar — zu Puddings, Aufläufen usw. zu reichen.

1568. Warme Fruchtpüreesauce, naturell, wie 1567.

Vorsichtig erwärmt (Wasserbad) — sorgfältig abgeschäumt — warm angerichtet — kann etwas dünner gehalten werden — und mit verhältnismäßig weniger Wein.

1569. Sauce a l'Orange, kalt — Escoffier.

Apfelsinenmarmelade wird durchgestrichen — mit $^1/_3$ Aprikosenpüree verrührt — mit Curacao gewürzt.

1570. + Hagebuttenpüreesauce, warm (zu Wild).

		Gr.	Cal.	
333	Hagebutten (frische)	125		Die Hagebutten sehr sorgfältig gereinigt, werden mit Wein und Wasser völlig weich gekocht und mit Zitronenschale — durchgestrichen — gesüßt — zu gewünschter Konsistenz eingekocht.
1000	{Wein und			
	{ Wasser $^3/_8$ Lit.	375		
	Zitronenschale			
	Zucker, wenig			

1571. Tomatenpüreesauce, stark gewürzt — nach Farmer

[1 Eßl. 15 g = ca. 25 Cal.

			Gr.	Cal.	
1000	Tomatenpüree	$^1/_4$ Lit.	250	55	Die verschiedenen Zutaten werden zusammengerührt — aufgekocht.
40	Zitronensaft	2 Tl.	10		
40	Worcester-				
	shiresauce	2 Tl.	10		
	Kayenne	1 Msp.			
20	Mostrich	ca. 1 Tl.	5		
200	Butter bis		50	375	

1572. Apfelpüreesauce mit Butter

[1 Eßl. 15 g = ca. 17 Cal

		Gr.	Cal.	
1000	Äpfel	250	125	Die Äpfel werden mit Zitronenschale und möglichst wenig Wasser weichgekocht — durchgestrichen — mit Zucker, Zitronensaft, geschmolzener Butter und Jus verrührt — zu warmer, gebratener Gans oder Ente gereicht.
60	Butter	15	112	
	Wasser, wenig			
200	Zucker	50	195	
250	Jus	60		
	Zitronenschale			
	und Saft von $^1/_4$ Zitr.			

1573. + **Pfirsichpüreesauce** mit Dotter legiert

[1 Eßl. 15 g = ca. 20 Cal.

			Gr.	Cal.	
1000	Pfirsiche		250	117	Die Früchte werden mit Rot-
500	Rotwein	¹/₈ Lit.	125		wein und Gewürz gekocht
120	Dotter	2 St.	30	108	und durchgestrichen — die
500	Zucker	ca.	125	487	geschlagenen Dotter werden
	Zitronenschale				darin verrührt (nachdem vom
	Kaneel, Gewürznelke				Feuer entfernt).

1574. Melonenpüreesauce mit Mehl.

			Gr.	
1000	Melone		250	Die Melone (sehr reif) wird
1000	Weißwein	¹/₄ Lit.	250	geschält, zerschnitten — mit
	Gewürznelke			dem Wein und Gewürz und
	Zucker, Wein			Zucker (wenig) weichgekocht
	Arrowroot, wenig			— durchgestrichen — mit
				dem Mehl verrührt, aufge-

kocht — kann auch mit etwas Wein oder Wasser vermischt
werden — kalt oder warm zu geben.

1575. Pflaumenpüreesauce — nach Hampel

[1 Eßl. 15 g = ca. 10 Cal.

			Gr.	Cal.	
1000	Pflaumen		250	87	Die Pflaumen (Zwetschen,
250	Zucker		60	234	grüne oder gelbe) werden
500	Rotwein	¹/₈ Lit.	250		mit Zucker, Zitronenschale,
	Kaneel, Zitronenschale				Kaneel, etwas Rotwein ge-
	Arrowroot				kocht — durchgestrichen —
					mit dem übrigen Wein ver-

rührt — aufgekocht — mit dem Mehl legiert.

Kirschenpüreesauce usw. — ebenso.

1576. Stachelbeerenpüreesauce — Beeton   [1 Eßl. 15 g = ca. 15 Cal.

			Gr.		Cal.	
1000	Beeren		250	ca.	87	Die Beeren (reife, grüne) wer-
125	Bechamelsauce 2 Eßl.		30	ca.	30	den gekocht, durchgestrichen
125	Butter bis		30		225	— mit den übrigen Zutaten
	Salz, Pfeffer					verrührt — und mit Zucker
	Muskat, gerieb.					nach Wunsch — aufgekocht
						— warm zu gekochten Ma-
						krelen u. dgl. gereicht.

1577. Püreesauce von getrockneten Kirschen — nach Hampel.

			Gr.	Cal.	
500	Kirschen		250	ca. 480	Die Beeren werden 24 St.
1000	{Wasser	³/₈ Lit.	375		aufgeweicht, abgetropft —
	{Rotwein	¹/₈ Lit.	125		im Mörser zerstampft mit
250	Zucker		125	487	dem Wein — mit dem Was-
40	Kartoffelmehl		20	70	ser gekocht (³/₈ Lit.), mit
	Gewürznelken				Gewürz und Zucker, bis ganz
	Kaneel				weich — durchgestrichen —
	Zitronenschale				mit dem Mehl verrührt —

nach Bedarf eingekocht oder verdünnt.

1578. Hagebuttenpüreesauce von getrockneten Beeren

500	Hagebutten		250		Die Beeren, 24 St. aufge-
1000	Wasser	¹/₂ Lit.	500		weicht, werden mit dem Was-
250	Zucker		125	487	ser weichgekocht — durchge-
40	Kartoffelmehl		20	70	strichen — gesüßt, gewürzt
					— mit dem Mehl gerührt

und verkocht — nach Bedarf eingekocht oder verdünnt.

1579. + Kastanienpüreesauce.

Kastanien	250	980	Die Kastanien werden ein-
Butter	25	187	geschnitten, abgebrüht, ge-
Mehl	25	87	schält — mit dem Mehl und
Salz, Zucker, wenig			Butter zerstampft — auf
Wein			Wasserbad gekocht, nach
Bouillon			Bedarf mit etwas Bouillon
			oder Wasser — mit mehr

Flüssigkeit abgerührt, bis auf passende Konsistenz — gewürzt —
durchgestrichen — zu gekochtem Truthahn u. dgl. gereicht.

Kap. 165. Fruchtpüree-(grütze) — Fruchtmus.

I. von kürbisartigen Früchten:

1580. + Kürbispüreegrütze   [ganze Portion ca. 300 Cal.

1000	Kürbispüree	250	75	Das Fruchtpüree mit möglichst wenig
200	Zucker	50	195	Wasser gekocht (wenn nötig, einge-
40	Mehl	10	35	kocht), wird durchgestrichen — mit
	Zitronensaft			Zitronensaft und Zucker verrührt;
	Butter			und mit Mehl nach Wunsch (Sago-

oder Kartoffelmehl) — kann mit etwas Wein gewürzt werden
— auch mit etwas Butter.

1581. + Bananenpüreegrütze.

Nach 1580 zu bereiten — ohne Butter — mit Wein und mit Zitronensaft gewürzt.

Bananenapfelgrütze.

Von Bananen und Äpfeln zu gleichen Teilen — nach Bedarf mit etwas mehr Zucker.

1582. Rhabarberpüreegrütze.

			Gr.	Cal.	
1000	Stiele (reingemacht) ¹/₂ kg		500	100	Die Stiele werden mit Wasser,
500	Wasser	¹/₄ Lit.	250		Zucker, Gewürz weichge-
350	Zucker		175	685	kocht — ganz glatt gerührt
	Gewürz				— oder durch grobes Sieb

gestrichen — nach Bedarf eingekocht — kalt gereicht mit Sahne, Eiercreme usw.

Rhabarberdattelgrütze   [ganze Portion ca. 420 Cal.

			Gr.	Cal.	
1000	Stiele		250	50	Stiele und Datteln werden
333	Datteln		80	160	weichgekocht mit Zucker und
250	Wasser	¹/₁₆ Lit.	60		Gewürz — durchgestrichen.
250	Zucker		60	234	

1583. Tomatenpüree   [ganze Portion ca. 180 Cal.

	Gr.	Cal.	
Tomaten	250	55	Die Tomaten werden mit
Butter	10	75	dem Gewürz gekocht —
Mehl	15	50	durchgestrichen — mit Mehl,
Fleischgelee	40		Butter, Fleischgelee abge-
Salz, Pfeffer			rührt — 5 Min. gekocht —
Bouquet			durchgestrichen — einge-
Zwiebel, Zucker			kocht, auf Wasserbad, bis
			auf passende Konsistenz.

II. von Kernfrüchten:

1584. + Apfel-, Birnen-, Quittengrütze.

			Gr.	Cal.	
1000	Früchte, frische ¹/₂ kg		500	250	Die Früchte, geschält und
250	Wasser ca.	¹/₈ Lit.	125		zerschnitten, werden mit dem
250	Zucker	ca. 125		487	Wasser gekocht — gewürzt
	Zitronenschale				— durchgestrichen — ge-
	Kaneel oder Vanille				süßt — zu passender Kon-
					sistenz eingekocht.

1585. Apfelgrütze von getrockneten Früchten.

			Gr.	Cal.	
1000	Äpfel	¹/₂ kg	500 ca. 1000		Die Früchte abgespült, 24 St.
500	Wasser	¹/₄ Lit.	250		im Wasser aufgeweicht (auch
	Zitronensaft v. ¹/₂ Zitr.				mit Säuresättigung nach
250	Zucker		125	487	1502), werden in demselben
	Vanille				Wasser 20 Min. gekocht und

nachgekocht (802—809) —
gesüßt — durchgestrichen — aufgekocht — wenn nötig, eingekocht. — Wenn Säuresättigung verwendet, kann die Zuckermenge eine sehr geringe sein.

III. von Steinfrüchten:

1586. + Pflaumen-, Zwetschenpüree.

Die sehr reifen Früchte werden zerstampft, durchgestrichen
— mit Zucker aufgekocht — mit Zitronensaft gewürzt — bis
auf passende Konsistenz eingekocht — wenn nötig, mit etwas
Sagomehl.

Aprikosen-, Pfirsichpüree oder -grütze ebenso.

1587. Grütze von getrockneten Zwetschen.

1000	Früchte	¹/₂ kg	500 ca. 1000	Bereitet wie 1585 — mit
1000	Wasser	¹/₂ Lit.	500	mehr Wasser, wenn nötig.

Grütze von getrockneten Aprikosen, Pfirsichen usw. ebenso.

IV. von Beerenfrüchten:

1588. Stachelbeerengrütze   [ganze Portion ca. 650 Cal.

1000	Stachelbeeren ¹/₂ kg	500	165	Die Beeren, unreife, grüne,
500	Wasser ca. ¹/₄ Lit.	250		werden abgespült, mit dem
250	Zucker	125	487	Wasser und Gewürz gekocht
	Zitronenschale			— durch grobes Sieb ge-
	Kaneel, Vanille			strichen — eingekocht —

nach Bedarf mit etwas Sago-
mehl (oder Maizena) angesämt — auch aus reifen Beeren,
mit weniger Wasser — es kann Dotter eingerührt werden (2 St.
auf 1 Lit. Grütze).

1589. Feigengrütze   [ganze Portion ca. 720 Cal.

	Feigen, getr. ¹/₈ kg	125 ca. 250	Die Früchte werden feinge-
1000	Zwetschen, do. ¹/₈ kg	125 ca. 250	hackt — im Wasser 24 bis
1500	Wasser ³/₈ Lit.	375	36 St. aufgeweicht — in
250	Zucker	60	234	demselben Wasser mit dem
				Zucker weichgekocht —

durch grobes Sieb gestrichen (mehr Wasser, wenn nötig).

1590. Vogelbeerenpüree

			Gr.	Cal.
1000	Vogelbeeren	¹/₂ kg	250 ca.	100
500	Äpfel	¹/₈ kg	125	62
500	Zucker	¹/₈ kg	125	487
500	Wasser	¹/₈ Lit.	125	

[ganze Portion ca. 650 Cal.

Äpfel und Vogelbeeren werden zusammen ganz weich gekocht, im Wasser, mit dem Zucker — durch grobes Sieb gestrichen — zu Wildbraten gereicht.

Berberissenpüree ebenso.

1591. Hagebuttenpüree.

1000	Hagebutten (frische)	¹/₂ kg	250	
1000	Wasser	¹/₄ Lit.	250	
250	Zucker		60	234
	Zitronenschale			

Hagebutten (sehr reife) werden reingemacht, gespült, gekocht wie 1588.

V. von nußartigen Früchten:

1592. + Kastanienpüree.

Die Kastanien werden geschält, abgebrüht — von der inneren Haut befreit — mit wenig Wasser weichgekocht (oder mit Fleisch- oder Gemüsebrühe) — gesalzen, zerstampft — durchgestrichen — mit etwas mehr Flüssigkeit nach Bedarf gerührt — oder wenn nötig, mit etwas Mehl (und dann aufgekocht) — auch mit etwas Madeira.

Klasse V.
Gestockte Fruchtspeisen.
Kap. 166. Frucht-Rahmschnee-Creme oder -Gelees (Frucht-Bavaroisen oder bayer. Käse) u. dgl.

Vgl. Rahmschnee mit Frucht 52;
Rahmfruchtgelee 58, 63, 64, 65.

1593. + Bananen-Rahmschneegelee

1000	Bananen (geschält)	¹/₂ kg	500	475
125	Zitronensaft v. 1 Zitr.		60	
150	Zucker		75	295
360	Rahm(Schlag-) ¹/₅ Lit. (knapp)		180	560
16	Gelatine	4 Bl.	8	32
	Likör	1 Eßl.		
	Zitronenschale von ¹/₄ Zitr.			
			fertig 823	1362

[ganze Portion ca. 1350 (80) Cal.

Zitronenschale wird mit etwas Wasser gekocht — in demselben wird die in etwas Wasser vorher aufgeweichte Gelatine aufgelöst — die Bananen werden mit dem Zitronensaft, Zucker, Gewürz glatt gerührt — dann mit der Gelatinelösung zusammengerührt, und mit dem Rahm als sehr steifer Schnee — kaltgestellt zum Steifwerden — gestürzt angerichtet.

1594. Erdbeerenrahmschneegelee mit Maizena

[ganze Portion ca. 1100 (60) Cal.

			Gr.	Cal.	
1000	Beeren	¹/₂ kg	500	165	Maizena wird mit dem Wasser
250	Zucker		125	487	und Zucker gekocht — mit
50	Maizena		25	85	den Beeren glatt gerührt
250	Wasser	¹/₈ Lit.	125		(frische oder eingemachte,
250	Rahm(Schlag-)¹/₈ Lit.		125	375	abgetropfte) — zuletzt mit
[8	Gelatine	2 Bl.	4	16]	dem Rahm, als steifer Schnee,
	Gewürz		fertig 800	1128	vermischt — zum Steif-

werden kaltgestellt — auch

bereitet mit Zusatz von Gelatine.

Himbeerenrahmschneegelee ebenso — von verschiedenen anderen Früchten ebenso (wie 1593—94).

Eierspeisen mit Früchten vgl.:

Eierstich mit Früchten 227.
Rührei mit Tomate 234.
Eirahmgelee mit Früchten 314, 315.
Dottercreme mit Früchten 322.
Omelette mit Äpfeln 320.

1595. Himbeerschaum — Hannemann [ganze Portion ca. 350 (40) Cal.

1000	Himbeerenmarmelade		100	25	Wird alles zusammen 1 St.
800	Puderzucker		80	315	lang schäumig gerührt und
900	Eiweiß	3 St.	90	48	in Glasschale gefüllt.

1596. + Äpfelschnee   [ganze Portion ca. 1300 (90) Cal.

1000	Äpfel	¹/₂ kg	500	250	Die Eiweiße zu steifem Schnee
500	Zucker	¹/₄ kg	250	975	geschlagen, werden mit
360	Eiweiß	6 St.	180	96	Zucker und Zitronensaft und
	Zitronensaft				den weichgekochten und

durchgestrichenen Äpfeln verrührt — kalt in einer Glasschale angerichtet.

Aprikosen-, Pfirsich-, Erdbeerschnee — ebenso.

1597. Erdbeercreme — nach Hoffmann-Heyl

[ganze Portion ca. 1100 (70) Cal.

1000	Erdbeeren	¹/₂ kg	500	165	Die Beeren werden abgespült,
400	Zucker	¹/₅ kg	200	780	abgetropft — durchgestri-
60	Mehl		30	105	chen — der Wein wird mit
180	Eiweiß	3 St.	90	48	Zucker, dem Fruchtpüree
250	Rotwein	¹/₈ Lit.	125		und dem Mehl gut durch-
			roh 945	1098	gekocht — vom Feuer ab-

genommen, mit den zu Schnee geschlagenen Eiweißen gerührt — kalt in einer Glas-schale, mit ganzen Erdbeeren belegt, angerichtet.

1598. + Apfelcreme — nach Mangor [ganze Portion ca. 1000 (60) Cal.

			Gr.	Cal.
1000	Äpfel	¹/₂ kg	500	250
160	Weißwein	¹/₁₂ Lit.	80	
150	Dotter	5 St.	75	270
250	Zucker	ca. 125		487
	Mehl (ganz wenig)	roh 780		1007
	Zitronensaft			
	(Rahmschnee)			

Die Äpfel werden mit dem Wein und dem Gewürz gekocht — mit Dottern, Zucker, Zitronensaft und Mehl (in etwas Wein glatt gerührt) verrührt — auf schwacher Wärme bis gerade auf Kochpunkt erwärmt — durchgestrichen — kalt angerichtet, mit Rahmschnee.

1599. + Äpfel in Tapioka — nach Farmer

[ganze Portion ca. 1250 (16) Cal.

1000	Äpfel	¹/₂ kg	500	250
300	Tapioka		150	510
250	Zucker		125	487
750	Wasser	ca. ³/₈ Lit.	375	
	Salz	roh 1150		1247

Tapioka wird im Wasser aufgeweicht und kurz gekocht (auf Wasserbad — Fig. 22) — die Äpfel geschält, ausgestochen, mit Zucker gefüllt, werden in eine mit Butter ausgestrichene Schüssel gelegt — der gekochte Tapioka wird daraufgegeben — im Ofen gebacken, bis die Äpfel weich geworden — mit Zucker und einer Cremesauce angerichtet.

Pfirsich, Birne in Tapioka ebenso.

1600. Früchte in Blanc-manger — nach Escoffier.

1000	Fruchtpüree		700	280
1000	Mandelmilch		700	
42	Gelatine	15 Bl.	30	120

Das Fruchtpüree kann aus verschiedenen weichen Früchten (Erdbeeren, Aprikosen, Pfirsichen usw.) bereitet werden — sie werden einfach roh durchgestrichen.

Mandelmilch dazu wird bereitet aus:

1000	Mandeln	¹/₂ kg	500	2850
1600	Wasser	⁸/₁₀ Lit.	800	
400	Zucker		200	280

Die Mandeln (4—5 bittere dazwischen) werden abgebrüht, möglichst fein gestoßen, während das Wasser löffelweise hinzugegeben wird — die Flüssigkeit wird durch ein starkes Preßtuch ausgewrungen (es soll ca. 700 g Mandelmilch erhalten werden).

Die Mandelmilch, das Püree, die (vorher aufgelöste) Gelatine werden zusammengerührt — die Masse zum Steifwerden sehr kalt gestellt.

Kap. 167. Fruchteis.

1601. Halbgefrorenes Fruchteis, Sherbet oder Sorbet (Halbeis).

			Gr.	
1000	Fruchtsaft	$^3/_4$ Lit.	750	Fruchtsaft (1529—32, klar) und
333	Zuckersirup	$^1/_4$ Lit.	250	Zuckersirup werden vermischt —
	Gewürz			geseiht — verschiedentlich ge-

Fruchtsaft (1529—32, klar) und Zuckersirup werden vermischt — geseiht — verschiedentlich gewürzt — in der Gefrierbüchse halb (körnig) gefroren — in flachen Gläsern angerichtet.

Ebenso:

Zitronen-, Apfelsinensherbet,
Aprikosen-, Pfirsichsherbet usw.
Halbgefrorener Sherbet mit Rahm.

Der fertig gefrorene Sherbet wird mit $^1/_4$ der Menge steifen Rahmschnees verrührt — und gewürzt (Likör usw.).

Ananas frappé — Farmer.

Feingeriebener Ananas wird mit Zitronensaft, Zuckersirup, Wasser verrührt, halb gefroren.

1602. Fruchtsafteis.

			Gr.	Cal.	
1000	Fruchtsaft	$^3/_4$ Lit.	750 ca. 300		Die Ingredienzien werden ver-
550	Zucker	$^4/_{10}$ kg	400	1560	mischt (bis auf 18—20° auf
333	Wasser	$^1/_4$ Lit.	250		der Zuckerwage, Fig. 31) —
	Gewürz (Zitrone usw.)				in der Gefrierbüchse zum

Die Ingredienzien werden vermischt (bis auf 18—20° auf der Zuckerwage, Fig. 31) — in der Gefrierbüchse zum Gefrieren gebracht (316).

1603. Fruchtpüree-Eis I.

1000	Fruchtpüree	$^1/_2$ Lit.	500	200	Die Früchte (rohe oder ge-
1000	Zuckersirup	$^1/_2$ Lit.	500		kochte) werden durchgestri-
	Zitronen-, Apfelsinensaft				chen (durch feines Tuch) —
	Gewürz (Likör usw.)				kalt mit dem Sirup (32°)

Die Früchte (rohe oder gekochte) werden durchgestrichen (durch feines Tuch) — kalt mit dem Sirup (32°) vermischt — bis auf ca. 18° auf der Zuckerwage (unter Zusatz von entweder mehr Wasser oder mehr Zuckersirup) in Gefrierbüchse zum Gefrieren gebracht (316).

Fruchtpüree-Eis II.

1000	Früchte	$^1/_2$ kg	500 ca. 200		Die Ingredienzien werden zu-
600	Zucker		ca. 300	1170	sammengerührt — durch
	Wasser				dichtes Tuch geseiht — mit
	Gewürz				Wasser (auch teilweise Wein)

Die Ingredienzien werden zusammengerührt — durch dichtes Tuch geseiht — mit Wasser (auch teilweise Wein) verdünnt — bis auf 18° auf der Zuckerwage — zum Gefrieren gebracht (316).

So wird bereitet:

Aprikosen-, Kirschen-, Pfirsich-, Erdbeeren-, Himbeeren-, Meloneneis usw.

Fruchtpüree-Eis mit Rahm.

Die Masse wird mit $1/_4$ der Menge steifen Rahmschnees verrührt.

Klasse VI.

Früchte.

Kap. 168. Früchte, ganz, naturell — gebraten — gebacken.

1604. Tomaten — geröstet — gebacken.

Tomate, ganz, wird mit Öl bestrichen — leicht gewürzt — auf Rost bei schwacher Hitze geröstet. Ebenso:

Aprikose, geröstet — die Früchte werden halbiert — die Steine entfernt — mit Zucker bestäubt — geröstet.

Banane, geröstet (gebacken) — die Schale wird der Länge nach eingeschnitten — die Frucht in einem Ofen auf Blech gebacken, bis die Schale braun geworden — oder auf Rost geröstet.

1605. Äpfel, gebacken.

Die Äpfel werden geschält, ausgestochen — mit Zucker und wenig Zitronensaft (und nach Wunsch etwas Butter) gefüllt, in eine flache irdene Schüssel dicht aneinander gestellt — mit etwas Wasser daraufgegossen, im Ofen gebacken, bei wiederholtem Übergießen mit dem sich bildenden Saft — es können auch einige (vorher aufgeweichte) Rosinen (Sultana) und etwas Weißwein in die Früchte gegeben werden.

1606. Kastanien, geröstet.

Die äußere Schale wird mit Einschnitt versehen (kreuzförmig, an der Spitze) — werden auf der Pfanne unter fortgesetztem Schütteln geröstet — auf einer recht dicken Lage von grobem Küchensalz.

Kap. 169. Fruchtsalate (kalte).

I. Süße:

1607. Johannisbeeren in Zucker.

Die Beeren abgestreift, werden mit Zucker bestreut (ca. halbe Menge der Früchte) — 4—8 St. hingestellt.

Stachelbeeren in Zucker — ebenso.

1608. Apfelsinensalat I.

Wie 1607 — mit geschälten, in Scheiben geschnittenen Früchten.

Apfelsinensalat II.

Die Frucht geschält, in Scheiben, wird übergossen mit einer Lösung von Zucker in einer Mischung von Rum oder Likör und Wasser — und einige Zeit darin mariniert.

1609. Gemischter Fruchtsalat I — Farmer.

Ananas in dünnsten, Banane und Apfelsine in etwas dickeren Schnitten, werden schichtenweise in eine Schale gelegt, auf jede Schicht etwas Zucker — wonach eine Mischung von Xeres, Madeira und Zucker daraufgegossen wird — auch ohne Ananas zu bereiten.

1610. Gemischter Fruchtsalat II — St. Briac.

Ananas, Pfirsich, Apfelsine, zu gleichen Teilen, zerschnitten, werden miteinander vermischt, 12 St. in einen mit Madeira gewürzten Zuckersirup gelegt — beim Anrichten werden frische Erdbeeren hinzugegeben — sehr kalt anzurichten.

1611. Gemischter Fruchtsalat III.

Äpfel, Birnen zu gleichen Teilen, Pfirsich, Aprikose, Apfelsine 2—3 Teile von jedem, werden zerschnitten, vermischt, mit Zucker bestreut — beim Anrichten mit einem mit wenig Arrak oder Maraschino versetzten Zuckersirup übergossen — sehr gut gekühlt anzurichten.

1612. Gemischter Fruchtsalat IV.

Birne, Pfirsich, Aprikose, Banane zerschnitten, Erdbeeren, Himbeeren, Stachelbeeren (weiße und rote), frische grüne Mandeln werden mit Zuckersirup (30°) übergossen und 1 St. lang auf Eis gestellt (bei wiederholtem Umschütteln).

1613. Gemischter Wintersalat.

Apfel 500, Birne 500, in dünnen Scheiben, Banane 125, Apfelsine 125, Ananas 125, Dattel 50, zerschnitten, blaue Weintrauben 50, grüne Weintrauben 50, werden vermischt, einige Stunden in einem Fruchtsaft (Zitrone usw.) hingestellt, mit etwas Wein oder Likör und der notwendigsten Menge Zucker — wenig Mandeln, Wallnüsse können auch hinzugegeben werden — sehr kalt anzurichten.

1614. Gemischter Sommersalat.

Apfel 500, Birne 250, Banane 125, Pflaumen (verschiedene Sorten, verschiedener Farbe) im ganzen 250, Erdbeeren, Kirschen (ohne Steine), Stachelbeeren (verschiedener Farbe), Johannisbeeren, rote Johannisbeeren — auch frische Ananas und Trauben — werden vermischt und zubereitet wie in 1613.

II. in Mayonnaise:

1615. Tomate in Mayonnaise.

Tomaten (abgebrüht, abgezogen) für sich, oder mit Gurke, in dünnen Scheiben, werden mit einer Mayonnaise (90) verrührt — und gleich angerichtet (ca. $1/_4$ Lit., 250 Mayonnaise auf $1/_2$ kg, 500 Früchte).

Gemischte Früchte in Mayonnaise.

Äpfel in kleinen Würfeln, helle Trauben halbiert, Bleichsellerie in dünnen Scheiben, zu ungefähr gleichen Teilen, Walnüsse in Hälften ($1/_4$ soviel), werden in Mayonnaise angerichtet — auch mit etwas frischem Ananas in dünnen Schnitten.

III. Saurer Fruchtsalat:

1616. Gurkensalat.

Gurke wird geschält, in dünne Scheiben geschnitten, ausgedrückt — mit Essig übergossen und hingestellt — mit ganz wenig feingestoßenem Pfeffer — auch nach Wunsch mit etwas Öl.

Tomatensalat ebenso — auch gemischter **Gurken-Tomatensalat.**

Gemischter Fruchtsalat, säuerlich.

Banane 3 T., Apfelsine 2 T., Malagatrauben 3 T., Walnuß 2 T., werden vermischt und in einer Mischung von Essig und Öl, mit wenig Pfeffer, hingestellt — auf Salatblättern anzurichten.

Kap. 170. Früchte in Gelee.

1617. Früchte, ganze, in Gelee.

Tomate, gefüllt, in Aspik — Farmer.

Tomaten, kleine, feste, werden abgezogen, durch eine kleine Öffnung ausgehöhlt — innen mit Salz ausgestreut, 3 Min. hingestellt — mit einem Gemüsesalat oder Fleischsalat in Mayonnaise gefüllt — die Öffnung mit etwas, mit Gelatine vermischter Mayonnaise verschlossen — obenauf mit Scheiben von Pickles dekoriert. Eine Lage von Fleischbrühe-, oder Gemüsebrühegelee wird auf dem Boden einer Schüssel steif gemacht, die Tomaten in einer dichten Lage daraufgestellt — flüssiges Gelee darübergegossen — zum Steifwerden kalt gestellt — usw., in wechselnden Schichten, bis die Schüssel gefüllt ist — gestürzt anzurichten.

1618. Birnen in Gelee — Beeton   [ganze Portion ca. 400 (48) Cal.

			Gr.	Cal.
1000	Birnen	½ kg	500	200
100	Zucker		50	195
250	Wasser	⅛ Lit.	125	
500	Rosinenwein	¼ Lit.	250	
25	Gelatine	6 Bl.	12	48
	Zitronenschale			
	Kaneel, Nelken			

Die Birnen (süße, gut reife) werden (geschält) weichgekocht im Wasser, mit Gewürz (oder gebacken) — so daß sie ganz bleiben — in eine Schüssel gelegt — Wein (auch anderer leichter Wein), Wasser, Zucker und Gewürz werden gekocht mit der Gelatine in 5 Min. — warm über die Früchte gegeben — zum Steifwerden kalt gestellt — gestürzt.

1619. Gemischte Früchte in Fruchtgelee.

Eine in Eis gestellte Form wird inwendig ringsherum mit einem Gelee (1620) überzogen, ½—1 cm dick — auf den Boden wird eine Schicht von gemischten Früchten gelegt (ganz weiche, süße Früchte, rohe oder eingemachte, abgetropfte, Äpfel, Birnen, Pfirsiche, Pflaumen, Nüsse usw.) — die Schichte wird mit flüssigem Gelee übergossen und bedeckt — zum Steifwerden kalt gestellt — usw., schichtenweise, bis die Form angefüllt ist — vorsichtig gestürzt.

Gemischte Früchte in Weingelee ebenso — mit Weingelee 1889.

1620. + Fruchtsaftgelee   [ganze Portion ca. 1200 (40) Cal.

			Gr.	Cal.
1000	Fruchtsaft	½ Lit.	500	200
500	Zucker	ca. ¼ kg	250	975
20	Gelatine	5 Bl.	10	40

Der Saft, ganz klar (1529 bis 1532), wird mit dem Zucker und der vorher aufgeweichten Gelatine 5 Min. gekocht — geklärt — in eine Schale gegeben, kalt gestellt, zum Steifwerden — darin angerichtet — Gelatine 6 Bl., wenn zu stürzen.

1621. + **Fruchtpüreegelee, „Äpfelspeise"** — nach Hannemann

[ganze Portion ca. 900 (80) Cal.

			Gr.	Cal.
1000	Äpfel	$^1/_2$ kg	500	250
1500	Wasser	$^3/_4$ Lit.	750	
60	Zitronensaft	2 Eßl.	30	
300	Zucker		150	585
40	Gelatine, rote	10 Bl.	20	80
	Kaneel		1450	915

Die Äpfel werden mit Zitronenschale (Kaneel) gekocht — mit Zucker und Gelatine verrührt — durchgestrichen — mit Zitronensaft verrührt — in einer Form abgekühlt und steif gemacht — gestürzt — mit Vanillesauce oder Rahmschnee angerichtet — sehr wohlschmeckend ist die Speise, wenn man die Masse, halb erstarrt, mit in kleine Stücke geschnittenen Früchten, Ananas, Pfirsich usw. in die Form schichtet.

Stachelbeerengelee,
Aprikosengelee usw. — ebenso.

1622. + **Apfelgelee,** „Pain de pommes mousseux" — Urbain Dubois

[ganze Portion ca. 750 (32) Cal.

			Gr.	Cal.
1000	Rainetten	$^1/_2$ kg	500	250
16	Gelatine	4 Bl.	8	32
125	Zitronensaft v.	1 Zitr.	60	
250	Zucker	$^1/_8$ kg	125	487
	Wasser, einige Eßl.		693	769
	Zitronenschale			

Die Äpfel mit Wasser und Zitronenschale gekocht, werden durchgestrichen — mit der Gelatine, dem Zitronensaft und dem Zucker vermischt — die Masse wird lange Zeit geschlagen, bis sie ganz weiß und schäumig geworden — in Form gegeben, 1 St. auf Eis gestellt — gestürzt — mit einem, mit den Apfelschalen gekochten, Zuckersirup übergossen angerichtet.

Kap. 171. Früchte in Fett gekocht — Friture.

Über das Kochen in Fett vgl. Kap. 69 (Nr. 615 und 617).

1623. ÷ **Tomate in Fett gekocht.**

Feste Tomaten werden abgebrüht, abgezogen — in Scheiben geschnitten — mit Salz bestreut und wenig Pfeffer — in Fritureteig umgewendet — in Fett gekocht.

1624. ÷ **Äpfelbeignets.**

Äpfel geschält, ausgestochen — in Scheiben (8—10 mm dick) geschnitten, werden einige Zeit mit etwas Zucker und Cognac mariniert — abgetropft — in leichtem Fritureteig umgewendet — in Fett gekocht — mit Zucker bestäubt angerichtet.

Fruchtkroketten.

Ein Fruchtpüree, sehr steif eingekocht (oder kalt steif geworden), wird in Rollen oder Bällchen geformt — in Fritureteig umgewendet, in Fett gekocht.

1625. Kastanienkroketten — Escoffier.

Kastanien (geschält) werden mit Zuckersirup gargekocht — die kleinsten werden für sich genommen, die übrigen durchgestrichen — gut eingekocht, mit Dotter verrührt (5 St.) und Butter (50 g auf $^1\!/_2$ kg) 500 Püree. Der Teig wird gekühlt — in kleine, ungefähr taubeneigroße Stücke zerteilt, womit die ganzen Kastanien eingehüllt werden — in feingestoßenem Zwieback umgewendet — in Fett gekocht.

Klasse VII.

Fruchtkompott — und Verwendungen desselben.

Kap. 172. Fruchtkompott.

1626. Fruchtkompott — Zubereitung — Allgemeines.

I. Die Früchte werden geschält usw. — größere Früchte zerschnitten — Zucker wird zu Sirup gekocht (ca. 36° auf der Zuckerwage) — heiß über die Früchte gegossen — 2 St. hingestellt — abgetropft — der Sirup wird dicker gekocht — wieder auf die Früchte gegossen. Diese Zubereitungsweise eignet sich für weichste, saftigste, reifste Früchte.

II. Die Früchte reingemacht, größere Früchte nach Bedarf zerschnitten, werden in Wasser gargekocht — oder mit äußerst wenig Wasser — oder in Dampf — werden abgetropft. Ein Sirup wird aus Zucker mit dem Kochwasser gekocht — nach Wunsch eingekocht — über die in die Anrichteschüssel gelegten Früchte gegossen.

III. Die Früchte werden in dem aus Zucker und Wasser gekochten Sirup gargekocht — abgetropft — der eingekochte Sirup wieder auf die Früchte gegossen, eben vor dem Anrichten.

Ganz reife mürbe Früchte (Beeren u. dgl.) sollen nur eben aufgekocht werden — festere Früchte (Kernfrüchte u. dgl.) sollen nur einige, bis 15 Min. gekocht werden — nicht ganz reife Früchte doch auch etwas längere Zeit.

1627. Fruchtkompott — mit Säuresättigung bereitet.

Diese Zubereitungsweise kann bei allen frischen und getrockneten Früchten Verwendung finden — besonders aber bei dunkleren, bräunlichen, grünen Früchten, weniger gut bei hellgelben, am wenigsten bei hellroten Früchten, die geneigt sind, eine bräunliche resp. violettartige (weniger appetitliche) Färbung anzunehmen.

Die Früchte werden 12—36 St. in Wasser gestellt, in dem etwas doppeltkohlensaures Natron aufgelöst ist — ca. 1 Tl. auf $^1/_2$ kg Früchte, oder nach Umständen mehr oder weniger — um dann in demselben Wasser gekocht zu werden.

Der Zuckerzusatz kann dann ein viel geringerer sein.

1628. Verschiedene Fruchtkompotte.

	Früchte	Zucker	Wasser
Melonenkompott	1 kg 1000	250*)	— ca. $^1/_8$ Lit. 125 — nur aufgekocht (mit Rum od. Zitronensaft).
Kürbiskompott	do.	250	— ca. $^1/_{16}$ Lit. 60 — mit etwas Ingwer, wenig Essig.
Rhabarberkompott	do.	500	— ca. $^1/_8$ Lit. 125 (kann mit etwas Kartoffelmehl sämig gemacht werden, mit etwas Zitronenschale, Kanel, oder Vanille gekocht werden).
Äpfelkompott	do.	500	— ca. $^1/_8$ Lit. 125 Wasser und bis $^1/_8$ Lit. Wein (mit Zitronenschale, Kaneel, Vanille).
Birnenkompott	do.	100	— $^1/_2$ Lit. 500 (mit etwas Mehl und Zitronensaft und -schale).
Quittenkompott	do.	500	— mit wenig Kartoffelmehl.
Apfelsinenkompott	do.	400	— ca. $^1/_4$ Lit. 250 (meistens nach 1626 III. gekocht.
Kirschenkompott	do.	bis 750	— bis ca. $^1/_8$ Lit. 125 — mit recht kurzer Kochzeit.
Aprikosenkompott **Pfirsichkompott**	do.	250	— do.
Pflaumenkompott **Zwetschenkompott**	do.	400	— ca. $^1/_8$ Lit. 125 — nur Aufkochen.
Erdbeerenkompott	do.	250	— ca. $^1/_8$ Lit. 125 (auch mit etwas Wein) — nur 5 Min. gekocht.
Himbeerenkompott	do.	600	— ca. $^1/_8$ Lit. 125 — kurzes Kochen.

*) Die Zuckermengen dürfen nur als annähernd angegeben aufgefaßt werden.

	Früchte	Zucker	Wasser usw.
Johannisbeeren-	1 kg 1000	800 —	ca. $^1/_8$ Lit. 125 — längeres
kompott			Kochen.
Stachelbeerenkompott	do.	500 —	ca. $^1/_4$ Lit. 250 — gern
			mit etwas Sodapulver.
Blaubeerenkompott	do.	200 —	ca. $^1/_4$ Lit. 125 (gern mit
			einer oder anderen Frucht
			vermischt).
Schwarze-Johannis-	do.	250 —	ca. $^1/_8$ Lit. 125.
beerenkompott			
Preißelbeerenkompott	do.	250 —	do.

1629. Äpfelaspik.

Wasser und Zucker werden zusammen aufgekocht — die Äpfel (ausgestochen, in dünnen Scheiben) werden darin weichgekocht — vorsichtig umgerührt, bis beinahe klar geworden — vorher wird etwas Zitronenschale und einige eingemachte Früchte, gemischt, hinzugegeben (Apfelsinenschale, Zitronat, Angelika, Melone, Kirschen, alles in kleine Stücke zerschnitten). Die Masse wird in einer Form 6—7 St. in kaltes Wasser gestellt — gestürzt — mit einem mit etwas Likör gewürzten Kirschensirup angerichtet.

1630. Fruchtkompott von getrockneten Früchten.

Die Früchte werden sorgfältig abgespült, in 24—26 St. in kaltem Wasser aufgeweicht — mit oder ohne doppeltkohlensaurem Natron — in demselben Wasser gekocht — nach 802—809.

	Früchte	Zucker	Wasser
Äpfelkompott	1 kg 1000	ca. 250	— ca. 1000 — mit Gewürz.
Birnenkompott	do.	ca. 250	— do.
Aprikosenkompott	do.	ca. 375	— ca. 2000 — mit Gewürz.
Hagebuttenkompott	do.	sehr wenig	— ca. 1000 — mit Zitronensaft und etwas Johannisbeerensaft.
Zwetschenkompott	do.	sehr wenig	— ca. 1000 — mit Zitronensaft und etwas Mostrich, wenn zu Wild gereicht.

Nach Einweichen mit doppeltkohlensaurem Natron kann der Zusatz von Zucker ganz oder beinahe überflüssig werden.

1631. Fruchtspeise — nach Elisab. Hansen

[ganze Portion ca. 1550 (75) Cal.

		Gr.	Cal.
Zwetschen	¹/₄ kg	250	500
(getrocknete)			
Rosinen	¹/₈ kg	125	250
Datteln	¹/₄ kg	250	500
Kirschensaft	¹/₈ Lit.	125	60
Sagomehl oder Maizena		80	270
Wasser′ zum Aufweichen			

Die Zwetschen und Rosinen werden 12—24 St. in Wasser aufgeweicht — in demselben Wasser gargekocht (so daß sie ganz bleiben) — die abgeseihte Brühe mit dem Kirschensaft vermischt, wird auf 1 Lit. aufgefüllt — mit dem Mehl verquirlt und gekocht — die Datteln (roh, Steine herausgenommen), die Zwetschen (ohne Steine) und Rosinen werden daringegeben — in einer Schüssel zum Steifwerden abgekühlt — mit Rahmschnee oder Rahm angerichtet.

1632. Kastanienkompott — Gouffé.

Die Kastanien werden in reichlichem Wasser aufgekocht, geschält, abgetropft — in einem Zuckersirup (16°) 20 Min. gar gekocht — abgetropft — der durch ein Tuch geseihte Sirup wird eingekocht (auf 30°), über die Früchte gegossen — mit Vanille oder Zitrone gewürzt.

Kap. 173. Fruchtkompott in verschiedenen Verwendungen.

1633. Pfirsich à la Melba — nach Escoffier.

Die Früchte werden nach 1626 III. gekocht, abgetropft — auf eine Lage von Vanillencremeeis wird eine Lage der Früchte gelegt — maskiert mit einer Schichte von Himbeerenpüree (naturell, passend gesüßt und gewürzt, am besten von frischen Früchten).

Birnen à la Melba ebenso.

1634. Zwetschen in Creme.

Getrocknete Zwetschen — nach 1630 gekocht — werden in eine Schüssel gegeben — mit einer Creme übergossen — die Creme gekocht aus Dotter (1 St.) auf Zwetschenbrühe (¹/₄ Lit., 250), mit wenig Maizena — und zuletzt mit Rahmschnee von ¹/₁₆ Lit., 60 Rahm abgerührt.

1635. Früchte in Reisrand.

In einem Reisrand (nach 872, 873, 875, 876 II. u. dgl.) wird ein Fruchtkompott angerichtet von Äpfeln (ganze, ausgestochen, mit einer eingemachten Kirsche in jedem), Birnen, Pfirsichen, gekocht — und mit einem mit der Fruchtbrühe bereiteten, stark eingekochten Sirup übergossen.

1636. Früchte unter Meringuemasse.

Äpfel- oder Aprikosen- oder Bananen- oder Pfirsichkompott
(gut abgetropft) wird etwas erkaltet, in einer flachen Lage auf
den Boden einer Anrichteschüssel gelegt — darauf eine etwas
bergartig hohe Lage von Meringuemasse (242), mit Zucker überstreut — in einem schwach erwärmten Ofen gebacken, bis die
Oberfläche bräunliche Färbung bekommen.

Auch mit einer Schicht einer gekochten Reismasse (866,
873 u. dgl.) unter den Früchten.

1637. Äpfel mit Eiercreme — „Pommes surprises".

I. Äpfel, becherförmig ausgehöhlt, werden halb gar gebacken
(mit ganz wenig Wasser); der Raum wird mit einer Mischung
von feingeschnittenen, eingemachten Kirschen- und Aprikosenpüree gefüllt — die Äpfel dicht aneinander in einer
flachen, feuerfesten, irdenen Schüssel in einer Schicht gelegt
— mit einer mit Likör gewürzten Vanilleeiercreme übergossen — mit gestoßenen Makronen bestreut — im Ofen
(mit etwas Butter aufgelegt) gebacken.

II. Äpfel in Scheiben geschnitten, mit Zucker bestreut, werden
auf eine flache Schüssel gelegt und gebacken — dann übergossen mit einem mit Dotter abgerührten Rahm (2 St. auf
$^1/_4$ Lit.) — aufs neue in den Ofen gebracht, bis die Creme
steif geworden.

1638. Früchte mit Eierauflauf.

Eine Schichte Fruchtkompott wird mit einer Eierauflauf-
masse bedeckt, im Ofen gebacken.

Früchte unter Prinzeßpuddingmasse.

Ebenso mit Puddingmasse 1042.

Früchte unter Reisauflauf.

Ebenso mit Teig 1024, 1025.

In dieser Weise verwendbar:

**Apfel-, Birnen-, Rhabarber-, Kirschen-, Zwetschenkompott
oder -mus.**

1639. Äpfelcharlotte, „Charlotte de pommes" — Escoffier.

Eine Charlottenform wird am Boden mit länglichen, herzförmigen Brotschnitten ausgelegt (mit den Rändern derselben
aufeinander) — und an den Seitenwänden mit länglichen Schnitten
in derselben Weise (4 mm dicke Schnitte, in geschmolzene

Butter getunkt) — der innere Raum wird mit einem dicken,
mit etwas Butter, Kaneel und Zitrone gekochten Äpfelkompott
angefüllt — mit Brotschnitten belegt, im Ofen gebacken —
gestürzt angerichtet.

Birnen-, Pfirsich-, Aprikosencharlotte — ebenso.

1640. Fruchttimbale — Gouffé.

Eine Form wird mit einer $1/_2$ cm dicken Schichte von
Briocheteig (923) ausgelegt — mit Fruchtkompott gefüllt (verschiedene Sorten verwendbar) — mit einer Lage desselben Teiges
bedeckt — im Ofen gebacken — vor Anrichten wird (durch eine
Öffnung im Deckel) ein mit Likör vermischter Zuckersirup aufgegossen.

Kap. 174. Kuchen mit Früchten in Schichten.

1641. Fruchtschnitte — nach Gouffé.

Ein Savarin (927) wird in Scheiben geschnitten — mit
feinstem Zucker bestreut und glaciert — mit Aprikosenmarmelade
bestrichen — und darauf eine Schichte gelegt von gemischten
Früchten (Birne, Kirsche, Angelika u. dgl.), ganz fein geschnitten, mit etwas Zuckersirup (30°) angerührt und mit
Madeira gewürzt.

1642. Dsiad — nach Karussy　　　[ganze Portion ca. 8500 (552) Cal.

	I.		Gr.	Cal.
1000	Mehl	$1/_2$ kg	500	1750
500	Milch	$1/_4$ Lit.	250	162
250	Zucker	$1/_8$ kg	125	487
125	Butter		60	477
60	Dotter	2 St.	30	108
50	Mandeln (gestoßen)		25	142
30	Hefe		15	
	Teig		1005	3126

	II.		Gr.	Cal.
500	Äpfel	$1/_2$ kg	250	125
125	Sultanarosinen		60	125
150	Datteln		75	150
250	Feigen		125	250
250	Fruchtsaft $1/_8$ Lit.		125 ca.	243
125	Zucker		60	243
	Teig		695	1136

Fruchtsaft von Erdbeeren,
Kirschen, Johannisbeeren usw.

Ein nach I. bereiteter Teig (Kap. 100) wird in 2 Platten
ausgerollt — zwischen diese wird die Fruchtmischung (mit
feingehackten, vermischten, mit dem Fruchtsaft verrührten und
aufgekochten Früchten) gelegt — die Platten werden an den
Rändern fest aneinandergedrückt — auf Blech im Ofen gebacken.

1643. Äpfelkuchen I [ganze Portion ca. 1550 (40) Cal.

			Gr.	Cal.
1000	Äpfel	$^1/_2$ kg	500	250
250	Staubzucker	$^1/_8$ kg	125	487
250	Zwieback	$^1/_8$ kg	125	437
200	Puderzucker	$^1/_{10}$ kg	100	390
	Butter		fertig 850	1564

Die Äpfel werden mit dem Staubzucker und wenig Wasser gargekocht (dürfen nicht ganz entzweigekocht sein) — eine Form wird stark mit Butter ausgestrichen und der Boden mit einer reichlichen Lage von einer Mischung von gestoßenem Zwieback und Puderzucker belegt — darauf etwas geschmolzene Butter gegossen — dann eine Lage der gekochten Äpfel — und dann wieder eine Lage Zwieback mit Zucker — usw., schichtenweise abwechselnd, bis die Form gefüllt ist — eine Lage Zwieback mit Butter zuletzt — im Ofen gebacken.

Äpfelkuchen II.

Ebenso mit feingestoßenen Nüssen teilweise für Zwieback, und mit Rahm für Butter.

+ Äpfelkuchen III.

Die Äpfel werden in kleine Stücke zerschnitten und gekocht, so daß sie einigermaßen ganz bleiben — werden schichtenweise mit gestoßenem Zwieback und Kaneel (feinstens pulverisiert) in eine Form gelegt — und gebacken.

Birnen-, Erdbeerkuchen — ebenso.

1644. Feigenkuchen — nach Elisab. Hansen

[ganze Portion ca. 3250 (190) Cal.

			Gr.	Cal.
1000	Feigen, getrocknete		625	2000
	Birnen, do.		375	
250	Zwieback		250	875
250	Rahm	$^1/_4$ Lit.	250	420
			1500	3295

Die Früchte abgespült, auf geweicht (24—36 St.), werden weichgekocht — zerstoßen — verwendet wie in 1643 I. oder II.

1645. Äpfelpie [ganze Portion ca. 1625 (45) Cal.

			Gr.	Cal.
1000	Äpfel	$^1/_2$ kg	500	250
250	Zucker	$^1/_8$ kg	125	487
250	Mehl	$^1/_8$ kg	125	437
125	Butter		60	467
30	Wasser	1 Eßl.	15	
			825	1641

Die Äpfel in 4—8 St. geschnitten, werden dicht in eine Auflaufschüssel gelegt (mit einer umgekehrten Obertasse in der Mitte), mit etwas Zucker bestreut — der aus Mehl, Butter, dem übrigen Zucker und dem Wasser geknetete Teig wird ausgerollt, zu einer Platte abgeschnitten (etwas größer als die Form), die aufgelegt, an den Rändern dicht angedrückt wird — im Ofen gebacken.

Rhabarber-, Blaubeeren-, Stachelbeerenpie — ebenso.

Klasse VIII.

Fruchtteige.

Kap. 175. Fruchtteige, gerührte, geknetete.

1646. Fruchtbrot — Karussy   [ganze Portion ca. 2050 (180) Cal.

I.   II.

		Gr.	Cal.			Gr.	Cal.	
Datteln	feinge-schnitten	100		Mehl	200	140		zu Hefe-teig ver-arbeitet.
Feigen		100		Dotter	15	20		
Rosinen		100		1 St.				
(ohne Steine)			900	Butter, wenig				
Korinthen		100		Milch, do.				
Sultana		50		Zucker, do.				
Pistazien	feinge-schnitten	50		Hefe	10			
Zitronat		50						

Nüsse, Mandeln — gehackt 50, 25 — 420

Zwetschen (getr.), Birnen (getr.) — sehr weich gekocht gehackt 50, 50 — 200

Zucker 100 — 390

Slivowits ¹/₅ Lit. 200

und Rum ¹/₁₆ Lit. 60

Zitronenschale, gehackt

Gewürznelken, gestoßen

Zimt, do.

Die unter I. genannten Zutaten werden miteinander vermengt, über Nacht stehen gelassen — dann ein fester Hefeteig gemacht, den man gut gehen läßt — etwas davon wird unter die Früchte gemengt — (nur so viel von dem Hefeteig, daß er unter den Früchten kaum zu sehen ist) — aus der Masse mehrere Wecken geformt. — Man rollt den übrigen Teig dünn aus, hüllt die einzelnen Wecken damit ein — diese werden auf butterbestrichenes Papier auf ein Blech gelegt, mit in etwas Milch zerklopftem Ei bestrichen und bei mäßiger Hitze gebacken, beinahe 3 St. — dürfen nicht braun werden.

1647. Paradiespudding — Farmer   [ganze Portion ca. 2700 (240) Cal.

1000	Äpfel	¹/₂ kg	500	250	
500	Brotkrume	¹/₄ kg	250	875	
400	Zucker	¹/₅ kg	200	780	
400	Korinthen	¹/₅ kg	200	400	
540	Ei	6 St.	270	420	
	Zitronenschale		Teig 1420	2725	
	von ¹/₄ Zitr.				
	Apfelsinensaft				
	von ¹/₂ Apfelsine				
	Salz, Muskat				

Die Äpfel werden gehackt oder gerieben mit dem Brot, Korinthen, Ei (geschlagen) und Apfelsinensaft (auf ¹/₄ Lit. mit Wasser aufgefüllt) verrührt — stark geschlagen — in Form gegeben — auf Wasserbad gekocht oder im Ofen gebacken.

1648. Feigenpudding — Urbain Dubois

[ganze Portion ca. 3850 (250) Cal.

			Gr.	Cal.
1000	Feigen	$^1/_4$ kg	250	500
650	Mehl		160	560
650	Brotkrume		160	560
650	Nierentalg		160	1218
650	Zucker		160	630
450	Ei	5 St.	135	350
250	Milch	cå. $^1/_{20}$ Lit.	50	40
	Salz			
		Teig	1075	3858

Der gehackte Talg, Brotkrume, Mehl, Zucker werden zu Teig verarbeitet, mit den Eiern, Salz, etwas geriebener Zitronenschale — wird sehr sorgfältig zusammengearbeitet — zuletzt mit den getrockneten, lange Zeit aufgeweichten, in große Würfel geschnittenen Feigen vermengt — in eine mit Butter ausgestrichene, mit Mehl ausgestreute Form gegeben — auf Wasserbad gekocht oder gebacken — gestürzt — mit einem mit Madeira oder Rum gewürzten Aprikosenpüree gereicht.

1649. + Kastanienomelette in der Schüssel — nach Elisab. Hansen

[ganze Portion ca. 2400 (340) Cal.

			Gr.	Cal.
1000	Kastanien	$^1/_2$ kg	500	1950
650	Tomaten		325	70
160	Rahm	ca. $^1/_{12}$ Lit.	80	140
370	Ei	4 St.	185	280
1000	Wasser	$^1/_2$ Lit.	500	
		Teig	1590	2440

Die Kastanien werden geröstet, geschält, zerstampft — die Tomaten aufgekocht, durchgestrichen — die Eier, stark geschlagen, werden mit der Kastanienmasse vermischt und 10 Min. stark gerührt — in einer mit Butter ausgestrichenen, mit Zwieback ausgestreuten Schüssel gebacken (ca. $^3/_4$ St.).

+ Kastanienomelette in der Schüssel — nach Elisab. Hansen

[ganze Portion ca. 2700 (345) Cal.

			Gr.	Cal.
1000	Kastanien	$^1/_2$ kg	500	1950
250	Maisflocken	$^1/_8$ kg	125	437
160	Rahm	$^1/_{12}$ Lit.	80	140
270	Ei	3 St.	135	210
660	Wasser	$^1/_3$ Lit.	330	
		Teig	1170	2737

Zubereitet wie 1649 — mit Maisflocken anstatt Tomaten — ca. 1 St. gebacken.

1650. Tomatenschnitte — nach Starker

[ganze Portion ca. 800 (125) Cal.

			Gr.	Cal.
1000	Tomaten	$^1/_2$ kg	500	110
750	Kartoffeln		375	335
200	Brot	$^1/_{10}$ kg	100	250
180	Ei	2 St.	90	140
	Soya	1 Tl.		
	Nährsalz			
		Teig	1065	835

Die Kartoffeln gekocht, erkaltet, geschält, gerieben, werden mit dem übrigen zu Teig gemacht — in flachen Schnitten oder in Kloßform auf der Pfanne gebraten — oder im Ofen gebacken.

27*

Kap. 176. Frucht-Auflaufteige.

1651. Fruchteiweißauflauf.

			Gr.	Cal.
1000	Fruchtpüree	½ kg	500	200
	oder			
	Fruchtkompott			
	(glatt gerührt)			
300–360	Eiweiß	5—6 St.	150—180	80–96
	Gewürz˙			
	(Zitrone usw.)			

Die Früchte (gesüßt) werden mit den Eiweißen zu sehr steifem Schnee leichter Hand vermengt — und gewürzt, nach Wunsch — gleich in Form gegeben und im Ofen gebacken — Fruchtpüree oder -kompott nach 1580 bis 1592, 1628, 1630, 1632.

In dieser Weise:

Bananenauflauf (mit Zitronengeschmack),
Apfelauflauf,
Pfirsich-, Aprikosenauflauf,
Pflaumen-, Erdbeeren-, Stachelbeerenauflauf usw.

1652. Zwetscheneiweißauflauf mit Schokolade — nach Jensen.

1000	Zwetschen	½ kg	500	175
160	Schokolade		80	375
240	Eiweiß	4 St.	120	64
	Zucker		Teig 700	614
	Vanille			

Die Zwetschen, frische, oder Pflaumen, in Dampf weichgekocht, von den Steinen befreit — gehackt, werden mit der geriebenen Schokolade, Zucker, Vanille verrührt — zuletzt die Eiweiße als steifer Schnee hinzugegeben —

in einer Schüssel ca. ¼ St. gebacken — mit kalter Cremesauce gereicht.

1653. + Kürbisauflauf — nach Seignobos

[ganze Portion ca. 800 (70) Cal.

1000	Kürbis	½ kg	500 ca.	150
250	Zucker	⅛ kg	125	487
270	Ei	5 St.	135	210
	(oder mehr)			

Die Frucht gekocht, durchgestrichen, gesüßt, wird mit den Dottern gerührt — dann mit den Eiweißen als steifer Schnee — in Form gebacken — warm oder kalt gereicht.

1654. Tomatenauflauf I nach 1653.

Tomatenauflauf II — Escoffier [ganze Portion ca. 800 (220) Cal.

1000	Tomatenpüree	½ kg	500	110
150	Parmesankäse		75	290
100	Bechamelsauce	3 Eßl.	50 ca.	70
450	Ei	5 St.	225	350
	Salz usw.		Teig 850	820

Die Auflaufmasse wird nach 1653 bereitet (ohne Zucker) — in eine Form gegeben, in wechselnden Lagen mit frischen gekochten, mit etwas Butter und dem Käse abgerührten Makkaroni — und gebacken.

1655. Äpfelauflauf — Hannemann [ganze Portion ca. 750 (72) Cal.

			Gr.	Cal.
1000	Äpfel	$^1/_2$ kg	500	250
150	Zucker		75	295
270	Ei	3 St.	135	210

Zitronenschale von $^1/_2$ Zitr.
Zitronensaft von 1 Zitr.

Die Äpfel werden gebacken, durchgestrichen — mit Zucker und Dottern gerührt usw. nach 1653 — ca. 30 Min. gebacken.

Aprikosenauflauf,
Erdbeerenauflauf ebenso — wie auch mit verschiedenen anderen Früchten.

1656. Kirschenauflauf (Pudding) [ganze Portion ca. 3100 (180) Cal.

			Gr.	Cal.
1000	Kirschen	$^1/_2$ kg	500	250
500	Zucker	$^1/_4$ kg	250	975
125	Mandeln		60	340
125	Butter		60	450
500	Brot, gerieb.	$^1/_4$ kg	250	875
270	Ei	3 St.	135	210
		Teig	1255	3100

Die Mandeln abgebrüht, abgezogen, zerstoßen, werden mit den Dottern und dem Zucker verrührt — die Kirschen gekocht und durchgestrichen, werden hinzugegeben, und mit dem Brot gerührt — zuletzt mit dem Eiweißschnee — in Form gekocht oder gebacken.

1657. Erdbeerenauflauf (Pudding) — nach Guldberg
[ganze Portion ca. 1050 (210) Cal.

			Gr.	Cal.
1000	Erdbeeren	$^1/_2$ kg	500	165
125	Zwieback		60	210
200	Rahm	$^1/_{10}$ Lit.	100	12
160	Zucker		80	312
720	Ei	8 St.	360	210
50	Butter		25	187
	Vanille	Teig	1125	1096

Die Beeren werden zerquetscht, durchgestrichen — mit Zwieback und Rahm gerührt — der Zucker wird mit 4 ganzen Eiern und 4 Dottern stark schäumig gerührt — die beiden Massen miteinander vermengt und mit dem Gewürz und der Butter (geschmolzen) — zuletzt mit den 4 Eiweißen als steifer Schnee — ca. $^1/_8$ der Beeren, die ganz geblieben sind, werden in die Masse gegeben — in Form gekocht — mit kalter Erdbeerencreme gereicht.

1658. + Kastanienauflauf — nach Seignobos
[ganze Portion ca. 1850 (225) Cal.

			Gr.	Cal.
1000	Kastanien		375	1460
160	Zucker		60	234
210	Milch	$^1/_{12}$ Lit.	80	54
260	Ei	2 St.	90	140
		Teig	605	1888

Der Teig wird aus einem sehr feinen Püree von weichgekochten Kastanien, dem Zucker, der Milch (oder Rahm) und Dottern gerührt — zuletzt mit den Eiweißen in steifem Schnee — in eine karamelisierte (223) Form gegeben — 1 St. im Ofen gebacken — mit einer Eivanillecreme angerichtet.

1659. Kastanientorte — nach Karussy

[ganze Portion ca. 3000 (580) Cal.

			Gr.	Cal.	
1000	Kastanien	$^1/_4$ kg	250	980	Der Teig wird mit den ge-
400	Brotkrume	$^1/_{10}$ kg	100	350	kochten und feingestoßenen
400	Mandeln	$^1/_{10}$ kg	100	500	Kastanien, mit dem in Milch
500	Zucker	$^1/_8$ kg	125	487	aufgeweichten Brot, mit But-
250	Butter		60	450	ter, gestoßenen Mandeln,
720	Ei	4 St.	180	280	Zucker, Vanillezucker und
	Vanillezucker		Teig 815	3047	Dottern gerührt, eine Stunde

— zuletzt mit den Eiweißen als steifer Schnee — in Form gebacken.

1660. Kastanienauflaufpudding — nach Starker

[ganze Portion ca. 2650 (240) Cal.

1000	Kastanien	$^1/_4$ kg	250	980	Der Teig wird mit den ge-
400	Butter	$^1/_{10}$ kg	100	750	kochten, zerstoßenen Kasta-
500	Zucker	$^1/_8$ kg	125	487	nien und den übrigen Zu-
125	Kartoffelmehl		30	105	taten gerührt — zuletzt mit
900	Ei	5 St.	225	350	den Eiweißen zu steifem
125	Zitronat		25		Schnee geschlagen — in Form
			Teig 755	2672	auf Wasserbad gekocht —

gestürzt.

1661. Nußtorte — nach Karussy [ganze Portion ca. 3350 (400) Cal.

1000	Nüsse	$^1/_4$ kg	250	1425	Zucker, Dotter, Nüsse (fein-
1000	Zucker	$^1/_4$ kg	250	970	gerieben) werden mit der
1080	Ei	6 St.	270	420	geriebenen Schokolade zu-
320	Schokolade		80	375	sammengerührt und mit dem
320	Roggenbrot		80	190	Gewürz — und mit dem
	Gewürznelken,		Teig 930	3390	geriebenen und mit etwas
	gestoßen				Rum vermischten Brot —

und zuletzt mit den zu Schnee geschlagenen Eiweißen — in einer Tortenform gebacken.

Kap. 177. Früchte, farciert.

1662. Tomate, farciert.

Die Tomaten werden gewaschen — ein Deckel abgeschnitten (an der runden Seite) — die weichen inneren Teile vorsichtig herausgenommen — die innere Seite mit Salz und ganz wenig Pfeffer ausgestreut — auf einem mit Butter bestrichenen Blech im Ofen gebacken, gefüllt mit irgendeiner Farce oder einem recht trocken gehaltenen Ragout (Salpicon, Hachee) — oder mit gekochten Champignons in einer weißen Sauce, oder einer Mischung von feingeschnittener, geräucherter Zunge und Cham- pignons in einer recht steifen Bechamelsauce, oder einer Mischung von gekochtem Reis mit Jus gerührt und Tomatenpüree.

1663. Tomate, farciert, kalt.

Die Tomaten, wie in 1662 vorbereitet, werden gefüllt mit einer Mischung von steifem Tomatenpüree mit gekochten Charlotten, Petersilie, wenig Öl, Zitronensaft, Salz, Pfeffer.

1664. Gurke, farciert.

Die Gurken werden geschält, der Länge nach durchgeschnitten, oder ein Deckel von jedem Ende abgeschnitten, der lose Inhalt herausgenommen — 1 Stunde in einer Mischung von Essig (oder Zitronensaft), Pfeffer, Salz mariniert — mit einer Schweinefleisch- oder Kalbfleischfarce gefüllt — zugebunden — mit etwas Butter leicht gebräunt, nach 413 fertiggekocht.

Anhang zur siebenten Nahrungsmittelgruppe.

Klasse IX.

Zucker — Süßstoffe — Zuckerersatzmittel.

Kap. 178. Zucker — Zuckerkochen.

Der Zucker ist schon früher besprochen worden in bezug auf die chemisch verschiedenen Arten desselben: Milch-, Frucht-, Traubenzucker usw.

Hier soll des näheren gesprochen werden über:

1665. Rohrzucker.

Es ist dies die in unserer Küche vorzugsweise verwendete Zuckerart. In früheren Zeiten kannte man nur den eigentlichen, aus dem in tropischen Ländern wachsenden Zuckerrohr dargestellten Rohrzucker oder Kolonialzucker. Allmählich ist der Verbrauch des Rübenzuckers gestiegen und ganz allgemein geworden. Er ist eine in chemischer Beziehung mit dem Rohrzucker identische Zuckerart, die fabrikmäßig jetzt in den meisten europäischen Ländern aus der Zuckerrübe dargestellt wird. Die Fabrikation dieser beiden Zuckerarten ist übrigens in den Hauptzügen eine übereinstimmende.

Erst wird der rohe Zuckersaft hergestellt durch Auspressen des Rohres oder Auslaugung der Rüben. Der Saft wird dann mittels eines Zusatzes von Kalk und Kohlensäure, mit Filtration, gereinigt und dann zu der sogenannten „Füllmasse“ eingedampft. Durch Auskristallisation wird aus derselben enthalten: Rohzucker und Rohsirup. Der Rohzucker wird danach weiter behandelt, raffiniert — für Darstellung von Puderzucker, Kandiszucker, Hutzucker, Farinzucker, Würfelzucker usw.

Zuckerkochen:

1666. Zuckersirup.

Der Zucker (feiner weißer Hutzucker vorzuziehen) wird in kaltem oder warmem Wasser (1000 Zucker auf 5—600 Wasser) aufgelöst — und auf schwachem Feuer gekocht. — Die Lösung wird geklärt mittels Zusatz von Eiweiß (1—2 St. zu genannter Portion) — gut geschäumt — 5—6 Min. stehen gelassen — durch ein nasses (abgebrühtes, reines) Tuch geseiht. Soll dann auf der Zuckerwage, Fig. 31, bei 30° zeigen.

1667. Weitere Zuckerkochgrade.

Der Sirup wird weiter gekocht bis auf:

1. Grad = kurzer Faden — „petit filet“ oder „lisse“; wird nach Kochen einige Minuten lang erreicht. Ein Tropfen der Lösung zwischen den Fingern genommen, zieht sich zu kurzen dünnen Fäden aus (ca. 30—34° auf der Wage).

2. Grad = langer Faden — „grand filet“ — „perle“; die Fäden zwischen den Fingern werden zäher, länger, weißer (Zuckerwage ca. 38°).

3. Grad = Blase — Blasenzucker — „soufflé“; wenn auf den aus der Lösung herausgehobenen, durchlöcherten Schöpflöffel geblasen wird, bilden sich in den Löchern Blasen (Zuckerwage 39—40°).

4. Grad = Klebzucker — „a glu“ — an den Fingern festhängend — läßt sich noch nicht zu einer Kugel zusammenrollen (Wage 41°).

5. Grad = Kugelzucker — „au boule“ — läßt sich zwischen angefeuchteten Fingern zur Kugel zusammenrollen.

6. Grad = Bruchzucker — wird zwischen den Fingern genommen, in kaltes Wasser getaucht, glasig-brüchig.

7. Grad = Karamelzucker.

Die genannten Grade auf der Zuckerwage sind für warme Lösungen gültig; sie sind für kalte Lösung einige Grade höher.

Zuckercouleur ist ein mit Wasser verdünnter Karamelzucker.

Kap. 179. Honig — Saccharin.

1668. Honig.

Den zuckerreichen Saft, den die Bienen aus verschiedenen Blumen ziehen, um ihre Brut damit zu ernähren, ist von den Menschen in Gebrauch gezogen worden als Nahrungsmittel und würzender Süßstoff. Für die Küche war der Honig, bevor der Zucker erschien, in Jahrhunderten von viel höherer praktischer Bedeutung.

Der Honig ist in frischem Zustande ganz klar und dünnflüssig — wird aber später unklar, indem sich Traubenzucker in Kristallen ausscheidet — während der flüssige Teil hauptsächlich aus Fruchtzucker besteht. — Es sind diese beiden Zuckerarten die Hauptbestandteile des Honigs — welcher daneben etwas Rohrzucker enthält, ein wenig Dextrin, Gummi, Wachs, aromatische Stoffe, organische Säuren, vorzugsweise Ameisensäure (kann auch etwas Apfel- und Weinsäure enthalten), wenig Salze, ganz wenig stickstoffhaltige Substanz und Wasser (ca. 20%). Der Honig kann demnach gleich 75% leichtest verdaulicher Kohlehydrate berechnet werden, ist also im Besitz eines bedeutenden und vorzüglichen Nährwertes. Er hat außerdem die unter gewissen Umständen sehr vorteilhafte stuhlgangbefördernde Eigenschaft.

1669. Met ist ein aus Honig hergestelltes Getränk. Der Honig wird mit Wasser gekocht, abgekühlt, mit Hefe versetzt und der Gärung überlassen; einer Alkoholgärung.

1670. Saccharin bildet ein gelblichweißes Pulver — in Wasser sehr schwer löslich (3 g in 1 Lit.), in Alkohol etwas leichter. Neben einer antiseptischen, gärungshemmenden Wirkung hat dieser Stoff eine stark süßende Eigenschaft, 280—300 mal höher als Zucker. Als Ersatz für Zucker wird das Saccharin somit verwendbar bei der Zuckerkrankheit und bei gewissen Verdauungsleiden, auch bei Fettsucht.

Irgendwelche nährende Eigenschaft hat das Saccharin nicht — und es vermag auch nur in sehr ungenügender Weise Ersatz zu geben für den weichen vollen Geschmack, den der echte Zucker den Speisen zu verleihen imstande ist. Es ist nur mit Kritik und Zurückhaltung zu verwenden, weil es gelegentlich nicht ohne unangenehme, unberechenbare Nebenwirkungen ist.

1671. Saccharinlösung.

Eine solche läßt sich bereiten aus:

<pre>
Saccharin (Stärke 510) . . . . . .   2 g
Kohlensaures Kali (Pottasche) . .   1 g
Wasser (1/4 Lit.) . . . . 250 g
</pre>

Diese ganze Portion ist 1 kg, 1000 g Zucker entsprechend — und 1 Eßlöffel davon ist gleich 60 g Zucker,
1 Teelöffel voll   „   „   20 g   „

Saccharintabletten sind käuflich in verschiedener Stärke.

Unorganische Stoffe.

Kap. 180. Wasser.

Da das Wasser ungefähr zwei Drittel unseres ganzen Körpergewichts ausmacht, und als wichtiges Lösungsmittel und wesentlicher Bestandteil unserer Körperflüssigkeiten tätig, dadurch von höchster Bedeutung für unseren ganzen Stoffwechsel ist, wird es uns täglich in großen Mengen zuzuführen sein, teils rein, teils als Bestandteil unserer flüssigen, wie auch unserer festen Nahrungsmittel. Das Wasser bleibt ein ebenso bedeutungsvoller Nährstoff wie das Eiweiß, der Fettstoff, das Kohlehydrat — wird aber freilich in der Regel nicht so hoch geschätzt, weil es gewöhnlich so leicht zu beschaffen ist.

1701. Trinkwasser.

Das von uns zu verwendende Trinkwasser soll so rein und gut sein wie nur eben möglich. Es darf nicht Oberflächenwasser sein, sondern soll aus Quellen oder tiefen Brunnen bezogen werden — eventuell aus tiefgebohrten, artesischen Brunnen — und soll nun von da direkt zu uns gelangen oder uns durch zweckmäßig eingerichtete Leitungen zugeführt werden. Es soll ganz klar sein, ganz geruchlos, von reinem frischen Geschmack und von kühler Temperatur. Es darf, nachdem es 24 Stunden ruhig gestanden, keinen nennenswerten Bodensatz geben.

Chemisch rein, wie das destillierte Wasser, darf das Trinkwasser indessen nicht sein; es muß vielmehr, der wünschenswerten Frische und des Wohlgeschmackes wegen, gewisse fremde Bestandteile enthalten; vorzugsweise ist dabei ein gewisser Inhalt an Kohlensäure und Sauerstoff von Bedeutung. An aufgelösten, unorganischen Stoffen darf das Wasser indessen nicht mehr wie 0,5 g (darin höchstens 0,2 g Kalk) pro Liter enthalten, organische Bestandteile möglichst gar nicht.

1702. Hartes Wasser.

Es enthält eine größere Menge von kohlensaurem Kalk — und bietet für den Haushalt, beim Waschen usw., verschiedene Nachteile, auch bei der Speisebereitung, indem die Nahrungsmittel, besonders die Gemüse, viel schwieriger in dem harten Wasser weichgekocht werden als in dem weichen, kalkarmen.

Hartes Wasser wird durch Zusatz von doppeltkohlensaurem Natron weicher gemacht und dadurch im Haushalt verwendbarer.

1703. Destilliertes Wasser.

Dasselbe erhält man, wenn Wasser in einem Gefäß zum Kochen gebracht wird und die sich bildenden Dämpfe, durch eine von außen gekühlte Rohrleitung streichend, sich wiederum zu Wasser verdichten, welches dann nach Ablaufen gesammelt wird, während die ursprünglichen fremden Stoffe des Wassers im ersten Gefäß zurückbleiben.

Diese Destillation ist also eins der Mittel, durch welche unreines Wasser zu reinigen ist.

1704. Filtrieren.

Das Filtrieren ist eine andere dafür verwendbare Weise. In größerem Maßstabe wird das Wasser schon auf dem Weg von seiner Quelle, bis zu unseren Häusern in den Städten, filtriert; was um so notwendiger wird, je mehr das Wasser Oberflächenwasser ist — um so weniger notwendig, je tieferen Ursprunges (aus Quellen, artesischen Bohrungen).

Überall, wo es an zuverlässiger Reinigung des Trinkwassers fehlt, und überall, wo man gegen den Zufluß von Oberflächenwasser nicht ganz gesichert ist, soll im Hause für das Filtrieren des Wassers Sorge getragen werden mittels eigener Wasserfilter — unter denen gewisse Kieselgur- und Porzellanfilter als sehr verwendbar zu nennen sind.

1705. Eis.

Das natürliche, von Seen und offenen Wasserwegen herrührende Eis ist von sehr zweifelhafter Güte. Es kann nämlich alle Unreinheiten und schädlichen Einmischungen des Oberflächenwassers enthalten. Derartiges Eis darf unseren Speisen und Getränken nicht hinzugesetzt werden — ist aber sehr verwendbar für das Abkühlen von außen her (Eisbereitung usw.).

Nur das künstliche, fabrikmäßig aus destilliertem Wasser hergestellte Eis darf als Zusatz zu unseren Getränken direkt verwendet werden. Wo uns, um das Eis im Hause vor zu schnellem Schmelzen zu bewahren, ein eigener Eisschrank nicht zur Verfügung steht, läßt sich der Apparat dafür improvisieren. Das Eis wird in schlecht wärmeleitende Stoffe eingepackt (wollene Decke, mehrere Lagen von Papier).

1706. Mineralwässer.

Sie sind entweder natürliche oder künstliche. Von ersteren sind im Haushalt allgemeiner verwendbar: Apollinaris, Selters, Bilin u. ähnl. schwach alkalische (hauptsächlich doppeltkohlensaures Natron enthaltende), kohlensäurehaltige Wässer. Entsprechende Verwendbarkeit besitzen die künstlichen Mineralwässer, wenn sie aus reinem (am liebsten destilliertem) Wasser dargestellt sind, mit kleinen Zusätzen von mineralischen Stoffen, vorzugsweise Kochsalz und doppeltkohlensaurem Natron, mit Kohlensäure imprägniert, die aus reinen Chemikalien dargestellt ist.

Kap. 181. Mineralische Stoffe — Salze.

Die unorganischen, mineralischen Bestandteile oder Aschenbestandteile unseres Körpers sind sehr verschiedenartige, chemische Verbindungen, meistens solche, die von der Chemie „Salze" genannt werden und aus Säuren und sogenannten Basen zusammengesetzt sind. Diese Stoffe und Verbindungen sind für unsere Ernährung von höchstem Wert als bedeutungsvolle Bestandteile aller unserer Gewebe und Körperflüssigkeiten; in entscheidender Weise tätig bei allen das Leben und die Gesundheit unseres Körpers bedingenden, inneren Tätigkeiten und Prozessen, bei der Absonderung, der Aufsaugung usw.

Die Bedeutung der Salze für unsere Ernährung ist indessen bisher allgemein viel zu niedrig angeschlagen worden; teilweise vielleicht, weil wir in der Richtung bisher so wenig wirklich Sicheres gewußt haben. Die allgemeine Rede, daß für die rechte Menge und Mischung der Salze in unserer täglichen Kost nicht besonders Sorge zu tragen wäre, kann jedenfalls nur zu Recht bestehen unter der Voraussetzung vollkommen guter, freier, abwechselnder Beköstigungsverhältnisse — und hat jedenfalls nur Gültigkeit unter gewöhnlichen täglichen Lebensbedingungen und für ganz gesunde Verhältnisse.

An mineralischen Bestandteilen enthält der Körper reichlich 4%; wonach ein Mensch von mittlerem Gewicht (70 kg) ungefähr 3 kg Salze enthält. Davon ist das meiste, nämlich ca. $2^1/_2$ kg, Bestandteil unserer Knochen. Während also für den übrigen Körper nur ca. $^1/_2$ kg übrigbleibt, was auf die übrigen Gewebe und Flüssigkeiten verteilt, an jeder beliebigen Stelle, nur ganz geringe Prozente ausmacht, werden diese mineralischen Stoffe nichtsdestoweniger von einer ganz unverhältnismäßig hohen Bedeutung für das Leben und für die Gesundheit unseres Körpers.

Der Körper hat tagtäglich eine feste, wenn auch nur kleine Abgabe dieser Stoffe — und soll natürlicherweise dafür in der Nahrung entsprechenden Ersatz haben. Die Nährsalze spielen in dieser Weise als Nahrungsstoffe eine ganz ebenso entscheidende Rolle für uns wie das Wasser und die organischen Verbindungen: Eiweißstoffe, Fettstoffe, Kohlehydrate, an denen unser Bedarf ein quantitativ um so viel höherer ist.

Kalk und Kalksalze, besonders der phosphorsaure Kalk, der festigende Bestandteil unserer Knochen, werden als die wichtigsten unter den Salzen zu nennen sein. Von unseren Nahrungsmitteln enthalten das Fleisch, Mehl, Brot und die meisten Früchte sehr wenig Kalk; Eidotter, Butter, Feigen, Erdbeeren, Zwiebel recht reichlich, Kuhmilch und Spinat sehr reichlich von diesen Salzen.

Phosphor erhält als Körperbestandteil, vorzugsweise in Verbindung mit dem Kalk, eine hervorragende Bedeutung in den Knochen, in der Nervensubstanz (Gehirn usw.) — und dementsprechend als Bestandteil unserer Nahrung. Als besonders phosphorreiche Nahrungsmittel sind zu nennen: Hafermehl, Weizen, Erbsen, Spinat, Rindfleisch, Kuhmilch, Eidotter.

Eisen gibt ein vorzügliches Exempel ab dafür, daß es nicht immer die Menge ist, die es tut. Die ganze Blutmasse des Menschen, in der das Eisen für Leben und Gesundheit von so ganz entscheidender Bedeutung ist, enthält nur ca. 3 g Eisen — und die Menge Eisen, derer der erwachsene Mensch pro Tag bedarf, beträgt nur ca. 6 cg ($^6/_{100}$ g).

Viele unserer gewöhnlichsten Nahrungsmittel sind eisenarm, z. B. ganz besonders die Milch; aber auch die Körnerfrüchte (Mehle). Anderswo (S. 210) sind andere Nahrungsmittel genannt, in denen der Eisengehalt ein höherer ist.

Kochsalz — Chlornatrium. Diese Verbindung zwischen Chlor und Natrium hat unter den Salzen, welche der menschliche Körper enthält, die ganz besondere Eigenschaft, das einzige „Salz" zu sein, welches allgemeiner als Zusatz zu unseren Speisen verwendet wird; während wir in bezug auf die anderen Salze gewöhnlich auf die Mengen angewiesen sind, die uns als natürliche Bestandteile unserer Nahrungsmittel zugeführt werden.

Der tägliche Bedarf unseres Körpers an Kochsalz ist kaum mit Genauigkeit anzugeben. Unser gewöhnlicher, täglicher Verbrauch an Kochsalz — der bei vielen Menschen bis auf 20—30 g täglich steigt — ist entschieden ein unnötig hoher. Der Verbrauch wird hauptsächlich deswegen ein so hoher, weil das Kochsalz uns viel mehr Gewürz ist als Nahrungsstoff. In bezug auf den Kochsalzverbrauch des Menschen hat man die sichere Beobachtung gemacht, daß der Mensch um so weniger nach Kochsalz verlangt, je mehr er Fleischesser ist, und um so mehr, je mehr Pflanzennahrung genossen wird — eine auch, den physiologischen Verhältnissen nach, berechtigte Sachlage.

Unter gesunden Verhältnissen dürfte es gleichgültig sein, ob etwas mehr oder weniger Kochsalz verzehrt wird — es darf aber doch die allgemeine Regel aufgestellt werden, daß man mit dem Verbrauch des Kochsalzes zurückhaltend sein soll.

Bei gewissen Krankheitszuständen kann dagegen eine möglichst geringe Kochsalzzufuhr sehr wichtig sein — eine Aufgabe, die natürlicherweise besonders damit zu erfüllen ist, daß wir den Kochsalzzusatz zu unseren Speisen möglichst herabsetzen; wozu es dann gehört, daß wir vorzugsweise solche Speisen wählen, die des geringsten Kochsalzzusatzes bedürftig sind — und andererseits auch, indem wir unsere Kost möglichst aus solchen Nahrungsmitteln zusammenstellen, die von der Natur her am schwächsten mit Kochsalz versehen sind — beispielsweise die Milch.

Küchensalz ist teils Steinsalz, teils Meersalz. Ersteres wird in den Salzbergwerken gewonnen, indem der Salzstein mittels Wasser ausgelaugt wird, wonach die Lauge eingedampft und das Salz durch Umkristallisieren gereinigt wird. Das Meersalz wird aus dem Meerwasser gewonnen durch Abdampfen desselben in offenen Bassins und folgender Reinigung.

Das gewöhnliche Küchensalz ist solches Salz in gröberen Kristallen und nicht völlig gereinigt.

Tafelsalz ist das völlig gereinigte und ganz fein pulverisierte Kochsalz.

Cerebos-Salz, ein in letzteren Jahren sehr verbreitetes Tafelsalz, soll eine gewisse Menge phosphorsaure Salze enthalten.

Verschiedene Salzmischungen sind letzthin dargestellt und anempfohlen worden in der Absicht, dem Körper eine reichlichere Zufuhr gemischter Mineralstoffe zu sichern.

Maggi-Würze, eines der empfehlenswertesten und allgemein verwendbarsten Gewürze, und

Lahmanns Nährsalz sind derartige, als Gewürz verwendete, aus den Pflanzen dargestellte Mischungen von Mineralsalzen.

Genußmittel.

Kap. 182. Allgemeines über Genußmittel.

Die Reihe der menschlichen Genußmittel ist eine weite und äußerst mannigfaltige, besonders wenn wir dieselbe schon mit den von außen her einwirkenden, fernwirkenden Genußmitteln anfangen lassen.

Diese fernwirkenden Genußmittel sind solche — sie sind bereits früher in diesem Buche (S. 7) genannt worden —, deren besonderer Wert in der ganzen Anrichtung liegt. Es sind das Umstände, die von außen her darauf hinwirken, das Speisen so angenehm, so anziehend, so appetitanregend wie möglich zu gestalten, Umstände, die schon für die Ernährung Gesunder, vielmehr aber für die des Kranken so sehr bedeutungsvoll sind.

Neben den eigentlichen Nahrungsstoffen, den Stoffen, von denen wir leben, soll der Mensch neben reiner eigentlicher Nahrung Genußmittel haben, oder Gewürz in weitester Bedeutung. Die chemisch reinen Nahrungsstoffe sind nämlich in Richtung auf Wohlgeschmack und Wohlgeruch ganz indifferent; während doch die meisten der Nahrungsstoffmischungen, die wir Nahrungsmittel nennen, nebenbei auch mehr oder weniger natürliche Gewürzstoffe (oder Genußmittel) enthalten.

Ohne derartiges Gewürz wird uns die Nahrung auf die Dauer unerträglich.

Klasse I.

Gewürze.

Kap. 183. Natürliche Gewürzstoffe und Zusatzgewürze.

1801. Natürliche Gewürzstoffe.

So sind die von der Natur den Nahrungsstoffen mitgegebenen Gewürzstoffe zu nennen. Sie sind verschiedener Art, nämlich entweder unentwickelte oder vollentwickelte.

Es gibt verschiedene Rohnahrungsmittel, in denen das natürliche Gewürz in unentwickelter — latenter — Form vorhanden ist, das jedoch, um zur Geltung zu kommen, erst zu erwecken und zu entwickeln ist. Dies ist erreichbar und soll auch möglichst erreicht werden mittels einfachster Vorbereitungen, wie Kochen, Braten, Backen u. dgl. So verhält es sich beispielsweise mit dem Mehl, das gekocht werden oder besser noch gebacken werden muß, um hervortretend angenehmen Geruch und Geschmack zu bekommen; so mit dem Fleisch, das gekocht oder gebraten, oder noch besser geröstet werden soll, um zu vollster Geschmacksentwicklung zu kommen.

In anderen Rohnahrungsmitteln ist das Gewürz in entwickelter Gestalt vorhanden, wie z. B. in den meisten Früchten, die im rohen Zustande neben äußerer Schönheit (die hier auch ein wichtiges Genußmittel ist) den vollentwickelten Wohlgeschmack, volles Aroma darbieten — und in manchen Fällen bei der Zubereitung mittels Wärme davon verlieren.

Derartige natürliche Gewürze können und sollen Verwendung finden, um damit die künstlichen Zusatzgewürze möglichst überflüssig zu machen.

1802. Zusatzgewürze.

Man kann diese Gewürze auch die eigentlichen Gewürze nennen. — Sie lassen sich bei unserer Speisebereitung nur selten ganz entbehren. Was besonders Geltung hat für eine kleine Gewürzgruppe, den Z u c k e r und das S a l z. Diese Stoffe haben eben die Eigentümlichkeit, zu gleicher Zeit wichtige Nahrungs- und Genußmittel zu sein. Sie sind bereits anderswo in diesem Buche besprochen worden.

Außerdem gibt es eine große Anzahl von Zusatzgewürzen, von schwachen und milden bis zu starken, scharfen und schärfsten.

Gegenüber allen diesen Zusatzgewürzen ist bei der Speisebereitung Mäßigkeit ratsam — dies ist nicht nur das Gesündeste, sondern auch das Feinste. Man wird überhaupt viel besser mit den schwächsten und mildesten vorlieb nehmen — und je mehr wir innerhalb der Reihe zu den stärkeren kommen, um so mehr wird es für eine jede gute und gesundheitliche Speisebereitung die Regel werden: immer größere Mäßigkeit, bis zur Enthaltsamkeit.

I. Schwache Gewürze:
1803. Farbengewürz.

In manchen Fällen ist die schmucke und reine Farbe der Speisen Bedingung für das Behagen, die Appetitlichkeit, Schmackhaftigkeit und Bekömmlichkeit derselben. In dieser Weise können nach Umständen Farbenzusätze zum Genußmittel, zum Gewürz werden — was schon an mehreren Stellen dieses Buches berücksichtigt worden ist; z. B. bei 70, grüne, gerührte Butter;

      91, gefärbte Mayonnaise;

   223, Karamelpudding;

   275, braune Eiersauce;

   509, unschuldige Speisefarben usw.

Verschiedene der später genannten Geschmacksgewürze wirken nun auch mittels ihrer kräftigeren Färbung — z. B.:

Maggigewürz, Lahmanns Nährsalz, dunkle Fruchtsäfte (besonders Kirschensaft), Rotwein usw.

1804. Anis, Fenchel, Koriander, Basilikum, Estragon, Thymian, Majoran, Salbei, Dill.

Sind alle ganz leichte und deswegen allgemeiner verwendbare Gewürze; aber verhältnismäßig wenig verwendete.

Kümmel, auch ein leichtes Gewürz, vorzugsweise für Brot und frischen Käse; wird überall, wo irgendwelche diätetische Rücksichten zu nehmen sind, nur feinpulverisiert zu verwenden sein.

Kaneel — oder Zimt — ist auch ein leichtes, allgemeinverwendbares Gewürz — aber: feinpulverisiert, oder einfach nur zum Abkochen verwendet.

Petersilie ist ein Gewürz aus frischen grünen Blättern — das sehr weite Verwendung hat. Wo diätetische Rücksichten zu nehmen sind, ist es nicht genug die Stiele zu entfernen und die Blätter fein zu wiegen — sie sollen auch am liebsten noch in einem Mörser zerstampft werden. Man gebraucht dann auch weniger davon, um dieselbe Wirkung zu erreichen in bezug auf Geschmack wie Farbe (in welch letzterer Richtung dies Gewürz auch tätig ist).

Lorbeerblätter sind in der geringen Menge, in der sie sich verwenden lassen, auch wohl als recht unschuldiges Gewürz aufzufassen.

II. Mittelstarke Gewürze:

1805. Vanille.

Sie ist eine in halbreifem Zustande getrocknete Schote — und bildet ein sehr feines, mittelstarkes Gewürz, tätig durch seinen Gehalt an einem eigenen Stoff: Vanillin, an ätherischen Ölen, Benzoesäure und verschiedenen Fruchtsäuren (Wein-, Apfel-, Zitronensäure) in kleinen Mengen.

Bei mäßigem Gebrauch, wozu dies Gewürz sich auch seines ausgesprochenen Charakters wegen sehr wohl eignet, sind diesem Gewürz kaum schädliche Wirkungen nachzusagen.

Muskatnuß, Muskatblüte ist bei mäßiger Verwendung ein auch allgemein verwendbares Gewürz.

Als schon etwas stärkere und schärfere, daher auch eine ausgesprochenere Mäßigkeit erheischende Gewürze sind zu nennen:

Kardamome, Allerlei, Gewürznelke, Ingwer.

Gelbwurz (Kurkuma) und Safran sind hauptsächlich nur Farbengewürze. Das letztere wird nicht für ganz unschuldig angesehen.

1806. Wein.

Verdient als Gewürz eine Rolle zu spielen; wobei es freilich sehr auf die Art, die Stärke und auf die Verwendungsart ankommt. Wird er mit den Speisen ohne nachfolgendes Kochen vermischt, behalten wir natürlicherweise die volle Alkoholwirkung, wird aber nachher gekocht oder nur etwas stärker erwärmt; wird der Alkohol mehr oder weniger verflüchtigt sein, so daß verhältnismäßig nur die übrige unschuldige würzende Wirkung zurückbleibt.

Rotwein, eine der leichten Weinsorten (vgl. Kap. 191), ist ein sehr allgemein verwendbares Gewürz, als Zusatz zu verschiedensten Fleischsuppen, Saucen, Eierspeisen, Gemüsen und ganz besonders zu Fruchtspeisen.

Weißwein, leichteren Charakters (Mosel-, Rheinwein u. dgl.), darf in ähnlicher Weise beurteilt werden; es fehlt aber die volle Farbenwirkung des roten Weines.

Alkoholfreie Weine mit würzigem Geschmack sind als Gewürz allgemein verwendbar.

III. Starke Gewürze:

1807. Essig.

Diese Mischung von Essigsäure und Wasser ist eins der am allgemeinsten verwendeten, daher auch am meisten mißbrauchten Gewürze — von scharfer, reizender Wirkung auf die Schleimhäute, vom Mund bis in den Magen und Darm. Die Darstellung ist eine verschiedene, mittels Gärung alkoholhaltiger Flüssigkeiten unter Einwirkung von verschiedenen Essigsäurebakterien.

Weinessig wird aus Wein dargestellt und enthält ca. 5—8% reine Essigsäure, während

Bieressig eine geringere Sorte ist.

Fruchtessig aus Fruchtwein kommt seltener vor.

Tafelessig ist gewöhnlich eine Mischung von Wasser und Spritessig mit ca. $3—3^1/_2\%$ Essigsäure.

Holzessig. Essigessenz wird dargestellt durch Destillation von Holz mit verschiedenen Reinigungsprozessen. Ist nicht anzuempfehlen.

1808. Estragonessig.

	Gr.	
Estragonblätter	125	Der Essig wird über die Kräuter ge-
Basilikum	25	gossen — wird gut verschlossen an
Lorbeerblätter	35	kühlem Ort bis 8 Tage hingestellt —
Charlottenzwiebel	15	filtriert — auf gut verschlossener
Essig	1000	Flasche aufbewahrt — auch mit
		Estragonblättern allein (250 auf 1000)

und mit wenig Zucker (ca. 50 auf 1000).

1809. Kräuteressig — Hannemann.

	Gr.		Gr.	
Zwiebelscheiben	50	Basilikum	10	Der Essig mit dem Zucker
Estragon	30	Kerbel	10	aufgekocht, wird über
Pimpinelle	20	Charlotten	8	die übrigen Ingredien-
Pfefferkörner	20	Melisse	5	zien gegossen — 14 Tage
Thymian	10	Lavendel	2	fest verschlossen hin-
Petersilie	10	Zucker	100	gestellt — filtriert,
Dill	10	Weinessig	1500	kann auch mit verschie-
				denen anderen Mischun-
				gen bereitet werden.

1810. „Mintsauce" — englische — nach Beeton.

gewiegt	1 Eßl.	20	Die frischgepflückten Blätter *) werden
Zucker	1 Eßl.	15	sehr fein gewiegt, mit Zucker und Essig
Essig	$^1/_8$ Lit.	125	verrührt, 2—3 St. vor Gebrauch —
			auch mit mehr Zucker.

Essig-Ersatzmittel:

1811. Tomatenpüree.

Als schwaches, leicht säuerndes Gewürz für verschiedene Speisen, Suppen, Saucen usw. verwendbar.

Tomatenessenz in ähnlicher Weise verwendbar.

Ganz reife Tomaten werden durch ein sehr feines Sieb gestrichen — und auf schwacher Wärme zu einem dicken Sirup eingekocht, der noch einmal durchgestrichen wird.

Als Zusatz zu leichten braunen Saucen besonders verwendbar.

1812. Zitronensaft.

Ein sehr allgemein verwendbares Ersatzmittel für Essig — frisch oder als

Konserve: Der ausgepreßte Saft wird filtriert, auf Flaschen sterilisiert — und hält sich dann sehr lange.

1813. Pfeffer.

Dies Gewürz verdient keineswegs die so sehr ausgebreitete Verwendung — es ist ein sehr stark reizendes Gewürz.

Weißer Pfeffer ist die etwas mildere Sorte.

Schwarzer Pfeffer die schärfere Sorte.

Sie rühren von derselben Pflanze her und der Unterschied beruht auf dem verschiedenen Grad der Reife, in welcher sie gepflückt werden (der weiße der reifste) und der weiteren Behandlung. Es ist ein mit äußerster Mäßigkeit zu verwendendes Gewürz.

Noch schärfere Pfefferarten sind: Kayennepfeffer, Paprikapfeffer.

---

*) von Mentha viridis.

1814. Senf.

Aus dem Samen verschiedener Senfarten (weißer, schwarzer, Sarepta- oder russischer Senf) wird mittels verschiedener Zusätze bereitet:

Tafelsenf oder Mostrich in verschiedenen Sorten.

Englischer Tafelsenf, gewöhnlich der schärfste, wegen Zusatz von Kayenne.

Französischer Tafelsenf, gewöhnlich der geschmackreichste, wegen seiner Zusammensetzung aus einer sehr mannigfachen Mischung verschiedenster Gewürze.

Gemischter Tafelsenf nach Wiel enthält:

	Gr.	
Senf, schwarzer	125	Die sehr fein pulverisierten Gewürze
Senf, weißer	250	werden mit der notwendigen Menge
Zucker	250	Essig zu Senfkonsistenz ausgerührt —
Koriander	5	die Mischung in einem Tongefäß an
Gewürznelke	5	warmer Stelle zum Reifen, zur Nach-
Kaneel	7	gärung hingestellt.
Weinessig		

IV. Gewürzmischungen:

1815. Gewürzmischung I.

Pulverisierte, trockene Gewürze — nach Nimb.

Thymian	10	Die drei erstgenannten Teile im Ofen
Basilikum	10	getrocknet, werden ganz fein gestoßen
Lorbeerblätter	10	— mit den übrigen feingestoßenen
Muskatblüte	10	Gewürzen vermischt — durch ein Sieb
Muskatnuß	20	genommen — in Blechdose oder Glas-
Gewürznelke	15	flasche aufbewahrt.
Weißer Pfeffer	10	
Kayennepfeffer	10	

Gewürzmischung II — nach Höeg-Guldberg.

Thymian, Basilikum, Lorbeerblätter, Muskatblüte, Gewürznelke, Piment, 10 T. von jedem, Muskatnuß, weißer Pfeffer, 5 T. von jedem, pulverisiert, miteinander vermischt.

Gewürzmischung III — nach Gouffé.

Thymian 10, Lorbeerblätter 10, Majoran 5, Rosmarin 5, sehr gut getrocknet, miteinander zerstoßen, wird vermischt mit Muskatnuß 20, Gewürznelke 20, weißer Pfeffer 10, Kayennepfeffer 5 — zusammen zerstoßen, gemischt, durch Sieb geschüttelt.

Gewürzsalz.

25 Teile von Gewürzmischung III wird vermischt mit 100 Teilen Tafelsalz.

Straßburger Pastetenpulver.

Piment 10, weißer Pfeffer 4, Ingwer 3, Kaneel 2, Muskatnuß 2, Lorbeerblätter 1 Teil, feingestoßen, vermischt.

Currypulver, indisches.

1. Koriander 10, Curcuma 3, weißer Pfeffer 2, Muskatblüte 2, Saffran 2 T., oder:

2. Koriander 10, Curcuma 10, Kümmel 3, Fenchel 3, Kayennepfeffer 1 T.

1816. Kräutergewürze.

Grüne Kräuter, vert de ravigote (Nimb).

Kerbel, Pimpernell, Estragon, Charlottenzwiebel, Petersilie werden abgespült und geputzt und blanchiert; auf einem Sieb mit kaltem Wasser übergossen — ausgedrückt, durchgestrichen — auf Flasche zum Gebrauch aufbewahrt.

Fines herbes I (nach Nimb).

Champignons 2, Trüffel 2, Charlottenzwiebel 1, Petersilie 2 T., zusammen ganz fein gewiegt — gemischtes Gewürz 1 Prise, Olivenöl 4 T., werden bei schwacher Wärme gedämpft — mit etwas eingekochtem Jus verrührt — bis Verwendung auf Flasche aufbewahrt.

Fines herbes II (nach Guldberg).

Champignons, Kerbel, Petersilie, Estragon, Porree oder Charlottenzwiebel, Basilikum feingewiegt, werden in etwas Butter oder Öl geröstet.

Bouquet, ein beim Suppen- und Saucekochen sehr verwendbares Gewürz, besteht aus: Lorbeerblatt 1 T., Thymian 1 T., in Petersilie 8 T. eingebunden.

1817. Maggi-Würze.

Ist eine der Angabe nach allein aus Pflanzengeschmacksstoffen zusammengesetzte Würze (ohne Fleischextraktstoffe). Sie gehört zu unseren meist verwendbaren Gewürzen für Suppen, Saucen, Gemüse usw.

Man muß sie ihrer Ausgiebigkeit wegen sparsam verwenden, sehr wenig genügt.

Lahmanns Nährsalz ist ein ähnliches, stärker eingekochtes Pflanzenextrakt.

Selleriesalz ist gleichfalls ein planzliches Gewürz, von ähnlicher Verwendbarkeit wie Maggigewürz.

1818. Gewürzextrakte oder Essenzen.

Apfelsinen - Zitronenessenz nach 1517.

Auch verwendbar als Zusatzgewürz zu verschiedenen Fruchtspeisen, Saucen, Suppen usw.

Verschiedene Fruchtessige (1520—1522) ebenso.

Vanilleessenz — Hannemann.

Vanille 120 T., Gewürznelken 6 St. kleingeschnitten, Cognac 1000 werden 14 Tage an die Sonne gestellt. Die abgegossene, filtrierte Flüssigkeit zum Gebrauch (für Gebäck, Eis usw.) in Flasche aufbewahrt.

Bearnaise - Essenz — Nimb.

Weinessig $^3/_4$ Lit. 750, Estragonessig $^3/_8$ Lit. 375, Weißwein $^1/_4$ Lit. 250, Charlottenzwiebel 20 St., Knoblauch 2 Streifen, Pfefferkörner 20 St., Allerlei 10 St., Gewürznelken 5 St., Lorbeerblätter 1 St., Petersilie 1 kl. Büschel, Kerbel ganz wenig, Meerrettich wenig, Paprika 1 Prise — wird alles miteinander gekocht, bis die Zwiebel mürbe sind. Die abgeseihte Flüssigkeit wird auf $^3/_4$ Lit. 750 eingekocht — abgekühlt — auf Flaschen gefüllt.

Chinesischer Soya, oder Soja, oder Shoya, oder japanischer Shoyu.

Diese kräftig würzende, stark färbende, dickflüssige Flüssigkeit (je dicker, um so besser) wird in China und Japan dargestellt aus Reis, Weizen und Soyabohnen, die in eigener Weise einer lange dauernden Gärung mittels einer Aspergillusart unterworfen werden. In den ganz kleinen Mengen, in denen dieses Gewürz bei uns verwendet wird, ist es gewiß als ein sehr allgemein verwendbares Genußmittel zu bezeichnen.

Klasse II.

Alkaloidhaltige Genußmittel.

Tee — Kaffee — Kakao (Schokolade).

Kap. 184. Allgemeines über Tee — Kaffee — Kakao.

Die sogenannten „Alkaloide", welche dem Tee, Kaffee, Kakao das besondere Gepräge als Genußmittel verleihen, sind chemische Verbindungen, die nach ihrem Ursprung zwar verschiedene Namen haben — Thein von Tee, Koffein von Kaffee, Theobromin von der Kakaobohne (Theobroma cacao) — in bezug auf chemische Zusammensetzung aber nur geringere Unterschiede darbieten.

Es sind Stoffe, die neben der Lokalwirkung der vorher besprochenen Zusatzgewürze auch eine breitere Wirkung haben aufs Nervensystem,

und dadurch auf verschiedene innere Organe der Verdauung, des **Kreis**-
laufs (Herz usw.), der Absonderung (Nieren usw.).

Die Wirkung dieser Stoffe auf den Körper wird eine belebende,
eine stimulierende genannt; eine Wirkung, die ihnen auch eigen ist, **aber**
wohl zu bemerken, so daß es hier geht wie überall bei den stimulierenden
Mitteln: auf die Belebung folgt eine Erschlaffung oder Abspannung;
und letztere wird um so stärker, je höher die vorhergehende Belebung
gewesen. Es sind dies Genußmittel, die nur unter der Voraussetzung
einer ausgesprochenen Mäßigkeit sich als unschuldige bezeichnen lassen.

Natürlicherweise kommt es sehr darauf an, in welcher Stärke die
hierhergehörigen Mittel und Zubereitungen gebraucht werden, und in
der Beziehung herrschen in den verschiedenen Ländern sehr große Unterschiede. In Dänemark wird man kein Bedenken tragen, das Teegetränk
als das unschuldigste dieser Getränke hinzustellen, weil es dort hell
und verhältnismäßig schwach getrunken wird, dagegen den **Kaffee**
mehr perhorreszieren, weil wir dies Getränk bei uns sehr stark haben
wollen. In England, wo die Verhältnisse umgekehrt liegen, wird die
Beurteilung eine entgegengesetzte werden müssen.

Kakao und Schokolade erfreuen sich allgemein der Bezeichnung
als nahrhaft und gesund. Meiner Auffassung nach nicht zu Rechten.
Meine Erfahrung führt mich dazu, die belebende Wirkung dieser
Getränke als eine sehr geringfügige, sehr zweifelhafte, die abspannende,
deprimierende Nachwirkung dagegen als eine um so deutlicher aus-
gesprochene einzuschätzen.

Kap. 185. Tee.

1819. Allgemeines über Tee.

Die in eigener Weise getrockneten und sonstig behandelten **Tee**-
blätter enthalten, neben dem **Thein**, als bezeichnenden Bestandteil, eine
gewisse Menge von **Gerbsäure**, ein Stoff, der dem Teegetränk, wenn
es längere Zeit gezogen hat und stark und dunkel (schwarz) geworden
ist, eine verstopfende Wirkung gibt. Die grünen Teesorten enthalten
reichlich Thein und sind also in der Richtung von kräftigerer Wirkung.

1820. Das Teegetränk.

Der Teetopf wird angewärmt, die Teeblätter eingelegt, das starkkochende Wasser daraufgegossen, die ganze Menge auf einmal; man
rechnet 2—3 g auf eine Tasse von 200—250 (bis $^1/_4$ Lit.) Wasser —
wonach man den Tee in 5, höchstens 10 Min. zugedeckt ziehen läßt.

Von gewisser Seite wird das blanchieren des Tees befürwortet —
s.: etwas kochendes Wasser anfangs aufgegossen und gleich wieder
abgegossen, wonach wie sonst bereitet.

Es ist eine kleine Ersparnis an Tee zu erreichen, wenn man erst
eine kleine Tasse kochendes Wasser aufgießt, damit bis 5 Min. ziehen
läßt, während der Teetopf auf einen dampfenden Kessel gestellt ist —

um dann erst die übrige Wassermenge daraufzugießen — wonach man noch einige Minuten ziehen läßt.

1821. Schneller Tee.

Es wird dazu die zwei- bis dreifache Menge von Blättern genommen, auf gleiche Menge Wasser — das starkkochend aufgegossen wird, um gleich wieder abgeschenkt zu werden (ohne zu ziehen).

Ein feines, verhältnismäßig leichtes Teegetränk bekommt man, indem man einfach nur das starkkochende Wasser auf die in einem Sieb gelegten Teeblätter gießt und nur das eine Mal durchlaufen läßt.

1822. Dunkler (stopfender) Tee.

Wird ganz nach 1820 bereitet — so aber, daß man etwas längere Zeit (15—20 Min.) ziehen läßt. Durch Zusatz von Rotwein soll die stopfende Wirkung gesteigert werden.

1823. Teegetränk mit Zusätzen.

a) Gewürzter Tee (russischer Tee).

Das Getränk wird mit einer Zitronenscheibe und Zucker gegeben — kann auch mit Vanille, mit Kaneel gewürzt werden.

b) Tee mit Rahm (1 Eßl., 15 g) und Zucker (7—8 g) auf $^1/_4$ Lit., 250 g Teegetränk (= 50 Calorien).

c) Tee mit Eigelb.

Das Eigelb (1 St.) wird mit Zucker (10 g) geschlagen und mit dem heißen Tee verrührt ($^1/_4$ Lit., 250) — (ca. 80 Calorien).

d) Tee mit Alkohol — „belebender Tee“.

Zu einer Portion des Teegetränkes wird hinzugesetzt: Rum, Cognac 1—2 Te., oder Portwein 1 Eßl., Rotwein 2 Eßl. — mit der notwendigen Menge Zucker. Die belebende (analeptische) Wirkung durch heiße Darreichung gesteigert.

1824. Tee granité — halbgefrorenes Teegetränk

			Gr.	Cal.	[ganze Portion ca. 500 Cal.
400	Teeblätter		100		Die Milch wird mit der Vanille
1000	Milch	$^1/_4$ Lit.	250	162	aufgekocht und wird dann
250	Zucker		60	234	nach 1820 zur Teebereitung
125	Dotter	2 St.	30	108	verwendet — Zucker, Dotter
	Vanille				werden miteinander glatt gerührt, mit dem Milchtee ver-

rührt — durchgeseiht; halbfest gefroren.

Tee als Zusatz siehe übrigens:
			Rahmschnee mit Tee 50,
			Rahmgelee 56,
			Eierstich 219,
			Eiertee 244.

Kap. 186. Kaffee.

1825. Allgemeines über Kaffee.

In gebranntem, geröstetem Zustande enthält die Kaffeebohne außer Coffein einen eigenen Stoff: Coffeol, eine ölartige chemische Verbindung, und etwas Gerbsäure. Von gewisser Seite ist man der Meinung, daß das Coffeol in bedeutendem Maße an der ganzen eigenen Wirkung des Kaffees wesentlich teilhaftig sei.

Außer seiner, im Vergleich mit dem Tee, kräftigeren Wirkung auf Herz, Nieren usw. hat der Kaffee eine gewisse stuhlgangbefördernde Wirkung, die bei einigen Menschen so stark hervortreten kann, daß diese Eigenschaft in der Diätetik (bei habitueller Obstipation) sich verwerten läßt.

1826. Das Kaffeegetränk.

Das Kaffeegetränk bereiten wir aus den gebrannten, am liebsten frischgemahlenen Bohnen (ca. 15 g auf 1 Tasse von ca. $^1/_4$ Lit., 250 g) entweder durch Kochen mit Wasser; oder feiner, durch das Trichtern. Die Bohnen werden auf einen, auf der Kaffeekanne angebrachten, mit Fließpapier ausgelegten, durchlöcherten, metallenen oder irdenen Trichter gelegt oder in einen Kaffeebeutel aus gewebtem Stoff (der sehr reinlich zu halten und vor jedem Gebrauch auszukochen ist). Lebhaft kochendes Wasser wird in kleinen Portionen aufgegossen und mehrmals durchgegossen. Die Kanne muß warmgehalten werden, nicht aber besonders erwärmt werden.

1827. Starkes Kaffeegetränk   belebender Kaffee.

Wird ganz ebenso bereitet, nur mit zwei- bis dreimal so vielen Bohnen — und wird heiß gereicht — nach Wunsch mit einem Zusatz von alkoholhaltiger Flüssigkeit (Rum, Cognac, Wein).

1828. Kaffee mit Zusätzen.

a) Kaffee mit Zucker, Rahm.

Kaffee nach 1826 ($^1/_4$ Lit., 250) wird versetzt mit Zucker (20 g), Rahm (2 Eßl., 30) (zusammen ca. 85 Cal.).

b) Kaffee mit Zucker und Ei.

Kaffee nach 1826 ($^1/_4$ Lit., 250) wird mit Dotter (1 St., 15 g) und Zucker (10 g) zusammen verquirlt (ca. 90 Cal.).

c) Café au lait.

Kaffee nach 1826 ($^1/_4$ Lit., 250) wird mit kochender Milch ($^1/_8$ Lit., 125) und Zucker (10 g) vermischt (ca. 120 Cal.).

1829. Kaffeessenz.

a) Kaffee, gemahlener, $^1/_4$ kg, 250, wird mit Wasser gekocht (1 Lit., 1000) — und bis auf den folgenden Tag hingestellt
— die Flüssigkeit wird abgegossen, gesüßt (Zucker $^1/_4$ kg, 250) —
bis auf ein Drittel eingekocht. — Davon ist 1 Eßl. zu nehmen
zu einer großen Tasse Kaffee.

b) Zucker ($^1/_4$ kg, 250) wird zu hellem Karamel gekocht —
mit Wasser (1 Lit., 1000) zusammengekocht — und die Flüssigkeit heiß zum Kaffeetrichtern (1826) verwendet mit ($^1/_8$ kg, 125)
gemahlenem Kaffee. — Vom fertigen Extrakt ca. 1 Eßl. zu
1 Tasse Kaffeegetränk, mit kochendem Wasser.

1830. Wiener Eiskaffee.

Kaffeegetränk nach 1825 bereitet, mit ganz frischgemahlenen
Bohnen ($^1/_4$ kg, 250) zu mit etwas Vanille aufgekochter Milch
(anstatt Wasser) (1 Lit., 1000). Der Kaffeeauszug wird mit
Dottern (10 St.) verrührt, die vorher mit Zucker (ca. 400 g) weiß
gerührt worden sind — abgekühlt, durchgestrichen — mit Rahmschnee verrührt (aus $^1/_2$ Lit., 500 Schlagrahm) — sehr stark auf
Eis gekühlt und in Gläsern angerichtet.

1831. Kaffeegranité.

Wie 1830, mit Zuckerzusatz zur Milch (bis auf 20° auf der
Zuckerwage) und ohne Rahmschnee — auf Eismaschine zu
körnigem Eis gefroren.

1832. Kaffeesorbet.

Starker Kaffeeextrakt ($^1/_2$ Lit., 500) mit Milch verdünnt
(1 Lit., 1000) und mit Zucker versetzt (ca. 400 g), wird ganz
leicht zu breiigem Eis gefroren.

1833. Kaffeesauce.

Wird wie Eiercreme bereitet — aus Dottern (6 St., 90 g),
zu Zucker (200 g) und Rahm (oder Milch) ($^1/_2$ Lit., 500), die
vorher mit etwas Vanille aufgekocht ist — mit Kaffeessenz
(starkem Kaffee-Extrakt) ($^1/_4$ Lit., 250) verrührt.

Kap. 187. Kaffee-Ersatzmittel,
die auch alle als Zusätze bei der Kaffeebereitung verwendbar sind.

1834. + Karamelcereal.

Von der grobgepulverten Masse wird 1 Eßl. mit einer reichlichen Tasse Wasser aufgekocht — zum Absetzen hingestellt —
die abgegossene Flüssigkeit als Getränk, gewöhnlich mit Milch
vermischt, gereicht.

1835. + Bananenkaffeesurrogat.

Aus diesem aus Bananen gebrannten Pulver wird ein Getränk bereitet ganz wie in 1826 — am besten durch Trichtern — anstatt dem 1 Teelöffel davon, der für die Tasse in der Gebrauchsanweisung angegeben wird, muß viel mehr genommen werden, nämlich bis zu 4 Teelöffel voll auf ungefähr $^1/_4$ Lit., 250 Getränk — das gewöhnlich mit Rahm und Zucker zu reichen sein wird.

1836. + Kathreiners Malzkaffee — Kneipps Malzkaffee.

Dieses Surrogat ist aus gemälzter Gerste dargestellt, die braungeröstet (gebrannt) und glaciert wird, unter Einwirkung eines Extraktes aus der äußeren, weichen Fruchthülle der Kaffeefrucht. Es werden dadurch einige der, dem echten Kaffee eigenen, aromatischen, wohlschmeckenden Bestandteile mitgegeben — ohne daß aber etwas des nervenreizenden Alkaloids mitkommt.

Die ganzen Körner, in Gestalt welcher die Ware verkauft wird, müssen vor Gebrauch erst gestoßen oder gemahlen werden — und werden nach der ursprünglichen Gebrauchsanweisung wie Kochkaffee bereitet, indem das Pulver mit kaltem Wasser aufs Feuer gestellt, einige Minuten gekocht und dann geseiht wird.

Die Bereitung des Getränkes mittels Trichtern (1826) dürfte höheren Wohlgeschmacks wegen vorzuziehen sein, mit Malzkaffee 4 Tl., 20 g auf $^3/_8$ Lit., 375 kochendes Wasser — und mit sehr sorgfältigem, wiederholten Durchgießen — womit (ca. $^1/_4$ Lit., 250 g) fertiges Getränk erhältlich.

Wenn der Malzkaffee als Kaffeezusatz zu verwenden ist, kann derselbe erst mit dem Wasser aufgekocht werden, wonach die Abkochung zum Kaffeetrichten verwendet wird, anstatt Wasser — und dann mit etwas sparsamerer Verwendung des echten Kaffees.

1837. Zichorie — gewöhnlicher Malzkaffee, Feigenkaffee, Eichelkaffee.

Diese verschiedenen Kaffeeersatzmittel sind kaum anders als als Kaffeezusatz verwendbar, zu echtem Kaffee.

Der Eichelkaffee wird doch auch für sich verwendet als stopfendes Mittel, besonders bei Kinderdiarrhöen — wegen seines reichlichen Gerbsäureinhaltes.

Kaffee als Zusatz sonst auch bei:

Rahmschnee mit Kaffee 50,
Rahmgelee mit Kaffee 56,
Rahmschneegelee mit Kaffee 59,
Buttercreme mit Kaffee 72,
Eierstich mit Kaffee 220,
Eierkaffee 244,

Dotterkaffee 263,
Eiersauce mit Kaffee 276,
Eierschneegelee mit Kaffee 304,
Eiercremeeis mit Kaffee 321,
Eierauflauf mit Kaffee . . . . 347.

Kap. 188. Kakao — Schokolade.

1838. Allgemeines über Kakao, Schokolade.

Die Kakaobohne — aus der kürbisähnlichen Frucht des Kakaobaumes — ist eine längliche, von einer ziemlich harten und dichten Schale eingeschlossene Bohne, die einer vorbereitenden Behandlung unterworfen wird, entweder nur einem Reinmachen und Trocknen an der Sonne oder auch einer Selbstgärung vor dem Trocknen. Es gibt Kakaobohnen von äußerst verschiedener Feinheit.

Für unseren Verbrauch werden die Bohnen noch weiter behandelt mittels Rösten, Schälen, Mahlen, Verarbeitung zur Kakaomasse (Bitterschokolade).

Der Nährwert ist ein recht hoher, nämlich durchschnittlich für

	Eiweiß %	Fett %	Kohlenhydrat %	Zellulose %	Salze %	Wasser %	Theobromin %	Cal.
Bittere Kakaomasse	14,0	53,0	22,0	3,5	3,5	4,0	1,5	640
Kakaopulver (entfetteter Kakao) . .	20,0	28,0	35,0	5,5	5,0	5,5	1,7	480
Schokolade mit 50% Zucker	7,0	27,0	61,0	1,0	2,0	2,0	0,7	530

Das Fett, die sogenannte Kakaobutter, ist eine sehr gemischte Fettart, die, obgleich nicht ganz leichtflüssig, doch recht leicht verdaulich zu sein scheint.

Das Kohlehydrat ist nur teilweise Stärke.

Das Kakaopulver, der entfettete Kakao, wird aus der gerösteten Kakaomasse dargestellt, indem ein verschieden großer Teil der Kakaobutter ausgepreßt wird (bei oben angeführter Zusammensetzung ist ungefähr die Hälfte des Fettes entfernt) bei verhältnismäßiger Steigerung der übrigen Inhaltsprodukte, auch des Inhaltes an Theobromin, des „nervenreizenden" Alkaloids.

Schokolade ist die fabrikmäßig dargestellte Mischung der bitteren Kakaomasse mit Zucker und verschiedenem Gewürz. Zu feineren Schokoladen wird Zucker mit Kakaomasse bis zu gleicher Menge genommen — bei einfacheren Schokoladen steigt der Zuckerzusatz bis auf zwei Drittel. Als Gewürz werden Vanille, Kaneel usw. verwendet, als verfälschende Zusätze Mehl und Stärke. Es sind also nur die besseren Schokoladen, für welche obige Angaben über Zusammensetzung Geltung haben.

Das Kakao- und Schokoladegetränk einerseits und das Kaffee- und Teegetränk andererseits sind ganz verschiedenen Charakters.

Letztgenannte sind ja nämlich nur wässerige Auszüge aus den Blättern oder Bohnen und bekommen somit gar keinen Nährwert, sondern nur Genußwert. Im Kakao- resp. Schokoladegetränk behalten wir dagegen die Kakao- resp. Schokoladenmasse in aufgelöstem, ausgekochtem Zustand, so daß es Getränke werden von sowohl Nährwert wie Genußwert. Und doch wird der Beitrag, den die eigentlichen Kakaobestandteile zum ganzen Nährwert der Getränke beisteuern, ein verhältnismäßig geringerer. So wie wir diese Getränke genießen, stark mit Zucker versetzt, rührt das meiste des Nährwertes von diesem stark konzentrierten Nahrungsstoffe her — und wo wir Milch als Kochflüssigkeit verwenden, tritt der Beitrag der Kakaobestandteile relativ nur noch mehr zurück.

1839. Wasserschokolade.

Dazu wird genommen 175—200 g Schokolade auf 1 Lit., 1000 Wasser. Die Schokolade wird zerbrochen, in etwas kaltem Wasser aufgeweicht und geschmolzen, mit dem übrigen Wasser glatt verquirlt und einige Zeit gekocht, in hohem Kochgeschirr, bei fortgesetztem Schlagen — ca. $^1/_4$ St. an warmer Stelle hingestellt — vor Anrichten wieder stark geschlagen (eine Tasse ca. $^1/_4$ Lit., 250 = ca. 230 (45) Cal.).

1840. Milchschokolade.

Dazu nimmt man 150—190 g Schokolade auf 1 Lit., 1000 Milch. Die entzweigebrochene Schokolade wird im Kochgefäß mit der kalten Milch übergossen, einige Zeit ganz leise gekocht und stetig umgerührt, bis ganz glatt — vor Anrichten in einer Kanne stark geschlagen (1 Tasse, $^1/_4$ Lit., 250, bekommt ca. 330 (50) Cal.).

Kann auch zubereitet werden mit Milch-Rahmmischung oder Wasser-Rahmmischung.

1841. Weinschokolade.

Wird nach 1839 gekocht, mit ca. $^1/_6$ Weißwein, $^5/_6$ Wasser.

1842. Kakaogetränk — mit Milch oder Wasser

[mit Milch ca. 2 Portionen, à ca. 275 (50) Cal.
[mit Wasser ca. 2 Portionen, à ca. 115 (20) Cal.

Kakaopulver		Gr.	Cal.	Kakaopulver und Zucker miteinander gemischt, werden
(reichl.)	1 Eßl.	25—30	120	einander gemischt, werden
Zucker	2 Eßl.	30	117	mit etwas kochender Milch
Milch	$^1/_2$ Lit.	500	324	(oder Wasser) glatt gerührt
[oder Wasser $^3/_8$ Lit.		375]		und mit der übrigen
			561	Milch (oder Wasser) auf

schwacher Wärme (am besten auf Wasserbad) zusammengerührt und geschlagen — einmal aufgekocht — Dotter (1 St.) kann dareingegeben werden.

1843. Schäumende Eierschokolade.

Schokolade nach 1839, 1840 oder Kakaogetränk nach 1842 wird auf dem Feuer (Wasserbad) mit Dottern stark geschlagen (8 St., 360 auf 1 Lit., 1000), die vorher mit Zucker (10 g auf jeden Dotter) weiß gerührt sind — bis stark schäumend — und sofort anzurichten.

1844. Schokoladensuppe.

Wird gekocht mit Schokolade 100 g, Mehl 10—20 g, Milch 1 Lit., 1000 — oder mit Kakao 50 g, Zucker 50 g — kann mit Dotter abgerührt werden — kann mit etwas Rahmschnee angerichtet werden.

1845. Schokoladensauce [Eßl. 1,5 g = ca. 25 Cal.

			Gr.	Cal.
600	Schokolade		150	700
125	Rahm, gew.	2 Eßl.	30	64
1000	Wasser	¹/₄ Lit.	250	
	Butter, wenig			

Die Zutaten werden auf Wasserbad miteinander gerührt und geschlagen — es kann zuletzt mit einigen Dottern abgerührt werden — kalt oder warm anzurichten — kann gewürzt werden mit Vanille, Maraschino usw. — auch mit Kakao 75 g, Zucker 75 g zu bereiten — auch als Schokoladeneiersauce nach 277.

1846. Schokoladensherbet [ganze Portion ca. 800 (80) Cal.

			Gr.	Cal.
80	Schokolade		30	140
220	Zucker		80	312
80	Dotter	2 St.	30	108
1000	Milch (knapp)	3/8 Lit.	375	243
			515	803

Die Schokolade in etwas von der Milch aufgelöst und Zucker mit Dotter in der übrigen mit Vanille aufgekochten Milch glatt gerührt, werden miteinander vermischt — geseiht — leicht gefroren.

1847. Stopfendes Kakaogetränk.

Eine Portion Kakaogetränk (1842) wird abgerührt und aufgekocht mit Gummi (arab.) 5—10 g.

Schokolade, Kakao als Zusätze vergleiche:

Rahmschnee mit Schokolade 50,
Rahmgelee mit Kakao 56,
Rahmschneegelee mit Kakao 59,
Buttercreme mit Kakao 72,
Eierstich mit Kakao 222,
Schokolademeringues 242,
Dottersauce mit Schokolade 277,
Eierauflauf mit Schokolade 297,

Eierschneegelee mit Kakao 303,
Eierrahmschneegelee mit Kakao 311,
Dotterrahmschneegelee mit Schokolade . 313,
Dottercremeeis mit Schokolade 321,
Eierauflauf mit Schokolade 338,
Eierauflauf mit Kakao . . . . 348.

Klasse III.

Alkohol-Getränke.

1848. Allgemeines.

Die alkoholhaltigen Getränke bilden die dritte Hauptgruppe unserer Genußmittel.

Es ist uns allmählich mehr und mehr klar geworden, daß wir im Alkohol einen falschen Freund haben, der leicht zum gefährlichsten Feind der Menschheit wird. Doch scheint es trotz alledem bisher nicht ganz genügend anerkannt zu sein, daß der Alkohol, für den gesunden Menschen, in täglicher Gabe, ein ganz und gar entbehrliches Reizmittel ist, dessen sogenannte kräftigende Wirkung ein Betrug ist. Die erste belebende Wirkung des Alkohols ist äußerst zweifelhaften Charakters, die abspannende, abstumpfende, niederschlagende Nachwirkung aber eine um so sicherere und verderblichere.

Ein jeder fortgesetzte Alkoholverbrauch, außer in allerkleinsten Mengen, ist als schädlich anzusehen. Für Kinder ist ein jeder Alkoholgenuß — nicht nur der vereinzelte, vielmehr natürlicherweise der gewohnheitsmäßige — entschieden verwerflich.

Für kranke Menschen gilt in den meisten Fällen dasselbe. Als Heilmittel darf er nie von Laien auf eigene Hand angewendet werden. In vereinzelten besonderen Fällen kann der Alkohol in der Hand des Arztes zu einem berechtigten Heilmittel werden.

Die Reihe der Alkoholgetränke ist eine weite und in bezug auf Alkoholstärke eine äußerst verschiedene. Sie können in folgender Weise danach gruppiert werden:

Biere, leichte,

schwere;

Weine, leichte,

schwere;

Spirituosen;

Liköre.

Kap. 189. Bier und Malzextrakt.

1849. Allgemeines.

Das Bier wird dargestellt durch Gärung eines dextrin-maltose-zuckerhaltigen, wässerigen Auszuges aus gemälzter Gerste. Letztere wird grobgemahlen, mit warmem Wasser vermischt, wodurch die Würze ausgezogen wird, welche dann geklärt und mit Hopfen gekocht wird — und mit Hefe versetzt in Gärung gebracht wird. Während der Gärung bildet das Zucker sich um in Alkohol und Kohlensäure, bei gleichzeitiger Bildung gewisser aromatischer Stoffe. Indem die Gärung in verschiedener Weise geleitet wird, als Obergärung resp. Untergärung, werden zwei verschiedene Hauptarten von Bier erhalten, nämlich die (in der Regel) schwächeren obergärigen und die stärkeren untergärigen.

Indem die Würze, der dünne Malzauszug, durch Eindampfen stärker gemacht wird, erhalten wir die sogenannten „Malzextrakte".

1850. Obergärige Biere.

Werden in Dänemark in sehr vielen verschiedenen Sorten gebraut — unter Namen wie: Schiffsbier, Weißbier, Kronenbier, Doppelbier, Malzbier usw., als sehr alkoholschwache Biere, mit in der Regel um 1,5% Alkohol. Nie über 2,25% Alkohol, um nicht ihren Charakter als steuerfreies Bier zu verlieren. Derartige Biersorten, deren Fabrikation in Dänemark in den letzteren Jahren eine stark ansteigende geworden ist, haben eine nicht zu unterschätzende Bedeutung für den Kampf gegen den Alkohol.

An deutschen obergärigen Bieren gibt es das Weißbier, ein von dem dänischen Weißbier ganz verschiedenes Fabrikat, für welches durchschnittlich angegeben wird: 2,79% Alkohol.

Für deutsches (obergäriges) Malzbier wird angegeben durchschnittlich 3,7% Alkohol, neben ca. 12,0% Extrakt. Derartige Biere besitzen also, neben ihrer Alkoholwirkung, einen für gewisse Fälle bedeutungsvollen Nährwert durch Zufuhr verhältnismäßig leichtverdaulicher Kohlehydrate: Dextrin, Maltose u. dgl.

1851. Untergärige Biere bekommen in

leichteren Sorten ca. 3,7% Alkohol, 5,4% Extrakt,

schwereren „   „   4,3%   „   6,5%   „

Es sind Getränke, die als Nahrungsmittel kaum von Bedeutung werden können; denn um mit diesen extraktarmen Getränken eine irgendwie nennenswerte Nahrungszufuhr zu erreichen, würden sie in entschieden die Ernährung störenden Mengen zu verzehren sein.

Zu diesen Bieren gehören alle Biere nach bayrischer Art, Pilsener Biere u. dgl.

Kap. 190. Biergetränke — Biersuppen.

1852. Bierkaltschale (dänische Vorschrift).

			Gr.	Cal.	
1000	Bier	½ Lit.	500 ca.		Bier (Braunbier, dunkles La-
125	Sherry	¹⁄₁₆ Lit.	60		gerbier u. dgl.), Wein, Zucker
125	Zucker		60	480	werden miteinander ver-
	Zitronenscheiben				mischt, einige Stunden mit
	Zitronenschale				einigen braungerösteten Brot-
	Gewürz				rinden hingestellt — wird

mit Roggenzwiebacken oder anderem harten Brot (Zwieback, Röstbrot u. dgl.) angerichtet — für Sherry kann Weißwein genommen werden (doppelt soviel) oder Cognac (halb soviel) — es kann auch mit verschiedenen Fruchtsäften gewürzt werden.

Bierkaltschale — Hannemann.

1000	Bier	1 Lit.	1000	Bier (Weiß- oder Braunbier),
125	Wasser	⅛ Lit.	125	Brot (gerieben), Korinthen
20	Schwarzbrot		20	in Wasser aufgekocht, wird
30	Zucker		30	mit dem übrigen gut ver-
50	Korinthen		50	mischt und kaltgestellt.
	Kardamome			
	Zitronenschale u. -scheibe			

1853. Klare Biersuppe.

1000	Bier	1 Lit.	1000		Bier (dunkles oder Braunbier)
15	Mehl	3 Tl.	15	52	wird aufgekocht, mit Mehl
15	Zucker		75	295	abgerührt — gesüßt — mit
	Gewürz				Zitronenschale gewürzt.

1854. Bierweinsuppe mit Sago.

1000	{Bier	⅔ Lit.	666		Bier (dunkles oder Weißbier),
	{Weißwein	⅓ Lit.	333		Wein, Gewürz werden zu-
75	Zucker		75	295	sammen gekocht — der Sago
60	Sago		60	200	darin klargekocht (ca.
	Kaneel				30 Min.).
	Zitronenschale				

1855. Schäumende Biersuppe.

1000	{Bier	½ Lit.	500		Die Zutaten werden mitein-
	{Wasser	½ Lit.	500		ander verquirlt — aufs Feuer
20	Mehl	2 Eßl.	20	70	gesetzt, stark geschlagen, bis
180	Ei	4 St.	180	280	nahe am Kochen — mit
80	Zucker		80	312	Zwieback, glacierten Brot-
					kroutons u. dgl. anzurichten

— auch mit Dottern alleine.

Milchbier ⎱ vgl. 8—9.
Rahmbier ⎰

Eierbier siehe 245.

Eierbiersuppe siehe 269.

1856. Biersuppe — norwegische (Schönberg-Steen)

[ca. 6 Portionen à ca. 130 Cal.

			Gr.	Cal.	
375	Bier, bayrisch	$^1/_2$ Fl.	375	75	Alle Zutaten miteinander ver-
250	Rahm	$^1/_4$ Lit.	250	420	quirlt, werden aufgekocht
1000	Wasser	1 Lit.	1000		— mit braungerösteten Brot-
50	Mehl		50	175	würfelchen anzurichten.
30	Dotter	2 St.	30	108	
90	Cognac	1 Wgl.	90		
			1795	778	

Roggenbrotbiersuppe 827—839.

1857. Polnische Biersauce — nach Hannemann

[Eßl. 15 g = ca. 15 Cal.

1000	Doppelbier	$^1/_4$ Lit.	250	125	Mehl mit Butter gebräunt,
20	Mehl		5	17	mit Brühe (aus Liebigextrakt
40	Butter		10	75	und Wasser bereitet), Bier
100	Pfefferkuchen		25 ca. 100	abgerührt, mit Suppenge-
20	Himbeersaft	1 Tl.	5		müse (kleingeschnitten), Ge-
125	Zwiebel		30		würz, Pfefferkuchen (gerie-
80	Suppengemüse	1 Eßl.	20		ben) und Himbeersaft ver-
	Liebigextrakt				rührt, wird $^1/_2$ St. gekocht,
	Gewürz				recht langsam — durch-
	Zitronensaft				gestrichen mit Zitronensäure,
	Salz				Salz, wenn nötig mit Zucker
180	Wasser	3 Eßl.	45		abgeschmeckt — es können
					noch in Essig und Zucker

gargekochte Zwiebelscheiben hinzugefügt werden. — Man kocht
darin Karpfen, auch Bratwurst, Wiener Wurst, Fleischklöße usw.

Kap. 191. Weine — Spirituosen.

1858. Allgemeines.

Der Wein, das durch Alkoholgärung aus dem Traubensaft hergestellte Getränk, erscheint in sehr vielen verschiedenen Sorten, je
nach Art der Traube, nach Art und Weise, in der die Gärung durchgeführt wird, je nach übriger Behandlung und Nachbehandlung, und
daneben hat die Witterung und der davon abhängige Reifegrad einen

sehr bestimmenden Einfluß auf die Güte des Weines, besonders die
Süßigkeit und Feinheit (Bouquet). Von entscheidender Bedeutung ist
ferner der Boden, auf dem der Wein gewachsen.

Der aus den Trauben ausgepreßte Most wird der Gärung überlassen, die hervorgerufen wird durch Gegenwart der Hefepilze, die
entweder den Trauben anhaften oder aus der Luft hinzutreten (überwiegend Saccharomyces ellipsoideus).

Während der Gärung hat sich ein gewisser Teil des Zuckers im Most
zu Kohlensäure und Alkohol umgebildet. Außer diesen Stoffen enthält
der fertige Wein eine Reihe anderer Stoffe, einen Rest von Zucker,
ganz wenig Stickstoffverbindungen, verschiedene Säuren, besonders
Weinsäure und Apfelsäure, auch Borsäure und Essigsäure, Glyzerin,
verschiedene Salze, Gerbstoff, Farbstoffe (die stärker roten Farbstoffe
entstehen unter der Gärung aus den Schalen), endlich die für den Wein
als Genußmittel so bedeutungsvollen Bouquet-, Aromastoffe. Letztere
sind teilweise schon in den frischen Trauben da, bilden sich teilweise
während der Gärung, entwickeln sich jedoch zu der vollen, jeder Wein-
sorte eigentümlichen Feinheit erst während des Lagerns.

1859. Leichte Weine, Tischweine.

Dazu sind zu rechnen Weine mit 5—10% Alkohol neben ganz unbedeutenden Mengen von Zucker, und an Extrakt (übrige, nicht flüchtige
Bestandteile) 1,5—2,5% — die gewöhnlichen deutschen Weißweine
(Mosel-, Rhein-, Pfälzer-, Badische Weine usw.) und gewöhnliche
französische Weine von Bordeauxcharakter und weiße mit Graves-
charakter. Von letzteren gibt es doch auch stärkere Sorten.

1860. Mittelschwere Weine.

Sind Weine mit 11—13% Alkohol — wie Rotweine von Bour-
gognecharakter, gewisse französische Weißweine (à la Château
Yquem), die auch zuckerhaltiger werden, Champagnerweine (süße
mit bis zu 15% Zucker), Tirolerweine, rote und weiße, Tokayer
(Zucker bis 20%), Malaga (Zucker bis 18%), Marsala (Zucker bis 3%).

Der Champagnor ist bekanntermaßen ein Kunstprodukt, aus
leichteren Traubenweinen hergestellt mit der sogenannten „Dosierung"
mit „Likör" (einer Lösung von Zucker mit Cognac oder einem starken
Wein) und verschiedenem Gewürz.

1861. Starke Weine.

Sind gewöhnlich mehr oder weniger Kunstprodukte, bereits von
der ersten Produktionsstelle her. Bei diesen finden wir Alkoholprozente
bis 14—16 und mehr — neben 3—6% Zucker.

Dahin gehören Weine wie Sherry (Xeres), Portwein, Madeira.

Übersicht
(durchschnittliche) über die Zusammensetzung der Weine.

	Mosel	Rheinwein	Bordeaux	Bourgogne	Champagner		Tokayer	Marsala	Malaga	Madeira	Portwein	Sherry
Alkohol %	5—9	6—10	7—9	10—11	trocken 11 süß 10		11—12	12	12	14	16	16
Extrakt % mit	2,3	3,0	2,4		süß	12	2,3	6	22	5	8	4
Zucker %	0,2	0,2	0,2		süß	11	20,0	3	18	3	6	2
Säure %	0,8	0,8	0,6				0,6	0,5	0,5	0,5	0,5	0,5

1862. Fruchtweine.

Werden aus verschiedenen Stein- und Beerenfrüchten hergestellt,
indem der aus den Früchten ausgepreßte Saft, der Most, entweder
einer natürlichen oder durch Hefezusatz angeregten Gärung überlassen
wird — wobei sich die Verwendung gewisser reinkultivierter Weinhefen als zweckmäßig gezeigt. Bei Verwendung von zuckerarmen
Fruchtsäften kann der Zusatz von Zucker zu dem Most notwendig
werden. Nach der Gärung wird der Wein in gewöhnlicher Weise geklärt,
gelagert, auf Flaschen gezogen.

Es ist ganz unmöglich, für diese Fruchtweine nur annähernd zuverlässige Mittelwerte aufzustellen. Es gibt sehr alkoholstarke, wie
mittelstarke und schwache Fruchtweine. Die Bestandteile sind übrigens
wesentlich dieselben wie in den Traubenweinen, doch so daß die Säure
überwiegend Äpfelsäure ist — während die Weinsäure ganz fehlt oder
nur in Spuren da ist — und die Bouquetstoffe von weit geringerer
Feinheit sind.

Für verschiedene deutsche Äpfelweine wird 5% Alkohol angegeben;
für französischen Cider 2—5%; für verschiedene Beerenweine (von
Stachelbeeren, Johannisbeeren) bis 10%.

1863. „Alkoholfreier Wein".

Ist eigentlich gar kein Wein, kein Alkoholgärungsprodukt —
sondern einfach nur Weintrauben- oder Fruchtmost, der auf Flaschen
gezogen und sterilisiert wird. Dieses Getränk vereint in sich in vorteilhafter Weise die aromatischen, würzenden Eigenschaften des Weines
mit der Unschädlichkeit der alkoholfreien Getränke.

1864. Spirituosen — Branntweine.

Es sind dies die stärksten alkoholischen Getränke — mit einer
Alkoholmenge von 25—70%. Sie werden in sehr verschiedener Weise
dargestellt, nämlich

1. durch einfache Destillation alkoholhaltiger Flüssigkeiten, Trauben-, Fruchtweinen od. dgl.;

2. durch Gärung zuckerhaltiger Rohstoffe, wie Zuckerrohrsaft, Zuckerrübensaft, Fruchtsäfte, verschiedener, bei der Zuckerfabrikation erhaltener Sirupe (Melasse) — mit nachfolgender Destillation;

3. aus mehligen, stärkehaltigen Rohstoffen, Kartoffeln, Gerste, Roggen, Mais, Reis usw., nach erstmaliger Umbildung eines Teils der Stärke in Dextrin und Zucker, während des Maischens und durch spätere Destillation des in der vergorenen Maische gebildeten Alkohols.

Nach erster und zweiter Weise werden die sogenannten Edelbranntweine erhalten, nämlich Cognac, durch Destillation gewisser weißer französischer Weine (in der Charente), Rum aus der Zuckerrohrmelasse, Arrak aus Reis, verschiedene Fruchtbranntweine, wie Kirschwasser aus Kirschensaft, Slivovits aus Zwetschen usw.

Auf dem dritten der genannten Wege erhalten wir unsere gewöhnlichen Trinkbranntweine, Korn-, Kartoffelbranntwein, und Whisky aus Gerste und Roggen.

Außer dem Wasser und Alkohol enthalten diese Branntweine, je nach dem verschiedenen Ursprung, sehr verschiedene Geschmacks- und Geruchstoffe

An der Schädlichkeit unserer gewöhnlichen Kartoffel- und Kornbranntweine ist ganz sicher die verschiedene Unreinheit derselben — Inhalt an Fuselölen verschiedener Art — wesentlich mit teilhaftig.

Durchschnittlich läßt sich an Alkohol (in Gewichtsprozenten) rechnen für:

gewöhnlichen Branntwein	8—40%
Whisky, Arrak	50%
Rum	50—70% und mehr
Cognac	40—60%
Kirschwasser, Angosturabitter . . .	ca. 45%
Absinth	40—65%
Benediktiner, Curaçao, Chartreuse (gelb)	40%
Maraschino	25%

In diese Reihe sind auch einige Liköre und Bitter aufgenommen — starke und stärkste und schädlichste Mischungen von Wasser mit Alkohol und verschiedensten, teilweise scharfen und stark nervenreizenden Geschmacks- und Gewürzstoffen.

In den ganz kleinen Mengen, in denen die Spirituosen und Liköre als Zusatzgewürz zu unseren Speisen Verwendung finden (zu Eier-, Fruchtspeisen usw.), dürften diese noch einigermaßen erlaubt sein — besonders falls die Alkoholwirkung durch Mitkochen reduziert wird.

Kap. 192. Getränke.

1865. Bowle — Allgemeines.

Es wird dazu gewöhnlich leichter, säuerlicher Wein genommen, einzelne Sorte oder mehrere vermischt. Es wird am besten mit vorher gekochtem und geklärtem Zuckersirup gesüßt, niemals stark (gewöhnlich wird bis 50 g Zucker auf jede Flasche Wein genügen (bis höchstens 75 g) — zum Verdünnen kann reines Wasser verwendet werden — auch kohlensäurehaltiges — aber ungern alkalisches. Es darf nur sehr schwach gewürzt werden (Rum, Cognac, Likör, Zitrone). Ist sehr kalt anzurichten.

1866. Bowle I, Maitrank.

		Gr.
Moselwein	1 Fl.	750
Zucker ·		60
Waldmeister	ca.	25

Die Ingredienzien werden vermischt — einige Zeit hingestellt — geseiht — gekühlt — mit eingelegten Eisstückchen anzurichten.

1867. Bowle II — nach Hannemann.

1000	{Rotwein	¹/₂ Fl.	375
	{Äpfelwein	¹/₂ Fl.	375
333	Wasser	¹/₄ Lit.	250
80	Zucker		60
	Apfelsine	1—2 St.	

Der Zucker wird mit der Apfelsinenschale abgerieben — mit dem Wasser zu Sirup verkocht — geklärt, ¹/₂ St. mit den reingemachten, in Scheiben geschnittenen Apfelsinen hingestellt — kalt angerichtet.

1868. Bowle III.

1000	Moselwein	1 Fl.	375
160	Zucker	¹/₈ kg	125
333	Wasser	¹/₄ Lit.	250
	Pfirsich	1 St.	

Der Zucker mit Wasser zu klarem Sirup gekocht, wird mit dem Wein vermischt — mit dem geschälten und in Scheiben geschnittenen Pfirsich kaltgestellt

— mit Chartreuselikör (ganz leicht) gewürzt,
— mit Rheinwein,
— mit Rotwein, Erdbeeren und Curaçao,
— mit verschiedenen anderen Früchten usw. — ebenso.

1869. Bowle mit Früchten — nach Hampel.

1000	{Bordeaux	¹/₄ Lit.	250
	{Champagner	1 Fl.	750
250	Vanillesirup	¹/₄ Lit.	250
	Ananas	¹/₄ St.	
	Pfirsich	4 St.	
125	Kirschen	¹/₈ kg	125
125	Himbeeren	¹/₈ kg	125
125	Johannisbeeren	¹/₈ kg	125
500	Erdbeeren	¹/₂ kg	500
	Apfelsinensaft		
	Zucker		

Die Ananasfrucht wird geschält, in Stücke geschnitten, mit den übrigen Früchten (außer den Erdbeeren) mit dem Rotwein kaltgestellt — die Erdbeeren werden mit den Ananasabfällen zerstampft, durchgestrichen, und mit dem Champagner verrührt — mit den Früchten in Rotwein und mit dem Apfelsinensaft vermischt — nach Bedarf gesüßt — stark gekühlt angerichtet.

1870. Kardinal.

Rheinwein (1 Fl., 750), Zucker ($^1/_8$ kg, 125), Saft von 1 Apfelsine und 1 Zitrone werden vermischt, geseiht — stark gekühlt gegeben.

1871. Bischoff.

Rotwein (1 Fl., 750), Wasser ($^1/_4$ Lit., 250), Zucker ($^1/_8$ kg, 125), Vanille miteinander aufgekocht, werden abgekühlt — mit dem Saft einer Zitrone und wenig Rum (20) vermischt — geseiht — kalt gegeben.

1872. Champagnercup — nach Hampel.

			Gr.	
1000	{Champagner	$^1/_2$ Fl.	375	Der Zucker mit wenig Wasser zu
	{Weißwein (fein)	$^1/_2$ Fl.	375	Sirup verkocht und geklärt,
188	Zucker		100	wird mit den übrigen Zutaten
	Zitronensaft von $^1/_2$ Zitrone			vermischt — körnig gefroren.
	Curaçao,	$^1/_2$ Likörglas		

1873. Sillabub.

Weißwein ($^1/_2$ Lit., 500), Schlagrahm ($^1/_2$ Lit., 500), Zucker ($^1/_8$ kg, 125), Zitronensaft, -schale nach Geschmack — werden miteinander auf Eis schäumig geschlagen.

1874. Eispunsch — nach Hannemann.

			Cal.		
1000	{Arrak	$^1/_{16}$ Lit.	60		Wasser und Zucker werden
	{Rotwein	$^1/_8$ Lit.	125		aufgekocht — mit den üb-
660	{Apfelsinensaft	4 Eßl.	60		rigen Zutaten vermischt
	{Zitronensaft	4 Eßl.	60		(außer den Eiweißen) —
2000	Wasser	$^3/_8$ Lit.	375		körnig gefroren, mit den zu
1350	Zucker	$^1/_4$ kg	250	960	steifem Schnee geschlagenen
325	Eiweiß	2 St.		48	Eiweißen verrührt — kalt,

in breitem Glase anzurichten.

1875. Abgekochtes Rotweingetränk.

1000	Rotwein	$^1/_2$ Lit.	500		Die verschiedenen Zutaten
	(schwerer)				werden miteinander auf-
500	Wasser	$^1/_4$ Lit.	250		gekocht — geseiht — heiß
350	Zucker		175	685	angerichtet — auch ohne
	Kaneel	1 St.			Wasser — auch mit Wein
	Gewürznelken	10 St.			und Wasser zu gleichen Tei-
					len — kann auch mit etwas

Zitronenschale gewürzt werden.

1876. Punsch.

Wird warm zubereitet und gegeben — als:

Rotweinpunsch.

Rotwein, Wasser ($^1/_2$ Lit., 500 von jedem), Zucker (200 bis 250 g), Rum oder Cognac ($^1/_{16}$ Lit., 60), Gewürz (Zitronensaft, -schale) usw.

Weißweinpunsch.

Ebenso, mit Zusatz von Portwein oder Cognac oder Arrak und Gewürz.

Madeira-, Sherrypunsch.

Mit ca. $^1/_4$ Lit., 250 Wein, $^1/_2$ Lit., 500 Wasser, wenig Cognac — Zucker, Gewürz.

Portweinpunsch.

Mit Wein und Cognac ebenso — auch mit Tee statt Wasser.

Rumpunsch.

Mit Rum ($^3/_8$ Lit., 375), Tee (1 Lit., 1000), Zucker (300), Gewürz.

Andere Getränke mit Wein siehe auch:

Milchweinlimonade	10
Milchpunsch	11
Eiweißlimonade in Milch	248
Schäumendes Eiergetränk mit Rotwein, Weißwein	249—50
Eierschnaps	251
Äpfelgetränk mit Wein	1516
Fruchtextrakte mit Spiritus } Fruchtlikör	Kap. 157

Kap. 193. Weinsuppen — Weinsaucen.

I. Suppen:

1877. Weinkaltschale.

			Gr.	Cal.	
1000	{ Rotwein oder Weißwein	$^1/_2$ Lit.	500		Zucker, Wasser, Wein werden vermischt — geklärt und ge-
	Wasser	$^1/_2$ Lit.	500		seiht, wenn nötig — kalt
100	Zucker		100	390	gegeben — mit Zwieback,
5	Zitronensaft	1 Tl.	5		gerösteten Brotwürfeln, gla-
					cierten Brotkroutons usw. —
					auch mit Eigelb legiert.

1878. Klare Weinsuppe.

Gr. Cal.

1000	{Rotwein	1 Fl.	750	
	{Wasser	¹/₂ Fl.	375	
65	Zucker		75	295
	Fruchtgelee	4 Eßl.		
	Zitronenschale			
	Kaneel oder Vanille			

Rotwein und Wasser werden mit der Zitronenschale und dem Kaneel aufgekocht — gesüßt. — mit dem Gelee verrührt.

1879. Weinsuppe mit Ei abgerührt.

Wie 1877, aufgekocht — nachdem vom Feuer entfernt, mit Eigelb (2 St.) abgerührt.

1880. Weinsuppe mit Mehl abgerührt.

Wie 1877 — aufgekocht — nachdem mit Arrowroot oder anderem Stärkemehl abgerührt, 10—15 g — kann auch außerdem mit Eigelb (1—2 St.) legiert werden.

1881. Weinpanadensuppe.

Wie 1877 — aufgekocht — abgerührt mit Brot (100—150 g) nach 469,7 oder 492 vorbereitet.

Andere Suppen mit Wein oder Spiritus siehe auch:

Milchsuppe mit Cognac	14
Potage financière	465
Potage Lamartine	465
Klare Fleischsuppe mit Wein	463
Rinderschwanzsuppe	487
Unechte Schildkrötensuppe	488
Apfelsinenkaltschale	1536
Erdbeerpüreesuppe	1558

II. Saucen:

Klare:

1882. Klare Rotweinsauce.

Rotwein	1 Fl.	375	
Zucker		110	425
Rosinen	3 Eßl.		
Zitronenschale			
Kaneel			

Der Zucker wird mit der Zitronenschale abgerieben — in dem Wein aufgelöst, mit Kaneel und den (vorher aufgeweichten, aufgekochten und von den Steinen befreiten) Rosinen gekocht — mit Wasser nach Bedarf verdünnt.

1883. Süße Portweinsauce (englisch) — nach Beeton).

1000	{Portwein	¹/₄ Lit.	250	
	{Wasser	¹/₃ Lit.	125	
400	Johannisbeerengelee		150	
	(süß)			

Das Gelee wird im Wein und Wasser auf Wärme geschmolzen (ohne zu kochen) — zu Wildbraten gereicht.

Andere Weinsaucen siehe auch:

Apfelsinensauce mit Weißwein . . . 1543
Kirschensauce mit Rotwein 1544
Sauce Cumberland 1547
Kalte Erdbeersauce mit Weißwein . 1567
Hagebuttenpüreesauce mit Wein . 1570
Pfirsichpüreesauce mit Rotwein . . 1573
Melonenpüreesauce mit Weißwein . 1574
Zwetschenpüreesauce mit Rotwein . 1575
Püreesauce aus getrockneten Kir-
schen 1577

1884. Brandysauce (à l'anglaise) — Hampel

[pro Eßl. ca. 15 g = ca.

			Gr.	Cal.	
1000	⎰Sherry	$^1/_{20}$ Lit.	50		Die Butter leicht angewärmt,
	⎱Cognac	$^1/_{20}$ Lit.	50		wird mit dem Zucker, mit
1200	Butter		120	900	Sherry und Cognac gerührt
1200	Zucker		120	468	und stark geschlagen — zu
					Plumpudding u. dgl.

Weinsaucen mit Ei:

1885. Madeirasauce — geeiste — Farmer.

1000	Madeira	$^1/_4$ Lit.	250		Fruchtsaft und Wein wird
500	Apfelsinensaft	$^1/_8$ Lit.	125		vermischt und eisigkalt ge-
125	Zitronensaft	2 Eßl.	30		kühlt — Zucker mit Wasser
2000	Wasser	$^1/_2$ Lit.	500		gekocht und gekühlt, wird
1000	Zucker	ca. $^1/_4$ kg	250	970	mit den zu Schnee geschla-
240–360	Eiweiß	2—3 St.	60—90	32--48	genen Eiweißen verrührt,

und in ein Gefäß mit ge-
salzenem Eiswasser gestellt, bis stark abgekühlt — mit der ersteren
Mischung vermischt.

1886. Champagnersauce — nach Hampel.

1000	Weißwein	$^1/_4$ Lit.	250		Aus Weißwein, Dotter und
1000	Champagner	$^1/_4$ Lit.	250		Zucker wird eine Creme ge-
180	Dotter	3 St.	45	162	kocht, mit Zitronenschale
360	Ganzei	2 St.	90	140	und -saft — wird stark
160	Zucker		40	156	schäumig geschlagen, zuletzt
	Zitronenschale und -saft				mit dem Champagner —
					kalt gegeben.

Andere Weinsaucen siehe:

Chaudeau 279
Eiersauce 283, 286

Weinsaucen mit Mehl abgerührt:

1887. Rotweinsauce.

			Gr.	Cal.	
1000	{ Rotwein	½ Lit.	500		Wasser und Wein werden mit
	Wasser	½ Lit.	500		den Gewürzen gekocht —
75—100	Zucker		75—100	285—390	gesüßt — mit dem Mehl ab-
25	Kartoffelmehl		25	17	gerührt und gekocht.
	Gewürz (Kaneel,				
	Zitronenschale,				
	Gewürznelken)				

Weißweinsauce.

Mit Mosel-, Rheinwein, hellem Fruchtwein — ebenso.

1888. Rumsauce mit Einbrenne — nach Hampel

[pro Eßl. ca. 15 g = ca. 18 Cal.

			Gr.	Cal.	
1000	{ Rum	3 Eßl.	45		Butter und Mehl werden mit-
	Weißwein	¼ Lit.	250		einander abgebrannt — mit
370	Zucker		100	390	Wein und Rum aufgegossen
37	Kartoffelmehl		10	35	— gesüßt — 15—20 Min.
37	Butter		10	39	gekocht — gewürzt — ge-
	Zitronensaft				seiht — zu verschiedenen
					Mehlspeisen.

Fleisch- und Fischsaucen mit Zusatz von Wein und
    Spirituosen:

Braune Sauce	530, 531, 532
Sauce bordelaise	553
Madeirasauce (perigeux)	555
Sauce matelote brune	558
Hering-, Sardellenpüreesauce	564
Kräuterpüreesauce	566

Kap. 194. Gestockte Weinspeisen.

1889. Weißweingelee

[ganze Portion ca. 1700 (100) Cal.

			Gr.	Cal.	
1000	{ Weißwein	1 Fl.	750		Zucker zu klarem Sirup ver-
	Wasser	¼ Lit.	250		kocht, mit dem Wasser und
375—500	Zucker	bis ½ kg	375—500	1462—1950	den Gewürzen, abgekühlt,
25	Gelatine	12 Bl.	25	100	wird mit der in etwas Wasser
	Zitronenschale				aufgelösten Gelatine, und
	Zitronensaft				dem Wein (Mosel-, Rhein-,
	Zitronensäure				Graveswein oder Mischungen
					davon) verrührt — durch ein

Tuch geseiht — in Glasschüssel gegossen — zum Steifwerden
kaltgestellt — mit verschiedenen Eiercremesaucen anzurichten
— zur warmen Jahreszeit, oder wenn das Gelee gestürzt werden
soll, wird mehr Gelatine genommen, bis 14—16 Bl.

Rotweingelee ebenso.

1890. Portweingelee.

Weingelee mit Portwein oder anderen ähnlichen stärkeren Weinen, Sherry usw., wird nach 1889 bereitet mit ca. Wein 500, Wasser 500.

Tokayergelee ebenso — mit Wein und Wasser zu gleichen Teilen — und mit Zitronensaft als Gewürz.

1891. Arrakgelee mit Wein und Tee — Hannemann.

			Gr.	Cal.
1000	Arrak	$^1/_8$ Lit.	125	
	Rheinwein	$^1/_{16}$ Lit.	60	
	Tee, sehr stark	$^1/_2$ Lit.	500	
	Wasser	$^1/_4$ Lit.	250	
65	Zitronensaft	4 Eßl.	60	
160	Zucker		150	585
20	Gelatine (weiße)	10 Bl.	20	80

Apfelsinenextrakt 4 Tr.

Die Gelatine im Tee aufgelöst, wird mit den übrigen Zutaten vermischt — in Glasschüssel zum Steifwerden gegeben.

Verschiedene andere Speisen mit reichlicherem Zusatz von Wein und Spirituosen:

Karpfen in Rotwein 596
Geräucherter Schinken in Wein 635
Kalbsbröschen in Weißwein 649
Mehlgrütze in Rotwein 841
Sagoflammeri mit Rotwein 843
Savarinaufguß 927
Himbeerflammeri mit Rotwein 1553

Sachregister.

Abbacken, Abbrennen, Einbrenne (mit Mehl und Butter) 114, 215; für Fisch-, Fleischspeisen 197; für Fleischfarcen 183, 188, 189—190; für Frikassee 199; für Gemüse 353, für Klöße 299; für Kuchenteig 273; für Pudding (Auflauf) u. dgl. 288, 291; für Ragout 178; für Saucen 134 usw., in Suppen 118, 335.

Abdampfen von Gemüsen 347.

Abrühren, mit abgebackenem Mehl (Mehlschwitze, Einbrenne), mit Brot, Zwieback 114; mit Butter 114; von Suppen, Saucen 114; mit Mehl 114; mit Milch, Rahm 117.

Alkoholgetränke 447.

Anrichten, gutes, der Speisen 7.

Anrichtungen, gemischte, von Fisch, Fleisch 157.

Arrowroot 220, 226.

Aspik 110; Fisch, Fleisch in 169; Früchte in 408.

Aubainfarce 190.

Auflauf = Soufflee.

Backen von Brot 251; von Früchten 406; von Kartoffeln 347; von Kuchen 264; von Schinken 169.

Backpulver 251.

Backregeln 251, 264.

Backwerk 258.

Bananenkaffee 443.

Bavarois = Eiergelee.

Bearnaise-Essenz 438.

Bechamel (Sauce) 134; Gemüse in 354, 357; Saucen mit 136.

Beeftea 102.

Beef à la Mode 146; à la Nelson 147; braisé 145.

Beefsteak 153.

Beignet von Früchten 410.

Bekömmlichkeit 6; der Milch 16.

Bier 448; -getränke 449; -kaltschale 449; -sauce 450; -suppen 449.

Biskuit = Zuckerbrot.

Blanc-manger 404.

Blattkohl 328.

Blaukochen von Fisch 142.

Blätterteig (Butterteig) 272.

Blut 91; -speisen 179.

Bouillon (siehe auch Fleischbrühe) 102, 104; Flaschen- 102.

Bouquet-garni 128, 437.

Bowle 453.

Branntwein 452.

Braten von Fisch 158; Fleisch 96, 149 usw.; von Gemüsen (Schwitzen) 325, 330, 335; von Mehlspeisen 284; im Ofen 96, 149; im Topf 97, 151.

Brot 249; abgerührt, zu Gemüsen 356; zu Saucen 139; zu Suppen 25, 121, 334, 389; geröstet 280.

Brotbereitung 249.

Brotfarce 183, 186, 281, 369, 370.

Brotgalerte 232.

Brotklöße 298, 300.

Brotomelette 84, 85.

Brotpanade 26, 32, 121, 139, 183, 186, 334, 356.

Brotpudding 282, 292.

Brotsaucen 139, 345.

Brotsoufflee (Auflauf) 282, 293.

Brotsuppen, in Fleischbrühe 121; in Milch 25.

Brotteig 249; -lockerung 249; Milch- 253; Wasser- 252.

Butter, gebräunte 41; gerührte 38; geschmolzene (zerlassene) 40.

Butter, -creme 39, -eiersaucen 41.

Butterersatzmittel 43.

Buttergrütze 237, 241.

Buttersaucen 40; -mehlsaucen 42.

Butterteig = Blätterteig.

Butterzubereitungen 38.

Cacao = Kakao.

Calorienberechnung, -werte 3, 7.

Carbonade = Karbonade.

Cerealien = Getreide.

Chateaubriand 153.

Chaudeau 70, 71.

Chokolade = Schokolade.

Cichorie = Zichorie.
Compôt = Kompott.
Consommé = Konsommee.
Creme, Eier- 73.
Crustade = Kroustade.
Curry 204, 437.
Custard = Eierstich.

Dampfkochen (Kochen in Dampf) 96; von Fisch, Fleisch 96; von Gemüsen 325.
Dauerkochen 222 usw.
Diätmilchzubereitungen 44.
Dicke Milch 26; -speisen 26, 238.
Dotter (Eierdotter, Eigelb) 47, 49; -creme 73; -cremeeis 80; -cremegelee 76; -Eierstich 55, 57; -Eis 80; gerührt 51; -Getränke 65; -Rahmschneeis 81; -Rahmschneegelee 78.
Dotter-Saucen 69 usw.; -Weinsauce (Chaudeau) 71.
Duxelle 127.

Ei 47; gebacken, gebraten, gekocht, gerührt 51; geschlagen 51; pochiert 49, 53; Rühr- 59; Spiegel- 53.
Eichelkaffee 443.
Eier-Auflauf 82; -creme 73; -cremegelee 75; -gelee 75, -getränke 62; -grütze 236, 241; -klöße 61; -pfannkuchen 82; aufgelaufene do. 84; -saucen 67; -speisen 47; -stich 54; -suppen 67.
Eigelb = Dotter.
Eingeweide 170.
Einpackungskochen siehe Kochen in der Hülle oder Dauerkochen.
Einweichen von Mehl, Grützen 222.
Eis (Natureis) 427; Frucht- 405; halbgefrorenes 405; Rahm- 33.
Eiweiß 47, -backwerk (Meringue), -getränke 64; -klöße 61; -sauce 68.
Eiweißschnee 51.
Entrecôte 153.
Escalope (Schnitzel) 153.
Espagnole (Sauce) 135, 137; Gemüse in 354; Ragout in 200; Saucen mit 137.
Essig 434; -ersatzmittel 435; Gewürz- 434.

Farbengewürz 432.
Farce (Teig), Brot- 186; dänische Brot- 190; Fisch- 182; Fleisch- 182; Frucht- 418; Gemüse-Kräuter- 365; zu Klößen 192; Leber- 177; zu Puddings, Randform 192 usw.; Rahm- 185; Rahm-Eiweiß- 186; schleswigsche 187; Talg- 190; überfettete (Godiveau) 191; Wurst- 194.

Fastensuppen = Gemüsemilchsuppen, französische.
Fettkochen = Kochen in Fett = Friture.
Fett im Essen 10, 215.
Fines herbes 437.
Fisch 91; Blaukochen von 142; gebraten 159; geröstet 159; gesalzen 162; geschmort 149; Kochen von 141; Kochen in Bier, Wein 142; in Dampf 142; Salpicon von 200; in Sauer 170.
Fischfarcen (-teige) 182, 185, 186, 189, 190, 192.
Fischklöße 192; -pudding 192, -ragout 200, 201.
Fischsaucen 131, 134, 139.
Fischsuppen 107, 109, 117, 118, 123.
Flammeri 242, 392.
Fleisch (-ware) 89; Abhängen von 90; Braten von, im Topf 97; auf der Pfanne 97; Dampfkochen von 96, 141; geräuchert 166; gesalzen 162; in Gelee 169; halbroh 99; roh 92, 101; Rösten von 93; do. am Spieß 152; Schmorbraten von 145; Schmorkochen von 142.
Fleisch-Auszüge = -suppen, -extrakte.
Fleischaufbewahrung 91; Aufwärmen von Fleisch 98; Fleischbeurteilung (Fleischschau) 91.
Fleischbrei 100.
Fleischextrakte 102, 104, 111.
Fleischfarcen (-teige) 182.
Fleischgelee 110.
Fleisch-Peptonsuppe 103; -püree (-mus) 182; -püreesuppe 122; -püreesaucen 139; -saft 99.
Fleischsuppen 104; abgerührte 114 usw.; mit Einlagen 112; klare 112; Kochen von 104; Püree- 122; zusammengesetzte 112.
Fleischtee 102.
Flocken (Hafer-, Mais-, Reis-) 220; Brei von 241; Grütze von 233, 241; Suppe mit 230.
Fricandeau 147.
Frikassee 196, 199; -sauce 131, 132, 136.
Frikandellen (Klops, Scheiben, Schnitte) von Fisch, Fleisch 193; von Hülsenfrüchten 308 usw.; von Krautergemüse 365 usw.
Friture 95; von Backwerk 282; von Fisch, Fleisch 159; von Früchten 410.
Frituteig 283.
Fruchtauszüge 382, 384, 385; -brot 418; -essig 385; -gelee 409; -grütze 392, 399; -kaltschale 388; -kompott 411; -likör 384; -limonade 382, 384, 385;

-pudding 418; -püree (-mus) 393;
-saft 386; -salate 406; -saucen 390,
396; -schalenextrakt 384; -sirup 386;
-suppe 388, 393; -teige 418; -timbale
416; -wein 452.
Früchte 375; Abkochen, Abpressen, Abseihen von 386; farcierte 422; Friture
von 410; gebackene 406; in Gelee
408; geröstete 406; getrocknete 381,
387, 390, 401, 413; in Mayonnaise 408;
naturell 406; Reinmachen von 381;
Verdaulichkeit von 381; Wärmeeinwirkung auf 381; Zubereitung von
380.

Gänseleber 176.
Geflügel, geschmort 143; gebraten 150,
151.
Gehirn (Rückenmark) 173.
Gelatine 110.
Gemüse 321; à l'anglaise 348, 357;
Bereitung von 323; farcierte 372;
à la française 352, 360; frites 361;
gebräunte 362; gekochte 324; in
Dampf 325; in Fett 325, 330, 340,
360; in Milch, Rahm 340, 356; in
Wasser 324; geschwitzte 325, 330,
340; gestobt in Brot 355; in Mehl 350;
getrocknete 328; halbsautiert 359;
in Jus 349; Nach-, Vorkochen von
124; naturell 347; in Saucen 350,
352, 353; sautiert 360; in Süß oder
Sauer 349.
Gemüse-Auflauf 367; -croquetten 371;
-milchsuppen 340; -omeletten 367;
-pudding 367, 372, 373; -püree (-mus)
362; -salate 351; -saucen 347; -soufflee
367; -suppen 329; -teige oder -farcen
365.
Genußmittel 431.
Getreide 217.
Gewürz 431; -mischungen 426.
Godiveau 191.
Grablachs 165.
Grahambrot 252; mit Früchten 254.
Gratin 205.
Gries 217; -auflauf 286; -grütze 226;
-klöße 200; -omelette 289; -pudding
289.
Grundsaucen, Grundsuppen von Fisch,
Fleisch 104; von Kräuter-Gemüsen
329.
Grütze 219; Auf-, Einweichen von 222;
durchgestrichene 229; Kochen von
226, 232, 233, 236, 238, 241; -speisen
222 usw.; -suppen 222 usw.
Grütze (= dicker Brei), Fruchtpüree-
(Fruchtmus-) 399; Fruchtsaft- 392;
Graham- 233; Milch- 238; Stärke-

mehl-, Mehl-, Gries- 232, 238; Wasser-
232; Wasserrahm- 237.
Gulasch 147.

Hachee 203.
Haferflockensuppe 230; -grütze 233,
241.
Hausenblase 110.
Hebemittel für Teig (Lockerungsmittel)
249.
Hefenteige 249.
Herz 178.
Heukiste = Kochkiste.
Hirschhornsalz 251.
Honig 425; -kuchen 267.
Hörnchen 257, 263.
Hülsenfrüchte 301; Aufweichen der,
Bereitung der, Kochen der 302;
-teige 308.
Hülsenfrüchte-Saucen 305; -soufflee 309,
316; -suppen 309, 316.

Junket 26.
Jus 109; Gemüse in 349; -saucen 128,
132.

Kaffee 441; -ersatzmittel 442.
Kakao 438, 444.
Kakes 277.
Kalbskopf 180.
Kaldaunen 180.
Kallops 153.
Kaltschale von Butter, Milch 22;
Käsemilch- (Quark) 28; Milchreis- 25;
Frucht- 388; Wein- 456.
Kaneel 433.
Karamel 424; -pudding, -eierstich 51;
-sauce 56.
Karbonade 154.
Kartoffeln, Abdampfen von 347; -klöße
367; -mus (-püree) 364.
Käse 14, 16; bayerischer, Bavarois,
Eiergelee 75; Rahm- 37.
Kastanien 377; -püree (-mus) 402;
-sauce 141, 399; -suppe 126.
Kefir 45.
Klippfisch 166.
Klöße 192, 296; abgebackene Mehl-,
Gries 296; Brot- 296; Fisch-, Fleisch-
182, 192; gerührte Mehl-, Gries- 296;
Leber- 177.
Knödel 299.
Kochen, in Dampf 224; in Fett (siehe
auch Friture) 159; von Gemüsen 324;
Fleischsuppen- 104; in der Hülle
(Papierhülle) 225; Nach- 223; Schmor-
96; Schnell- 95; von Stärke, Mehl,
Grütze 222; auf Wasserbad 224.
Kochsalz 429, 432.

Kompott von Früchten 411.
Konditorcreme 107.
Konsommee (Consommé) 107.
Kopf (Kalbs-, Lamm-) 180.
Korn = Getreide.
Kotelett 153.
Kraftsuppe = Konsommee.
Kräuter 328; -essig 434; -farcen 365; -püree 362; -saucen 342; -suppen 329.
Kroustaden 205.
Kuchen 263; -creme 75.

Lahmanns Nährsalz 437.
Leberspeisen 174.
Legieren vgl. Abrühren, Sämigmachen.
Leguminosen = Hülsenfrüchte.
Liaison 130.
Liebigs Fleischextrakt 111.
Limonade, mit Milch 22; mit Früchten 382; Eiweiß- 65.

Maggifleischextrakt 111.
Maggigewürz 437.
Makkaroni 246; -speisen 217.
Malzkaffee 443.
Mandelteig 274; -milch 383.
Margarine 43.
Marzipan 274.
Mayonnaise 43; Fleisch in 196; Früchte in 408; Gemüse in 351.
Mehl 219; abgebacken 115; Abrühren mit Mehl zu Buttersaucen 42; zu Eiersaucen 70; zu Eiersuppen 67; zu Fleischsaucen 132; zu Gemüsen 334; zu Gemüsesaucen 338; zu Milchsuppen 23; Einweichen von 222; präpariertes 230.
Mehlauflauf 286.
Mehleiercreme (unechte) 74.
Mehleiersaucen (unechte) 70.
Mehl-Grützen 232, 240; -klöße 296; -panade 184; -pudding 289; -schwitze (Einbrenne) 134; -speise (auf der Pfanne gebraten) 284; -suppe, -brei, -grütze 226 usw.
Mehlspeisen, in Fett gekocht 282; auf der Pfanne gebraten 284.
Meringue 62.
Met 425.
Milch 12; Aufbewahrung von 20; Aufkochen von 20; dicke 26; geronnene 15, 26; leicht abführende 45; Zeichen für gute 19; Diabetes- 45; Gemüsesuppen gekocht in 340; Mehlgrützespeisen, gekocht in 238; Milchbreigrütze 238; -brotsauce 26; -suppe 25.
Milchgelee 26.
Milchgemüsesuppe 340.

Milchgetränk, halbgefroren 22; -limonade 22; -speisen, gestockte 26; -suppe 23.
Mineralstoffe 428.
Mineralwässer 427.
Mirepoix 127.
Molke 16, 46.
Mostrich = Senf.
Mürbeteig 272.

Nahrungsmittel aus dem Pflanzenreich 208; aus dem Tierreich 12.
Navarin 204.
Nieren 178.
Nudeln 246, 247.
Nüsse 377, 422.

Obers = Rahm.
Obergärung von Bier 447, 448.
Ofenbraten (oder in der Röhre) 96.
Oliven, -öl 43, 377.
Omelette, französische 82; Eier- 82, 85; Frucht- 418; Gemüse- 365; Mehl-, Gries-, Grütze-, Brot- 286, 290, 293.

Palmin 43.
Panade 114, 183, 281; Milch- 26.
Panaden-Suppe 121, 231; -sauce 139; -Fruchtsuppe 389.
Panieren 95, 98.
Pasteten 206.
Pasteurisieren 21.
Pfanne, Braten auf der, von Fleisch 149.
Pfannkuchen, Eier- 82; Mehl- 284.
Pfefferkuchen 269.
Pflanzennahrungsmittel 208.
Pie 207.
Ptisane 229.
Pudding, von Fleisch, Fisch 192; von Früchten 418 usw.; mit Gemüsen 366 usw.; von Mehlstoffen (Gries, Grütze usw.) 289 usw.
Punsch 456.
Püree (Mus), von Fisch, Fleisch 100, 122, 139, 182; von Gemüsen 362; von Früchten 393 usw.; von Hülsenfrüchten 308.
Püree, -grützen von Früchten 399; -saucen 139, 305, 345, 396; -suppen 122, 229, 303, 335, 393.

Quark = Käsemilch.

Ragout 196, 200.
Rahm, -speisen 29; -gelee, gestockte Speisen von 34; -käse 37; -schnee 32.
Rhabarber 321, 380.
Risollen 205.
Rouladen (Paupiettes) 148.

Saccharin 435.
Sahne = Rahm.
Salate, von Fisch, Fleisch 196; von Früchten 406; von Gemüsen 351.
Salatsauce 31, 71, 131 usw., 196, 351, 406.
Salep 221.
Salpicon 198, 200, 202.
Salze (Mineralstoffe) 428.
Sämigmachen = Abrühren.
Sauce, abgebackene 134; abgerührte 132; allemande 135; Bechamel- 134, 136, 344, 358; Braten- 98; braune 108, 109, 133, 135, 137; mit Brot (Brotpüree) abgerührt 26, 32, 139, 345, 392; Eier- 68; Espagnole- 135, 137, 344, 354; Fleisch-, Fisch- (Auszugs-) 127; Fruchtpüree- 396; Fruchtsaft- 390; Grund- 104; hollandaise (mousseline) 41; Kaffee- 442; Karamel- 56, 424; Kräuter-Gemüse- 342; Linsenpüree- 305; Milchbrot- 26; poulette 131; Püree- 139, 345, 396; Rahm- 30; Rahmbrot- 32; velouté 134, 135, 343, 353; Wein- 457; weiße 130, 132, 134, 135, 136; Schokoladen- 446; zusammengesetzte Fleisch-, Fisch- 135; do. Gemüse- 343.
Saucefarben 128.
Saucengewürz 127, 146.
Sauces mères 134.
Saucenbereitung zu Fleischspeisen 156.
Schinken, geräuchert 167.
Schmorbraten 145; Schmorkochen 142.
Schnellkochen von Fleisch, Fisch 95.
Schnellräuchern 166.
Schnitzel (Escalope) 153.
Schokolade 444; -sauce, -suppe 446.
Schwitzen von Gemüsen 325, 330, 335.
Senf 436.
Sirupkuchen 267.
Soufflee (Auflauf) 29, 82, 84, 86, 193, 286, 288, 293, 316, 367.
Soya (Soja) 438.
Sparsuppe 105.
Speisefarben 128.
Spiegelei 53.
Spirituosen 450.
Stärke 210, 212, 220; -mehlspeisen 221.
Steak 153.
Stoben von Fisch-, Fleischspeisen 196; von Gemüsen 350.
Suppe, Brot- 25; Bier- 449; Fisch-, Fleisch- 104; Fruchtsaft- 383; Fruchtpüree- 393; Kraft- (Konsommee) 107; Kräuter-Gemüse- 329; Milch-Gemüse- 340; Wasser- 226; Wein- 456.

Suppekochen von Fisch, Fleisch 94; von Kräuter-Gemüse 329; Suppenfleisch 94, 141.

Tafelsalz 430.
Talgpudding 295.
Tarteletten 205.
Teezubereitungen 439.
Teige (Farcen), abgebackene 273; Backwerk- 258; Brot- 249; Fisch-, Fleisch- 182; Frucht- 418; geknetete 249; Gemüse- 365; gerührte 263; Hefen- 249; Hülsenfrucht- 308; Kuchen- 263; Mandel- 274.
Tierreich, Nahrungsmittel aus dem 12.
Timbale 206, 416.
Tournedos 154.
Trinkwasser 426.

Untergärung von Bier 448.

Velouté (Sauce) 134, 135; Gemüse in 353.
Vinaigrette 203.
Vol au vent 206.
Vögel = Geflügel.

Wärmewirkung 9, 212; auf Eier 48; auf Fisch, Fleisch 104; auf Früchte 381; auf Gemüse 324; auf Stärke, Mehl, Gries, Grütze 212, 221, 222 usw.; auf Pflanzennährmittel 212.
Wasser 426; destilliertes 427.
Wasser-Grütze 232; -mehl-, -gries-, -grützespeisen 226; -rahmgrütze 237; -schokolade 445; -suppen 227.
Wein 450; alkoholfreier 452; -gelee 459; -getränke 453; als Gewürz 438; -saucen 457; -suppen 456.
Weißbrot 240, 252.
Würste 194.
Würzen 431; von Saucen, Suppen 127, 128; gemischte 446.
Wurzelgewächse 328; Backen der 347; Kochen der 364; Kochen in Milch der 340; Pudding von 365; Püree von 364; Suppen von 330.

Zichorie 443.
Zimt = Kaneel.
Zitronensaft 435.
Zucker 423; -ersatzmittel 425; -kochen 424; -sirup 424.
Zuckerbrot 264.
Zunge 170.
Zwiebel 275.

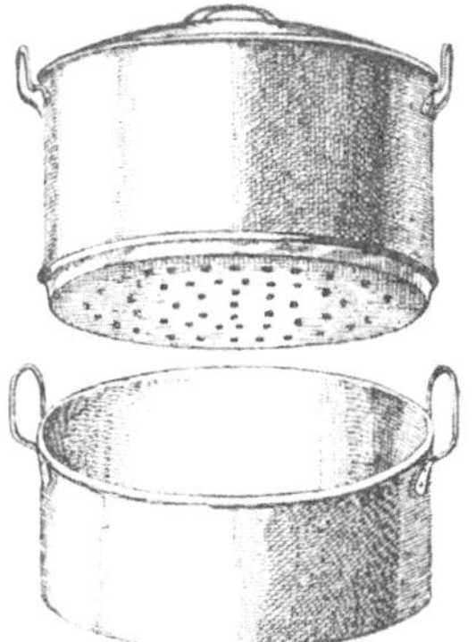

Fig. 1a (S. 141, 224).

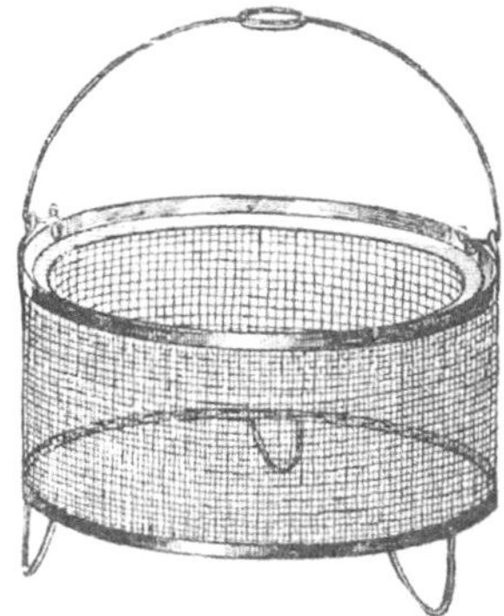

Fig. 1b.

Fig. 3 (S. 151).

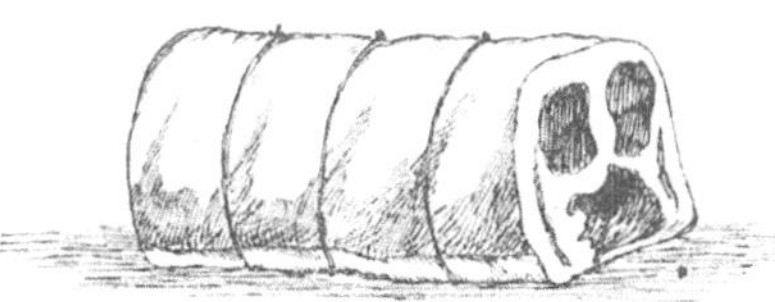

Fig. 2 (S. 143).

Fig. 4 (S. 152).

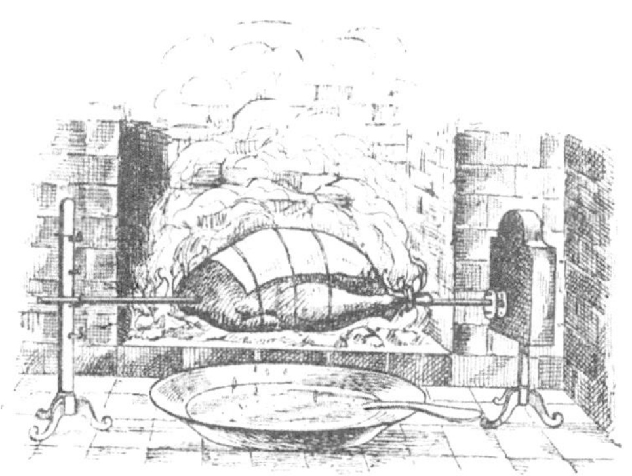

Fig. 5 (S. 152).

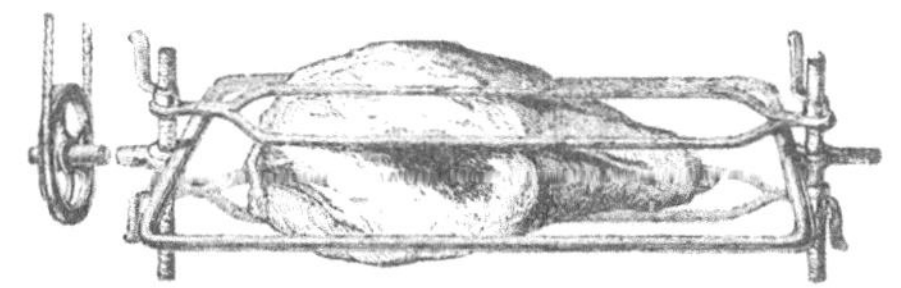

Fig. 6 (S. 152).

30*

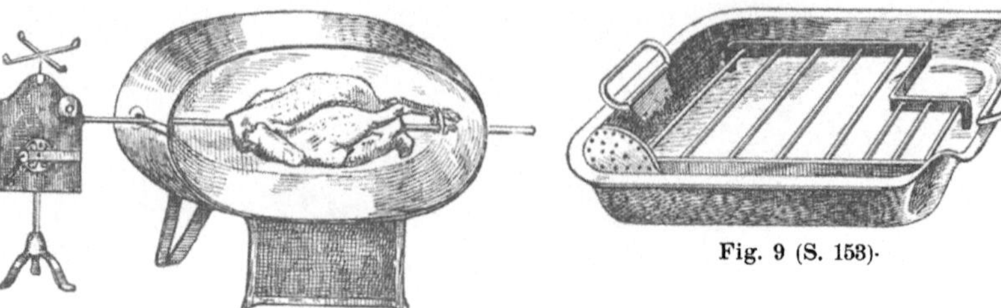

Fig. 7 (S. 152).

Fig. 9 (S. 153).

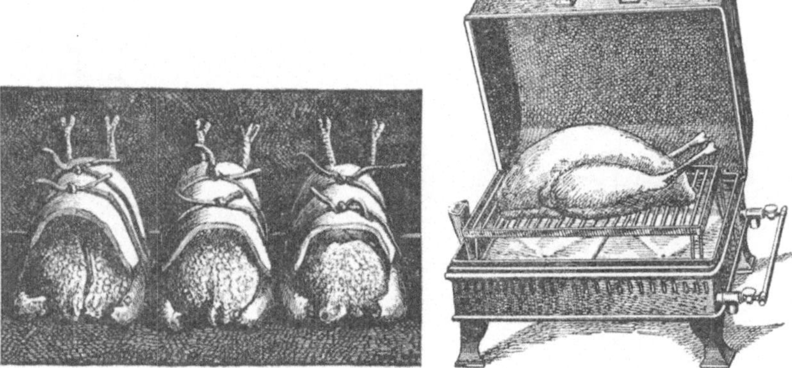

Fig. 8 (S. 153).

Fig. 10 (S. 153.)

Fig. 12 (S. 155).

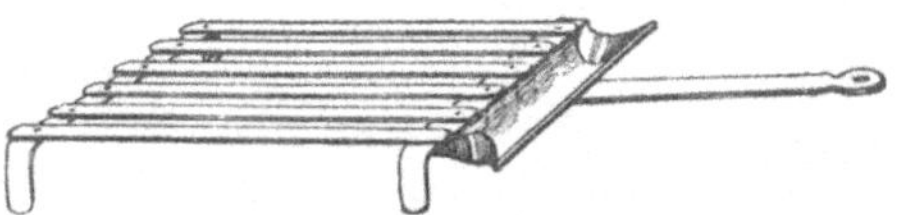

Fig. 11 (S. 155).

Fig. 13 (S. 155).

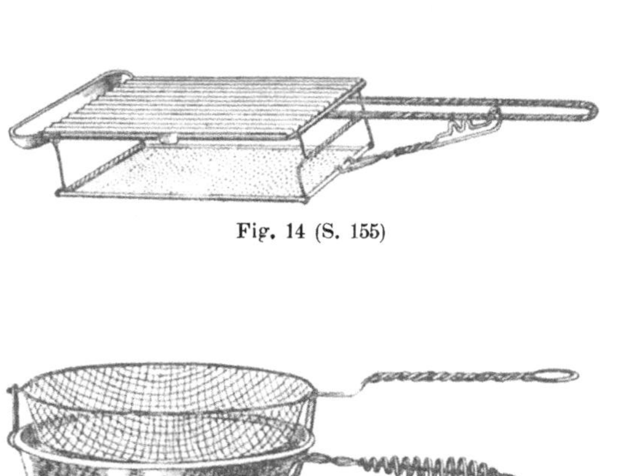

Fig. 14 (S. 155)

Fig. 15 (S. 155).

Fig. 16 (S. 161).

Fig. 17 (S. 182).

Fig. 18 (S. 182).

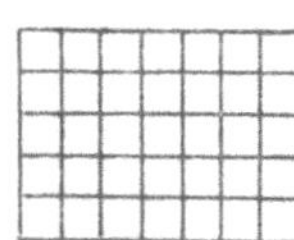

Fig. 19, 1, grob.

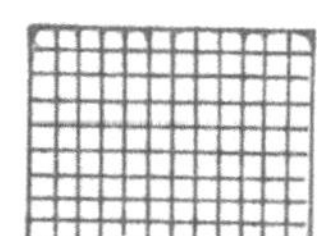

Fig. 19, 2, mittel.

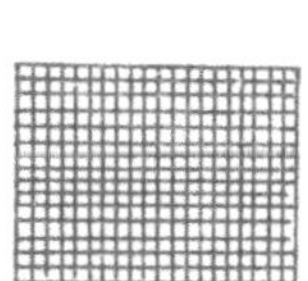

Fig 19, 3, fein.

Fig. 20
(S. 182).

Fig. 21 a (S. 205).

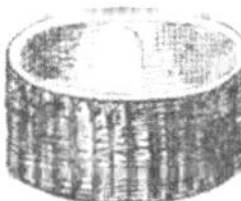

Fig. 21 b.

Fig. 22 (S. 224).

Fig. 21 c.

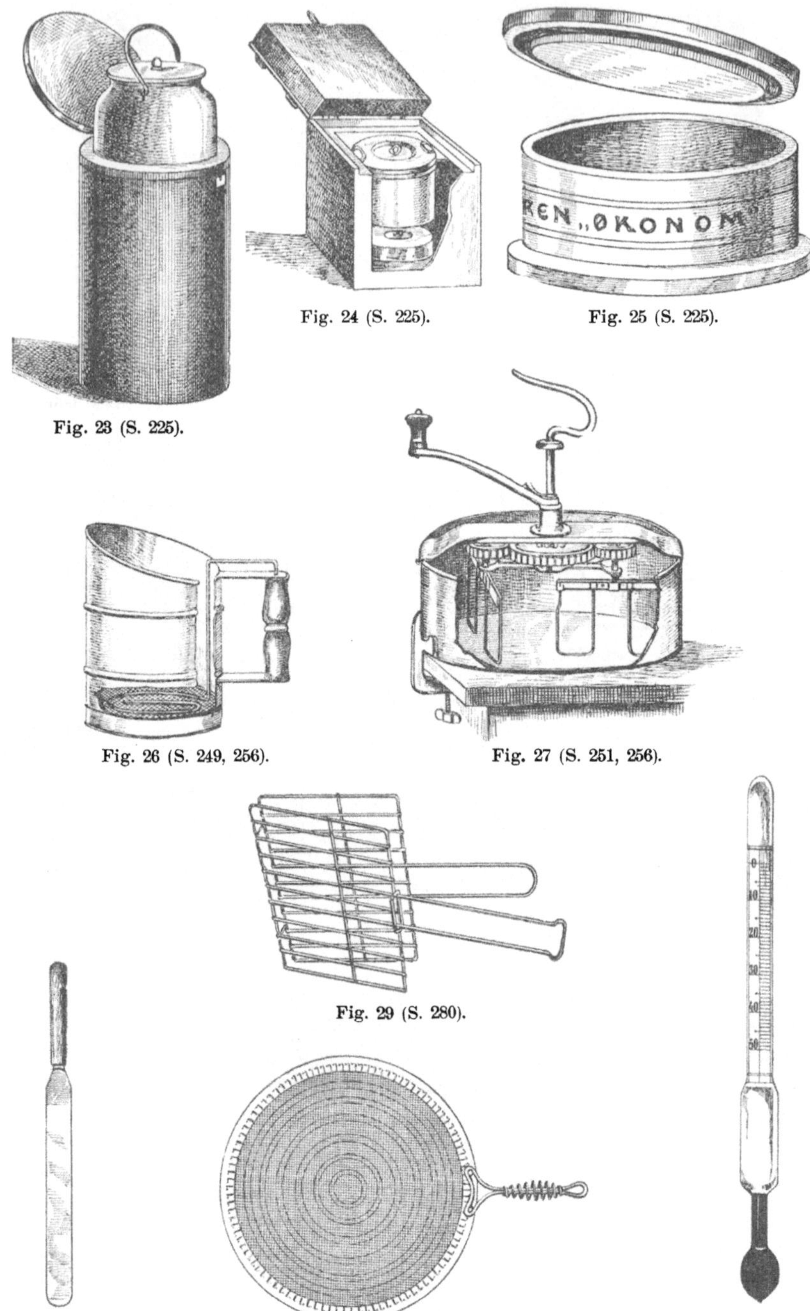

Fig. 24 (S. 225).   Fig. 25 (S. 225).

Fig. 23 (S. 225).

Fig. 26 (S. 249, 256).   Fig. 27 (S. 251, 256).

Fig. 29 (S. 280).

Fig. 28
(S. 256).   Fig. 30 (S. 280).   Fig. 31
(S. 405, 424).